“十四五”国家重点图书出版规划项目
智能建造理论·技术与管理丛书

智能建造应用与实训系列

工程施工技术与智能化管理

主　编　张召冉

副主编　王　霞　王献云　许　鹏

参　编　刁　昳　程正中　刘　妍　许　炳　王　岩
矫伟刚　薛茹镜　李　冰　郭义先　郭　瑞
于铠沅　王昱程　宋玉杰　马佳豪　谷宗贺
姜　威　李　鑫

机械工业出版社
CHINA MACHINE PRESS

本书围绕施工过程中所涉及的技术、进度、造价、资源、场地布置等实践内容进行编写，共分为三篇，分别为技术篇、案例篇和实训篇，重点讲解了智能化施工技术、进度计划、施工场地布置及 BIM5D 等相关内容。通过技术篇、案例篇及实训篇的逐步深入，使学生能够掌握未来工作场景中的实际业务，并且能够通过 BIM 技术进行项目智能化管理应用，加强对学生 BIM 技术应用能力和实际业务能力的培养，使其具备运用相关管理软件进行项目管理的能力，为从事工程项目的智能化管理工作打下坚实的专业基础。

本书适用于建筑类相关专业（工程管理、土木工程、工程造价等）在校学生，以及从事房地产开发、建筑施工、工程造价等工作的工程技术及管理人员。

图书在版编目（CIP）数据

工程施工技术与智能化管理/张召冉主编．—北京：机械工业出版社，2024.3
（智能建造应用与实训系列）
ISBN 978-7-111-74870-0

Ⅰ.①工…　Ⅱ.①张…　Ⅲ.①建筑工程－施工管理　Ⅳ.①TU7

中国国家版本馆 CIP 数据核字（2024）第 036396 号

机械工业出版社（北京市百万庄大街 22 号　邮政编码 100037）
策划编辑：薛俊高　　　　责任编辑：薛俊高　刘　晨
责任校对：樊钟英　薄萌钰　　封面设计：张　静
责任印制：张　博
北京联兴盛业印刷股份有限公司印刷
2024 年 4 月第 1 版第 1 次印刷
184mm×260mm・23.25 印张・573 千字
标准书号：ISBN 978-7-111-74870-0
定价：69.00 元

电话服务　　　　　　网络服务
客服电话：010-88361066　　机　工　官　网：www.cmpbook.com
010-88379833　　机　工　官　博：weibo.com/cmp1952
010-68326294　　金　书　网：www.golden-book.com
封底无防伪标均为盗版　　机工教育服务网：www.cmpedu.com

前　言

智能建造、工程管理专业是典型的综合性学科，在我国工程未来建设中发挥着越来越重要的作用，随着智能化管理技术在我国工程领域应用越来越广泛，尤其是BIM技术在工程施工领域的广泛应用及发展，使得工程施工与管理课程的内容需要进行相应的更新及升级，以适应行业、企业对工程施工技术及管理知识的新要求。“工程施工技术与管理”作为土木工程、工程管理、智能建造等专业的必修课，需要适应时代发展趋势，在智能化管理方面进行重点讲解。因此，作为智能建造专业系列教材之一，本书在编写过程中既注重对目前主流施工技术的介绍，又重视智能化技术及管理方法在土木工程施工及施工组织管理中的应用，具有知识面广、实践性强的特点，课程内容大部分来自工程实践的总结和提炼，有利于帮助学生掌握基础、了解行业现状及发展趋势。

本书分技术篇、案例篇和实训篇三篇，1～8章主要讲述工程施工技术及施工组织原理，9～11章主要讲述进度计划、场地布置、BIM5D软件的具体操作，12章结合专用宿舍楼工程讲述智能化组织管理的具体应用。考虑到学生的自主学习情况，本书在每章以思考题及习题作为结束，有利于学生巩固提高。本书可以作为普通高等院校土木工程、工程管理、工程造价等专业的学生教材，也可以作为工程施工技术与管理人员的参考书。

本书由张召冉任主编，王霞、王献云、许鹏任副主编，其中张召冉主持编写第6、7、8章，王霞主持编写第9、10、11、12章，王献云主持编写第1、2、3章，许鹏主持编写第4、5章。本书在编写过程中，北京市政、北京城建、北京市勘察设计研究院的王岩、李冰、薛茹镜、娇伟刚、郭义先、宋玉杰、郭瑞、王昱程、于铠沅、刁昳、程正中、刘妍、许炳等专家也参与了教材内容的研讨及编写工作，谷宗贺、姜威、李鑫、马佳豪等同学参与了教材图表绘制等工作。

本书在编写过程中，参考和引用了许多专家、学者的著作、论文等相关资料，在此表示衷心的感谢！鉴于编者水平有限、时间紧张，书中难免有不妥和错漏之处，衷心希望广大读者予以批评指正。

编　者

目 录

第二篇 案例篇

第三篇 实训篇

第一篇

技术篇

第1章　土方工程

学习要点

本章主要介绍土方工程施工的基本原理和施工技术，包括土的基本性质、土方规划、基坑支护、基坑降水、土方机械等内容。在土方工程施工要点中，重点论述了土方规划、施工降水和土方机械几个方面。

1.1　概述

在土木工程施工中，常见的土方工程有：场地平整、土方开挖、土方回填与压实等。此外，还包括开挖过程中的排水、降水、土壁支撑等准备和辅助工程。

土方工程施工，往往工程量大、工期长、劳动强度大、施工条件复杂且多为露天作业；土方工程的施工又受地形、地质、水文、气象等因素的影响。因此在施工前，要根据现场条件，制定出经济合理的施工方案。

1.1.1　土的工程分类

土的种类繁多，分类方法各异，如按颗粒级配、塑性指数、沉积年代等分类。在土方施工中，按土的开挖难易程度将其分为八类，见表1-1。

表1-1　按土的开挖难易程度分类

土的分类	土的名称	可松性系数		现场鉴别方法
		K_S	K'_S	
一类土（松软土）	砂，亚砂土，冲积砂土层，种植土，泥炭（淤泥）	1.08～1.17	1.01～1.03	可用锹、锄头挖掘
二类土（普通土）	亚黏土，潮湿的黄土，夹有碎石、卵石的砂，种植土，填筑土及亚砂土	1.14～1.28	1.02～1.05	可用锹、锄头挖掘，少许用镐翻松
三类土（坚土）	软及中等密实黏土，重亚黏土，粗砾石，干黄土及含碎石、卵石的黄土、亚黏土，压实的填筑土	1.24～1.30	1.04～1.07	需用镐，少许用锹、锄头挖掘，部分用撬棍
四类土（砂砾坚土）	重黏土及含碎石、卵石的黏土，粗卵石，密实的黄土，天然级配砂石，软泥灰岩及蛋白石	1.26～1.32	1.06～1.09	整个需用镐、撬棍，然后用锹挖掘，部分用楔子及大锤

（续）

土的分类	土的名称	可松性系数		现场鉴别方法
		K_S	K_S'	
五类土（软石）	硬石炭纪黏土，中等密实的页岩、泥灰岩、白垩土，胶结不紧的砾岩，软的石灰岩	1.30～1.45	1.10～1.20	可用镐或撬棍、大锤挖掘，部分使用爆破方法
六类土（次坚石）	泥岩，砂岩，砾岩，坚实的页岩，泥灰岩，密实的石灰岩，风化花岗岩，片麻岩	1.30～1.45	1.10～1.20	需用爆破方法开挖，部分用风镐
七类土（坚石）	大理岩，辉绿岩，玢岩，粗、中粒花岗岩，坚实的白云岩、砂岩、砾岩、片麻岩、石灰岩，有风化痕迹的安山岩、玄武岩	1.30～1.45	1.10～1.20	需用爆破方法开挖
八类土（特坚硬石）	安山岩，玄武岩，花岗片麻岩，坚实的细粒花岗岩、闪长岩、石英岩、辉长岩、辉绿岩、玢岩	1.45～1.50	1.20～1.30	需用爆破方法开挖

1.1.2 土的工程性质

土的工程性质对土方施工有直接的影响，其中与土方施工联系最为密切的工程性质有土的可松性、含水量、渗透性和质量密度等。

1. 土的可松性

土具有可松性，即天然状态的土经开挖后，其体积因松散而增加，虽经振动夯实，仍然不能完全恢复原有体积，土的这种性质称为土的可松性。土的可松性程度用可松性系数表示，即

$$K_S = \frac{V_2}{V_1} \tag{1-1}$$

$$K_S' = \frac{V_3}{V_1} \tag{1-2}$$

式中 K_S，K_S'——土的最初、最后可松性系数；

V_1——土在天然状态下的体积（m^3）；

V_2——土挖出后在松散状态下的体积（m^3）；

V_3——土经压（夯）实后的体积（m^3）。

土的最初可松性系数 K_S 是计算车辆装运土方体积及挖土机械的主要参数；土的最后可松性系数 K_S' 是计算填方所需挖土工程量的主要参数，各类土的可松性系数见表1-1。

2. 土的含水量

土的含水量是指土中水的质量与固体颗粒质量之比的百分率，又称含水率，用 W 表示，即

$$W = \frac{m_{湿} - m_{干}}{m_{干}} \times 100\% = \frac{m_W}{m_S} \times 100\% \tag{1-3}$$

式中　$m_{湿}$——含水状态土的质量（kg）；

$m_{干}$——烘干后土的质量（kg）；

m_W——土中水的质量（kg）；

m_S——固体颗粒的质量（kg）。

土的含水量随气候条件、雨雪和地下水的影响而变化，对土方边坡的稳定性、填方密实程度以及施工方法的选择都有直接的影响。

3. 土的天然密度（ρ）和干密度（ρ_d）

土的天然密度是指土在天然状态下单位体积的质量，它与土的密实程度和含水量有关。土的干密度是指单位体积土中固体颗粒的质量，在一定程度上，土的干密度反映了土的颗粒排列紧密程度。土的干密度越大，表示土越密实。土的密实程度主要通过检验填方土的干密度和含水量来控制。

4. 土的渗透性

土的渗透性表示单位时间内水穿透土层的能力，一般以渗透系数 K 表示，单位为 m/d。它与土的颗粒级配、密实程度等有关，是人工降低地下水位及选择各类井点的主要参数。土的渗透系数见表 1-2。

表 1-2　土的渗透系数

土的名称	渗透系数 K（m/d）	土的名称	渗透系数 K（m/d）
黏土	<0.005	中砂	5.00～20.00
亚黏土	0.005～0.10	均质中砂	35～50
轻亚黏土	0.10～0.50	粗砂	20～50
黄土	0.25～0.50	圆砾石	50～100
粉砂	0.50～1.00	卵石	100～500
细砂	1.00～5.00		

1.2　场地规划与土方调配

1.2.1　场地竖向规划设计

场地竖向规划的主要内容是确定满足建筑规划和生产工艺要求的场地最佳设计标高和排水坡度。小型场地平整时，如原地形比较平缓，对场地标高无特殊要求，一般可根据平整前后土方量相等的原则确定场地设计标高。

设计标高选择时需考虑以下因素：

1）满足生产工艺和运输的要求。

2）尽量利用地形，以减少挖填方数量。

3）尽量使场地内挖填平衡，以降低土方运输费用。

4）有一定泄水坡度（≥0.2%），满足排水要求。

5）考虑最高洪水位的要求。

1. 初步计算场地设计标高

在地形图上将施工区域划分为边长为 a 的若干个方格网，并在方格网各角点标示原地形标高（图1-1）。方格的角点标高一般根据地形图上相邻两等高线的标高用插入法求得；无地形图时，也可在地面用木桩打好方格网，然后用仪器直接测出。理想的设计标高，应该使场地的土方在平整前和平整后相等而达到挖方和填方的平衡。初步场地设计标高按下式计算。

$$H_0 n a^2 = \sum \left(a^2 \frac{H_{11} + H_{12} + H_{21} + H_{22}}{4} \right) \tag{1-4}$$

$$H_0 = \frac{\sum (H_{11} + H_{12} + H_{21} + H_{22})}{4n} \tag{1-5}$$

式中 H_0——所计算场地设计标高（m）；

a——方格边长（m）；

n——方格数；

H_{11}，H_{12}，H_{21}，H_{22}——方格四个角点的标高（m）。

如图1-1所示，相邻方格具有公共的角点标高，在方格网中，类似 H_{22} 的内部角点是四个相邻方格的公共角点，此类标高需要加四次，用 H_4 表示；类似 H_{12}、H_{21} 的外部角点是两个相邻方格的公共角点，此类标高需要加两次，用 H_2 表示；类似 H_{11} 的角点仅是一个方格的独有角点，此类标高只需要加一次，用 H_1 表示。因此式（1-5）可以改写成下列形式。

$$H_0 = \frac{\sum H_1 + 2\sum H_2 + 3\sum H_3 + 4\sum H_4}{4n} \tag{1-6}$$

式中 H_1——一个方格独有的角点标高（m）；

H_2——二个方格共有的角点标高（m）；

H_3——三个方格共有的角点标高（m）；

H_4——四个方格共有的角点标高（m）。

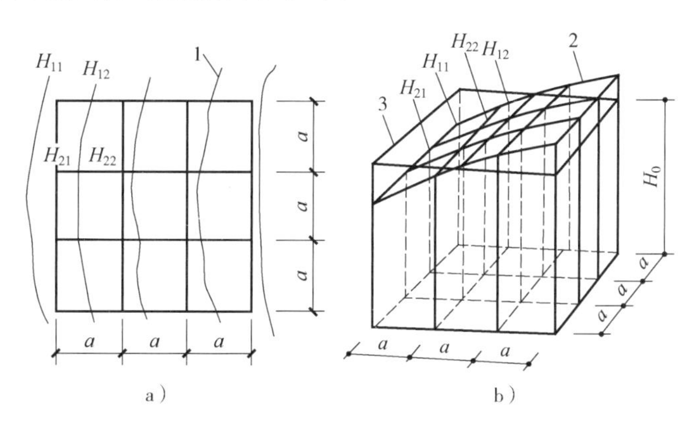

图1-1 场地设计标高计算简图

a）地形图上划分方格 b）设计标高示意图

1—等高线 2—自然地面 3—设计标高平面

2. 考虑泄水坡度对设计标高的影响

按式（1-6）得到的设计平面仅为一挖填方相等的水平场地，而实际场地均应有一定的泄水坡度。因此，应根据泄水坡度的要求（单向泄水或双向泄水）进行标高调整，如图 1-2 所示。

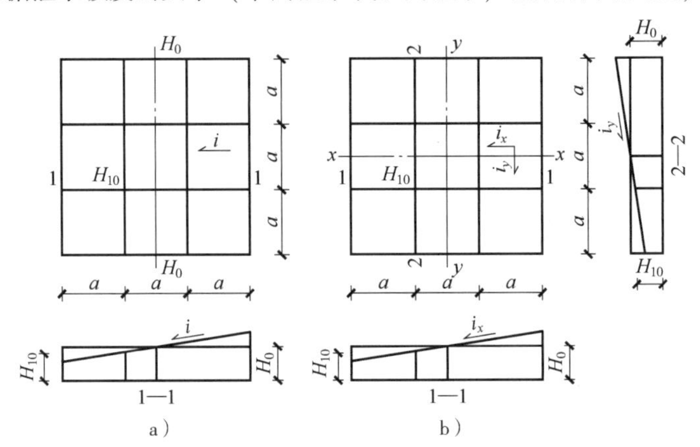

图 1-2　场地泄水坡度

a）单向泄水　b）双向泄水

以 H_0 作为场地中心标高，则可计算场地任意点的设计标高。

单向泄水为

$$H_n = H_0 \pm li \tag{1-7}$$

式中　H_n——场内任意点设计标高（m）；

l——该点到场地中心线的距离（m）；

i——场地泄水坡度。

双向泄水为

$$H_n = H_0 \pm l_x i_x \pm l_y i_y \tag{1-8}$$

式中　l_x，l_y——该点到 x 和 y 方向场地中心线的距离（m）；

i_x，i_x——场地 x 和 y 向泄水坡度。

3. 场地设计标高的调整

实际工程中对计算所得的设计标高，还需考虑以下因素进一步调整。

1）由于土具有可松性，会使填土有剩余，故应相应提高设计标高。

2）设计标高以上的各种填方工程，有场区上填筑路堤等；设计标高以下的各种挖方工程，有开挖河道、水池、基坑等。

3）经过经济比较后将部分挖方就近弃土于场外，或将部分填方就近取土于场外，引起挖填方的变化，必要时需调整设计标高。

当地形比较复杂时，一般需设计成多平面场。此时可根据工艺要求和地形特点，预先把场地划分成若干个独立的平面，分别计算每个独立平面的最佳设计参数。然后适当修正各独立平面的交界处参数，尽量使场地各独立平面之间的变化缓和且连续。因此，确定独立平面的最佳设计平面是竖向规划设计的基础。

1.2.2　场地平整土方量的计算

施工场地设计标高确定后，需平整场地的方格网各角点的施工高度即可求得，然后按每个方格角点的施工高度即可算出每个方格填、挖土方量，并计算出场地边坡的土方量，这样就得到整个场地的填、挖土方总量。

场地挖填土方量计算有方格网法和横截面法两种。横截面法是将要计算的场地划分成若干横截面后，用横截面计算公式逐段计算，最后将逐段计算结果汇总。横截面法计算精度较低，可用于地形起伏变化较大的地区。对于地形较平坦地区，一般采用方格网法。方格网法计算场地平整土方量步骤如下。

1. 识读方格网图

方格网图根据已有地形图（一般在1∶500的地形图上）将场地划分为边长 $a=10\sim40\text{m}$ 的若干方格，尽量与测量的纵横坐标相对应，在各方格角点规定的位置上标注角点的自然地面标高（H）和设计标高（H_n），如图1-3所示。

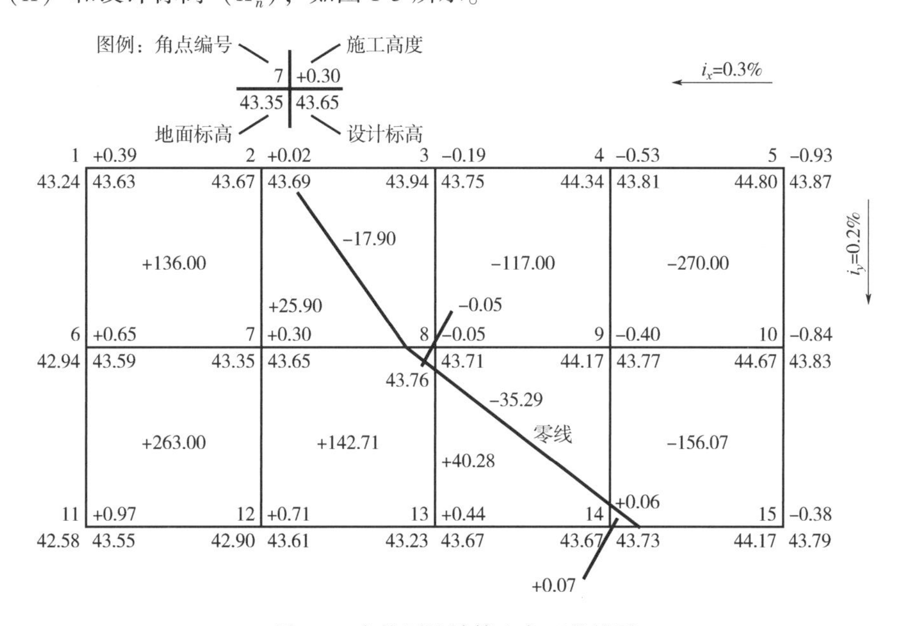

图1-3　方格网法计算土方工程量图

2. 计算场地各个角点的施工高度

施工高度为角点设计地面标高（H_n）与自然地面标高（H）之差，是以角点设计标高为基准的挖方或填方的施工高度。各方格角点的施工高度按下式计算。

$$h_n = H_n - H \tag{1-9}$$

式中　H_n——角点的设计标高（m）；

H——角点的自然地面标高（m）；

h_n——角点施工高度，即填挖高度（以“+”为填，“−”为挖，单位m）；

n——方格的角点编号（自然数列1，2，3，…，n）。

3. 计算“零点”位置，确定零线

“零线”位置的确定，有助于把握整个场地的挖、填区域分布状态。零线即挖方区与填方区的交线，在该线上，施工高度为0。零线的确定方法是在相邻角点施工高度既有挖方、又有填方的方格边线上，用插入法求出零点（0）的位置，然后将各相邻的零点连接起来即为零线，如图1-3所示。

方格边线一端施工高程为“+”，若另一端为“-”，则沿其边线必然有一不挖不填的点，此即为“零点”，如图 1-4 所示，零点位置按下式计算。

$$x_1 = \frac{h_1}{h_1 + h_2} \times a \tag{1-10}$$

$$x_2 = \frac{h_2}{h_1 + h_2} \times a \tag{1-11}$$

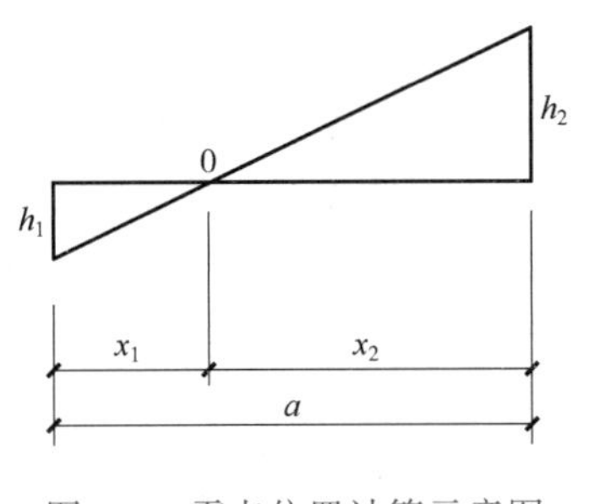

图 1-4　零点位置计算示意图

式中　x_1，x_2——角点至零点的距离（m）；

h_1，h_2——相邻两角点的施工高度，均用绝对值（m）；

a——方格网的边长（m）。

确定零点的办法也可以用图解法，如图 1-5 所示。方法是用尺在各角点上标出挖填施工高度相应比例，用尺相连，与方格相交点即为零点位置。将相邻的零点连接起来，即为零线。

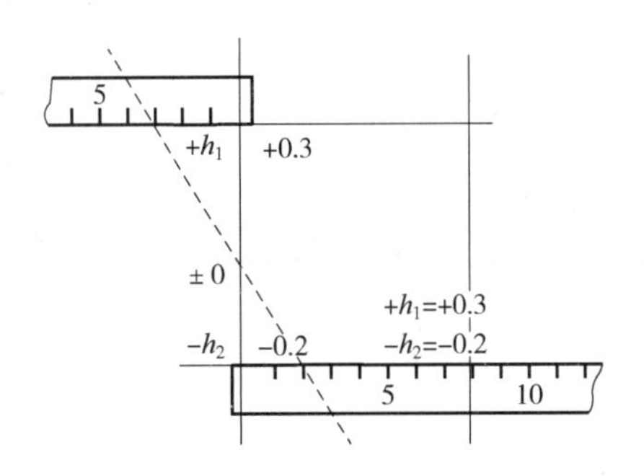

图 1-5　图解法求零点位置

4. 计算方格土方工程量

零线确定后可以用“四方棱柱体法”和“三角棱柱体法”计算方格中的土方量。按方格底面积图形和表 1-3 所列计算公式，逐格计算每个方格内的挖方量或填方量。

表 1-3　常用方格网点计算公式

项目	图式	计算公式
一点填方或挖方（三角形）	h_1 h_2 h_3 h_4 b c	$V = \frac{1}{2}bc\frac{\sum h}{3} = \frac{bch_3}{6}$ 当 $b = a = c$ 时 $V = \frac{a^2h_3}{6}$
两点填方或挖方（梯形）	h_1 h_2 h_3 h_4 a b c d e	$V_+ = \frac{b+c}{2}a\frac{\sum h}{4} = \frac{a}{8}(b+c)(h_1+h_3)$ $V_- = \frac{d+e}{2}a\frac{\sum h}{4} = \frac{a}{8}(d+e)(h_2+h_4)$

（续）

项目	图式	计算公式
三点填方或挖方（五边形）		$V=\left(a^2-\frac{bc}{2}\right)\frac{\sum h}{5}=\left(a^2-\frac{bc}{2}\right)\frac{h_1+h_2+h_4}{5}$
四点填方或挖方（正方形）		$V=\frac{a^2}{4}\sum h=\frac{a^2}{4}(h_1+h_2+h_3+h_4)$

注：1. a—方格网的边长（m）。

2. b、c—零点到一角的边长（m）。

3. h_1、h_2、h_3、h_4—方格网四角点的施工高程（m），用绝对值代入。

4. $\sum h$—填方或挖方施工高程的总和（m），用绝对值代入。

5. 边坡土方量计算

场地的挖方区和填方区的边沿都需要做成边坡，以保证挖方土壁和填方土坑的稳定。边坡的土方量可以划分成两种近似的几何形体进行计算，一种为三角棱锥体（图 1-6 中①～③、⑤～⑪），另一种为三角棱柱体（图 1-6 中④）。

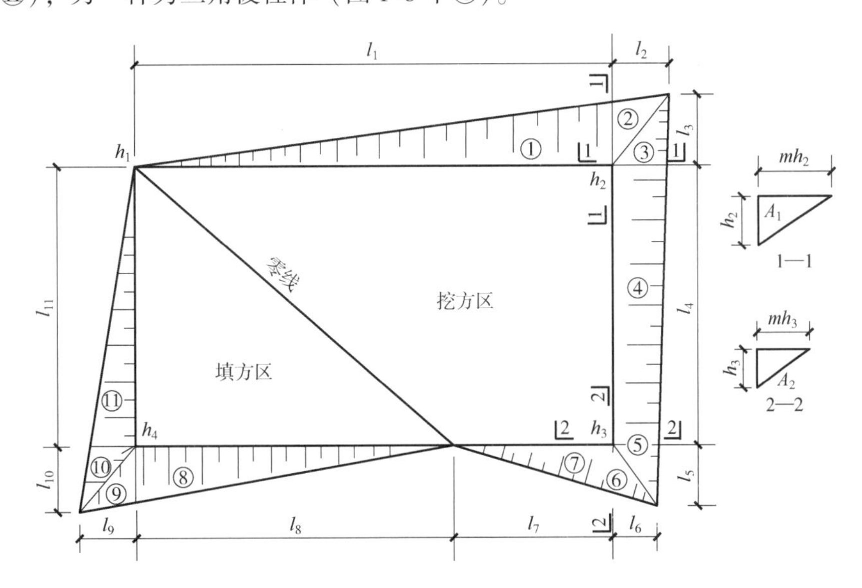

图 1-6　场地边坡平面图

（1）三角棱锥体边坡体积

$$V_1=\frac{1}{3}A_1l_1 \tag{1-12}$$

式中　l_1——边坡的长度（m）；

A_1——边坡的端面积，$A_1=h_2\cdot mh_2=mh_2^2$（m^2）；

h_2——角点的挖土高度（m）；

m——边坡的坡度系数，m = 宽/高。

（2）三角棱柱体边坡体积

$$V_4 = \frac{A_1 + A_2}{2} l_4 \tag{1-13}$$

两端横断面面积相差很大的情况下，边坡体积

$$V_4 = \frac{l_4}{6}(A_1 + 4A_0 + A_2) \tag{1-14}$$

式中 l_4——边坡④的长度（m）；

A_1，A_2，A_0——边坡④两端及中部横断面面积，算法同上。

（3）计算土方总量　将挖填方所有方格的土方量和边坡土方量汇总，即可得到该场地挖填方的总土方量。

1.2.3　土方调配

土方调配是土方规划中的一个重要内容，其目的就是使土方总运输量或土方施工成本最小的条件下，确定填挖方区土方的调配方向和数量，从而缩短工期和降低成本，确定最优方案。

土方调配主要工作内容包括：划分调配区，计算土方调配区之间的平均运距（或单位土方运价，或单位土方施工费用），确定土方最优调配方案，绘制土方调配图表。

1. 土方调配区的划分

土方调配的原则：应力求挖填平衡、运距最短、费用最省；考虑土方的利用，减少土方的重复挖填和运输。因此，在划分调配区时应注意下列几点：

1）调配区的划分应与房屋或构筑物的位置相协调，满足工程施工顺序和分期施工的要求，使先期施工和后期利用相结合。

2）调配区的大小应考虑土方及施工机械（铲运机、挖土机等）的技术性能，使其功能得到充分发挥。

3）调配区的范围应与土方量计算用的方格网相协调，通常可由若干个方格网组成一个调配区。

4）当土方运距较大或场地范围内土方不平衡时，可依据地形考虑就近借土或就近弃土。这种情况下，一个借土区或一个弃土区均可作为一个独立的调配区。

5）调配区划分还应尽可能与大型地下建筑物的施工相结合，避免土方重复开挖。

2. 确定调配区之间的平均运距

调配区的大小和位置确定之后，便可计算各填方、挖方调配区之间的平均运距。当用铲运机或推土机平土时，挖方调配区和填方调配区土方重心之间的距离通常就是该填、挖方调配区之间的平均运距。

当填、挖方调配区之间距离较远，采用汽车、自行式铲运机或其他运土工具沿工地道路或规定线路运土时，其运距应按实际情况进行计算。

3. 平均运距最优调配方案的确定

最优调配方案的确定是以线性规划为理论基础，常用“表上作业法”求解。现结合示

例介绍如下：

如图 1-7 所示为一矩形场地，图 1-7 中小方格中的数字为各调配区的土方量，箭杆上的数字则为各调配区之间的平均运距，W_1，W_2，W_3，W_4代表各挖方区域，T_1，T_2，T_3代表各填方区域。

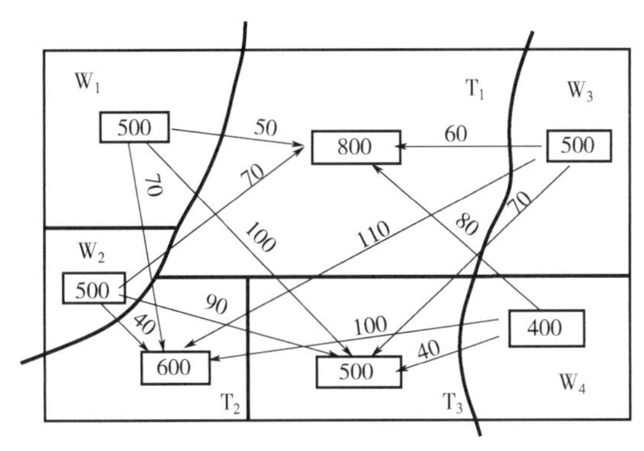

图 1-7　调配区土方量和平均运距示意图

（1）用“最小元素法”编制初始调配方案　初始方案的编制采用“最小元素法”，即对应于价格系数 c_{ij}（此案例表示各挖填方之间的运距）最小的土方量 x_{ij}（此案例表示各挖填方土方量）取最大值，由此逐个确定调配方格的土方数及不进行调配的方格。

第一步：将土方数及价格系数填入计算表中，见表 1-4。

表 1-4　各调配区土方量及平均运距

填方区 / 挖方区	T_1		T_2		T_3		填方量/m³
W_1	x_{11}	50	x_{12}	70	x_{13}	100	500
		c'_{11}		c'_{12}		c'_{13}	
W_2	x_{21}	70	x_{22}	40	x_{23}	90	500
		c'_{21}		c'_{22}		c'_{23}	
W_3	x_{31}	60	x_{32}	110	x_{33}	70	500
		c'_{31}		c'_{32}		c'_{33}	
W_4	x_{41}	80	x_{42}	100	x_{43}	40	400
		c'_{41}		c'_{42}		c'_{43}	
填方量/m³	800		600		500		1900

第二步：按“最小元素法”填入土方数。

在表 1-4 中找价格系数最小的方格（$c_{22}=c'_{43}=40$），任取其中之一，确定它所对应的调配土方数。如取 c_{43}，则先确定 x_{43}的值，使 x_{43}尽可能大，考虑挖方区 W_4最大挖方量为 400，填方区 T_3最大填方量为 500，则 x_{43}最大为 400。由于 W_4挖方区的土方全部调到 T_3填方区，所以 x_{41}和 x_{42}都等于 0。将 400 填入表 1-5 中的 x_{43}格内，同时在 x_{41}、x_{42}格内画上一个“×”号。然后在没有填上数字和“×”号的方格内，再选一个 c_{ij}最小的方格，即 $c_{22}=40$，使 x_{22}尽量大，$x_{22}=\min\{500、600\}=500$，同时使 $x_{21}=x_{23}=0$。将 500 填入表 1-5 的 x_{22}格内，

并在 x_{21}、x_{22}格内画上“×”号（表1-5）。重复上面步骤，依次确定其余 x_{ij}数值，最后可以得出表1-6。

表1-5　初始方案确定过程

挖方区 \ 填方区	T_1		T_2		T_3		填方量/m^3
W_1		50 c'_{11}		70 c'_{12}		100 c'_{13}	500
W_2	×	70 c'_{21}	500	40 c'_{22}	×	90 c'_{23}	500
W_3		60 c'_{31}		110 c'_{32}		70 c'_{33}	500
W_4	×	80 c'_{41}	×	100 c'_{42}	400	40 c'_{43}	400
填方量/m^3	800		600		500		1900

表1-6　初始方案计算结果

挖方区 \ 填方区	T_1		T_2		T_3		填方量/m^3
W_1	500	50	×	70	×	100	500
W_2	×	70	500	40	×	90	500
W_3	300	60	100	110	100	70	500
W_4	×	80	×	100	400	40	400
填方量/m^3	800		600		500		1900

表1-6中所求得的一组 x_{ij}的数值，便是本例的初始调配方案。由于利用“最小元素法”确定的初始方案首先是让 c_{ij}最小的那些格内的 x_{ij}值取尽可能大的值，也就是优先考虑“就近调配”，所以求得的总运输量是较小的。但是这并不能保证其总运输量最少，因此还需要进行判别，看它是否是最优方案。

（2）最优方案判别（假想价格系数法）　在“表上作业法”中，判别是否是最优方案的方法有许多种。采用“假想价格系数法”求检验数较清晰直观，此处着重介绍该方法。该方法是设法求得无调配土方方格的检验数 λ_{ij}，判别 λ_{ij}是否非负，如果所有检验数 $\lambda_{ij} \geqslant 0$，则方案为最优方案，否则该方案不是最优方案，需要进行调整。

第一步：求出各方格的假想价格系数 c'_{ij}。

1）有调配土方方格的假想价格系数 $c'_{ij}=c_{ij}$，见表1-7。

2）无调配土方方格的假想价格系数用式（1-15）计算，即任一矩形的四个方格内对角线上的假想系数之和相等，利用已知的假想系数，逐个求解未知的 c'_{ij}。寻找合适的方格构成一个求解矩形，最终求出所有 c'_{ij}，见表 1-7。

$$c'_{ef} + c'_{pq} = c'_{eq} + c'_{pf} \tag{1-15}$$

表 1-7　计算假想价格系数

<table>
<tr><th>填方区
挖方区</th><th colspan="2">T_1</th><th colspan="2">T_2</th><th colspan="2">T_3</th><th>填方量/m^3</th></tr>
<tr><td rowspan="2">W_1</td><td rowspan="2">500</td><td>50</td><td rowspan="2">×</td><td>70</td><td rowspan="2">×</td><td>100</td><td rowspan="2">500</td></tr>
<tr><td>50</td><td>100</td><td>60</td></tr>
<tr><td rowspan="2">W_2</td><td rowspan="2">×</td><td>70</td><td rowspan="2">500</td><td>40</td><td rowspan="2">×</td><td>90</td><td rowspan="2">500</td></tr>
<tr><td>−10</td><td>40</td><td>0</td></tr>
<tr><td rowspan="2">W_3</td><td rowspan="2">300</td><td>60</td><td rowspan="2">100</td><td>110</td><td rowspan="2">100</td><td>70</td><td rowspan="2">500</td></tr>
<tr><td>60</td><td>110</td><td>70</td></tr>
<tr><td rowspan="2">W_4</td><td rowspan="2">×</td><td>80</td><td rowspan="2">×</td><td>100</td><td rowspan="2">400</td><td>40</td><td rowspan="2">400</td></tr>
<tr><td>30</td><td>80</td><td>40</td></tr>
<tr><td>填方量/m^3</td><td colspan="2">800</td><td colspan="2">600</td><td colspan="2">500</td><td></td></tr>
</table>

第二步：假想价格系数全部求出后，用式（1-16）求无调配土方方格的检验数。只要用无调配土方方格右侧两个小格上面的数字减去下面的数字，即得到相应检验数 λ_{ij}，并将检验数结果正负号填入表 1-8。

$$\lambda_{ij} = c_{ij} - c'_{ij} \tag{1-16}$$

表 1-8　计算检验数

<table>
<tr><th>填方区
挖方区</th><th colspan="2">T_1</th><th colspan="2">T_2</th><th colspan="2">T_3</th></tr>
<tr><td rowspan="2">W_1</td><td rowspan="2"></td><td>50</td><td rowspan="2">−</td><td>70</td><td rowspan="2">+</td><td>100</td></tr>
<tr><td>50</td><td>100</td><td>60</td></tr>
<tr><td rowspan="2">W_2</td><td rowspan="2">+</td><td>70</td><td rowspan="2"></td><td>40</td><td rowspan="2">+</td><td>90</td></tr>
<tr><td>−10</td><td>40</td><td>0</td></tr>
<tr><td rowspan="2">W_3</td><td rowspan="2"></td><td>60</td><td rowspan="2"></td><td>110</td><td rowspan="2"></td><td>70</td></tr>
<tr><td>60</td><td>110</td><td>70</td></tr>
<tr><td rowspan="2">W_4</td><td rowspan="2">+</td><td>80</td><td rowspan="2">+</td><td>100</td><td rowspan="2"></td><td>40</td></tr>
<tr><td>30</td><td>80</td><td>40</td></tr>
</table>

表 1-8 中出现负检验数，说明初始方案不是最优，需要进一步调整。

（3）方案的调整

第一步：在所有负检验数中选一个（可以选最小的一个），本例中把它所对应的变量 x_{12} 作为调整对象。

第二步：找出 x_{12}的闭回路。从 x_{12}格出发，沿水平与竖直方向前进，遇到适当的有数字的方格做 90°转弯（也不一定转弯），然后继续前进，如果路线恰当，有限步后便能回到出发点，形成一条以有数字的方格为转角点，并用水平和竖直线连起来的闭回路，见表 1-9。

表 1-9　求解闭回路

挖方区 / 填方区	T_1		T_2	T_3
W_1	500	←	x_{12}	
			↑	
W_2	↓		500	
			↑	
W_3	300	→	100	100
W_4				400

第三步：从空格 x_{12} 出发，沿着闭回路（方向任意）一直前进，在各奇数次转角点（以 x_{12} 出发点为 0）的数字中，挑出一个最小的 x_{ij}，（本例便是在 500，300，100 中选出 100，即 x_{32}），将它调到 x_{12} 方格中（即空格中）。

第四步：将 100 填入 x_{12} 方格中，被挑出的 x_{32} 变为 0（该格变为空格）；同时将闭回路上其他的奇数次转角上的数字都减去 100。偶数次转角上数字都增加 100，使得填挖方区的土方量仍然保持平衡，这样调整后，便可得到新调配方案，见表 1-10。

表 1-10　调整后新的调配方案

填方区 / 挖方区	T_1		T_2		T_3		填方量/m^3
W_1	400	50	100	70	+	100	500
		50		100		60	
W_2	+	70	500	40	+	90	500
		-10		40		0	
W_3	400	60	+	110	100	70	500
		60		110		70	
W_4	+	80	+	100	400	40	400
		30		80		40	
填方量/m^3	800		600		500		

对表 1-10 中新调配方案进行再次检验，求得检验数 λ_{ij}，并判断其正负。如果检验数中仍有负数出现，那就按上述步骤继续调整，直到检验数全部为非负，得出最优方案为止。

表 1-10 中所有检验数均为正号，说明该方案为最优方案。该最优土方调配方案的土方总运输量 Z 为：$Z = 400 \times 50 + 100 \times 70 + 500 \times 40 + 400 \times 60 + 100 \times 70 + 400 \times 40 = 94000$（$m^3$）。

将表 1-10 中的土方调配数值绘制成最优土方调配图，箭杆上的数值为土方调配数量，如图 1-8 所示。

最后，对比一下初始土方调配方案的总运输量（Z_0）为：

$$Z_0 = 500\times50 + 500\times40 + 300\times60 + 100\times110 + 100\times70 + 400\times40 = 97000\ (\mathrm{m}^3)$$

$$Z - Z_0 = 94000 - 97000 = -3000\ (\mathrm{m}^3)$$

即调整后总运输量减少了 $3000\mathrm{m}^3$

土方调配的最优方案可以不止一个，这些方案调配区或调配土方量可以不同，但是它们的目标函数 Z 都是相同的。可以有若干最优方案，从而为人们提供了更多的选择余地。

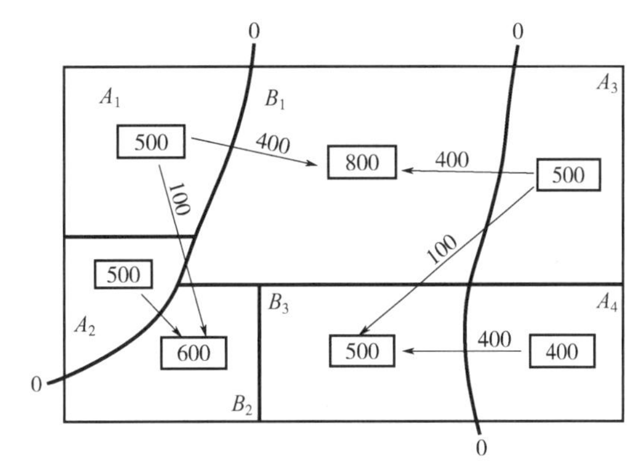

图 1-8　最优土方调配图

1.3　基坑开挖

土木工程施工时，在场地平整结束后一般都需基坑开挖，为保证基坑开挖的顺利进行，在施工前需要进行土壁稳定、施工排水、流砂防治和填土压实等问题的设计与施工。

1.3.1　土方边坡及其稳定

1. 土方边坡

为了防止塌方，保证施工安全，在基坑开挖深度超过一定限度时，土壁应做好放坡，或者加临时支撑以保持土壁的稳定。

土方边坡坡度以挖方深度（或填方深度）h 与底宽 b 之比表示（图 1-9），即

$$土方边坡坡度 = \frac{h}{b} = \frac{1}{b/h} = 1:m \tag{1-17}$$

式中，$m = b/h$ 称为边坡系数。

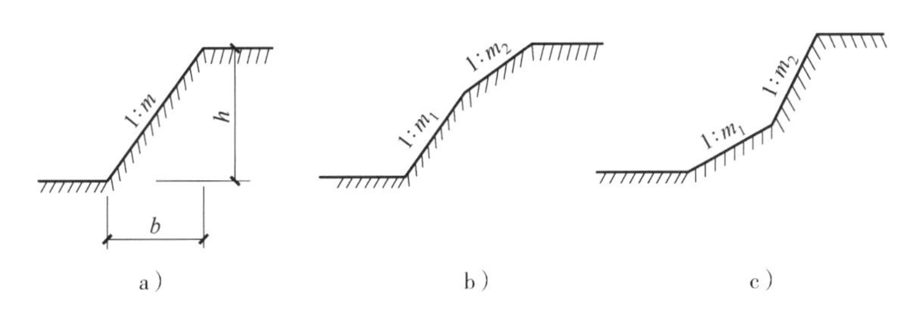

图 1-9　土方边坡示意

a）直线边坡　b）不同土层折线边坡　c）相同土层折线边坡

边坡坡度应根据不同的挖填高度、土的性质及工程的特点而定，既要保证土体稳定和施工安全，又要节省土方。临时性挖方边坡应按表 1-11 规定；挖方中有不同的土层，或深度超过 10m 时，其边坡可做成折线形或台阶形，如图 1-9b、图 1-9c 所示，以减少土方量。

表 1-11　临时性挖方边坡坡度

土的类别		边坡坡度（高∶宽）
砂土（不包括细砂、粉砂）		1∶1.25～1∶1.50
一般性黏土	硬	1∶0.75～1∶1.00
	硬、塑	1∶1.00～1∶1.25
	软	1∶1.50 或更缓
碎石类土	充填坚硬、硬塑黏性土	1∶0.50～1∶1.00
	充填砂土	1∶1.00～1∶1.50

注：1. 使用时间较长的临时性挖方是指使用时间超过一年的临时道路、临时工程的挖方。
2. 挖方经过不同类别的土（岩）层或深度超过 10m，其边坡可做成折线形或台阶形。
3. 当有成熟经验时，可不受本表限制。

当地质条件良好，土质均匀且地下水位低于基坑、沟槽底面标高时，挖方深度在 5m 以内，不设支撑的边坡留设应符合表 1-12 的规定。

表 1-12　深度在 5m 内的基坑（槽）、管沟边坡的最陡坡度

土的类别	边坡坡度（高∶宽）		
	坡顶无荷载	坡顶有静载	坡顶有动载
中密的砂土	1∶1.00	1∶1.25	1∶1.50
中密的碎石类土（充填物为砂土）	1∶0.75	1∶1.00	1∶1.25
硬塑的粉土	1∶0.67	1∶0.75	1∶1.00
中密的碎石类土（充填物为黏性土）	1∶0.50	1∶0.67	1∶0.75
硬塑的粉质黏土、黏土	1∶0.33	1∶0.50	1∶0.67
老黄土	1∶0.10	1∶0.25	1∶0.33
软土（经井点降水后）	1∶1.00	—	—

注：1. 静载指堆土或材料等。动载指机械挖土或汽车运输作业等。静载或动载应距挖方边缘 0.8m 以外，堆土或材料高度不宜超过 1.5m。
2. 当有成熟经验时，可不受本表限制。

对于使用时间在一年以上的临时性填方边坡坡度，则应满足以下要求：当填方高度在 10m 以内，可采用 1∶1.5；当高度超过 10m，可做成折线形，上部采用 1∶1.5，下部采用 1∶1.75。对于永久性挖方或填方边坡，则均应按设计要求施工。

2. 土方边坡的稳定

土壁的稳定主要是由土体内摩擦阻力和粘结力来保持平衡的。一旦土体失去平衡，就会塌方，不仅会造成人身安全事故，同时也会影响工期，有时还会危及附近的建筑物。

（1）造成土壁塌方的原因

1）边坡过陡，使土体本身稳定性不够，尤其是在土质差、开挖深度大的坑槽中，常引起塌方。

2）雨水、地下水渗入基坑，使土体重力增大及抗剪能力降低，这是造成塌方的主要原因。

3）基坑（槽）边缘附近大量堆土，或停放机具、材料，或由于动荷载的作用，使土体产生的剪应力超过土体的抗剪强度。

（2）保证土体稳定措施

1）放足边坡，边坡的留设应符合规范的要求，其坡度的大小则应根据土壤的性质、水文地质条件、施工方法、开挖深度、工期的长短等因素确定。

2）基坑（槽）或管沟挖好后，应及时进行基础工程或地下结构工程施工。在施工过程中，应经常检查坑壁的稳定情况。当挖地基坑较深或晾槽时间较长时，应根据实际情况采取护面措施。常用的坡面保护方法有帆布、塑料薄膜覆盖法，坡面拉网法或挂网。

3）当地质条件良好、土质均匀且地下水位低于基坑（槽）或管沟底面标高时，挖方边坡可做成直立壁不加支撑，但深度不宜超过下列规定：密实、中密实的砂土和碎石类土（充填物为砂土）为1m；硬塑、可塑的轻亚黏土及亚黏土为1.25m；硬黏、可塑性黏土和碎石类土（充填物为黏性土）为1.5m；坚硬的黏土为2m。

4）为了缩小施工面，减少土方，或受场地的限制不能放坡时，则可设置土壁支撑。

1.3.2 土壁支护

开挖基坑（槽）时，如果周围环境和地质条件允许，采用常规的放坡开挖是比较经济的。但在建筑密集地区施工，或有地下水渗入基坑（槽）时往往不可能按要求的坡度放坡开挖，这时就需要进行基坑（槽）支护，以保证施工的安全和顺利进行，并减少对周边建筑、设施及环境等的不利影响。

基坑（槽）支护结构的主要作用是支撑土壁，此外，钢板桩、混凝土板桩及水泥土搅拌桩等围扩结构还兼有不同程度的止水作用。土壁支撑形式应根据开挖深度和宽度、土质和地下水条件以及开挖方法、相邻建筑物等情况进行选择和设计。

1. 浅基坑（槽）的支护

开挖较窄的沟槽多用横撑式支撑。横撑式支撑根据挡土板的不同，分为水平挡土板和垂直挡土板两类，前者又分隔断式、断续式和连续式三种。采用横撑式支撑时，应随挖随撑，支撑要牢固。施工中应经常检查，如有松动、变形等现象，应及时加固或更换。支撑的拆除应按回填顺序依次进行，多层支撑应自下而上逐层拆除，随拆随填。对松散和湿度很大的土可用垂直挡土板式支撑，挖土深度不限。一般沟槽的支撑方式及适用条件见表1-13。

表1-13 一般沟槽的支撑方式及适用条件

支撑方式	简图	支撑方式	适用条件
间断式水平支撑	木楔 横撑 水平挡土板	两侧挡土板水平放置，用工具式或木横撑借木楔顶紧，挖一层土，支顶一层	适用于能保持直立壁的干土或天然湿度的黏土，地下水很少，深度在2m以内

（续）

支撑方式	简图	支撑方式	适用条件
断续式水平支撑	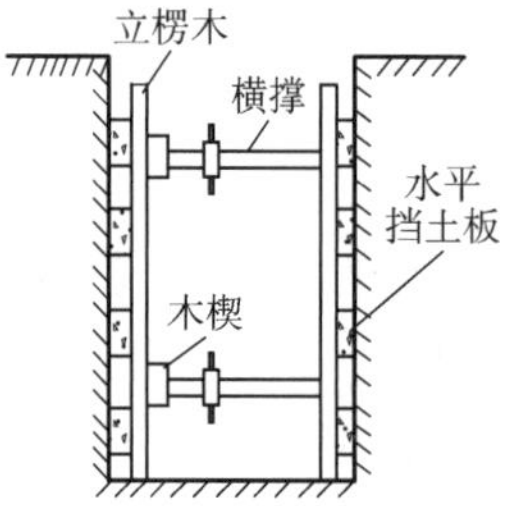	挡土板水平放置，中间留出间隔，并在两侧同时对称立竖枋木，再用工具式或木横撑上、下顶紧	适用于能保持直立壁的干土或天然湿度的黏土，地下水很少，深度在3m以内
连续式水平支撑	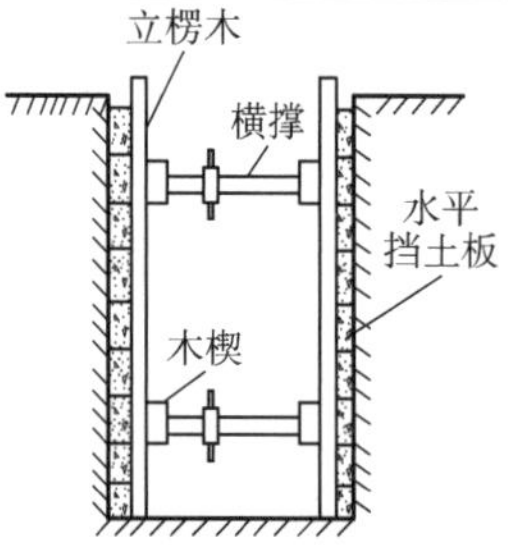	挡土板水平连续放置，不留间隙，然后两侧同时对称立竖枋木，上下各顶一根撑木，端头加木楔顶紧	适用于较松散的干土或天然湿度的黏性土，地下水很少，深度在3～5m
连续或间断式垂直支撑	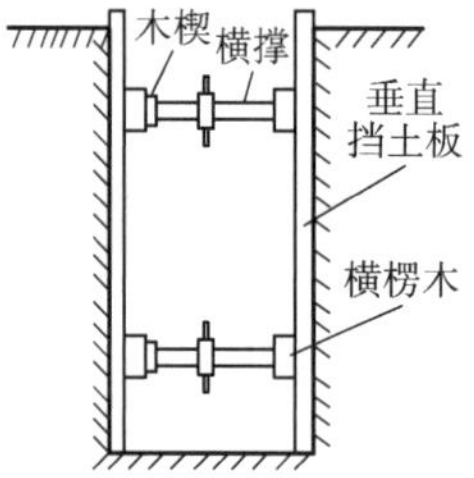	挡土板垂直放置，连续或留适当间隙。然后每侧上、下各水平顶一根枋木，再用横撑顶紧	适用于土质较松散或湿度很高且地下水较少的土壤，深度不限
水平垂直混合支撑	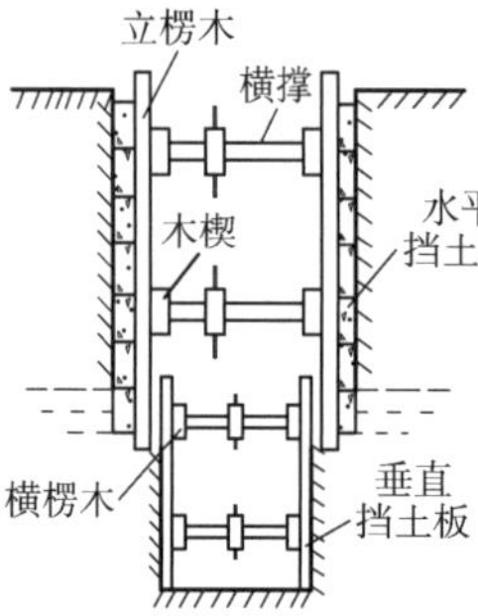	沟槽上部设连续或水平支撑，下部设连续或垂直支撑	适用于沟槽深度较大、下部有含水土层时

一般基坑的支撑方式和适用条件见表1-14。

表1-14　一般基坑的支撑方式和适用条件

支撑方式	简图	支撑方式	适用条件
斜柱支撑	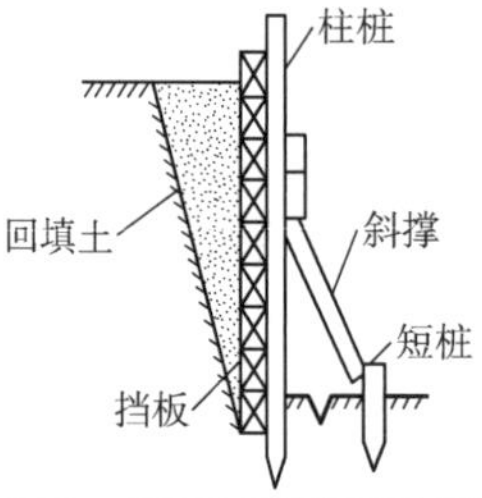	水平挡土板钉在柱桩内侧，柱桩外侧用斜撑支顶，斜撑底端支在木桩上，在挡土板内侧回填土	适用于开挖面积较大、深度不大的基坑或使用机械挖土

（续）

支撑方式	简图	支撑方式	适用条件
锚拉支撑	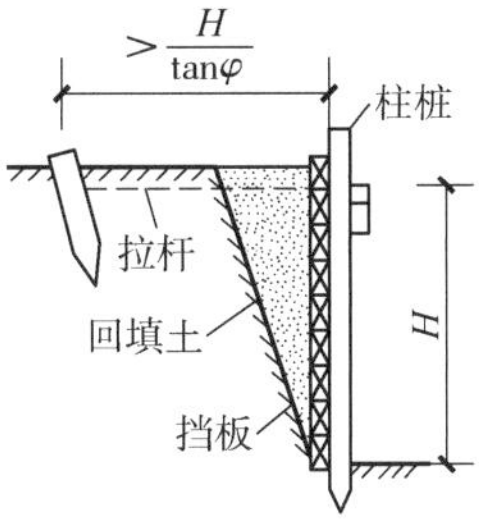	水平挡土板支在柱桩的内侧，柱桩一端打入土中，另一端用拉杆与锚桩拉紧，在挡土板内侧回填土	适用于开挖面积较大、深度不大的基坑或使用机械挖土时
短柱横隔支撑	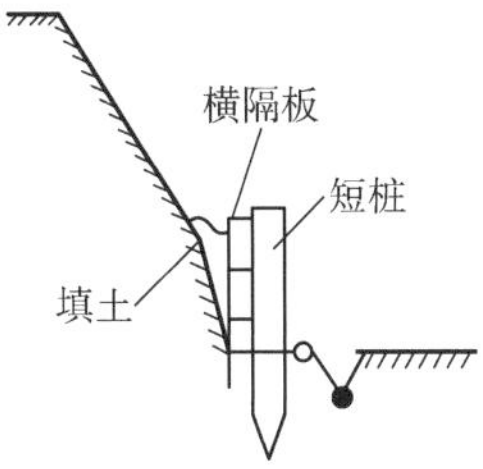	打入小短木桩，部分打入土中，部分露出地面，钉上水平挡土板，在背面填土	适用于开挖宽度大的基坑，当部分地段下部放坡不够时采用
临时挡土墙支撑	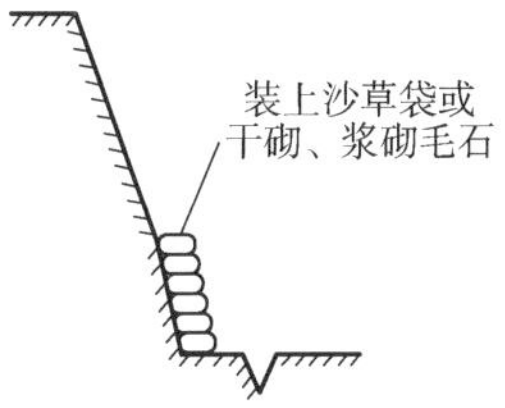	沿坡脚用砖、石叠砌或用草袋装土砂堆砌，使坡脚保持稳定	适用于开挖宽度大的基坑，当部分地段下部放坡不够时采用

2. 深基坑边坡支护

对宽度较大、深 5m 以上的深基坑且地质条件较复杂时，必须选择有效的支护形式，表 1-15为几种常用深基坑支护方式及适用条件。

表 1-15　几种常用深基坑支护方式及适用条件

支撑（护）方式	简图	支撑（护）方式	适用条件
型钢桩横挡板支撑	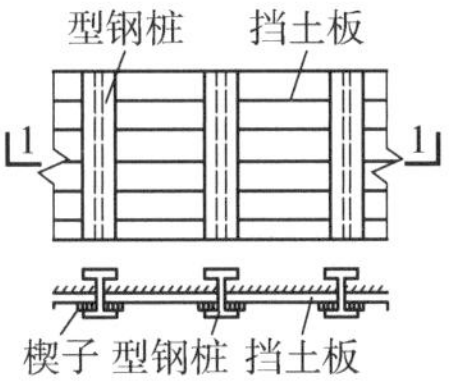	沿挡土位置预先打入钢轨、工字钢或 H 型钢桩，间距 1～1.5m，然后边挖方，边将 3～6cm 厚的挡土板塞进钢桩之间挡土，并在横向挡板与型钢桩之间打入楔子，使横板与土体紧密接触	适用于地下水较低，深度不很大的一般黏性土或砂土层
钢板桩支撑	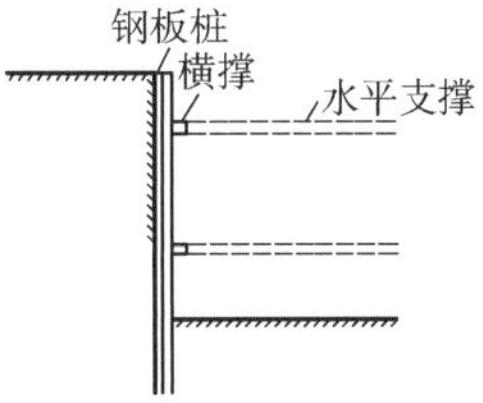	在开挖的基坑周围打钢板桩或钢筋混凝土板桩，板桩入土深度及悬臂长度应经计算确定，如基坑宽度很大，可加水平支撑	适用于一般地下水、深度和宽度不很大的黏性土或砂土层

（续）

支撑（护）方式	简图	支撑（护）方式	适用条件
钢板桩与钢构架结合支撑	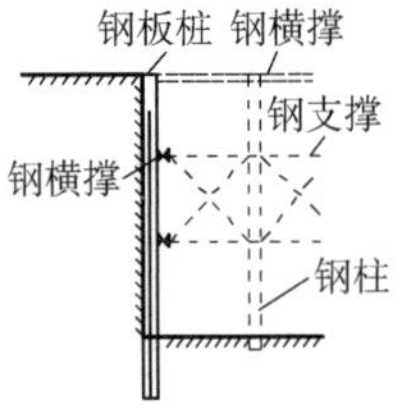	在开挖的基坑周围打钢板桩，在柱位置上打入暂设钢柱，在基坑中挖土，每下挖3~4m，装上一层构架撑体系，挖土在钢构架网格中进行，亦可不预先打入柱，随挖随接长支柱	适用于在饱和软弱土层中开挖较大、较深基坑，钢桩刚度不够时采用
挡土灌注桩支撑	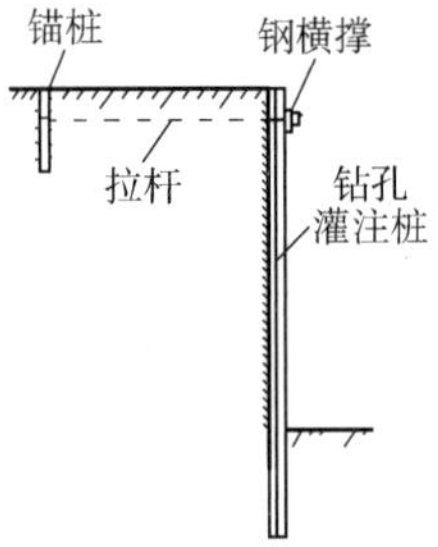	在开挖的基坑周围，用钻机钻孔，现场灌注钢筋混凝土桩，达到强度后，在基坑中间用机械或人工挖土，下挖1m左右装上横撑，在桩背面装上拉杆与已设锚桩拉紧，然后继续挖土至要求深度。在桩间土方挖成外拱形，使之起上拱作用，如基坑深度小于6m或邻近有建筑物，亦可不设锚拉杆，采取加密桩距或加大桩径处理	适合开挖面积较大、深度>6m的基坑，临近有建筑物，不允许支护，背面地基有下沉、位移时采用
挡土灌注桩与土层锚杆结合支撑	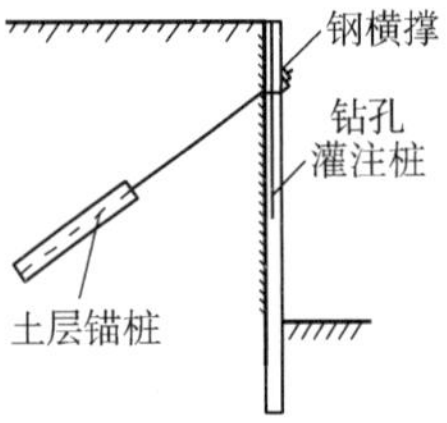	同挡土灌注桩支撑，但桩顶不设锚桩锚杆，而是挖至一定深度，每隔一定距离向桩背面斜下方用锚杆钻机打孔，安放钢筋锚杆，用水泥压力灌浆，达到强度后，安上横撑，拉紧固定，在桩中间进行挖土，直至设计深度。如设2~3层锚杆，可挖一层土，装设一次锚杆	适合大型较深基坑，施工期较长，邻近有高层建筑，不允许支护，邻近地基不允许有任何下沉位移时采用
地下连续墙支护	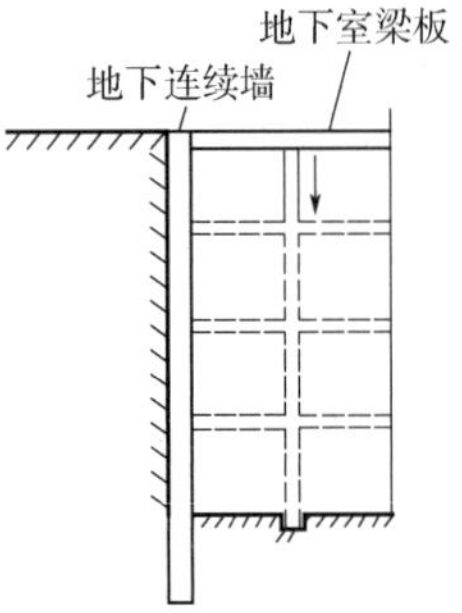	在待开挖的基坑周围，先建造混凝土或钢筋混凝土地下连续墙，达到强度后，在墙中间用机械或人工挖土，直至要求深度。当跨度、深度很大时，可在内部加设水平支撑及支柱。当采用逆作法施工时，每下挖一层，把下一层梁、板、柱浇筑完成，以此作为地下连续墙的水平框架支撑，如此循环作业，直到地下室的底层全部挖完并浇筑完成	适合开挖面积较大、较深（>10m）、有地下水、有周边建筑物、有公路的基坑，作为地下结构外墙的一部分，或用于高层建筑的逆作法施工，作为地下室结构的部分外墙

（续）

支撑（护）方式	简图	支撑（护）方式	适用条件
地下连续墙与土层锚杆结合支护	锚头垫座 地下连续墙 土层锚桩	在待开挖的基坑周围先建造地下连续墙支护，在墙中部用机械配合人工开挖土方至锚杆部位。用锚杆钻机在要求位置钻孔，放入锚杆，进行灌浆，待达到强度，装上锚杆横梁或锚头垫座，然后继续下挖至要求深度。如设2～3层锚杆，每挖一层装一层、采用快凝砂浆灌注	适合开挖面积较大、较深（>10m）、有地下水的大型基坑，周围有高层建筑，不允许支护结构有变形，采用机械挖方要求有较大空间，不允许内部设支撑时采用

1.3.3 施工降水

开挖基坑或沟槽时，当土壤的含水层被切断，地下水将会不断渗入坑内，雨期施工时，地面水也会流入坑内。流入坑内的地下水和地面水如不及时排除，不但会使施工条件恶化，造成土壁塌方，亦会影响地基的承载力。因此，在土方施工中，做好施工排水工作，保持土体干燥是十分重要的。土方工程中采用较多的是明沟排水法和井点降水法。

1. 明沟排水法

明沟排水法又称集水坑降水法，是在坑（槽）底周围或中央开挖有坡度的排水沟，每隔一定距离设一个集水坑，地下水通过排水沟流入集水坑，用水泵抽走，如图1-10所示。该方法设备简单，施工方便，但施工中应注意防治流砂。

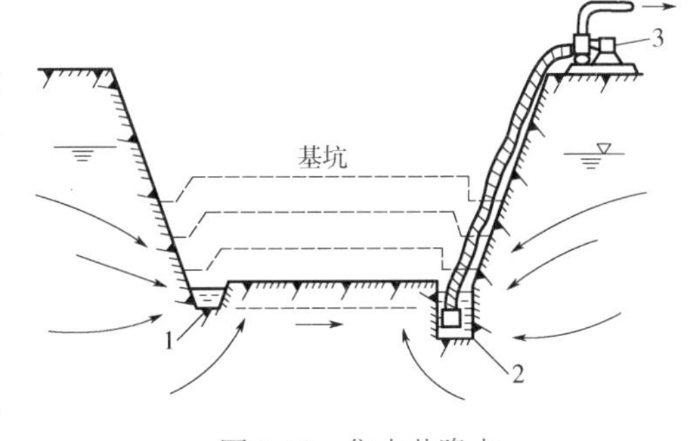

图1-10 集水井降水
1—排水沟 2—集水井 3—水泵

基坑周围的排水沟或集水井应设置在基础范围以外，地下水流的上游。根据地下水量、基坑平面形状及水泵能力，集水井每隔20～40m设置一个，集水井的直径或宽度一般为0.6～0.8m。其深度随着挖土的加深而加深，要经常低于挖土面0.7～1.0m，井壁可用竹、木等简易加固。当基坑挖至设计标高后，井底应低于坑底1～2m，并铺设碎石滤水层，以免在抽水时将砂抽出，并防止井底的土被搅动。

明沟排水法适用于水流较大的粗粒土层的排水、降水，也可用于渗水量较小的黏性土层降水，但不适宜于细砂土和粉砂土层，因为地下水渗出会带走细粒而发生流砂现象。

流砂现象：当开挖深度大、地下水位较高而土质为细砂或粉砂时，如果采用集水井法降水开挖，当挖至地下水位以下时，坑底下面的土会形成流动状态，随地下水涌入基坑，这种现象称为流砂。

如果土层中产生局部流砂现象，应采取减小动水压力的处理措施，使坑底土颗粒稳定，不受水压干扰。其方法有：①如条件许可，尽量安排枯水期施工，使最高地下水位不高于坑底0.5m；②水中挖土时，不抽水或减少抽水，保持坑内水压与地下水压基本平衡；③采用井点降水法、打板桩法、地下连续墙法防止流砂产生。

2. 井点降水法

井点降水法是在基坑（槽）开挖前，先在基坑周边埋设一定数量的滤水管（井），利用抽水设备在开挖过程中不断抽水，使地下水位降至坑底以下，直到基础工程施工结束为止。这样，可使基坑在施工过程中始终保持干燥状态，防止水中作业和流砂发生。但在降水前，应考虑在降水影响范围内的已有建筑物和构筑物可能产生附加沉降、位移，从而引起开裂、倾斜、倒塌或地面塌陷等危险，必要时应提前采取有效的防护措施。

井点降水法的井点类型有：轻型井点、喷射井点、电渗井点、管井井点和深井井点等。可根据土的渗透系数、要求降水深度及设备条件按表1-16选用。

表1-16 降水类型及适用条件

降水类型	渗透系数/(cm/s)	可能降低的水位深度/m
轻型井点	$10^{-2}\sim10^{-5}$	3~6
多级轻型井点		6~12
喷射井点	$10^{-3}\sim10^{-6}$	8~20
电渗井点	$<10^{-6}$	宜配合其他形式降水使用
深井井管	$\geqslant10^{-5}$	>10

(1) 轻型井点　轻型井点（图1-11）就是沿基坑周围或一侧以一定间距将井点管（下端为滤管）埋入蓄水层内，井点管上部与总管连接，利用抽水设备将地下水经滤管进入井管，经总管不断抽出，从而将地下水位降至坑底以下。

轻型井点法适用于土壤的渗透系数为0.1~50m/d的土层中，降低水位深度：一级轻型井点为3~6m，二级井点可达6~9m。

1) 轻型井点设备。轻型井点设备由管路系统和抽水设备组成。管路系统包括滤管、井点管、弯联管及总管等。滤管（图1-12）为进水设备，其构造是否合理对抽水设备影响很大。

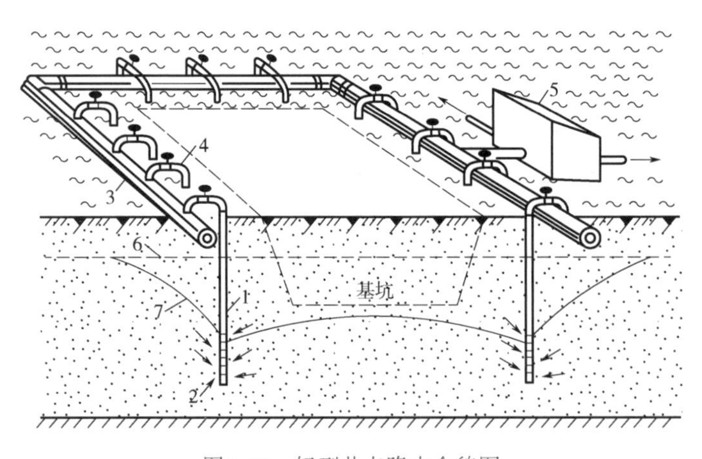

图1-11 轻型井点降水全貌图

1—井点管 2—滤管 3—集水总管 4—弯联管
5—水泵房 6—原地下水位线 7—降低后的地下水位线

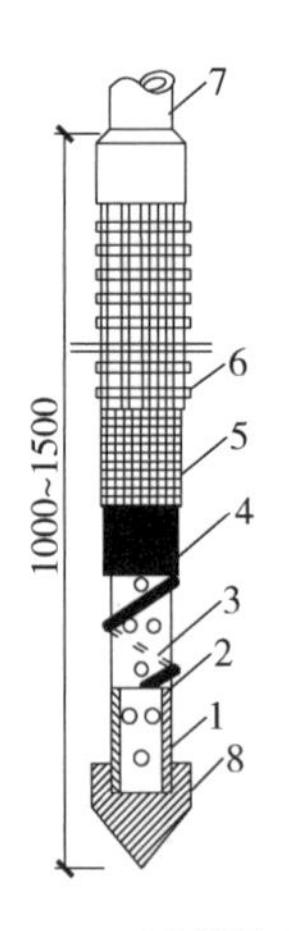

图1-12 滤管构造

1—钢管 2—管壁上的小孔
3—缠绕的塑料管 4—细滤网 5—粗滤网
6—粗铁丝保护网 7—井点管 8—铸铁点

轻型井点设备由管路系统和抽水设备等组成。管路系统由滤管、井点管、弯联管和总管组成。抽水设备常用真空泵和射流泵系统。干式真空泵系统由真空泵、离心泵和水汽分离器组成。射流泵系统由射流器、离心泵和循环水箱组成。

射流井点系统的降水深度可达6m，所带井点管一般只有25～40根，总管长度30～50m。若采用两台离心泵和两个射流器联合工作，能带动井点管70根，总管长度100m。

射流泵井点排气量较小，真空度波动较敏感，易于下降，排水能力较低。但结构简单、制造容易、成本低、耗电小、使用检修方便。适于在粉砂、粉土等渗透系数较小的土层降水。

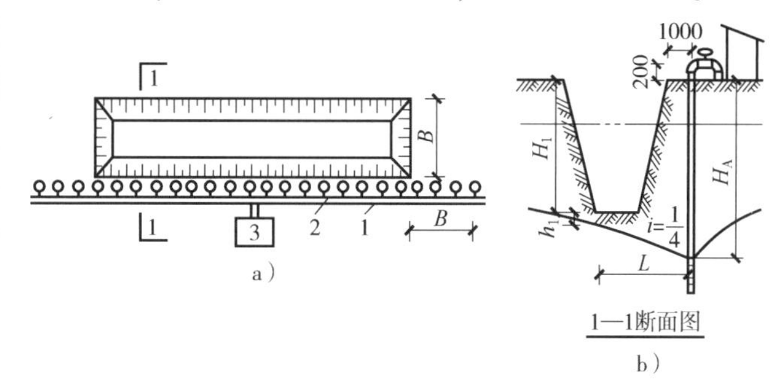

图1-13　单排线状井点布置

a）平面布置　b）高程布置

1—总管　2—井点管　3—抽水设备

2）轻型井点布置。

①平面布置。井点布置及井点管间距应根据基坑（槽）平面形状与尺寸、基坑深度、水文、地质降水深度、工程性质等确定。当坑（槽）宽度小于6m且降水深度不超过6m时，可采用单排井点，布置在地下水上游一侧，两端延伸长度不小于坑（槽）宽度B，如图1-13所示；当坑（槽）宽度大于6m或土质排水不良时，宜采用双排线状井点，布置在坑（槽）两侧，位于地下水流上游一排井点管的间距应小些，下游一排井点管的间距可大些；当基坑面积较大时，宜采用环形井点，如图1-14所示；为便于挖土机械和运输车辆出入基坑，总管可不封闭，布置为U形环状井点。

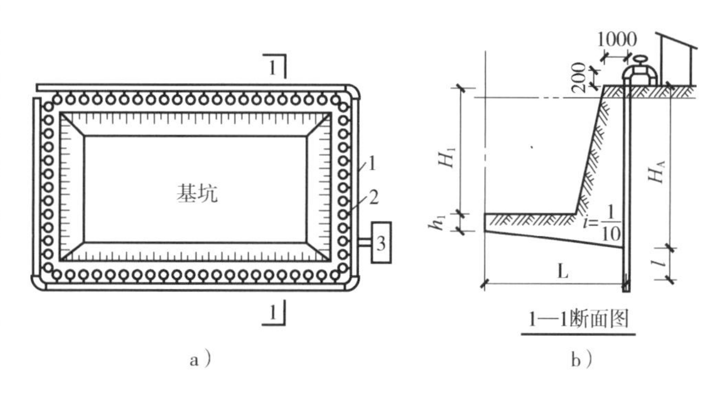

图1-14　环形井点布置

a）平面布置　b）高程布置

1—总管　2—井点管　3—抽水设备

为防局部漏气，井点管距离基坑壁不应小于1.0m，间距一般为0.8～1.6m。靠近河流处或总管四角部位，井点应适当加密。主管长度过长（100～120m）采用多套抽水设备时，井点系统应分成长度大致相等的段，分段位置宜设在基坑拐弯处，各套井点总管间应装阀门隔开。

②高程布置。轻型井点的降水深度从理论上讲可达10.3m，但由于管路系统的水头损失，其实际降水深度一般不大于6m。布置时应参考井点管标准长度及其露出地面的长度（一般为0.2～0.3m），且滤水管必须在含水层内。井点管埋置深度H（不包括滤管），可按下式计算。

$$H \geqslant H_1 + h + iL \tag{1-18}$$

式中　H_1——井点管埋设面至坑底面的距离（m）；

h——降低后的地下水位至基坑中心底面的距离（m），一般为0.5～1m；

i——水力坡度，环形井点为1/10，单排井点为1/4；

L——井点管至基坑中心的水平距离（单排井点中为井点管至基坑另一侧的水平距离）(m)。

如H值小于降水深度6m时，则可用一级井点；H值稍大于6m时，如降低井点管的埋置面后，可满足降水深度要求时，仍可采用一级井点；当一级井点系统达不到降水深度时，可采用二级井点，即先挖去第一级井点所疏干的土，然后在基坑底部装设第二级井点，使降水深度增加，如图1-15所示。

3）轻型井点的安装与使用。

①轻型井点的安装。轻型井点的施工分为准备工作及井点系统安装。准备工作包括井点设备、动力、水泵及必要材料准备，排水沟的开挖，附近建筑物的标高监测以及防止附近建筑沉降的措施等。

埋设井点系统的安装顺序为：根据降水方案放线、挖管沟、布设总管、冲孔、下井点管、埋砂滤层、黏土封口、弯联管连接井点管与总管、安装抽水设备、试抽。

井点管的埋设一般用水冲法施工，分为冲孔和埋管两个过程，如图1-16所示。

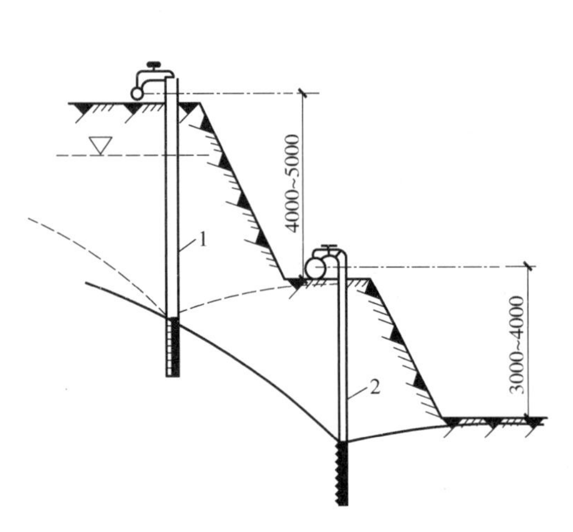

图1-15　二级轻型井点示意

1—第一级井点管

2—第二级井点管

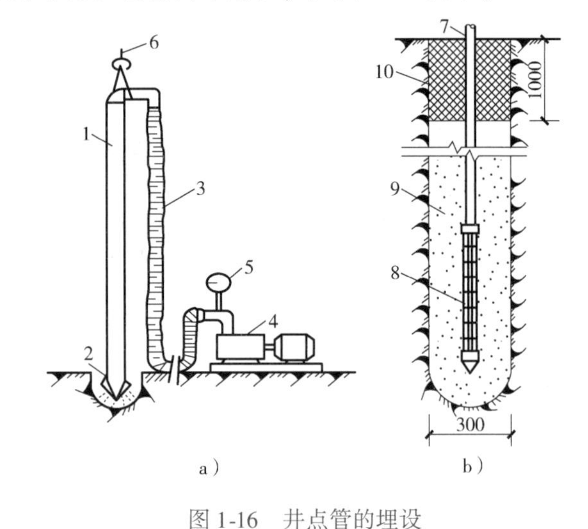

图1-16　井点管的埋设

a）冲孔　b）埋管

1—冲管　2—冲嘴　3—胶皮管　4—高压水泵　5—压力表　6—起重机吊钩　7—井点管　8—滤管　9—填砂　10—黏土封口

认真做好井点管的埋设和孔壁与井点管之间砂滤层的填灌，是保证井点系统顺利抽水、降低地下水位的关键。为此应注意：冲孔过程中，孔洞必须保持垂直，孔径一般为300mm，孔径上下要一致，冲孔深度要比滤管低0.5m左右，以保证井点管周围及滤管底部有足够的滤层；要保证井点管与孔壁间填筑砂滤层的质量，砂滤层宜选用粗砂，以免堵塞管的网眼；砂滤层灌好后，距地面下0.5~1m的深度内，应用黏土封口捣实，防止漏气。

井点管埋设完毕后，即可接通总管和抽水设备进行试抽水，检查有无漏水、漏气现象，出水是否正常。

②轻型井点的使用。轻型井点使用时，应保证连续不断抽水，若时抽时停，滤网易堵

塞；中途停抽，地下水回升，也会引起边坡塌方等事故。正常的出水规律是“先大后小，先浑后清”。

真空泵的真空度是判断井点系统运转是否良好的尺度，必须经常观测。造成真空度不够的原因较多，但通常是由于管路系统漏气的原因，应及时检查，采取措施。

井点淤塞，一般可以通过听管内水流声响，手摸管壁感到有振动、手触摸管壁有冬暖夏凉的感觉等简便方法检查。

如发现淤塞井点管太多，严重影响降水效果时，应逐根用高压水进行反冲洗，或拔出重埋。井点降水时，尚应对附近的建筑物进行沉降观测，如发现沉陷过大，应及时采取防护措施。

地下基础工程（或构筑物）竣工并进行回填土后，停机拆除井点排水设备。

（2）喷射井点　当基坑开挖较深，采用多级轻型井点不经济时，宜采用喷射井点，其降水深度可达8～20m。喷射井点设备由喷射井管、高压水泵及进水、排水管路组成。喷射井管由内管和外管组成，在内管下端装有喷射扬水器与滤管相连，当高压水经内外管之间的环形空间由喷嘴喷出时，地下水即被吸入而压出地面。

（3）电渗井点　电渗井点适用于土壤渗透系数小于0.1m/d，用一般井点不可能降低地下水位的含水层中，尤其宜用于淤泥排水。

电渗井点排水的原理是以井点管作负极，以打入的钢筋或钢管作正极，当通以直流电后，土颗粒即自负极向正极移动，水则自正极向负极移动而被集中排出。土颗粒的移动称电泳现象，水的移动称电渗现象，故称电渗井点。

（4）管井井点　管井井点就是沿基坑每隔20～50m距离设置一个管井，每个管井单独用一台水泵不断抽水来降低地下水位。在土的渗透系数$K \geqslant 20$m/d，地下水量大的土层中，宜采用管井井点。管井井点由滤水管井、吸水管和抽水泵组成。采用离心式水泵或潜水泵抽水。

若要求的降水深度较大，采用一般的离心泵和潜水泵不能满足要求时，可采用深井泵降水。深井泵井距大、不受土层限制、成孔容易、施工速度快、井点管可重复使用，适于渗透系数10～80m/d、降水深度大于15m的情况，故又称深井泵法。

（5）井点降水对邻近建筑物的影响和预防　井点降水使地基自重应力增加、土层被压缩、土颗粒流失，将引起周围地面沉降。由于土层的不均匀性和形成的水为降低漏斗曲线，地面沉降多不均匀，会导致邻近建筑物的基础下沉、房屋开裂。因此，井点降水时，必须采取相应措施，防降防裂。

井点降水有许多优点，在地下工程施工中应用广泛，但是井点降水使地基自重应力增加、土层被压缩、土颗粒流失，将引起周围地面沉降，影响半径可达百米至数百米。由于土层的不均匀性和形成的水位降低漏斗曲线，地面沉降多不均匀，会导致邻近建筑物的基础下沉、房屋开裂，甚至倒塌。因此，井点降水时，必须采取回灌井点方法。即在井点设置线外4～5m处，以间距3～5m插入注水管，将井点中抽取的水经过沉淀后用压力注入管内，形成一道水墙，以防止土体过量脱水，而基坑内仍可保持干燥。这种情况下抽水管的抽水量约增加10%，可适当增加抽水井点的数量。回灌井点布置如图1-17所示。

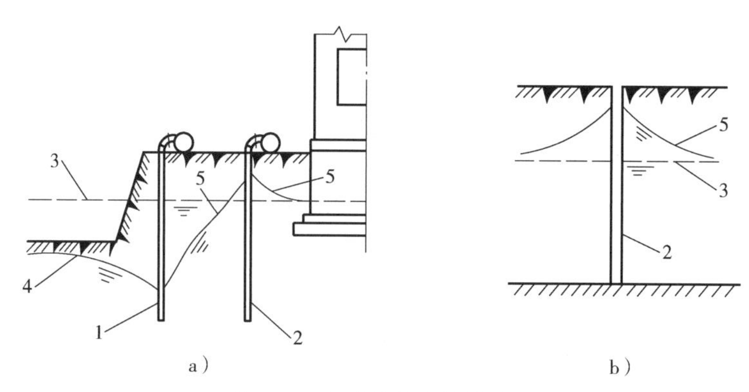

图 1-17　回灌井点布置示意图

a）回灌井点布置　b）回灌井点水位图

1—降水井点　2—回灌井点　3—原水位线　4—基坑内降低后的水位线　5—回灌后水位线

1.3.4　基坑（槽）土方量计算

1. 基坑土方量计算

基坑土方量可按立体几何中拟柱体（由两个平行的平面作底的一种多面体）体积公式计算（图 1-18）。即

$$V=\frac{H}{6}(F_1+4F_0+F_2) \tag{1-19}$$

式中　V——土方工程量（m^3）；

H——基坑深度（m）；

F_1，F_2——基坑上、下底面积（m^2）；

F_0——基坑中截面的面积（m^2）。

2. 基槽土方量计算

由图 1-19 可知，若基槽横截面形状、尺寸有变化，其土方量可沿其长度方向分段，按式（1-19）计算，总土方量为各段之和；若基槽横截面、尺寸不变，其土方量为横截面面积与基槽长度之积。

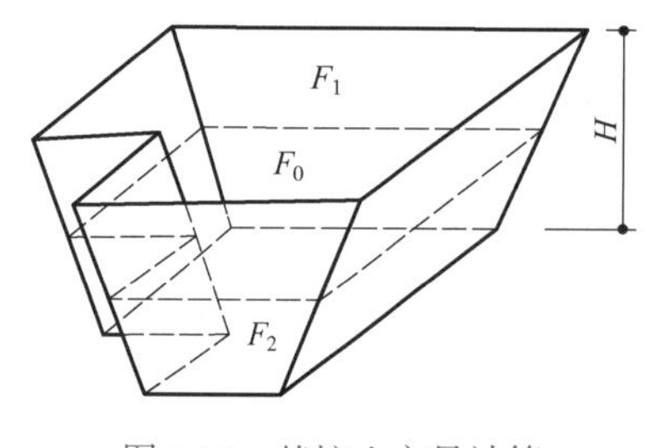

图 1-18　基坑土方量计算

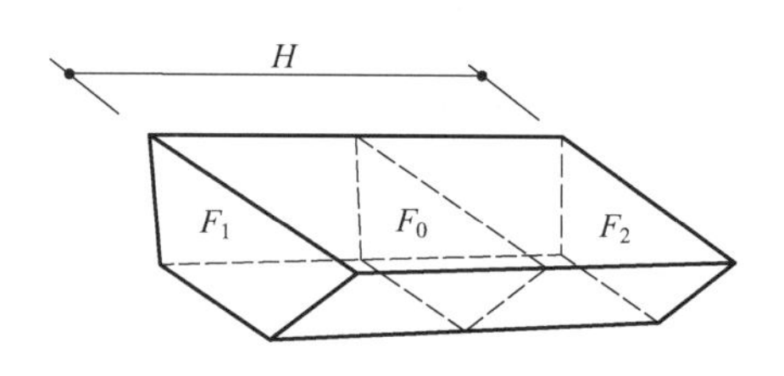

图 1-19　基槽土方量计算

1.4　填土压实

土壤是由矿物颗粒、水溶液、气体等多种物质组成，具有弹性、塑性和黏滞性。土在外

力作用下或在自然条件下遇到浸水和冻融都会产生变形，为了使填土满足强度及水稳性两方面要求，就必须合理设计填方边坡，正确选择土料和填筑方法。因此，填土的土料应符合下列要求：

1）含有大量有机物、石膏和水溶性硫酸盐（含量大于5%）的土以及淤泥、冻土、膨胀土等，均不应作为填方土料。

2）以黏土为土料时，应检查其含水量是否在控制范围内，含水量大的黏土不宜作填土用。

3）一般碎石类土、砂土和爆破石渣可作表层以下填料，其最大粒径不得超过每层铺垫厚度的2/3。

填土应严格控制含水量，施工前应进行检验。当土的含水量过大，应采取措施降低含水量，或采用换土回填、均匀掺入干土或其他吸水材料、打石灰桩等措施；如含水量偏低，则可预先洒水湿润，否则难以压实。

1.4.1 土的压实方法

填土的压实方法一般有碾压、夯实、振动压实等几种。

(1) 碾压法 碾压法是用沿着填筑面滚动的鼓筒或轮子的压力压实填土的，适用于大面积填土工程。碾压机械有平碾（压路机）、羊足碾、振动碾和气胎碾。碾压机械进行大面积填方碾压，宜采用“薄填、低速、多遍”的方法。

(2) 夯实法 夯实法是利用夯锤自由下落的冲击力来夯实填土，适用于小面积填土的压实。夯实机械有夯锤、内燃夯土机和蛙式打夯机等，以及利用挖土机或起重机装上夯板后的夯土机等。其中蛙式打夯机轻巧灵活、构造简单，在小型土方工程中应用最广。

夯实法的优点是可以夯实较厚的土层，如重锤夯的夯实厚度可达1～1.5m，强力夯可对深层土壤夯实。但对木夯、石或蛙式打夯机等机具，其夯实厚度则较小，一般均在20cm以内。

(3) 振动法 振动法是将重锤放在土层的表面或内部，借助于振动设备使重锤振动，土壤颗粒即发生相对位移达到紧密状态。此法用于振实非黏性土壤效果较好。

近年来，又将碾压法和振动法结合起来而设计和制造了振动平碾、振动凸块碾等新型压实机械。振动平碾适用于填料为爆破碎石渣、碎石类土、杂填土或轻亚黏土的大型填方；振动凸块碾则适用于亚黏土或黏土的大型填方。当压实爆破石渣或碎石类土时，可选用重8～15t的振动平碾，铺土厚度为0.6～1.5m，先静压、后碾压，压遍数由现场试验确定，一般为6～8遍。

1.4.2 填土压实的影响因素

填土压实的主要影响因素为压实功、土的含水量以及每层铺土厚度。

1. 压实功的影响

填土压实后的密度与压实机械在其上所施加功的关系如图1-20所示。当土的含水量一定，在开始压实时，土的密度急剧增加，待到接近土的最大密度时，压实功虽然增加许多，而土的密度则没有变化。实际施工中，对不同的土应根据选择的压实机械和密实度要求选择合理的压实遍数。此外，松土不宜用重型碾压机械直接滚压，否则土层有强烈起伏现象，效率不高。如果先用轻碾，再用重碾压实就会取得较好效果。

2. 含水量的影响

填土含水量的大小直接影响碾压（或夯实）的遍数和质量。较为干燥的土，由于摩阻力较大，而不易压实；当土具有适当含水量时，土的颗粒之间因水的润滑作用使摩阻力减小，在同样压实功作用下，得到最大的密实度，这时土的含水量称作最佳含水量，如图 1-21 所示。

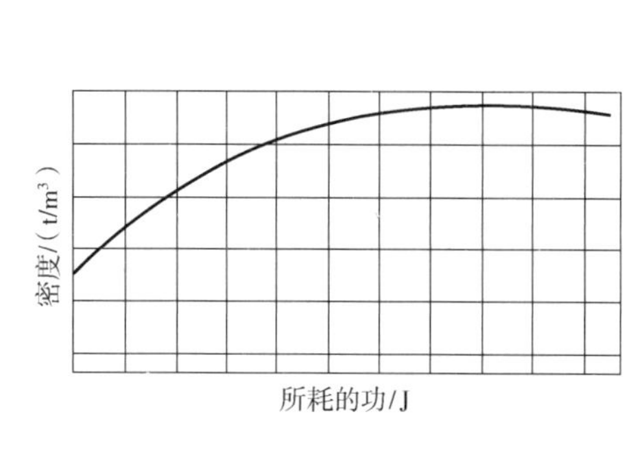

图 1-20　土的密度与压实功关系

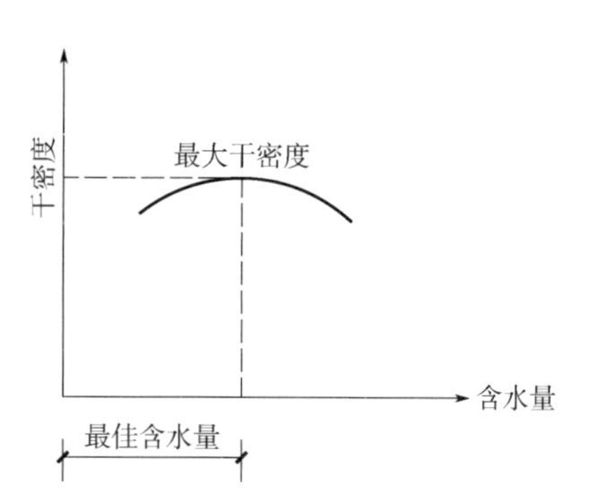

图 1-21　土的干密度与含水量关系

各种土的最佳含水量和最大干密度见表 1-17。

表 1-17　各种土的最佳含水量和最大干密度

项次	土的种类	变动范围	
		最佳含水量（%）（质量比）	最大干密度/（g/cm^3）
1	砂土	8～12	1.80～1.88
2	黏土	19～23	1.58～1.70
3	粉质黏土	12～15	1.85～1.95
4	粉土	16～22	1.61～1.80

3. 铺土厚度的影响

在压实功作用下，土中的应力随深度增加而逐渐减小，如图 1-22 所示，其压实作用也随土层深度的增加而逐渐减小。各种压实机械的压实影响深度与土的性质和含水量等因素有关。对于重要填方工程，其达到规定密实度所需的压实遍数、铺土厚度等应根据土质和压实机械在施工现场的压实试验决定。若无试验依据则应符合表 1-18 的规定。

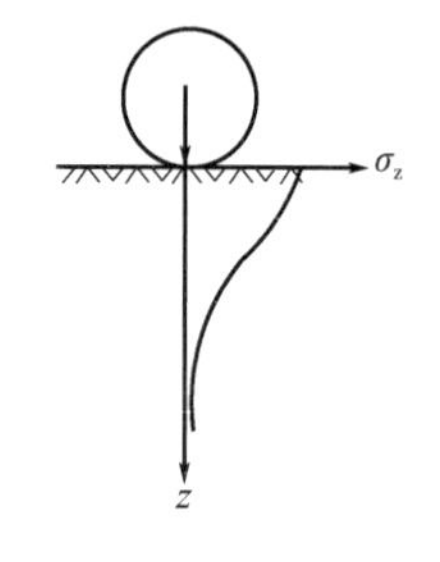

图 1-22　压实作用随深度的变化

表 1-18　填土施工时的分层厚度及压实遍数

压实机具	分层厚度/mm	每层压实遍数
平碾	250～300	6～8
振动压实机	250～350	3～4
柴油打夯机	200～250	3～4
人工打夯	<200	3～4

1.4.3 填土质量检查

填土压实后必须要达到密实度要求，填土密实度以设计规定的控制干密度 ρ_d（或规定的压实系数）作为检查标准。土的控制干密度与最大干密度之比称为压实系数。土的最大干密度乘以规范规定或设计要求的压实系数，即可计算出填土控制干密度 ρ_d 的值。土的实际干密度可用“环刀法”测定。填方施工结束后，应检查标高、边坡坡度、压实程度等，检验标准应符合表 1-19 的规定。

表 1-19 填土工程质量检验标准

项目	序号	检查项目	允许偏差或允许值/mm					检查方法
			桩基基坑基槽	场地平整		管沟	地（路）面基础层	
				人工	机械			
主控项目	1	标高	-50	±30	±50	-50	-50	水准仪
	2	分层压实系数	设计要求					按规定方法
一般项目	1	回填土料	设计要求					取样检查或直观鉴别
	2	分层厚度及含水量	设计要求					水准仪及抽样检查
	3	表面平整度	20	20	30	20	20	用靠尺或水准仪

1.5 土方机械化施工

在土方施工中，人工开挖只适用于小型基坑、管沟等土方量少的场地。当面积和土方量较大时，为提高生产率，降低劳动强度，降低工程成本，加快建设速度，多采用机械化开挖方式和先进的作业方法。

1.5.1 常用土方施工机械

1. 推土机

推土机按铲刀的操纵机构不同可分为索式和液压式（图 1-23）两种。索式推土机的铲刀借其自重切入土中，在硬土中切土深度较小；液压式推土机由液压操纵，能使铲刀强制切入土中，切土深度较大，且其铲刀可调整角度，灵活性强。

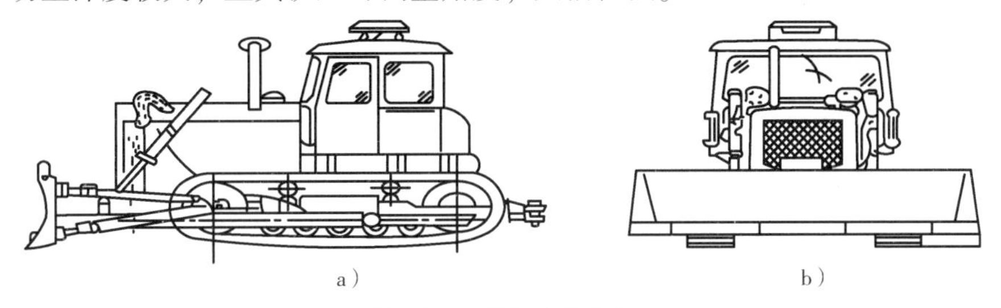

a） b）

图 1-23 液压式推土机

a）侧面 b）正面

推土机能独立挖土、运土和卸土，具有操作灵活、运转方便、占工作面较小、行驶速度较快等特点，适用于场地清理平整、开挖深度不大的基坑（槽）及填土作业等。它还能牵引其他无动力土方机械（拖式铲运机、羊足碾、松土器等），其最有效运距为30～60m。

2. 铲运机

（1）铲运机技术性能和特点　铲运机是能够独立完成铲土、运土、卸土、填筑、整平的土方机械。按行走机构不同分为自行式铲运机（图1-24）和拖式铲运机（图1-25）两种。拖式铲运机由拖拉机牵引，自行式铲运机行驶和作业都靠本身的动力设备。

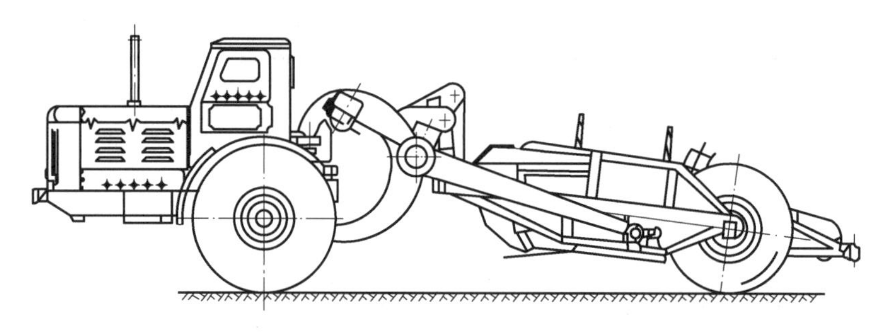

图1-24　自行式铲运机外形图

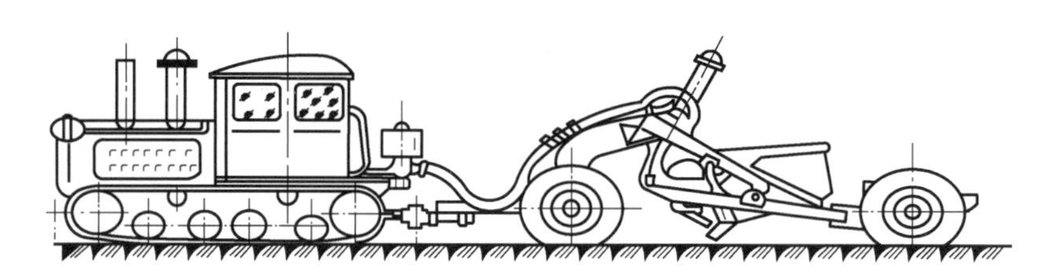

图1-25　拖式铲运机外形图

铲运机的工作装置是铲斗。铲斗前有一个能开启的门和切土刀片。切土时，铲斗门打开，铲斗下降，刀片切入土中。铲运机前进时，被切下的土挤入铲斗中，铲斗装满土后，提起土斗，放下斗门，将土运至卸土地点。

铲运机适用于开挖一至三类土。拖式铲运机适宜运距800m以内，运距200～350m时效率最高。常用于坡度20°以内的大面积土的平整、挖、运、填、压实，开挖大型基坑、管沟、河渠和路堑，填筑路基、堤坝等。不适于砾石层、冻土及沼泽地带使用。坚硬土开挖需推土机助铲；自行式铲运机适于长距离作业，经济运距800～1500m，开挖时亦需推土机助铲。

为了提高铲运机的生产效率，可以采取下坡铲土、推土机推土助铲等方法，缩短装土时间，使铲斗的土装得较满。

（2）铲运机作业方法　铲运机根据填、挖方区分布情况，结合当地具体条件，合理选择运行路线，提高生产率。一般有环形路线和“8”字形路线两种形式。

1）环形路线。环形路线如图1-26a所示，每一循环只完成一次铲土和卸土。当挖土和填土交替，挖填间距较短时，可采用大循环路线，如图1-26b所示，一次循环能完成多次铲土和卸土。这样可减少转弯次数，提高生产率。适用于地形起伏不大、施工地段较短（100m以内）、填土高1.5m内的路堤、路堑及基坑开挖、场地平整等。

2）“8”字形路线。“8”字形路线（图1-27）每一循环完成两次铲土和卸土，比环形路线运行时间短，减少了转弯和空驶距离，提高了生产率。铲运机在上下坡时斜向开行，适用于施工地段较长或地形起伏较大的复杂地形。

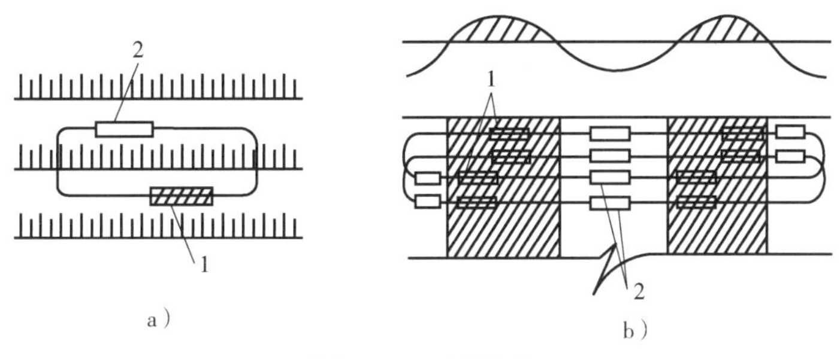

图1-26 环形路线
a）环形路线 b）大环形路线
1—铲土 2—卸土

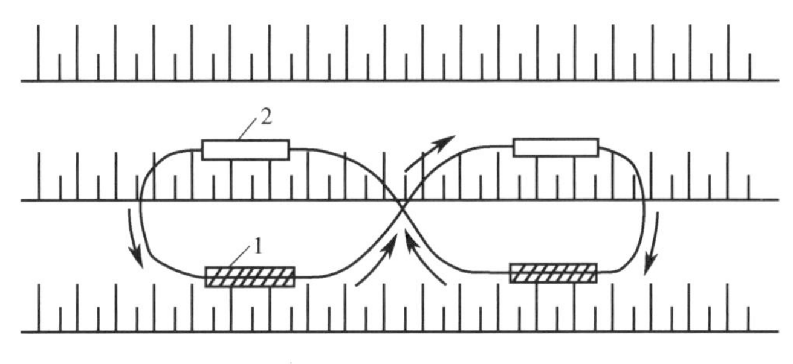

图1-27 “8”字形路线
1—铲土 2—卸土

3. 单斗挖掘机

单斗挖掘机是基坑（槽）开挖的常用机械。按行走机构不同分为履带式和轮胎式两类。按工作装置不同分为正铲、反铲、抓铲和拉铲四种。按传动方式不同分为机械和液压传动两种。

液压式单斗挖掘机的优点是能无级调速且调速范围大；快速作业时，惯性小，并能高速反转；转动平稳，可减少强烈的冲击和振动；结构简单，机身轻，尺寸小；附有不同的装置，能一机多用；操纵省力，易实现自动化。

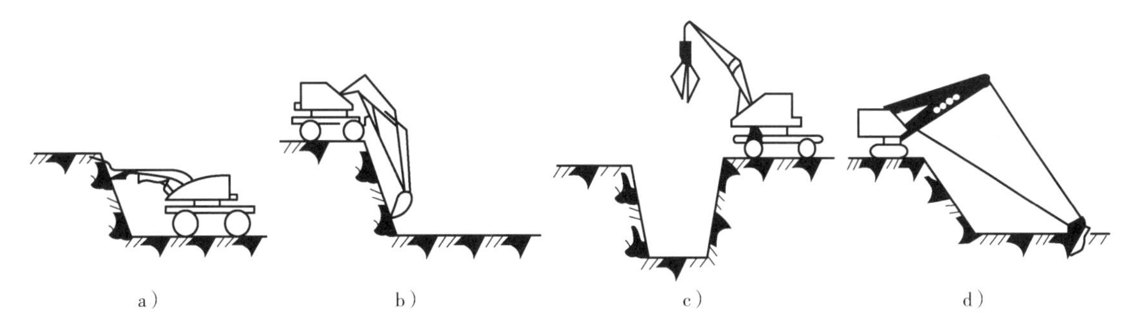

图1-28 单斗挖掘机工作装置示意图
a）正铲 b）反铲 c）抓铲 d）拉铲

(1) 正铲挖掘机　正铲挖掘机的工作特点是前进行驶，铲斗由下向上强制切土，挖掘力大，生产效率高，适用于开挖含水量不大的一至三类土，且可与自卸汽车配合完成整个挖掘运输作业，可以挖掘大型干燥基坑和土丘等。

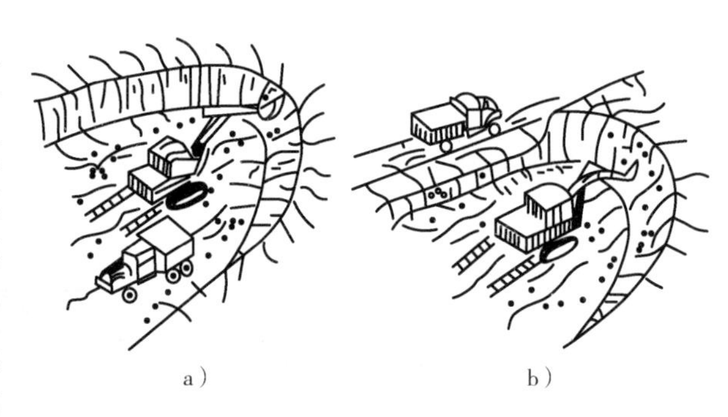

图 1-29　正铲挖掘机开挖方式示意图

a）正向挖土，反向卸土　b）正向挖土，侧向卸土

正铲挖掘机的开挖方式根据开挖路线与运输车辆的相对位置的不同，挖土和卸土的方式有以下两种：

1）正向挖土，反向卸土，如图 1-29a 所示。

2）正向挖土，侧向卸土，如图 1-29b 所示。

(2) 反铲挖掘机　反铲挖掘机的工作特点是机械后退行驶，铲斗由上而下强制切土，用于开挖停机面以下的一至三类土，适用于挖掘深度不大于 4m 的基坑、基槽、管沟，也适用于湿土、含水量较大及地下水位以下的土壤开挖。

反铲挖掘机的行进方式有沟端开挖和沟侧开挖两种：

1）沟端开挖。反铲挖掘机停在沟端，向后退着挖土，如图 1-30a 所示。

2）沟侧开挖。挖掘机在沟槽一侧挖土，挖掘机移动方向与挖土方向垂直，如图 1-30b 所示。

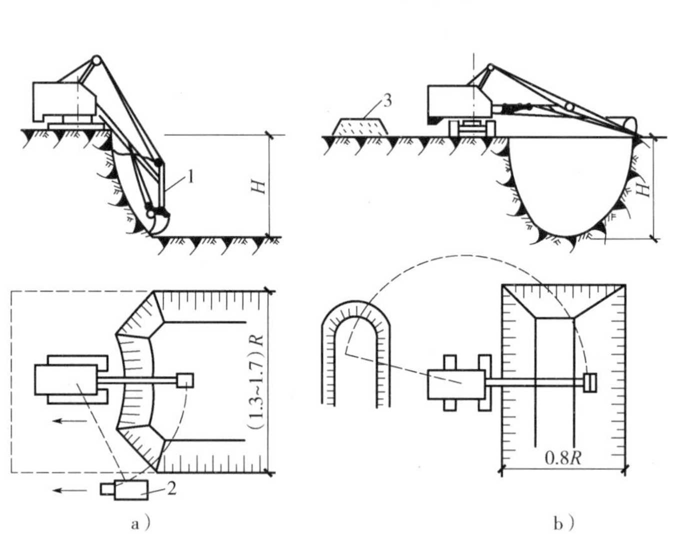

图 1-30　反铲挖掘机开挖方式

a）沟端开挖　b）沟侧开挖

1—反铲挖土　2—自卸汽车　3—弃土堆

(3) 拉铲挖掘机　拉铲挖掘机工作时利用惯性，把铲斗甩出后靠收紧和放松钢丝绳进行挖土或卸土，铲斗由上而下，靠自重切土，可以开挖一、二类土壤的基坑、基槽和管沟等地面以下的挖土工程，特别适用于含水量大的水下松软土和普通土的挖掘。拉铲开挖方式与反铲相似，可沟端开挖，也可沟侧开挖。

（4）抓铲挖掘机　抓铲挖掘机主要用于开挖土质比较松软、施工面比较狭窄的基坑、沟槽、沉井等工程，特别适于水下挖土。土质坚硬时不能用抓铲施工。

1.5.2　土方机械的选择

大型基坑（槽）、管沟等土方机械化施工方案应合理地选择土方机械，使它们在施工中配合协调，以充分发挥机械效率，加快施工进度，保证工程质量，降低工程成本。因此，施工前要经过经济和技术分析比较，制定合理的施工方案，以指导施工。

（1）平整场地　常由土方的开挖、运输、填筑和压实等工序完成。地势较平坦、含水量适中的大面积平整场地，选用铲运机较适宜；地形起伏较大，挖方、填方量大且集中的平整场地，运距在1000m以上时，可选择正铲挖掘机配合自卸车进行挖土、运土，在填方区配备推土机平整及压路机碾压施工；挖填方高度均不大，运距在100m以内时，采用推土机施工，既灵活又经济。

（2）地面上的坑式开挖　单个基坑和中小型基础基坑开挖，在地面上作业时，多采用抓铲挖掘机和反铲挖掘机。抓铲挖掘机适用于一、二类土质和较深的基坑；反铲挖掘机适于四类以下土质，深度在4m以内的基坑。

（3）长槽式开挖　在地面上开挖具有一定截面、长度的基槽或沟槽，用于挖大型厂房的柱列基础和管沟，宜采用反铲挖掘机；若为水中取土或土质为淤泥，且坑底较深，则可选择抓铲挖掘机挖土；若土质干燥，槽底开挖不深，基槽长30m以上，可采用推土机或铲运机施工。

（4）整片开挖　对于大型浅基坑且基坑土干燥，可采用正铲挖掘机开挖。若基坑内土潮湿，则采用拉铲或反铲挖掘机，可在坑上作业。

（5）独立柱基础的基坑及小截面条形基础基槽的开挖　可采用小型液压轮胎式反铲挖掘机配以翻斗车来完成浅基坑（槽）的挖掘和运土。

思考题及习题

1. 什么是土的可松性？土的最初可松性系数和最终可松性系数如何确定？
2. 试述土方工程的特点。进行土方规划时应考虑什么原则？
3. 确定场地计划标高 H_0 时应考虑哪些因素？
4. 简述按挖、填平衡确定场地平整设计标高的步骤和方法。
5. 简述用“表上作业法”确定土方最优调配方案的步骤和方法。
6. 简述土壁塌方的原因和预防塌方的措施。
7. 如何进行轻型井点系统的平面与高程布置？
8. 简述轻型井点、管井井点、喷射井点、电渗井点的特点及适用范围。
9. 如何计算沟槽和基坑的土方量？
10. 影响填土压实的主要因素有哪些？如何检查填土压实的质量？
11. 常用的土方机械有哪些？试述其工作特点及适用范围。
12. 某矩形基坑底面积为4m×2m，深2m，坡度系数 $m=0.5$，试计算其土方量。若把土方用运输车（容量$2m^3$）拉走，需用多少车次？（$K_S=1.2$，$K'_S=1.05$）

13. 某建筑场地方格网如图 1-31 所示，方格边长为 20m×20m，填方区边坡坡度系数为 1.0，挖方区边坡坡度系数为 0.5，试用公式法计算挖方和填方的总土方量。(各角点左右标示的数字分别为地面标高和设计标高)

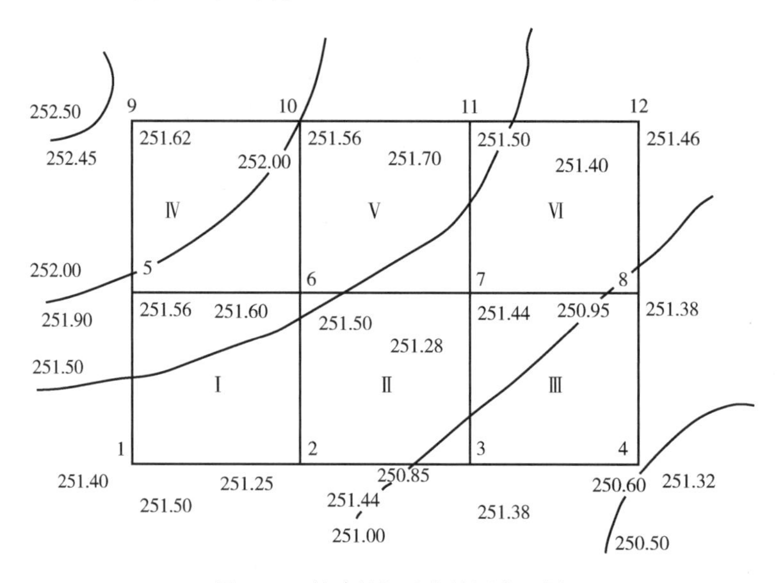

图 1-31　某建筑场地方格网布置图

第 2 章　基坑及边坡工程

学习要点

本章主要介绍几种新型基坑支护及边坡防护技术的概念、施工技术原理和技术要点以及适用范围等内容。通过本章学习，了解各类新型基坑支护技术的特点及应用范围，掌握各类基坑支护技术的概念及施工工艺，并重点掌握各类新型基坑支护技术的施工要点。

2.1　基坑支护技术概述（传统技术）

近年来，随着我国的经济和城市建设快速发展，随着大量高层、超高层建筑不断涌现，以及地铁车站、铁路客站、明挖隧道、市政广场、桥梁基础等各类大型工程日益增多，地下空间开发规模越来越大，这些都极大地推动了基坑工程理论与技术水平的快速发展，在基坑支护结构、地下水控制、基坑监测、信息化施工、环境保护等诸多方面呈现出全新特点以及前所未有的新趋势。

2.1.1　基坑支护技术的现状及发展趋势

1. 基坑尺度大深化

近年来我国基坑向着大深度、大面积方向发展，基坑开挖与支护的难度越来越大。

2. 变形控制严格化

大量的基坑工程集中在繁华市区，周边环境更加复杂，使得这些基坑工程不仅要保证支护结构及基坑本身的安全，还要严格控制基坑开挖引起的周围土体变形，以保证邻近建（构）筑物的安全和正常使用。随着对位移要求越来越严格，基坑开挖工程正在从传统的稳定控制设计向变形控制设计方向发展。

3. 支护形式多样化

基坑的支护方式已从早期的放坡开挖，发展至现在的多种支护方式。目前常用的支护形式主要有：放坡开挖，预应力锚杆技术，复合土钉墙支护，组合内支撑技术，型钢水泥土搅拌墙支护技术，TRD 工法，冻结排桩法基坑支护技术，等等。

4. 施工监控信息化

目前，深基坑监测技术已从原来的单一参数人工现场监测，发展到现在的多参数远程监测。在施工过程中，根据监测结果，及时地评判出当前基坑的安全等级，并采取相应的工程措施，以减小工程失效概率，确保工程安全、顺利地进行，施工监控信息化愈显重要。

2.1.2 基坑支护工程的特点

1. 临时性强

基坑支护体系大多是临时结构，少数基坑支护结构同时用作地下结构的“二墙合一”支护结构。临时结构与永久性结构相比，设计标准考虑的安全储备较小，因此基坑工程具有较大的风险性，安全隐患较大，应引起重视，同时也对设计、施工和管理各个环节提出了更高的要求。

2. 影响因素多

基坑支护工程必须全面考虑气象、工程地质、水文地质条件及其在施工中的变化，充分了解工程所处的工程地质及水文地质与基坑支护的关系及相互影响。同时还要考虑到相邻的建筑物、地下构筑物和地下管线等的影响。

3. 综合性强

基坑支护技术是岩土力学、结构力学、施工技术等多个科目的结合，且受到自然条件、周边环境等多种因素的影响，并且需要设计和施工人员具有丰富的现场实践经验。因此，对从事基坑支护工程人员的综合业务知识水平要求较高。

2.1.3 基坑支护的基本形式分类及适用范围

基坑支护是对基坑土壁采取支挡、加固等保护措施，以确保地下结构施工及基坑周边环境的安全。基坑支护工程中常用的方法有：各种类型的桩、地下连续墙、水泥土墙、土钉墙、逆作拱墙等。随着支护技术在安全、经济、工期等方面要求的提高和支护技术的不断发展，在实际工程中采用的支护结构形式也越来越多。在实际的工程应用中，可以采用一种方法，或将几种方法结合起来使用。这里将基坑工程常用的支护形式分为以下四大类。

1. 放坡开挖及简易支护

放坡开挖及简易支护的支护形式主要包括：放坡开挖；放坡开挖为主，辅以坡脚采用短桩、隔板及其他简易支护；放坡开挖为主，辅以喷锚网加固等。

2. 加固边坡土体形成自立式支护

对基坑边坡土体进行土质改良或加固，形成自立式支护。包括：水泥土重力式支护结构；各类加筋水泥土墙支护结构；土钉墙支护结构；复合土钉墙支护结构；冻结法支护结构等。

3. 挡墙式支护结构

挡墙式支护结构又可分为悬臂挡墙式锚支护结构、内撑挡墙式支护结构和锚拉挡墙式支护结构三类。另外还有内撑与拉锚相结合的挡墙式支护结构等形式。挡墙式支护结构中常用的挡墙形式有：排桩墙、地下连续墙、板桩墙、加筋水泥土墙等。排桩墙中常采用的桩型有：钻孔灌注桩、沉管灌注桩等，也有采用大直径薄壁筒桩、预制桩等不同桩型。

4. 其他形式支护结构

其他形式支护结构常用形式有：门架式支护结构、重力式门架支护结构、拱式组合型支护结构、沉井支护结构等。

2.1.4 基坑支护的安全等级与适用范围

1. 基坑支护的安全等级

基坑支护设计应遵循安全可靠、保护环境、技术先进、经济性的原则，并必须保证基坑临近建（构）筑物、地下市政设施以及道路的安全和正常使用。

基坑支护设计时，应综合考虑基坑周边环境和地质条件的复杂程度、基坑深度等因素，根据支护体系破坏可能产生的后果，将基坑工程安全等级分为三级，见表 2-1。

表 2-1　支护结构的安全等级

安全等级	破坏后果
一级	对基坑周边环境或主体结构施工安全的影响很严重
二级	对基坑周边环境或主体结构施工安全的影响严重
三级	对基坑周边环境或主体结构施工安全的影响不严重

2. 不同基坑支护形式的适用范围

每种支护形式都有一定的适用范围，而且随工程地质和水文地质条件，以及周围环境条件的差异，其合理支护高度可能产生较大的差异。如：当土质较好，地下水位以上十多米深的基坑可能采用土钉墙支护，而对软黏土地基土钉墙支护极限高度只有 5m 左右，且变形较大。常用基坑支护形式分类及适用范围见表 2-2。对表 2-2 中提及的适用范围需慎重，应根据当地经验合理选用。

表 2-2　常用基坑支护形式分类及适用范围

类别	支护形式	适用范围	备注
边坡开挖及简易支护	放坡开挖	地基土质较好，地下水位低，或采取降水措施，以及施工现场有足够放坡场所的工程。允许开挖深度取决于地基土的抗剪强度和放坡坡度	费用较低，条件许可时采用
	放坡开挖为主，辅以坡脚采用短桩、隔板及其他简易支护	基本同放坡开挖。坡脚采用短桩、隔板及其他简易支护，可减小放坡占用场地面积，或提高边坡稳定性	
	放坡开挖为主，辅以喷锚网加固	基本同放坡开挖。喷锚网主要用于提高边坡表层土体稳定性	
加固边坡土体形成自立式支护	水泥土重力式支护结构	可采用深层搅拌法施工，也可采用旋喷法施工。适用土层取决于施工方法。软黏土地基中一般用于支护深度小于 6m 的基坑	可布置成格栅状，支护结构宽度较大，变形较大
	加筋水泥土墙支护结构	基本同水泥土重力式支护结构，一般用于软黏土地基中深度小于 6m 的基坑	常用型钢、预制钢筋混凝土 T 形桩等加筋材料。采用型钢加筋需考虑回收
	土钉墙支护结构	一般适用于地下水位以上或降水后的基坑边坡加固。土钉墙支护临界高度主要与地基土体的抗剪强度有关。软黏土地基中应控制使用，一般可用于深度小于 5m 且可允许产生较大的变形的基坑	可与锚、撑式排桩墙支护联合使用，用于浅层支护
	复合土钉墙支护结构	基本同土钉墙支护结构	复合土钉墙形式很多，应根据具体情况具体分析
	冻结法支护结构	可用于各类地基	应考虑冻融过程中对周围的影响，以及工程费用等问题，全过程中电源不能中断

（续）

类别	支护形式	适用范围	备注
挡墙式支护结构	悬臂式排桩墙支护结构	基坑深度较浅，而且可允许产生较大变形的基坑。软黏土地基中一般用于深度小于6m的基坑	常辅以水泥土止水帷幕
	排桩墙加内撑式支护结构	适用范围广，可适用于各种土层和基坑深度。软黏土地基中一般用于深度大于6m的基坑	常辅以水泥土止水帷幕
	地下连续墙加内撑式支护结构	适用范围广，可适用于各种土层和基坑深度。一般用于深度大于10m的基坑	
	加筋水泥土墙加内撑式支护结构	适用土层取决于形成水泥土施工方法。SMW工法三轴深层搅拌机械不仅适用于黏性土层，也能用于砂性土层的搅拌；TRD工法则适用于各种土层，且形成的水泥土连续墙水泥土强度沿深度均匀布置，水泥土连续墙连续性好，加固深度可达60m	采用型钢加筋需考虑回收。TRD工法形成的水泥土连续墙连续性好，止水效果好
	排桩墙加锚拉式支护结构	砂性土地基和硬黏土地基可提供较大的锚固力。常用于可提供较大的锚固力地基中的基坑。基坑面积大，优越性显著；浆囊式锚杆可用于软黏土地基	尽量采用可拆式锚杆
	地下连续墙加锚拉式支护结构	常用于可提供较大的锚固力地基中的基坑。基坑面积大，优越性显著	
其他形式支护结构	门架式支护结构	常用于开挖深度已超过悬臂式支护结构的合理支护深度，但深度也不是很大的情况。一般用于软黏土地基中深度7～8m，而且可允许产生较大变形的基坑	
	重力式门架支护结构	基本同门架式支护结构	对门架内土体采用深层搅拌法加固
	拱式组合型支护结构	一般用于软黏土地基中深度小于6m，而且可允许产生较大变形的基坑	辅以内支撑可增加支护高度、减小变形
	沉井支护结构	软土地基中面积较小且呈圆形或矩形等较规则的基坑	

2.1.5 常见基坑工程事故原因

常见基坑事故的原因主要有以下6个方面。

1）采用悬臂桩忽视变形控制，或设计有内支撑但施工未加上，导致变形过大，引起周围建筑物开裂。

2）侧壁未封闭或虽已封闭但帷幕失效，或锚杆深入承压含水层而未采取妥善措施，导致坑壁或沿锚孔漏水引起建筑物开裂破坏，道路变形。

3）坑底封闭不严，管涌承压水上涌造成破坏。

4）深厚淤泥中土方开挖失控，致使工程桩严重倾斜偏位，护坡桩基失效。

5）支护设计忽略整体稳定分析，导致边坡滑移，工程桩受挤压偏位。

6）受水浸润，土体强度大幅下降，土压力增大，支护桩承载力不足失效。

据不完全统计，在已发生的基坑工程事故中，不当设计引发的事故占45%，因施工不当引发的事故占33%，因地下水处理不当引发的事故占22%。

2.1.6 智慧工地在基坑检测中的应用

现在很多大型或复杂的施工项目都引入智慧工地管理模式，通过软硬件结合搭建基坑监测系统。基坑监测系统通过相应的硬件监测设备，实时监测基坑在开挖及结构施工阶段的位移、沉降、地下水位、支撑结构内力变化和周边相邻建（构）筑物稳定情况，同时应用软件系统对现场监测数据进行采集、复核、汇总、整理、分析，并对超警戒数据进行报警，对问题工程进行追踪处理，落实工作责任制，建立地下工程和深基坑安全监测监管的预测预警机制，及时发现工程及周边建筑物、管线隐患，预防事故发生，实现管理手段上从被动监管向主动监管，为施工提供可靠的数据支持。

常见软硬件核心功能有以下几项。

1）应力监测：监测支护结构内力变化和混凝土内部裂缝变化。

2）倾斜监测：监测周围建筑物不均匀沉降变化情况。

3）位移监测：监测基坑顶层和深层水平位移变化情况。

4）水位监测：监测地下水位高度变化情况。

5）即时报警：监测数据超过阈值时，手机推送预警信息。

6）数据分析：通过智慧工地系统存储分析基坑沉降、位移、地下水位等数据。

采用智慧工地管理模式的基坑监测系统实现了对地下工程及基坑工程的信息管理、实现了对基坑的支护结构及周边环境监测数据的自动采集、实时传输、自动预警功能，保证了监测数据的真实性、完整性、及时性。为工程项目高效、安全、有序、高质量完成提供了有力保障。

2.2 预应力锚杆技术

2.2.1 概述

预应力锚杆是通过高强度锚杆将荷载传递到深部稳定岩土层的锚固体系，作为其技术主体的锚杆，一端锚入稳定的土（岩）体中，另一端与各种形式的支护结构物连接，通过对杆体施加预应力，以承受岩土压力、水压力等所产生的结构拉力，从而达到维护基坑和建筑物稳定的目的。在基坑支护工程中通常与排桩、地下连续墙、土钉墙等支护结构联合使用，如图2-1所示。

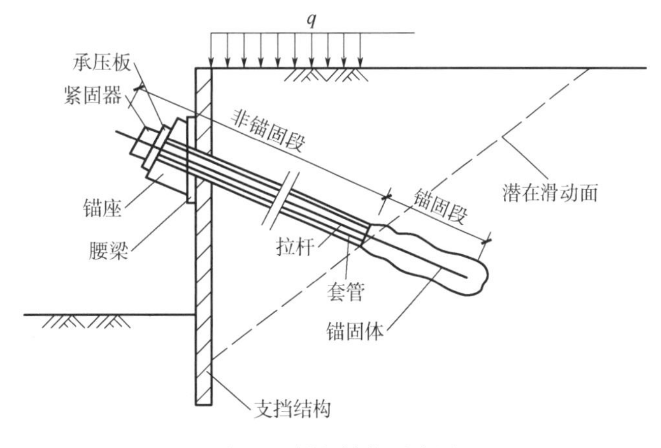

图2-1 锚杆结构示意图

根据土层锚杆锚固体结构形式的不同，预应力锚杆可分为圆柱形、端部扩大头型和连续球体型三类锚杆；根据其传力机制的不同，预应力锚杆可分为普通拉力型、普通压力型锚杆和拉力分散型、压力分散型锚杆；根据其服务年限的不同，预应力锚杆可分为永久性锚杆和临时性锚杆。

2.2.2 施工技术要点

1. 预应力锚杆工艺概况

预应力锚固是根据设计需求，首先在土层中钻出一定深度和直径的钻孔，然后放入预应力筋，再注入水泥浆或水泥砂浆，使浆体充满锚固段内的空腔；待水泥浆体强度大于15.0MPa后，借助张拉设备对预应力筋进行张拉，利用其弹性变形施加预应力，最后用锚具锁定。这样就可将作用于结构物上的拉力，通过粘结材料传递给土层，并能有效地限制结构物与土体的位移，以保持结构物和土体的稳定。

2. 预应力锚杆施工

预应力锚杆施工工艺主要包括锚杆钻孔、锚杆制作安装、锚杆注浆及锚杆张拉与锁定等。

（1）锚杆钻孔　锚杆钻孔是基坑工程中费用最高的工序，也是控制工期的关键工序，还是影响基坑工程经济效果的主要因素。锚杆钻孔可根据岩土类型、钻孔直径和深度、地下水情况、接近锚固工作面的条件、所用洗孔介质的种类以及锚杆种类和要求的钻进速度等选择适宜的钻孔方法。在不同的土层、岩层中钻孔，需根据土层、岩层条件配备性能适宜的钻机，优化和控制钻进参数，采取预防埋钻、卡钻的措施，以保证后续的锚杆杆体插入和注浆作业能顺利进行。

（2）锚杆制作安装

1）杆体制作。锚杆的种类与结构形式多样，其杆体材料可用钢筋、高强钢丝、钢绞线、中空螺纹钢管等钢材来制作。

①钢筋杆体的制作。首先按照设计要求长度截取较为平直的钢筋并除油、除锈，如需接长要按照有关规范进行焊接或采用专用连接器。杆体自由段一般采用隔离涂层、加套管等方法进行隔离，对防腐有特殊要求的锚固段钢筋应严格按照设计要求进行制作。为确保杆体保护层厚度，沿杆体轴线方向每隔1.5～2.0m还要设置一个对中支架，支架高度不小于25mm。最后将注浆管（常压、高压）、排气管等与锚杆杆体绑扎牢固。

②钢绞线、高强钢丝杆体的制作。其制作方法与钢筋杆体制作基本相同，需要注意的是，钢绞线出厂时一般为成盘方式包装，杆体加工抽线时应搭设放线装置，以免线盘扭弯、抽线困难或抽伤操作人员。另外，锚杆杆体一般由多股组成，所采取的对中支架常为塑料或钢材焊接成形的环状隔离架。此外，在自由段和锚固段对每股钢绞线均要按照设计要求进行相应的隔离与防腐措施处理。

③可重复高压注浆锚杆杆体的制作。其制作需安放可重复注浆套管，并在自由段与锚固段的分界处设置止浆密封装置。二次高压注浆套管一般采用直径较大的塑料管，管侧壁间隔1.0m左右开有环形小孔，孔外用橡胶环圈盖住，使二次注浆浆液只能从管内流向管外，一根小直径的注浆钢管插入注浆套管，注浆钢管前后装有限定注浆区段的密封装置。此外，工程中还经常采用简易的二次高压注浆方法锚杆，二次高压注浆管在管末端及中部按一定间距

开有环状小孔、并用橡胶环圈密封，注浆管前端连接有小直径钢管以便于与注浆泵的高压胶管相连。二次注浆管与杆体绑扎牢固、与锚杆杆体一并预埋。

④压力分散型锚杆或拉力分散型锚杆的制作。一般先采用无粘结钢绞线制作成单元锚杆，再由2个或2个以上单元锚杆组装成复合型锚杆。当单元锚杆的端部采用聚酯纤维承载体时，无粘结钢绞线应绕承载体弯曲成U形，并用钢带与承载体捆绑牢靠；当采用钢板承载体时，则挤压锚固件要与钢板连接可靠，绑扎时要注意不能损坏钢绞线的防腐油脂和外包PVC软管。同时，各单元锚杆的外露端要做好区分标记，以便于锚杆张拉或芯体拆除。

此外，锚杆杆体制作时还需要预留出一定杆体长度以满足施工完毕后的预应力张拉要求，预留长度一般为600～1000mm。杆体需要切断时应采用切割机进行，禁止采取电气焊等方法切割，以防止影响并降低杆体强度。

2）锚杆体安放注意事项：

①杆体存放要保持平顺、清洁、干燥，并确保杆体在使用前不被污染、锈蚀。

②安装锚杆前应对钻孔重新检查，对塌孔、掉块现象应进行清理或处理。

③锚杆安装前应对锚索体进行详细检查，对损坏的防护层应进行修复。

④推送锚杆时用力要均匀一致，防止在推送过程中损伤锚杆配件和防护层。杆体安放时，要与钻孔角度保持一致并保持平直，防止杆体扭压、弯曲。杆体插入孔内深度不应小于锚杆长度的98%，杆体安放后不宜随意扰动。

⑤推送锚杆时不得使杆体转动，并不断检查排气管和注浆管，确保将锚杆体推送至预定深度，且排气管和注浆管畅通。

（3）锚杆注浆

1）注浆浆液。锚杆注浆通常是将水泥浆或水泥砂浆注入锚杆孔，使其硬化后形成坚硬的灌浆体，将锚杆与周围地层锚固在一起并保护锚杆预应力筋。浆液还可以对周围地层进行加固，不但提高了锚杆的承载力，同时也强化了周围的地层。

2）注浆作业注意事项：

①注浆要保证浆液质量，搅拌均匀、随搅随用，采取必要遮挡，防止杂物混入浆液。

②向下倾斜的钻孔内注浆时，注浆管出浆口应插入距孔底300～500mm处，浆液自下而上连续灌注，确保从孔内顺利排水与排气。

③向上倾斜的钻孔内注浆时，要在孔口设置密封装置，将排气管端口设于孔底，注浆管放置在离密封装置不远处。

④注浆设备要有足够的额定压力，注浆管要保证通畅顺滑，一般在1h内完成单根锚杆的连续注浆。

⑤注浆时，发现孔口溢出浆液或排气管停止排气时，可停止注浆。

⑥锚杆张拉后，应对锚头与锚杆自由段间的空隙进行补浆。

⑦注浆后，不要随意扰动杆体，也不能在杆体上悬挂重物。

（4）锚杆张拉与锁定　锚杆张拉就是通过张拉设备使预应力杆体的自由段产生弹性变形，在锚固结构上产生预应力。

1）张拉设备。张拉设备是对预应力锚杆实施张拉，建立预应力的专用设备，主要由千斤顶、高压油泵组成，有时还包括测定拉力的压力传感器和测定锚头位移的百分表。

张拉时需用仪器测定锚杆预应力筋上的拉力。通常情况下，采用校准的油压表即可，但是用测力计测定更为准确可靠。使用固定在千斤顶上的毫米量尺可获得锚头位移的近似值，要获得锚头位移的精确值，应将百分表装在与千斤顶无接触的支撑结构上，把张拉引起的位移准确地记入百分表。为了获得张拉荷载位移关系曲线，通常要求位移测定值精确到0.1mm。张拉设备应保持良好的工作状态并定期进行标定，以保证测试数据的可靠性，最好在每次张拉之前对测试仪表进行校准。

2）张拉方法。锚杆的张拉方法取决于锚杆的种类、所采取的锚具类型和施加预应力的大小。张拉前，可采取在被锚固结构表面设置承载板等措施，以确保施加的预应力始终作用于锚杆轴线方向，使预应力杆体不产生任何弯曲。

对螺纹锚具采用千斤顶张拉至设计荷载之后，即可使用扳手拧紧螺母来保持施加的拉力，当千斤顶上的压力显示稍有下降时，就表示螺母已完全压紧作用于承压板之上，随后就可卸压，完成张拉作业。

对钢丝或钢绞线用的锚具一般采用千斤顶、工具锚板和夹片及限位板进行张拉。张拉时，首先将工作锚板套在预应力筋上并紧贴承载板，放入夹片固定；然后将限位板、千斤顶、工具锚依次顺序套在预应力筋上，在工具锚上放入工具锚夹片并预紧后再将高压油泵及高压油管与千斤顶相连，安装好位移测量装置后即可进行张拉。千斤顶的拉力按逐级加荷的要求增大至需要张拉荷载值时，记录锚头位移与张拉油压，千斤顶卸荷、工作锚夹片回缩就锁定了预应力筋，由此达到张拉预应力筋的目的。当采用前卡式千斤顶对单根预应力筋进行张拉时，则不需要工具锚盘和夹片，是理想的卸锚千斤顶和二次补偿张拉千斤顶。

荷载分散型锚杆的张拉可按设计要求先对单元锚杆进行张拉，消除单元锚杆在相同荷载作用下因自由段长度不等引起的弹性伸长差后，再同时张拉各单元锚杆并锁定，也可按设计要求对各单元锚杆从远端开始顺序进行张拉锁定。

3）锚杆张拉注意事项：

①锚杆张拉前，应对张拉设备进行检查和标定。

②锚头台座的承压面应平整，并与锚杆轴线方向垂直。

③锚杆张拉应有序进行，张拉顺序应考虑邻近锚杆的相互影响。

④锚杆进行正式张拉之前，应取10%～20%设计轴向拉力值，对锚杆预张拉1～2次，使其各部位接触紧密，杆体完全平直。

4）锚杆应采用符合设计和规范要求的锚具。

2.2.3 技术特点

预应力锚杆技术具有以下特点。

1）能在地层开挖后立即提供支护能力，有利于保护地层的固有强度，阻止地层的进一步扰动，控制地层变形的发展，提高施工过程的安全性。

2）提高地层软弱结构面、潜在滑移面的抗剪强度，改善地层的其他力学性能。

3）改善岩土体的应力状态，使其向有利于稳定的方向转化。

4）锚杆的作用部位、方向、结构参数、密度和施作时机可以根据需要方便地设定和调整，从而以最小的支护抗力，获得最佳的稳定效果。

5）将结构物和地层紧密地连锁在一起，形成共同工作的体系。

6）节约工程材料，能有效地提高土体的利用率，经济效益显著。

7）对预防、整治滑坡，加固、抢修出现病害的岩土体结构物具有独特的功效。

8）在空间狭小或地理环境复杂的情况下可照常施工，无须使用大型机械。

2.3 复合土钉墙支护技术

2.3.1 概述

土钉墙支护，即在开挖边坡表面铺钢筋网喷射细石混凝土，并每隔一定距离埋设土钉，使与边坡土体形成复合体，共同工作，从而有效提高边坡稳定的能力，增强土体破坏的延性，变土体荷载为支护结构的一部分。与被动起挡土作用的围护墙不同，土钉墙支护是对土体起到嵌固作用，对土坡进行加固，增加边坡支护锚固力，使基坑开挖后保持稳定。

由于传统土钉支护自身有一定的局限性，在松散砂土、软土、流塑性黏性土以及有丰富地下水的情况下，不能单独使用该支护形式，必须对常规的土钉支护进行改造，特别是对支护变形有严格要求时，最好采用土钉支护与其他支护相结合的方法，即“复合土钉支护”。

复合土钉墙是由普通土钉墙与一种或若干种单项轻型支护技术（如预应力锚杆、竖向钢管、微型桩等）或止水技术（深层搅拌桩、旋喷桩等）有机组合而成的支护-止水体系。其主要构成要素有土钉（钢筋土钉或钢管土钉）、预应力锚杆（索）、止水帷幕、微型桩（树根桩）、挂网喷射混凝土面层、原位土体等。

2.3.2 复合土钉墙的形式及特点

1. 复合土钉墙的形式

与土钉墙复合的构件主要有预应力锚杆、止水帷幕及微型桩三类，或单独或组合与土钉墙复合，形成了常见的 7 种形式，如图 2-2 所示。

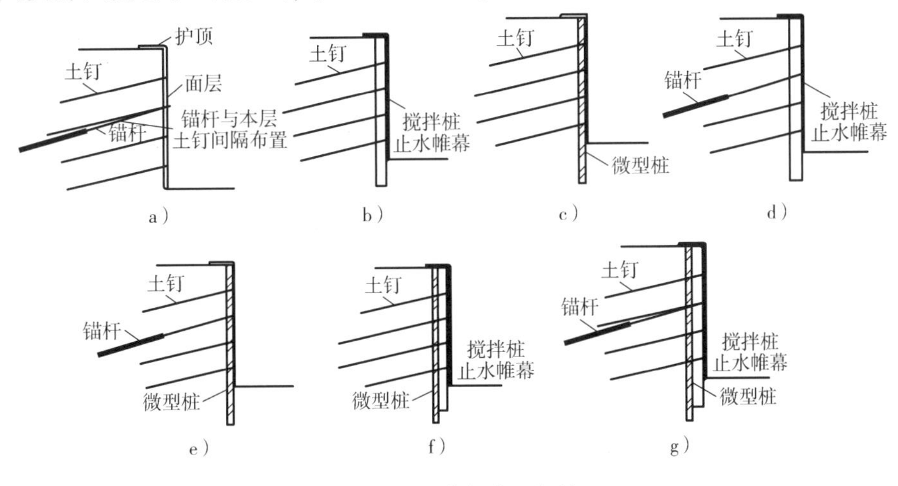

图 2-2 七种复合土钉墙

a）土钉墙 + 预应力锚杆 b）土钉墙 + 止水帷幕 c）土钉墙 + 微型桩 d）土钉墙 + 止水帷幕 + 预应力锚杆 e）土钉墙 + 微型桩 + 预应力锚杆 f）土钉墙 + 止水帷幕 + 微型桩 g）土钉墙 + 止水帷幕 + 微型桩 + 预应力锚杆

（1）土钉墙＋预应力锚杆　土坡较高或对边坡的水平位移要求较严格时经常采用这种形式。土坡较高时预应力锚杆可增加边坡的稳定性，此时锚杆在竖向上分布较为均匀；如需限制坡顶的位移，可将锚杆布置在边坡的上部。因锚杆造价较土钉高很多，为降低成本，锚杆可不整排布置，而是与土钉间隔布置，效果较好。这种复合形式在边坡支护工程中应用较为广泛。

（2）土钉墙＋止水帷幕　降水容易引起基坑周围建筑、道路的沉降，造成环境破坏，引起纠纷，所以在地下水丰富的地层中开挖基坑时，目前普遍倾向于采用帷幕止水，止水后在坑内集中降水或明排降水。止水帷幕可采用深层搅拌法、高压喷射注浆法及压力注浆等方法形成，其中搅拌桩止水帷幕效果好，造价便宜，通常情况下优先采用。这种复合形式在南方地区较为常见，多用于土质较差、基坑开挖不深时。

（3）土钉墙＋微型桩　有时将第二种复合支护形式中两两相互搭接连续成墙的止水帷幕替换为断续的、不起挡水作用的微型桩。这么做的原因主要有：地层中没有砂层等强透水层或地下水位较低，止水帷幕效用不大；土体较软弱，如填土、软塑状黏性土等，需要竖向构件增强整体性、复合体强度及开挖面的临时自立性能，但搅拌桩等水泥土桩施工困难、强度不足或对周边建筑物扰动较大等原因不宜采用；超前支护可减少基坑变形。这种复合形式在地质条件较差时及北方地区较为常用。

（4）土钉墙＋止水帷幕＋预应力锚杆　第二种复合支护形式中，有时需要采用预应力锚杆以提高搅拌桩复合土钉墙的稳定性及限制其位移，从而形成了这种复合形式。这种复合形式在地下水丰富地区满足了大多数工程的实际需求，应用最为广泛。

（5）土钉墙＋微型桩＋预应力锚杆　第三种复合支护形式中，有时需要采用预应力锚杆以提高支护体系的稳定性及限制其位移，从而形成了这种复合形式。这种支护形式变形小、稳定性好，在不需要止水帷幕的地区能够满足大多数工程的实际需求，应用较为广泛，在北方地区应用较多。

（6）土钉墙＋止水帷幕＋微型桩　搅拌桩抗弯及抗剪强度较低，在淤泥类软土中强度更低，在软土较深厚时往往不能满足抗隆起要求，或者不能满足局部抗剪要求，于是在第二种支护形式中加入微型桩构成了这种形式。这种形式在软土地区应用较多，在土质较好时一般不会采用。

（7）土钉墙＋止水帷幕＋微型桩＋预应力锚杆　这种支护形式构件较多，工序较复杂，工期较长，支护效果较好，多用于较深及条件复杂的基坑支护。

2. 复合土钉墙的特点

复合土钉墙施工方便灵活，可与多种支护技术并用，其工作机理因其构成要素的复合性而具有多重性的特点：

1）止水作用与支护作用相结合。

2）浅部土体加固与深部锚拉作用相结合。

3）挖后支挡与超前支护相结合。

4）局部稳定与整体稳定相结合。

复合土钉墙支护具有轻型、复合、机动灵活、针对性强、适用范围广、支护能力强的特点，可作超前支护，并兼备支护、止水等效果。复合土钉墙支护技术可用于回填土、淤泥质土、黏性土、砂土、粉土等常见土层，施工时可不降水；在工程规模上，深度 16m 以内的深基坑均可根据具体条件，灵活、合理地使用。

2.3.3 施工技术

1. 施工流程

复合土钉墙目前尚无专用技术规范，其主要组成要素如普通土钉墙、预应力锚杆、深层搅拌桩、旋喷桩等应按照现行国家有关标准执行。施工工艺顺序通常为：放线定位⟶止水帷幕或微型桩施工⟶开挖第一层工作面⟶土钉及锚杆施工⟶安装钢筋网及绑扎腰梁钢筋笼⟶喷射第一层混凝土⟶养护⟶锚杆张拉⟶开挖下一工作面层，重复上述工作直到完工。

2. 施工要点

1）土方开挖与土钉喷射混凝土等工艺必须密切配合，这是确保复合土钉墙顺利施工的关键。整个施工最好由一个施工单位总承包，统一部署、计划、安排和协调。

2）控制开挖时间和开挖顺序，及时施作喷锚支护。土方开挖必须严格遵循分层、分段、平衡、协调、适时等原则，以尽量缩短支护时间。

3）合理选择土钉。一般来说，地下水位以上，或有一定自稳能力的地层中，钢筋土钉和钢管土钉均可采用；但地下水位以下，软弱土层、砂质土层等，由于成孔困难，则应采用钢管土钉。钢管土钉不需打孔，它是通过专用设备直接打入土层，并通过管壁与土层的摩阻力产生锚拉力达到稳定的目的。选用钢管土钉，施工时还应注意以下要点：

①钢管土钉在土层中严禁引孔（帷幕除外），由于设备能力不够而造成土钉不能全部被打进时，则应更换设备。

②钢管土钉外端应有足够的自由段长度，自由段一般不小于3m，不开孔，靠其与土层之间的紧密贴合保证里段有较高的注浆压力和注浆量，提高加固和锚固效果。

③在帷幕上开孔的钢管土钉，土钉安装后必须对孔口进行封闭，防止渗水漏水。

2.4 型钢组合内支撑技术

2.4.1 概述

型钢组合内支撑技术（图2-3）是近年发展起来的一项支护技术，它是在混凝土内支撑技术的基础上发展起来的一种内支撑结构体系，主要利用组合式钢结构构件截面灵活可变、加工方便、适用性广等特点。因其可施加预应力，故又称预应力型钢组合支撑。该技术具有布置形式灵活、高强连接、安装拆除便捷、工期短、钢材可回收、对环境影响小等优点，可在各种周边环境复杂的地质情况下使用。

型钢组合内支撑体系架设和拆除速度快、架设完毕后不需要等待强度时间就可直接进行下层土方开挖。而且支撑材料可重复循环使用，对降低工程造价和加快工期均具有显著效果。型钢组合内支撑技术适用于周围建筑物密集、相邻建筑物基础埋深较大、周围土质情况复杂、施工场地狭小、软土场地等深大基坑。

图 2-3　型钢组合内支撑构件及节点

2.4.2　施工技术

1. 施工工艺

型钢组合钢支撑支护体系施工顺序：测量定位──→钢支撑吊装、就位──→钢支撑施加预应力──→斜撑、纵向系杆安装──→临时钢立柱安装。

（1）测量定位　型钢组合支撑施工前应做好测量定位工作，测量定位工作含平面坐标系内轴线控制网的布设和场区高程控制网的布设两大方面。定位工作必须精确控制其平直度，以保证钢支撑能轴心受压。

（2）钢支撑安装　钢支撑安装随土方开挖分层进行。第一层钢支撑施工时，空间上无遮拦相对有利，如支撑长度一般时，可将某一方向（纵向或者横向）的支撑在基坑外按设计长度拼接形成整体，其后用起重机采用多点起吊的方式将支撑吊运至设计位置和标高，进行某一方向的整体安装；第二及以下层钢支撑在施工时，由于已经安装的支撑系统形成遮挡，因此当钢支撑长度较长，需采用多节钢支撑拼接时，应按“先中间后两头”的原则进行吊装，并尽快将各节支撑连起来，法兰盘的螺栓必须拧紧，快速形成支撑。长度较小的斜撑在就位前，钢支撑先在地面预拼装到设计长度，再进行吊装；节点施工的关键是承压板间均匀接触，钢支撑构件就位时应保持中心线一致。为保证钢支撑就位和连接，安装前应搭设安装平台。钢支撑就位后，各分段钢支撑的中心线应尽量保持一致。钢支撑与腰梁等节点焊接时按设计预留焊缝，同时应检查护坡桩上埋件、腰梁及立柱支托上的钢支撑位置，以保证主撑准确就位。

（3）施加预应力　为了施加预应力，将钢支撑一端做成可自由伸缩的活接头。钢支撑安放到位后，通过液压千斤顶放入活接头顶压位置，并按设计要求逐级施加预应力。预应力施加到位后，将活接头部位浇筑或焊接牢固，防止支撑预应力损失后钢楔块掉落伤人。预应力施加应在每根支撑安装完以后立即进行。支撑施加预应力时，安装误差难以保证支撑完全平直，所以为了确保支撑的安全性，预应力要分阶段施加。支撑上的法兰螺栓全部要求拧到拧不动为止。

采用钢支撑施工基坑时，最大问题是支撑预应力的损失，特别是深基坑工程采用多道钢支撑作为基坑支护结构时，钢支撑预应力往往容易损失，对在周边环境施工要求较高的地区施工、变形控制的深基坑很不利。造成支撑预应力损失的原因很多，一般有以下几点：①施工工期较长，钢支撑的活络端松动；②钢支撑安装过程中钢管间连接不精密；③基坑围护体系的变形；④下道支撑预应力施加时，基坑可能产生向坑外的反向变形，造成上道钢支撑预应力损失；⑤换撑过程中应力重分布。因此在基坑施工过程中，应加强对钢支撑应力的检查，并采取有效的措施，对支撑进行预应力复加。

（4）纵向系杆、钢立柱施工

1）在系杆施工中，每隔一定距离设置螺栓接头，螺栓孔为椭圆形，系杆间预留20mm空隙，系杆的接长采用螺栓连接。

2）在地表用钻孔机钻孔后，置入钢立柱。钢立柱的嵌固深度通过计算确定。在开挖底标高以下灌入混凝土，形成型钢混凝土柱，从而保证整个系统的稳定。

（5）节点施工　钢支撑、纵向系杆、临时钢立柱连接节点的受力特点是对结构既有三向约束作用，又可以在各自轴线方向有变化。因此，钢支撑、纵向系杆、临时钢立柱节点的连接可采用U形套箍螺栓连接。使用U形套箍施工安装简便，不损母材，且容易调整，便于组成钢支撑支护体系的构件再利用。

2. 施工要点

（1）钢支撑施工质量控制

1）基坑周围堆载控制在20kPa以下，做好技术复核及隐蔽验收工作，未经质量验收合格，不得进行下道工序施工。

2）确保焊缝质量达标，法兰盘在连接前要进行整形，不得使用变形法兰盘。螺栓连接控制紧固力矩，每天派专人对支撑进行1次或2次检查，以防支撑接头松动。

3）钢支撑工程质量检验标准为：支撑位置标高允许偏差30mm，平面允许偏差100mm；预加应力允许偏差±50kN；立柱位置标高允许偏差30mm，平面允许偏差50mm。

（2）土方开挖　土方开挖和支撑施工配合进行，需自上而下分层进行，每层由中间向两侧开挖。每层靠近护坡桩的土方保留，作为预留平台。利用预留平台可控制基坑土体位移，保证基坑稳定，还可利用其作为钢支撑支护体系施工的工作平台。待本层钢支撑施工完成后，将本层预留平台与下一层土方同时开挖。

（3）支护体系施工

1）土方开挖分层、分段并预留平台，以控制整个基坑土体的水平位移，增强基坑稳定性。

2）在基坑范围内设置应力检测点，定期检测支护系统的受力状况。

3）支护系统施工中，严禁蹬踏钢支撑，严禁在钢支撑上放置重物及行走，操作平台上作业由专人负责。

4）钢立柱四周1m范围内预留结构的板筋，待拆除钢立柱后即可焊接钢筋、浇筑楼板混凝土。

（4）钢支撑支护体系的拆除　支撑拆除前，要先解除预应力。基础结构自下而上施工到支撑下1.0m处且楼板混凝土强度达80%以上时，可以拆除基础结构楼板下的支护体系，否则将使巨大的侧压力传至楼板；支护体系拆除的顺序为自下而上，先水平构件，后竖直构件（钢立柱）；施工全过程需对支撑体系和相邻建筑物的沉降、变形进行严密的监测，直到基础结构施工全部完成。

2.4.3 型钢组合支撑布置原则

型钢组合支撑的布置要考虑围护结构受力、基坑开挖、施工等一系列因素。布置原则主要考虑竖向及横向平面的布置。

1. 竖向平面要求

1）支撑标高要考虑基坑围护结构受力、变形等因素。

2）上下支撑间的净距离，以及最下层支撑距基坑底的净距离均不宜小于3m。

3）最下层支撑与底板之间的净距离，上层支撑与楼板之间的净距离均不宜小于0.5m。

2. 横向平面布置要求

1）上下支撑应对称布置，形成一个契合的整体。

2）组合围檩上相邻支撑水平方向净距离不宜大于8m，混凝土围檩上相邻支撑之间的水平方向净距离不宜大于10m。

3）八字撑应对称布置，轴线长度不宜大于9m，八字撑与围檩的夹角为30°~60°。

4）基坑阳角处设置双向约束。

5）立柱应避开主体结构构件，例如梁、柱等；同一道型钢支撑相邻立柱间距，以及立柱与围檩间距应不大于10m，方向不同的型钢支撑交汇处也应该设置立柱。

6）所有的布置原则均应为基坑开挖、主体结构施工等提供便利。

2.4.4 技术特点

型钢组合内支撑技术具有以下特点：

1）适用性广，可在各种地质情况和复杂周边环境下使用。

2）施工速度快，支撑形式多样。

3）计算理论成熟。

4）可拆卸重复利用，节省投资。

常规的钢支撑与钢筋混凝土结构支撑相比，变形较大且比较敏感。同时由于圆钢管和型钢的承载能力不如钢筋混凝土结构支撑的承载能力大，因此支撑水平向的间距不能很大，相对来说机械开挖作业不太方便。在大城市建筑物密集地区开挖深基坑，支护结构多以控制变形为主，在控制变形方面，钢结构支撑不如钢筋混凝土结构支撑效果好。所以在实际应用中，应根据变形发展，分阶段多次施加预应力，也能控制变形量，或者将钢支撑与钢筋混凝土结构支撑结合使用，效果更好。

2.5 型钢水泥土搅拌墙技术（SMW工法）

2.5.1 概述

型钢水泥土搅拌墙通常称为SMW工法（Soil Mixed Wall），是一种在连续套接的三轴水泥土搅拌桩内插入型钢形成的复合挡土止水结构。即利用三轴搅拌桩钻机在原地层中切削土体，同时钻机前端低压注入水泥浆液，与切碎土体充分搅拌形成止水性较好的水泥土柱列式挡墙，在水泥土浆液尚未硬化前插入型钢的一种地下工程施工技术，如图 2-4、图 2-5 所示。该支护结构同时具有抵抗侧向土、水压力和阻止地下水渗漏的功能，主要用于深基坑支护。

图 2-4　三轴搅拌桩桩架

常规水泥土搅拌桩的承载力相对较小，无法承受较大的剪力和弯矩，而型钢水泥土搅拌墙支护技术是通过在水泥土连续墙中插入 H 型或工字型等型钢，形成复合墙体，从而改善墙体受力。型钢主要用来承受弯矩和剪力，水泥土主要用来防渗，同时对型钢还有围箍作用。

实际工程应用中，型钢水泥土搅拌墙支护结构主要有两种形式：一种是在水泥土墙中插入断面较大的 H 型钢，主要利用型钢承受水土侧压力，水泥土墙仅作为止水帷幕，基本不考虑水泥土的承载作用和与型钢的共同工作，型钢一般需要涂抹隔离剂，待基坑工程结束之后将 H 型钢拔除，以节省钢材；另一种是在水泥土墙内外两侧应力较大的区域插入断面较小的工字钢等型钢，利用水泥土与型钢的共同工作，共同承受水土压力并具有止水帷幕的功能。

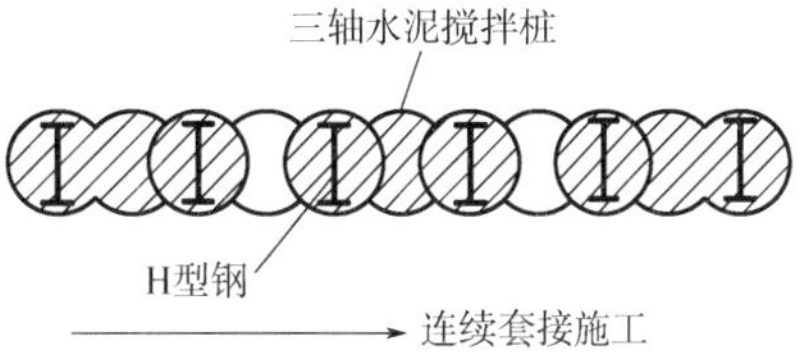

三轴水泥搅拌桩
H型钢
连续套接施工

图 2-5　型钢水泥墙剖面
（三轴水泥搅拌桩）

型钢水泥土搅拌墙支护技术可在黏性土、粉土、砂砾土中使用，目前国内主要在软土地区及在开挖深度 15m 下的基坑围护工程中应用。

2.5.2　施工技术

型钢水泥土搅拌墙支护的施工是通过特制的多轴深层搅拌机自上而下将施工场地原位土体切碎，同时从搅拌头处将水泥浆等固化剂注入土体并与土体搅拌均匀，通过连续的重叠搭接施工，形成水泥土地下连续墙；然后，在水泥土凝结硬化之前，将型钢插入墙中，形成型钢与水泥土的复合墙体。

1. 施工顺序

型钢水泥土搅拌墙支护技术施工工艺流程如图 2-6 所示。

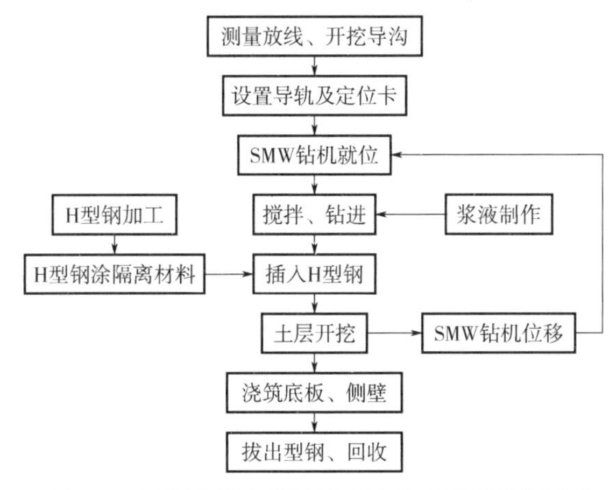

图 2-6　型钢水泥土搅拌墙支护技术施工工艺流程

2. 施工工艺

（1）测量放线、开挖导沟　施工前，先根据设计图和坐标基准点精确算出围护桩中心线角点坐标，放出围护桩中心线，并进行坐标数据复核，同时做保护桩，再根据已知坐标进行水泥土搅拌桩轴线定位，并提请监理复核。

为了使搅拌机施工时的泥浆涌土不至冒出地面，桩机施工前，沿型钢水泥土搅拌墙位置开挖导沟，导沟一般宽0.8～1.0m，深0.6～1.0m。

（2）设置导轨及定位卡　为确保搅拌墙及型钢插入位置的准确性，沿沟槽旁边间距4～6m埋设槽钢作为导向桩，同时设置钢围檩导轨及定位卡。围檩导轨及定位卡都由型钢组成，型钢定位卡间距比型钢宽度增加20～30cm。导轨施工时，要控制好轴线与标高，施工完毕后在导轨上标出桩位及插入型钢的位置。

（3）搅拌桩施工　在确定地下无障碍物、导沟及导轨施工完毕后，桩机就位并开始搅拌施工。施工前必须调整桩架的垂直度偏差在1%以内，且应先进行工艺试桩，以测定各项施工技术参数。水泥搅拌桩在施工过程中，为了增加水泥浆与土体的均匀性，应严格控制三搅二喷工序，第一次搅拌提升和第二次搅拌提升时进行喷浆，第三次搅拌为复拌，以提高桩身的均匀度。

（4）插入、固定型钢　三轴水泥搅拌桩连续重叠搭接施工完毕后，起重机立即就位，准备吊放型钢芯材。起吊前，检查设在沟槽定位型钢上的型钢定位卡是否牢固，确保水平位置准确后，将型钢底部中心对正桩位中心，并沿定位卡徐徐竖直插入水泥土搅拌墙体内。若型钢插放达不到设计标高时，则采取提升型钢重复下插，使其达到设计标高。当型钢沉入设计标高后，用水泥土或水泥砂浆等将型钢固定。

（5）施工顶圈梁　为了提高型钢水泥土桩墙的整体刚度，在导轨撤除后，宜在型钢顶部浇筑一道圈梁。

3. 关键技术

（1）水泥浆制备问题

1）水泥浆中的掺加剂除掺入一定量的缓凝剂（多用木质素磺酸钙）外，宜掺入一定量膨润土，利用膨润土的保水性增加水泥土的变形能力，防止墙体变形后过早开裂，影响其抗渗性。

2）对于不同工程不同的水泥浆配合比，在施工前应作型钢抗拔试验，再采取涂减摩剂等一系列措施，保证型钢顺利回收利用。

（2）保证桩体垂直度措施

1）铺设道轨枕木处要整平整实，使道轨枕木在同一水平线上。

2）在开孔之前用水平尺对机械架校对，以确保桩体的垂直度达到要求。

3）用两台经纬仪对搅拌轴纵横向同时校正，确保搅拌轴垂直，从而达到对桩体垂直度的控制。

4）施工过程中随机对机座四周标高进行复测，确保施工时机械处于水平状态，同时用经纬仪经常对搅拌轴垂直度复测，通过对机械的控制达到对桩体垂直度的控制。

（3）H型钢的插拔问题　为减少建筑钢材的浪费和降低工程造价，SMW工法的主要技术问题是型钢的插入和取出，如果没有有效的插入型钢的减摩剂，水泥土固化以后就很难插入，即使插进去了，经过基坑开挖一段时间之后，起拔型钢的难度也会增大，因此SMW工法的关键是型钢插入和起拔所必需的减小摩擦作用的隔离涂层。

H型钢表面应进行除锈，并在干燥条件下涂抹减摩剂，搬运使用应防止碰撞和强力擦挤。且搅拌桩顶制作围檩前，事先用牛皮纸将H型钢包裹好进行隔离，以利拔桩。

H型钢应在水泥土初凝前插入。插入前应校正位置，设立导向装置，以保证垂直度偏差小于1%，插入过程中，必须吊直H型钢。尽量用桩锤自重压沉，若压沉无法到位，再开启振动下沉至标高。

H型钢回收可采用2台液压千斤顶组成的起拔器夹持型钢顶升，使其松动，然后采用振动锤利用振动方式或采用卷扬机强力起拔，将型钢拔出。采用边拔边注浆充填空隙的方法进行施工。

2.5.3 技术特点

型钢水泥土搅拌墙支护技术有以下特点。

1. 对周围地层影响小

SMW工法是直接把水泥类悬浊液就地与切碎的土砂混合，不像存在槽（孔）壁坍塌现象的地下连续墙、灌注桩，需要开槽或钻孔，故不会造成邻近地面下沉、房屋倾斜、道路裂损或地下设施破坏等危害。

2. 施工噪声小、无振动、工期短、造价低

SMW挡墙采用就地加固原土的方法而一次筑成墙体，成桩速度快，墙体构造简单，省去了挖槽、安装钢筋笼等工序，同地下连续墙施工相比，工期可缩短近一半；如果考虑芯材的适当回收，可较大幅度地降低造价。

3. 废土产生量小，无泥浆污染

水泥悬浊液与土混合不会产生废泥浆，不存在泥浆回收处理问题。

4. 高止水性

钻杆具有推进与搅拌翼相间设置的特点，随着钻进和搅拌反复进行，水泥系强化剂与土得到充分搅拌，而且墙体全长无接缝，因而比传统的连续墙具有更可靠的止水性，其渗透系数为10^{-8} ~ 10^{-7}cm/s。

5. 适用地层范围广

能适应各种地层，可在黏性土、粉土、砂砾土（卵石直径在100mm以内）和单轴抗压强度在60MPa以下的岩层中应用。

6. 大壁厚、大深度

成墙厚度可为550 ~ 1300mm，最大深度达70m。

2.6 TRD工法

2.6.1 概述

TRD（Trench Cutting Re-mixing Deep Wall Method）工法是由日本神户制钢所开发的一种新型水泥土搅拌墙施工技术。该工法与传统的SMW工法采用竖直轴纵向切削和搅拌施工方式不同，TRD工法施工时将链锯式切削刀具从地面插入地基，掘削至设计深度后喷出固化

剂，与原位土体混合，主机持续沿设计墙体横向掘削、搅拌，然后在固化液凝结硬化前按照设计间距插入H型钢，待固化液凝结硬化后形成一道具有一定刚度和强度的等厚地下连续墙。目前TRD工法成墙厚度一般为550～850mm，深度可达60m，施工设备如图2-7所示。

TRD工法多用于建筑物的基础工程、防止地下水流入的地下挖掘工事，还可用于防止倾斜面的崩溃。在截断对邻近建筑物的影响，建筑物、盾构竖井、半地下道路等开挖工程中的挡土防渗，河川护坡及腐殖土层的地基改良方面应用广泛。

图2-7　TRD工法施工设备

2.6.2　TRD施工技术

1. TRD工法设备及原理

TRD工法的施工设备由主机和刀具系统组成。刀具系统设置于主机的机架系统内，主机通过内设的驱动装置提升和下放箱式刀具。驱动装置带动箱式刀具的刀具链条运动，从而切割、搅拌和混合土体。竖向导杆和驱动轮也可沿横向架滑轨横向移动，带动刀具系统作水平运动。当主机机架范围内的一个行程结束后，刀具系统解除压力成自由状态，主机向前开动，相应的驱动装置带动刀具开始下一个行程的切割，如此反复直至完成水泥土搅拌墙体的施工。

TRD工法可通过改变刀头底板的宽度，形成以50mm为一级、范围在450～850mm的不同厚度的水泥土地下连续墙。可拆卸刀头在切削施工导致刀具链条磨损后，可方便地将刀具链条上的刀头拆卸、更换，有效地降低了维护成本和维护人员的劳动强度，提高了设备的工作效率，具有较高的实用性和经济效益。

TRD工法施工时，将链锯式切削刀具挤压在原位地基上，由主机电动机驱动链锯式刀具绕切割箱回旋切削，水平横向挖掘推进，同时在切割箱底部注入挖掘液或固化液，使其与原位土体混合搅拌，混合浆液借助于切削刀具的回转以及泥水的流动作用被带向上方，经过切削沟槽的墙壁与装有刀具的箱式刀具链节的间隙向后方流动，最终形成水泥土地下连续墙，也可插入H型钢以增加地下连续墙的刚度和强度。TRD工法的切削原理如图2-8所示。

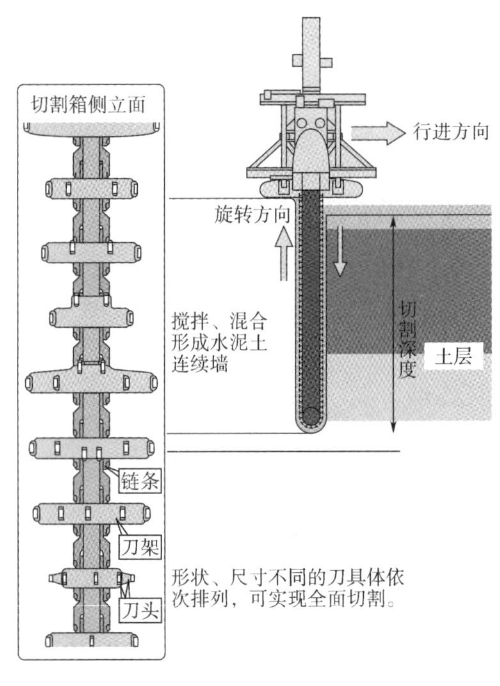

图2-8　TRD系统切削原理

2. 机架的安装顺序

1）将带有随动轮的箱式刀具节与主机连接，切削出可以容纳 1 节箱式刀具的预制沟槽。

2）切削结束后，主机将带有随动轮的箱式刀具提升出沟槽，往与施工方向相反的方向移动；移动至一定距离后主机停止，再切削 1 个沟槽。切削完毕后，将带有随动轮的箱式刀具与主机分解，放入沟槽内，同时用起重机将另一节箱式刀具放入预制沟槽内，并加以固定。

3）主机向预制沟槽移动。

4）主机与预置沟槽内的箱式刀具连接，将其提升出沟槽。

5）主机带着该节箱式刀具向放在沟槽内带有随动轮的箱式刀具移动。

6）移动到位后主机与带有随动轮的箱式刀具连接，同时在原位置进行更深的切削。

7）根据待施工墙体的深度，重复上述的顺序，直至完成施工装置的架设。整个过程如图 2-9 所示。

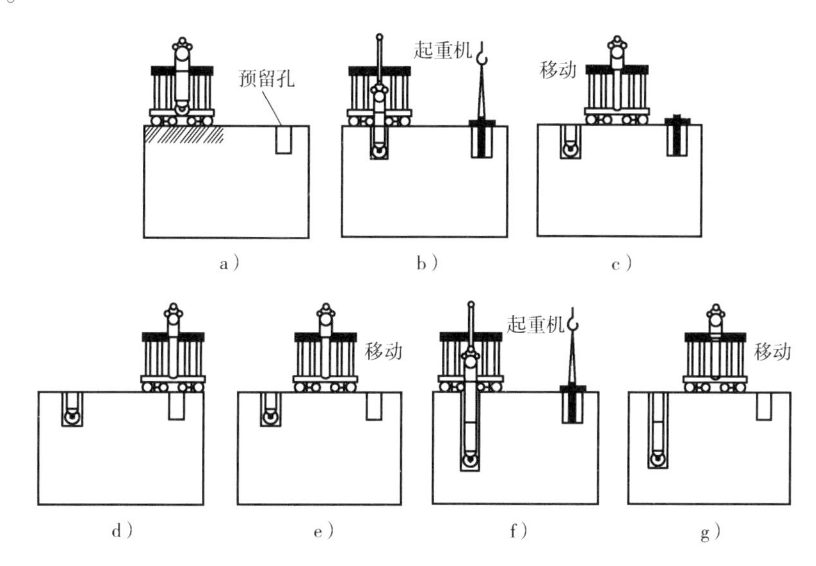

图 2-9　TRD 工法施工装置架设

a）连接准备　b）连接开始，切割箱放入预备槽　c）移动　d）连接后将切割箱提出
e）移动　f）连接后继续切削，放入下一节切割箱　g）重复前图工作

3. 施工顺序

1）主机施工装置连接，直至带有随动轮的箱式刀具抵达待建设墙体的底部。

2）主机沿沟槽的切削方向作横向移动，根据土层性质和切削刀具各部位状态，选择向上或向下的切削方式；切削过程中由刀具立柱底端喷出切削液和固化液；在链式刀具旋转作用下切削土与固化液混合搅拌。

3）主机再次向前移动，在移动的过程中，将工字钢芯材按设计要求插入土中，插入深度用直尺测量，此时即筑成了地下连续墙体。

4）施工间断而箱式刀具不拔出时，继续进行施工养护段的施工。

5）继续起动后，回行切削和先前的水泥土连续墙进行搭接切削。整个施工过程如图 2-10 所示。

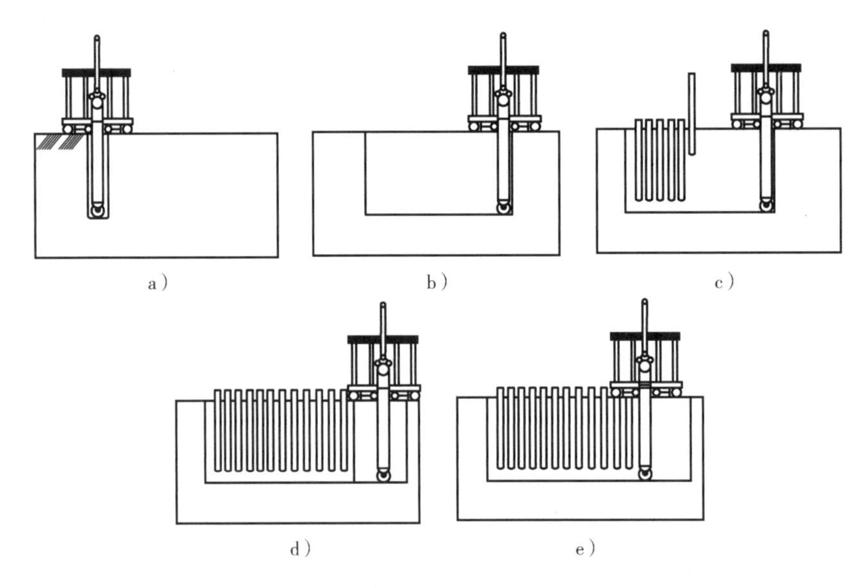

图 2-10　TRD 工法施工顺序

a）连接主机　b）切削、搅拌　c）插入芯材，重复前面工序　d）施工结束退出切削　e）搭接施工，重复前面工序

鉴于箱式刀具拔出和组装复杂，操作时间长，当无法 24h 连续施工作业或者夜间施工须停止时，箱式刀具可直接停留在水泥土浆液中。待第二天施工时再重新起动，继续施工。为此，当天水泥土墙体施工完成后，还需再进行箱式刀具夜间养护段的施工。此时养护段根据养护时间的长短，注入切削液，必要时掺加适量的缓凝剂，以防第二天施工时箱式刀具抱死，无法正常起动。第二天箱式刀具正常起动后，须回行切削，并和前一天的水泥土连续墙进行不小于 500mm 的搭接切削，以防出现冷缝，确保水泥土墙的连续性。

2.6.3　TRD 工法质量控制要点

1）施工前应进行试成墙，以确定各项技术参数、成桩工艺和步骤合理，土层差异大的，要分层确定技术参数。

2）做好施工前的各项准备工作，包括清障、修筑施工便道、铺设钢板、测量放线定位、开挖沟槽、检查设备的性能及进行试运转等。

3）根据桩架垂直度指示针调整装架垂直度，并用经纬仪进行校核，从而保证墙体垂直度在允许误差范围内。

4）施工过程中可根据实际情况（如遇深度大且砂石地层为主体的工程）及时调整浆液配合比或掺入外加剂，使切割箱能顺利挖掘。

5）施工过程中，严禁发生定位钢板移位，一旦发现挖掘机在清除沟槽土时碰撞定位钢板使其跑位，立即重新放线，严格按照设计图施工。

6）场地布置综合考虑各方面因素，避免设备多次搬迁、移位，尽量保证施工的连续性。

7）严禁使用过期、受潮水泥，对每批水泥进行复试，合格后方可使用。

8）根据设计要求对拐角处及搭接处采取各向两边外推一定距离（一般为 0.5m），以保证施工连续性和基坑止水效果。

9）控制好用水量、水泥用量及液面高度，且浆液不能发生离析，以保证成墙强度。

10）土体应充分切割，使原状土充分破碎，浆液要搅拌均匀，保证成墙质量均匀。

2.6.4 TRD工法特点

TRD工法是在SMW工法基础上，针对三轴水泥土搅拌桩桩架过高、稳定性较差、成墙垂直度偏低和成墙深度较浅等缺点研发的新工法，适用于开挖面积较大、开挖深度较深、对止水帷幕的止水效果和垂直度有较高要求的基坑工程。具有以下特点。

1）TRD工法施工机架高度10~12m，重心低、稳定性好。TRD工法可施工墙体厚度为450~850mm，深度最大可达60m。

2）施工垂直度高，墙面平整度好，通过刀具立柱内安装的多段倾斜计，对施工墙体平面内和平面外实时监测以控制垂直度，实现高精度施工。

3）墙体连续等厚度，横向连续，止水性能好。水泥土的渗透系数在砂质土中可达10^{-8}~10^{-7}cm/s，在砂质黏土中达到10^{-9}cm/s。成墙作业连续无接头，型钢间距可以根据设计需要调整，不受桩位限制。

4）TRD工法的主机架可变角度施工，其与地面的夹角最小可为30°，从而可施工倾斜的水泥土墙体，满足特殊设计要求。

5）TRD工法在墙体全深度范围内对土体进行竖向混合、搅拌，墙体上下固化性质均一，墙体质量均匀。

6）TRD工法转角施工困难，对于小曲率半径或90°转角位置，须将箱式刀具拔出、拆卸，改变方向后，再重新组装并插入地层，拆卸和组装时间长，转角施工过程较复杂。

国内在型钢水泥土墙推广应用的过程中，内插芯材除了目前最为常用的型钢，也出现了内插钢管、槽钢以及预制钢筋混凝土桩。预制钢筋混凝土桩具有刚度大、无须回收利用的优点，但相对于型钢，其截面尺寸大，施工时须采取专门压桩设备。为规范施工，加强质量控制和管理，如施工中使用型钢以外的其他内插芯材时，必须有可靠的质量控制措施，确保水泥土墙的整体性、挡土和止水效果。

思考题及习题

1. 简述基坑支护的现状和发展趋势。
2. 基坑支护结构有哪些基本形式及适用范围？
3. 简述预应力锚杆技术的工艺原理及施工工艺。
4. 什么是复合土钉墙？
5. 简述复合土钉墙的基本结构形式及其特点。
6. 简述型钢组合内支撑技术施工工艺及其技术要点。
7. 什么是型钢水泥土搅拌墙支护技术？简述其技术特点。
8. 什么是TRD工法？简述其技术特点。

第3章　地基处理与桩基础

学习要点

本章主要介绍新型的地基处理及桩基技术的原理、技术特点、适用范围、施工工艺及其施工要点等内容。通过本章的学习，了解各种新型地基处理技术及桩基技术的适用范围和技术指标，理解其基本概念，并掌握技术原理及施工工艺。

3.1　真空预压法加固软土地基技术

3.1.1　概述

真空预压法是在被加固软土地表铺设砂垫层作为加固层，间隔埋设垂直排水管道点阵，其上铺设不透气密封膜，利用吸水管道和真空泵抽真空，从而形成膜下负压，并将负压传递到设在饱和软黏土层中的排水通道内。通过施加的大气负压，促使排水通道及边界孔隙水压力降低，与土中的孔隙水压力形成压差和水力梯度，发生由土中向边界的渗流，从而使土体压实，软土有效应力增加，达到土体排水固结、强度增强的效果，该方法属排水固结法。真空预压法适用于加固淤泥、淤泥质土和其他能够排水固结而且能形成负超静水压力边界条件的软黏土，特别适于进行大面积的地基处理工程。

3.1.2　基本原理

1. 真空预压法基本原理

真空预压法是近年来发展起来的一种新的软土地基处理方法，它主要包括加压和排水两个子系统。加压系统是由砂砾垫层、不透气薄膜、真空泵以及外加堆载组成；而排水系统则包括水平向和竖向排水系统，竖向排水系统一般由塑料排水板（或砂井、袋装砂井）组成，水平排水系统一般由砂垫层以及埋入其中的 PVC 排水管组成。地下水在上述荷载作用下产生径向渗流，汇集到砂砾垫层中（或排水管内）并由真空排水系统排出，使土体有效应力增加，同时达到土体固结的目的。

由于塑料密封膜使被加固土体得到密封并与大气压隔离，当采用抽真空设备抽真空时，砂垫层和垂直排水通道内的孔隙水压力迅速降低。土体内的孔隙水压力随着排水通道内孔隙压力的降低（形成压力梯度）而逐渐降低。根据太沙基有效应力原理，当总应力不变时，孔隙水压力的降低值全部转化为有效应力的增加值，如图 3-1 所示。真空预压作用下土体的固结过程，是在总应力基本保持不变的情况下，孔隙水压力降低，有效应力增长的过程。因抽真空设备理论上最大只能降低一个大气压（绝对压力零点），所以真空预压工程上的等效预压荷载理论极限值为100kPa，现在的工艺水平一般能达到80～95kPa。

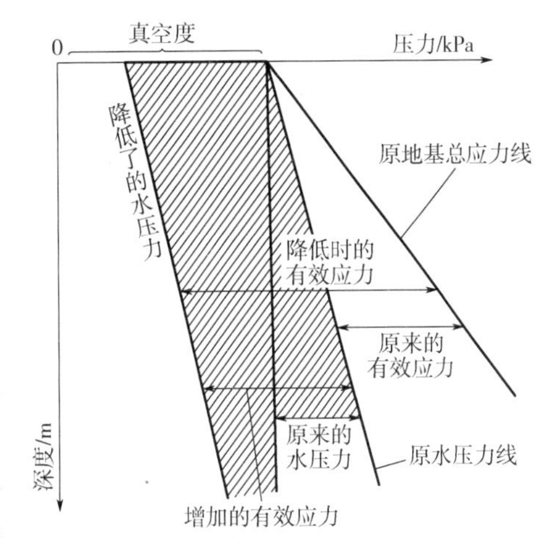

图3-1　土体水压力变化

2. 真空联合堆载预压法基本原理

真空联合堆载预压法，是当预压荷载要求大于80kPa而真空预压工艺技术水平无法达到时，在真空预压的同时给膜上堆载，以补足大于80kPa的部分荷载，是真空预压法和堆载预压法在地基加固中的联合使用。堆载预压时，在地基中产生的附加应力和真空预压时降低地基的孔隙水应力，两者均转化为新增的有效应力并且可以叠加。这样，既有真空预压的作用又有堆载的作用。其结果：地基土体由于抽真空而发生向内收缩变形，因而，堆载荷重可以迅速施加，而不会引起土体向外挤压破坏；同时，由于真空荷载代替一部分荷载，降低了堆载的高度，减少了堆载的工作量。

真空联合堆载预压法加固前后土体的总应力发生了变化，既增加了外荷，又降低了原孔隙水压力中的大气压力。

3.1.3　施工技术

1. 施工设备

真空预压设备由真空泵和配套设备等组成。

（1）真空泵　真空泵一般用射流真空泵，由射流箱和离心泵组成。真空泵的设置应根据预压面积大小、真空泵效率以及工程经验确定，每块预压区宜设两台真空泵。配套设备有集水罐、真空滤水管、真空管、止回阀、阀门、真空表、密封膜等。

（2）真空滤水管、密封膜与出膜装置

1）真空滤水管。真空滤水管采用钢管或塑料管材，应能承受足够的径向压力而不变形。滤水管上梅花形布置滤水孔，孔径一般为8～10mm，孔间距50mm；管上缠绕直径3mm铁丝，外包尼龙窗纱布一层，最外面再包一层渗透性好的编织布或土工纤维或棕皮。滤水管在砂垫层中水平分布埋设，一般采用条形或鱼刺形布置，在滤管上部应有100～200mm厚的砂覆盖层。

2）密封膜。密封膜常用聚氯乙烯薄膜，密封膜热合时宜用两条热合缝的平搭接，搭接长度不小于15mm，一般铺设3层。密封膜四周密封方法：在离基坑线外缘2m开挖深0.8～0.9m的沟槽，将薄膜的周边放入沟槽内，用黏土或粉质黏土回填压实，或采用板桩覆水封闭。

3）出膜装置。真空预压的出膜装置主要是为了连接真空泵、真空表、埋设地基中的各类监测仪器设备。安装出膜装置时，要注意保证连接部位的密封性，确保连接平稳牢固。

（3）黏土帷幕墙施工机械　黏土帷幕墙施工机械是根据深层搅拌桩机改装而成，目前常用的搅拌机械有单管和双管两种，根据行进方式，有步履式、履带式和滚筒式三种。在真空预压黏土帷幕墙施工中，建议采用双管搅拌机械。

2. 施工工序

真空预压法施工工序为：场地平整加固——→铺设砂垫层——→打设塑料排水板——→铺设过滤管网——→预压设备安装——→抽真空——→停机卸载。

3. 施工流程

真空预压法施工主要工艺流程如下：

（1）加固场地要求　施工前，先将场地进行平整，清除表面的积水、树根、生活垃圾、建筑垃圾等杂物。根据设计进行定位放线并按要求设置沉降标。

（2）砂垫层施工　最好采用中粗砂，铺设厚度控制在200~300mm，泥质等杂质的含量控制在5%以内。由于沿海区域吹填后的淤泥质土强度低、表层软，无法承受人员及机械使用时的重压，所以在类似区域进行真空预压法加固地基时，需根据地质条件在砂垫层铺设前，铺放1~2层竹笆片或其他人工编织物，用细铁丝或扎带绑扎在一起，保证搭接长度在200mm以上。

为保证后期覆盖密封膜的完整性，在砂垫层施工中严禁混有尖石、铁器、铁丝、塑料外壳等锋利棱角的物体，在砂垫层铺设完毕后，必须安排人员对砂垫层面层的杂物和可能破坏密封膜的物体进行清除。

（3）塑料排水板施工　塑料排水板应在砂垫层铺设完毕后进行，根据设计对排水板位置逐一定位。在插板机施工中，应根据土层的软硬程度确定施工方法，如果土层硬可采用振动插板机，如果还打插不下，则需先打引孔，然后再打插导管。

塑料排水板施工的重点是控制好打入的标高和深度，在打塑料排水板之前，先在插板机上按设计要求的板长做好刻度标记，打插过程中应注意控制导管的垂直度，偏差不大于1.5%，打插塑料排水板时，打入地基的塑料排水板应为整板，防止出现扭结、断裂和撕破滤膜的情况。

（4）铺设过滤管网　过滤管网一般采用直径60~70mm的铁管、硬塑料管或波纹管连接，将过滤管打孔加工外包滤水层，达到只透气不透砂的效果，过滤管可采用胶管用铁丝绑扎连接，严禁铁丝四头朝上。过滤管应该埋在砂垫层中间，距离砂垫层表面至少50mm。

（5）预压安装

1）密封膜应采用聚氯乙烯膜或聚乙烯薄膜制作，密封膜的大小根据真空预压区域大小由生产厂家预先定制加工，整幅密封膜的大小要能够保证一次性全部覆盖整个真空预压区。加工时膜的大小考虑埋入密封沟的部分，留有足够的富余，超出加固区相应边至少3~4m。密封膜加工采用热合法，热合缝平搭接接缝宽度不小于15mm，严禁出现热穿、热合不紧等现象，不宜有交叉热合缝，如果有空洞，应及时修好，热合完毕后必须验收合格方可施工下一道工序。

2）为保护密封膜，在密封膜上下各铺设一层250g/m^{2}针刺无纺土工布。待过滤管路、真空测头及其他观测仪器埋设完后，在其上铺设土工布，铺设面积略小于密封膜（收边2~3m），铺设范围略大于加固区，每边约加宽1m。根据场地情况，按一定方向将土工布展开并铺设平整。土工布搭接部位采用缝接处理，用手提缝纫机进行缝接，缝搭接宽度不小于30mm。

3）密封膜按先后顺序依次铺设，先检查土工布的平顺性，去除尖利的杂物，然后将两层聚氯乙烯薄膜依次铺放覆盖整个预压区。铺设时自一边开始，分层依次由近及远铺设，将膜的四周放到密封沟底，膜边压入土中，沟内覆水。

4）膜下真空度测头均匀布置在四周角点和加固区中心区域的砂垫层内，观测点和观测断面按设计要求的数量、位置埋设，距离滤管不小于2m，四周角点膜下真空度测头距加固区边线6～7m。

4. 施工注意事项

在密封沟覆水前，应先进行试抽真空，仔细检查每台射流泵的运转情况及密封膜的密封情况。试抽真空时间宜为7～10d，膜下真空压力应达到0.06～0.08MPa，如果低于此值，应及时查找原因进行处理，在此期间应开始真空压力和沉降量等参数的观测。

试抽真空达到要求后，可进行覆水转入正常抽真空阶段，这一阶段是真空预压的主要阶段，膜下真空压力应稳定在0.08MPa以上，抽真空时间一般持续2～5个月。

通过对真空压力值和地面沉降量的记录观测，经过一段时间的持续真空预压，地面沉降量随着真空压力的持续而不断增长，软土地基中的孔隙水也不断减少，土体由欠固结状态逐渐向固结状态转变，地表沉降量趋于稳定，最终达到地基加固处理的效果。

3.1.4 技术特点

1）真空预压法是利用大气来加固软土地基的，因此和堆载预压法相比，不需要大量的预压材料及实物，可避免材料运转而造成的运输调度问题，减少施工干扰。

2）由于真空预压法加固软土地基的过程中，作用于土体的总应力并没有增加，降低的仅是土中孔隙水压力，而孔隙水压力是中性应力，是一个球应力，所以不会产生剪切变形，发生的只是收缩变形，不会产生侧向挤出情况，仅有侧向收缩，因此真空预压荷载无须分级施加，可以一次快速施加到80kPa以上而不会引起地基失稳，与堆载预压法相比具有加载快的优点。同时，因为其加荷是靠抽气来实现的，所以卸荷时也只要停止抽气就可以了，这比堆载预压法要简单容易得多。

3）真空预压法在加固土体的过程中，在真空吸力的作用下易使土中的封闭气泡排出，从而使土的渗透性提高、固结过程加快。

4）真空预压法在加固软土地基时，地基周围的土体是向着加固区内移动的，而堆载预压法则相反，土体是向着加固区外移动的，所以二者发生同样的垂直变形时，真空排水预压加固的土体的密实度要高；另外，由于真空预压是通过垂直排水通道向土体传递真空度的，而真空度在整个加固区范围内是均匀分布的，因此加固后的土体，其垂直度变形在全区比堆载预压加固的要均匀，而且平均沉降量要大。

5）真空预压法的强度增长是在等向固结过程中实现的，抗剪强度提高的同时不会伴随剪应力的增大，从而不会产生剪切蠕动现象，也就不会导致抗剪强度的衰减，经真空预压法加固的地基其抗剪强度增长率在同样情况下比堆载预压法的要大。

6）真空预压法施工机具和设备简单，便于操作，施工方便，作业效率高，无噪声、无振动、无污染，特别适合在不影响业主生产及对周边环境污染要求高的地区使用。

真空预压法和堆载预压法施工对比见表3-1。

表 3-1 真空预压法和堆载预压法施工对比

序号	对比项目	真空预压	堆载预压
1	土中应力	总应力不变，随着相对超静孔隙水压力的消散而使有效应力增加	总应力增加，随着超静孔隙水压力的消散而使有效应力增加
2	剪切破坏	抽真空的过程中，剪应力不增加，不会引起土体剪切破坏	加载过程中，剪应力增加可能引起土体剪切破坏
3	加载速率	不必控制加载速率	需要控制加载速率
4	侧向变形	预压区土体产生指向预压区中心的侧向变形	加载时预压区土体产生向外的侧向变形
5	强度增长	土体固结，有效应力提高，土体强度增大，无剪切蠕变影响	土体固结，有效应力提高，土体强度增大，受剪切蠕变影响
6	固结速度	与土的渗透系数、竖向排水体以及边界排水条件有关	与土的渗透系数、竖向排水体以及边界排水条件有关
7	处理深度	与抽真空作用强度、竖向排水体、土的孔隙分布情况以及相关边界条件有关	主要与堆载面积和荷载大小有关
8	地下水位	降低地下水位，地下水位的降低将使相关土层产生排水固结	地下水位不变

3.2 爆破挤淤法地基处理技术

3.2.1 概述

爆破挤淤处理软土地基实质上是地基处理的置换法，即通过爆炸作用将填料沉入淤泥并将淤泥挤出，达到改良地基承载性能和形成堤坝型体的一种方法。该方法主要技术为：在堆石体前沿淤泥中的适当位置埋置药包群，爆破后堆石体前沿向淤泥底部塌落，形成一定范围和厚度的“石舌”，所形成的边坡形状呈梯形。当继续填石时，由于“石舌”上部的淤泥在爆炸瞬间产生的强大冲击力的作用下，产生超孔隙水压力，冲击作用使土的结构发生破坏，扰乱了正常的排水通道，土体的渗透性变差，超孔隙水压力难以消散。土体的强度降低，承载能力在短时间内丧失，因此抛石可以很容易地挤开这层淤泥并与下层“石舌”相连，形成完整的抛填体。采用爆炸和抛填循环作业，就可用石方置换掉抛填前方一定范围内一定数量的淤泥，达到软土地基处理的目的。

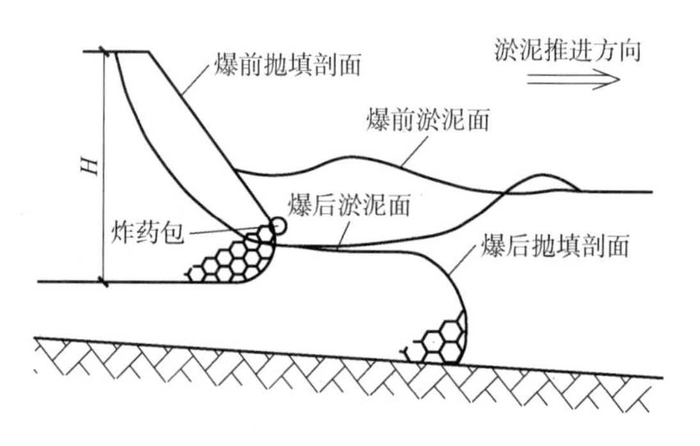

图 3-2 爆破挤淤填石示意图

3.2.2 基本原理

爆破挤淤法地基处理技术主要分为爆破挤淤填石法和爆夯挤淤法。

1. 爆破挤淤填石法基本原理

爆破挤淤填石法是排除淤泥质软土、填入块石的一种置换方法，即在抛石体前沿淤泥中适当位置埋置药包，堆石体在爆炸冲击波、爆炸高压气团及其重力作用下向淤泥内塌落，形成一定范围和厚度的、落在下卧硬土层上的“石舌”，继而在爆炸后的堤头再抛填石料，形成新的堆石体。新的抛填体将“石舌”上部及其前方一定范围的浮泥挤开并达到沉底效果。一般情况下，在淤泥层较高、水浅的地方采用爆破排淤填石法更为有效。

2. 爆夯挤淤法基本原理

爆夯挤淤法是通过爆炸使块石或砾石地基基础振动密实的方法，即把炸药以点阵式放置在已堆好的堆石体上，堆石体在爆炸荷载作用下，一方面石块之间引起错位使空隙减少，得到密实；另一方面整个堆石体向淤泥中运动，将淤泥从堆石体外泥面挤出，并成型为设计要求的坝体形状。

爆破挤淤法与机械开挖至设计标高后抛石相比，节约投资，缩短工期，经济效益显著。该技术主要适用于淤泥等软土地基的抛石体基础处理。

3.2.3 施工技术

1. 施工工艺

爆破挤淤法主要适用于淤泥质等超软地基，对于工程地质条件复杂的工程，应采用施工试验段，调整爆破参数，优化施工工艺，确定堤心石的实际落底高程，选择合理的预留沉降量等措施，总结施工经验指导下一步的施工。

（1）爆破施工工序　抛石⟶爆前测量⟶药包制作与连接⟶定位放样⟶药包布置与接线⟶人员疏散与警戒⟶起爆⟶爆后测量⟶分析、比较和总结。

（2）爆破施工流程　爆破施工的主要设备为水上布药船或陆上装药机。爆破挤淤施工的主要流程如下：

1）定位：根据爆破设计方案及平面布置图，定出本次循环抛填石方的范围。

2）抛石：抛填从堤的一端推进，抛填堤心石形成一定高度的堤，抛填后底标高要达到设计标高，两侧边坡为自然边坡。

3）爆前测量：爆破前测量抛石断面形状和尺寸，计算抛石方量。

4）药包制作：常用的炸药是胶质炸药，该炸药威力大，抗水性好，适用于水下和地下爆破工程。

5）布药包与接线：根据爆破设计，在抛石体坡脚处淤泥土侧一定的距离处布置药包。

6）起爆前进行人员疏散，设爆破警戒线，进行爆前最后的检查工作。

7）引爆炸药，堤头抛石体向前方滑移垮落，形成“爆炸石舌”。随后马上进行下循环抛填，此时由于淤泥被强烈扰动后，强度大大降低，可出现多次“抛填—定向滑移下沉”循环。当抛填达到设计断面时，进行下一次循环装药放炮。

8）检查有没有漏爆，进行爆后测量，分析和总结爆破挤淤施工效果，及时调整施工参数，重复上述步骤，直至工程完成。

2. 爆破安全控制

在完成爆破作业、达到工程目的的同时，必须控制各种爆破危害，主要爆破危害有爆破震动、个别飞散物、冲击波等。

(1) 爆破震动　爆破震动对周围建筑物有影响，特别是对临近居民有影响，为尽量减小爆破对居民的影响，爆破时应尽量减少导爆索裸露，尽量不在夜间等居民休息时间起爆。

(2) 飞散物　爆炸处理软基筑堤施工时，个别飞散物的距离与淤泥厚度、覆盖水深及装药量等有关。注意设定安全距离，以保证安全。

(3) 冲击波　空气冲击波和水下冲击波允许安全距离可根据《水运工程爆破技术规范》执行。

3. 质量检查

爆炸挤淤填石法是一个多循环过程，因此，对前一循环的工程质量应进行施工期的检测。可以检测以下内容：①过磅统计日抛石料量，用体积平衡法计算爆炸进尺，并测算抛石体底部深度，不够数量的必须补抛；②用探地雷达检测抛填体全断面尺寸及密实度；③设置沉降、位移长期观测点。

根据《爆破法处理水下地基和基础技术规程》，竣工后可采用体积平衡法、钻孔探摸法及物探法对防波堤堤心石落底高程和断面尺寸进行检测。

(1) 体积平衡法　根据实测方量及断面测量资料推算置换范围及深度。一般在施工期采用，适用于具备抛填计算条件、抛填石料流失量较小的工程。

(2) 钻孔探测法　在抛石堤横断面上布置钻孔，断面间距宜取 100 ~ 500m，不少于 3 个断面；每断面布置钻孔 1 ~ 3 个，全断面布置 3 个钻孔的断面数不少于总断面的一半。钻孔应揭示抛填体厚度、混合层厚度，并深入下卧层不小于 2m，适用于一般性工程。

(3) 物探法　应与钻孔探测法配合使用，适用于一般性工程。

3.2.4 技术特点

1) 施工工期短、后期沉降小。

2) 不需要机械挖泥清淤，简化了施工程序，降低了成本。

3) 在整个施工过程中，能确保海堤抛填体的稳定与安全，弥补了在深厚淤泥条件下自重抛石挤淤法和超高填抛石挤淤法的不足。

4) 爆炸挤淤法的施工速度主要取决于抛填速度和埋药时间，比之加载速度由堤身稳定控制的排水固结法，抛填作业完成的时间明显缩短，减少了施工周期，加快了工程进度。

5) 采用爆破挤淤法施工时，堤面沉降量小，沉降稳定快，可缩短后续施工的作业间歇时间，有利于加快整个工程进度。

3.3 强夯法处理大块石高填方地基技术

3.3.1 概述

强夯法，即强力夯实法的简称，是将很重的夯锤（一般为 50 ~ 400kN，目前国外最重的为2000kN）起吊到很高的高处（一般为6～30m）后自由落下，对土进行强力夯实，以提高地基承载力的一种地基处理方法。它依靠夯锤下落产生的巨大夯击能，给地基土体以巨大冲击波和动应力，从而提高土体的强度，降低土体的压缩性，改善土体的抗振动液化能力，提高地基承载力。强夯法加固地基效果显著，具有费用低、设备简单等特点，适用于处理碎石土、砂土、低饱和度粉土和黏性土、湿陷性黄土、素填土和杂填土等地基。

强夯法处理大块石高填方地基技术是在强夯法基础上研究而成的一项新型的强夯法处理地基技术。在强夯巨大的冲击力和振动作用下，疏松的大块石填筑地基通过大块石填筑骨架强制压缩、冲切挤密、振动填隙几个过程得以加固。

强夯法处理大块石高填方地基技术与传统的碾压法相比，具有地基加固效果明显，工期短、设备简单、成本低等诸多优点。

1）填料粒径及分层填筑厚度均大于碾压填料粒径和厚度的要求，填料粒径大可节省石方爆破费用，填筑厚度大可缩短工程工期，特别是南方多雨气候，其优点更为明显。

2）地基加固效果显著，由于强夯的冲击力和振动波能作用，使大块石高填方地基不但得到加密，同时还能使高填方地基达到整体均匀和稳定，由此可减少基础垫层厚度及填方的坡比。

3）根据工程实践综合分析，强夯法较碾压法可节省工程投资20%～30%，工程工期可缩短30%～40%，地基强度和变形模量指标可提高30%～50%。

3.3.2 施工技术

1. 强夯施工工艺

（1）点夯施工

1）平整施工场地，准确测放第一遍夯点位置并测量强夯前场地平均高程。

2）强夯机械就位，将夯锤对准夯点，测量夯前锤顶高程。

3）将夯锤提升到预定高度然后自由落下，夯入地面后，测量夯后锤顶高程，计算出第一击夯沉量，并做好原始记录。

4）观察夯锤下落时是否平稳，检查夯击位置是否正确；若发现因坑底倾斜而造成夯锤歪斜时，及时将坑底整平。

5）重复上述工作，达到规定的夯击次数及控制作为标准完成一个夯点的夯击。

6）一夯点夯击完毕后，按规定路线开始夯击下一点，直至完成所有夯点作业。

（2）满夯施工

1）点夯施工完成，等孔隙水消散到设计要求以后进行满夯施工。

2）满夯施工主要加固点夯夯坑底标高以上部分的夯间土。

3）满夯施工一般采取1/4锤径双向搭接，应保证夯击遍数、每点击数以及搭接长度，不得出现漏夯现象。

（3）振动碾压　一般的强夯地基处理最后都采用振动碾压，满夯结束后进行场地整平并测量其标高（整平时考虑相应的沉降量），最后用振动压路机振动碾压，测量最终场地高程作为后续施工验收的基础资料。

2. 大块石高填方回填施工

（1）填料粒径及级配　目前国内块石填方地基填料粒径要求一般最大为800mm，大于800mm时，应采用机械破碎锤予以破碎；粒径大于300mm的颗粒含量不宜超过总重的

30%。因不同地区地质结构和地层成因类型不同，山区高填方工程中的填料性质有很大差异。工程地基处理设计选料应根据地基处理后的强度和变形要求，遵循因地制宜、就地就近取材的原则进行填料搭配及粒径、级配设计。

(2) 分层回填施工方法　在大块石填料级配良好、强夯施工参数相同的条件下，由于填筑施工方法不同，地基加固效果和填筑体的整体均匀性都有着明显的差异。分层回填施工设计一般要求大块石填料分层填筑厚度为4m，传统的填筑施工方法为抛填法，即4m厚的填筑层，由后向前推进抛填而成。新式的分层填筑施工方法采用堆填法，即将4m厚的填筑层分3~4个亚层堆填而成，而非传统的抛填法。实践证明，在填筑厚度和填筑粒料相近的条件下，用堆填法填筑而成的大块石填筑地基，无论颗粒组成的级配、地基加固效果还是填筑体的整体均匀性都明显好于传统的抛填法。

(3) 强夯施工参数设计

1) 夯锤。宜用铸铁或铸钢的圆台形锤，锤底面直径 D 为2.2~2.6m，锤重150~250kN，锤底静压力可取40~50kPa。

2) 夯击次数。夯击次数可取单点夯击试验的夯坑累计竖向压缩量占总压缩量90%所对应的次数。对填筑粒料级配良好，$C_u>10$ 的，夯击次数可取12~14；一般 $5<C_u<10$ 的，夯击次数可取14~16。对填筑层底层以下，若有厚度小于2m的黏性土，宜用最后夯击2次的平均夯沉量<5cm控制夯击次数。

3) 夯击点间距及夯击遍数。夯击点间距及夯击遍数应视具体工程设计要求确定。对分层填筑厚度<5m的，可采用单遍夯，夯击点间距可选用1.5D~2D。在填筑层的顶面，考虑主夯后的夯坑是用推土机推填整平，用低能级的单击夯击能（500~1000kN·m）满夯一遍，夯击次数可取2~4。

4) 地基有效加固深度。根据不同夯击次数的试验结果表明，单击夯击能量3000kN·m，夯击12~16次，地基有效加固深度为4.0~4.2m；夯击3~7次，地基有效加固深度为2.5~3.0m。在地基处理设计时，若提高地基有效加固深度，可增加单击夯击能及夯击次数。

3. 施工要点

(1) 大块石高填方的分层填筑施工

1) 在施工中，应认真做好施工场地的临时排水、填挖交界处的施工搭接，以及清除填方区的耕植土和淤泥、淤泥质软土。

2) 填料（石方）爆破时，应严格控制填料粒径、级配，对黏性土的填料，应控制填料的含水量不得超过最优含水量。

3) 采用分层填筑应严格控制填筑厚度，以及必须采用分层堆填的方式进行施工。

(2) 强夯施工

1) 原地面直接强夯或置换强夯施工，在控制最后两击平均夯沉量的同时，应考虑遍夯之间的间歇时间，以及夯坑不得积水浸泡。

2) 强夯施工机具必须满足强夯施工参数设计要求，特别是夯锤质量应达到《建筑地基处理技术规范》的有关要求。

3.3.3 设计要点

强夯法处理大块石高填方地基设计，其基本设计原则应遵照《建筑地基基础设计规范》

和《建筑地基处理技术规范》中有关标准和要求。鉴于目前国内现行有关技术规范中，对大块石高填方地基处理尚无明确的设计标准，为此，将强夯法处理大块石高填方地基设计要点归纳如下。

1）地基的处理效果　根据现场对强夯法处理大块石及大块石混合料填筑地基的处理效果检测表明，采用相同的强夯施工参数，在填料相近、填筑厚度相等的条件下，对一般简单场地或采用分层填筑夯实的高填方工程，其地基加固效果可采用分层密度试验（灌水法）和地面夯沉量测量的手段进行检测；对复杂场地和高填方，以及重要的工程，在进行分层密度试验、地面夯沉量测量检测的同时，应在填筑层的底层和顶层加一定数量的荷载试验，以确定地基的强度和变形，并进行必要的地基沉降观测。

2）对石灰岩岩溶地区，在岩体及地质条件相近的情况下，按小于1/3倍的夯锤直径（D）控制填料最大粒径，颗粒组成按不均匀系数 $C_u>5$，曲率系数 $C_c>1$ 进行施工爆破设计，均可达到颗粒最大粒径≤800mm、$C_c>10$、$C_u>1$ 的良好级配粒料。对土多石少的地区，进行高填方填筑，应将石料尽可能集中到工程关键的部位填筑。

3）大块石料分层填筑厚度为4m的地基，采用强夯单击的夯击能量为2500～3000kN·m，夯点间距为4.0～4.5m，夯击12～16次，主夯一遍，其地基的有效加固深度为4.0～4.5m，地基干密度 $\rho_d \geq 2.0\text{g/cm}^3$，地基容许承载力 $f_k>700\text{kPa}$，变形模量 $E_0>300\text{MPa}$，回弹模量 $E_{回}>350\text{MPa}$，地基剩余沉降量 $s<10\text{mm}$。分层松填4.0m厚的填筑层平均夯沉量为50～60cm，松填系数 $K=1.14\sim1.17$。

4）大块石混合料填筑地基，分层填筑厚度为4m，经3000kN·m的单击夯击能量，主夯一遍，夯点间距4.0～4.5m，夯击12～16击，满夯1000kN·m的单击夯击能量，夯击3击，强夯处理后，其地基容许承载力 $f_k>400\text{kPa}$，地基变形模量 $E_0>40\text{MPa}$，地基有效加固深度为4.0m，地基干密度为1.95～2.2g/cm^3。

3.3.4　强夯加固效果检测与评价

由于块石高填方地基的特殊性，其强夯加固效果的检测与评价也必须采取与其特点相适应的方法。

（1）检测方法　地基土的密实度检测，不仅要看压实度等指标，对于易风化岩层更要看其地层中架空结构消除情况。因此，除密实度检测之外，还应采用探槽等方法，直接观察地基剖面的孔隙情况。同时采用地基荷载试验确定其承载力特征值、变形模量等力学指标。

（2）加固效果评价　除了对地基土的主要物理力学指标做出评价外，更应注意对地基土与长期荷载作用下和地表水、地下水渗透、冲刷作用下的风化、潜蚀变形等做出评价。

3.4　夯实水泥土桩复合地基技术

3.4.1　概述

夯实水泥土桩复合地基是采用人工或机械方式排土或挤土成孔，将筛好的土料和水泥按比例在孔外拌和成均匀的水泥土混合料，然后回填孔内，分层夯实，达到设计要求的桩体密实度，形成满足强度的桩体；再充分利用天然地基的强度，使桩、土共同承担荷载，从而形成复合地基，提高地基承载力，减小地基变形。

夯实水泥土桩复合地基吸收了水泥土桩的优点，结合了灌注桩的施工特点，并充分利用原地基的承载力，具有桩身强度均匀、施工简单快捷、质量易控、不受场地影响、造价低、无污染等优点。

3.4.2 基本原理

夯实水泥土桩的强度主要由两部分组成：一部分为水泥胶结体的强度，水泥与土混合后可产生离子交换等一系列物理化学反应，使桩体本身有较高强度，并具有水硬性；另一部分为因夯实后密度增加而提高的强度，根据桩体材料的击实试验原理，将混合料均匀拌和，填料后，随着夯击次数及夯击能的增加，混合料的干密度逐渐增大，强度明显提高。在一定的夯击能下，对应最佳含水量的干密度为最大干密度，即在夯击能确定后，只要施工时能将桩体混合料的含水量控制到最佳含水量，就可获得施工桩体的最大干密度和桩体的最大夯实强度。桩体的密实和均匀程度是由夯实水泥土桩的夯实机的夯锤质量及起落高度来决定的，当夯锤质量和起落高度一定时，夯击能为常数，桩体密实均匀，强度则会提高，质量可得到有效保证。

夯实水泥土桩与搅拌水泥土桩（浆喷、粉喷桩）不同。搅拌水泥土桩桩体强度与现场的含水量、土的类型密切相关，搅拌后桩体密度增加很少，桩体强度主要取决于水泥的胶结作用；而夯实水泥土桩水泥和土在孔外拌和，均匀性好，场地土岩性变化对桩体强度影响不大，桩体强度以水泥的胶结作用为主，桩体密度的增加也是构成桩体强度的重要因素。

夯实水泥土桩作为中等黏结强度桩，不仅适用于地下水位以上淤泥质土、素填土、粉土、粉质黏土等地基加固，对地下水位以下情况，在进行降水处理后，亦可采用夯实水泥土桩进行地基加固。

3.4.3 施工技术

1. 施工机具

（1）成孔机具　目前常采用的成孔机具有以下几种。

1）排土法成孔机具。所谓排土法是指在成孔过程中把土排出孔外的方法，该法没有挤土效应，多用于原土已经固结、没有湿陷性和振陷性的土。排土法成孔机具有人工洛阳铲和长螺旋钻孔机。

2）挤土法成孔机具。所谓挤土法成孔是在成孔过程中把原桩位的土体挤到桩间土中去，使桩间土干密度增加、孔隙比减小、承载力提高的一种方法。此工艺的成孔方法有锤击成孔法和振动沉管法。

（2）夯实机械　夯实水泥土桩的夯实机可借用灰土和土桩夯实机，也可以根据实际情况进行研制或改制。目前我国夯实水泥土桩除人工夯实外主要采用以下三种夯实机：吊锤式夯实机、夹板锤式夯实机和 SH30 型地质钻改装式夯实机。

（3）夯锤　人工夯锤一般重 0.25kN，对于不产生挤土效应的机械夯锤一般重 1～1.5kN 为宜，对于产生挤土效应的机械夯锤重要大于 2kN，且下部为尖形，使其夯实时产生水平挤土力，挤密桩间土；一般锤孔比（锤径与孔径的比值）宜采用0.78~0.9，锤孔比越大，夯实效果越佳。

2. 施工工艺

夯实水泥土桩施工的程序分为成孔、制备水泥土、夯填成桩三步。夯实水泥土桩成桩示意图如图3-3所示。

（1）成孔　根据成孔过程中取土与否，成孔可分为排土法成孔和挤土法成孔两种。排土成孔在成孔过程中对桩间土没有扰动，而挤土成孔对桩间土有一定挤密和振密作用。对于处理地下水位以上，有振密和挤密效应的土宜选用挤土成孔；而含水量超过24%、呈流塑状，或含水量低于14%、呈坚硬状态的地基宜选用排土成孔。

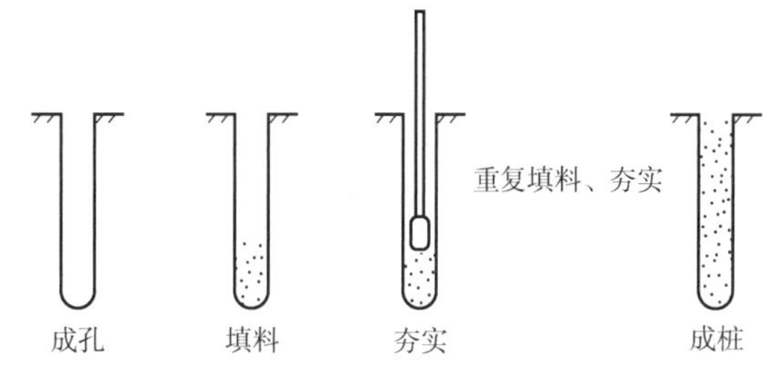

图3-3　夯实水泥土桩成桩示意图

（2）制备水泥土　水泥一般采用32.5级普通硅酸盐或矿渣水泥，土料可就地取材，基坑（槽）挖出的粉细砂、粉质土均可用作水泥土的原料。水泥土拌和可采用人工拌和或机械拌和，人工拌和不得少于三遍，机械拌和可用强制式混凝土搅拌机，搅拌时间不低于1min。

（3）夯填成桩　桩孔夯填可用机械夯实，也可用人工夯实，夯锤提升高度不小于900mm。桩孔填料前，应清除孔底虚土并夯实，然后根据确定的分层回填厚度和夯击次数逐次填料夯实。

（4）重复步骤　重复上述填料、夯实步骤，直到成孔，施工结束。

3. 施工要点

1）夯填桩孔时，宜选用机械夯实。分段夯填时，夯锤的落距和填料厚度应根据现场试验确定。

2）淤泥、耕土、冻土、膨胀土及有机物含量超过5%的土不得使用，土料应过孔径为10~20mm的筛。

3）混合料含水量应满足土料的最优含水量，其允许偏差不得大于±2%；土料与水泥应拌和均匀，水泥用量不得少于按配合比试验确定的重量。

4）向孔内填料前孔底必须夯实，桩顶夯填高度应大于设计桩顶标高200~300mm。

5）垫层材料应级配良好，不含植物残体、垃圾等杂质。

6）垫层施工时应将多余桩体凿除，使桩顶面水平；铺设时应压（夯）密实，严禁采用使基底土层扰动的施工方法。

7）雨期或冬期施工时，应采取防雨、防冻措施，防止土料和水泥受雨水淋湿或冻结。

8）施工过程中，应有专人监测成孔及回填夯实的质量，并作好施工记录，发现地基土质与勘察资料不符时，应查明情况，采取有效处理措施。

4. 施工质量检验

1）施工过程中对成桩质量的抽检数量不应少于总桩数的2%。对一般工程，可检查桩的干密度和施工记录。干密度的检验方法可在24h内采取土样测定或采用轻型动力触探击数与现场试验确定的干密度进行对比，以检验桩身质量。

2）竣工验收时，承载力检验应采用单桩复合地基荷载试验。对重大或大型工程，尚应进行多桩复合地基荷载试验。

3）夯实水泥土桩地基检验数量应为总桩数的0.5%～1%，且每个单体工程不应少于3点。

4）夯实水泥土桩复合地基的荷载试验沉降比，对以卵石、圆砾、密实粗中砂为主的地基可取0.008，对于黏性土、粉土为主的地基可取0.01。

3.4.4 技术指标

根据工程实际情况，夯实水泥土桩成孔可采用机械成孔（挤土、不挤土）或人工成孔，混合料夯填可采用人工夯填和机械夯填。夯实水泥土复合地基主要技术指标见表3-2。

表3-2 夯实水泥土复合地基主要技术指标

参数	指标	参数	指标
地基承载力	设计要求	桩体干密度	设计要求
		混合料配比	设计要求
桩径	宜为300～600mm	混合料含水率	人工夯实土料最优含水率 ω_{op} +（1～2）%，机械夯实土料最优含水率 ω_{op} −（1～2）%
桩长	设计要求，人工成孔，深度不宜超过6m	混合料压实系数	≥0.93
桩距	宜为2～4倍桩径	褥垫层	宜用中砂、粗砂、碎石等，最大粒径不宜大于20mm；厚度宜为100～300mm，夯填度≤0.9
桩垂直度	≤1.5%		

注：实际工程中，以上参数根据地质条件、基础类型、结构类型、地基承载力和变形要求等条件或现场试验确定。

3.5 长螺旋水下灌注桩技术

3.5.1 概述

长螺旋水下灌注桩是在原专利法钻孔压浆桩基础上发展的一项成桩新技术，该技术由中国建筑科学研究院地基基础研究所开发。该技术是采用长螺旋钻机钻孔至设计标高，利用混凝土泵将混凝土从钻头底压出，边压灌混凝土边提钻直至成桩，然后利用专门振动装置将钢筋笼一次插入桩体，形成钢筋混凝土灌注桩。后插钢筋笼与压灌混凝土宜连续进行。与普通水下灌注桩施工工艺相比，长螺旋水下成桩施工不需要泥浆护壁，无泥皮、无沉渣、无泥浆污染，具有施工速度快、造价低等特点。

目前，国内外对有地下水的灌注桩施工主要采用“振动沉管灌注桩”“泥浆护壁钻孔灌注桩”及“长螺旋钻孔无砂混凝土灌注桩”等施工方法。以上三种灌注桩施工方法均存在效率低、成本高、噪声大、泥浆或水泥浆污染严重、成桩质量不够稳定等问题，而长螺旋水下成桩技术正好解决了以上问题。

3.5.2 施工技术

1. 工艺基本原理

长螺旋水下灌注桩施工工艺是采用长螺旋钻机钻至设计标高，利用混凝土泵将混凝土从钻头底部压出，边灌注边提钻至成桩，然后利用专门振动装置将钢筋笼一次插入桩体，形成钢筋混凝土灌注桩，施工程序简化。

2. 施工工艺

长螺旋水下灌注桩施工工艺流程如图 3-4 所示。

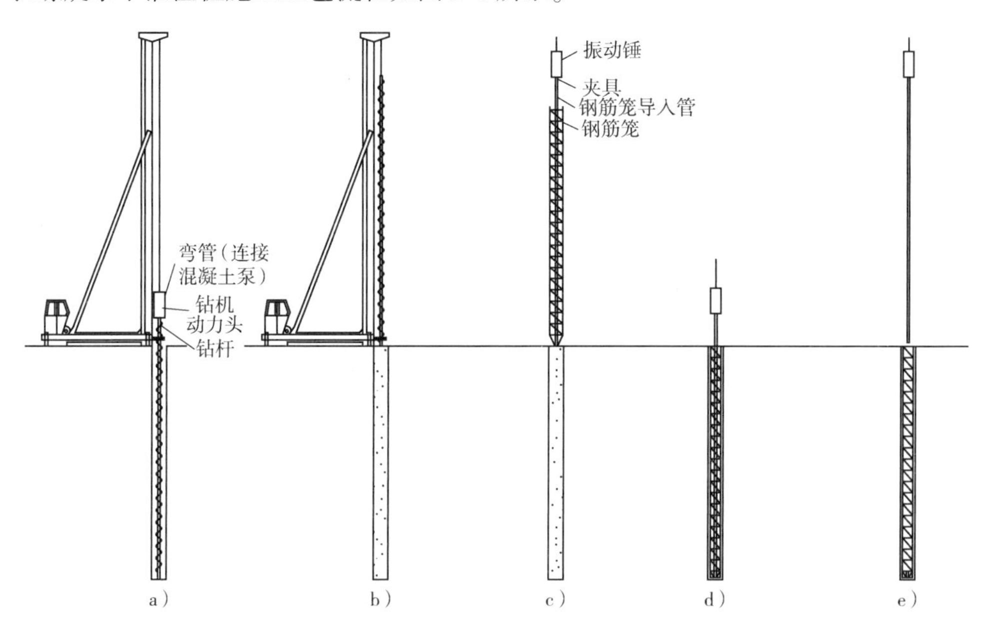

图 3-4　长螺旋水下灌注桩施工工艺流程

a）长螺旋钻机成孔至设计标高　b）边拔钻边泵入混凝土成素混凝土桩　c）钢筋笼就位
d）钢筋笼送至设计标高　e）拔出钢筋导入管成桩

其步骤为：

1）长螺旋钻机钻孔至设计标高。

2）打开长螺旋钻杆的钻头活门，从钻杆中心泵送混凝土，待混凝土出钻头活门后，边提钻杆边不间断地泵送混凝土，直至混凝土桩顶，形成素混凝土桩。

3）利用专门的钢筋笼导送装置将钢筋笼插入到混凝土内，直到设计标高。

4）用振动方法拔出导送装置，同时振实混凝土，最后成桩。

3. 施工主要操作要点

（1）桩位测定、桩机就位对孔　引点就位、钻机就位前对桩位进行复测，施工时钻头对准桩位点，稳固钻机，通过水平尺及垂球双向控制螺旋钻头中心与钻杆垂直度，确保钻机在施工中平正，钻杆下端距地面 10～20cm，对准桩位，压入土中，使桩中心偏差不大于规范和设计要求。

（2）成孔

1）钻机就位时，必须平整稳固，经专人检查桩位偏差及垂直偏差，确保施工中不发生任何倾斜移动，符合要求后方可开钻。

2）成孔达到设计深度后，应会同有关部门对孔深、孔径和其他情况进行检查确认，符合要求后，填写终孔验收单。

3）钻机成孔施工过程中要求边旋转钻杆边清除孔边渣土，以防止提升钻杆时土块掉入，钻孔过程要用经纬仪校正垂直度（≤1%）。

（3）浇灌超流态混凝土　拌制超流态混凝土的原材料要经过2次复验合格后方可投入使用，水泥宜选用硅酸盐水泥或普通硅酸盐水泥，强度等级不得低于32.5MPa，最小水泥用量为350kg/m^3，水灰比宜为0.5～0.6，外加剂的选用应保证坍落度达到22～25cm，拌制投料时其添加顺序宜滞后于水和水泥，石子粒径宜采用5～20cm。施工要加大水泥用量，提高水泥和易性，使石子在混凝土中悬浮，以避免混凝土离析。

（4）提钻压泵送混凝土　混凝土泵送施工时，严格控制钻杆提升速度，确保提钻速度与混凝土浇筑速度相协调。提钻杆前，要求钻杆内的混凝土高度高出地面。同时，计算每盘泵入混凝土方量。施工时，通过混凝土泵送对钻杆产生的上顶力，调整提钻速度，保证钻杆及叶片对混凝土有一定的挤压作用。

（5）吊放钢筋笼　吊起钢筋笼、放入混凝土中之前，由2名工人扶正调直、对中，钢筋笼较长，为防止起吊时笼体变形，笼体下部应绑附钢管等重物；起吊时，要合理布置吊点，吊起钢筋笼头部的同时人工抬起钢筋笼底部，并由2名技术人员远距离测量、在垂直两个方向控制指挥，严禁撞孔壁，确保钢筋笼保护层厚度为80～100mm；下笼过程中，先使用振动锤和钢筋笼自重沉入，如遇下沉阻力过大，再启用振动锤，防止由振动锤振动导致钢筋笼偏移，下沉至露出地面小于1m时，用水平仪监控桩顶标高。

3.5.3　技术指标

长螺旋水下灌注桩技术指标见表3-3。

表3-3　长螺旋水下灌注桩主要技术指标

参数	指标	参数	指标
基桩承载力	按设计要求	混凝土强度	按设计要求，但不小于C25
桩径/mm	400～1000	混凝土坍落度/mm	200～240
桩长/m	≤30	提钻速度/m/min	1.2～2.5
桩垂直度	≤1%	钢筋笼	按设计要求，保护层厚度≥5cm

3.6　智能数字化监测

3.6.1　桩基数字化监测

1. 概述

通过硬件监测设备采集施工过程中的各项原始数据，综合处理后得到厘米精度的桩位信息、垂直度偏差值、钻进深度值、提钻速率、钻进电流值、灌浆量等关键数据，并将数据实时显示在车载终端上，辅助操作人员精准施工，提高成桩合格率和生产效率。

2. 核心功能

（1）桩基监测　桩基施工中，通过预先布置的传感器、摄像头等监测设备，实时监测钻入地下的深度、下钻过程钻机电流、灌浆过程中提钻的速度、混凝土灌入量、垂直度偏差值等。

（2）精准定位　通过定位系统，桩基操作人员可以快速准确定位桩点位置，无须提前放样与划线，降低人力成本和管理成本，大大提高施工效率。

（3）数据管理　智能化系统能够自动进行项目施工信息统计，自动生成施工记录表、竣工图和施工统计信息。

桩基数字化监测系统的应用可以实时监测关键数据，保证施工质量，并提升工作效率，保障施工项目安全有序地进行。

3.6.2　强夯数字化监测

1. 概述

施工过程中采用高精度定位技术，结合传感器和控制模块等装置对夯击遍数、夯锤落距、夯点位置、沉降量变化等进行记录和计算，并对采集的数据进行存储、分析及上传。

2. 核心功能

（1）过程监测　强夯数字化监测系统可以准确记录强夯机夯击次数、提锤高度、每次夯击夯沉量，并为操作员提供显示终端，直观记录并显示夯击次数、提锤高度、夯沉量等信息。

（2）夯锤定位　强夯施工过程中，显示终端为夯击操作员提供夯击位置、夯击次数、提锤高度的引导，不需要人工放线、引导和记录，从而提高施工的安全性与准确性，保障施工质量。

（3）数据管理　智能化系统自动对监测数据进行统计、分析，生成各类施工报表、日志。

智能化监测是在智慧工地基础上推出的一种先进的施工现场管理模式，该种模式由于自动化和信息化技术的引入，可以有效地提高生产效率、保障生产质量，为施工现场的秩序和安全管理带来极大的便利性，从而实现施工现场的全过程、全方位精细化管理。

思考题及习题

1. 简述真空预压法的基本原理及主要施工工艺。
2. 简述真空预压法和堆载预压法的异同。
3. 简述爆破挤淤法的基本原理及技术特点。
4. 简述强夯法处理大块石高填方地基的优势。
5. 简述夯实水泥土桩复合地基的基本原理和施工工艺。
6. 简述长螺旋水下灌注桩基本原理和施工工艺。

第4章　主体工程施工技术

学习要点

本章主要内容包括砌筑工程技术、钢筋混凝土工程技术、钢结构工程和防水工程及屋面工程等。通过本章的学习，学生应了解砌筑工程材料的种类和使用，熟悉钢筋混凝土工程技术的适用范围、技术特点和施工工艺，了解钢结构单层厂房和多层及高层钢结构的安装工艺，理解屋面防水工程设防要求和屋面防水构成，理解不同防水屋面的施工方法和施工要求，了解3D打印、智能建造等新型施工技术。

4.1　砌筑工程技术

砌体工程所采用的材料主要是块材和砌筑砂浆，还有少量的钢筋砌体。工程所用的材料应有产品合格证书、产品性能检测报告，块材、水泥、钢筋、外加剂等，还应有材料主要性能的进场复验报告。严禁使用国家明令淘汰的材料。

4.1.1　砌体材料

砌体结构是用砂浆将块体粘结成整体，以满足使用功能和承受结构荷载。因此，块体及砂浆的质量是影响砌体质量的重要因素。

1. 块体

砌体结构工程用的块体有砖、石材及小砌块三大类。

（1）砖　砖有实心砖、多孔砖和空心砖，按其生产方式不同又分为烧结砖和蒸压（或蒸养）砖两大类。

1）烧结砖。烧结砖有烧结普通砖（实心砖）、烧结多孔砖和空心砖，它们是以黏土、页岩、煤矸石、粉煤灰为主要原料，经压制成型、焙烧而成。按所用原料不同，分别为黏土砖、页岩砖或粉煤灰砖。

烧结普通砖的外形为直角六面体，其规格为240mm×115mm×53mm（长×宽×高），即4块砖长加4个灰缝、8块砖宽加8个灰缝、16块砖厚加16个灰缝（简称4顺、8丁、16线）均为1m。根据抗压强度分为MU30、MU25、MU20、MU15、MU10五个强度等级。

烧结多孔砖和空心砖的规格有190mm×190mm×90mm、240mm×115mm×90mm、240mm×180mm×115mm等多种。承重多孔砖的强度等级与烧结普通砖相同，非承重空心砖的强度等级为MU5、MU3、MU2。

2）蒸压砖。蒸压砖有煤渣砖和灰砂空心砖。

蒸压煤渣砖是以煤渣为主要原料，掺入适量的石灰、石膏，经混合、压制成型，通过蒸压（或蒸养）而成的实心砖；其规格同烧结普通砖，强度等级由抗压、强度而定，有 MU25、MU20、MU15、MU10 四个强度。

蒸压灰砂空心砖以石灰、砂为主要原料，经坯料制备、压制成型、蒸压养护成型而制成的孔洞率大于 15% 的空心砖。

砖的尺寸：长均为 240mm，宽均为 115mm，高有 53mm、90mm、115mm、175mm 四种，强度等级有 MU25、MU20、MU15、MU10、MU7.5 五级。

（2）石材　砌筑用的石材分为毛石、料石两类。

毛石又分为乱毛石和平毛石。乱毛石指形状不规则的石块；平毛石指形状不规则，但有两个平面大致平行的石块。毛石的中部厚度不应小于 150mm。

料石按其加工面的平整程度分为细料石、半细料石、粗料石和毛料石四种。料石的宽度、厚度均不宜小于 200mm。

因石材的大小和规格不一，通常用边长为 70mm 的立方体试块进行抗压强度试验，取 3 个试块破坏强度的平均值作为确定石材强度等级的依据，其强度等级有 MU100、MU80、MU60、MU50、MU40、MU30 和 MU20。用于砌体结构的石材最低强度等级为 MU30。

（3）砌块　砌块的种类较多，一般常用的有混凝土空心砌块、加气混凝土砌块及粉煤灰实心砌块。通常把高度为 180 ~ 350mm 的称为小型砌块，高度为 360 ~ 900mm 的称为中型砌块。砌块的类型不同，其强度等级各异。为此，生产单位供应砌块时，必须提供产品出厂合格证，标明砌块的强度等级和质量指标。砌块的强度等级有 MU20、MU15、MU10、MU7.5 和 MU5.0。用于砌体结构的砌块最低强度等级为 MU7.5。

2. 砂浆

（1）原材料要求　一般常用的砂浆有水泥砂浆、石灰砂浆和混合砂浆三种，其主要原材料为水泥、砂、石灰膏及外掺料。

水泥品种及强度等级应根据设计要求、砌体的部位和所处的环境来选择。水泥砂浆采用的水泥，其强度等级不应大于 32.5 级；水泥混合砂浆采用的水泥，其强度等级不宜大于 42.5 级。不同品种的水泥不得混合使用。

砂宜用中砂，其中毛石砌体宜用粗砂。砂应过筛，不得含有草根、树叶、煤块、炉渣等杂物，其含泥量一般不应超过 5%，对强度等级小于 M5 的混合砂浆也不应超过 10%。

生石灰熟化成石灰膏时，应用孔径不大于 3mm × 3mm 的网过滤，熟化时间不得少于 7d。灰地中贮存的石灰膏应防干燥、冻结和污染，严禁使用脱水硬化的石灰膏。

砂浆掺外掺料可改善其和易性，常用的外掺料有黏土膏、电石膏和粉煤灰等。

当在砂浆中掺入有机塑化剂、早强剂、缓凝剂、防冻剂等外加剂时，应经检验和试配符合要求后，方可使用。

（2）砂浆的强度等级　砂浆的强度等级是用边长 70.7mm 的立方体试块，在 20℃ ±5℃ 及正常湿度条件下，置于室内不通风处养护 28d 的平均抗压极限强度确定的，其强度等级有 M15、M10、M7.5、M5、M2.5。用于砌体结构的砂浆最低强度等级为 MU5。

砂浆试块强度验收时其合格标准应符合以下规定：同一验收批砂浆试块抗压强度平均值必须大于或等于设计强度等级的 1.10 倍，其中强度最小一组的平均值必须大于或等于设计强度等级的85%。

(3) 砂浆制备与使用　砂浆制备应采用经试配调整后的配合比，配料要准确。水泥配料的精确度应控制在±2%以内，砂、石灰膏和外掺料应控制在±5%以内。掺入外加剂时，应先将外加剂按规定浓度溶于水中，再将外加剂溶液与水一起投入拌和，不得将外加剂直接投入拌制的砂浆中。

砂浆应采用机械拌和，拌和时间为：水泥砂浆、水泥混合砂浆不得少于2min；水泥粉煤灰砂浆和掺用外加剂的砂浆不得少于3min。砂浆的稠度对烧结普通砖、蒸压粉煤灰砖砌体宜控制在70~90mm；对混凝土实心砖、多孔砖、小型空心砌块砌体和蒸压灰砂砖砌体宜为50~70mm；对烧结多孔砖、空心砖、蒸压加气混凝土砌块砌体宜为60~80mm；对石砌体宜为30~50mm。砂浆应随拌随用，水泥砂浆和水泥混合砂浆必须在拌和后3~4h内使用完毕。如施工期最高气温超过30℃时，则应在2~3h内使用完毕。

4.1.2 砖砌体施工

1. 一般规定

1）砖的品种、强度等级必须符合设计要求，并应规格一致。用于清水砌体表面的砖还应边角整齐、色彩均匀。不同品种的砖不得在同一楼层混砌。

2）砌筑烧结普通砖、多孔砖、蒸压灰砂砖、粉煤灰砖砌体时，砖应提前1~2d适度湿润，严禁采用干砖或处于湿水饱和状态的砖砌筑。烧结类块体相对含水率为60%~70%，其他非烧结类块体相对含水率为40%~50%。

3）砂浆品种、强度等级及稠度应符合设计和规范的要求。

4）灰砂砖、粉煤灰砖早期收缩值大，要求出窑后停放时间不少于28d，以预防砌体早期开裂。

5）多孔砖的孔洞应垂直于受压面，有利于砂浆结合层进入上下砖块的孔洞中，以提高砌体的抗剪强度和整体性。

6）不得在下列墙体或部位设置脚手眼：①12cm厚墙、料石清水墙和独立柱；②过梁上与过梁成60°角的三角形范围及过梁净跨度1/2的高度范围内；③宽度小于1m的窗间墙；④砌体门窗洞口两侧20cm（石砌体为30cm）、转角处45cm（石砌体为30cm）、转角处45cm（石砌体为60cm）范围内；⑤梁或梁垫下及其左右50cm范围内。

2. 施工工艺

砌筑砖墙通常有抄平、放线、摆砖样、立皮数杆、立头角和勾缝等工序。

(1) 抄平　砌砖前，在基础防潮层或楼面上定出各层标高，并用水泥砂浆或C10细石混凝土抄平。

(2) 放线　在抄平的墙基上，按龙门板上轴线定位钉为准拉麻线，弹出墙身中心轴线，并定出门窗洞口位置。

(3) 摆砖样　在弹好线的基面上，由经验丰富的瓦工根据墙身长度（按门、窗洞口分段）和组砌方式进行摆砖样，使每层砖的砖块排列和灰缝宽度均匀。

(4) 立皮数杆　皮数杆是一根控制每皮砖砌筑的竖向尺寸，并使铺灰、砌砖的厚度均匀，保证砖皮水平的一根长约2m的木板条。上面标有砖的皮数、门窗洞、过梁、楼板的位置，用来控制墙体各部分构件的标高。皮数杆一般立于墙的转角处，用水准仪校正标高，如墙很长，可每隔10～12m再立一根。

（5）立头角　头角即墙角，是确定墙身两面横平竖直的主要依据。盘角时，主要大角盘角不要超过5皮砖，应随砌随盘，然后将麻线挂在墙身上（称为挂准线）；盘角时还要与皮数杆对照，检查无误后才能挂线，再砌中间墙。

（6）勾缝　勾缝应使清水墙面美观、牢固。勾缝宜用1∶1.5的水泥砂浆，砂应用细砂，也可用原浆勾缝。

（7）楼板安装　安装前，应在墙顶面铺上砂浆。安装时，楼板端支承部位坐浆饱满，楼板表面平整，板缝均匀，最好事先将楼板安放位置划好线。注意楼板搁在墙上的尺寸和按设计规定放置构造筋。阳台安装时，挑出部分应用临时支撑。

3. 质量要求

砌筑质量应符合《砌体工程施工质量验收规范》（GB 50203—2011）的要求，做到“横平竖直、砂浆饱满、组砌得当、接槎可靠”。

（1）横平竖直　砖砌体主要承受垂直力，为使砖砌筑时横平竖直、均匀受压，要求砌体的水平灰缝应平直、竖向灰缝应垂直对齐，不得游丁走缝。

（2）砂浆饱满　砂浆层的厚度和饱满度对砖砌体的抗压强度影响很大，这就要求水平灰缝和垂直灰缝的厚度控制在8～12mm，且水平灰缝的砂浆饱满度不得小于80%（可用百格网检查）。这样可保证砖均匀受压，避免受弯、受剪和局部受压状态的出现。

（3）组砌得当　为提高砌体的整体性、稳定性和承载力，砖块排列应遵守上下错缝的原则，避免垂直通缝出现，错缝或搭砌长度一般不小于60mm。为满足错缝要求，实心墙体组砌时，一般采用一顺一丁（图4-1）、三顺一丁（图4-2）和梅花丁（同一皮中丁砖与顺砖相间排列）的砌筑形式。砌筑方法一般采用“三一”砌法，即用大铲一铲灰、一块砖、一挤揉的砌筑方法。

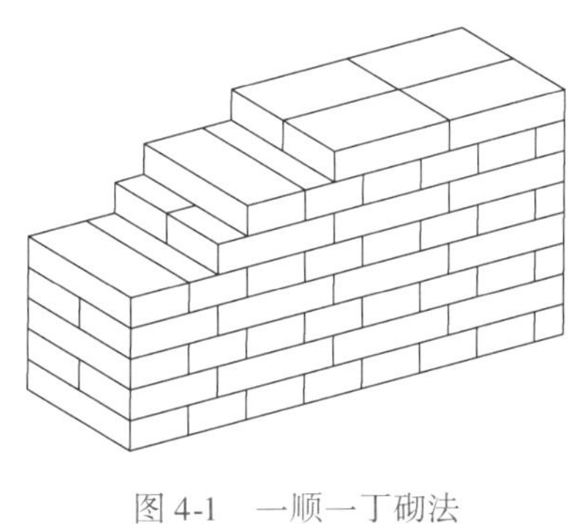
图4-1　一顺一丁砌法

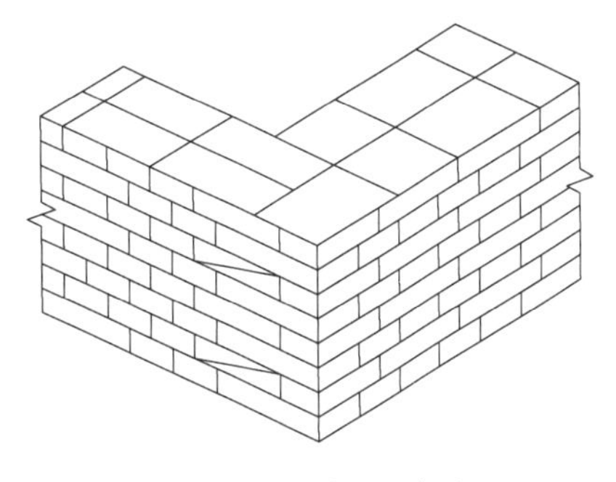
图4-2　三顺一丁砌法

（4）接槎可靠　接槎是指墙体临时间断处的接合方式，一般有斜槎和直槎两种方式。规范规定：砖砌体的转角处和交接处应同时砌筑，严禁无可靠措施的内外墙分砌施工。对不能同时砌筑而又必须留置的临时间断处，应砌成斜槎，且实心砖砌体的斜槎水平投影长度不应小于高度的2/3（图4-3）；如临时间断处留斜槎有困难时，除转角处外，也可留直槎，但必须做成凸槎，并加设拉结筋；拉结筋的数量为每12cm墙厚放置一根$\phi6$的钢筋（墙厚为12cm时为$2\phi6$），间距沿墙高不得超过50cm。埋入长度从墙的留槎处算起，每边不应小于50cm，对于抗震设防烈度6度、7度的地区，不应小于100cm，末端应有90°弯钩（图4-4）。墙砌体接槎时，必须将接槎处的表面清理干净，浇水湿润，并应填实砂浆，保持灰缝平直。另外，在砌筑过程中，砌体的位置、垂直度及一般尺寸的允许偏差应符合表4-1和表4-2的规定。

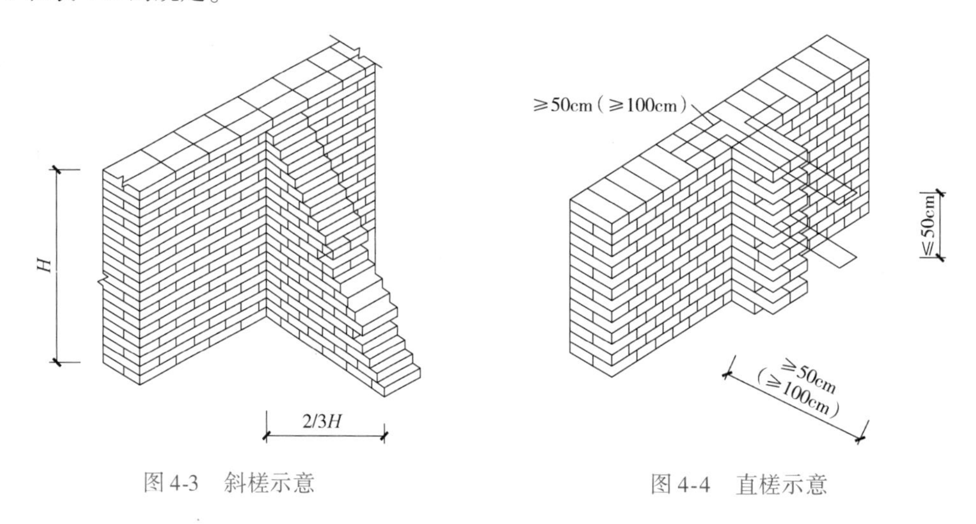

图4-3　斜槎示意　　　　图4-4　直槎示意

表4-1　砖砌体的位置及垂直度允许偏差

项次	项目			允许偏差/mm	检验方法
1	轴线位置偏移			10	用经纬仪和尺检查或用其他测量仪器检查
2	垂直度	每层		5	用2m托线板检查
		全高	≤10m	10	用经纬仪、吊线和尺检查，或用其他测量仪器检查
			>10m	20	

表4-2　砖砌体一般尺寸允许偏差

项次	项目		允许误差/mm	检验方法	抽检数量
1	基础、墙、柱顶面标高		±15	用水平仪和尺检查	不应少于5处
2	表面平整度	清水墙、柱	5	用2m靠尺和楔形塞尺检查	不应少于5处
		混水墙、柱	8		
3	门窗洞口高、宽（后塞口）		±10	用尺检查	检验批洞口的10%，且不应少于5处
4	外墙上下窗口偏移		20	以底层窗口为准，用经纬仪或吊线检查	检验批的10%，且不应少于5处
5	水平灰缝平直度	清水墙	7	拉5m线和尺检查	不应少于5处
		混水墙	10		
6	清水墙游丁走缝		20	吊线和尺检查，以每层第一皮砖为准	不应少于5处

4. 砖砌体冬期施工

当室外日平均气温连续5天稳定低于5℃时，砌体工程应采取冬期施工措施。

冬期施工时，砖在砌筑前应清除冰霜，在正温条件下应浇水，在负温条件下，如浇水困难，则应增大砂浆的稠度。砌筑时，不得使用无水泥配制的砂浆，所用水泥宜采用普通硅酸盐水泥；石灰膏、黏土膏等不应受冻，如遭冻结，应经融化后使用；拌制砂浆用砂，不得有大于 1cm 的冻结块；砌体用砖或其他块材不得遭水浸冻。为使砂浆有一定的正温度，拌和前水和砂可预先加热，但水温不得超过 80℃，砂的温度不得超过 40℃。每日砌筑后，应在砌体表面覆盖保温材料。砖石工程冬期施工常用方法有掺盐砂浆法和冻结法。

（1）掺盐砂浆法　掺盐砂浆法是在砂浆中掺入一定数量的氯化钠（单盐）或氯化钠加氯化钙（双盐），以降低冰点，使砂浆中的水分在一定的负温下不冻结。

这种方法施工简便、经济、可靠，在砖石工程冬期施工中被广泛采用。掺盐砂浆的掺盐量应符合表 4-3 的规定。

另外，为便于施工，砂浆在使用时的温度不应低于 5℃，且当日最低气温等于或小于 −15℃时，对砌筑承重墙体的砂浆强度等级应按常温施工提高 1 级。

表 4-3　掺盐砂浆的掺盐量（占用水量的百分比，%）

项次	日最低气温			≥10℃	−15℃ ~ −10℃	−20℃ ~ −15℃	< −20℃
1	单盐	氯化钠	砌砖	3	5	7	—
			砌石	4	7	10	—
2	双盐	氯化钠	砌砖	—	—	5	7
		氯化钙		—	—	2	3

（2）冻结法　冻结法是采用不掺外加剂的水泥砂浆或水泥混合砂浆砌筑砌体，允许砂浆遭受冻结。砂浆解冻时，当气温回升至 0℃以上后，砂浆继续硬化，但此时的砂浆经过冻结、融化、再硬化以后，其强度及与砖石的粘结力都有不同程度的下降，且砌体在解冻时变形大，对于空斗墙、毛石墙、承受侧压力的砌体、在解冻期间可能受到振动或动力荷载的砌体、在解冻期间不允许发生沉降的砌体（如筒拱支座），不得采用冻结法。

冻结法施工时，砂浆使用的温度不应低于 10℃；当日最低气温≥ −25℃时，砌筑承重砌体的砂浆强度等级应按常温施工提高 1 级；当日最低气温< −25℃时，则应提高 2 级。

为保证砌体在解冻时正常沉降，尚应符合下列规定：每日砌筑高度及临时间断的高度差均不得大于 1.2m；门窗框的上部应留出不小于 5mm 的缝隙；砌体水平灰缝厚度不宜大于 10mm；留置在砌体中的洞口和沟槽等，宜在解冻前填砌完毕；解冻前应清除结构的临时荷载。

在解冻期间，应经常对砌体进行观测和检查，如发现裂缝、不均匀下沉等情况，应及时分析原因并采取加固措施。

4.1.3　石砌体施工

1. 毛石砌体

（1）毛石砌体砌筑要点　毛石砌体应采用铺浆法砌筑。砂浆必须饱满，叠砌面的粘灰面积（即砂浆饱满度）应大于 80%。

毛石砌体宜分皮卧砌，各皮石块间应利用毛石自然形状经敲打修整使能与先砌毛石基本吻合、搭砌紧密；毛石应上下错缝，内外搭砌，不得采用外面侧立毛石中间填心的砌筑方法；中间不得有铲口石（尖石倾斜向外的石块）、斧刃石（尖石向下的石块）和过桥石（仅在两端搭砌的石块），如图 4-5 所示。

毛石砌体的灰缝厚度宜为 20 ~ 30mm，石块间不得有相互接触现象。石块间较大的空隙应填塞砂浆后用碎石块嵌实，不得采用先放碎石后塞砂浆或干填碎石块的方法。

（2）毛石基础　砌筑毛石基础的第一皮石块坐浆，并将石块的大面向下。毛石基础的转角处、交接处应用较大的平毛石砌筑。

毛石基础的扩大部分，如做成阶梯形，上级阶梯的石块应至少压砌下级阶梯石块的 1/2，相邻阶梯的毛石应相互错缝搭砌（图 4-6）。

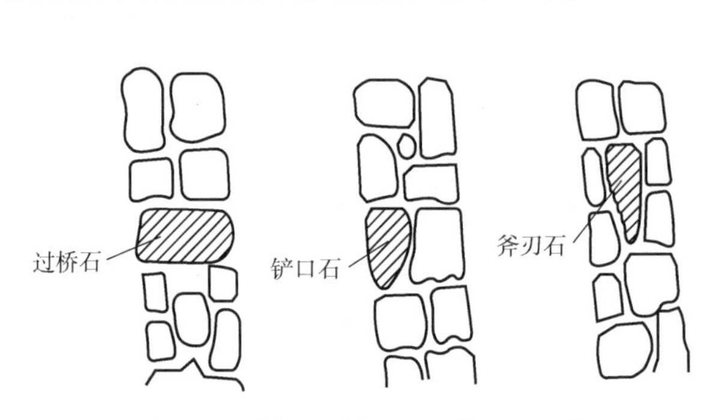

图 4-5　过桥石、铲口石、斧刃石示意

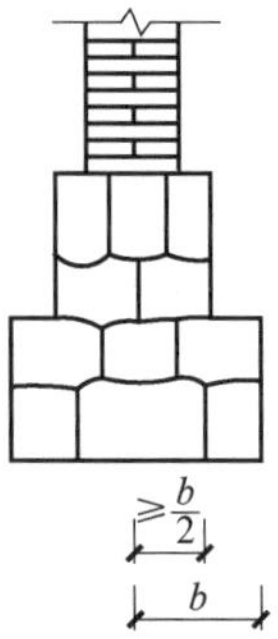

$\geqslant \frac{b}{2}$

b

图 4-6　阶梯形毛石基础

毛石基础必须设置拉结石，拉结石应均匀分布，毛石基础同皮内每隔 2m 左右设置一块。拉结石长度：如基础宽度≤400mm，应与基础宽度相等；如基础宽度 >400mm，可用两块拉结石内外搭接，搭接长度不应小于 150mm，且其中一块拉结石长度不应小于基础宽度的 2/3。

（3）毛石墙　毛石墙的第一皮及转角处、交接处和洞口处，应用较大的平毛石砌筑。

每个楼层墙体的最上一皮，宜用较大的毛石砌筑。

毛石墙必须设置拉结石，拉结石应均匀分布，相互错开。毛石墙一般每 0.7m^2 墙面至少设置一块，且同皮内拉结石的中距不应大于 2m。拉结石的长度：如墙厚等于或小于 400mm，应与墙厚相等；如墙厚大于 400mm，可用两块拉结石内外搭接，搭接长度不应小于 150mm，且其中一块拉结石长度不应小于墙厚的 2/3。

2. 料石砌体

（1）料石砌体砌筑要点　料石砌体应采用铺浆法砌筑，料石应放置平稳，砂浆必须饱满。砂浆铺设厚度应略高于规定灰缝厚度，其高出厚度：细料石宜为 3 ~ 5mm；粗料石、毛料石宜为 6 ~ 8mm。

料石砌体的灰缝厚度：细料石砌体不宜大于 5mm；粗料石和毛料石砌体不宜大于 20mm。

料石砌体的水平灰缝和竖向灰缝的砂浆饱满度均应大于 80%。

料石砌体上下皮料石的竖向灰缝应相互错开，错开长度应不小于料石宽度的 1/2。

（2）料石基础　料石基础的第一皮料石应坐浆丁砌，以上各层料石可按一顺一丁进行砌筑。阶梯形料石基础，上级阶梯的料石至少压砌下级阶梯料石的 1/3（图 4-7）。

（3）料石墙　料石墙厚度等于一块料石宽度时，可采用全顺砌筑形式。

料石墙厚度等于两块料石宽度时，可采用两顺一丁或丁顺组砌的砌筑形式（图 4-8）。

两顺一丁是两皮顺石与一皮丁石相间。丁顺组砌是同皮内顺石与丁石相间，可一块顺石与丁石相间或两块顺石与一块丁石相间。

（4）料石平拱　用料石作平拱，应按设计要求加工。如设计无规定，则料石应加工成楔型，斜度应预先设计，拱两端部的石块，在拱脚处坡度以 60°为宜。平拱石块数应为单数，厚度与墙厚相等，高度为二皮料石高。拱脚处斜面应修整加工，使拱石相吻合（图 4-9）。

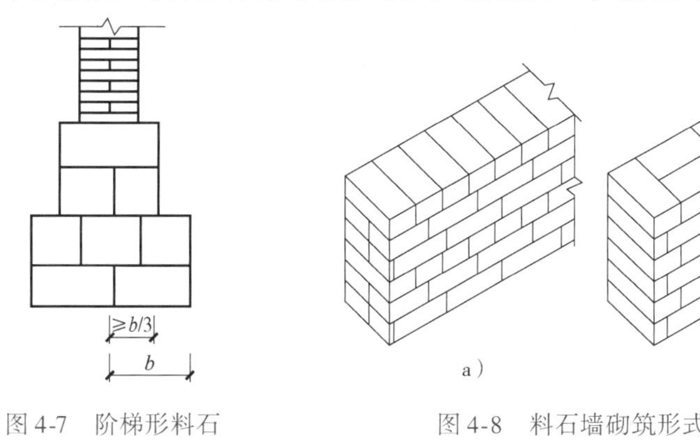

图 4-7　阶梯形料石基础示意

图 4-8　料石墙砌筑形式示意
a）两顺一丁　b）丁顺组砌

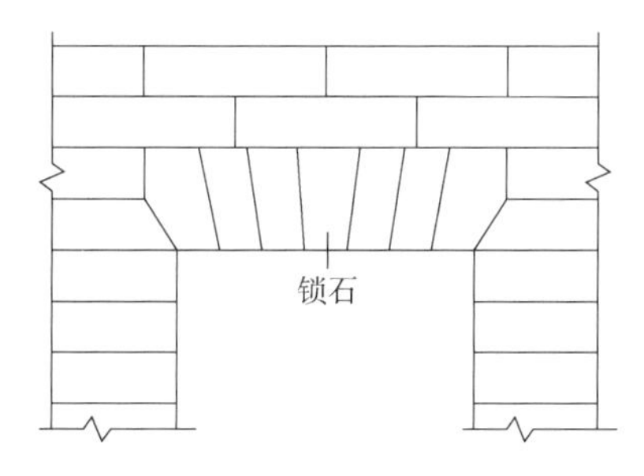

图 4-9　料石平拱示意

砌筑时，应先支设模板，并从两边对称地向中间砌，正中一块锁石要挤紧。所用砂浆强度等级不应低于 M10，灰缝厚度宜为 5mm。

3. 石挡土墙

石挡土墙可采用毛石或料石砌筑。

砌筑毛石挡土墙应符合下列规定：

1）每砌 3 ~ 4 皮毛石为一个分层高度，每个分层高度应找平一次。

2）外露面的灰缝厚度不得大于 40mm，两个分层高度间分层处的错缝不得小于 80mm。

料石挡土墙宜采用丁顺组砌的砌筑形式。当中间部分用毛石填砌时，丁砌料石伸入毛石部分的长度不应小于 200mm。

石挡土墙的泄水孔当设计无规定时，施工应符合下列规定：

1）泄水孔应均匀设置，在每米高度上间隔 2m 左右设置一个泄水孔。

2）泄水孔与土体间铺设长宽各为 300mm、厚 200mm 的卵石或碎石作疏水层。

挡土墙内侧回填土必须分层夯填，分层松土厚度应为 300mm。墙顶土面应有适当的坡度使流水流向挡土墙外侧面。

4. 石砌体质量

石砌体的轴线位置、垂直度和一般尺寸的允许偏差应符合表 4-4 和表 4-5 的要求。

表 4-4　石砌体的轴线位置及垂直度允许偏差

项次	项目		允许偏差/mm							检验方法
			毛石砌体		料石砌体					
			基础	墙	毛料石		粗料石		细料石	
					基础	墙	基础	墙	墙、柱	
1	轴线位置		20	15	20	15	15	10	10	用经纬仪和尺检查，或用其他测量仪器检查
2	墙面垂直度	每层	—	20	—	20	—	10	7	用经纬仪、吊线和尺检查或用其他测量仪器检查
		全高	—	30	—	30	—	25	20	

表 4-5　石砌体的一般尺寸允许偏差

项次	项目		允许偏差/mm							检验方法
			毛石砌体		料石砌体					
			基础	墙	基础	墙	基础	墙	墙、桩	
1	基础和墙砌体顶面标高		±25	±15	±25	±15	±15	±15	±10	用水准仪和尺检查
2	砌体厚度		+30	+20 -10	+30	+20 -10	+15	+10 -5	+10 -5	用尺检查
3	表面平整度	清水墙、柱	—	—	—	20	—	10	5	细料石用 2m 靠尺和楔形塞尺检查，其他用两直尺垂直于灰缝拉 2m 线和尺检查
		混水墙、柱	—	—	—	20	—	15	—	
4	清水墙水平灰缝平直度		—	—	—	—	—	10	5	拉 10m 线和尺检查

4.1.4　中小型砌块砌体施工

普通混凝土小型空心砌块主要规格尺寸为 390mm×190mm×190mm，有两个方形孔，强度等级为 MU5、MU7.5、MU10、MU15、MU20。小砌块要使龄期大于 28d 后才能进行砌筑，砌筑时不宜浇水，应立皮数杆、拉准线控制。从转角或定位处开始，内外墙同时砌筑，纵横墙交错搭接。外墙转角处应使小砌块隔皮露端面，T 字交接处应使横墙小砌块隔皮露端面，纵墙在交接处改砌两块辅助规格小砌块（尺寸为 290mm×190mm×190mm，一头开口），所有露端面用水泥砂浆找平（图 4-10）。

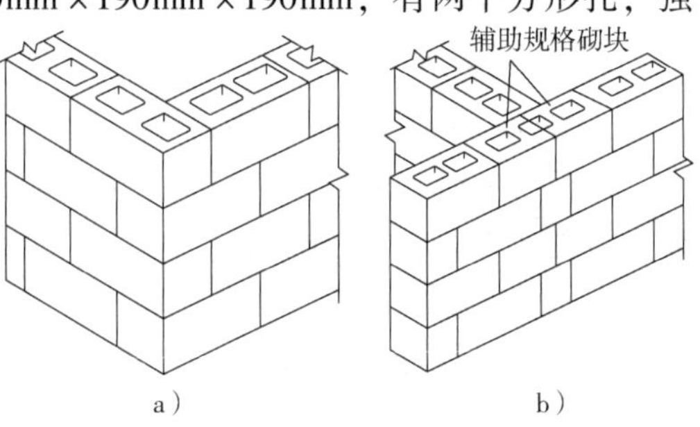

图 4-10　小砌块墙转角处及 T 字交接处砌法
a）转角处　b）交接处

小砌块应对孔错缝搭砌，上下皮小砌块竖向灰缝相互错开 190mm。个别情况当无法对孔砌筑时，错缝长度不应小于 90mm，当不能保证此规定时，应在水平灰缝中设置 2ϕ4 拉结钢筋或钢筋网片，钢筋网片每端均应超过该垂直灰缝，其长度不得小于 300mm。

小砌块砌体的灰缝应横平竖直，全部灰缝均应铺填砂浆，水平灰缝的砂浆饱满度不得低于 90%，竖向灰缝的砂浆饱满度不得低于 80%，砌筑中不得出现瞎缝、透明缝。水平灰缝厚度和竖向灰缝宽度应控制在 8 ~ 12mm。当缺少辅助规格小砌块时，砌体通缝不应超过两皮砌块。

小砌块砌体临时间断处应砌成斜槎，斜槎水平投影长度不应小于斜槎高度的 2/3（一般按一步脚手架高度控制）；如留斜槎有困难，除外墙转角处及抗震设防地区，砌体临时间断处不应留直槎外，可从砌体面伸出 200mm 砌成阴阳槎，并沿砌体高每三皮砌块（600mm）设拉结筋或钢筋网片，接槎部位宜延至门窗洞口（图 4-11）。

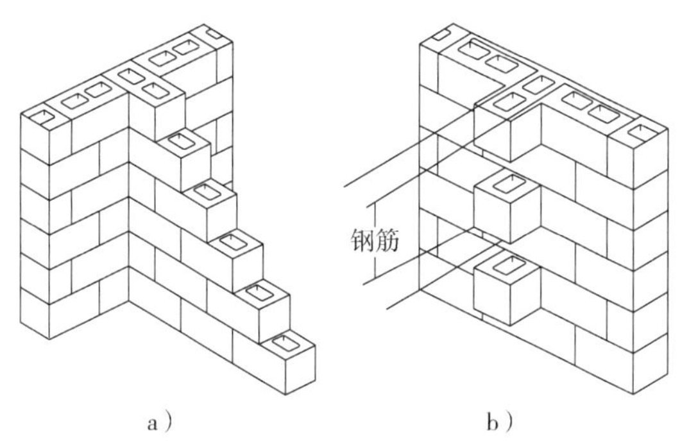

图 4-11　小砌块砌体斜槎和阴阳槎
a）斜槎　b）阴阳槎

承重砌体严禁使用断裂小砌块或壁肋中有竖向凹形裂缝的小砌块砌筑，也不得采用小砌块与烧结普通砖等其他块体材料混合砌筑。

表 4-6　混凝土小砌块砌体的轴线及垂直度允许偏差

项次	项目			允许偏差/mm	检验方法
1	直线位置偏移			10	经纬仪和尺检查或用其他测量仪器检查
2	垂直度	每层		5	用 2m 托线板检查
		全高	≤10m	10	用经纬仪、吊线和尺检查，或用其他测量仪器检查
			>10m	20	

表 4-7　小砌块砌体一般尺寸允许偏差

项次	项目		允许偏差/mm	检验方法	抽检数量
1	基础、墙、柱顶面标高		±15	用水平仪和尺检查	不应少于 5 处
2	表面平整度	清水墙、柱	5	用 2m 靠尺和楔形塞尺检查	有代表性自然间的 10%，但不应少于 3 间，每间不应少于 2 处
		混水墙、柱	8		
3	门窗洞口高、宽（后塞口）		±5	用尺检查	检验批洞口的 10%，且不应少于 5 处
4	外墙上下窗口偏移		20	以底层窗口为准，用经纬仪或吊线检查	检验批的 10%，且不应少于 5 处
5	水平灰缝平直度	清水墙	7	拉 10m 线和尺检查	有代表性自然间的 10%，但不应少于 3 间，每间不应少于 2 处
		混水墙	10		

常温条件下，普通混凝土小砌块的日砌筑高度应控制在 1. 8m 以内，轻骨料混凝土小砌块的日砌筑高度应控制在 2. 4m 内。对砌体表面的平整度和垂直度、灰缝的厚度和砂浆饱满

度应随时检查，校正偏差。在砌完每一楼层后，应校核砌体的轴线尺寸和标高，允许范围内的轴线及标高的偏差，可在楼板面上予以校正。砌体的轴线、垂直度及一般尺寸的允许偏差应符合表4-6和表4-7的要求。

确保小砌块砌体的砌筑质量，可简单归纳为六个字：对孔、错缝、反砌。所谓对孔，即上皮小砌块的孔洞对准下皮小砌块的孔洞，上、下皮小砌块的壁、肋可较好传递竖向荷载，保证砌体的整体性及强度。所谓错缝，即上、下皮小砌块错开砌筑（搭砌），以增强砌体的整体性，这属于砌筑工艺的基本要求。所谓反砌，即小砌块生产时的底面朝上砌筑于墙体上，这样易于铺放砂浆和保证水平灰缝砂浆的饱满度，这也是确定砌体强度指标的试件的基本砌法。

4.1.5 加气混凝土砌块砌体

1. 加气混凝土砌块砌体构造

加气混凝土砌块可砌成单层墙或双层墙。单层墙是将加气混凝土砌块立砌，墙厚为砌块的宽度。双层墙是将加气混凝土砌块立砌，两层中间夹以空气层，两层砌块间，每隔600mm墙高在水平灰缝中放置4～6颗钢筋扒钉，扒钉间距为600mm，空气层厚度70～80mm（图4-12）。

承重加气混凝土砌块墙的外墙转角处、墙体交接处，均应沿墙高1m左右，在水平灰缝中放置拉结钢，拉结钢筋为3ϕ6，钢筋伸入墙内不少于1000mm（图4-13）。

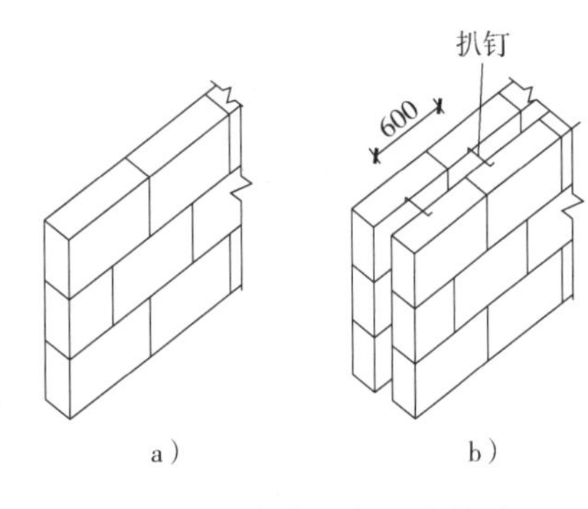

图4-12 加气混凝土砌块墙
a）单层砌块墙 b）双层砌块墙

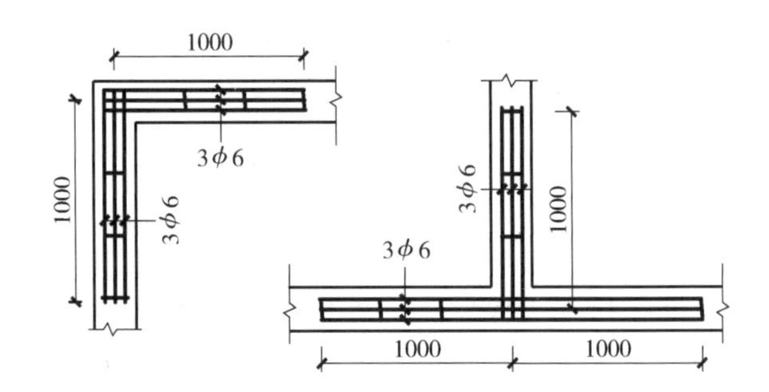

图4-13 承重砌块墙的拉结钢筋

非承重加气混凝土砌块墙的转角处、与承重墙交接处，均应沿墙高1m左右，在水平灰缝中放置拉结钢筋，拉结钢筋为2ϕ6，钢筋伸入墙内不少于700mm。加气混凝土砌块外墙的窗口下一皮砌块下的水平灰缝中应设置拉结钢筋，拉结钢筋为3ϕ6，钢筋伸过窗口侧边应不小于500mm。

2. 加气混凝土施工要点

承重加气混凝土砌块砌体所用砌块强度等级应不低于MU7.5，砂浆强度不低于M5。

加气混凝土砌块砌筑前，应根据建筑物的平面图、立面图绘制砌块排列图。在墙体转角处设置皮数杆，皮数杆上画出砌块皮数及砌块高度，并在相对砌块上边线间拉准线，依准线砌筑。

加气混凝土块出厂后要经充分干燥才能上墙，砌筑时要适量洒水，每一楼层内的墙体应连续砌完，不留接槎，不得留设脚手眼。

砌块墙的上下皮砌块的竖向灰缝应相互错开，相互错开长度宜为 300mm，并不小于 150mm。如不能满足时，应在水平灰缝设置 2ϕ6 的拉结钢筋或 ϕ4 钢筋网片，拉结钢筋或钢筋网片的长度应不小于 700mm。

加气混凝土砌块墙的灰缝应横平竖直，砂浆饱满。水平灰缝砂浆饱满度不应小于 90%，竖向灰缝砂浆饱满度不应小于 80%。水平灰缝厚度宜为 15mm，竖向灰缝宽度宜为 20mm。

在墙的转角处，应使纵横墙的砌块相互搭砌，隔皮砌块露端面；在墙的 T 字交接处，应使横墙砌块隔皮露端面，并坐中于纵墙砌块（图 4-14）。

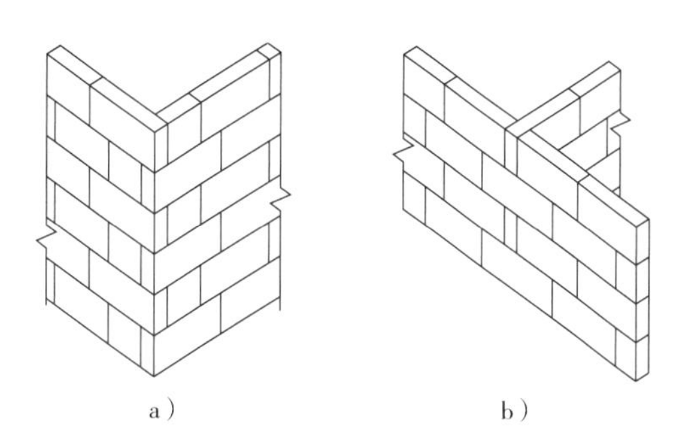

图 4-14　加气混凝土砌块墙的转角处、交接处砌法
a）转角处　b）交接处

加气混凝土砌块不应与其他块材混砌，砌体一般尺寸的允许偏差应符合表 4-8 的要求。

表 4-8　加气混凝土砌块砌体一般尺寸允许偏差

项次	项目		允许偏差/mm	检验方法
1	轴线位移		10	用尺检查
	垂直度	≤3m	5	用 2m 托线板或吊线、尺检查
		>3m	10	
2	表面平整度		8	用 2m 靠尺和楔形塞尺检查
3	门窗洞口高、宽（后塞口）		±5	用尺检查
4	外墙上、下窗口偏移		20	用经纬仪或吊线检查

4.1.6　粉煤灰砌块砌体

粉煤灰砌块适用于砌筑粉煤灰砌块墙。墙厚为 240mm。所用砌筑砂浆强度等级应不低于 M2.5。

粉煤灰砌块墙砌筑前，应按设计图绘制砌块排列图，并在墙体转角处设置皮数杆。粉煤灰砌块的砌筑面适量应浇水。

粉煤灰砌块的砌筑方法可采用“铺灰灌浆法”。先在墙顶上摊铺砂浆，然后将砌块按砌筑位置摆放到砂浆层上，并与前一块砌块靠拢，留出不大于 20mm 的空隙。待砌完一皮砌块后，在空隙两旁装上夹板或塞上泡沫塑料条，在砌块的灌浆槽内灌砂浆，直至灌满。等到砂浆开始硬化不流淌时，即可卸掉夹板或取出泡沫塑料条，如图 4-15 所示。

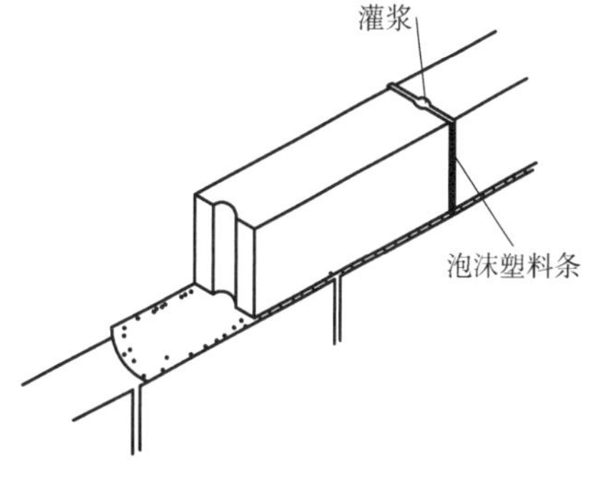

图 4-15　粉煤灰砌块砌筑

粉煤灰砌块上下皮的垂直灰缝应相互错开，错开长度应不小于砌块长度的 1/3。

粉煤灰砌块墙的灰缝应横平竖直、砂浆饱满。水平灰缝砂浆饱满度不应小于90%，竖向灰缝砂浆饱满度不应小于80%。水平灰缝厚度不得大于15mm，竖向灰缝宽度不得大于20mm。

粉煤灰砌块墙的转角处，应使纵横墙砌块相互搭接，隔皮砌块露端面，露端面应锯平灌浆槽。粉煤灰砌块墙的T字交接处，应使横墙砌块隔皮露端面，并做中于纵墙砌块，露端面应锯平灌浆槽，如图4-16所示。

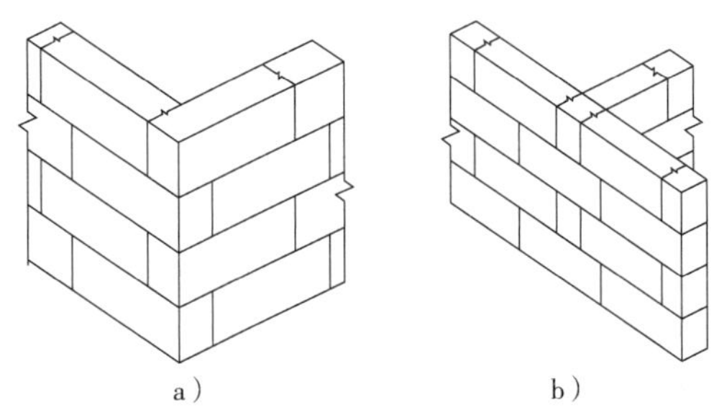

a）　　b）

图4-16　粉煤灰砌块墙转角处、交接处的砌法
a）转角处　b）交接处

粉煤灰砌块墙砌到接近上层楼板底时，因最上一皮不能灌浆，可改用烧结普通砖或煤渣砖斜砌挤紧。砌筑粉煤灰砌块外墙时，不得留脚手眼。每一楼层内的砌块墙应连续砌完，尽量不留接槎。如必须留槎时应留成斜槎，或在门窗洞口侧边间断。

粉煤灰砌块砌体的质量标准可参照加气混凝土砌块砌体的质量标准。粉煤灰砌块砌体允许偏差应符合表4-9的规定。

表4-9　粉煤灰砌块砌体允许偏差

项次	项目			允许偏差/mm	检验方法
1	轴线位置			10	用经纬仪、水平仪复查或检查施工记录
2	基础或楼面标高			±15	
3	垂直度	每楼层		5	用吊线法检查
		全高	10m以下	10	用经纬仪或吊线尺检查
			10m以上	20	
4	表面平整			10	用2m长直尺和塞尺检查
5	水平灰缝平直度	清水墙		7	灰缝上口处用10m长的线拉直并用尺检查
		混水墙		10	
6	水平灰缝厚度			+10，-5	与线杆比较，用尺检查
7	竖向灰缝厚度			+10，-5 >30时用细石混凝土	用尺检查
8	门窗洞口宽度（后塞框）			+10，-5	用尺检查
9	清水墙面游丁走缝			2	用吊线和尺检查

4.2　钢筋混凝土工程技术

4.2.1　钢筋工程

1. 钢筋的种类

钢筋的种类很多，土木工程中常用的钢筋主要有两类：①有屈服点的钢筋，主要是热轧钢筋；②无屈服点的钢筋，主要是余热处理钢筋。

钢筋按照材料的化学成分分类，可分为碳素钢和普通低合金钢。碳素钢钢筋按其含碳量的多少又可分为低碳钢钢筋（含碳量小于 0.25%）、中碳钢钢筋（含碳量为 0.25% ~0.60%）和高碳钢钢筋（含碳量大于 0.6%）。普通低合金钢钢筋是在低碳钢和中碳钢中加入某些合金元素（如钛、钒、锰等，其含量一般不超过总量的 3%）冶炼而成，在普通低合金钢钢筋中，不少钢种虽然含碳量较高，但由于加入了少量锰、钛、钒等元素，不但强度有所提高，而且性能也好。

钢筋按外形可分为光圆钢筋、变形钢筋（螺纹、人字纹及月牙纹），如图 4-17 和图 4-18 所示。

图 4-17　光圆钢筋

图 4-18　螺纹钢筋

为便于运输，通常将直径为 6 ~ 10mm 的钢筋卷成圆盘，故称盘圆或盘条钢筋；将直径大于 12mm 的钢筋轧成 6 ~ 12m 长一根，称直条或碾条钢筋。此外，按钢筋在结构中的作用不同可分为受力钢筋、架立钢筋和分布钢筋。

（1）热轧钢筋　热轧钢筋是经过成型并自然冷却的钢筋，是目前工程中最常用的钢筋类型。热轧钢筋分为热轧光圆钢筋（HPB）和热轧带肋钢筋（HRB）两种。热轧光圆钢筋由低碳钢轧制而成，屈服点为 300MPa，表示为 HPB300，塑性和焊接性能好，便于各种冷加工，广泛应用于各种钢筋混凝土构件的受力钢筋和构造钢筋。

热轧带肋钢筋按强度可分为 HRB335、HRB400、RRB400 级，其中，H 表示“热轧”，R 表示“带肋”，B 表示月牙肋钢筋。钢筋的级别越高，其强度及硬度越高，塑性逐渐降低。

钢筋按直径可分为钢丝（直径为 3 ~ 5mm）、细钢筋（直径为 6 ~ 10mm）、中粗钢筋（直径为 12 ~ 20mm）和粗钢筋（直径为 20mm）。

热轧钢筋的分类和力学性能见表 4-10。

表 4-10　热轧钢筋的分类和力学性能

表面形状	强度等级代号	公称直径 d/mm	屈服点/MPa	抗拉强度/MPa	伸长率（%）	冷弯		符号
			不小于			弯曲角度	弯心直径	
光圆	HPB300	6 ~ 22	300	420	25	180°	3d	Φ
带肋	HRB335	6 ~ 50	335	455	17	180° 180°	3d 4d	Φ
	HRB400	6 ~ 50	400	540	16	90° 90°	4d 5d	Φ
	HRB500	6 ~ 50	500	630	15	180° 180°	6d 7d	Φ

（2）余热处理钢筋　余热处理钢筋是经热轧后立即穿水，进行表面控制冷却，然后利用芯部余热完成回火处理所得的成品钢筋，其分类和力学性能见表4-11。

表4-11　余热处理钢筋的分类和力学性能

表面形状	强度等级代号	公称直径 d/mm	屈服点 /MPa	抗拉强度 /MPa	伸长率 (%)	冷弯		符号
						弯曲角度	弯心直径	
月牙肋	RRB400	6～50	400	540	14	90° 90°	$5d$ $5d$	Φ^R

2. 钢筋的验收

钢筋运到工地时，应有出厂质量证明书或试验报告单，每捆（批）钢筋都应有标牌，并按品种、批号及直径分批验收，验收的内容包括检查标牌、外观，按相关规定抽样进行力学性能检验，合格后方可使用。

每批热轧钢筋不超过60t，冷轧带肋钢筋为50t，冷轧扭钢筋为10t。验收内容包括钢筋标牌和外观检查，并按有关取样进行机械性能试验。

热轧钢筋的外观检查要求：每捆（批）抽取5%，表面不得有裂缝、结疤和折叠，表面凸块不得超过横肋的最大高度。对钢绞线要求其表面不得有折断、横裂和相互交叉的钢丝，表面无润滑剂、油渍和锈坑；对冷轧扭钢筋要求其表面光滑，不得有裂纹、折叠夹层等，亦不得有深度超过0.2mm的压痕或凹坑。

热轧钢筋的力学性能检查要求：同一规格、同一牌号、同一炉罐的热轧钢筋不超过60t为一批，每批外观尺寸检查合格的钢筋中任选两根，每根取两个试件分别进行拉伸试验（包括屈服点、抗拉强度和伸长率的测定）和冷弯次数试验。超过60t的部分，每增加40t（或不到40t）增加一个拉伸试验和一个弯曲试验。如有一项试验结果不符合规定，则应从同一批钢筋另取双倍数量的试件重做各项试验，如果仍有一个试件不合格，则该批钢筋为不合格品，应不予验收或降级使用。

冷轧带肋钢筋不超过50t，冷轧扭钢筋不超过10t为一批，验收内容包括钢筋标牌和外观检查，并按有关规定取样进行力学性能检验。

对抗震设防有要求的钢筋，纵向钢筋的强度应满足设计要求；当没有设计要求时，对一、二级抗震等级的钢筋要求其抗拉强度实测值与屈服强度实测值的比值不小于1.25，屈服强度实测值与屈服强度标准值的比值不大于1.30，伸长率不小于9%。

此外，钢筋在加工使用中如发现焊接性能或力学性能不良，还应进行化学成分分析，验收有害成分如硫（S）、磷（P）、砷（As）的含量是否超过规定范围。

进场后钢筋在运输和储存时，不得损坏标志，并应根据品种、规格按批分别挂牌堆放，并标明数量。

3. 钢筋的加工

钢筋加工包括调直、除锈、配料、剪切、弯曲等工作。随着施工技术的发展，钢筋加工已逐步实现机械化和联动化。

（1）钢筋调直　钢筋调直可利用冷拉进行。若冷拉只是为了调直，而不是为了提高钢筋的强度，则调直冷拉率：HPB300级钢筋不宜大于4%，HRB335、HRB400、HRB500级钢筋不宜大于 1%。如所使用的钢筋无弯钩弯折要求时，调直冷拉可适当放宽：HPB300 级钢筋不大于 6%，HRB335、HRB400 级钢筋不大于 2%。除利用冷拉调直外，粗钢筋还可采用捶直和扳直的方法，直径为 4 ~ 14mm 的钢筋可采用调直机进行调直。目前常用的钢筋调直机主要有 GJ4-4/14（TQ4-14）和 GJ6-4/8（JQ4-8）两种型号，它们具有钢筋除锈、调直和切断三项功能。

（2）钢筋除锈　为了保证钢筋与混凝土之间的握裹力，在钢筋使用前，应将其表面的油渍、漆污、铁锈等清除干净。钢筋的除锈，一是在钢筋冷拉或调直过程中除锈，这对大量钢筋除锈较为经济；二是采用电动除锈机除锈，对钢筋局部除锈较为方便；三是采用手工除锈（用钢丝刷、砂盘）、喷砂和酸洗除锈等。

（3）钢筋配料　钢筋配料是根据构件配筋图，先绘出各种形状和规格的单根钢筋简图，并加以编号，然后分别计算钢筋的下料长度、根数和重量，编制钢筋配料单，作为备料、加工和结算的依据。

1）下料长度的计算。下料长度的计算是配料计算中的关键。由于结构受力上的要求，大多数的钢筋需在中间弯曲和两端完成弯钩。结构施工图中所指钢筋长度是钢筋外边缘至外边缘之间的长度（即外包尺寸），它是钢筋长度的基本依据。钢筋加工前应按直线下料，经弯曲后，外边缘伸长，内边缘缩短，而中心线不变。这样，钢筋弯曲后的外包尺寸和中心线长度之间存在一个差值，称为量度差值。在计算下料长度时，必须加以扣除。因此，钢筋下料长度应为各段外包尺寸之和减去各弯曲处的量度差值，再加上端部弯钩增加值。钢筋的下料长度可表示为：

直钢筋下料长度 = 外包尺寸 + 端头弯钩长度

弯起钢筋下料长度 = 外包尺寸 + 端头弯钩长度 − 弯曲量度差值

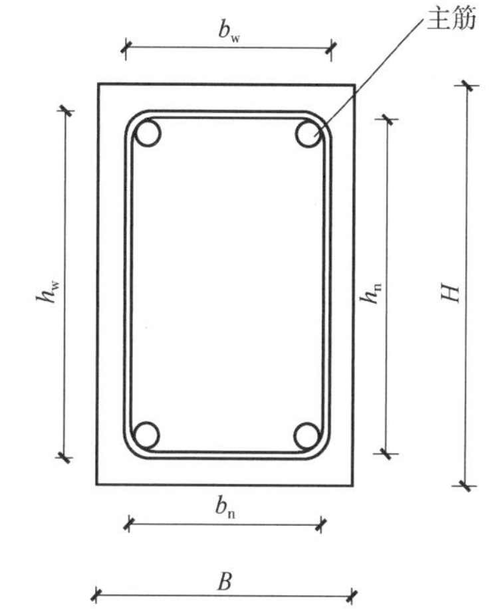

图 4-19　箍筋下料长度

B、H—截面宽度、高度

b_w、h_w—外包宽度、高度

b_n、h_n—内皮宽度、高度

箍筋下料长度（图 4-19）：

①量外包尺寸：箍筋下料长度 = $2(b_w + h_w)$ + 箍筋弯钩调整值

②量内皮尺寸：箍筋下料长度 = $2(b_n + h_n)$ + 箍筋弯钩调整值

2）弯曲量度差值。

钢筋弯曲处的量度差值与钢筋弯心直径及弯曲角度有关，如图 4-20 所示，即：

弯曲量度差值 = 外包尺寸 − 轴线弧长尺寸

$$= A'B' + B'C' - \widehat{ABC} = 2A'B' - \widehat{ABC}$$

$$= 2\left(\frac{D}{2} + d\right)\tan\frac{\alpha}{2} - \pi(D + d)\frac{\alpha}{360^\circ}$$

以 HPB300 级钢筋为例，弯心直径 $D = 2.5d$，则：

①弯曲 45°时的弯曲量度差值（图 4-21a）

外包尺寸：$2\left(\frac{2.5d}{2} + d\right)\tan 22^\circ 30' = 1.87d$

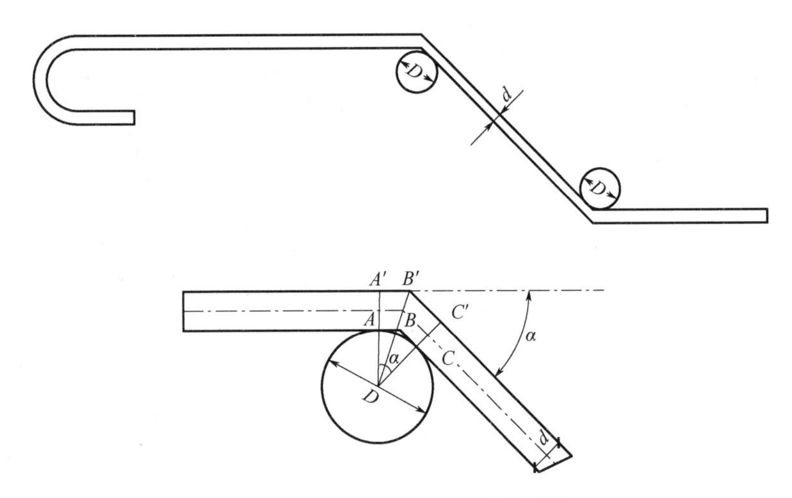

图 4-20　钢筋弯折处量度差值计算简图

轴线长度：$\dfrac{3.5d\pi}{8}=1.37d$

量度差值：$1.87d-1.37d=0.5d$

②弯曲 90°时的弯曲量度差值（图 4-21b）

外包尺寸：$2.25d+2.25d=4.5d$

轴线长度：$\dfrac{3.5d\pi}{4}=2.75d$

量度差值：$4.5d-2.75d=1.75d$（一般取 $2d$）

若将弯心直径 $D=5d$ 代入上式，则弯 90°时的弯曲量度差值为 $2.29d$。

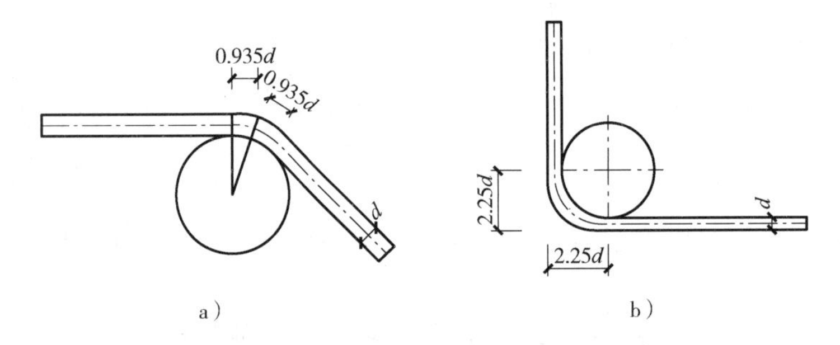

a）　　b）

图 4-21　钢筋弯钩及弯曲计算

a）弯曲 45°　b）弯曲 90°

其他角度的弯曲量度差值计算同上，工程中弯曲量度插值一般按表 4-12 取值。

表 4-12　钢筋弯曲量度差值

钢筋弯曲角	30°	45°	60°	90°	135°
量度差值	$0.35d$	$0.5d$	$0.85d$	$2d$	$2.5d$

注：d 为钢筋的直径。

3）端部弯钩增加值。

端部弯钩增加值 = 平直段 + 圆弧段 $-\left(\dfrac{D}{2}+d\right)$

以 HPB300 钢筋为例，其平直段长度为 $3d$，弯心直径 $D=2.5d$，则：

①90°钢筋弯钩端部的增加长度。

弯钩全长：$3d+\frac{\pi\times3.5d}{4}=5.75d$

弯钩增加长度（包括量度差值）：$5.75d-2.25d=3.5d$

②135°钢筋弯钩端部的增加长度。

弯钩全长：$3d+\frac{3\pi\times3.5d}{8}=7.12d$

弯钩增加长度（包括量度差值）：$7.12d-2.25d=4.9d$

③180°钢筋弯钩（半圆弯钩）端部的增加长度。

弯钩全长：$3d+\frac{\pi\times3.5d}{2}=8.5d$

弯钩增加长度（包括量度差值）：$8.5d-2.25d=6.25d$

4）箍筋弯钩调整值。箍筋的末端应做成弯钩，弯钩的形式应满足设计要求。当设计无具体要求时，用 HPB 钢筋或冷拔低碳钢丝制作的箍筋，其弯钩的弯曲直径应大于受力钢筋直径，且不小于箍筋直径的 2.5 倍；弯钩平直部分的长度，对一般结构，不宜小于箍筋直径的 5 倍；对有抗震要求的结构，不应小于箍筋直径的 10 倍和 75mm 的较大值。弯钩形式有三种，如图 4-22 所示。对于有抗震要求和受扭的结构，可按图 4-22 所示施工。

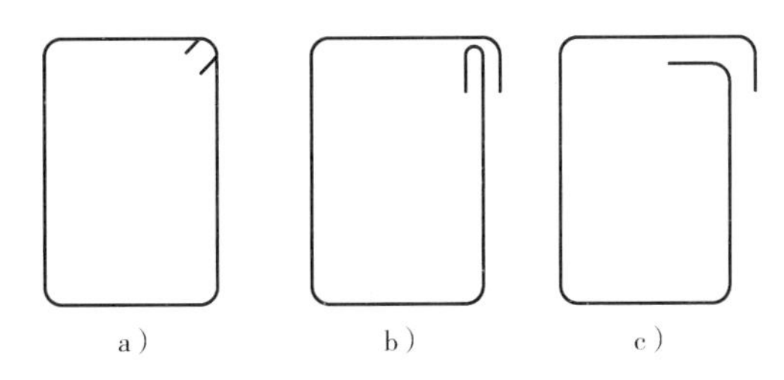

图 4-22　箍筋弯钩形式示意图

a）135°/135°弯钩　b）90°/180°弯钩　c）90°/90°弯钩

箍筋的下料长度还可采取用外包尺寸（或内皮尺寸）加调整值进行计算。箍筋调整值，即为弯钩增加长度和弯曲调整值两项之差，一般结构用的箍筋可直接在表 4-13 中查找。

表 4-13　箍筋调整值

箍筋量度方法	箍筋直径/mm			
	4～5	6	8	10～12
量外包尺寸	40	50	60	70
量内包尺寸	80	100	120	150～170

此外，需要说明的是，弯钩增加长度要根据设计需要和钢筋的类别而定。若要考虑抗震要求，则应在原有基础上增加 10 倍的箍筋直径。为了便于施工，钢筋下料长度一般取整厘米数即可。

【**例 4-1**】请计算如图 4-23 所示钢筋的下料长度，钢筋直径为 25mm。

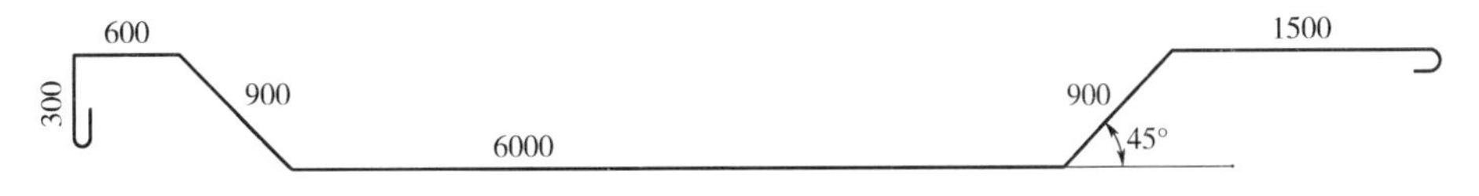

图 4-23　钢筋配料简图

【解】

下料长度 = 300 + 600 + 900 × 2 + 6000 + 1500 − 2 × 25 − 4 × 0.5 × 25 + 2 × 6.25 × 25 = 10412.5（mm）。

由于钢筋的配料既是钢筋加工的依据，同时也是签发工程任务单和限额领料的依据。故配料计算时要仔细，计算完成后还要认真复核。

为了加工方便，根据配料单上的钢筋编号，分别填写钢筋料牌（图 4-24）作为钢筋加工的依据。加工完成后，应将料牌系于钢筋上，以便绑扎成型和安装过程中识别。注意：料牌必须准确无误，以免返工浪费。

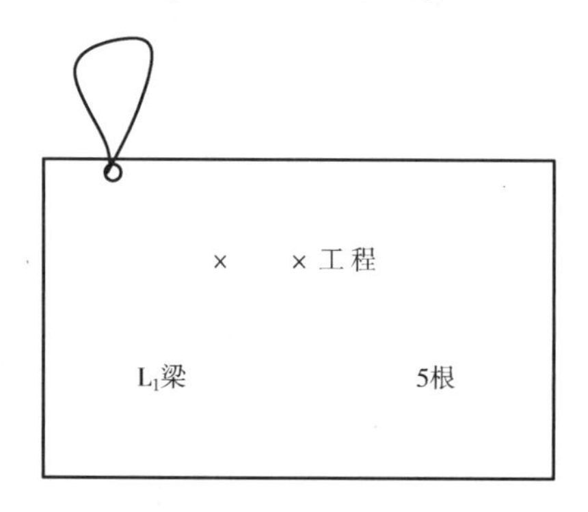

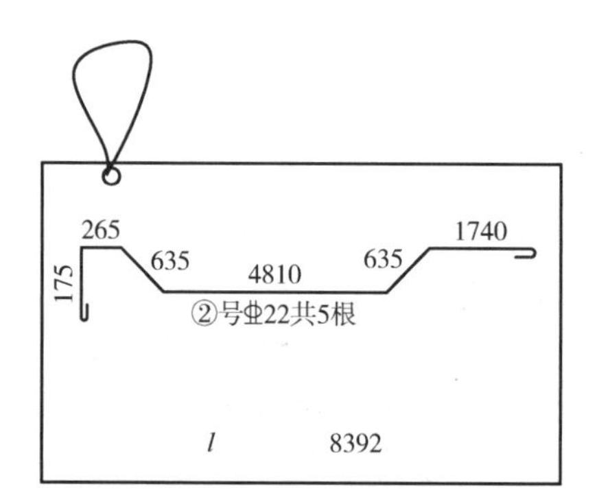

图 4-24　钢筋料牌

【例 4-2】某楼盖梁 L_1 用 C25 混凝土现浇，其配筋如图 4-25 所示，计算 L_1 的每根钢筋下料长度。

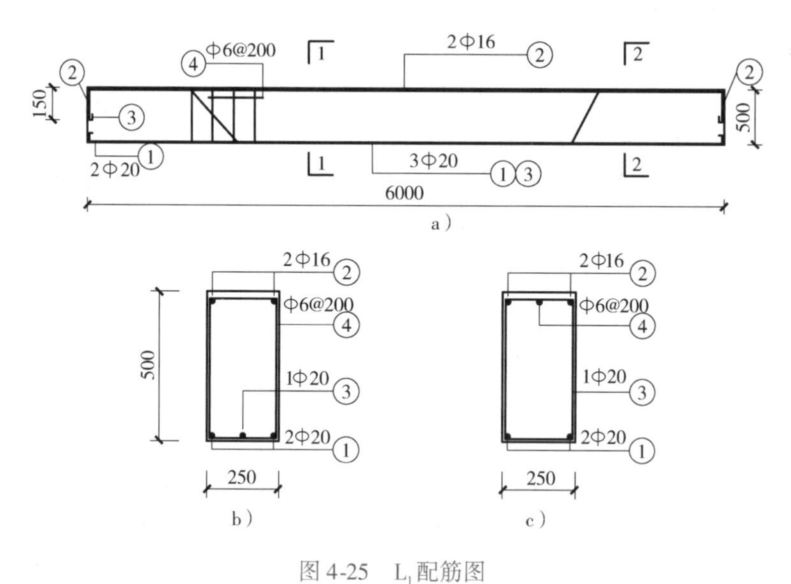

图 4-25　L_1 配筋图

a）平面图　b）1—1 剖面　c）2—2 剖面

【解】

①号钢筋（Φ 20）下料长度为：

5980

$6000-2\times10+2\times6.25\times20=6230$（mm）

②号钢筋（Φ16）下料长度为：

5980

100 100

$6000-2\times10+2\times100-2\times2\times16+2\times6.25\times16=6316$（mm）

③号钢筋（Φ20）下料长度为：

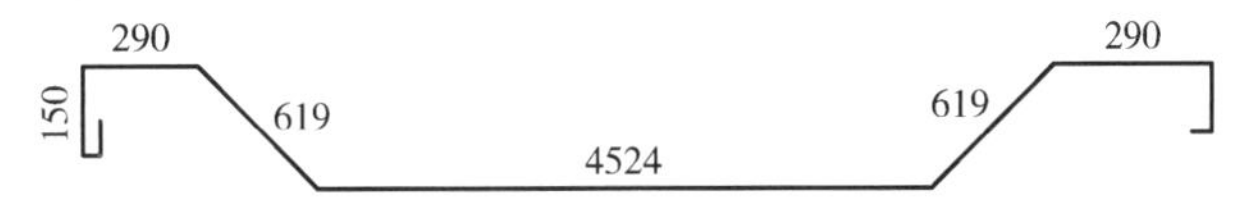

$2\times(150+290+619)+4524-4\times0.5\times20-2\times2\times20+2\times6.25\times20=6772$（mm）

④号钢筋（Φ6）下料长度为：

$[(500-2\times25-2\times6)+(250-2\times25-2\times6)]\times2+100=1352$（mm）

或$[(500-2\times25)+(250-2\times25)]\times2+50=1350$（mm）

箍筋根数：$6000/200+1=31$（根）

（4）钢筋剪切　钢筋下料时须按下料长度切断。钢筋剪切可采用钢筋切断机或手动切断器。后者一般只用于切断直径小于12mm的钢筋；前者可切断直径40mm的钢筋，直径大于40mm的钢筋常用氧乙炔焰或电弧割切或锯断。钢筋的下料长度应力求准确，其允许偏差为±10mm。

（5）钢筋弯曲　钢筋弯曲时，应按弯曲设备特点及钢筋直径和弯曲角度进行画线，以便弯曲成设计所要求的尺寸。如弯曲钢筋两边对称时，画线工作宜从钢筋中线开始向两边进行，当为弯曲形状比较复杂的钢筋时，可先放出实样，再进行弯曲。钢筋弯曲宜采用弯曲机和弯箍机。弯曲机可弯直径6～40mm的钢筋；直径小于25mm的钢筋，当无弯曲机时也可采用扳钩弯曲。

钢筋弯曲成型后，形状、尺寸必须符合设计要求，平面上没有翘曲、不平现象。钢筋末端弯钩角度，HPB30级钢筋为90°，HRB335、HRB400级钢筋为90°或135°；弯钩的弯曲直径不应小于$2.5d$（d为钢筋直径），当为轻骨料混凝土结构时为$3.5d$；弯曲直径HPB300级不宜小于$3d$，HRB335级不宜小于$4d$，HRB400级不宜小于$5d$。箍筋末端应做弯钩，如设计无具体要求时，弯钩形式：对一般结构，箍筋两端可以做成90°或一端做成90°，另一端做成180°；对有抗震要求和受扭的结构，箍筋两端做成135°。各弯曲部位不得有裂纹。钢筋弯曲成型后的允许偏差见表4-14。

表 4-14　钢筋弯曲成型后的允许偏差

项次	项目	允许偏差/mm
1	顺长度方向全长	±10
2	弯起点位置	±20
3	弯起高度	±5
4	箍筋边长	±5

（6）钢筋代换　施工中如供应的钢筋品种和规格与设计图要求不符时，可以进行代换。但代换时，必须充分了解设计意图和代换钢筋的性能，严格遵守规范的各项规定。对拉裂性要求高的构件，不宜用光面钢筋代换变形钢筋；钢筋代换时不宜改变构件中的有效高度；凡属重要的结构和预应力钢筋，在代换时应征得设计单位的同意；代换后的钢筋用量不宜大于原设计用量的5%，亦不低于2%，且应满足规范规定的最小钢筋直径、根数、钢筋间距、锚固长度等要求。

钢筋代换的方法有三种：

1）当结构构件是按强度控制时，可按强度等同原则代换，称“等强代换”。即

$$n_2 \geqslant \frac{n_1 d_1^2 f_{y1}}{d_2^2 f_{y2}}$$

式中　d_1，n_1，f_{y1}——原设计钢筋的直径、根数和设计强度；

d_2，n_2，f_{y2}——拟代换钢筋的直径、根数和设计强度。

上式有以下两种特例。

①设计强度相同、直径不同的钢筋代换：

$$n_2 \geqslant n_1 \frac{d_1^2}{d_2^2}$$

②直径相同、设计强度不同的钢筋代换：

$$n_2 \geqslant n_1 \frac{f_{y1}}{f_{y2}}$$

2）当构件按最小配筋率控制时，可按钢筋面积相等的原则代换，称“等面积代换”。即

$$A_{s1} = A_{s2}$$

式中　A_{s1}——原设计钢筋的计算面积；

A_{s2}——拟代换钢筋的计算面积。

3）当结构构件按裂缝宽度或挠度控制时，钢筋的代换需进行裂缝宽度或挠度验算。

钢筋代换后，有时由于受力钢筋直径加大或根数增多，而需要增加排数，则构件截面的有效高度 h 减小，截面强度降低，此时需复核截面强度。对矩形截面的受弯构件，可根据弯矩相等，按下式复核截面强度。

$$N_2\left(h_{02} - \frac{N_2}{2 f_{cm} b}\right) \geqslant N_1\left(h_{01} - \frac{N_1}{2 f_{cm} b}\right)$$

式中　N_1——原设计的钢筋拉力，即$N_1 = A_{s1} f_{y1}$；

N_2——代换钢筋拉力，即$N_2 = A_{s2}f_{y2}$；

h_{01}，h_{02}——代换前后钢筋的合力点至构件截面受压边缘的距离（即构件截面的有效高度）；

f_{cm}——混凝土的弯曲抗压强度设计值，对C20混凝土为11MPa，对C30混凝土为16.5MPa；

b——构件截面宽度。

4. 钢筋的绑扎与安装

单根钢筋经过上述加工后，即可成型为钢筋骨架或钢筋网。钢筋成型应优先采用焊接，并在车间预制好后直接运往现场安装，只有当条件不足时，才在现场绑扎成型。

钢筋绑扎和安装前，应先熟悉图纸，核对钢筋配料单和料牌，研究与有关工种的配合，确定施工方法。

钢筋绑扎一般采用20~22号铁丝，要求绑扎位置准确、牢固；在同一截面内，绑扎接头的钢筋面积在受压区中不得超过50%，在受拉区中不得超过25%；不在同一截面中的绑扎接头，中距不得小于搭接长度，搭接长度及绑扎点位置应符合下列规定：

1）同一纵向受力钢筋不宜设置两个或两个以上接头，接头末端至钢筋弯起点处的距离不得小于钢筋直径的10倍，也不宜位于构件最大弯矩处。

2）受拉区域内，HPB300级钢筋绑扎接头的末端应做弯钩，HRB335、HRB400级钢筋可不做弯钩；受压区域内，HPB300级钢筋不做弯钩。

3）直径等于和小于12mm的受压HPB300级钢筋末端，以及轴心受压构件中任意直径的受力钢筋末端可不做弯钩，但搭接长度不应小于钢筋直径的35倍。

4）钢筋搭接处，应在中心和两端用铁丝扎牢。

5）绑扎接头的搭接长度应符合表4-15的规定。

表4-15　纵向受拉钢筋的最小搭接长度

钢筋种类	混凝土强度等级			
	C15	C20~C25	C30~C35	≥C40
HPB300级光圆钢筋	45d	35d	30d	25d
HRB335级带肋钢筋	55d	45d	35d	30d
HRB400级带肋钢筋	—	55d	40d	35d

注：1. 受压钢筋绑扎接头的搭接长度应为表中数值的0.7倍。
2. 在任何情况下，纵向受拉钢筋的搭接长度不应小于300mm，受压钢筋搭接长度不应小于200mm。
3. 两根直径不同的钢筋其搭接长度以较细钢筋直径计算。

钢筋在混凝土中保护层的厚度可用水泥砂浆垫块（或塑料卡）垫在钢筋与模板之间进行控制。垫块应布置成梅花形，其相互间距不大于1m。上下双层钢筋之间的尺寸可用绑扎短钢筋来控制。

钢筋安装完毕后，应根据设计图检查钢筋的钢号、直径、根数、间距是否正确，特别要注意负筋的位置；同时检查钢筋接头的位置、搭接长度及混凝土保护层是否符合要求，钢筋绑扎是否牢固，有无松动变形现象，钢筋表面是否有不允许的油渍、漆污和颗粒状（片状）铁锈等。钢筋位置的偏差不得大于表4-16的规定。

表 4-16　钢筋安装位置的允许偏差和检查方法

项目		允许偏差/mm	检查方法
绑扎钢筋网	长、宽	±10	钢尺检查
	网眼尺寸	±20	钢尺量连续三档，取最大值
绑扎钢筋骨架	长	±10	钢尺检查
	宽、高	±5	钢尺检查
纵向受力钢筋	锚固长度	-20	钢尺检查
	间距	-20	钢尺量两端，中间各一点，取最大值
	排距	±5	
纵向受力钢筋、钢筋的混凝土保护层厚度	基础	±1	钢尺检查
	柱、梁	±5	钢尺检查
	板、墙、壳	±3	钢尺检查
绑扎钢筋、横向钢筋间距		±20	钢尺量连续三段，取最大值
钢筋弯起点位置		20	钢尺检查
预埋件	中心线位置	5	钢尺检查
	水平高差	+3，0	塞尺测量

注：检查中心线位置时，应沿纵、横两个方向量测，并取其中偏差的较大值。

钢筋工程属隐蔽工程，在浇筑混凝土前应对钢筋及预埋件进行验收，并做好隐蔽工程记录，以备查证。

5. 新型钢筋

钢筋因具有较强的抗拉性能，广泛应用于我国建筑行业施工中。但是随着现代建筑结构不断向超高层和大跨度方向发展，对建筑材料提出了更高的要求。研发适用于不同工况的新型钢筋显得尤为重要。下面着重介绍一些目前的新型钢筋。

（1）新型材料玻璃纤维钢筋　以高强玻璃纤维为增强材料，以合成树脂为基体材料，通过掺入适量辅助剂复合而成的复合材料，称之为玻璃纤维增强塑料，也称为玻璃钢，主要有“玻璃纤维钢筋”和“玄武岩纤维钢筋”。相对于普通钢筋，玻璃纤维钢筋（图 4-26）具有较强的防腐性能和绝热绝缘性、抗拉强度高、便于切割、重量轻（为普通钢筋的 1/4）等特点。

图 4-26　玻璃纤维钢筋

（2）NPR 新型钢筋　近年来，我国大力推行节能减排，土木行业的节能在整体节能中占有很大比重，而钢筋作为需求量最大的材料之一，在混凝土结构中采用高强钢筋对降低能耗、节约资源具有重大意义。基于此，国内某钢铁集团研发了一种新型钢筋——NPR（Negative Poisson Ratio）钢筋。该新型钢筋克服了高强和高均匀延伸率相矛盾的问题，具有高强度和高延性。图 4-27 为 NPR 钢筋和普通钢筋对比图。NPR 螺旋钢筋表面螺纹连续分布，通体横截面相等，拉伸时直径方向上不存在应力集中，具有高均匀延伸、适应大变形的特点。且与普通钢筋相比，通过改变化学成分比例并采用新型加工工艺，NPR 钢筋强度更高、耐腐蚀性更强。初步研究表明：其屈服强度和抗拉强度分别可达 750MPa、950MPa 左右，断后伸长率可达 30% 左右；在氯离子环境中的抗腐蚀性能约为普通钢筋的 4 倍；在 1T 强磁场下，普通钢筋的磁化强度为 200emu/g，而 NPR 材料的磁化强度仅为 0. 4emu/g。

图 4-27　NPR 钢筋和普通钢筋对比图

4. 2. 2　新型预应力技术

体外预应力是预应力施工技术的创新与发展，近年来在施工中得到了广泛的运用。又可以分为水平式拉杆法、下撑式拉杆法和组合式拉杆法三种。该技术将预应力筋布置在混凝土截面外，与传统的布置在截面内的预应力筋相对应。

体外预应力加固法的工序流程分为六步，第一步是施工前的准备工作，第二步是定位放线，第三步是预应力钢筋的制作与安装，第四步是端部锚板安装，第五步是张拉，最后一步是钢筋防火防腐处理。

现阶段，该技术主要运用于特种结构、预应力混凝土桥梁结构、大跨度建筑工程结构当中，形成了两种主要的结构体系，并发挥着各自重要的作用。体系一是有粘结体外预应力体系，预应力摩擦损失十分小；体系二是无粘结体外预应力体系，能够采用单根张拉工艺，操作十分简单，并且单根无粘结筋的摩擦损失十分小。

该方法的施工技术要点是：施工前对需加固部位进行清洁处理，按照施工设计要求，测量定位放线，确定梁端转向块、拉紧螺栓及钢筋弯折点的位置；根据施工设计要求，将预应力钢筋调直后弯折成形，安装并锚固固定；对端部模板进行钻孔，并使用高压气流清孔后，使用结构胶灌注，埋入螺栓，安装锚板后拧紧螺母，使用结构胶嵌填锚板和混凝土连接界面；采用分级张拉的方法对预应力钢筋进行张拉，横向张拉前，先向外侧敲紧转折点处的支撑垫板，初步张拉后，再横向施加预应力。纵向张拉时，采用量测预应力筋中距的办法控制各跨预应力张力保持一致，应力达到要求后，固定螺栓；张拉完成后，使用涂刷防火防腐涂料的方法对表面进行防火防腐处理，并使用 C30 强度混凝土进行包裹。

4. 2. 3　自密实混凝土

长期以来，混凝土广泛用于工程建筑施工中。当浇筑钢筋密集、结构复杂的模板时，采用普通混凝土往往出现难以填充密实的现象。为此，日本东京大学 H. Okamura 教授提出并成功研制了自密实混凝土（Self-Compacting Concrete，简称 SCC）。日本明日海峡大桥主跨长 1990m，采用自密实混凝土施工后，工程总工期缩短了 20%。此后，许多欧美等国家的研究人员也相继对自密实混凝土的研制和应用进行研究。1987 年，我国冯乃谦教授提出了流态混凝土，为我国自密实混凝土的发展奠定了基础。此后，我国学者对自密实混凝土进行了大量研究。我国的国家大剧院、国家体育馆、北京火车站等国内标志性建筑也大量使用了自密实混凝土。

自密实混凝土通常适用于难以用机械振捣的混凝土的浇筑。由于自密实混凝土细粉含量较大，更应重视混凝土抗裂性能。在采取抗裂措施的情况下，自密实混凝土抗裂性能相对较差，不适用于连续墙、大面积楼板的浇筑。

浇筑原理：自密实混凝土作为一种新型建筑材料，具有良好的流动性、间隙通过能力和抗离析性能，不需要振捣即可在其自重作用下自流平，成功填充模板的各个角落，与钢筋形成良好的粘结握裹。与普通混凝土材料相比，自密实混凝土在配合比设计上采用的石子降低15%左右，并以粉煤灰、矿粉、硅灰等粉体材料代替石子，使其能够更好地被砂浆包裹。同时，通过添加高效的减水剂，使砂浆不仅具有很好的流动性，还能有效运输石子，从而达到自密实的效果。

自密实混凝土浇筑模板是一个复杂的过程，涉及流变学、力学等相关知识，下面对自密实混凝土的浇筑原理进行简要介绍。

1. 流动性

新拌自密实混凝土作为非牛顿流体，内部存在屈服应力和塑性黏度。一般地，当自密实混凝土的自身重力超过屈服应力时才能流动，因此，屈服应力越小，越有利于流动。自密实混凝土的流动速度取决于塑性黏度，塑性黏度越小，流动性越快。

研究发现，自密实混凝土的流动形式有两种：①水平向前流动；②竖直向下流动。自密实混凝土流动的受力如图4-28所示。图4-28a显示，自密实混凝土水平向前流动时，水平方向受到流体动能产生的体系拖曳力和反向的黏滞力，竖直方向受力平衡。当体系拖曳力比黏滞力大时，自密实混凝土向前流动；反之，则停止流动。图4-28b显示，自密实混凝土竖直向下流动时，其受到重力、浮力以及竖直方向的体系拖曳力和颗粒间的阻力，当重力大于各种阻力时，自密实混凝土向下流动。

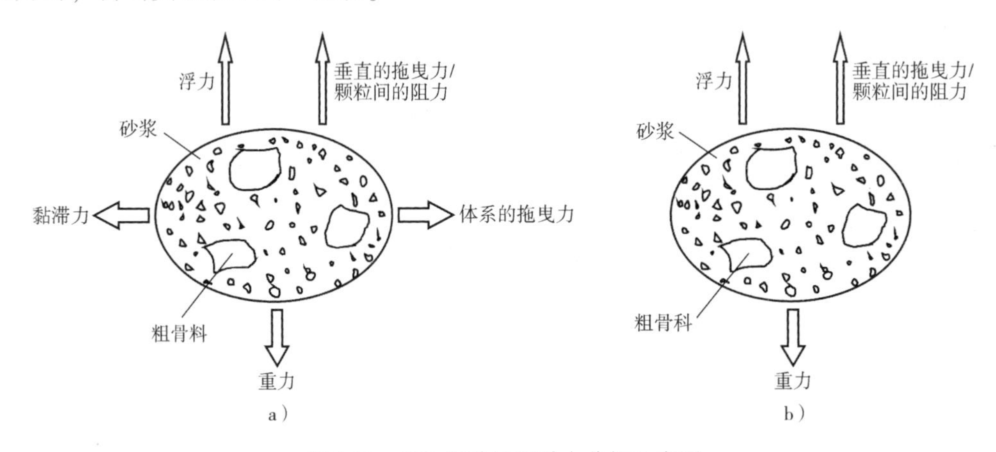

图4-28　SCC流动过程受力分析示意图
a）SCC水平向前流动时的受力　b）SCC竖直向下流动时的受力

从本质上看，自密实混凝土的屈服应力对其流动性起着关键的作用。为了顺利充模，应尽量减小自密实混凝土的屈服应力，那么重力便足以克服屈服应力，使自密实混凝土更容易产生流动。自密实混凝土浇筑过程中，影响其流动的因素还有拌合物的初始动能、模板的形状大小、钢筋分布等。通过优化配合比获得较小的屈服应力，就能更好地实现充填密实。

2. 间隙通过性

浇筑钢筋密集的模板时，自密实混凝土既需要克服内部各种阻力，又必须克服与模板和钢筋的摩擦阻力才能流动。在这一流动中，自密实混凝土首先应具备较好的流动性，其次应具备穿过钢筋间隙的变形性能。

当自密实混凝土流至钢筋密集处，流动空间减小，拌合物内部的粗骨料重新分布于砂浆之中，达到自密实混凝土的变形性能，然后通过钢筋间隙，持续不断向前流动，最终完成对整个模板的填充。因此，砂浆应当有足够的变形能力，以抵抗粗骨料重新分布对砂浆产生的作用力和模板、钢筋的摩擦阻力，从而使自密实混凝土顺利通过钢筋间隙。

3. 抗离析性

抗离析性对自密实混凝土的成型质量非常重要。当屈服应力和塑性黏度过小时，拌合物便会发生离析，粗骨料与砂浆的相对移动增大。

在自密实混凝土的组成材料中，粗骨料的密度一般比其他材料大，因此，自密实混凝土流动时，密度较大的粗骨料会有向下的运动趋势，而相对密度小的砂浆则向相反方向运动。采用两相悬浮体系（砂浆-粗骨料）可说明拌合物发生离析的基本原理，在忽略外力作用的前提下，悬浮体系中的粗骨料受到三个力：重力、浮力和黏滞阻力，在这三个力的作用下，粗骨料处于一种平衡状态。拌合物中粗骨料的运动速度公式表示如下。

$$v_g = \frac{2gr^2(\rho_g - \rho_m)}{9\eta}$$

式中，v_g是粗骨料的沉降速度，g是重力加速度，r是粗骨料的半径，ρ_g和ρ_m分别是粗骨料和砂浆的密度，η是砂浆的塑性黏度。

为保证自密实混凝土具有良好的抗离析性，应采用轻质、粒径小的粗骨料，也可以通过提高砂浆的密度与塑性黏度，从而减小粗骨料的沉降速度。

4.2.4 抗氯盐高性能混凝土技术

目前，在土木工程建筑中，大量的钢筋混凝土结构由于各种各样的原因而提前失效，无法达到预期的服役年限。这里有的是因为结构设计问题，有的是由于外荷载的不利变化导致的，但还有一些是由于结构的耐久性不足而造成的，特别是对于沿海和近海地区的混凝土结构，对于海洋工程、喷洒化冰盐的公路与桥梁工程、盐渍地区的工程，由于氯盐侵入混凝土导致钢筋锈蚀，引起混凝土膨胀开裂，严重影响了建筑物使用寿命。据调研，采用普通硅酸盐水泥制备的钢筋混凝土结构，在海洋环境中的使用寿命往往只有20年左右，远远小于预期的50年甚至100年使用寿命的要求。

1. 技术措施

综上，为了适应海洋工程以及沿海地区工程建设需要，开发了抗氯盐高性能混凝土。其技术措施可概括为以下两点。

（1）低水胶比　通常采用的水胶比低于0.4，其主要目的是为了减少混凝土中掺加的水量，从而达到使混凝土致密的目的。

（2）使用优质矿物掺合料　通常采用的矿物掺合料包括矿渣微粉、优质粉煤灰和硅灰等，采用矿物掺合料的作用主要是依靠矿物掺合料粒子的填充作用，以及其与氢氧化钙的二次水化反应来达到使混凝土致密的目的。

以上两种技术措施必须同时使用，以使混凝土尽量密实。通过这些技术手段提高混凝土的抗氯离子侵蚀能力，进而提高钢筋混凝土建筑物在氯离子侵蚀环境下的使用寿命。研究表明，采用抗氯盐高性能混凝土，可以大幅度降低混凝土的氯离子扩散系数，提高建筑物的使用寿命至几倍甚至几十倍，是提高建筑物抗氯盐能力的重要途径。

根据抗氯盐高性能混凝土中矿物掺合料种类的不同，可将其分为大掺量矿渣微粉抗氯盐高性能混凝土、粉煤灰抗氯盐高性能混凝土、硅灰抗氯盐高性能混凝土和复合掺合料抗氯盐高性能混凝土等。

2. 技术指标

抗氯盐污染高性能混凝土耐久性的检验应符合现行《水运工程混凝土质量控制标准》JTS202-2 的有关规定，且表征其氯高于渗透性的电通量不应大于 1000C。我国行业标准对海港工程混凝土结构要求的高性能混凝土提出了相关技术指标，见表 4-17。

表 4-17　高性能混凝土指标

混凝土拌合物			硬化混凝土	
水胶比	胶凝物质总量/(kg/m³)	坍落度/mm	强度等级	抗氯离子渗透性/C
≤0.35	≥400	≥120	≥C45	≤1000

对混凝土原材料也提出了相应技术要求：减水剂的减水率不低于 20%，掺合料应选用细度不小于 4000cm²/g 的磨细高炉矿渣、Ⅰ，Ⅱ级粉煤灰和硅粉等，细骨料细度模数在 2.6～3.2 之间，粗骨科最大粒径不宜大于 25mm。在进行配合比设计时应通过降低水胶比和调整掺合料的掺量使抗氯离子渗透性指标达到规定要求，混凝土搅拌应采用强制搅拌机，搅拌时间比常规混凝土延长 40s 以上。混凝土抹面后，应立即覆盖。终凝后，混凝土顶面应立即开始持续潮湿养护，在常温下，至少养护 15d。

3. 适用范围

适用于海洋工程，冬季撒除冰盐的公路与桥梁工程、盐渍地区和距离海洋较近的岸上建筑物等处于氯盐污染环境下的建、构筑物。

4. 已应用的典型工程

该技术性价比较高，原材料容易获得，配制工艺简单，所以近几年来已经在南北方的各类港口和跨海大桥工程中应用，如上海洋山深水港工程、东海大桥、杭州湾大桥、盐田港集装箱码头、援巴基斯坦瓜达尔码头工程等。采用抗氯盐污染的高性能混凝土较普通混凝土的单价提高相当有限，但与其使用寿命成倍提高的效果相比，大大降低了建筑物的服务周期成本，经济效益和社会效益十分显著，应用前景十分广阔。

4.2.5　清水混凝土技术

清水混凝土是指结构混凝土硬化后不再对其表面进行任何装饰，以混凝土本色直接作为建筑物的外饰面，以清水混凝土作为装饰面，对美观、色差、表面气泡等方面都有很高要求，因此在混凝土配制、生产、施工、养护等方面都应采取相应的措施。

1. 主要技术内容

(1) 混凝土配制　混凝土应使用同一种原材料和相同的配合比。矿物掺合料作为混凝土不可缺少的组分，在考虑掺合料活性的同时，充分利用各种掺合料的不同粒径，在混凝土内部形成紧密充填，增强混凝土的致密性，在外加剂方面应进一步重视解决外加剂和水泥的适应性，减小混凝土的泌水率，减小混凝土坍落度的经时损失。

除了不同水胶比将导致硬化后混凝土颜色变化外，骨料对外观的影响也不可忽视，因此，同一个视觉面的混凝土工程，应采用相同类型的骨料。

（2）混凝土模板　为了使清水混凝土表面光滑无气泡，应根据不同强度等级混凝土选用不同材质的模板，而脱模剂除了起到脱模作用外，不应影响混凝土的外观。

（3）混凝土施工　混凝土浇筑时，混凝土下料口与浇筑面之间距离不能过大，否则混凝土易离析，振捣时以混凝土表面出浆为宜，同时应避免漏振和过振。

（4）混凝土养护　混凝土的养护应确保混凝土表面不受污染，充分合理的养护是保证混凝土硬化后表面和内在质量的关键。

2. 技术指标

1）混凝土表面无裂缝、无明显气泡、无明显色差，无蜂窝麻面。

2）混凝土表面平整、光滑，轴线、体形尺寸准确。

3）大截面、变截面结构线条规则，棱角分明。

4）梁柱接头通顺，无明显槎痕。

3. 适用范围

清水混凝土以其古朴稳重、自然、清纯的质感为建筑物增添了独特的装饰效果。多用于市政、交通、水利、航空等工程，近年来在住宅建筑上也逐渐被采用。

4. 已应用的典型工程

1）杨浦和南浦大桥主塔。

2）上海广播电视塔斜筒体。

3）磁浮列车工程墩身部分。

4）东方明珠电视塔。

5）浦东国际机场及首都国际机场新航站楼等。

4.2.6　超高泵送混凝土技术

超高泵送混凝土技术一般是指泵送高度超越200mm的现代混凝土泵送技术。近年来，随着高层、超高层建筑数量大幅增长，超高泵送混凝土技术已成为超高层建筑施工技术不可缺少的一个方面。超高泵送混凝土技术是借助泵送设备的泵送压力一次将所需的混凝土方量送到建筑工程的指定高度，并使混凝土必须具备较好的流动性、高黏聚性、保水性和抗离析、泌水的能力。泵送设备的高压泵送能力是决定超高泵送混凝土施工技术应用效果的重要基础。

1. 主要技术内容

超高泵送混凝土技术是一项综合技术，包括混凝土制备技术、泵送参数计算、泵送设备选定与调试、泵管布设和泵送过程控制等内容。

（1）混凝土制备技术　配制超高泵送混凝土，其原材料较一般泵送混凝土有很大的区别。作为最基本的胶结材料——水泥，除了用量以外，还应充分考虑水泥的流变性，即水泥与高性能减水剂的相容性问题，两者相容性好才可获得低用水量、大流动性、坍落度经时损失小的效果。对于细骨料其品质除了应符合现行《普通混凝土用砂、石质量及检验方法标准》（JGJ52）外，对于不同强度等级的混凝土应选用不同细度模数的中砂。而掺合料作为高性能高泵送混凝土的重要组成材料更需从活性、颗粒组成、减水效果、水化热、泵送性能等诸多方面加以平衡选择。作为外加剂，单一成分的外加剂已不能很好地发挥其作用，而单纯以减水为目的外加剂也不能达到超高泵送混凝土的使用目的。外加剂的多组分复合，以及针对具体工程配制特定要求的外加剂已成为外加剂生产厂家加强现场服务的重要方面。

此外，超高泵送混凝土的配制同时也要研究新拌混凝土的整体性、流动性与泵送性的相互关系，这是研究混凝土泵送性的直接衡量指标。

（2）泵送设备选择和泵送极限高度估算　泵送混凝土离不开混凝土输送泵，因此高压力、大排量、耐磨损、适应性强的泵送设备也是必不可少的。此外泵送管道的设计，如何减小阻力、缩短路线也是泵送技术研究的一个方面。

混凝土管道的布设应遵循以下原则：

1）地面水平管的长度应大于垂直高度的 1/4。

2）在地面水平管道上应布置截止阀。

3）在相应楼层，垂直管道布置中应设有弯道。

2. 技术指标

1）混凝土拌合物的工作性良好，无离析泌水，坍落度应 >180mm，混凝土坍落度损失不应影响混凝土的正常施工，经时损失≤30mm/h，混凝土倒置坍落筒排空时间应 <10s。泵送高度 >300m 时，扩展度应 >550mm；泵送高度 >400m 时，扩展度应 >600mm；泵送高度 >500m 时，扩展度应 >650mm；泵送高度 >600m 时，扩展度应 >700mm。

2）混凝土物理力学性能符合设计要求。

3）混凝土的输送排量、输送压力和泵管的布设要依据准确的计算，并制定详细的实施方案，进行模拟高程泵送试验。

4）其他技术指标应符合现行《混凝土泵送施工技术规程》（JGJ/T 10）和《混凝土结构工程施工规范》（GB 50666）的规定。

3. 适用范围

超高泵送混凝土适用于泵送高度大于 200m 的各种超高层建筑。

4. 已应用的典型工程

（1）金茂大厦　泵送高度 382.5m，一次泵送 174m^3。

（2）恒隆广场　泵送高度 288m，标准层每层超 1000m^3混凝土量。

4.2.7 混凝土裂缝防治技术

混凝土裂缝已成为混凝土工程质量通病，如何防治混凝土裂缝是工程技术人员迫切希望解决的技术难题。然而防治混凝土裂缝是一个系统工程，包括设计、材料、施工中的每一个技术环节。本技术主要指防止裂缝的一些关键技术，提高混凝土抗裂性能，从而达到防止混凝土裂缝的目的。本技术主要内容包括：设计的构造措施、混凝土原材料（水泥、掺合料、细骨料、粗骨料）的选择、混凝土配合比对抗裂性能影响因素、抗裂混凝土配合比设计、抗裂混凝土配合比优化设计方法，以及施工中的一些技术措施等。下面介绍一些主要的防治技术。

1. 施工材料控制

从材料选择上，对级配碎石进行优选，使其达到一定的要求，一般情况下，级配碎石的粒径应控制在5~40mm之间。在选用水泥材料时，应尽可能选用水化热较小的水泥，并按其强度及稳定性的要求，将用量限制在有效限度之内，避免由于过量或水化不充分的水泥造成的裂纹。在选用添加剂时，应注意选用合理的添加剂，并在泵送过程中适当添加缓凝剂，以提高其凝固时间。混合添加剂的选用应降低因添加物过量而引起的质量风险，并符合工程需要。在混凝土配合比的确定中，还应按工程需要选用适当的粉煤灰，使之符合规定的混凝土性能指标，从而减小混凝土的水化热，加固混凝土结构。

2. 塑性收缩裂缝的防治

防治塑性收缩裂缝的技术措施有：第一，采用少量的干缩型硅酸盐或硅酸盐水泥，以降低此类裂缝的发生概率；第二，混凝土表面要有适当的水分，可以使用湿的亚麻垫子和草席，再包上塑料布，以增加水分；第三，在混凝土施工初期，要对模板及底层进行适当的浸渍，以保证均匀的沉陷；第四，在使用混凝土时，要注意养护，避免长时间的暴晒和雨淋；第五，采用与干缩裂缝相同的防治技术，在严格控制水灰比的前提下，适当加入减水剂，以确保其塑性和沉降性能。若想防止混凝土发生塑性收缩裂缝，必须对二者进行严格的控制。

3. 温度裂缝的防治

在混凝土裂缝防治技术中，温度控制是关键环节。在施工中，应尽可能选择低热量的水泥，例如：粉煤灰水泥、矿渣水泥，并按实际应用的需要，对水泥的用量进行有效计算。水泥砂浆的水灰比对混凝土的力学性能也有很大的影响。基于施工需要，对混凝土的水灰比进行有效的控制，水泥比不宜超过0.6。同时，在拌和过程中要注意选用适当的骨料，以提高减水剂用量，减少出现水化热的可能性，使搅拌工艺符合要求。搅拌工艺可以有效地降低混凝土的浇筑温度，并在混凝土中应用缓凝剂。在温度较高的情况下，必须采用遮阳板，以确保浇筑质量。为了保证混凝土材料的高效散热，针对大面积混凝土，可以进行分段分层浇筑。在混凝土结构工程中，当混凝土的容积超过一定的标准时，必须将冷却管道埋于混凝土结构中，并向其注入清水，使其降温。同时对混凝土内部温度的变化进行实时监测，并对混凝土结构的温度进行把控，使其达到设计要求。

4. 干缩裂缝防治技术

为避免出现干缩裂缝，可以在混凝土养护结束后一周或混凝土浇筑后一周采取相应的防治措施。干缩裂缝是由混凝土内部和外部水分的蒸发程度不同造成的。防止干缩裂缝，可以从以下几点入手：一是在混凝土施工时，所选用的水泥应具有较好的耐热性，以确保在反应时的收缩量小，从而达到减少水泥用量和降低工程造价的目标；二是在实际施工中，应严格控制混凝土的水灰比，采用有效的减水剂，以提升混凝土的抗干缩裂缝能力；三是混凝土浇筑时，应设置收缩缝；四是在混凝土施工中，应考虑到大气的含水量和季节的变化，例如冬天的温度、湿度都比较低，必须采取保温措施，并适当延长养护期，同时在养护中使用养护剂。

5. 混凝土浇筑技术

在浇筑之前，工人要对钢筋、模板进行检验，以保证钢筋、模板满足混凝土的施工要求，如有问题，应立即进行调整。在浇筑期间，应派遣专业人员进行现场监督，尤其是浇筑工序，保证连续浇筑，不得间断。在浇筑时，应适当地控制浇筑部位，确保与浇筑面保持适当的间距，以减少浇筑时的离析现象；混凝土浇筑完毕，应立即进行振捣，需应用专业的振捣装置，以满足振捣的需要。同时，在设备使用前，应对振捣装置的振幅、频率等进行分析，以确保其应用性能，避免在应用中出现漏捣、过捣等现象。在振捣时，应加强对模板强度的控制与分析，确保振捣质量。对于大型结构的浇筑，可以采取单独浇筑的方法，使施工缝保持在适当位置。

6. 其他裂缝原因的预防和处理

（1）环境预防处理措施　为有效控制混凝土的裂缝问题，需要充分考虑环境因素产生的影响，并采取相应的防治措施，以降低钢筋混凝土裂缝的发生频率。对于某些受环境因素影响较大的钢筋混凝土裂缝问题，施工人员应结合具体情况，采取应对措施。首先，对于因多次冻融而造成的混凝土裂缝问题，施工方要及时进行修补，并对其进行保温处理。其次，对于混凝土表面出现的裂缝问题，施工方要拆除损坏部分，并进行适当加固。最后，在解决钢筋混凝土裂缝问题时，可以借鉴建筑修复技术，以防止自然因素对混凝土结构的不利影响。

（2）结构加固和碳纤维加固　目前国内普遍采用的混凝土裂缝修复技术是结构加固法。在实际应用中，需要适当增大截面的面积。另外，粘贴碳纤维也是一种很好的控制钢筋混凝土裂缝的手段。采用该工艺时，必须先在混凝土表面涂上一层树脂，再将剪裁好的纤维布粘在水泥表面，然后再进行涂刷。喷涂时要保证施工平稳、均匀，不得有气泡。在涂刷一定厚度后，将树脂涂于碳纤维板上，以确保部件的安全。在碳纤维加固的过程中，需要对外部因素提高重视，在修复工作中应明确养护周期以及环境温度等要求，以此来确保修复质量。相关结果表明：温度低于55℃时，固化效果最好。保养期则不低于24h，在维护过程中应避免与其他接触，以保证部件的表面光滑、无弯曲现象。

（3）封堵裂缝　在工程实践中，应根据具体情况采取相应的处理措施。如果裂缝的面积较小，不需要特殊的处理，只需要进行表面修复即可。针对一些抗渗率较高的混凝土裂缝，可以通过化学方法进行注浆，在固化后，将与混凝土进行融合，可以达到良好的裂缝修复、封堵效果。通过化学注入、封堵等措施，可以确保裂缝修补质量。混凝土修补时，应先清除混凝土表面的污物，然后用环氧树脂胶粘剂对其进行修补。为了确保密封性，可以在接缝处用厚度不超过1mm的树脂基材进行包覆。在施工中，化学灌浆工艺要求较高，需预先埋设灌浆嘴，再进行封堵，并由专业技术人员进行检测。尤其要注意，在封口之前不能开槽口，以免对建筑造成破坏，这种方法也可以降低钢筋混凝土在后期应用时的裂缝发生概率。

4.2.8　模板与脚手架工程

1. 模板工程

（1）模板基本要求　模板结构系统由模板和支撑系统两部分构成。模板的作用是使混凝土成型，使硬化后的混凝土具有设计所要求的形状和尺寸。支撑系统的作用是保证模板形状和位置并承受模板和新浇筑混凝土的重量以及施工荷载。因此，模板结构系统必须符合下列要求：

1）应保证工程结构和构件各部分形状、尺寸和相互位置的正确。

2）要有足够的强度、刚度和稳定性，并能可靠地承受新浇筑混凝土的自重荷载和侧压力，以及在施工中所产生的其他荷载。

3）构造要简单，装拆要方便，并便于钢筋的绑扎与安装，有利于混凝土的浇筑及养护。

4）模板接缝应严密，不得漏浆。

模板工程量大，材料和劳动力消耗多，正确选择其材料、形式和合理组织施工，对加快混凝土工程施工速度、降低施工成本有显著效果。

（2）模板的分类　模板的种类很多，按材料分为木模板、胶合板模板、钢模板、钢木模板、塑料模板、玻璃钢模板、铝合金模板等。目前比较常用的是木模板、胶合板模板和钢模板。

按构件的类型分为基础模板、柱模板、梁模板、楼板模板、楼梯模板、墙模板、壳模板和烟囱模板等多种。

（3）模板的构造

1）木（胶合板）模板。目前，木模板、胶合板模板广泛用于工程中，这类模板一般为散装散拆式模板，拆除后可周转使用。木模板由拼接和拼条组成，拼板厚一般为25～50mm，宽度不宜超过200mm，拼条规格为25mm×35mm～50mm×100mm。木胶合板通常由5、7、9、11层等奇数层单板经热压固化而胶合成型，相邻层的纹理方向相互垂直，最外层表板的纹理方向与胶合板板面的长向平行，因此，整张胶合板的长向为强方向，短向为弱方向，使用时必须加以注意。常用的胶合板规格有：915mm×1830mm、1220mm×2440mm等，厚度有15mm、18mm。

2）组合模板。组合模板的板块有定型钢模板，亦有钢框木（竹）胶合板。组合模板是一种工具式模板，是工程施工中应用最多的一种模板。它由具有一定模数的若干类型的板块、脚模，通过各种连接件和支承件可组合成多种尺寸和几何形状，以适应钢筋混凝土梁、柱、板、基础等施工所需要的模板，也可用其拼成大模板、滑模、筒模和台模等。组合模板广泛用于建筑工程、桥梁工程、地下工程等工程施工中。

①定型组合钢模板板块。定型组合钢模板包括平面模板、阳角模板、阴角模板、连接角模，如图4-29所示。此外，还有一些异型模板。平面模板的宽度有100mm、150mm、200mm、250mm和300mm五种规格，其长度有450mm、600mm、750mm、900mm、1200mm和1500mm六种规格。为便于板块之间的连接，边框上有连接孔，边框不论长向和短向，其孔距都为150mm，以便横竖都能拼接。阴、阳角模和连接角模用来成型混凝土结构的阴阳角，也是两个板块拼装成90°角的连接件。定型组合钢模板的面板由于肋是焊接的，计算时一般按四面支承板计算；纵横肋视其与面板的焊接情况，确定是否考虑其与面板共同工作；如果边框与面板一次轧成，则边框可按与面板共同工作进行计算。

为了和定型组合钢模板形成相同系列，以达到可以同时使用的目的，钢框木（竹）胶合板模板的型号尺寸基本与组合钢模板相同，只是由于钢框木（竹）胶合板模板的自重轻，其平面模板的长度最大可达2.4m，宽度最大可达1.2m。由于板块尺寸大，模板拼接少，所以拼装和拆除效率高，浇出的混凝土表面平整光滑。钢框木（竹）胶合板的转角模板和异型模板由钢材压制成形。其配件与组合钢模板相同。

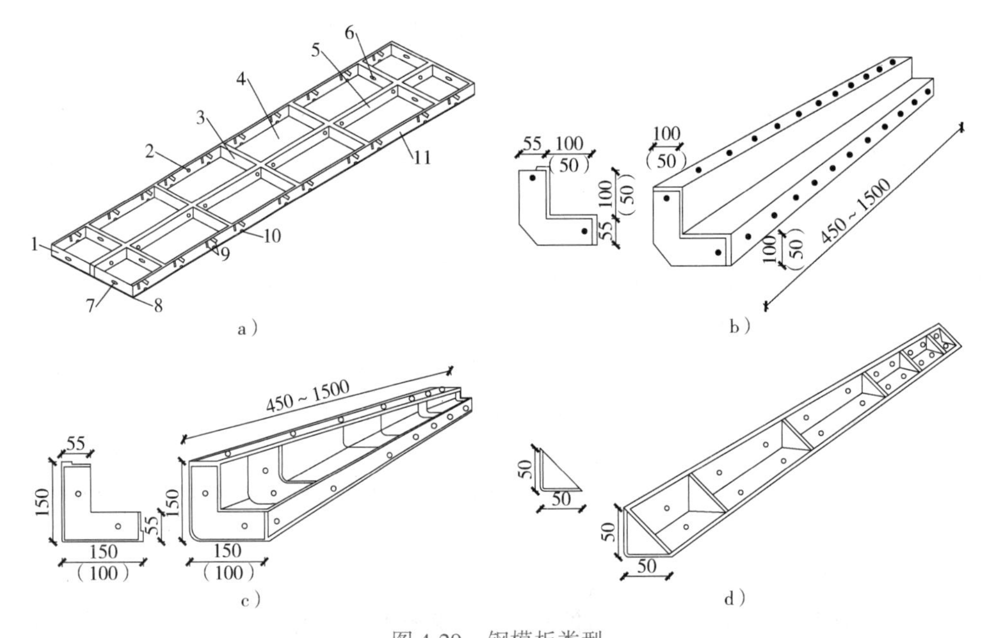

图 4-29　钢模板类型

a）平面模板　b）阳角模板　c）阴角模板　d）连接角模

1—横肋　2—钉孔　3—中横肋　4—面板　5—中纵肋　6—排水孔　7—插销孔　8—凸边

9—凸鼓　10—U 形卡孔　11—边纵肋

②连接件。定型组合钢模板的连接件包括 U 形卡、L 形插销、钩头螺栓、对拉螺栓、紧固螺栓和扣件等，如图 4-30 所示。U 形卡用于相邻模板的拼接，其安装距离不大于 300mm，即每隔一孔卡插一个，安装方向一顺一倒相互错开，以抵消因打紧 U 形卡可能产生的位移。L 形插销用于插入钢模板端部横肋的插销孔内，以加强两相邻模板接头处的刚度和保证接头处板面平整。钩头螺栓用于钢模板与内外钢檩的加固，安装间距一般不大于 600mm，长度

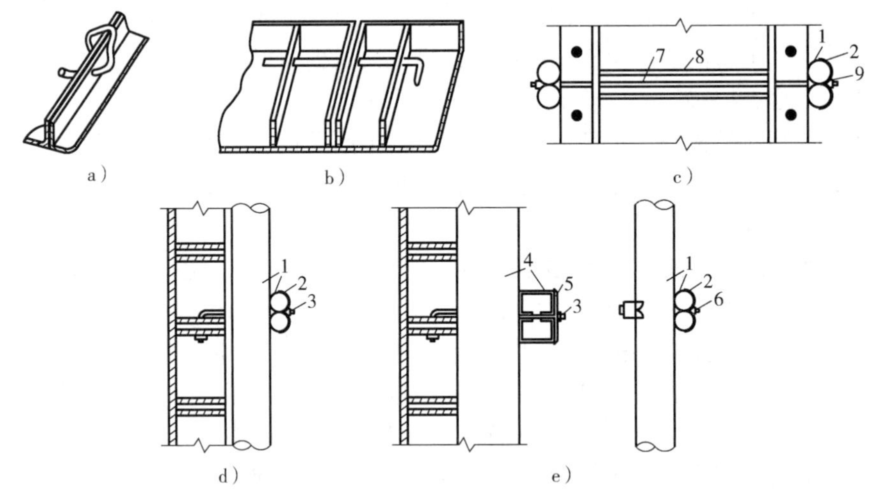

图 4-30　钢模板连接件示意

a）U 形卡连接　b）L 形插销连接　c）对拉螺栓连接　d）钩头螺栓连接　e）紧固螺栓连接

1—圆钢管楞　2—3 形扣件　3—钩头螺栓　4—内卷边槽钢钢檩　5—蝶形扣件　6—紧固螺栓

7—对拉螺栓　8—塑料套管　9—螺母

应与采用的钢檩尺寸相适应。对拉螺栓用于连接墙壁两侧模板，保持模板与模板之间的设计厚度，并承受混凝土侧压力及水平荷载，使模板不变形，扣件用于钢檩与钢檩或与钢模板之间的扣紧，按钢檩的不同形状，分别采用蝶形扣件和“3”字形扣件。

（4）模板支撑　模板工程用的支撑系统有木支撑和钢支撑。钢支撑是采用各种工具式的定型桁架、支柱、斜撑、柱箍、卡具等组成模板的支撑系统，有利于节约材料，扩大施工空间，有利于交通运输和平面作业，有利于支模结构稳定、安全和加速工程进度。

1）钢桁架。钢桁架如图 4-31 所示，其两端可支承在钢筋托具、墙、梁侧模板的横档以及柱顶梁底横档上，用以支承梁或板的底模板。图 4-31a 为整榀式，一榀桁架的承载能力约为 30kN（均匀放置）　图 4-31b 为组合式桁架，可调范围为 2.5 ~ 3.5m，一榀桁架的承载能力约为 20kN（均匀放置）。

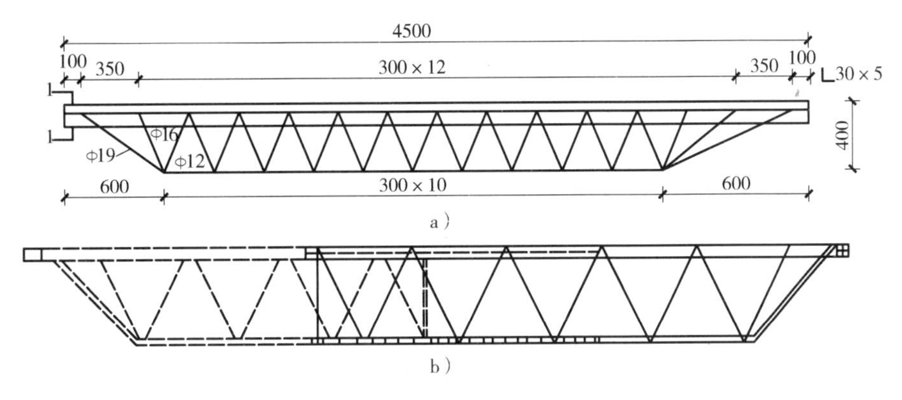

图 4-31　钢桁架示意
a）整榀式　b）组合式

2）钢支架。钢支架用于支承由桁架、模板传来的垂直荷载。钢管支架如图 4-32a 所示，它由内外两节钢管制成，其高低调节距模数为 100mm，支架底部除垫板外，均用木楔调整，以利于拆卸。另一种钢管支架本身装有调节螺杆，能调节一个孔距的高度，使用方便，但成本略高，如图 4-32b 所示。当荷载较大，单根支架承载力不足时，可用组合钢支架或钢管格构架，如图 4-32c 所示。还可用扣件式钢管脚手架、碗扣架、门型脚手架作支架。

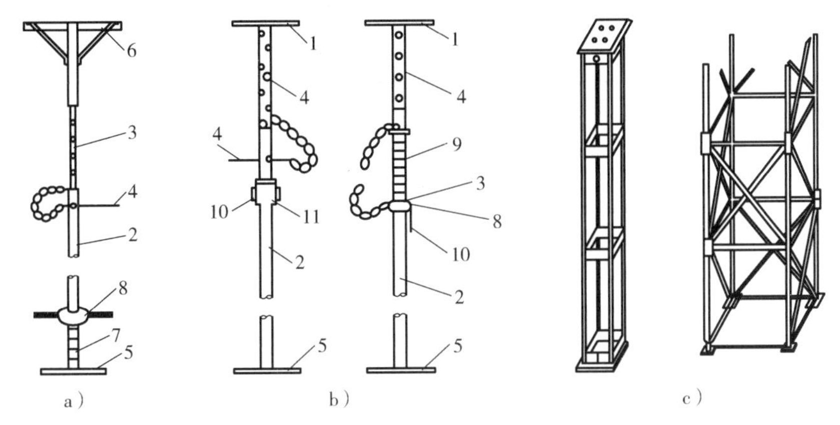

图 4-32　钢支架示意
a）钢管支架　b）调节螺杆钢管支架　c）组合钢管格构架
1—顶板　2—插管　3—套管　4—转盘　5—螺杆　6—底板　7—插销　8—转动手柄　9—螺管　10—手柄　11—螺旋管

由组合钢模板拼成的整片墙模板或柱模板，在吊装就位后，应用斜撑调整和固定其垂直位置。斜撑构造如图4-33所示。

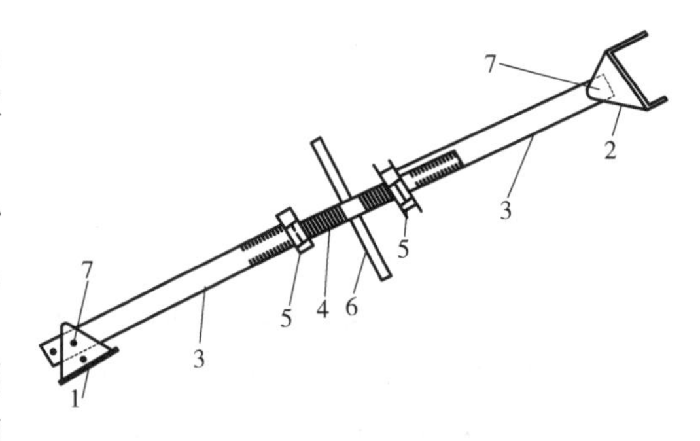

图4-33　斜撑示意

1—底座　2—定撑　3—钢管斜撑
4—花篮螺栓　5—螺母　6—旋杆　7—销钉

钢檩即模板的横档和竖档，分内钢檩和外钢檩。内钢檩配置方向一般应与钢模板垂直，直接承受钢模板传来的荷载，间距一般为700～900mm。外钢檩承受内钢檩传来的荷载，或用来加强模板结构的整体刚度和调整平直度。钢檩一般用圆钢管、矩形钢管、槽钢、内檩钢或内卷边槽钢，而以钢管用得较多。

梁卡具，又称梁托具，用于固定矩形梁、圈梁等构件的侧模板，可节约斜撑等材料。也可用于侧模板上口的卡固定位，其构造如图4-34所示。

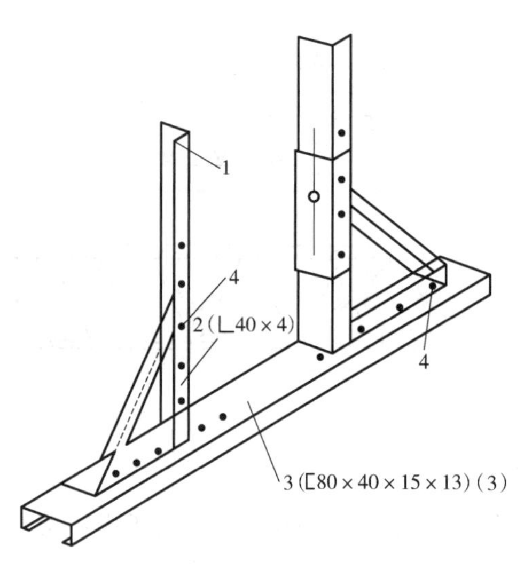

图4-34　组合梁卡具示意

1—调节杆　2—三脚架　3—底座　4—螺栓

(5) 模板安装质量要求　模板及其支撑结构的材料、质量应符合规范规定和设计要求；模板安装时，为了便于模板的周转和拆卸，梁的侧模板应盖在底模的外面，次梁的模板应伸到主梁模板的开口里面，主梁的模板应伸到柱模板的开口里面；模板安装好后应卡紧撑牢，各种连接件、支撑件、加固配件必须安装牢固，无松动现象；模板拼缝要严密；不得发生不允许的下沉与变形；现浇结构模板安装的偏差应符合《混凝土结构工程施工质量验收规范》(GB 50204—2015）要求，见表4-18；固定在模板上的预埋件和预留洞不得遗漏，安装必须牢固、位置准确，其允许偏差应符合混凝土结构工程施工质量验收规范》(GB 50204—2015）要求，见表4-19。

表4-18　现浇结构模板安装的允许偏差及检验方法

项目		允许偏差/mm	检验方法
轴线位置		5	尺量
底模上表面标高		±5	水准仪或拉线/尺量
模板内部尺寸	基础	±10	尺量
	柱、梁、墙	±5	尺量
	楼梯相邻踏步高差	5	尺量
柱、墙垂直度	层高≤6mm	8	经纬仪或吊线、尺量
	层高＞6mm	10	经纬仪或吊线、尺量
相邻模板表面高差		2	尺量
表面平整度		5	2m靠尺或塞尺量测

表 4-19 预埋件和预留孔洞的允许偏差

项目		允许偏差/mm
预埋钢板中心线位置（纵横两个方向）		±3
预埋管、预留孔中心线位置（纵横两个方向）		±3
插筋	中心线位置（纵横两个方向）	±5
	外露长度	0，+10
预埋螺栓	中心线位置（纵横两个方向）	±2
	外露长度	0，+10
预留洞	中心线位置（纵横两个方向）	±10
	截面内部尺寸	0，+10

（6）模板拆除　混凝土成型后，经过一段时间养护，当强度达到一定要求时，即可拆除模板。模板的拆除日期取决于混凝土硬化的快慢、各个模板的用途、结构性质、混凝土硬化时的气温。及时拆除模板，可提高模板的周转率，也可为其他工作创造条件，加快工程进度。但如过早拆除模板，混凝土会因为未达到一定强度而不能担负本身自重或受外力而变形，甚至开裂，造成质量事故。

1）模板拆除要求。现浇结构的模板及其支架拆除时的混凝土强度应符合设计要求。当设计无具体要求时，侧模可以混凝土强度能保证其表面及棱角不因拆除模板而受损坏为前提；底模拆除时，同条件养护试件的混凝土立方体抗压强度值应符合表 4-20 的要求。对于后张预应力混凝土结构构件，侧模宜在预应力张拉前拆除；底模支架的拆除应按施工技术方案执行；当无具体要求时，不应在结构构件建立预应力前拆除。

表 4-20 底模拆除时的混凝土强度要求

构件类型	构件跨度/m	按达到设计混凝土强度等级值的百分率计（%）
板	≤2	≥50
	>2，≤8	≥75
	>8	≥100
梁、拱、壳	≤8	≥75
	>8	≥100
悬臂结构		≥100

快速施工的高层建筑的梁和楼板模板，如 3 ~ 5 天完成一层结构，其底模及支柱拆除时间应根据连续支模的楼层间荷载分配情况以及混凝土强度的增长情况确定，拆模时应对所用混凝土的强度发展情况进行核算，确保下层楼板及梁能安全承载，方可拆除。

已拆除模板及其支架的结构，应在混凝土强度达到设计的混凝土强度等级后，方可承受全部使用荷载。当施工荷载所产生的效应比使用荷载的效应更为不利时，必须经过验算，加设临时支撑，方可施加施工荷载。

2）模板拆除顺序。模板拆除应按一定的顺序进行。一般应遵循先支后拆、后支先拆，先拆除非承重部位、后拆除承重部位以及自上而下原则。重大复杂模板的拆除，事前应制定拆除方案。

3）模板拆除应注意的问题。

①拆模时，操作人员应站在安全处，以免发生安全事故；待该片（段）模板全部拆除后，方可将模板、配件、支架等运出进行堆放。

②拆模时不要用力过猛、过急，严禁使用大锤或撬棍硬砸硬撬，以避免混凝土表面或模板受到损坏。

③模板拆除时，不应对楼层形成冲击荷载。拆下的模板及配件严禁抛扔，要有人接应传递，并按指定地点堆放；要做到及时清理、维修和涂刷好隔离剂，以备待用。

④多层楼板施工时，若上层楼板正在浇筑混凝土，下一层楼板模板的支柱不得拆除，再下一层楼板模板的支柱仅可拆除一部分；跨度大于等于4m的梁下均应保留支柱，其间距不得大于3m。

⑤冬期施工时，模板与保温层应在混凝土冷却到5℃后方可拆除。当混凝土与外界温度大于20℃时，拆模后应对混凝土表面采取保温措施，如加临时覆盖，使其缓慢冷却。

⑥在拆除模板过程中，如发现混凝土出现异常现象，可能影响混凝土结构的安全和质量问题时，应立即停止拆模，并经处理认证后，方可继续拆模。

2. 脚手架工程

脚手架是为了便于施工活动和安全操作而设置的一种临时设施。实践证明，砖砌体施工中，在距地面0.6m时生产率最高，低于或高于0.6m时生产率均下降。当砌筑到一定高度后，不搭设脚手架就无法进行施工操作。为此，考虑到工作效率和施工组织等因素，每次脚手架的搭设高度以1.2m为宜，称为“一步架高”，又称砌体的可砌高度。

脚手架的种类及形式多样，最常用的有外脚手架、里脚手架、吊式脚手架和悬挑脚手架。

图4-35所示为扣件式钢管外脚手架，可搭设成双排式（图4-35b）或单排式（图4-35c）。

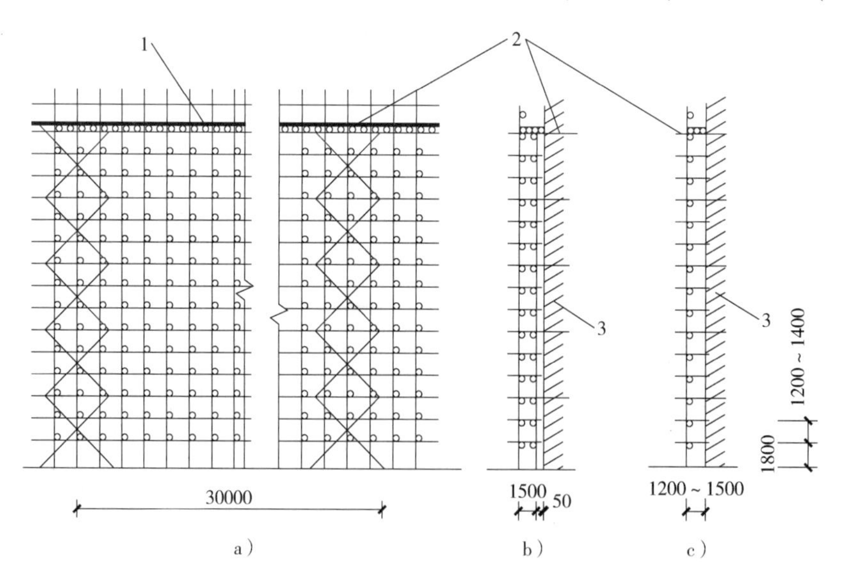

图4-35　扣件式钢管外脚手架示意

a）正面　b）双排式　c）单排式

1—脚手板　2—连墙杆　3—强身

图 4-36 所示为一种框组式（又称多功能门式）脚手架的基本单元，可用作里脚手架搭设在每层楼板上，层层往上翻；也可组合成整片脚手架，作为外脚手架或满堂红脚手架使用；还可用于搭设垂直运输的井字架或模板的支撑架。图 4-37 所示为带有升降装置的吊式脚手架，即吊篮或吊架脚手架。

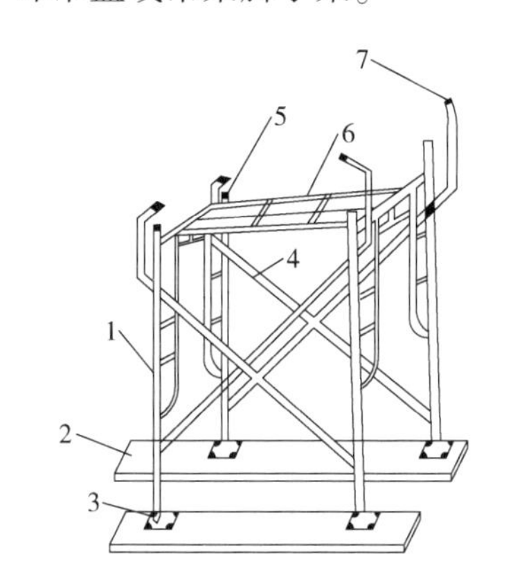

图 4-36　框组式脚手架的基本单元
1—门架　2—平板　3—螺旋基脚　4—剪刀撑
5—连接棒　6—水平梁架　7—锁臂

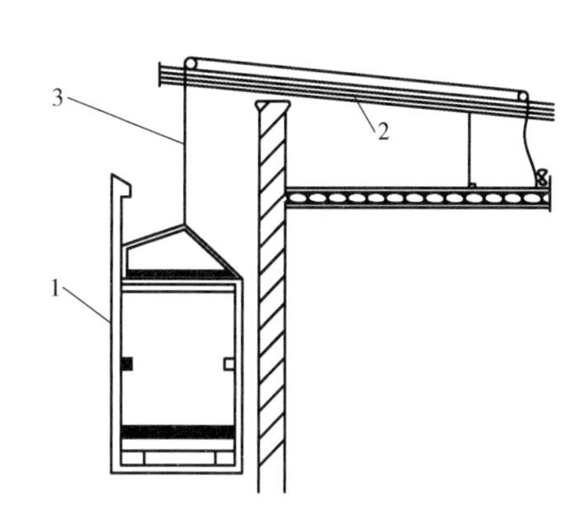

图 4-37　吊式脚手架示意图
1—吊架　2—支承设施
3—吊索

悬挑脚手架（简称挑脚手架）是在建筑结构上采用悬挑方式搭设的脚手架，其挑支的方式如图 4-38 所示。

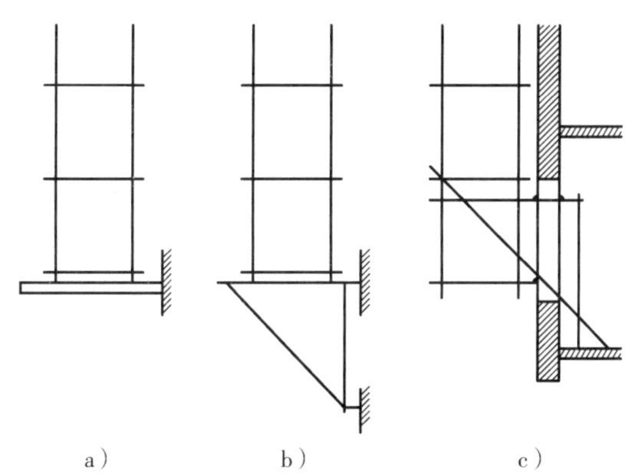

图 4-38　悬挑脚手架的挑支方式
a）悬挑梁　b）悬挑三角桁架　c）杆件支挑结构

脚手架搭设应满足工人操作、材料堆放及运输要求。其宽度一般为 1.5～2m，每步架高为 1.2～1.4m，外脚手架所承受的施工荷载不得大于 3kN/m^2。脚手架应具有足够的强度和刚度，应铺满、铺稳，不得有空头板。过高的外脚手架和钢脚手架应设防雷接地装置，外侧应设安全网。

对脚手架的基本要求是：构造合理，坚固稳定，与结构拉结、支撑可靠，不沉降、变形、摇晃、失稳；且搭设、拆除和搬运方便，能长期周转使用。此外，还应考虑多层作业、交叉作业和多工种作业的需要，减少搭拆次数；还应与垂直运输设施和楼层作业相适应，以确保材料从垂直运输安全转入楼层水平运输。

脚手架搭设后，要严格验收。在使用期中要加强检查，防止局部失稳和整体失稳，造成人身安全事故。

4.3 钢结构工程

4.3.1 钢构件的制作与堆放

1. 钢构件的制作

钢构件加工制作的工艺流程为：放样——→号料与矫正——→画线——→切割——→边缘加工——→制孔——→组装——→连接——→摩擦面处理——→涂装。

(1) 放样　放样工作包括核对图纸各部分的尺寸、制作样板和样杆，作为下料、制弯、制孔等加工的依据。

(2) 号料与矫正　号料是指核对钢材的规格、材质、批号，若其表面质量不满足要求，应对钢材进行矫正。

(3) 画线　画线是指按照加工制作图，并利用样板和样杆在钢材上画出切割、弯曲、制孔等加工位置。

1) 切割。钢材切割可使用气割、等离子切割等高温热源方法，以及使用剪切、切削、摩擦热等机械加工方法。

2) 边缘加工。对尺寸要求严格的部位或当图纸有要求时，应进行边缘加工。边缘和端部加工的方法主要有铲边、刨边、铣边、碳弧气刨、气割和坡口机加工等。

3) 制孔。钢材机械制孔的方法有钻孔和冲孔，钻孔设备通常有钻床、数控钻床、磁座钻及手提式电钻等。

4) 组装。钢构件的组装是把制备完成的半成品和零件按图纸规定运输单元组装成构件和其部件。组装的方法有地样法、仿形复制装配法、立装法、卧装法、胎模装配法等。

5) 连接。钢构件连接的方法有焊接、铆接、普通螺栓连接和高强度螺栓连接等。连接是加工制作中的关键工艺，应严格按规范要求进行操作。

6) 摩擦面处理。采用高强度螺栓连接时，其连接节点处的钢材表面应进行处理，处理后的抗滑移系数必须符合设计文件的要求。摩擦面处理的方法一般有喷砂、喷丸、酸洗、砂轮打磨等。

7) 涂装。钢构件在涂层之前应进行除锈处理。涂料、涂装遍数、涂层厚度均应符合设计文件的要求。涂装时的环境温度和相对湿度应符合涂料产品说明书的要求。

钢构件涂装后，应按设计图进行编号，编号的位置应符合便于堆放、便于安装、便于检查的原则。对大型构件还应标明重量、重心位置和定位标记。

2. 钢构件的堆放

构件堆放的场地应平整坚实、排水通畅，同时有车辆进出的回路。在堆放时应对构件进行严格检查，若发现有变形等不合格的构件，应进行矫正，然后再堆放。已堆放好的构件要进行适当保护。不同类型的钢构件不宜堆放在一起。

4.3.2 钢结构单层厂房安装

钢结构单层厂房的构件包括钢柱、吊车梁、桁架、屋架、天窗架、檩条、各种支撑等。

1. 钢柱安装

钢柱的绑扎可采用一点或两点绑扎，绑扎点应在重心的上方或牛腿的下方。钢柱吊装设备通常采用履带式起重机、轮胎式起重机或塔式起重机，其吊装方法与装配式钢筋混凝土柱相似，可采用旋转法或滑行法，对重型钢柱可采用双机抬吊。

钢柱的校正工作主要是校正垂直度和复查标高，可采用经纬仪等测量工具，如超过允许偏差，可采用螺旋千斤顶或油压千斤顶校正，如图4-39所示，校正过程中须不断观察柱底和砂浆标高控制块之间是否有间隙，以防止顶升过度导致水平标高产生误差，待垂直度校正完毕后再度紧固地脚螺栓，塞紧柱底四周的承重校正块并点焊固定。

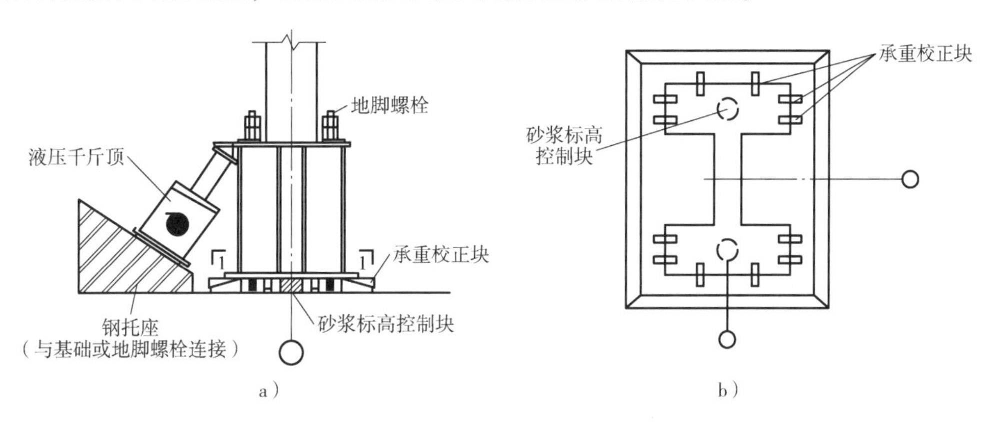

图4-39 用千斤顶校正垂直度

a）千斤顶校正的正面 b）1—1剖面

2. 吊车梁安装

钢吊车梁一般绑扎两点，梁上设有预埋吊环的吊车梁可用带钢勾的吊索直接勾住吊环起吊，梁上未设吊环的可在梁端靠近支点处，用轻便吊索配合卡环绕吊车梁下部左右对称绑扎，也可采用工具式吊耳吊装，如图4-40所示。自重较大的梁应采用卡环与吊环吊索相互连接在一起。

吊装吊车梁需在柱最后固定，柱间支撑安装后进行，一般采用和柱子相同的起重机单机起吊，对于重型吊车梁可采用双机抬吊。

吊车梁的校正内容包括标高、垂直度、轴线、跨距等。高低方向校正主要是对梁端部标高进行校正，可采用液压千斤顶顶空或起重机吊空，然后在梁底填设垫块；水平方向移动校正正常采用撬棒、钢楔、花篮螺栓、千斤顶等。

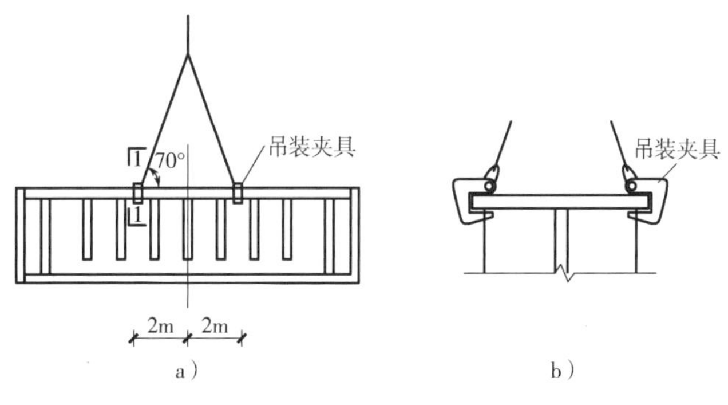

图4-40 利用工具式吊耳吊装

a）正面 b）1—1剖面

3. 钢屋架安装

钢屋架多为悬空吊装，为使屋架在吊起后不致发生摇摆和与其他构件碰撞，起吊前在屋架两端应绑扎溜绳，随吊随放松。

钢屋架的侧向稳定性较差，对翻身扶直与吊装作业，必要时应绑扎几道杉杆作为临时加固措施，如图 4-41 所示。如果起重机械的起重量和起重臂长度允许，最好经扩大拼装后进行组合吊装，即在地面上将两榀屋架及其上的天窗架、檩条、支撑等拼装成整体，一次进行吊装。

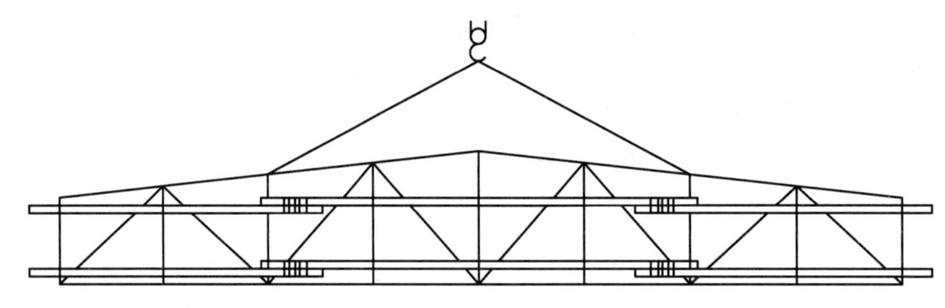

图 4-41　钢屋架的临时加固吊装

钢屋架临时固定采用临时螺栓和冲钉，临时固定后应校正其垂直度和弦杆的平直度，垂直度可用垂球检验，弦杆的平直度可用拉紧的测绳检验。钢屋架的最后固定宜用电焊或高强度螺栓。

4. 檩条、墙架安装

檩条与墙架等构件的单位截面较小、重量较轻，可采用一钩多吊或成片吊装。檩条、墙架的校正主要是尺寸和平直度。间距检查可用样杆顺着檩条或墙架杆件之间来回移动检验，如有误差，可通过放松或扭紧螺栓进行校正，平直度用拉线、长靠尺或钢尺检查，校正后用电焊或螺栓最后固定。

5. 钢平台、钢梯、栏杆安装

平台钢板应铺设平整，表面有防护措施，与承台梁或框架密贴且连接牢固。栏杆安装连接应牢固可靠，扶手转角应光滑。平台、梯子、栏杆宜与主要构件同步安装。

4.3.3　多层及高层钢结构安装

1. 钢柱安装

为减少连接，充分利用起重机的吊装能力，加快吊装速度，高层建筑钢结构的柱子多为 3~4 层一节，节与节之间用坡口焊连接。钢柱的吊点应设在吊耳处，根据钢柱的重量和高度选用单机吊装或双机抬吊，如图 4-42 所示。单机吊装时在柱根部需垫以垫木，用旋转法起吊，防止柱根部拖地和碰撞地脚螺栓，损坏螺纹；双机抬吊多用递送法，钢柱在调离地面后在空中进行回直。

钢柱就位后应对垂直度、轴线、牛腿面标高进行初校，安设临时螺栓，卸去吊索。如果钢柱上下接触面的间隙为 1.6~6.0mm，可用低碳钢垫片垫实间隙，柱间间距偏差可用液压千斤顶与钢楔、倒链与钢丝绳或直接采用缆风绳进行校正。

在第一节框架安装、校正和螺栓固定后，应进行底层钢柱的柱底灌浆，灌浆前先在柱脚四周立模板，将基础上表面清除干净，排除多余积水，然后用高强度聚合砂浆从一侧连续灌入，灌浆后用湿草袋和麻袋等覆盖养护。

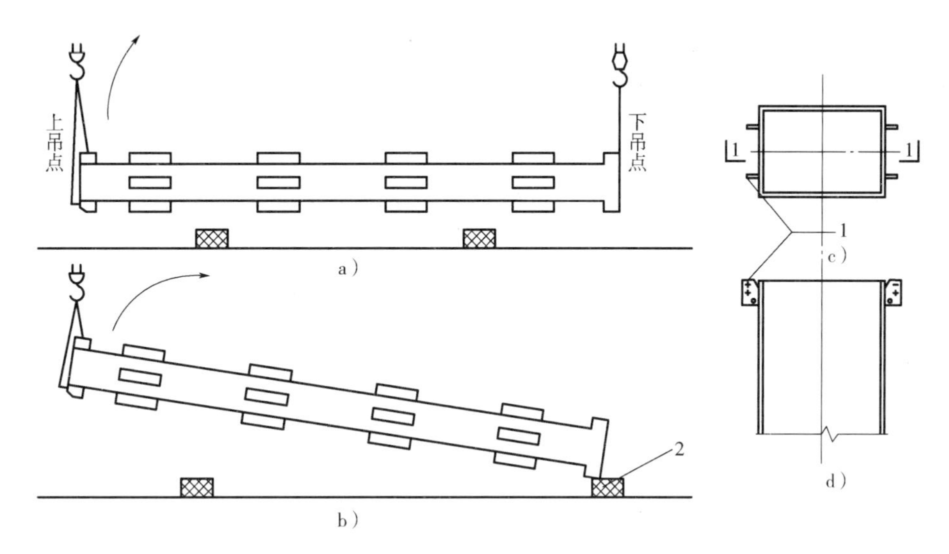

图 4-42　钢柱吊装示意

a）双机抬吊法　b）单机抬吊法　c）侧面　d）1—1 剖面

1—吊耳　2—垫木

2. 钢梁安装

钢梁安装前应检查柱子牛腿处标高和柱子间距，主梁安装前应在梁上装好扶手杆和扶手绳，待主梁吊装就位后将扶手绳与钢柱系牢，以保证施工人员的安全。一般在钢梁翼缘处开孔作为吊点，其位置取决于钢梁的跨度。为减少高空作业、加快吊装进度和保证质量，有时将梁、柱在地面组装成排架后进行整体吊装。当一节钢框架吊装完毕，需对已吊装的柱、梁进行误差检查和校正。

3. 构件间的连接固定

钢柱之间的连接常采用坡口焊连接，主梁与钢柱的连接，上、下翼缘一般用坡口焊连接，腹板用高强度螺栓连接。次梁与主梁的连接基本上是在腹板处用高强度螺栓连接，少量再在上、下翼缘处用坡口焊连接，如图 4-43 所示。柱与梁的焊接顺序是先焊接顶部柱梁节点，再焊接底部柱梁节点，最后焊接中间部分的柱梁节点。为减小焊接变形和残余应力，柱与柱的对接焊接采用两人同时对称焊接，柱与梁的焊接应在柱的两侧对称同时焊接。

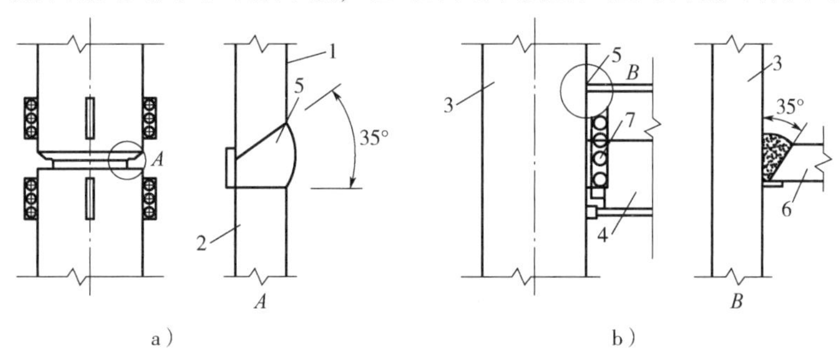

图 4-43　钢结构连接构造示意

a）上柱与下柱连接　b）柱与梁连接

1—上街钢柱　2—下节钢柱　3—柱　4—主梁　5—焊缝　6—主梁翼板　7—高强度螺栓

4.4　防水工程及屋面工程

屋面防水工程根据建筑物的性质、重要程度、使用功能要求以及防水层合理使用年限等，将屋面防水分为四个等级，并按不同等级进行设防。Ⅰ级防水要求三道或三道以上防水设防，Ⅱ级防水要求二道防水设防，Ⅲ级、Ⅳ级防水要求一道防水设防。

屋面工程采用不同防水材料多道防水时，耐老化、耐穿刺的防水材料应放在最上面；相邻材料之间应具有相容性。并应符合下列规定：合成高分子卷材或合成高分子涂膜的上部，不得采用热熔型卷材或涂料；卷材与涂膜复合使用时，涂膜宜放在下部；卷材、涂膜与刚性材料复合使用时，刚性材料应设置在柔性材料的上部；反应型涂料和热熔型改性沥青涂料，可作为铺贴材性相容的卷材胶粘剂，并进行复合防水。

4.4.1　普通卷材防水屋面

将不同种类的防水卷材固定在屋面上起到防水作用的屋面称之为卷材防水屋面。卷材防水屋面是用胶结材料粘结卷材进行防水的屋面，具有质量轻、防水性能好的优点，其防水层的柔韧性好，能适应一定程度的结构振动和胀缩变形，不易开裂，属于柔性防水。

1. 防水材料及构造

卷材防水屋面所用的卷材包括沥青防水卷材、高聚物改性沥青防水卷材、合成高分子防水卷材等三大系列，现在又增加了金属卷材新品种，目前沥青卷材已被淘汰。卷材防水适用于屋面防水等级为Ⅰ～Ⅳ级的屋面防水。粘贴层的材料取决于卷材种类：沥青卷材可用沥青胶做粘贴层；高聚物改性沥青卷材则用改性沥青胶；合成高分子系列卷材则需用特制胶粘剂冷贴于预涂底胶的屋面基层上，形成一层整体、不透水的屋面防水覆盖层。图4-44所示是卷材防水屋面构造示意图。

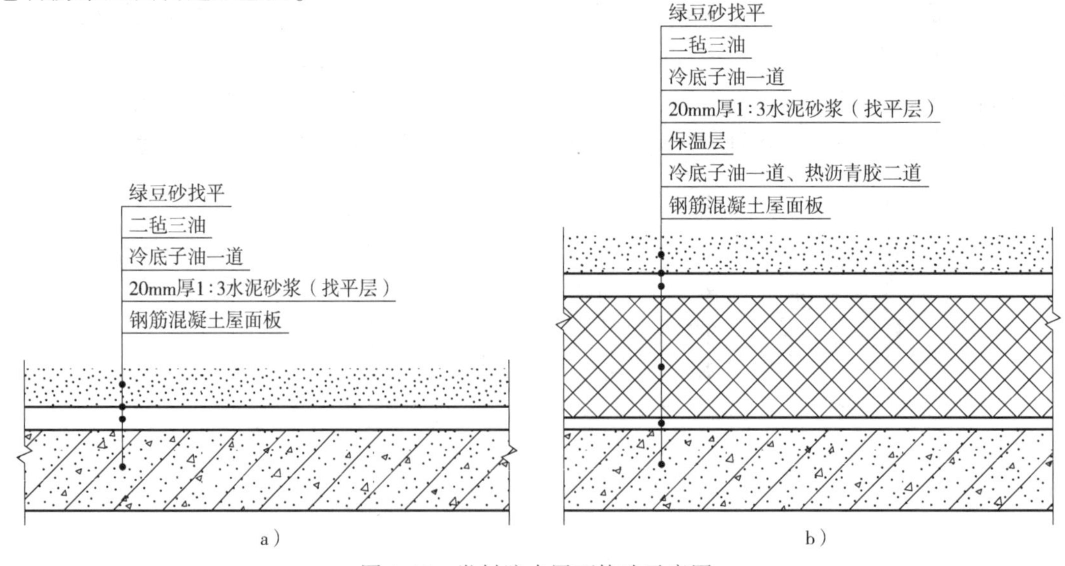

图4-44　卷材防水屋面构造示意图

a）无保温层屋面　b）有保温层屋面

对于卷材屋面的防水功能要求，主要是：

（1）耐久性　耐久性又称大气稳定性，在日光、温度、臭氧影响下，卷材有较好的抗老化性能。

（2）耐热性　耐热性又称温度稳定性，卷材应具有防止高温软化、低温硬化的稳定性。

（3）耐重复收缩　在温差作用下，屋面基层会反复伸缩与龟裂，卷材应有足够的抗拉强度和极限延伸率。

（4）保持卷材防水层的整体性　除注意整体性，还应注意卷材接缝的粘结，使一层层的卷材粘结成整体防水层。

（5）保持卷材与基层的粘结　防止卷材防水层起鼓或剥离。

2. 基层与找平层

基层与找平层应做好嵌缝、找平及转角和基层处理等工作。

采用水泥砂浆找平层时，水泥砂浆抹平收水后应二次压光，充分养护，不得有酥松、起砂、起皮及起壳现象，否则必须进行修补。屋面基层与女儿墙、立墙、天窗壁、烟囱、变形缝等凸出屋面结构的连接处，以及基层的转角处，均应做成圆弧。圆弧半径参见表 4-21。

表 4-21　转角处圆弧半径

卷材种类	圆弧半径/mm
沥青防水卷材	100 ~ 150
高聚物改性沥青防水卷材	50
合成高分子防水卷材	20

找平层宜设分格缝，并嵌填密封材料。分格缝应留设在板端缝处，其纵横缝的最大间距：水泥砂浆或细石混凝土找平层不宜大于 6m，沥青砂浆找平层不宜大于 4m。

铺设防水层或隔汽层前找平层必须干燥、洁净。基层处理剂（冷底子油）的选用应与卷材的材性相容。基层处理剂可采用喷涂、刷涂施工。喷、刷应均匀，待第一遍干燥后再进行第二遍喷、刷，待最后一遍干燥后，方可铺设卷材。

3. 普通卷材的铺设

（1）施工顺序和铺设方向　卷材铺贴在整个过程中应采取“先高后低、先远后近”的施工顺序，即高低跨屋面，先铺高跨后铺低跨；等高的大面积屋面，先铺离上料地点较远的部位，后铺较近部位。这样可以避免已铺屋面因材料运输遭人员踩踏和破坏。

卷材大面积铺贴前，应先做好节点密封、附加层和屋面排水较集中部位（檐口、天沟等）与分格缝的空铺条处理等，然后由屋面最低标高处向上施工。

施工段的划分宜设在屋脊、檐口、天沟和变形缝等处。

卷材铺贴方向应根据屋面坡度和周围是否有振动来确定。当屋面坡度小于 3% 时，卷材宜平行于屋脊铺贴；屋面坡度在 3% ~15% 时，卷材可平行或垂直于屋脊铺贴。当屋面坡度大于 15% 或受震动时，沥青防水卷材应垂直于屋脊铺贴；高聚物改性沥青防水卷材和合成高分子防水卷材可平行或垂直于屋脊铺贴，但上下层卷材不得相互垂直铺贴。

（2）搭接方法、宽度和要求　卷材铺贴应采用搭接法，各种卷材的搭接宽度应符合表 4-22 的要求。同时，相邻两幅卷材的接头还应相互错开 300mm 以上，以免接头处多层卷材相重叠而粘结不实。叠层铺贴时，上下层两幅卷材的搭接缝也应错开 1/3 幅宽，如图 4-45 所示。

表 4-22 卷材搭接宽度

卷材类别		搭接宽度/mm
合成高分子防水卷材	胶粘剂	80
	胶粘带	50
	单缝焊	60，有效焊接宽度≥25
	双缝焊	80，有效焊接宽度>10×2+空腔宽
高聚物改性沥青防水卷材	胶粘剂	100
	自粘	80

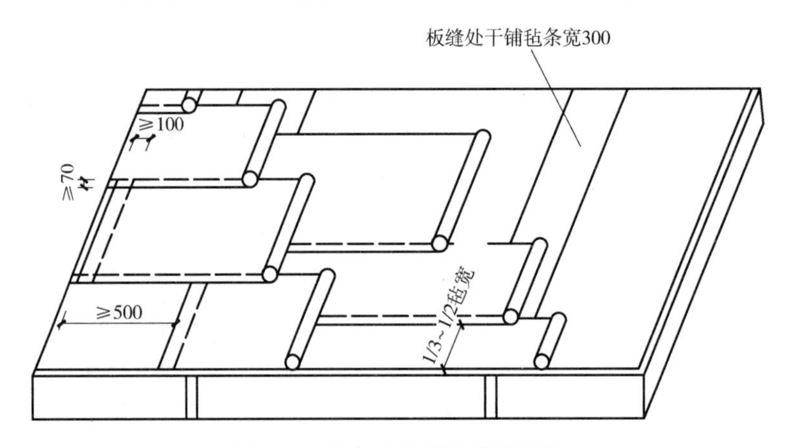

图 4-45 卷材水平铺贴搭接要求

当用高聚物改性沥青防水卷材点粘或空铺时，两头部分必须全粘 500mm 以上。

平行于屋脊的搭接缝，应顺流水方向搭接；垂直于屋脊的搭接缝应顺主导风向（即年最大频率风向）搭接。

叠层铺设的各层卷材，在天沟与屋面的连接处，应采用叉接法搭接，搭接缝应错开；接缝宜留在屋面或天沟侧面，不宜留在沟底。

4.4.2 高分子卷材防水屋面

高分子卷材防水屋面施工的主体材料与常用的有三元乙丙橡胶卷材、氯化聚乙烯-橡胶共混防水卷材、氯磺化聚乙烯防水卷材、氯化聚乙烯防水卷材以及聚氯乙烯防水卷材等。高分子卷材还配有基层处理剂、基层胶粘剂、接缝胶粘剂、表面着色剂等。其施工分为基层处理和防水卷材的铺贴。图 4-46 是二布六胶高分子卷材防水层构造示意图。

高分子防水卷材的铺贴有冷粘结法和热风焊接法两种。其中，冷粘结法的施工工序如下：

（1）底胶 将高分子防水材料胶粘剂配制成的基层处理剂或胶粘带，均匀地涂刷在基层的表面，在干燥 4~12h 后再进行后道工序。胶粘剂涂刷应均匀、不露底、不堆积。

（2）卷材上胶 先把卷材在干净平整的面层上展开，用长滚刷蘸满搅拌均匀的胶粘剂，涂刷在卷材的表面，涂刷的厚度要均匀且无遗漏，但在沿搭接部位应留出 100mm 宽的无胶带。静置 10~20min，当胶膜干燥且手指触摸基本不黏手时，用纸筒芯重新卷好带胶的卷材。

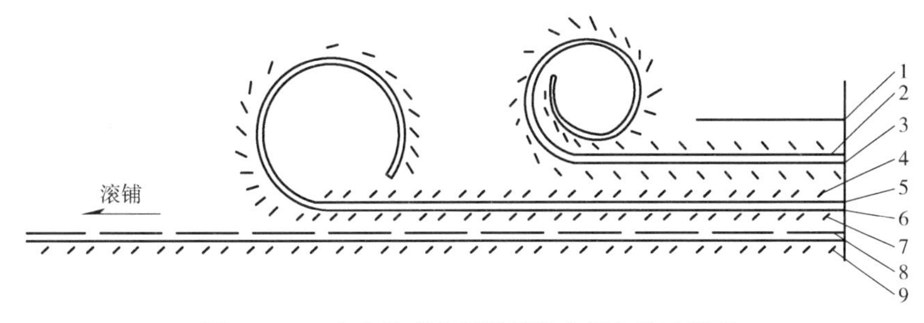

图4-46　二布六胶高分子卷材防水层构造示意图

1—着色剂　2—上层胶粘剂　3—上层卷材　4，5—中层胶粘剂　6—下层卷材　7—下层胶粘剂　8—底胶　9—层面基层

（3）滚铺　卷材的铺贴应从流水口下坡开始。先弹出基准线，然后将已涂刷胶粘剂的卷材一端先粘贴固定在预定位置，再逐渐沿基线滚动展开卷材，将卷材粘贴在基层上。卷材滚铺施工中应注意：铺设同一跨屋面的防水层时，应先铺排水口、天沟、檐口等处排水比较集中的部位，按标高由低到高的顺序铺；在铺多跨或高低跨屋面防水卷材时，应按先高后低、先远后近的顺序进行；应将卷材顺长边方向铺设，并使卷材长面与流水坡度垂直，卷材的搭接要顺流水方向，不应逆向。

（4）上胶　在铺贴完成的卷材表面再均匀地涂刷一层胶粘剂。

（5）复层卷材　根据设计要求可重复上述施工方法，再铺贴一层或数层高分子防水卷材，以达到屋面防水的效果。

（6）着色剂　在高分子防水卷材铺贴完成、质量验收合格后，可在卷材表面涂刷着色剂，起到保护卷材和美化环境的作用。

4.4.3　涂膜防水屋面

涂膜防水屋面是在屋面基层上涂刷防水涂料，经固化后形成一层有一定厚度和弹性的整体涂膜，从而达到防水目的的一种防水屋面形式。涂膜防水适合于防水等级为三级、四级的屋面防水，在一级、二级屋面防水中涂膜防水只能作为多道设防中的一道防水层。典型涂膜防水屋面构造层次如图4-47所示。

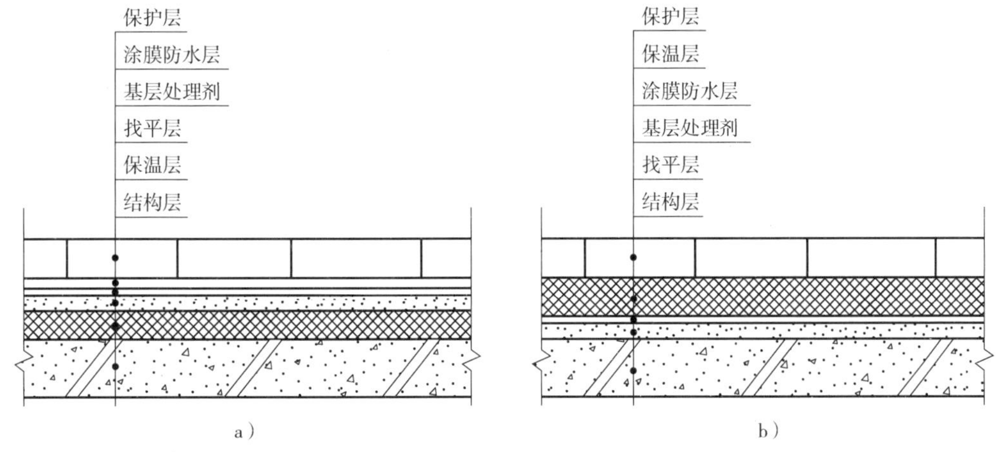

图4-47　典型涂膜防水屋面构造层次示意图

a）正置式涂膜屋面　b）倒置式涂膜屋面

1. 防水涂料

根据防水涂料成膜物质的主要成分，涂料可分为三类：高聚物改性沥青防水涂料、合成高分子防水涂料、沥青基防水涂料。

进场的防水涂料应抽样复验，同一规格品种的防水涂料每10t为一批，不足10t者按一批进行抽验。防水涂料应检验延伸性（断裂伸长率）、拉伸强度、固体含量、低温柔性、不透水性、耐热性和抗裂性等。

涂膜防水屋面的胎体增强材料常用聚酯无纺布、化纤无纺布、玻纤网格布等材料。进场胎体增强材料应抽样复验其拉力和延伸率，每$3000m^2$为一批，不足$3000m^2$者按一批进行抽验。

防水涂料包装容器必须密封，容器表面应有明显标志，标明涂料名称、生产厂名、执行标准号、生产日期和生产品有效期。反应型和水乳型涂料贮运和保管环境温度不得低于5℃；溶剂型涂料贮运和保管环境温度不宜低于0℃。防水涂料和胎体材料严防日晒、碰撞、渗漏，保管环境应干燥、通风，远离火源。仓库内应有消防设施。

2. 涂膜防水施工顺序

涂膜防水施工工艺流程如图4-48所示。

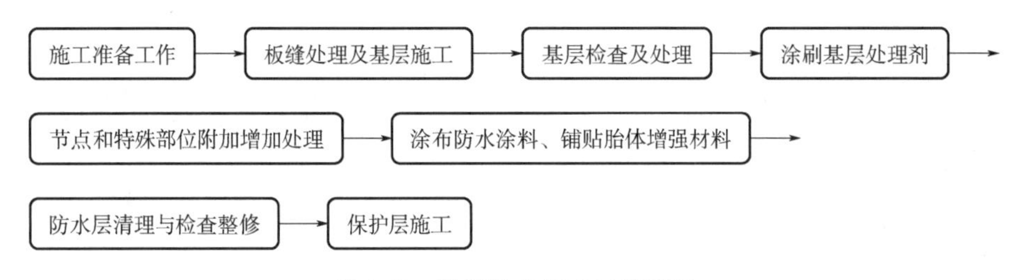

图4-48　涂膜防水施工工艺流程

涂膜施工必须按照“先高后低，先近后远”的原则进行，即遇有高低跨屋面，一般先涂布高跨屋面，后涂布低跨屋面。在相同高度的大面积屋面上，要合理划分施工段，施工段的交接处应尽量设在变形缝处，以便于操作和运输顺序的安排；在每段中要先涂布离上料点较远的部位，后涂布较近的部位；先涂布排水较集中的落水口、天沟、檐口，再往高处涂布至屋脊或天窗下。先做节点、附加层，然后再进行大面积涂布。一般涂布方向应顺屋脊方向，如有胎体增强材料时，涂布方向应与胎体增强材料的铺贴方向一致。

3. 涂膜防水层施工

涂膜防水屋面找平层、隔汽层、保温层施工与卷材防水屋面基本相同。

涂膜必须具有足够的厚度，以抵御外力的作用，如基层开裂，风、霜、雨、雪的侵蚀，人为因素的破坏等。高聚物改性沥青防水涂料的涂膜厚度一般为2～3mm；合成高分子防水涂料和聚合物水泥防水涂料的涂膜厚度一般为1.5～2mm。施工前应根据涂料的品种，事先计算出规定厚度的防水材料用量，施工时通过控制防水涂料的用量来控制防水涂料的平均厚度。

防水涂膜应分层分遍涂布，待先涂的涂层干燥成膜后，方可涂布后一遍涂料，且前后两遍涂料的涂布方向应相互垂直。需铺设胎体增强材料时，屋面坡度小于15°可平行屋脊铺设；屋面坡度大于15°时，应垂直于屋脊铺设，并由屋面最低处向上操作。胎体长边搭接宽度不得小于50mm，短边搭接宽度不得小于70mm。采用两层以上胎体增强材料时，上下层不得互相垂直铺设，搭接缝应错开，其间距不应小于1/3幅宽。天沟、檐沟、檐口、泛水等部位，均应加铺有胎体增强材料的附加层。水落口周围与屋面交接处，应作密封处理，并加铺两层有胎体增强材料的附加层。水落口周围与屋面交接处，应作密封处理，并加铺两层有胎体增强材料的附加层，其宽度以200～300mm为宜。涂膜防水层收头应用防水涂料多遍涂刷或用密封材料封严。在涂膜干实前，不得在防水层上进行其他施工作业。涂膜防水屋面上不得直接堆放物品。

根据防水涂料种类的不同，防水涂料可以采用涂刷法、喷涂法和刮涂法等进行涂布。

（1）涂刷法　采用滚刷或棕刷将涂料涂刷在基层上的施工方法。涂布时应控制好每遍涂层的厚度，即要控制好每遍涂层的用量和厚薄均匀程度。涂刷应采用蘸刷法。涂刷法用于固体含量较低的水乳型或溶剂型涂料。

（2）喷涂法　利用带有一定压力的喷涂设备使从喷嘴中喷出来的涂料产生一定的雾化作用，涂布在基层表面的施工方法。喷涂时应根据喷涂压力的大小，选用合适的喷嘴，使喷出的涂料成雾状均匀喷出，喷涂时应根据喷涂压力的大小，选用合适的喷嘴，使喷出的涂料成雾状均匀喷出，喷涂时应定好喷嘴移动速度，保持匀速前进，使喷涂的涂层厚薄均匀。喷涂法用于固体含量较低的水乳型或溶剂型涂料。

（3）刮涂法　采用刮板将涂料涂布在基层上的施工方法，一般用于高固体含量的双组分涂料的施工。由于刮涂法施工的涂层较厚，可以先将涂料倒在屋面上，然后用刮板将涂料刮开。刮涂时应注意控制涂层厚薄的均匀程度，宜采用带齿的刮板进行刮涂，以齿的高度来控制涂层厚度。

防水涂膜在雨天、雪天严禁施工；五级风及以上时不得施工。高聚物改性沥青防水涂膜和合成高分子防水涂膜的溶剂型涂料施工环境气温宜为－5～35℃；水乳型、乳胶型、反应型涂料施工环境气温宜为5～35℃；热熔型涂料施工环境气温不宜低于－10℃。

4. 保护层施工

涂膜防水屋面应设置保护层。保护层材料可采用细砂、云母、蛭石、浅色涂料、水泥砂浆或块材等。采用水泥砂浆或块材时，应在涂膜与保护层之间设置隔离层。当用细砂、云母或蛭石等撒布材料作保护层时，应筛去粉料，在涂刮最后一遍涂料时，边涂边撒布均匀，不得露底。当涂料干燥后，将多余的撒布料清除。当涂料属水乳型高聚物改性沥青防水涂料，采用撒布材料作保护层时，撒布后应进行辊压粘牢。当合成高分子防水涂膜采用浅色涂料作保护层时，应在涂膜固化后进行。

4.4.4　刚性防水屋面

刚性防水屋面主要适用于防水等级为Ⅲ级的屋面防水，也可用作Ⅰ级、Ⅱ级屋面多道防水设防中的一道防水层；不适用于设有松散保温层的屋面、大跨度和轻型屋盖的屋面，以及会受震动或冲击的建筑屋面。刚性防水层的节点部位应与柔性材料复合使用，才能保证防水的可靠性。

刚性防水屋面主要利用刚性防水材料作防水层。常用的防水材料有普通细石混凝土、补偿收缩混凝土、纤维混凝土、预应力混凝土等，其中前两者应用较多。

与前述的卷材和涂膜防水屋面相比，刚性防水屋面所用材料易得、价格便宜、耐久性好、维修方便，但刚性防水层材料的表观密度大，抗拉强度低，极限拉应变小，易受混凝土或砂浆的干湿变形、温度变形和结构变形的影响而产生裂缝。图 4-49 为典型刚性防水屋面的构造示意图。

1. 材料要求

防水层的细石混凝土宜用普通硅酸盐水泥或硅酸盐水泥，用矿渣硅酸盐水泥时应采取减小泌水性措施，不得使用火山灰质硅酸盐水泥。细石混凝土粗骨料的最大粒径不宜超过 15mm，含泥量不应大于 1%；细骨料应采用中砂或粗砂，含泥量不应大于 2%；混凝土水灰比不应大于 0.55，每 m^3 混凝土水泥和掺合料最小用量不应小于 330kg，砂率宜为 35% ~40%，灰砂比应为 1∶2 ~2.5，拌和用水应用不含有害物质的洁净水。防水层细石混凝土使用的膨胀剂、减水剂、防水剂等外加剂应根据不同品种的使用范围、技术要求选定。水泥贮存时，应防止受潮，存放期不得超过三个月，否则必须重新检验确定其强度等级，防水层内配置的钢筋宜采用冷拔低碳钢丝。补偿收缩混凝土的自由膨胀率应为 0.05% ~0.1%。

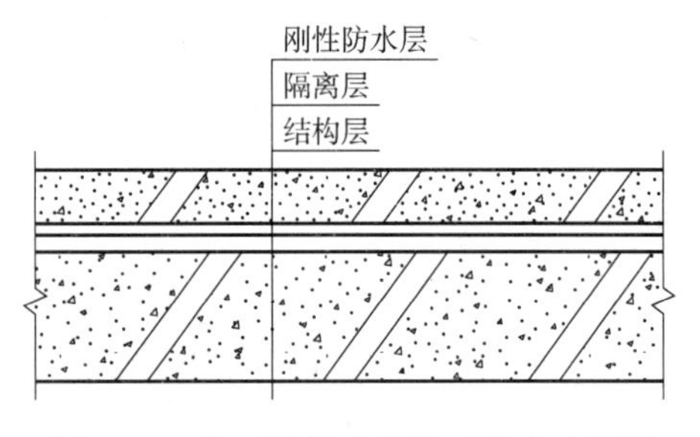

图 4-49　典型刚性防水屋面构造示意图

2. 构造要求

当屋面结构层采用装配式钢筋混凝土板时，应用强度等级不小于 C20 的细石混凝土灌缝，灌缝的细石混凝土宜掺膨胀剂。当屋面板板缝宽度大于 40mm 或上窄下宽时，板缝内必须设置构造钢筋，板端缝应进行密封处理。刚性防水层与山墙、女儿墙以及凸出屋面结构的交接处均应做柔性密封处理。细石混凝土防水层与基层间宜设置隔离层。刚性防水屋面应采用结构找坡，坡度宜为 2% ~3%。天沟、檐沟应用水泥砂浆找坡，找坡厚度大于 20mm 时，宜采用细石混凝土。

细石混凝土防水层的厚度不应小于 40mm，并配置Φ4 ~6 间距为 100 ~200mm 的双向钢筋网片，钢筋网片设置在细石混凝土中的上部，并在分格缝处断开，其保护层厚度不应小于 10mm。

防水层分格缝应设在屋面板的支承端、屋面转折处、防水层与凸出屋面结构的交接处，并应与板缝对齐。普通细石混凝土和补偿混凝土防水层的分格缝纵横间距不宜大于 6m，分格缝内必须嵌填密封材料，上部应设置保护层。

3. 施工工艺流程

刚性防水屋面工程的施工工艺流程：基层处理──→做隔离层──→弹分格缝──→安装分格缝、木条支边模板──→绑扎防水层钢筋网片──→浇筑细石混凝土──→养护──→分格缝、变形缝等细部构造密封处理。

（1）基层处理

1）刚性防水层的基层应整体先浇筑钢筋混凝土板或找平层，应为结构找坡或找平层找坡。此时，为了缓解基层变形缝对刚性防水层的影响，需在基层与防水层之间设隔离层。

2）基层为装配式钢筋混凝土板时，板端缝应先嵌填密封材料处理。

3）刚性防水层的基层为保温屋面时，保温层可兼作隔离层，但保温层必须干燥。

4）基层为柔性防水层时，应加设一道无纺布作隔离层。

（2）做隔离层

1）在细石混凝土防水层与基层之间设置隔离层，依据设计可采用干铺无纺布、塑料薄膜或低强度等级的砂浆，施工时避免钢筋破坏防水层，必要时可在防水层上做砂浆保护层。

2）采用低强度等级的砂浆的隔离层表面应压光，施工后的隔离层表面应平整光洁、厚薄一致，并具有一定的强度后，细石混凝土防水层方可施工。

（3）弹分格缝　细石混凝土防水层的分格缝应设在变形较大和较易变形的屋面板的支承端、屋面转折处、防水层与凸出屋面结构的交接处，并应与板缝对齐，其纵、横间距应控制在6m以内。

（4）粘贴安装分格缝木条

1）分格缝的宽度应不大于40mm，且不小于10mm，如接缝太宽，应进行调整或用聚合物水泥砂浆处理。

2）按分格缝的宽度和防水层的厚度加工或选用分格木条。木条应质地坚硬、规格正确，为方便拆除应做成上大下小的楔形，使用前在水中浸透、涂刷隔离剂。

3）采用水泥素灰或水泥砂浆固定弹线位置，尺寸、位置要正确。

4）为便于拆除，分格缝镶嵌材料也可以使用聚苯板定型聚氯乙烯塑料分格条，底部用水泥砂浆固定弹线位置。

（5）绑扎钢筋网片

1）把ф4～6mm、间距为100～200mm的冷拔低碳钢丝绑扎或点焊成双向钢筋网片，钢筋网片应放在防水层上部，绑扎钢丝收口应向下弯，不得露出防水层表面。钢筋的保护层厚度不应小于10mm，钢丝必须调直。

2）钢筋网片要保证位置的正确性并且在分格缝处断开，可采用如下方法施工：将分格缝木条开槽、穿筋使冷拔钢丝调直拉伸并固定在屋面周边设置的临时支座上，待混凝土浇筑完毕且强度达到50%时取出木条，剪断分格缝处的钢丝，然后拆除支座。

（6）浇筑细石混凝土

1）混凝土浇筑时应按由远及近、先高后低的原则进行。在每个分格内，混凝土应连续浇筑，不得留施工缝，混凝土要铺平、铺匀，用高频平板振动器振捣或用滚筒碾压，保证达到密实程度，振捣或碾压泛浆后，用木抹子拍实抹平。

图4-50　浇筑细石混凝土

2）待混凝土收水初凝后，大约10h后取出木条，避免破坏分格缝，用铁抹子进行第一次抹压，混凝土终凝前进行第二次抹压，使混凝土表面平整、光滑、无抹痕。抹压时严禁在表面洒水、加干水泥或砂浆，如图4-50所示。

（7）养护　细石混凝土终凝后应养护，养护时间应不少于14d，养护初期禁入。养护方法可采用洒水湿润，也可采用喷涂养护剂、覆盖塑料薄膜或锯末等方法，必须保证细石混凝土处于充分湿润的状态。

（8）分格缝、变形缝等细部构造密封处理

1）细部构造。屋面刚性防水层与山墙、女儿墙等所有竖向结构及设备基础、管道等凸出屋面结构交界处都应断开，留出30mm的间隙，并用密封材料嵌填密封。在交接处和基层转角应加设防水卷材，避免用水泥砂浆找平并磨成圆弧，容易造成粘结不牢、空鼓、开裂的现象，而采用与刚性防水层做法一致的细石混凝土在基层与竖向结构的交接处和基层的转角处找平并抹圆弧，同时为有利于卷材铺贴，圆弧半径宜大于100mm、小于150mm。竖向卷材收头固定密封于立墙凹槽或女儿墙压顶内，屋面卷材头应用密封材料封闭。

细石混凝土防水层应伸到挑檐或伸入天沟、檐沟内不小于60mm，并做滴水线。

2）嵌填密封材料。应先对分格缝、变形缝等防水部位的基层进行修补、清理，去除灰尘、杂物，铲除砂浆或残留物，使基层牢固，表面平整密实、干净干燥，方可进行密封处理。

密封材料采用改性沥青密封材料或合成高分子密封材料等。嵌填密封材料时，应先在分格缝侧壁及缝上口两边150mm范围内涂刷与密封材料材性相配套的基层处理剂。改性沥青密封材料基层处理剂现场配制，为保证质量，应配合比准确、搅拌均匀。多组分反应固化型材料配制时应根据固化前的有效时间确定一次使用量，用多少配制多少，未用完的材料不得下次使用。

处理剂应刷均匀、不露底。待基层处理剂表面干燥后，应立即嵌填密封材料。密封材料的接缝深度为接缝宽度的0.5～0.7倍，接缝处的底部应填放与基层处理剂不相容的背衬材料，如泡沫棒或油毡条。

当采用改性石油沥青密封材料嵌填时应注意以下两点：①热灌法施工应由下向上进行，尽量减少接头，垂直于屋脊的板缝宜先浇灌，同时在纵、横交叉处宜沿平行于屋脊的两侧板缝各延伸浇灌150mm，并留成斜槎；②冷嵌法施工时，密封材料与缝壁不得留有空隙，并防止裹入空气，接头应采用斜槎。

采用合成高分子密封材料嵌填时，无论使用挤出枪还是用腻子刀施工，表面都不会光滑、平直，可能还会出现凹陷、漏嵌填、孔洞、气泡等现象，故应在密封材料表面干燥前进行修整。

密封材料嵌填应饱满、无间隙、无气泡，密封材料表面呈凹状，中部比周围低3～5mm。

嵌填完毕的密封材料应做保护，不得碰损及污染，固化前不得踩踏，可采用卷材或木板保护。

女儿墙根部转角做法：首先在女儿墙根部结构层做一道柔性防水，再用细石混凝土做成圆弧形转角，细石混凝土圆弧形转角面层做柔性防水层与屋面大面积柔性防水层相连，最后用聚合物砂浆做保护层。

变形缝中间填充泡沫塑料，其上放置衬垫材料，并用卷材封盖，顶部应加混凝土盖板或金属盖板。

4.5 水泥基材料3D打印技术

3D打印技术是一种可实现非标准形状制造和材料低成本化的先进建造技术。3D打印混凝土的优点主要是无需模具，能随意建造多样结构，针对任何形状均具有灵活性和适应性，坚固且承载力强。若 3D 打印房屋技术得到推广，不仅可以有效降低房屋建筑的人力、物力等综合成本，还可以利用建筑垃圾和其他城市废弃物作为打印的原材料，有效改善城市环境。3D 打印技术逐渐在土木建筑行业得到广泛应用，一系列成功应用案例证明 3D 打印技术在房屋建筑、道路桥梁、地下工程等工程实际应用中存在巨大潜力和广阔发展前景。

3D 打印的基本原理为：首先进行模型切片、模型分层处理，实现由三维模型转化为二维或一维模型，然后由 3D 打印机进行分层制造，最终由二维或一维实体累积成三维实体，从而完成零件的制造。

4.5.1 3D 打印机的功能

3D 打印机又称为三维打印机，是一种累积制造技术，即快速成形技术的一种机器，它以数字模型文件为基础，运用特殊蜡材、粉末状金属或塑料等可粘合材料，通过打印一层层的粘合材料来制造三维的物体。现阶段三维打印机被用来制造产品，利用逐层打印的方式来构造物体。

3D 打印机与传统打印机最大的区别在于使用的原料，3D 打印机使用的不是墨水，而是实实在在的原材料。3D 打印时，软件通过 CAD 技术完成一系列数字切片，并将这些信息传送给 3D 打印机，打印机分层打印并将连续的薄层堆叠起来直到一个物体成型。根据成型原理的不同，3D 打印技术大致可分为以下四种。

1. SLA 技术

SLA 又称立体光固化成型技术（Stereo Lithography Apparatus），SLA 技术为最早发展的 3D 打印技术。SLA 技术以液态光敏树脂为原料，由于光敏树脂一般为液态，它在一定波长的紫外光（250～400nm）照射下立刻引起聚合反应，完成固化。该技术的工作原理如图 4-51 所示。首先，在液槽中充满液态光敏树脂，其在激光器所发射的紫外激光束照射下，会快速固化。成型开始时，可升降工作台处于液面以下，刚好一个截面厚度的高度。通过透镜聚焦后的激光束，按照设备指令将截面轮廓沿着液面进行扫描，扫描区域的树脂快速固化，从而完成一个截面的加工过程，得到一层塑料薄片。然后工作台再下降一层截面厚度的高度，再固化另一层截面，这样层层叠加构成一个三维实体。该技术主要用于模具制造，目前仍为 3D 打印的主流技术之一。

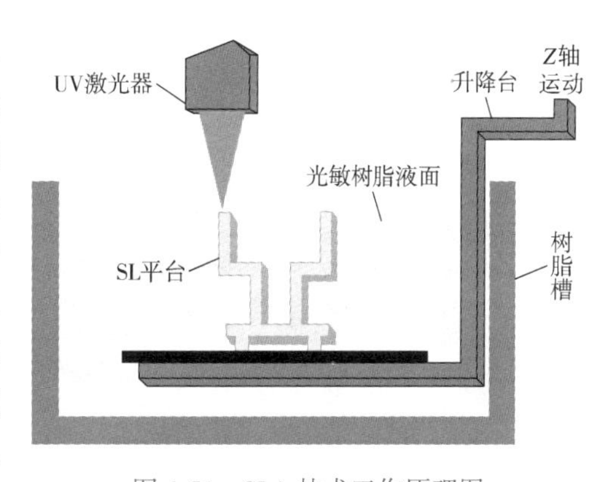

图 4-51 SLA 技术工作原理图

2. FDM 技术

FDM 又称熔积成型技术（Fused Deposition Modeling），该方法是 Scott · Crump 在 20 世纪 80 年代发明的。该技术的工作原理如图 4-52 所示。加热喷头在计算机的控制下，根据产品零件的截面轮廓信息，作 *X-Y* 平面运动，热塑性丝状材料由供丝机构送至热熔喷头，在喷头中加热和熔化成半液态，然后被挤压出来，有选择性地涂覆在工作台上，快速冷却后形成一层大约0.127mm厚的薄片轮廓。一层截面成型完成后工作台下降一定高度，再进行下一层的熔覆，好像一层层“画出”截面轮廓，如此循环，最终形成三维产品零件。

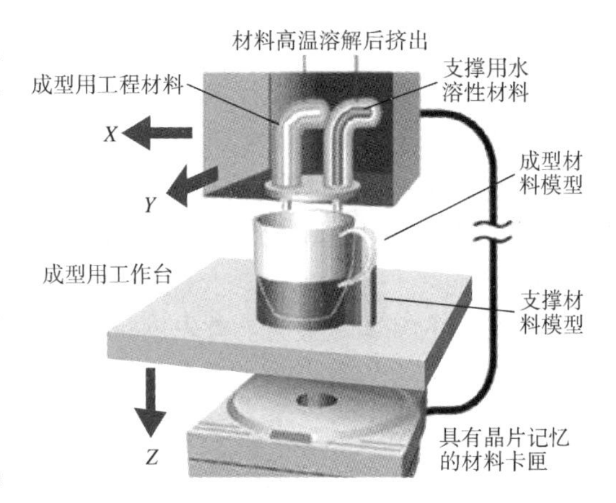

图4-52　FDM技术工作原理图

FDM技术主要用于中、小型工件的成型，且具有成本低、污染小、材料可回收等优点。主要缺点在于精度稍差、制造速度慢、使用的材料类型有限。

3. SLS技术

SLS又称选择性激光烧结技术（Selective Laser Sintering），最初由美国的Carlckard于1989年在其硕士论文中提出。SLS是利用激光有选择地分层烧结固体粉末，并使烧结成型的固化层叠加生成所需的零件，如图4-53所示。先用铺粉滚轴铺一层粉末材料，通过打印设备里的恒温设施将其加热至恰好低于该粉末烧结点的某一温度，接着激光束在粉层上照射，使被照射的粉末温度升至熔化点之上，进行烧结并与下面已制作成型的部分实现粘结。当一个层面完成烧结之后，打印平台下降一个层厚的高度，铺粉系统为打印平台铺上新的粉末材料，然后控制激光束再次照射进行烧结，如此循环往复，层层叠加，直至完成整个三维物体的打印工作。

4. LOM技术

LOM又称分层实体制造技术（Laminated Object Manufacturing），是美国Helisys公司于1991年研制成功的一种快速原型制造技术。该技术的原理如图4-54所示。首先，激光及定位部件根据预先切片得到的横断面轮廓数据，将背面涂有热熔胶并经过特殊处理的片材进行切割，得到和横断面数据一样的内外轮廓，这样便完成了一个层面的切割。接着供料和收料部件将旧料移除，并叠加上一层新的片材。紧接着利用热粘压装置将背部涂有热熔胶的片材进行碾压，使新层同已有部件粘合，之后再次重复进行切割。通过这样逐层地粘合、切割，最终制成需要的三维工件。目前，可供LOM设备打印的材料包括纸、金属箔、塑料膜、陶瓷膜等，此方法除了可以制造模具、模型外，也可以直接制造一些结构件或功能件。

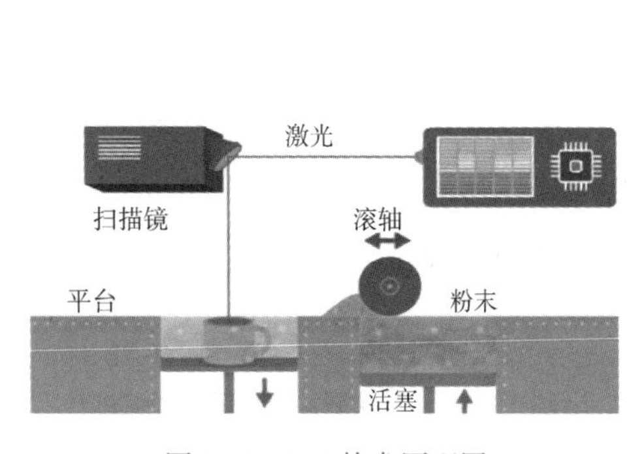

图4-53　SLS技术原理图

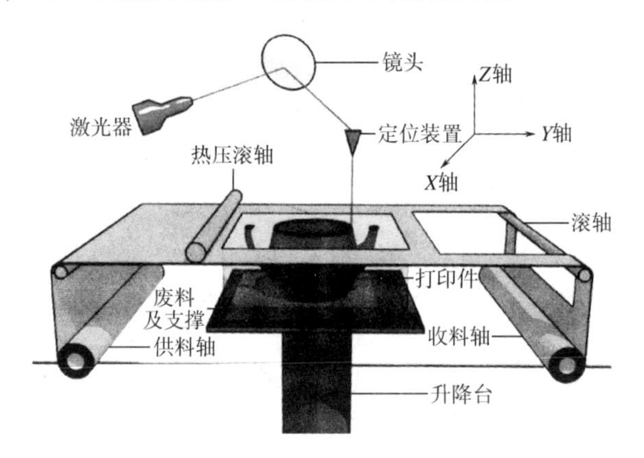

图4-54　LOM技术原理图

4.5.2 3D 打印混凝土技术

3D 打印混凝土技术是在 3D 打印技术的基础上发展起来的应用于混凝土施工的新技术，其主要工作原理如图 4-55 所示。该技术是将配置好的混凝土浆体通过挤出装置，在三维软件的控制下，按照预先设置好的打印程序，由喷嘴挤出进行打印，最终得到设计的混凝土构件。3D 打印混凝土技术在打印过程中，无需借助模板，也不需要对混凝土砂浆进行持续振捣，是一种最新的混凝土无模成型技术。

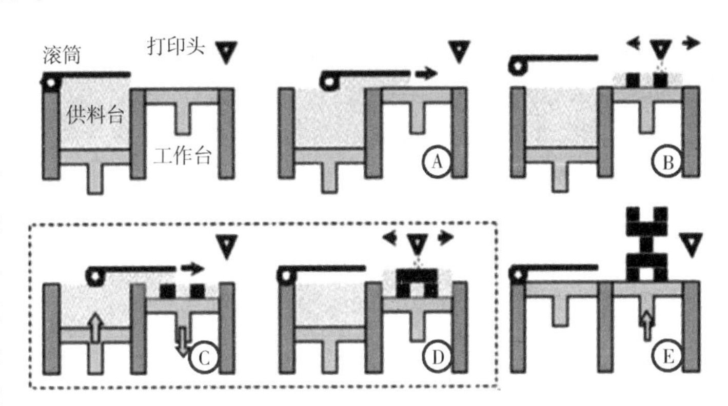

图 4-55 混凝土 3D 打印工艺原理图

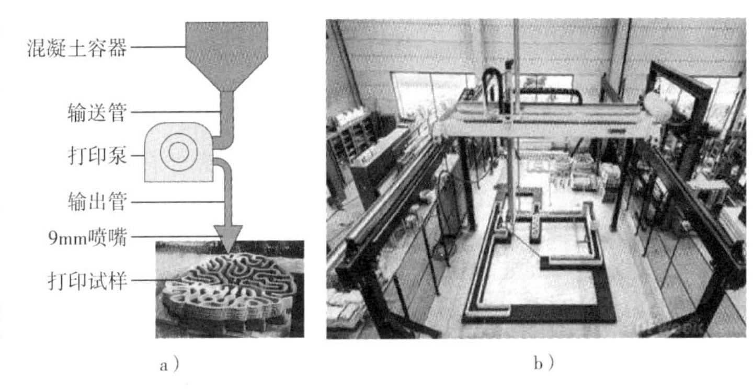

a） b）

图 4-56 拉夫堡大学的 3D 打印混凝土设备
a）技术示意图 b）设备图

贝勒大学（Baylor University）的 Alex LeRous 在 2015 年设计并建造了一种 3D 打印机，可以在 24h 内将混凝土材料打印成 243cm × 152cm × 213cm 的结构，打印速率是 10cm/s。荷兰埃因霍温理工大学研究人员公开了一台超大混凝土 3D 打印机，该打印机由 4 个起重机架机器人组成，显著特征是打印机床的尺寸为 9m ×4.5m ×3m，并且有一个自带的混合泵，整个打印机都是被数字控制器驱动的。拉夫堡大学的 Buswell 开发了一种新奇的混凝土 3D 打印系统，如图 4-56 所示，该系统由 5.4m ×4.4m ×5.4m 的钢架组成，打印喷头安装在一个可以沿 *Y* 轴和 *Z* 轴方向自由移动的横梁上，打印喷头只能沿着 *X* 轴方向移动。根据打印结构的曲率不同，打印喷头的移动速率也不相同，最大移动速率为 5m/min。在拟打印结构物的 G 代码数据准备完成后，还需三个打印步骤：材料准备、材料传输和材料打印。

1. 材料准备

打印任意形状的混凝土构件时，需要两种材料：一种是水泥基材料，用于建造所需的结构物；另一种是石膏材料，用于支撑打印出来的结构。起支撑作用的石膏材料具有低强度、易移开和 100% 可回收的特点。混凝土 3D 打印过程需要打印材料具有良好的工作性能，所以，此阶段需向新拌混凝土材料中添加缓凝剂，可使砂浆具有良好的流动性。在打印过程中，新拌砂浆从打印设备喷嘴挤出后，应该具有足够的承载能力来支撑后续打印材料的质量，同时还应具有合适的塑性，保证打印出的条带状水泥基材料和层间材料具有良好的粘结力。此外，硬化的水泥基材料还要有足够的抗压强度和抗弯强度。

2. 材料传输

完成材料混合后，将其放置在打印设备外侧的输送泵中，输送泵和打印喷头通过软管连接。在打印喷头的上侧设置一个起缓冲作用的小型漏斗，辅助打印喷头一起将材料传输至需要打印的地方。打印初始阶段，打印喷头位于起始位置，将打印材料装入漏斗，然后将漏斗和打印喷头移动到设定位置处开始打印。当漏斗内混凝土砂浆含量减少至预定的较低水平后，再将打印喷头移动到起始位置，装填漏斗。

3. 材料打印

从喷头中挤出新拌混凝土砂浆，来实现3D打印流程，沉积喷嘴直径为9mm。石膏支撑材料的打印也采用相同的设备和流程。

4.5.3 3D打印技术的优缺点

3D打印技术目前还处于不断发展的阶段，该技术的主要优缺点如下。

（1）优点

1）最直接的好处是节省材料，不用剔除边角料，提高材料利用率，通过摒弃生产线而降低了成本。

2）能做到很高的精度和复杂程度，可以表现出外形的曲线设计。

3）不再需要传统的刀具、夹具和机床或任何模具，能直接从计算机图形数据中生成任何形状的零件。

4）它可以自动、快速、直接和精确地将计算机中的设计转化为模型，甚至直接制造零件或模具，从而有效地缩短产品研发周期。

5）3D打印能在数小时内成型，实现从平面图到实体的飞跃；它能打印出组装好的产品，因此大大降低了组装成本，甚至可以挑战大规模生产方式。

（2）缺点

1）强度问题。房子固然能“打印”出来，但是否能够抵挡住风雨仍待探讨。如何保证打印材料的强度有待进一步研究。

2）精度问题。由于分层制造存在“台阶效应”，每个层次虽然很薄，但在一定微观尺度下，仍会形成具有一定厚度的一级级“台阶”。如果需要制造的对象表面是圆弧形，就会造成精度上的偏差。

3）材料的局限性。目前供3D打印机使用的材料非常有限，能够应用于3D打印的材料还较为单一。

4）无法规模化打印问题。单体的一体化成型的效率肯定比不上“行业内分级零件加工+组装”的效率，而单体的一体化成型工作流程是完全固定的，无法形成产业效应。

4.6 装配式智能建造技术

建筑行业传统的粗放型生产方式存在建设周期长、能耗高、污染重、生产效率低和标准化程度低等问题。同时，建筑产业工人老龄化和用工短缺的问题也日渐凸显。面对日益严峻的环境和资源危机及劳动力短缺问题，必须改变建筑行业粗放的管理模式和以破坏生态环境为代价的传统生产方式，建筑业的发展迫切需要实现以标准化、工业化、集约化生产和现场装配式施工为特征的现代化生产方式，建筑产业转型和变革已成为建筑业新的根本任务。为此，国务院进一步明确提出“发展装配式建筑是建造方式的重大变革，是推进供给侧结构性改革和新型城镇化发展的重要举措，有利于节约资源能源、减少施工污染、提升劳动生产效率和质量安全水平，有利于促进建筑业与信息化、工业化深度融合，培育新产业新功能，推动化解过剩产能”。作为建筑业转型升级的方向，装配式建筑无疑是推动绿色化建造、工业化建造和信息化建造的关键技术。

4.6.1 装配式建造的概念

1. 建筑工业化

建筑工业化，就是用工业产品的设计和制造方法进行房屋建筑的生产。把产品设计成具有一定批量的标准化构件，再用标准构件组装成房屋产品。在数量和规模足够大时，采用先进的机械设备提高生产质量和效率、降低劳动强度，同时降低生产成本。工业化建造的主要内容包括主体结构建造、机电管线和设备的安装及装饰装修等。

建筑功能的多样性、建设过程的复杂性和建筑产品的唯一性造成了工业化建造具有一定的难度。组成建筑最重要的结构类型包括钢结构、混凝土结构、木结构，以及由钢构件、混凝土构件、木构件等组成的混合结构等。不同的结构形式所用的材料和加工方法差别很大，例如钢结构的制造一般采用在工厂切离后焊接的方法，在工地施工时一般采用螺栓、铆钉或者焊接的组装方法。从以上可以看出，不同的建筑结构形式，其生产特点差别很大，因此实现建筑工业化的方法有很多种，钢结构和木结构一般在工厂生产、现场装配，因此都是装配式建筑，其生产施工的方法可以按照工业化的方法，技术方法和生产工艺不需要进行太大的改进。目前，工业化建造的主要矛盾体现在混凝土建筑方面。

2. 装配式建造

装配式建筑是指结构系统、外围护系统、内装系统、设备与管线系统的主要部分采用预制构件集成的建筑。据此，从狭义上讲，装配式建筑是指用预制构件通过可靠的连接方式在工地上装配而成的建筑。从广义上理解，装配式建筑是指用新型工业化的建造方式建造的建筑。以钢筋混凝土为主体结构的装配式建筑，则是以工厂化生产的混凝土预制构件为主要构件，经现场装配、拼接或结合部分现浇而成的建筑。相对于传统建筑建造时高能耗、高污染的问题，装配式建筑更加节能、高效、环保，能大幅降低操作工人的劳动强度，有利于文明施工，而且其资源利用率高，产品质量易控制，现场装配施工周期短。装配式建造是工业化建造的主要内容，装配式建造以其工业化的建造方式带来设计、生产、施工全过程的建造模式，具有标准化设计、工厂化生产、装配化施工、一体化装修、信息化管理、智能化应用等建造特征。虽然在装配式建筑发展的初期阶段，相比于传统建筑，装配式建筑成本可能会有所增加，但从长远来看，其市场优势会逐渐凸显。在国家倡导发展低碳、环保、节能、绿色建筑的背景下，装配式建造有着巨大的发展空间。

4.6.2 装配式建造与传统建造的比较

装配式建造是建筑产业现代化的重要组成部分，建筑产业现代化是以建筑业转型升级为目标，以技术创新为先导，以现代化管理为支撑，以信息化为手段，以装配化建造为核心，对建筑产业链进行更新、改造和升级，用精益建造的系统方法，控制建筑产品的生成过程，实现最终产品绿色化、全产业链集成化、产业工人技能化，实现传统生产方式向现代工业化生产方式转变，从而全面提升建筑工程的质量和效益。装配式建造与传统建造的比较见表4-23。

表4-23　装配式建造与传统建造的比较

内容	传统建造	装配式建造
设计阶段	不注重一体化设计 设计与施工相脱节	标准化、一体化设计 信息化技术协同设计 设计与施工紧密结合
施工阶段	以现场湿作业、手工操作为主 工人综合素质低、专业化程度低	设计施工一体化 构件生产工厂化 现场施工装配化 施工队伍专业化
装修阶段	以毛坯房为主 采用二次装修	装修与建筑设计同步 装修与主体结构一体化
验收阶段	竣工分部、分项抽检	全过程质量检验、验收
管理阶段	以包代管、专业化协同弱 依赖农民工劳务市场分包 追求设计与施工各自效益	工程总承包管理模式 全过程的信息化管理 项目整体效益最大化

4.6.3　装配式建筑技术标准

近10年来，特别是2016年国务院办公厅发布了《关于大力发展装配式建筑的指导意见》之后，各级政府密集出台了一系列强力推进装配式建筑的政策和技术标准，为装配式建筑的发展起到支撑和保障作用。表4-24为部分已实施的国家、行业及协会标准。

表4-24　部分已实施的国家、行业及协会标准

标准类型	序号	标准名称	标准编号
国家标准	1	装配式混凝土建筑技术标准	GB/T 51231—2016
	2	装配式钢结构建筑技术标准	GB/T 51232—2016
	3	装配式木结构建筑技术标准	GB/T 51233—2016
	4	装配式建筑评价标准	GB/T 51129—2017
行业标准	1	住宅轻钢装配式构件	JG/T 182—2008
	2	装配箱混凝土空心楼盖结构技术规程	JGJ/T 207—2010
	3	预制预应力混凝土装配整体式框架结构技术规程	JGJ 224—2010
	4	预制带肋底板混凝土叠合楼板技术规程	JGJ/T 258—2011
	5	装配式混凝土结构技术规程	JGJ 1—2014
	6	装配式劲性柱混合梁框架结构技术规程	JGJ/T 400—2017
	7	装配式住宅建筑设计标准	JGJ/T 398—2017
	8	装配式钢结构住宅建筑技术标准	JGJ/T 469—2019
	9	装配式内装修技术标准	JGJ/T 491—2021
	10	装配式住宅设计选型标准	JGJ/T 494—2022

（续）

标准类型	序号	标准名称	标准编号
中国工程建设标准化协会标准	1	钢筋机械连接装配式混凝土结构技术规程	CECS 444—2016
	2	螺栓连接多层全装配式混凝土墙板结构技术规程	T/CECS 809—2022
	3	装配式叠合混凝土结构技术规程	T/CECS 1336—2023
	4	装配式内装修工程管理标准	T/CECS 1310—2023
	5	带暗框架的装配式混凝土剪力墙结构技术规程	T/CECS 1305—2023
	6	预制单元装配式混凝土框架结构技术规程	T/CECS 1304—2023
	7	装配式地面辐射供暖供冷系统技术规程	T/CECS 1274—2023
	8	装配式内装修工程室内环境污染控制技术规程	T/CECS 1265—2023
	9	低能耗集成装配式多层房屋技术规程	T/CECS 1256—2023
	10	装配式多层混凝土空心墙板结构技术规程	T/CECS 1238—2023

4.6.4 装配式建造的技术方法

装配式建造技术方法集中体现了工业化建造方式，它是通过设计先行和全系统、全过程的设计控制，统筹考虑技术的协同性、管理的系统性、资源的匹配性。针对量大面广的住宅建筑、公共建筑及常用结构体系，装配式建筑技术的特征可归纳为“标准化设计、工厂化制造、装配化施工、一体化装修、信息化管理、智能化应用”，体现“全产业链、全专业、全生命周期”的理念。装配式建筑技术要遵循“三个一体化”的发展思维，即“建筑、结构、设备、装修一体化”“设计、制造、施工装配一体化”和“技术、管理、市场一体化”。

1. 标准化设计

（1）标准化设计的重要性

1）标准化设计是一体化建造的核心部分。标准化设计是工业化生产的主要特征，是提高一体化建造质量、效率、效益的重要手段，是建筑设计、生产、施工、管理之间技术协同的桥梁，是建造活动实现高效率运行的保障。因此，实现一体化建造必须以标准化设计为基础，只有建立标准化设计为基础的工作方法，一体化建造的生产过程才能更好地实现专业化、协作化和集约化。

2）标准化设计是工程设计的共性条件。标准化设计主要是采用统一的模数协调和模块化组合方法，使各建筑单元、构件等具有通用性和互换性，满足少规格、多组合的原则，符合适用、经济、高效的要求。标准化设计有助于解决装配式建筑的建造技术与现行标准之间的不协调、不匹配，甚至相互矛盾的问题，有助于统一科研、设计、开发、生产、施工和管理等各个方面的认识，明确目标、协调行动。

3）标准化设计是实现工业化大生产的前提。在规模化发展过程中才能体现出工业化建造的优势，标准化设计可实现在工厂化生产中的作业方式及工序的一致性，降低了工序作业的灵活性和复杂性要求，使得机械化设备取代人工作业具备了基础条件和实施的可能性，从而提高了生成效率和精度。没有标准化设计，其构件工厂化生产的生产工艺和关键工序就难以通过标准动作进行操作，无法通过标准动作下的机械设备灵活处理无规律、离散性的作业，就无法通过机械化设备取代人工进行操作，其生成效率和生成品质就难以提高。没有标准化设计，其生产构件配套的模具就难以标准化，会导致模具的周转率低，周转材料浪费较大，其生产成本难以降低，不符合工业化生产方式特征。

（2）标准化设计的技术方法　标准化、通用化、模数化、模块化是工业化的基础，在设计过程中，通过建筑模数协调、功能模块协同、套型模块组合形成一系列既满足功能要求，又符合装配式建筑要求的多样化建筑产品。通过大量的工程实践和总结提炼，标准化设计可通过平面标准化设计、立面标准化设计、构件标准化设计、部品部件标准化设计四个方面来实现。

1）平面标准化设计是基于有限的单元功能户型通过模数协调组合成平面多样的户型平面。

2）立面标准化设计是通过不同的立面元素单元（外围、阳台、门窗、色彩、材质、立面凹凸等）的组合来实现立面效果的多样化。

3）构件标准化设计是在平面标准化设计和立面标准化设计的基础上，通过少规格、多组合设计，进行构件一边不变、另一边模数化调整的构件尺寸标准化设计，以及钢筋直径、间距标准化设计。

4）部品部件标准化设计是在平面标准化设计和立面标准化设计的基础上，通过部品部件的模数化协调、模块化组合，来匹配户型功能单元的标准化。

2. 工厂化制造

（1）工厂化制造的重要性　新时期下建筑业在劳动力红利逐步淡出的背景下，为了持续推进我国城镇化建设的需要，必须通过建造方式的转变，通过工厂化制造逐渐取代人工作业，大大减少对工人的数量需求，并降低劳动强度。建筑产业现代化的明显标志就是构件工厂化制造，建造活动由工地现场向工厂转移。工厂化制造是整个建造过程的一个环节，需要在生产建造过程中与上下游相联系的建造环节计划一致、协同作业。现场手工作业通过工厂机械加工来代替，减少制造生产的时间和资源消耗。机械化设备加工作业相对于人工作业，不受人工技能的差异影响而导致作业精度和质量不稳定的影响，能更好实现精度可控。工厂批量化、自动化的生产取代人工单件的手工作业，从而实现生产效率的提高。工厂化制造实现了从场外作业到室内作业的转变，从高空作业到地面作业的转变，改变了现有的作业环境和作业方式，也减少了由于受自然环境影响而导致的现场不能作业或作业效率低下等问题。

（2）工厂化制造的技术方法

1）工厂化生产工艺布局技术。工厂化制造区别于现场建造，有其自身的科学性和特点，制造工艺工序需要满足流水线式的设计，满足生产效率和品质的最大化要求。工厂化生产工艺需要依据构配件产品的特点和特性，结合现有生产设备功能特性，按照科学的生产作业方式和工序，以生产效率最大化、生产资源最小化为目标，以生产节拍均衡为原则，以自动化生产为前提，对生产设备、工位位置、工人操作空间、物料通道、构件、部品部件、配套模具工装等进行布局设计。

2）工厂化生产的自动化制造关键技术。工厂化生产是通过机械设备的自动化操作代替人工进行生产加工，流水化作业，来提高自动化水平。以结构构件为例，根据其生产工艺，确定定位画线、钢筋制作、钢筋笼与模具绑扎固定、预留预埋安放、混凝土布料、预养护、抹平、养护窑养护、成品拆模等工艺。在工序化设置的基础上，通过设备的自动化作业取代人工操作，满足自动化生产需求。

3）工厂化生产的管理技术。工厂化生产是建造过程中的关键环节，需要有完善的生产管理体系，保证生产的运行。工厂化生产管理系统，需要建立与生产加工方式相对应的组织架构体系。组织架构体系的设置一方面需要保证各相关部门高效运营、信息对称、高效生产；另一方面需要与设计、施工方的组织架构体系有很好的衔接，能保证设计、生产、施工成为一个完整系统的组织体系。

4）工厂化生产的信息化技术。未来建筑业的发展趋势是信息化与工业化的高度融合，工厂化生产在结合机械化操作的基础上必须通过信息化的技术手段实现自动化。信息化技术的应用又分为技术和管理两个层面的应用：在技术层面，主要是通过加工产品的设计信息能被工厂生产设备自动识别和读取，实现生产设备无须人工读取图样信息再录入就可以进行加工，直接进行信息的精准识别和加工，提高加工精度和效率；在管理层面，实现工厂内部管理部门在统一信息管理系统下进行运行，各个部门在工厂信息管理系统下进行信息的共享、自动归并和统计，提高管理效率。此外，还便于设计方、施工方了解生产状态，实现设计、生产、装配的协同。

3. 装配化施工

（1）装配化施工的重要性

1）装配化施工可以减少用工需求，降低劳动强度。

装配化建造方式可以将钢筋下料制作、构件生产等大量工作在工厂完成，减少现场施工的工作量，极大地减少现场用工的人工需求，降低现场的劳动强度，适应于我国建筑业未来转型升级的趋势和劳动力红利逐渐消失的现状。

2）装配化施工能够减少现场湿作业，减少材料浪费。

装配化建造方式在一定程度上减少了现场湿作业，减少了施工用水、周转材料浪费等，实现了资源节省。

3）装配化施工能够减少现场扬尘和噪声，减少环境污染。

装配化建造方式通过机械化方式进行装配，解决了传统建造方式现场易产生扬尘、混凝土泵送噪声和机械噪声等问题，减少了环境污染。

4）装配化施工能够提高工程质量和效率。

通过大量的构件工厂化生产，可实现产品品质的提升，结合现场机械化、工序化的建造方式，从而可实现装配式建造工程整体质量和效率的提升。

（2）装配化施工的技术要点

1）建立并完善装配化施工技术工法。施工设计阶段的优化有利于节省人工及资源，避免工作面交叉，便于机械化设备应用，便于人工操作，有利于现场施工。通过对装配化施工工序工法的研究，建立结构主体装配、节点的连接方式、现浇区钢筋绑扎、模板支设、混凝土浇筑和配套施工设备组装的成套施工工序、工法。

2）制订装配化施工组织方案。在一体化建造体系下，应结合工程特点，制订科学性、完整性和可实施性的施工组织设计方案。施工组织设计在考虑工期、成本、质量、安全协调管理等要素条件下，应制订具体的施工部署、专项施工方案和技术方案，明确相应的构件吊装、安装和连接等技术方案，以及满足进度要求的构件精细化堆放和运输进场方案。

在机械化装配方式下，安装机械设备需要在设计方案中确定与构件相配套的一系列工具、工装，原则上要满足资源节省、人工节约、工效提高、最大限度地应用机械设备进行操作的要求，选择配套适宜的起重机、堆放架体、吊装安装架体、支撑架体、外围护操作架体等工装设备。在质量安全方面，应明确构件从原材料、生产、运输、进场到施工装配等的全过程质检专项方案及管控方案。

装配式建造下的施工环节，需要在施工设计阶段根据设计成型的工程项目、工程定额、工效和经验，在工程量明确、工期明确、技术方案明确的条件下，经过科学分析和计算，进一步明确相应的模板、支撑架体、人工及间接资源的投入，做好资源的提前计划、统一调配、统一使用，从而实现资源的统一配套。

3）实行精细化、数字化施工管理。精细化施工体现在时间上的精细化衔接和空间上的精细化吻合，时间上需要明确构件到现场的时间，以及现场需要吊装、安装构件的时间，确定在一定时间误差下的不同构件的单件吊装时间、安装时间、连接时间和相互衔接的实施计划。空间上做好前后工作面的交接和衔接，工作面是施工的协同点和交叉点，工作面的衔接有序和合理安排是工程顺利推进、工期得以保证的基本环节。既要保证工作面上支撑架搭设、构件安装、钢筋绑扎、混凝土浇筑的有序穿插，又要保证不同时间段下工作面与工作面的有序衔接和协同。

4. 一体化装修

（1）一体化装修的重要性　装配化建造是一种建造方式的变革，是建筑行业内部产业升级、技术进步、结构调整的必然趋势，其最终目的是提高建筑的功能和质量。装配式结构只是结构的主体部分，它体现出来的质量提升和功能提高还远远不够，装配化建造还应包含一体化装修，通过主体结构施工与装修一体化才能让使用者感受到建造品质的提升和功能的完善。

在传统建造方式中，“毛坯房”的二次装修会造成很大的材料浪费，甚至有的二次装修还会对主体结构造成损伤，带来很多质量、安全、环保等社会问题，是一种粗放式的建造方式，与新时代建造方式的发展要求不相适应。因此，需要提高对一体化装修的认识，加强对一体化装修的管理，真正实现建筑装修环节的一体化、装配化和集约化。

（2）一体化装修的技术方法　装修与主体结构、机电设备等系统进行一体化设计与同步施工，具有工程质量易控、工效提升、节能减排、易于维护等特点，使一体化建造方式的优势得到了更加充分的体现。一体化装修的技术方法主要体现在以下几个方面。

1）管线与结构分离技术。采用管线分离，一方面可以保证使用过程中维修、改造、更新、优化的可能性和方便性，有利于建筑功能空间的重新划分和内装部品部件的维护、改造、更换；另一方面可以避免破坏主体结构，更好地保持主体结构的安全性，延长建筑的使用生命周期。

2）干式工法施工技术。干式工法施工装修区别于现场湿法作业的装修方式，采用标准化部品部件进行现场组装，能够减少湿作业、使施工现场保持整洁，可以规避湿作业带来的开裂、空鼓、脱落等质量通病。同时干法施工不受冬期施工影响，也可以减少不必要的施工技术间歇，工序之间搭接紧凑，能提高工效、缩短工期。

3）装配式装修集成技术。装配式装修集成技术是指从单一的材料或配件，经过组合、融合、结合等技术加工而形成具有复合功能的部品部件，再由部品部件相互组合形成集成技术系统，从而实现提高装配精度、装配速度和实现绿色装配的目的。集成技术建立在部品部件标准化、模数化、集成化原则之上，将内部装修与建筑结构分离，拆分成可工厂生产的装修部品部件，包括装配式内隔墙技术系统、装饰一体的外围护系统、一体化的楼地面系统、集成式卫浴系统、集成式厨房系统、机电设备管线系统等技术。

4）部品部件定制化工厂制造技术。一体化装修部品部件一般都是在工厂定制生产，按照不同地点、不同空间、不同风格、不同功能、不同规格的需求定制，装配现场一般不再进行裁切或焊接等二次加工。通过工厂化生产，可以减少原材料的浪费，将部品部件标准化与批量化，降低建造成本。

5. 信息化管理

（1）信息化管理的重要性

1）信息化管理是一体化建造的重要手段。装配式建造中的信息集成、共享和协同工作离不开信息化管理。装配式建造的信息化管理主要是指以 BIM 技术和信息技术为基础，通过设计、生产、运输、装配、运维等全过程信息数据传递和共享，在工程建造全过程中实现协同设计、协同生产、协同装配等信息化管理。

2）信息化管理是技术协同与运营管理的有效方法。信息化管理可以实现不同工作主体在不同时域下围绕同一工作目标，在同一信息平台下，保证信息的及时传递和信息对称，从而提高信息沟通效率和协同工作效率。企业管理信息化集成应用的关键在于联通，联通的目的在于应用。企业管理信息化集成应用就是把信息互联技术深度融合在企业管理的具体实践中，把企业管理的流程、技术、体系、制度、机制等规范固化到信息共享平台上，从而实现全企业、多层级高效运营及有效管控的管理需求。

（2）信息化管理的技术方法　企业管理信息化就是将企业的运营管理逻辑，通过管理与信息互联技术的深度融合，实现企业管理的精细化，从而提高企业运营管理效率，进而提升社会生产力。其技术方法主要体现在以下三个方面。

1）以技术体系为核心的信息化管理技术。一体化建造是在建筑技术体系上，实现建筑、结构、机电、装修一体化；在工程管理上，实现设计、生产、施工一体化。实现两个一体化建造方式，必须运用协同、共享的信息化技术手段，更好地实现两个一体化的协同管理。信息化技术手段的应用，主要建立在标准化技术方法和系统化流程的基础上，没有成熟、适用的一体化、标准化技术体系，就难以应用信息化技术手段。

2）以成本管理为主线的信息化管理系统。建设企业经营管理的对象是工程项目，应将信息互联技术应用到工程项目的管理实践，实现生产要素在工程项目上的优化配置，才能提高企业的生产力，发挥信息化的作用。工程项目是建筑企业的收入来源，是企业赖以生存和发展的基础。企业信息化建设应当把着力点放在工程项目的成本、效率和效益上，它是企业持续生存发展的必要条件。成本管理是项目管理的根本，项目过程管理要以成本管理为主线。企业管理信息化的过程就是通过信息互联技术的应用，实现企业管理更加精细、更加科学、更加透明、更加高效。

3）满足企业多层级管理的高效运营和有效管控的集成平台。企业管理信息化集成应用表现在以下方面。

①企业上下互联互通，实现分级管理、集约集成。分级管理是指从企业总部到项目实行分层级管理。集约集成是指由底层项目产生的数据，根据从项目部到企业总部各个管理层级在成本管理方面的需求，集成汇总。

②商务财务资金互联互通，实现项目商务成本向财务数据的自动转换。商务数据向财务

数据和资金支付的自动转换过程，应在项目的管控单位（子公司）实现，而非只在项目上实现。

③各个业务系统互联互通。企业管理标准化与信息化的融合，要建立企业信息化系统的主干，建立贯穿全企业的成本管理系统，实现业务系统的互联互通，进入管理信息化集成的发展模式。

④线上线下互联互通。通过管理标准化──→标准表单化──→表单信息化──→信息集约化的路径，不断简化管理，实现融合。

⑤上下产业链条互联互通。充分发挥互联网思维，用“互联网+”的手段，去掉中间环节，实现建造全过程的连通，比如技术的协同、产品的集中采购，通过信息技术将产业链条上的各环节相互协同，实现高效运营。

4.6.5 装配式建筑施工技术特点

装配式建筑施工技术的特点主要体现在以下几个方面。

1. 形式多样

形式多样是装配式建筑施工技术最突出的特点，施工人员能够依据施工现场的现实状况和用户的实际需要来科学合理地选择施工技术。与此同时，装配式施工技术的运用拥有较高的灵活性和转换性。在进行施工时，每个环节的工作人员都能够对施工技术进行相应的调整，这能使建筑工程多样性需求获得满足。不仅如此，装配式施工技术的运用能够产成较少的工程垃圾，这对生态环境的保护有着积极促进作用，从而使施工造成的环境污染问题得到有效制约。

2. 节约资源

在对装配式建筑预制件展开制作前，有关工作人员需要对预制件的规格进行全面精细的测量，在完成测量后，依据测量数据来进行预制件的生产，这能使资源获得最大限度地利用，有效避免资源浪费的情况发生。与此同时，将智能化施工技术运用到装配式建筑施工中，可以有效达成生产方式系统化，使资源的利用率进一步获得提升。由上述可知，装配式工程施工技术属于一种绿色节能技术，无论是对建筑企业的经济效益还是社会效益的提升都有积极的促进作用。

3. 提升效率，保障质量

通过对装配式建筑施工技术的运用能够有效提升施工效率。要加强对装配式建筑施工技术的创新优化，剖析对该施工技术进行运用时出现的各种问题，并针对性地采取措施，以此使技术作用最大限度发挥出来。与此同时，还要对装配式建筑施工技术进行相应的调节，这对整个施工环节的施工质量和施工效率都能提供有效保障。

4.7 施工自动化与机器人技术

自20世纪六七十年代起，自动化技术与机器人系统在制造业领域逐渐推广应用，一方面有效降低了施工劳动成本，另一方面显著提高了生产效率和产品质量。对于建筑业这种劳动密集型行业，施工自动化与机器人技术还具有使建筑工人免于执行危险任务、减少劳动伤害等优势。然而，由于建筑行业施工过程的动态性与高度离散性，给施工自动化和机器人技术的应用推广带来很大的挑战。目前，施工自动化与机器人技术主要可分为以下几种类型。

1. 场外自动化预制系统

场外自动化预制系统以自动化方式生产混凝土构件、钢桁架、墙板、地板和楼梯等预制构件。常用的自动化生产设备包括型材搬运机器人、钢筋焊接机器人、组模与脱模机器人等，如图4-57所示。由于采用工厂生产模式，可以参考、借鉴生产制造业的技术和经验开发预制构件的生产自动化与机器人系统。

图4-57　加工厂中混凝土预制构件生产设备

2. 现场施工自动化与机器人系统

可直接在施工现场用于建造活动的自动化与机器人系统，通常安装在可移动的平台上，用于在施工现场执行建造任务。

（1）砌筑机器人　如图4-58所示为砌筑机器人“On-site”，该机器人适用于医院、学校、商业、办公等各类公共建筑项目的非承重墙墙体室内砌筑施工，可使用目前国内各种主流砌块材料，适用范围广。图4-59为采用砌筑机器人“On-site”进行现场施工。现场施工表明，机器人双人班组日砌筑量超过了15m^3，是人工砌筑速度的5倍。同时，砌筑机器人“On-site”在软件设计上具有智能排砖系统，可根据项目使用的砌块种类、砂浆种类以及各地构造柱留槎方案的不同，自动给出最佳砖块排列方案进行砌筑。其末端抓手配备了力矩传感器，可保证墙体砌筑质量，如图4-60所示。

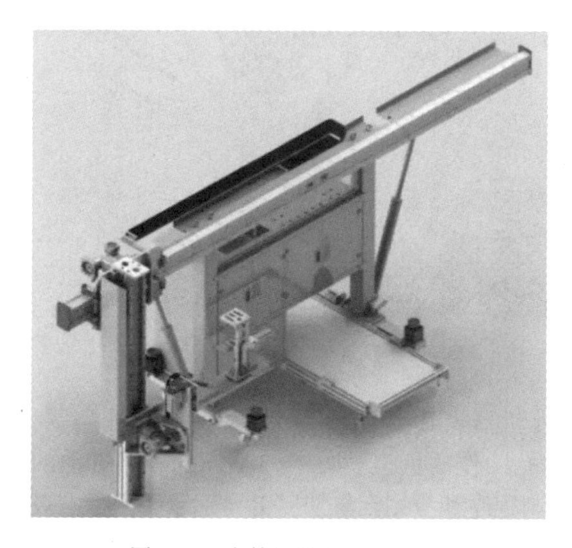

图4-58　砌筑机器人“On-site”

图4-59　砌筑机器人“On-site”现场施工

(2) 墙板安装机器人　墙板安装机器人具备视觉识别、距离、重力等感知能力，可实现墙板安装在抓取、举升、转动、行走、对位、挤浆等全过程的自动化。该机器人能够实时提取墙板所处的位置，通过内置算法，自动调整板材的位置，实现墙板的自动安装，可以解决装配式建筑围护墙板安装现场人工劳动强度大、效率低、安装风险大等问题。相比于人工安装，使用墙板安装机器人不仅可提升墙板安装的质量，保证施工安全，而且可以大幅提高施工效率。墙板安装机器人目前主要在装配式建筑领域的住宅和学校工程项目的 ALC 墙板安装中应用。随着产品的迭代和功能升级，可广泛应用于学校、医院、住宅，以及酒店、写字楼、产业园等不同类型装配式建筑围护体系的轻质墙板安装，不受地域、规模、环境、资源、能源等因素影响，具有可复制推广性。

图 4-60　砌筑机器人“On-site”砌筑的成墙质量情况

图 4-61 为我国中建科工自主研发的墙板安装机器人，该机器人具有四大创新点：一是底盘采用双舵轮结构，可实现机器人行走过程的灵活调整；二是通过视觉识别和距离传感器，借助控制系统算法，可实现板材的自动抓取和自动调整安装位置，并通过压力传感器，实现墙板安装的自动挤浆，最终实现墙板的自动安装，安装精度可达 ±1mm；三是通过内置算法，各流程均可实现远程控制；四是通过距离传感器，可有效控制机器人的运行安全。图 4-62 为采用墙板机器人进行现场施工。

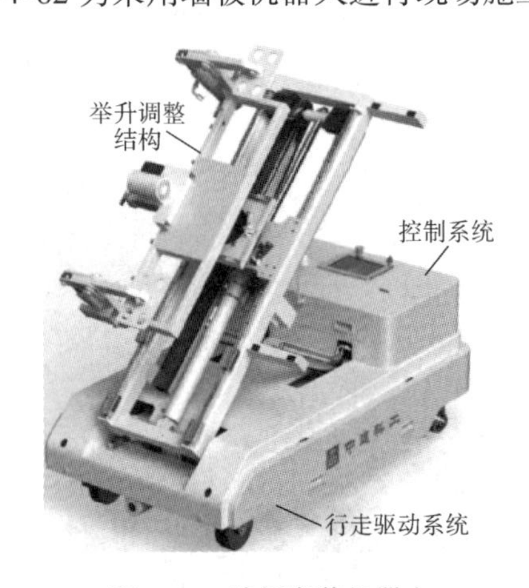

图 4-61　墙板安装机器人

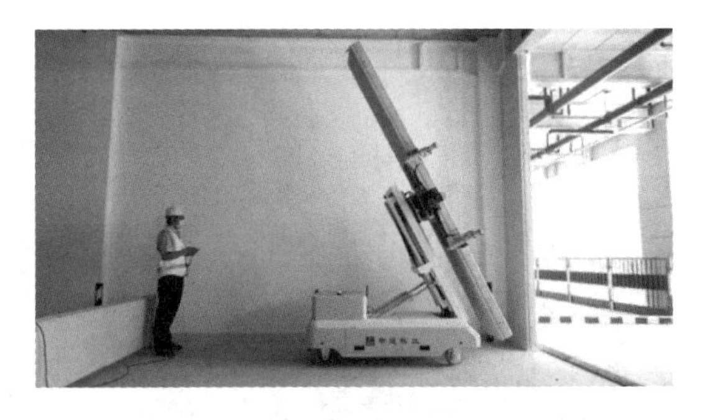

图 4-62　墙板安装机器人进行现场施工

(3) 移动式钻孔机器人　可挪动的移动钻孔机器人致力于运用机器人解决钻孔问题，尽可能地减轻建筑工人进行混凝土顶棚测量和钻孔工作的负担。图 4-63 为 nLink 可挪动的移动钻孔机器人。该机器可以通过方便使用的控制程序和激光定位加以引导，保证了毫米级的工作精度和施工连续性，nLink 可挪动的移动钻孔机器人适用于各类建筑工地，其现场施工如图 4-64 所示。传统的作业方式通常依靠冲击钻配合人工作业，效率低下、精准度难以保证，nLink 可挪动的移动钻孔机器人控制系统更易于操作，工人们只需经过简单培训便可以通过 iPad 遥控 nLink 可挪动的移动钻孔机器人。

图 4-63　nLink 可挪动的移动钻孔机器人

图 4-64　钻孔机器人现场施工情况

（4）3D 打印建筑机器人　3D 打印建筑机器人集三维计算机辅助设计系统、机器人技术、材料工程等于一体。区别于传统“去材”技术，3D 打印建筑机器人打印技术体现出“增材”特征，即在已有的三维模型，运用 3D 打印机逐步打印，最终实现三维实体。因此，3D 打印建筑机器人技术大大地简化了工艺流程，不仅省时省材，也提高了工作效率。典型代表有 DCP 型 3D 打印建筑机器人（图 4-65）、3D 打印 AI 建筑机器人。

图 4-65　DCP 型 3D 打印建筑机器人

3. 建筑机器人施工的优缺点

在人力成本越来越高的背景下，建筑机器人在建筑行业中愈发重要，得到了业内的广泛关注。此外，建筑机器人还有墙/地面施工机器人、清拆/清运作业机器人、飞行建造机器人系统等。建筑机器人已成为支撑智能建造的重要装备，并在很大程度上改变了行业的发展。它的主要优点包括以下几点。

1）错误更少。在建筑中使用机器人最重要的优点之一是最大限度地减少错误。机器人可以保证准确性，并可以将人为错误锁定在施工过程之外。这既适用于现场作业，也适用于施工的整个过程。更少的错误将导致更少的延误和维修活动。所有这些因素都可以对整个项目的预算产生积极影响。

2）降低施工过程的成本。机器人可以在降低施工过程的总体成本方面发挥重要作用。项目延迟的最小化以及完成任务效率的最大化都可以节约成本。

3）保护劳动力。在施工过程中加入机器人可以为建筑工人带来两个重要的好处：首先，机器人现在可以负责繁重的体力劳动，让现场人员监督整个项目，节约了劳动力；此外，考虑到现场操作中的一些危险的任务将自动且准确地进行，工作场所的安全性也将得到改善。

建筑机器人的缺点：

1）维护保养复杂。建筑机器人对操控、维护保养人员有一定的要求，需要相关人员有一定的维护保养知识基础。

2）造价昂贵。由于建筑机器人研制时间较长，研制经费较高，且生产数量并不多，因此价格普遍昂贵，目前不能大量应用于施工单位。

思考题及习题

1. 砌体结构中，砂浆的作用是什么？砂浆有哪些种类？其使用范围如何？其原材料有哪些要求？
2. 砖的砌筑工序有哪些？找平放线时应注意哪些问题？为什么要在砌筑前摆砖样？
3. 砖砌筑墙体的组砌形式有哪些？其特点是什么？
4. 砖砌体的砌筑工程质量要求有哪些？
5. 常用的普通钢筋按生产工艺可分为哪几种？
6. 钢筋的下料长度如何计算？
7. 钢筋代换的基本原则和方法有哪些？
8. 什么是自密实混凝土，有什么特点？
9. 抗氯盐高性能混凝土有哪些特点？
10. 什么是清水混凝土技术？
11. 超高泵送混凝土技术的施工特点有哪些？
12. 混凝土裂缝防治方法有哪些？
13. 试述组合钢模板的特点和组成，简述其他常用模板的构造。
14. 脚手架的基本要求是什么？
15. 扣件式钢管脚手架的构造及其搭设有何要求？
16. 防水卷材和防水涂膜施工时对基层有什么要求？
17. 刚性防水屋面为什么需要做隔离层？试述隔离层的做法？
18. 装配式建造的内涵是什么？与传统建造相比具有哪些优势？
19. 装配式建造的主要技术方法包括哪些？
20. 装配式建筑施工技术特点有哪些？
21. 目前流行的3D打印技术主要有哪几种？
22. 简述3D打印技术的优缺点。
23. 简述建筑机器人施工的优缺点。

第5章　装饰装修工程

学习要点

本章主要内容包括抹灰工程、饰面工程、涂饰工程和吊顶工程的施工等内容。通过本章的学习，学生应了解一般抹灰、装饰抹灰的质量要求；掌握一般抹灰、装饰抹灰的施工要点；掌握饰面工程、涂饰工程和吊顶工程的施工方法。

装饰工程的主要作用有：保护建筑物，完善建筑物的使用功能，提高建筑物的耐久性；隔声、隔热、防潮；增加建筑物的美观性。装饰工程主要包括抹灰工程、饰面工程、涂饰工程和吊顶工程等。

5.1　抹灰工程

抹灰工程按工种部位可分为室内抹灰和室外抹灰，按抹灰的材料和装饰效果可分为一般抹灰和装饰抹灰。

一般抹灰采用石灰砂浆、混合砂浆、水泥砂浆、磨刀灰、纸筋灰和石膏灰等材料。装饰抹灰按所使用的材料、施工方法和表面效果分为拉条灰、拉毛灰、洒毛灰、水刷石、水磨石、干黏石、斧剁石及弹涂、滚涂、喷砂等。

5.1.1　一般抹灰施工

1. 抹灰的组成及质量要求

（1）抹灰层的组成　抹灰层一般由底层、中层和面层组成，如图5-1所示。

底层主要起与基体牢固粘结和初步的找平作用。底层所用材料随着基体不同而异，对室内砖墙面多用石灰砂浆和水泥混合砂浆；混凝土墙面采用水泥混合砂浆或水泥砂浆。对外墙面和有防潮、防水要求的内墙面则应采用水泥砂浆或掺有防水剂的防水砂浆。

中层主要起找平作用，所用材料与底层基本相同。

面层主要起装饰作用。内墙面及顶棚面层抹灰材料一般多用纸筋灰、麻刀灰、石膏灰等，也可用混合砂浆压实抹光；外墙面应采用水泥砂浆表面压光。

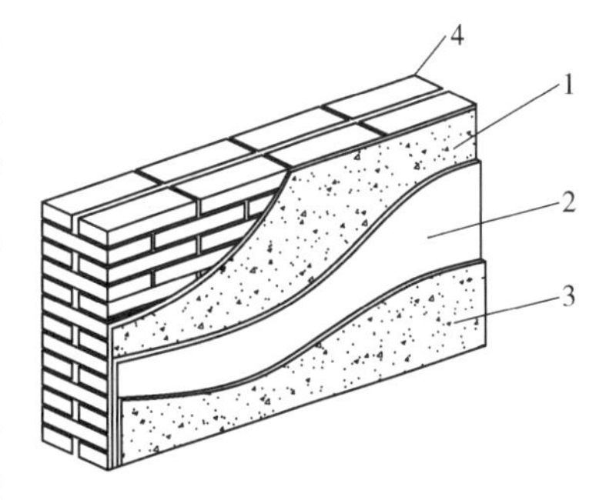

图5-1　抹灰层的组成
1—底层　2—中层　3—面层　4—基体

（2）一般抹灰质量要求　一般抹灰按质量要求分为以下两个等级：

1）普通抹灰。抹灰层一般由底层、中层和面层组成。

外观质量要求：表面光滑、洁净、接槎平整、分格缝清晰。

2）高级抹灰。抹灰层一般由底层、数层中层和面层组成。

外观质量要求：表面光滑、洁净，颜色均匀、无抹纹，分格缝和灰线应清晰美观。高级抹灰用于重要的大型公共建筑、高级宾馆或纪念性建筑物等。

抹灰层厚度视基体材料及所在部位、所用砂浆品种及抹灰质量要求等情况而定。

抹灰层的施工是分层进行的，抹灰水泥砂浆时，每遍厚度应为5~7mm；涂抹石灰砂浆和混合砂浆时，每遍厚度应为7~9mm。抹灰厚度必须严格控制，因为抹灰层过厚，自重增大，灰浆易下坠脱离基体，也易出现空鼓，而且由于砂浆内外干燥速度差异过大，表面易产生收缩裂缝。此外，当抹灰总厚度不小于35mm时，还应采取加强措施。

2. 材料质量要求

（1）石灰膏　抹灰用的石灰膏熟化时间，常温下一般不少于15d；使用时，石灰膏内不得含有未熟化的颗粒和其他杂质。罩面用的磨细石灰粉的熟化期应不少于30d。

（2）砂　抹灰用的砂最好用中砂，细度模数大于2.5，砂的颗粒坚硬洁净，含泥量不得超过3%，砂在使用前需要过筛。

3. 基体表面处理

为了保证抹灰层与基体之间能牢固粘结，抹灰层不致出现脱落、空鼓和裂缝等现象。在抹灰前，应将砖石、混凝土基体表面上的尘土、污垢和油渍等清除干净，并洒水湿润。基体表面凹凸明显的部位，应事先剔平或用水泥砂浆补平。对砖墙灰缝应勾成凹缝式，使抹灰砂浆能嵌入灰缝内与砖墙基体牢固粘结；对较为光滑的混凝土墙面，应适当凿毛后涂抹一层混凝土表面处理剂，或采用1:1水泥砂浆喷毛。喷毛点应均匀，墙面粗糙，使之能与抹灰层牢固粘结。

在砖墙和混凝土墙或木板墙等不同材料基体交接处的抹灰，为防止因两种基体材料胀缩不同而出现裂缝，应采取防止开裂的加强措施。当采用加强网时，加强网与各基体的搭接宽度不应小于100mm。

4. 抹灰施工

（1）抹灰施工顺序　对整体来说，考虑到施工过程合理组织和成品保护，室内抹灰一般采用自下而上，室外抹灰采用自上而下。高层建筑抹灰在采取成品保护措施后，可采用分段进行施工。对于单个房间的室内抹灰顺序，通常是先做墙面和顶棚，后做地面，而且是在自上而下完成外墙抹灰的同时，紧跟着自上而下完成各层地面施工。

此外，室内抹灰应待钢木门框及上下水、煤气等管道安装完毕，并将管道穿越的墙洞和楼板洞等填嵌密实后进行。外墙抹灰前，应先安装好钢、木或铝合金窗框、阳台栏杆和预埋件等，并将外墙上各种施工孔洞按防水要求堵塞密实。

（2）抹灰施工方法

1）设置标志或标筋。为了控制墙面抹灰层的厚度和垂直度、平整度，抹灰前先在墙面上设置与抹灰层相同的砂浆做成的约40mm×40mm的灰饼（图5-2）作为标志，在上下灰饼间用砂浆涂抹一条宽70~80mm的竖直灰埂，以灰饼面为准用刮尺刮平即为标筋。标志或标筋设置完成后即可进行底层抹灰。

2）做护角。室内墙面、柱面和门洞口的阳角，宜用1∶2水泥砂浆做护角，以防止碰坏，护角高度应不低于2m，每侧宽度应不小于50 mm。

3）抹灰层涂抹。墙面抹灰，如前所述应分层进行。分层涂抹时，对水泥砂浆和水泥混合砂浆的抹灰层，应待前一层抹灰层凝结后，方可涂抹后一层；石灰砂浆的抹平层，应待前一层有七八成干后，方可涂抹后一层，使抹灰层之间加强粘结。

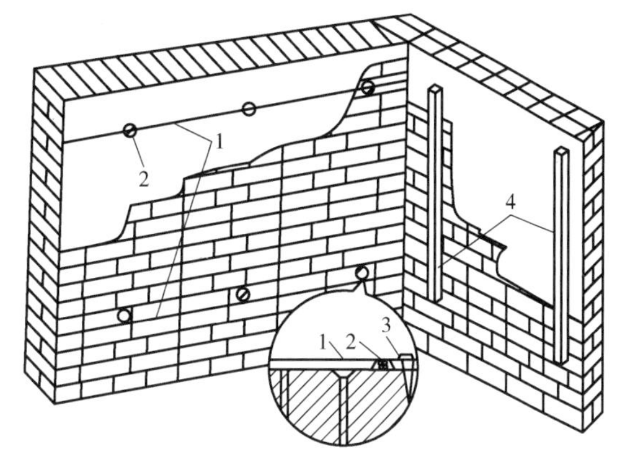

图5-2　挂线做标志块及标筋
1—引线　2—标志块　3—钉子　4—冲筋

顶棚抹灰，是在靠近顶面四周的墙面上弹一条水平线，以控制抹灰层厚度，并作为抹灰找平的依据。抹灰时要求表面平顺，无抹纹及接槎现象，特别要注意抹灰层与基层之间必须粘结牢固，严防顶棚抹灰层脱落伤人。

不同抹灰层的砂浆强度不同，选用时应注意中层砂浆强度不宜高于底层。以免砂浆在凝结过程中产生较大的收缩应力，破坏强度较低的抹灰底层，导致抹灰层产生空鼓、脱落或裂缝。另外，底层砂浆强度与基体强度相差过大时，由于收缩变形性能相差悬殊，也容易产生开裂和脱落，故混凝土基体上不能直接抹石灰砂浆。此外，水泥砂浆不得抹在石灰砂浆上，罩面石灰膏不得抹在水泥砂浆层上。

为便于抹灰操作，对砂浆稠度的要求一般为：底层抹灰砂浆为100～200mm；中层抹灰砂浆为70～90mm；面层抹灰砂浆为70～80mm。

面层施工时，室内抹灰常用麻刀灰、纸筋灰、石膏灰或白水泥罩面。面层施工也应分层涂抹，每遍厚度为1～2mm，一般抹两遍，最后用钢抹子压光，不得留抹纹。室外抹灰常用水泥砂浆罩面。由于面积大，为了不显露接槎，防止水泥砂浆抹面层收缩开裂，除要求认真细致操作，掌握好面层压抹时间，加强在潮湿条件下养护外，还应设置分格缝，留槎位置应留在分格缝处。水泥砂浆罩面多用木抹子抹成细毛面。这种做法，外墙面比较美观。为防止色泽不均匀，应采用同一品种与规格的原材料，采用统一的配合比，由专人进行配料。

一般抹灰的允许偏差和检验方法应符合表5-1的要求。

表5-1　一般抹灰的允许偏差和检验方法

项目	允许偏差/mm		检查方法
	普通抹灰	高级抹灰	
立面垂直度	4	3	用2m垂直检测尺检查
表面平整度	4	3	用2m垂直检测尺检查
阴阳角方正	4	3	用垂直检测尺检查
分格条（缝）直线度	4	3	拉5m线，不足5m拉通线，用钢直尺检查
墙裙、勒脚上口直线度	4	3	拉5m线，不足5m拉通线，用钢直尺检查

注：1. 普通抹灰，本表第3项阴阳角方正可不检查。
2. 顶棚抹灰，本表第2项表面平整度可不检查，但应平顺。

5.1.2 装饰抹灰施工

装饰抹灰的底层和中层的做法与一般抹灰相同，面层则根据所用的装饰材料和施工方法的不同而有多种，主要有以下几种：

1. 水刷石面层施工

水刷石面层主要用于外墙装饰抹灰。为防止面层开裂，需设置分格缝。施工时，按设计要求在中侧面上弹线分格，粘贴分格条。分格条目前多用塑料条，完工后不取出，施工较方便。

面层抹灰前，先在已硬化的中层上浇水湿润，并刮素水泥浆一遍（水灰比为0.37～0.4），以便面层与中层牢固粘结，随后即抹水泥石子浆面层，面层厚度为10～15mm。石子除采用彩色石粒外，也可用小石子或石屑等。水泥石子浆的配合比视石子粒径而定，如所用的石子粒径为6mm，则水泥∶石子＝1∶1.25；稠度宜为50～70mm。抹水泥石子浆面层时，必须分遍抹平压实，石子应分布均匀、紧密。待面层开始终凝时，先用棕刷蘸水自上而下将表面一层水泥浆洗刷掉，使彩色石子面外露1～2mm。每个分格面层刷洗应一次完成，不宜留施工缝。需留施工缝时，应留在分格条处。

水刷石的外观质量要求为：石粒清晰，分布均匀，紧密平整，色泽一致，不得有掉粒和接槎痕迹。

2. 斩假石面层施工

斩假石又称为斧剁石，是仿天然石料的一种建筑饰面，在传统做法中属于中高档外墙饰面。

面层施工前，对中层的处理要求及分格缝的设置与做水刷石时相同。

斩假石面层采用厚度为10mm的水泥石子涂抹，用粒径为6mm的石子，内掺30%石屑，配合比为水泥∶石子＝1∶1.25。

面层涂抹宜分两遍进行，即先抹一薄层，稍收水后再抹一层，待收水后用木抹子抹平压实。面层抹完后注意养护，防止烈日暴晒或遭受冻结，养护时间在常温下一般为2～3d，当面层强度约为5MPa时即可进行试剁，以石子不脱落为准。

剁石时一般自上而下，先剁转角和四周边缘，后剁中间墙面。在墙角、柱子等边棱部位，宜横向剁出边条或留出窄小边条不剁。剁完后用钢丝刷将墙面刷干净。

斩假石的外观质量要求：剁纹均匀顺直，深浅一致，不得有漏剁处。阳角处横剁或留出不剁的边条，应宽窄一致，棱角不得有损坏。

3. 水磨石面层施工

水磨石面层多用于室内门厅、过道等地面装饰。按装饰效果要求，水磨石可分为普通水磨石和美术水磨石。其差别在于美术水磨石是以白水泥或彩色水泥为胶结料，掺入不同色彩的石粒所制成，二者施工工艺基本相同。水磨石面层厚度一般为12～18mm，视石粒粒径大小而定。

（1）材料要求

1）水泥。水泥强度等级不小于42.5级，白色或浅色的水磨石面层应采用白水泥；同颜色的面层应使用同一批水泥，以保证面层色泽一致。

2）石粒。水磨石面层所用石粒应由质地密实、磨面光亮的大理石及白云石等岩石加工而成。其粒径一般为4～14mm，使用前应用水冲洗干净，晾干待用。

3）颜料。应采用耐光、耐碱和着色力强的矿物颜料，不得使用酸性颜料，否则面层易产生变色、褪色现象。颜料的掺入量宜为水泥重量的3%～6%。同一彩色面层应使用同厂同批的颜料，以求色光和着色力一致。

4）分格条。水磨石面层的分格条常用玻璃条或铜条，也可用彩色的塑胶条。钢条主要用于美术水磨石面层。

（2）施工要求

1）镶嵌分格条。在基层上按设计要求的分格和图案设置分格嵌条。一般分格采用1m×1m，从中间向四周分格，非整块地设在周边。嵌条时应用靠尺与分格线对齐，用水泥稠浆在嵌条两侧予以粘埋固定，分格条应横平竖直、顶面标高一致，并作为铺设面层的标准。

2）铺设水泥石粒浆。分格条镶嵌养护后，在基层表面上刷一遍素水泥浆作为结合层。随刷随铺设面层的水泥石粒浆。其配合比为水泥∶石粒＝1∶1～1∶1.25（体积比），先将水泥与颜料过筛干拌，再掺入石粒，掺和后加水搅拌，拌合物稠度为60mm。水磨石拌合物的铺设厚度要比嵌条高出1～2mm。用滚筒滚压密实，待表面出浆后，再用钢抹子抹平压光；次日浇水养护。

3）磨光。磨光是将面层的水泥浆磨掉，石粒抹平，使表面平整光滑。开模前应先试磨，表面石粒不松动方可开磨。一般开磨时间：当平均温度在10～20℃时，从面层磨光后算起为3～4d。水磨石面层应使用磨石机分遍磨光，一般分3遍进行，即粗磨、中磨、细磨。每次磨光后，用同色水泥浆涂抹，以填补砂眼、磨痕，经养护2～3d后再磨。最后，表面用草酸水溶液擦洗，使石子表面残存的水泥浆分解，石子清晰显露，晾干后进行打蜡，使其光亮如镜。

水磨石面层外观质量要求：表面平整光滑，石子显露均匀，无砂眼、磨纹和漏磨处，分格条位置准确且全部露出。

水磨石地面具有整体性能好、耐磨不起灰、光滑美观及可根据设计要求做成各种彩色图案、装饰效果好等优点，但最大的缺点是湿作业量大、工序多、工期也较长等。

装饰抹灰工程质量的允许偏差应符合施工质量验收规范的规定，例如水刷石与斩假石的立面垂直度允许偏差分别为5mm和4mm；而表面平整度与阴阳角方正等的允许偏差均为3mm。

在抹灰工程中，材料质量是保证抹灰工程质量的基础，因此，抹灰工程所用的材料应有产品合格证书和性能检测报告，材料的品种、规格和性能应符合设计要求和国家现行标准的规定，材料进场时应进行现场验收，对影响抹灰工程质量与安全的主要材料性能进行现场抽样复验，不合格的材料不得用在抹灰工程上。

抹灰工程质量的关键是要确保抹灰层与基体粘结牢固，无空鼓、无开裂、无脱落。工程实践表明，抹灰层出现空鼓、开裂、脱落等现象的原因主要是基体表面的尘土、污垢、油渍等清理不干净；基体表面光滑，抹灰前未做毛化处理或没有处理好；抹灰前基体表面浇水湿润不透；一次抹灰层过厚等。这些都会影响抹灰层与基体的粘结牢固程度。

5.2 饰面工程

饰面工程是指将天然石饰面板、人造石饰面板和饰面砖以及装饰混凝土板、金属饰面板等安装或粘贴到室内外墙面、柱面与地面上，以形成装饰面层的施工工作。由于饰面板与饰面砖表面平整，边角整齐，具有各种不同色彩和光泽，故装饰效果好，多用于较高级建筑物的装饰和一般建筑物的局部装饰。

5.2.1 饰面砖镶贴

饰面砖一般包括釉面砖（瓷砖）、外墙面砖、劈离砖等。饰面砖镶贴施工工艺为：基层处理──→抹底（中）层灰──→弹线、贴标志块──→浸砖──→镶贴──→勾缝。

1. 基层处理

基体表面残留的砂浆、灰尘及油渍等，应用钢丝刷洗干净，基体表面凹凸明显的部分，应事先刷平或用1:3水泥砂浆补平。门窗口与墙交接处应用水泥砂浆嵌填密实或用聚氨酯泡沫填缝剂填缝。光滑的混凝土表面进行刷（滚）涂界面处理剂处理，或喷（滚）涂水泥胶浆进行“毛化处理”。

2. 抹底（中）层灰

一般1:3的水泥砂浆对基体表面分层抹灰，总厚度控制在15mm左右，抹灰时，要注意找好檐口、腰线、窗台、雨篷等饰面的流水坡度和滴水线（槽）。底（中）层灰抹好后，要根据气温情况及时进行浇水养护。

3. 弹线、贴标志块

在面砖粘贴前，应根据图纸要求和砖的规格分别弹出每层的水平线和垂直线。如果用离缝镶贴，要使离缝分格均匀。同时要保证窗口、墙阳角使用整块砖，将非整砖排在次要部位或墙阴角处。然后用废面砖贴标志块，间距1.5m左右。

4. 浸砖

面砖在镶贴前应在清水中充分浸泡，以保证镶贴后不致因吸走灰浆中水分而粘贴不牢，浸泡时间一般为2~3h，取出晾干，使用时面砖表面有潮湿感但无水迹即可。

5. 镶贴

一般用1:2水泥砂浆做结合层，为改善砂浆和易性，便于操作，可掺入少量石灰膏或纸筋灰。还可采用掺有108胶的水泥浆或专用胶粘剂镶钻。镶钻顺序一般由下往上，由左往右，逐层进行。镶贴前，应依照室内标准水平线，沿最下一皮面砖下设置支撑面砖的木托板，以防止面砖在结合层未硬化前砖体下坠。镶贴时，先在面砖背面满刮砂浆，按所弹尺寸线将面砖贴于墙面，用小铲把轻轻敲击，用力按压，使其与中层砂浆粘结密实牢固。并用靠尺按标志块将其表面移正平整，理直灰缝，使接缝宽度控制在设计要求范围，且保持宽窄一致。水泥混合砂浆结合层厚度宜为6~10mm，水泥浆结合层厚度宜为2~3mm。整行镶贴完后，应再用长靠尺横向校正一次。

6. 勾缝

在完成一个层段镶贴并检查合格后，即可进行勾缝，勾缝用 1∶1 水泥砂浆，可做成凹缝（尤其是离缝镶贴），深度 3mm 左右。面砖密缝镶贴时可用与面砖相同颜色的水泥擦缝。勾缝硬化后将面砖表面清洗干净，如有污染，可用浓度为 10% 的盐酸刷洗，再用水冲洗干净。

5.2.2 饰面板安装

根据规格大小的不同，饰面板的安装主要有粘贴法、绑扎灌浆法、钉固定灌浆法和干挂法等。其中，粘贴法适用于板材面积小于 400mm×400mm、厚度小于 12mm 的饰面板，施工方法与饰面砖镶贴相似。饰面板安装适用于内墙饰面板安装工程和高度不超过 24m，且抗震设防烈度小于 7 度的外墙饰面板。

1. 绑扎灌浆法

绑扎灌浆法的施工工艺为：基层处理⟶绑扎钢筋网⟶钻孔、剔槽、挂丝⟶安装饰面板⟶灌浆⟶嵌缝。

（1）基层处理　基层处理时，对墙、柱等基体的缺陷进行修复，清除基体上的灰尘、污垢等，并保证表面平整粗糙、湿润。

（2）绑扎钢筋网　用 ϕ8 ~ 10 的钢筋，采用焊接或绑扎的方法形成钢筋网片，竖向钢筋的间距不超过 500mm，横向钢筋间距与板材连接孔一致，并比板缝低 20 ~ 30mm。随后与预埋环绑扎或与预埋件、膨胀螺栓焊接，将钢筋网片固定在基体上，如图 5-3 所示。

（3）钻孔、剔槽、挂丝　为了便于饰面板与钢筋网片连接，需要在饰面板上钻孔或剔槽。常用的有“U 形孔”“斜孔”和“三角形槽”等。孔（槽）一般距板材两端为 1/4 ~ 1/3 板长，孔径（槽宽）应符合有关规定。孔（槽）形成后将铜丝或不锈钢丝穿入待用。

（4）安装饰面板　如图 5-4 所示，饰面板安装一般自下而上逐层进行，每层板块由中间或一端开始。安装时，理顺铜丝或不锈钢丝，板材就位，并通过铜丝或不锈钢丝绑扎在钢筋网片上，板材的平整度、垂直度和接缝宽度可利用木楔进行调整。

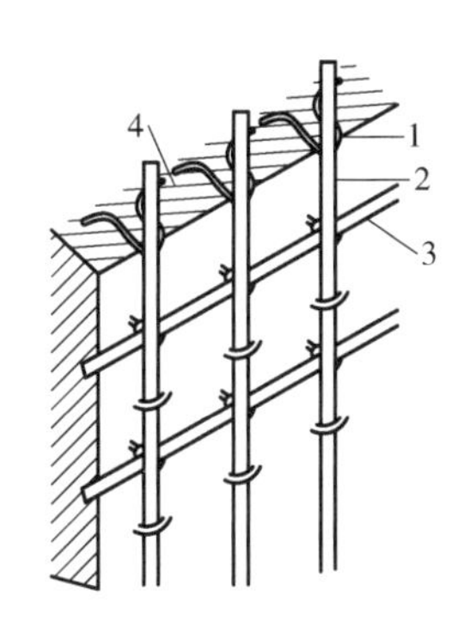

图 5-3　绑扎钢筋网示意图

1—预埋铁环　2—立筋
3—横筋　4—墙（柱）

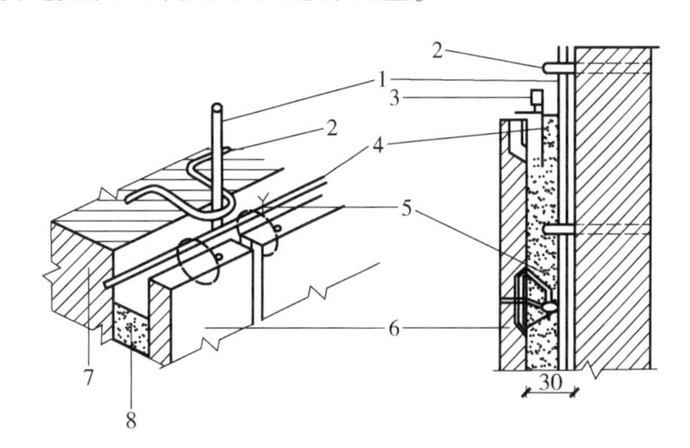

图 5-4　块材安装固定示意图

1—立筋　2—预埋铁环　3—定位木枋　4—横筋
5—铜丝或钢丝　6—板材　7—墙体　8—水泥砂浆

（5）灌浆　板材临时固定，石膏浆固结有一定的强度后，即可灌浆。灌浆一般采用 1∶3 的水泥砂浆，稠度 8 ~ 15cm，向板材背面与基体间的缝隙中缓缓灌入，不要碰动板材，全长均匀灌注。灌浆应分层进行，第一层灌入高度不超过1/3 板材高，用小铁钎轻轻插捣；第一层灌完 1～2h 后，检查板材无移动后，即可进行第二层灌浆，灌浆高度至1/2 板材高；第三层灌浆应低于板材上口 50mm 处，余量作为上层板灌浆的接缝（采用浅色板材时，可采用白水泥，以免透底影响美观）。

（6）嵌缝　当整面墙板材逐层安装、灌浆后，可铲除外表面的石膏块，并将板材外表面清理干净。然后用与板材接近的颜料调制水泥色浆嵌缝，边嵌边擦拭清洁，使缝隙密实干净，颜色一致。

（7）背涂处理　采用传统的绑扎灌浆法安装天然石材，由于水泥砂浆在水化时析出大量的氢氧化钙，析到石材表面，产生不规则的花斑，俗称返碱现象，严重影响石材饰面的装饰效果。因此，在天然石材安装前，必须对石材饰面采用“防碱背涂处理剂”进行背涂处理，或采用干挂法安装。

2. 钉固定灌浆法

（1）钻孔　首先进行石板钻孔。将饰面板直立固定于木架上，用手电钻在距板两端 1/4 处板厚中心钻孔，孔径 6mm，孔深 35～40mm。板宽不超过 500mm 时，打直孔 2 个；板宽超过 500mm 且小于 800mm 时，打直孔 3 个；板宽超过 800mm 时，打直孔 4 个。将板旋转 90°固定于木架上，在板两侧分别各打直孔一个，孔位距下端 100mm 处，孔径 6mm，孔深 35～40mm，上下直孔都用合金錾子在板侧方向剔槽，槽深 7mm，以便安卧 U 形钉。然后对基体钻孔。按基体放线分块位置临时就位板材，对于板材上下直孔的基体位置上，用冲击钻孔成与板材孔数相等的斜孔，斜孔呈 45°角，孔径 6mm，孔深 40～50mm。

（2）就位　基体钻孔后，将板材安放就位，如图 5-5 所示。根据板材与基体相距的孔距，用克丝钳子现制成直径 5mm 的不锈钢 U 形钉，一端勾进板材直孔内，随即用硬木小楔楔紧；另一端勾进基体斜孔内，拉小线或用靠尺板和水平尺校正板的上下口及板面的垂直度和平整度，并检查与相邻板材接合是否严密，随后将基体斜孔内不锈钢 U 形钉楔紧。接着用大头木楔紧固于板材与基体之间，以紧固 U 形钉。

（3）校正、灌浆　饰面板位置校正准确、临时固定后，即分层灌浆，灌浆方法与绑扎灌浆法相同。

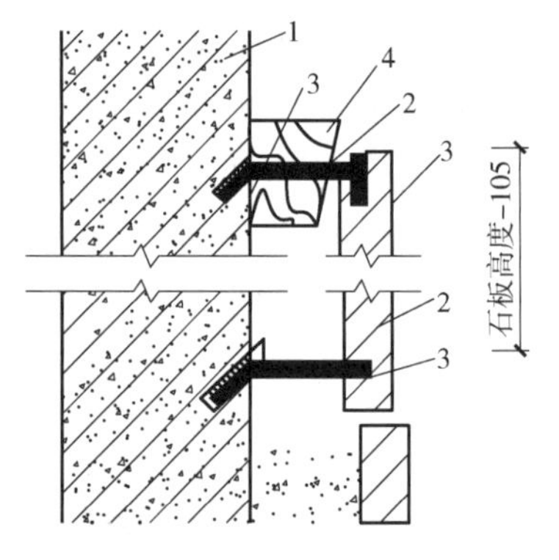

图 5-5　钉固定灌浆法

1—基体　2—U 形钉　3—硬木小楔　4—大头木楔

5.3　涂饰工程

涂饰工程是指将涂料敷于建筑物或构件表面，并能与建筑物或构件表面材料很好地粘结，干结后形成完整涂膜（涂层）的装饰饰面工程。建筑涂料（又称为建筑装饰涂料）是继传统刷浆材料之后产生的一种新型饰面材料，它具有施工方便、装饰效果好、经久耐用等优点，涂料涂饰是当今应用最为广泛的一种建筑饰面方式。

涂饰于物体表面能与基体材料很好粘结并形成完整而坚韧的保护膜的物料，称为涂料。

涂料与油漆是同一概念。现在的新型人造漆已趋向于少用油或完全不用油，而以水代油，或改用有机合成的各种树脂，统称为“涂料”。

涂饰工程材料的种类繁多，按其使用部位不同可分为内墙涂料、外墙涂料以及地面涂料，按化学成分不同可分为水性涂料（乳液型涂料、无机涂料、水溶性涂料等）、溶剂型涂料（聚氨酯丙烯涂料、丙烯酸酯涂料等）和美术涂料。

5.3.1 内墙涂料施工

1. 施工准备

（1）材料准备　内墙涂料施工所需的材料有涂料、胶粘剂、白水泥、大白粉、石膏粉、滑石粉等。涂料、胶粘剂等含有的苯、游离甲苯、游离甲苯二异氰酸酯（TDI）、总挥发性有机化合物（TVOC）的含量，应符合有关的规定。

（2）常用机具

1）滚涂、刷涂施工：涂料滚子、毛刷、托盘、手提电动搅拌器、涂料桶、高凳、脚手板等。

2）喷涂施工：喷枪、空气压缩机及料勺、木棍、氧气管、钢丝等。

2. 工艺流程

内墙涂料施工的工艺流程为：基层处理⟶刮腻子、磨光⟶刷涂料⟶清扫。

（1）基层处理　将墙面上的灰渣杂物等清理干净，用笤帚将墙面的浮灰、尘土等扫净。对于泛碱、析碱的基层应先用3%的草酸溶液清洗，然后用清水冲刷干净或在基层上满刷一遍耐碱底漆。

（2）刮腻子、磨光　用配好的石膏腻子，将墙面、窗口角等磕碰破损处的麻面、裂缝、接槎裂隙等分别找平补好，干燥后用砂纸将凸出处打磨平整。

然后用橡胶刮板横向满刮，一刮板接着一刮板，接头处不得留槎，每刮一刮板最后收头时，要收得干净利落。腻子配合比（质量比）为：聚醋酸乙烯乳液∶滑石粉（或大白粉）∶水＝1∶5∶3.5。待满刮腻子干燥后，用砂纸将墙面上的腻子残渣、斑迹等打磨平整、磨光，然后将墙面清扫干净。

（3）刷涂料　水性涂料可用滚涂法施工，用蘸取涂料的毛辊先将涂料大致涂在基层上；然后再用毛辊紧贴基层上下、左右来回滚动，使涂料在基层上均匀展开；最后用蘸有涂料的毛辊按一定方向满滚一遍，阴阳角及上下口可用排笔涂刷抹齐。

乳胶漆刷涂顺序宜按先左后右、先上后下、先难后易、先边后面的顺序进行，不得乱涂刷，以防漏涂或涂刷过厚、涂刷不均匀等。一般用排笔涂刷，使用新排笔时注意将活动的笔毛清理掉。乳胶漆涂料使用前应搅拌均匀，根据基层及环境温度情况，可加10%水稀释，以防第一遍涂料施涂不开。涂刷一般不少于两遍，应在前一道涂料表面干燥后再刷下一道，两道涂料的间隔时间一般为2h。

（4）清扫　涂料施工完毕，应及时修补和清扫，并清除预先盖在门窗等部位的遮挡物。

5.3.2 木基层涂料施工

木基层涂料的种类很多，常采用溶剂型涂料（油漆），现以混色油漆为例介绍木基层涂料施工。

1. 施工材料准备

（1）涂料　光油、清油、铅油、混色油漆、漆片等。

（2）填充料　石膏、大白粉、纤维素等。

（3）稀释剂　汽油、煤油、醇酸稀料、松香水、酒精等。

（4）催干剂　钴催干剂等液体料。

2. 工艺流程

木基层涂料施工的工艺流程为：基层处理──→刷清油一道──→抹腻子、磨砂纸──→刷第一遍油漆──→抹腻子、磨砂纸──→刷第二遍油漆──→磨砂纸──→刷最后一遍油漆。

（1）基层处理　基层处理包括清扫、起钉、除油污、挂灰土、磨砂纸。磨砂纸时先磨线角，后磨四口平面，顺木纹打磨，在木节疤和油迹处用酒精涂刷。

（2）刷清油一道　清油用汽油和光油配制，涂刷清油既可以保证木材含水率的稳定，又增加了面层与基层的附着力。在施工时应严格按涂刷次序涂刷，并涂刷均匀。

（3）抹腻子、磨砂纸　将裂缝、钉孔、边裱残缺处嵌批平整，要刮平刮全。待涂刷的清漆干透后进行批刮。上下冒头、榫头等处均应批刮到。磨砂纸时腻子要干透，注意不要将涂膜磨穿，保护好裱角，不要留松散腻子痕迹。磨完后应打扫干净，并用潮布将散落的粉尘擦净。

（4）刷第一遍油漆　油漆一般采用涂刷的方法，调和漆黏度较大，要多刷、多理，涂刷时应顺木纹刷涂，角线处不宜刷得过厚。门、窗及木饰面刷完后要仔细检查，看有无漏刷处，最后将活动门（窗）扇做好临时固定。

（5）再次抹腻子、磨砂纸　待第一遍油漆干透后，对底腻子收缩处或有残缺处，需再用腻子仔细批刮一次并打磨。具体要求与第三步相同。

（6）刷第二遍调和漆　刷第二遍油漆的方法和要求与刷第一遍相同。

（7）磨砂纸　磨砂纸的要求与前面相同，注意不要把底层油漆磨穿。

（8）刷最后一遍油漆　要注意油漆不流不坠、光亮均匀、色泽一致。油灰（玻璃胶）要干透，要仔细检查，固定活动门（窗）扇，注意成品保护。

5.3.3　涂饰工程的质量控制和检验

1. 水性涂料涂饰

1）所有涂料的品种、颜色、型号、性能等应符合设计要求。

2）涂饰均匀、粘结牢固，不得漏涂、透底、起皮和掉粉。

3）其他项目（如咬色、流坠）的质量应符合现行国家规范的相关规定。

2. 溶剂型涂料涂饰

1）所有涂料的品种、颜色、型号、性能等应符合设计要求。

2）涂饰均匀、粘结牢固，不得漏涂、透底、起皮和返锈。

3）其他项目（如光泽、刷纹、流坠）的质量应符合现行国家规范的相关规定。

5.4 吊顶工程

吊顶又称为悬吊式顶棚或天花板，它是指在建筑物结构层下部悬吊由骨架及饰面板组成的装饰构造层，吊顶时围合成室内空间的除墙体、地面以外的另一主要部分，它的装饰效果优劣，直接影响整个建筑空间的装饰效果。会议室吊顶如图 5-6 所示。

图 5-6 会议室吊顶

吊顶主要由悬挂系统、龙骨架、饰面层三部分及其相配套的连接件和配件组成。吊顶按结构形式可分为活动式装配吊顶（明龙骨）、隐蔽式装配吊顶（暗龙骨）、金属装饰板吊顶、开敞式吊顶和整体式吊顶，如图 5-7、图 5-8 所示。

图 5-7 活动式装配吊顶

图 5-8 隐蔽式装配吊顶

吊顶按材料可分为木龙骨吊顶、轻钢龙骨吊顶、铝合金龙骨吊顶、石膏板吊顶、金属装饰板吊顶、装饰板吊顶和采光板吊顶。

5.4.1 木龙骨吊顶

木龙骨吊顶是以木质龙骨为基本骨架，配以胶合板、纤维板或其他人造板作为罩面板材组合而成的吊顶体系，其加工方便，造型能力强，但不适用于大面积吊顶。

1. 施工准备

（1）材料准备 吊顶工程所用材料的品种、规格和质量应符合设计要求和国家现行标准的规定。严禁使用国家明令淘汰的材料。所有材料进场时应对其品种、规格、外观和尺寸进行验收。材料包装应完好，应有产品合格证书、中文说明书及相关性能的监测报告。

1）木料。木吊杆、木龙骨的含水率应小于 12%、无扭曲、无劈裂、不易变形。应使用材质较轻的树种，以红松、白松为宜。

2）罩面板材。胶合板、纤维板、纸面石膏板等按设计选用。

3）固结材料。圆钉、射钉、膨胀螺栓、胶粘剂。

4）吊挂连接材料。$\phi 6$ 或 $\phi 8$ 钢筋、角钢、钢板、8 号镀锌铅丝。

5）木材防腐剂、防火剂。

（2）工具准备　常用的工具包括电锯、电锤、型材切割机、射钉枪、手电钻、手锯、手刨子、钳子、螺丝刀、扳手、方尺、钢直尺、钢水平尺等。

2. 作业条件

基体或基层的质量验收合格，管道、设备、电气等的安装及调试基本完成后，方具备作业条件。

3. 工作流程

木龙骨吊顶的工艺流程为：弹线──→木龙骨处理──→木龙骨拼装──→安装吊点、吊杆──→安装管线设施──→固定沿墙龙骨──→龙骨吊装固定──→面板、压条安装。

（1）弹线　弹线包括弹吊顶标高线、吊顶造型位置线、吊挂点定位线、大中型灯具吊点定位线。

1）弹吊顶标高线。用水准仪在房间内每个墙（柱）角上找出水平点（若墙体较长，中间也应适当找几个点），弹出水准线（水准线距地面一般为 500mm）。应注意一个房间的基准高度线只能有一个。

2）确定吊顶造型线。对于规划的建筑空间，应根据设计要求，先在一个墙面量出吊顶造型位置线，并按该距离画出平行于墙面的直线，再从另外三个墙面用同样的方法画出直线，便可得到造型位置边框线，再根据边框线逐步画出造型的各个局部位置。对于不规则的建筑空间，可根据施工图测出造型边缘距墙面的距离，运用同样的方法找出吊顶造型边框的有关基本点，将各点连线，形成吊顶造型线。

3）确定吊挂点定位。可按每平方米一个均匀地布置，灯位处、承载部位和龙骨相接处应增加吊点。

（2）木龙骨处理

1）防腐处理。建筑装饰工程中所用的木质龙骨材料，应按规定选材并做防潮处理，同时也应涂刷防虫药剂。

2）防火处理。一般是将防火涂料涂刷或喷于木材表面，也可把木材置于防火涂料槽内浸渍。

（3）木龙骨拼装　大木龙骨规格为 50mm × 70mm 或 50mm × 100mm；小龙骨规格为 50mm × 50mm 或 40mm × 60mm；吊顶前应在楼地面进行木龙骨拼装，拼装面积在 $10m^2$ 时，在龙骨上要开出凹槽，咬口拼装，并用钉子固定，如图 5-9 所示。

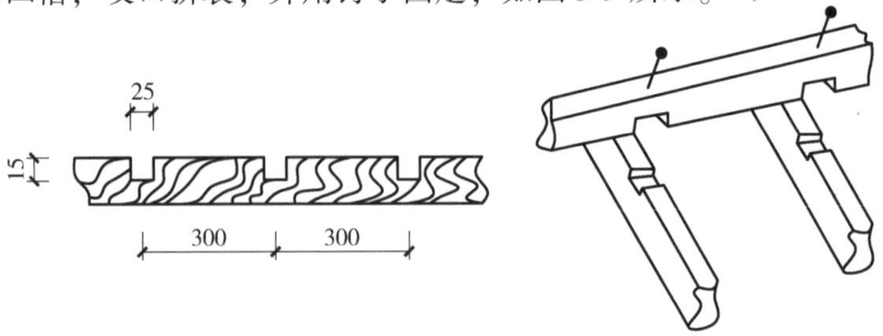

图 5-9　木龙骨利用槽口拼接示意图

（4）安装吊点、吊杆

1）吊点设置。吊点通常采用膨胀螺栓、射钉、预埋件等方法按设计要求事先埋设，具体方法如图 5-10 所示。

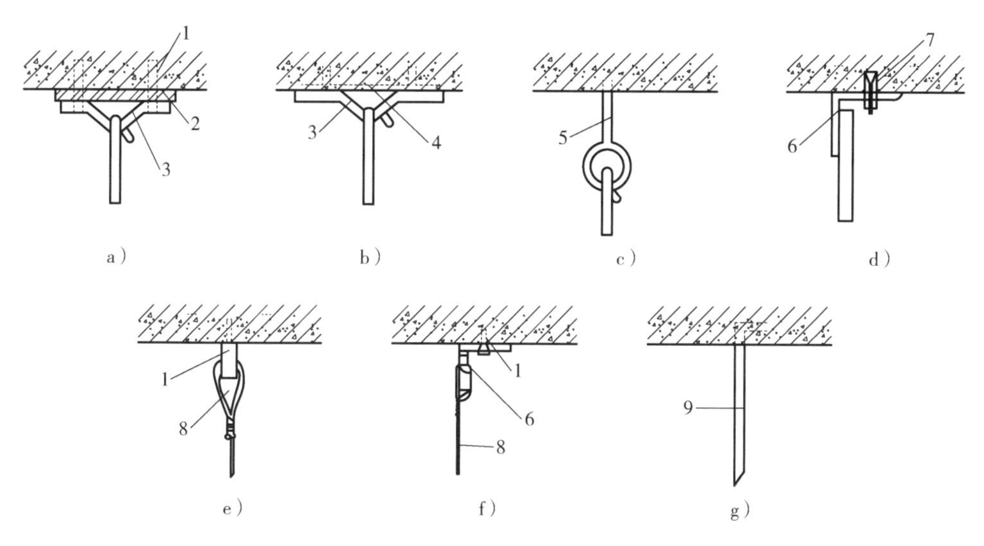

图 5-10　吊点嵌固示意图

a）射钉固定　b）预埋件固定　c）预埋 $\phi6$ 钢筋吊环
d）金属膨胀螺栓固定　e）射钉直接连接钢丝（或 8 号钢丝）　f）射钉角铁连接法
g）预埋 8 号镀锌钢丝
1—射钉　2—焊板　3—$\phi10$ 钢筋吊环　4—预埋钢板　5—$\phi6$ 钢筋　6—角钢　7—金属膨胀螺栓
8—镀锌钢丝（8 号、12 号、14 号）　9—8 号镀锌钢丝

2）吊杆安装。常采用的吊杆有木吊杆、角钢吊杆和扁铁吊杆，无论采用哪种形式的吊杆均应通直，根据经验宜每 3～4m^2 设一根，距主龙骨端部距离不得超过 300mm，当大于 300mm 时应增加吊杆。吊杆长度大于 1.5m 时，应设置反支撑。吊杆与设备相遇时，应调整并增设吊杆。

（5）安装管线设施　吊顶内的管线设施安装可根据设备工艺要求进行，但需注意设备管线的底标高与吊顶底标高的关系，同时还应满足管线设备检修的空间要求。

（6）固定沿墙龙骨　沿墙龙骨一般应按设计要求在沿墙（柱）上的水平龙骨线以上 10mm 处以间距 0.5～0.8m 固定木楔，并将沿墙龙骨钉在墙内的木楔上。如为混凝土墙（柱），可用射钉固定，射钉间距应不大于吊顶次龙骨的间距。沿墙木龙骨固定后，其底边应与其他龙骨底边标高一致。

（7）龙骨吊装固定

1）分片吊装。将拼接组合好的木龙骨架托起到吊顶标高位置，先做临时固定。然后，根据吊顶标高线拉出纵横水平基准线，进行整片龙骨架的调平，最后，将其靠墙部分与沿墙边龙骨钉接。

2）龙骨架与吊点固定。木龙骨与吊点的固定方法，根据选用的吊杆材质和构造而定，通常采用绑扎、钩挂、木螺钉固定等。

3）龙骨架调平和起拱。木龙骨安装后应及时校正其位置标高，检查并调整吊顶平整度，使误差保持在规定范围。当吊顶面积较大时，应采用起拱的方法平衡吊顶。起拱高度应满足设计要求，当设计无要求时，跨度为 7 ~ 10m，起拱量为跨度的 3/1000；跨度为 10 ~ 15m 时，起拱量为跨度的 5/1000。

（8）面板、压条安装　面板按材质可分为石膏板、装饰吸声饰面板、金属饰面板等类型。在选用饰面板时，不仅要考虑装饰效果和吊顶的耐久性，还应考虑防火、隔热、保温等。

1）接缝处理。常用接缝形式有对缝（密缝）、凹缝（离缝）和盖缝三种，如图 5-11 所示。

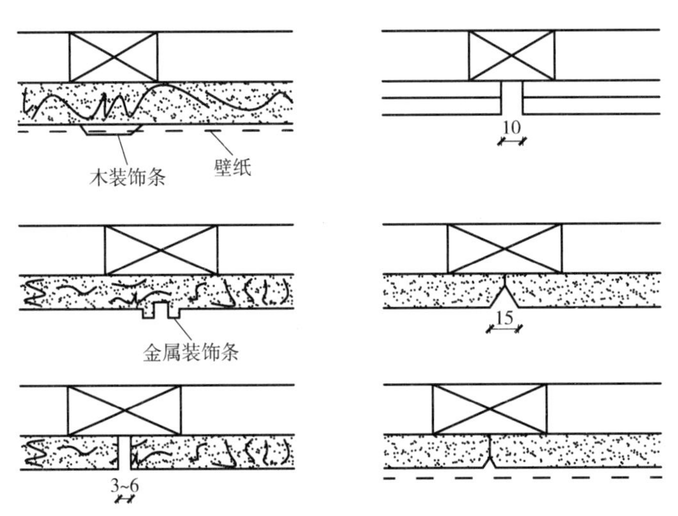

图 5-11　吊顶面层接缝处理

2）饰面板固定。基层板与龙骨的固定一般有钉接和粘结两种方式。

钉接法是用钢钉将基层板固定在木龙骨上，钉距为 80 ~ 150mm，钉长为 25 ~ 35mm，钉帽砸扁并进入板面 0.5 ~ 1mm。

粘结法用各种胶粘剂将基层板粘结于龙骨上，如矿棉吸声板可用 1∶1 水泥石膏粉加入适量 108 胶进行粘结。

3）压条安装。若设计采用压条做法时，按所弹的压条线位置进行压条安装，压条固定方法与饰面板的固定方法相同。

5.4.2　轻钢龙骨吊顶

轻钢龙骨吊顶以轻钢龙骨作为吊顶的基本骨架，以轻型装饰板材作为饰面层的吊顶体系，常用的饰面板有纸面石膏板、矿棉装饰吸声板、装饰石膏板等。目前，在装饰工程中常见的轻钢龙骨是由彩色喷塑钢带、钢板、镀锌钢带、钢板和薄壁冷轧钢带、钢板等轻金属薄质材料，通过冲压、冷弯等工艺加工出的顶棚装饰支承材料。

轻钢龙骨的分类方法较多。根据轻钢龙骨承载能力的大小，可分为轻型、中型和重型三种，或者上人吊顶龙骨和不上人吊顶龙骨。根据轻钢龙骨型材断面形状，可分为 U 形吊顶、C 形吊顶、T 形吊顶和 L 形吊顶及其略变形的其他相应形式。此外，以轻钢龙骨用途及安装部位为依据，还可分为边龙骨、覆面龙骨和承载龙骨等。

作为全新的建筑材料，轻钢龙骨不但能起到吸声隔声、防震防水等作用，还具备施工便捷、强度高、抗震性好、防火性能优秀、耐蚀性强、工期短和自重较轻等优点。

1. 材料准备

（1）轻钢龙骨　按截面形状主要分 U 形骨架和 T 形骨架两种形式，主要规格有 D60 系列、D50 系列、D38 系列和 D25 系列四种规格。

（2）零配件　主要包括吊杆（轻型用 $\phi6$ 或 $\phi8$，重型用 $\phi10$）、吊挂件、连接件、挂插件、花篮螺钉、射钉和自攻螺钉等。

（3）罩面板　纸面石膏板、石棉水泥板、矿棉吸声板、浮雕板、钙塑凹凸板和铝压缝条或塑料压缝条等。

2. 工具准备

常用工具有电动充电钻、无齿锯、射钉枪、手锯、手刨、螺丝刀和电动或气动螺钉旋具、扳手、方尺、钢直尺、钢水平尺等。

3. 工艺流程

轻钢龙骨吊顶的工艺流程包括：弹线──→确定吊点位置并安装吊杆──→安装主龙骨──→安装次龙骨、横撑龙骨──→安装罩面板。

（1）弹线　在结构基层上，依照设计要求用水准仪按吊顶设计标高在四周墙或柱上弹线，用以确定吊点和主、次龙骨位置的平面基准线，要求弹线准确、清晰。

（2）确定吊点位置并安装吊杆

1）确定吊点位置：单层骨架吊顶吊点间距为 800 ~ 1500mm（视罩面板材料密度、厚度、强度、刚度等性能而定）。双层轻钢 U 形、T 形龙骨骨架吊点间距≤1200mm。对于平顶吊顶，吊点在顶棚上均匀排布；对于有叠层造型的吊顶，应注意在分层交界处的吊点布置；较大的灯具和检修口位置也应该安排吊点来吊挂。

2）安装吊杆：吊杆紧固件或吊杆与楼面板或屋面板结构的连接固定有以下四种方式：

①用 M8 或 M10 膨胀螺栓将∠25 × 3 或∠30 × 3 角钢固定在楼板底面上。注意钻孔深度应≥60mm，打孔直径略大于螺栓直径 3mm。

②用 $\phi5$ 以上的射钉将角钢或钢板固定在楼板底面上。

③浇捣混凝土楼板时，在楼板底面（吊点位置）预埋件，可采用 150mm × 150mm × 6mm 钢板焊接 4$\phi8$ 锚爪，锚爪在板内锚固长度≥200mm。

④采用短筋法在现浇板浇筑时或预制板灌缝时预埋 $\phi6$、$\phi8$ 或 $\phi10$ 短钢筋，要求外露部分（露出板底）不小于 150mm。

（3）安装主龙骨　主龙骨应吊挂在吊杆上，间距通常为 900 ~ 1000mm。主龙骨分为轻钢龙骨和 T 形龙骨。轻钢龙骨可选用 UC50 中龙骨和 UC38 小龙骨。

主龙骨应平行房间长向安装，同时应起拱，起拱高度为房间跨度的 1/300 ~ 1/200。主龙骨的悬臂段不应大于 300mm，否则应增加吊杆。

相邻龙骨接长应采取对接且对接接头要相互错开。跨度大于 15m 以上的吊顶，应在主龙骨上每隔 15m 加一道大龙骨，并垂直主龙骨焊接牢固。

（4）安装次龙骨、横撑龙骨

1）安装次龙骨。在覆面次龙骨与承载主龙骨的交叉布置点，使用其配套的龙骨挂件

（又称为吊挂件、挂搭）将两者上下连接固定，龙骨挂件的下部勾挂住覆面龙骨，上端搭在承载龙骨上，将其U形或W形腿用钳子嵌入承载龙骨内，如图5-12所示。双层轻钢U形、T形龙骨骨架中龙骨间距为500～1500mm，如果间距大于800mm时，应在中龙骨之间增加小龙骨，小龙骨与中龙骨平行，与大龙骨垂直，并用小吊挂件固定。

2）安装横撑龙骨。横撑龙骨用中、小龙骨截取，其方向与中、小龙骨垂直，装在罩面板的拼接处，底面与中、小龙骨平齐，如装在罩面板内部或者作为边龙骨时，宜用小龙骨截取。横撑龙骨与中、小龙骨的连接，采用配套挂插件（又称为龙骨支托）或者将横撑龙骨的端部凸头插入覆面次龙骨上的插孔进行连接。

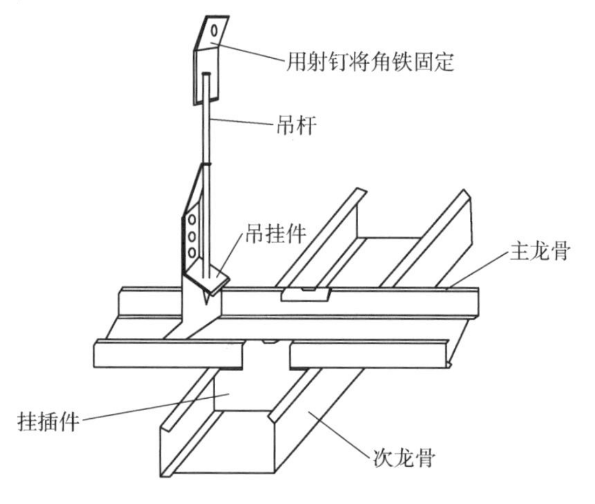

图5-12　主、次龙骨的连接示意

（5）安装罩面板

1）罩面板材安装方法主要有明装、暗装、半隐装三种。明装是纵横T形龙骨骨架均外露，饰面板只需要搁置在T形两翼上即可的一种方法。暗装是饰面板边部有企口，嵌装后骨架不暴露的一种方法。半隐装是饰面板安装后外露部分骨架的一种方法。

2）罩面板与轻钢骨架固定的方式主要有自攻螺钉钉固法、胶结粘固法和托卡固定法。

自攻螺钉钉固法的施工要点是先从顶棚中间顺通长次龙骨方向装一行罩面板作为基准，然后向两侧延伸分行安装，固定罩面板的自攻螺钉间距为150～170mm。钉帽应凹进罩面板表面以内1mm。

胶结粘固法的施工要点是按主粘材料性质选用适宜的胶结材料，如401胶等，使用前必须做粘结试验，掌握好压合时间。罩面板应经选配修整，使厚度、尺寸、边棱一致。每块罩面板粘结时应预装，然后在预装部位龙骨框底面刷胶，同时在罩面板四周边宽10～15mm的范围刷胶，过2～3min后，将罩面板压粘在预装部位，每间顶棚先由中间行开始，然后向两侧分行粘结。

托卡固定法多用于轻钢龙骨为T形时的罩面板安装。T形轻钢骨架通长次龙骨安装完毕，经检查标高、间距、平直度符合要求后，垂直通长次龙骨弹分块及卡档龙骨线。罩面板安装由顶棚的中间行次龙骨的一端开始，先装一根边卡档次龙骨，再将罩面板侧槽卡入T形次龙骨翼缘（暗装）或将无侧槽的罩面板装在T形翼缘上面（明装），然后安装另一侧卡档次龙骨。按上述程序分行安装。若为明装时，最后分行拉线调整T形明龙骨的平直度。

4. 轻钢龙骨吊顶施工注意事项

1）对顶棚进行施工前，顶棚里全部管线，如供水管道、消防管道、空调管道和包含背景音乐系统、设备自控系统、自动门系统、保安监控管理系统、综合布线在内的所有智能建筑弱电系统工程线路等，务必安装就位且完成基本调试。

2）为确保吊顶工程的设计使用年限和使用中不被污染，对于所有的膨胀螺栓和吊筋需要进行防锈处理。

3）为确保吊顶骨架的牢靠性和整体性，需要对龙骨接长的接头错位进行安装，对于相邻的三排龙骨，其接头不得接于相同直线上。

4）顶棚里的剪刀撑、斜撑和灯槽等，需要依照详细设计进行施工。轻型灯具能够吊装在主龙骨或是附加龙骨上，电扇、重型灯具不应同吊顶龙骨相连，需另外设置吊装吊钩。

5）配套的嵌缝石膏粉是通过精细的半水石膏粉加入特定的缓凝剂等物质加工出来的，其应用以填平钉孔和纸面石膏板填充缝隙等为主。

6）温度的变化并不能给纸面石膏板的线性收缩、膨胀带来很大的变动，空气湿度却能给纸面石膏板的线膨胀系数造成显著的影响。为确保装修的质量，防止干燥条件下产生裂缝，通常情况下不应该在湿度较大的环境进行嵌缝。

7）对于面积大的纸面石膏板吊顶，还需注意膨胀缝的设置，防止由于温度变化引发裂缝。

5.4.3 吊顶工程施工质量验收

1. 主控项目

1）吊顶标高、尺寸、起拱和造型应符合设计要求。

2）饰面材料的材质、品种、规格、图案和颜色应符合设计要求。

3）吊杆、龙骨的材质、规格、安装间距和连接方式应符合设计要求，安装必须牢固。金属吊杆、龙骨应经过表面防腐处理；木吊杆、龙骨应进行防腐、防火处理。

2. 一般项目

1）饰面材料表面应洁净、色泽一致，不得有翘曲、裂缝和缺损。饰面板与明龙骨的搭接应平整、吻合，压条应平直、宽窄一致。

2）饰面板上的灯具、烟感器、喷淋头、风口篦子等设备的位置应合理、美观，与饰面板的交接应吻合、严密。

3）吊顶内填充吸声材料的品种和铺设厚度应符合设计要求，并应有防散落措施。

5.5 建筑机器人在装饰装修工程中的应用

5.5.1 地砖铺贴机器人

目前，在装修房子时，大都会铺地砖。但传统的铺地板不仅浪费大量的人力和时间，还特别考验工作人员的技术。为此相关人员发明了地砖铺贴机器人，不仅节省了很多时间，还解放了工人的双手，让工人不用自己动手就能够铺设好地砖，而且操作起来也非常简单，如图 5-13 所示。地砖铺贴机器人是一款用于室内地砖铺贴的自动化机器人。通过激光导航技术、视觉识别技术、标高定位系统，机器人可

图 5-13　地砖铺贴机器人

实现自动行走、精准移动、自主铺贴，完成瓷砖胶铺设、地砖运输、地砖铺设施工一体化作业，广泛应用于住宅、高铁站、机场、写字楼、学校等场景。

5.5.2 墙纸铺贴机器人

墙纸铺贴机器人集墙纸输送、上胶、裁剪、铺贴等功能于一体，并可以沿规划的路径自动行驶，实现智能化无人作业，如图 5-14 所示。

机器人上端设有摄像头，相当于机器人的眼睛，通过眼睛发射出红色的激光线来进行对准，然后墙纸被自动地送到前面的黑色滚轮上。这个黑色的滚轮相当于机器人的手臂，手臂根据对准的光线进行姿态的调整，把墙纸贴到准确的位置。同时，机器人搭载多融合传感器系统，可实时调整机身姿态，保证墙纸铺贴的垂直度和拼接精度，实现高质量墙纸铺贴作业。

5.5.3 砂浆喷涂机器人

砂浆喷涂机器人适用于室内高精度砌砖墙体薄抹灰工程施工，如图 5-15 所示。机器人采用激光雷达与 BIM 技术结合可自主定位导航和智能路径规划，在自动供料下实现砂浆均匀喷涂上墙，为人工刮平墙面作业夯实基础，可根据不同场景切换不同作业模式，喷涂厚度根据需求精准可控。综合工效可达到传统人工喷涂的两倍以上。

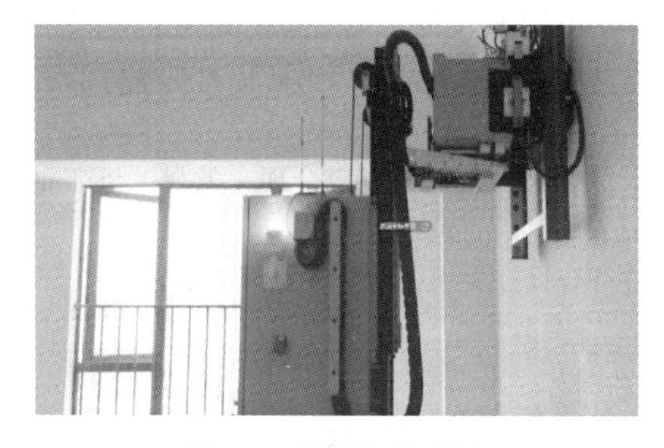

图 5-14　墙纸铺贴机器人

图 5-15　砂浆喷涂机器人

思考题及习题

1. 一般抹灰层的组成、作用和要求是什么？
2. 简述一般抹灰工程的施工工艺流程。
3. 装饰抹灰有哪几种？装饰抹灰技术与一般抹灰有什么区别？
4. 各抹灰层的作用及施工要求是什么？
5. 试述木龙骨吊顶、轻钢龙骨吊顶的构造及安装施工要求。

第6章　流水施工原理

学习要点

本章主要介绍了施工组织的形式，流水施工的概念、分类；重点说明了流水施工参数及其相互关系。通过本章学习，了解流水施工的概念及特点，掌握流水施工的主要参数及其确定方法；掌握流水指示图表的绘制方法；掌握固定节拍流水、成倍节拍流水和分别流水的组织方法。

6.1　施工组织方式

工程施工不同的组织方式导致技术经济效益存在差异。工程施工组织方式常见有三种，即依次施工、平行施工和流水施工。

1. 依次施工

依次施工是将拟建工程项目的建造过程进行分解，分解完毕的施工过程按照一定的施工顺序，进行逐个施工过程施工。依次施工是一种最基本、最原始的施工组织方式。

（1）依次施工的优点

1）一次只进行一个施工过程的施工，单位时间内对人、机械等资源需求量少，资源供应及时。

2）施工现场的组织、管理较简单。

（2）依次施工的缺点

1）不能充分利用施工场地空间，工期长。

2）若采用专业工作队，则必然产生窝工现象或调动频繁，不能连续作业。

3）若采用综合化施工队，则不利于改进施工工艺、提高工程质量、提高工人的操作技术水平和劳动生产率。

【例6-1】四幢建筑编号分别为Ⅰ、Ⅱ、Ⅲ、Ⅳ，有挖土方、垫层、砌基础、回填土4道工序，假设施工天数均为4天，按依次施工组织如图6-1所示。

2. 平行施工

平行施工是将拟建工程项目的建造过程进行分解，分解完毕的施工过程分别组织若干个相同的工作队，在同一时间、不同空间进行施工作业。

（1）平行施工的优点

1）可充分利用空间，无空余施工段。

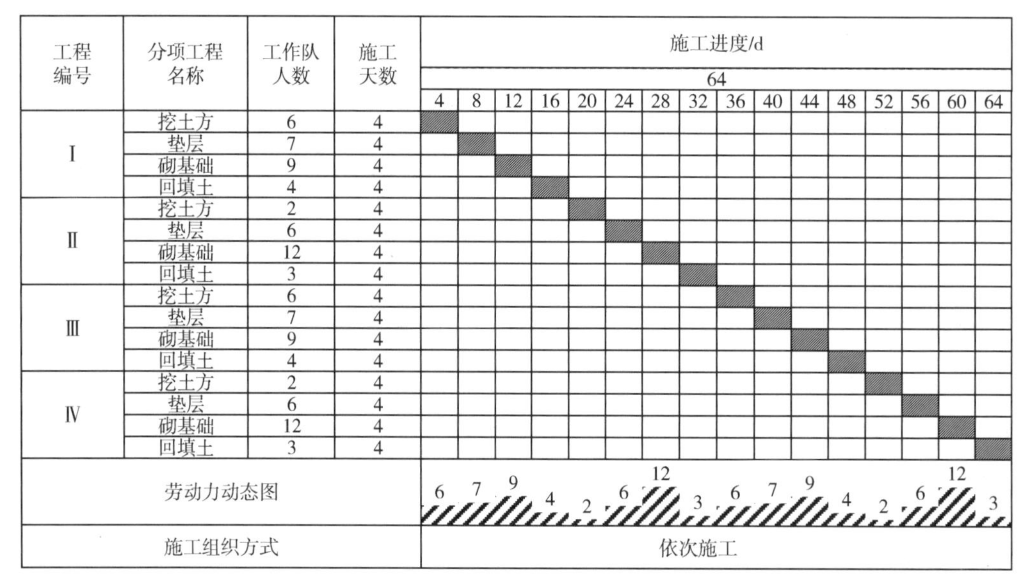

工程编号	分项工程名称	工作队人数	施工天数	施工进度/d（64）
Ⅰ	挖土方	6	4	
	垫层	7	4	
	砌基础	9	4	
	回填土	4	4	
Ⅱ	挖土方	2	4	
	垫层	6	4	
	砌基础	12	4	
	回填土	3	4	
Ⅲ	挖土方	6	4	
	垫层	7	4	
	砌基础	9	4	
	回填土	4	4	
Ⅳ	挖土方	2	4	
	垫层	6	4	
	砌基础	12	4	
	回填土	3	4	
劳动力动态图				6 7 9 4 2 6 12 3 6 7 9 4 2 6 12 3
施工组织方式				依次施工

图 6-1　依次施工

2）多个队伍同时工作，可以缩短工期。

（2）平行施工的缺点

1）适用于组织综合工作队施工，导致专业化程度低，不利于提高工程质量和劳动生产率。

2）若采用专业工作队施工，但施工队伍不能连续作业。

3）单位时间投入施工的资源量成倍增加，临时设施也相应增加。

4）现场施工组织、管理、协调、调度复杂。

【例 **6-2**】如【例 6-1】，按平行施工组织则如图 6-2 所示。

工程编号	分项工程名称	工作队人数	施工天数	施工进度/d 16：4	8	12	16
Ⅰ	挖土方	6	4				
	垫层	7	4				
	砌基础	9	4				
	回填土	4	4				
Ⅱ	挖土方	2	4				
	垫层	6	4				
	砌基础	12	4				
	回填土	3	4				
Ⅲ	挖土方	6	4				
	垫层	7	4				
	砌基础	9	4				
	回填土	4	4				
Ⅳ	挖土方	2	4				
	垫层	6	4				
	砌基础	12	4				
	回填土	3	4				
劳动力动态图				16	26	42	14
施工组织方式				平行施工			

图 6-2　平行施工

3. 流水施工

流水施工是将拟建工程项目从工艺上分为若干施工过程，在平面上分为若干个施工段，在垂直方向上划分为若干个施工层，组建专业施工队伍，各个专业施工队伍按照施工顺序安排先后进入各个施工段进行专业化作业，并严格按照计划的时间完成承担的专业化工作任务。

（1）流水施工的特点

1）能充分利用空间（施工段），能争取时间（部分作业实现平行作业）；若将相邻工序进行合理地搭接，能进一步压缩工期。

2）各专业施工队伍连续作业，无窝工现象。

3）专业施工队伍实行专业化生产，操作技术、质量和劳动生产率得到提高。

4）资源使用更合理，有利于保障供应。

5）有利于安全文明施工和科学管理。

【**例 6-3**】如【例 6-1】，按流水施工组织如图 6-3 所示。

工程编号	分项工程名称	工作队人数	施工天数	施工进度/d						
				28						
				4	8	12	16	20	24	28
Ⅰ	挖土方	6	4							
	垫层	7	4							
	砌基础	9	4							
	回填土	4	4							
Ⅱ	挖土方	2	4							
	垫层	6	4							
	砌基础	12	4							
	回填土	3	4							
Ⅲ	挖土方	6	4							
	垫层	7	4							
	砌基础	9	4							
	回填土	4	4							
Ⅳ	挖土方	2	4							
	垫层	6	4							
	砌基础	12	4							
	回填土	3	4							
劳动力动态图				6	9	21	25	18	16	3
施工组织方式				流水施工						

图 6-3 流水施工组织

通过对图 6-1 至图 6-3 对比分析，可以发现流水施工是最有效、最科学的组织方法，能够使施工活动的节奏性、均衡性和连续性处于最优水平；空间、时间利用合理；通过专业化生产充分利用资源，达到缩短工期、提高质量、降低成本的目的。

流水施工主要有水平和垂直指示图表两种。流水施工水平指示图（亦称横道图），其表达方式如图 6-4 所示。流水施工垂直指示图如图 6-5 所示。

（2）流水施工的类型　流水施工的类型一般可按流水施工对象的范围和流水节奏的特征予以划分。

1）按流水施工对象的范围分类。根据组织流水施工的工程对象范围，可分为分项工程流水施工、分部工程流水施工、单位工程流水施工和群体工程流水施工。

施工过程编号	施工进度/d							
	2	4	6	8	10	12	14	16
Ⅰ	①	②	③	④				
Ⅱ		①	②	③	④			
Ⅲ			①	②	③	④		
Ⅳ				①	②	③	④	
Ⅴ					①	②	③	④

图 6-4　水平指示图表

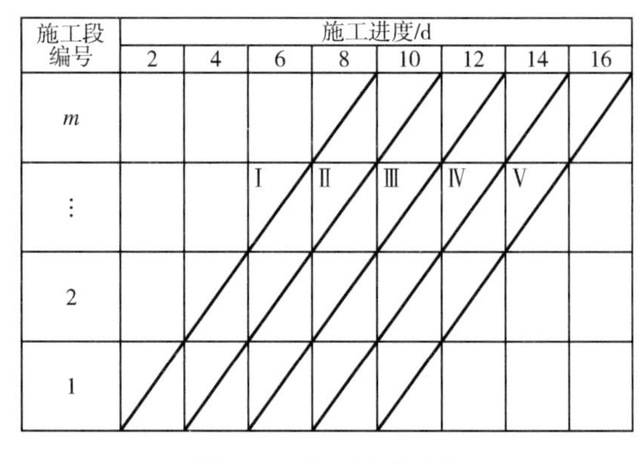

图 6-5　垂直指示图表

2）按流水节奏的特征分类。按流水节奏的特征，流水施工又分为有节奏的流水和无节奏的流水两大类。

6.2　流水施工参数

流水施工的参数主要有施工过程数、施工段数、流水节拍、流水步距、流水施工工期等参数。

1. 施工过程数 n

任何一项工程的施工都是由若干施工过程所组成，所指的施工过程可以是分项工程、分部工程或是单位工程。施工过程的划分应考虑工程特点、进度要求、施工方案和施工工艺。例如挖土、垫层、支模板、绑扎钢筋可以作为施工过程，基础工程、主体工程、屋面工程等也可以作为施工过程；而砂浆、混凝土的制备、运输等过程，则在流水施工组织中不予考虑。施工过程数要适量，不宜太多或太粗，以免计划过于繁琐或笼统。

2. 施工段数 m

施工段的划分是组织流水施工的前提。施工段数要合理，不合理会导致拖延工期或无法实施流水施工。

施工段划分的要求：

1）各个施工段上的劳动量大致相等，幅度差控制在 10% ~15% 。

2）施工段要满足专业工种施工的要求，使容纳的劳动力（或机械）均满足要求。

3）施工段的分界线应与温度缝或伸缩缝等处合二为一，若分界线必须设在墙体上时，亦应设在门窗洞口处，以减少留槎和接槎。

4）多层建筑物的施工段数即为各层施工段数之和，各层之间段数应相等，保证专业工作队在各个施工层能有节奏、均衡、连续地进行。

施工段数 m 和施工过程数 n 的关系：

当 $m>n$ 时，容易造成工作面闲置，但是施工队伍能够保持连续施工。

当 $m<n$ 时，工作面充分利用，而施工队伍易产生窝工。

当 $m=n$ 时，工作面充分利用，施工队伍连续施工。

因此，要组织流水施工，施工段数 m 应大于或等于施工过程数 n。

3. 流水节拍t_i

流水节拍是指某专业施工队从开始进入某一施工段进行施工到完成施工任务的持续时间。流水节拍的大小可反映出流水施工速度的快慢、节奏感的强弱和资源消耗量的多少。

按流水节拍的数值特征，可分为固定节拍（等节拍）专业流水、成倍节拍（异节拍）专业流水和分别（无节奏）流水三种。

（1）确定流水节拍应考虑的因素

1）工期：能有效保证或缩短计划工期。

2）工作面：既能安置足够数量的操作工人或施工机械，又不降低劳动（机械）效率。

3）资源供应能力：各施工段能投入的劳动力或施工机械台数、材料供应。

4）劳动效率：能最大限度发挥工人或机械的劳动（机械）效率。

（2）流水节拍的确定方法

1）经验估算法

根据以往的施工经验先估算该流水节拍的最长、最短和正常三种时间，再按式（6-1）求出期望的流水节拍。

$$t_i = (a + 4c + b)/6 \tag{6-1}$$

式中　t_i——某施工过程在某施工段上的流水节拍；

a——某施工过程在某施工段上的最短估算时间；

b——某施工过程在某施工段上的最长估算时间；

c——某施工过程在某施工段上的正常估算时间。

经验估算法常用于有同类型施工经验的工程或无定额可循的工程。

2）定额计算法

根据各施工段拟投入的资源能力确定流水节拍。可按式（6-2）计算。

$$t_i = \frac{Q}{RS} = \frac{P}{R} \tag{6-2}$$

式中　t_i——流水节拍；

Q——专业施工队在某施工段施工工程量；

R——专业施工队的人数（或机械台数）；

S——产量定额，即单位时间（工日或台班）完成的工程量；

P——某施工段所需的劳动量（或机械台班量）。

3）工期计算法

按工期的要求在规定期限内必须完成的工程项目，往往采用“倒排进度法”。首先根据工期倒排施工进度，确定主导施工过程的流水节拍，然后安排需要投入的相关资源；其次确定流水节拍：若同一施工过程的流水节拍不等，则用估算法；若流水节拍相等，可按式（6-3）计算。

$$t_i = T/m \tag{6-3}$$

式中，t_i 是流水节拍；T 是某施工过程的工作持续时间；m 是某施工过程划分的施工段数。

4. 流水步距 K

流水步距是指相邻两个专业队先后进入同一施工段开始工作的时间间隔。当施工段确定后，流水步距的大小同流水节拍一样，均直接影响流水施工的工期。流水步距大，则工期长；流水步距小，则工期短。流水步距的数目取决于参加流水的施工过程数或专业工作队数，如施工过程数为 n 个，则流水步距的总数为 $n-1$。

确定流水步距的基本要求是：

1）要始终保持两个施工过程先后的工艺顺序，尽可能使前后两施工过程的施工时间相互搭接，而这种搭接必须在技术上可行，又不影响前一工作队的正常工作，亦不会打乱流水节奏，影响均衡施工。

2）保持各施工过程的连续作业，妥善处理技术间歇时间，避免发生停工、窝工现象。

3）流水步距至少应为一个工作班或半个工作班。正确的流水步距应与流水节拍保持一定的关系，它应根据施工工艺、流水方式的类型和特殊要求通过计算确定。

5. 间歇时间及搭接时间

由于工艺要求或组织因素，流水施工中两个相邻的施工过程往往需预留一定的间隙时间用于满足技术、工艺及组织的要求，此时间称为间歇时间。如楼板混凝土浇筑后需一定的养护时间才能进行后道工序的施工；屋面找平层完成后需干燥才能进行防水层的施工，称为技术（工艺）间歇；如基坑持力层验槽、回填土前的隐蔽工程验收、装修开始前的主体结构验收或安全检查等，称为组织间歇。

工艺间隙和组织间隙在流水施工时，可与相应施工过程一并考虑，也可分别考虑，灵活运用工艺间隙和组织间隙的时间参数特点，对简化流水施工的组织有特殊的作用。

搭接时间是指施工和施工过程之间可以平行工作的时间，即当前一个施工过程已经开始一段时间，后一个施工过程提前插入该施工段，两个施工过程同时在一个施工段内施工，并不相互影响。

6. 流水施工工期 T

流水施工工期是指从第一个专业工作队投入流水作业开始，到最后一个专业工作队完成最后一段施工过程的工作为止的整个持续时间。由于一项工程往往是由几个流水组或施工过程所组成，所以这里所说的流水施工工期，并不是整个工程的总工期。流水施工的工期要受工程总工期的制约，应确保工程总工期目标的实现。

流水施工的工期应与流水步距、流水节拍及间歇时间、搭接时间等有关。其通用表达式见式（6-4）。

$$T = T_1 + T_2 + T_3 - T_4 \tag{6-4}$$

$$T_1 = \sum K_i;\ T_2 = \sum t_i;\ T_3 = \sum z_i;\ T_4 = \sum c_i;$$

式中，T 是流水施工的计算总工期；T_1 是流水步距之和；T_2 是最后一个施工过程持续时间之和，或者最后一个施工段上施工过程持续时间之和；T_3 是技术或组织间歇时间之和；T_4 是技术或组织搭接时间之和；K 是流水步距；t_i是流水节拍；z_i是技术或组织间歇；c_i是搭接时间。

6.3 流水施工的组织

在建筑施工中，分部工程流水（即专业流水）是组织流水施工的基础，根据工程施工的特点和流水参数的不同，一般专业流水施工组织分固定节拍流水、成倍节拍流水和分别流水三种。其中前两种属有节奏流水，后一种属无节奏流水。

6.3.1 固定节拍流水

固定节拍流水是一种最有规律的施工组织形式，即所有施工过程在各施工段的流水节拍彼此相等，且等于流水步距，即 $t_i = K =$ 常数，其工期计算公式为 $T = (m + n - 1)K$。

【例 6-4】某基础工程施工分 4 个施工过程，3 个施工段，流水节拍为 5d，试计算固定节拍流水施工的工期。

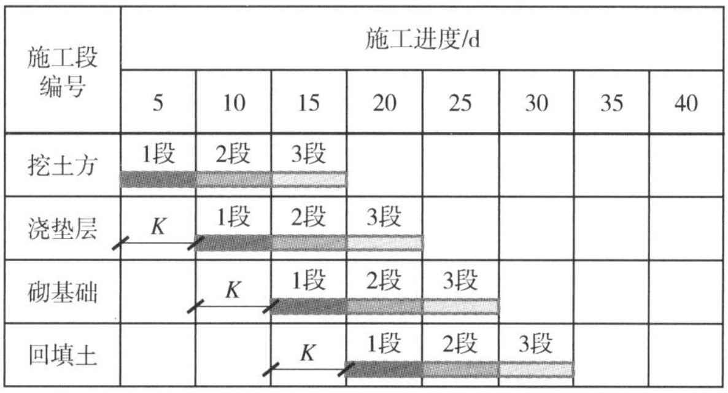

施工段编号	施工进度/d							
	5	10	15	20	25	30	35	40
挖土方	1段	2段	3段					
浇垫层	K	1段	2段	3段				
砌基础		K	1段	2段	3段			
回填土			K	1段	2段	3段		

图 6-6 固定节拍流水施工横道图

如图 6-6 所示，$m = 3$，$n = 4$，$t_1 = t_2 = t_3 = t_4 = K = 5$，流水工期：$T = (m + n - 1)K = (3 + 4 - 1) \times 5 = 30\text{d}$。

对某些施工过程需考虑技术间歇时，则在这种情况下，其流水工期为

$$T = (m + n - 1)K + \sum Z \tag{6-5}$$

如【例 6-4】所示，挖土方后需要基坑验槽 5d，固定节拍流水工期如图 6-7 所示，工期 T 为 35d。

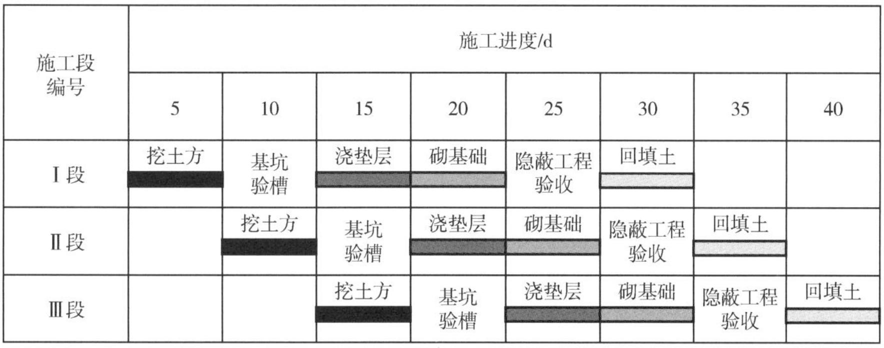

施工段编号	施工进度/d							
	5	10	15	20	25	30	35	40
Ⅰ段	挖土方	基坑验槽	浇垫层	砌基础	隐蔽工程验收	回填土		
Ⅱ段		挖土方	基坑验槽	浇垫层	砌基础	隐蔽工程验收	回填土	
Ⅲ段			挖土方	基坑验槽	浇垫层	砌基础	隐蔽工程验收	回填土

图 6-7 考虑间歇时固定节拍流水施工横道图

6.3.2 成倍节拍流水

在实际施工组织中，由于工作面的不同或劳动力数量的不等，各施工过程的流水节拍（持续时间）完全相等的情况是少见的。在组织流水施工时，如果同一施工过程在各施工段上的流水节拍相等，不同施工过程在同一施工段上的流水节拍之间存在一个最大公约数，能使各施工过程的流水节拍互为整倍数，据此组织的流水作业称为成倍节拍流水。

【例 6-5】某钢筋混凝土结构主体共分三个施工过程，$t_{模}=6d$，$t_{钢筋}=4d$，$t_{混凝土}=2d$，施工段 $m=6$，试组织流水施工。

当工作面连续时，横道图如图 6-8 所示。

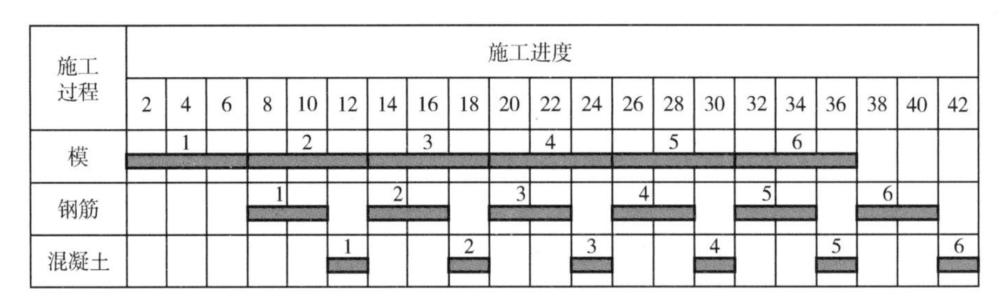

图 6-8 空间连续时施工横道图

当施工过程连续时，横道图如图 6-9 所示。

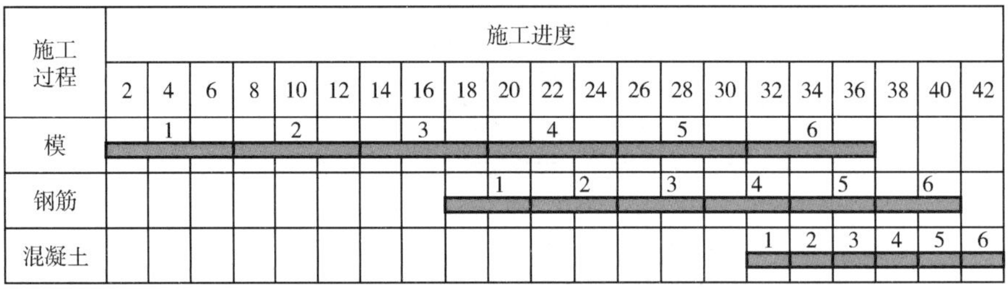

施工过程	施工进度																				
	2	4	6	8	10	12	14	16	18	20	22	24	26	28	30	32	34	36	38	40	42
模		1			2			3			4			5			6				
钢筋										1		2		3		4		5		6	
混凝土																1	2	3	4	5	6

图 6-9 时间连续时施工横道图

对比图 6-8、图 6-9 可以发现，若空间连续，则施工过程不连续；若施工过程连续，则空间不连续。即一般成倍节拍流水进行组织时无法实现空间与施工过程均连续。

为克服上述两种组织方式的弊端，结合固定节拍流水组织的原理，由于工作之间存在倍数关系，可以考虑增加施工队，再组织进行施工。首先应求出各施工过程流水节拍 t 的最大公约数 K，K 即流水步距，在数值上应小于最大的流水节拍，并要大于 1；只有最大公约数等于 1 时，该流水步距才能等于 1，这样就可得出每个施工过程的流水节拍是 K 的倍数；然后分别组织相同倍数的专业工作队共同完成同一施工过程。

同一施工过程专业工作队数目可按式（6-6）计算。

$$b=\frac{t_i}{K} \tag{6-6}$$

式中 b——某施工过程专业工作队数；

t_i——流水节拍；

K——流水步距。

各专业流水的专业队数总和 $n = \sum b$

在成倍节拍流水中，工期 T 为

$$T = (m + n - 1)K + \sum z - \sum c \tag{6-7}$$

【例6-6】某建筑群为4栋相同的住宅，主要施工过程的流水节拍（持续时间）为：基础1个月、主体3个月、内外装修2个月，室外工程及收尾2个月。试按成倍节拍流水组织施工。

【解】假定支模板、绑扎钢筋和浇筑混凝土三个分项工程依次由专业工作队Ⅰ、Ⅱ、Ⅲ、Ⅳ完成。

（1）确定流水步距

$$K = \text{最大公约数}[1、3、2、2] = 1 \text{（月）}$$

（2）确定分项工程专业工作队数目

$$b_{\text{Ⅰ}} = 1/1 = 1 \text{（个）}$$

$$b_{\text{Ⅱ}} = 3/1 = 3 \text{（个）}$$

$$b_{\text{Ⅲ}} = 2/1 = 2 \text{（个）}$$

$$b_{\text{Ⅳ}} = 2/1 = 2 \text{（个）}$$

（3）专业工作队总数目

$$n = 1 + 3 + 2 + 2 = 8 \text{（个）}$$

（4）求施工段数

$$m = 4$$

（5）计算工期

$$T = (4 + 8 - 1) \times 1 = 11 \text{（月）}$$

（6）绘制成倍节拍流水施工横道图（图6-10）

施工段编号	施工进度/月														
	1	2	3	4	5	6	7	8	9	10	11	12	13	14	15
1栋	基础	主体1	主体2	主体3	装修1	装修2	室外1	室外2							
2栋		基础	主体1	主体2	主体3	装修1	装修2	室外1	室外2						
3栋			基础	主体1	主体2	主体3	装修1	装修2	室外1	室外2					
4栋				基础	主体1	主体2	主体3	装修1	装修2	室外1	室外2				

图6-10　成倍节拍流水施工横道图

6.3.3　分别流水

在实际工程施工中，固定节拍流水和成倍节拍流水出现的概率较小，而大多数情况下，由于各个专业施工队生产效率差异，导致流水节拍大小不等。为避免窝工或停工现象，最优实现方式是使得相邻两个专业工作队形成平行搭接作业，并实现专业施工队连续作业的流水施工组织方式，称为分别流水（亦称无节奏流水）。

组织分别流水的关键，是如何合理地确定各施工过程相邻两个专业工作队之间的流水步距，使每个施工过程既不出现作业超前现象，又能紧密地衔接，并使每个专业工作队都能够连续作业。

确定流水步距的常用计算方法为潘特考夫斯基法（也称累加斜减计算法）。其核心思想为："累加数列错位相减，取其最大差。"其计算步骤如下：

1）根据专业工作队在各施工段上的流水节拍，求累加数列。

2）根据施工顺序，对所求相邻的两累加数列，错位相减。

3）根据错位相减的结果，确定相邻专业工作队之间的流水步距，即相减结果中数值最大者便是流水步距。

【例 6-7】某工程由四个施工过程Ⅰ、Ⅱ、Ⅲ、Ⅳ组成，有 A、B、C、D 四个施工段，每个专业工作队在各施工段上的流水节拍见表 6-1。试按分别流水组织施工。

表 6-1　各施工过程的流水节拍

专业过程	流水节拍/d			
	A	B	C	D
Ⅰ	4	2	5	3
Ⅱ	5	3	4	4
Ⅲ	4	4	3	5
Ⅳ	3	5	1	4

【解】（1）求各专业工作队的累加数列

Ⅰ：4，6，11，14

Ⅱ：5，8，12，16

Ⅲ：4，8，11，16

Ⅳ：3，8，9，13

（2）错位相减

Ⅰ与Ⅱ：

$$
\begin{array}{rrrrrr}
 & 4, & 6, & 11, & 14 & \\
-) & & 5, & 8, & 12, & 16 \\
\hline
 & \boxed{4}, & 1, & \boxed{3}, & 2, & -16
\end{array}
$$

Ⅱ与Ⅲ：

$$
\begin{array}{rrrrrr}
 & 5, & 7, & 12, & 16 & \\
-) & & 4, & 8, & 11, & 16 \\
\hline
 & \boxed{5}, & 3, & \boxed{4}, & \boxed{5}, & -16
\end{array}
$$

Ⅲ与Ⅳ：

$$
\begin{array}{rrrrrr}
 & 4, & 7, & 11, & 16 & \\
-) & & 3, & 8, & 9, & 13 \\
\hline
 & 4, & 4, & 3, & \boxed{7}, & -13
\end{array}
$$

(3) 确定流水步距

因流水步距等于错位相减所得结果中数值最大者，所以：

$K_{Ⅰ,Ⅱ}=\max[4, 1, 3, 2, -16]=4$ (d)

$K_{Ⅱ,Ⅲ}=\max[5, 3, 4, 5, -16]=5$ (d)

$K_{Ⅲ,Ⅳ}=\max[4, 4, 3, 7, -13]=7$ (d)

(4) 计算流水工期

流水工期 T 可按式（6-3）进行计算，则本例的流水工期 T 为

$$T=(4+5+7)+(3+5+1+4)=29\ (d)$$

(5) 绘流水指示图表

分别流水施工横道图如图6-11所示。

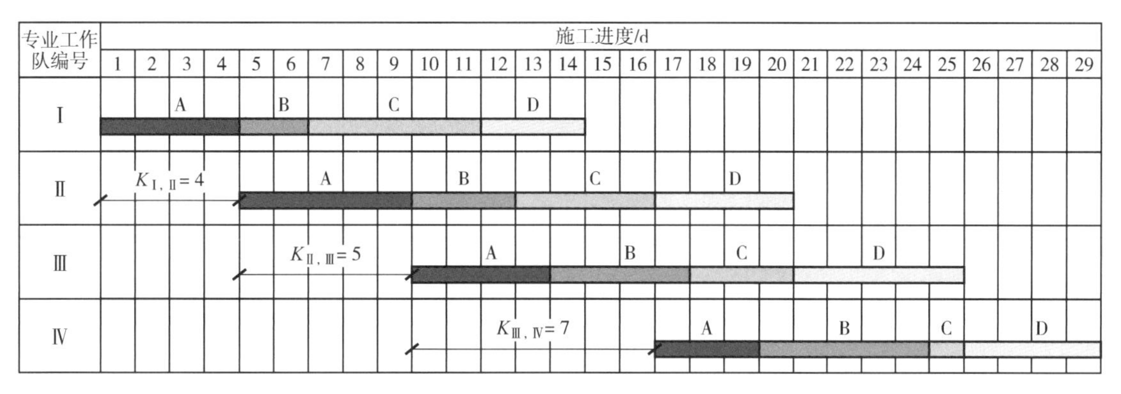

图6-11 分别流水施工横道图

思考题及习题

1. 试比较依次施工、平行施工、流水施工各具有哪些特点？

2. 流水施工组织有哪几种类型？

3. 试述流水参数的概念，划分施工段和施工过程的原则。如何确定流水节拍和流水步距？

4. 试述固定节拍流水和成倍节拍流水的组织方法。

5. 试述分别流水的组织方法，如何确定其流水步距？

6. 流水步距对流水工期的影响是什么？

7. 流水工期与施工工期的区别是什么？

8. 施工段数与施工过程数之间存在三种关系，不同关系下施工组织的特点是什么？

9. 累加斜减计算法中，“累加斜减”的原因是什么？

10. 某施工项目由A、B、C、D共4个施工过程组成，它在平面上划分为4个施工段。各过程在各个施工段上的持续时间见表6-2。施工过程Ⅱ完成后，其相应施工段至少有技术间歇时间2d；施工过程Ⅲ完成后，它的相应施工段应有组织间歇时间1d。试组织该工程的流水施工。

表 6-2　第 10 题施工持续时间表

施工过程	Ⅰ段	Ⅱ段	Ⅲ段	Ⅳ段
A	3	2	3	5
B	4	3	3	3
C	4	2	4	2
D	4	3	2	4

11. 某工程项目由挖土方、做垫层、砌基础和回填土 4 个施工过程组成，划分为 4 个施工段。各施工过程在各个施工段上的流水节拍见表 6-3。做垫层完成后，其相应施工段至少应有养护时间 2d。试编制成倍流水施工方案。

表 6-3　第 11 题施工持续时间表

施工过程	Ⅰ段	Ⅱ段	Ⅲ段	Ⅳ段
挖土方	4	4	4	4
做垫层	2	2	2	2
砌基础	6	6	6	6
回填土	4	4	4	4

第 7 章　网络计划技术

学习要点

本章系统讲述了网络计划技术的基本原理、方法，从网络计划编制、时间参数计算及计划优化调整进行相关内容的讲解，重点讲解双代号网络参数计算及绘制方法，网络计划优化方法。

网络计划技术是指用网络图表示计划中各项工作之间的相互制约和依赖关系，在此基础上，通过各种计算分析，寻求最优计划方案的实用计划管理技术，是一种高效的方法论。网络计划技术主要有关键线路法（CPM，即 Critical Path Method）、计划评审技术（PERT，即 Program Evaluation & Review Techniques）和风险评审技术（VERT，即 Venture Evaluation & Review Techniques）等方法。

7.1　网络图的绘制原则及方法

7.1.1　网络图的概念

网络图是指用箭线、节点表示工作流程的有向、有序的网状图形。“箭线”是指带有箭头的线段，箭头的方向说明了工作流程的下一步方向及开展的先后顺序。“节点”一般用圆圈表示，节点分为开始节点、中间节点及终点节点，网络图只能具有一个开始与一个终点节点，因而呈现为封闭图形。

按管理目标数量的不同，网络计划可包括单目标与多目标网络计划网络图。按工作持续时间是否依照计划天数长短比例绘制，网络计划可区分为时标网络计划和非时标网络计划，其中前者还可以按表示计划工期范围内各项工作的最早与最迟开始时间的不同，相应区分为早时标网络计划和迟时标网络计划；还可以分为搭接网络计划和非搭接网络计划等，其中重点为双代号网络计划的编制方法。

从网络图中工作表示方法的不同，可以分为双代号网络和单代号网络（图 7-1）。双代号网络中，工作用“箭线”表示，“圆圈”仅表示节点；单代号网

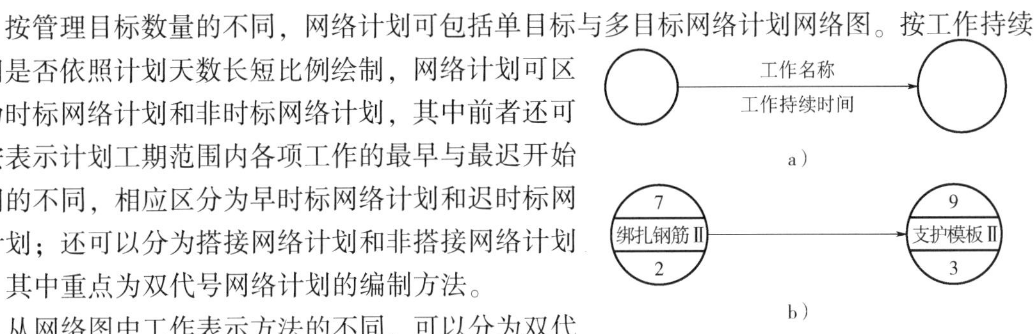

图 7-1　网络图中工作表示方法

a）双代号网络计划　b）单代号网络计划

络中，工作用“圆圈”表示，“箭线”表示工作流向。

7.1.2 双代号网络图的构成要素

所谓双代号网络图，是指以箭线表示工作、以节点衔接工作之间逻辑关系的网络图，如图 7-1a 所示。其构成要素包含箭线、节点、虚箭线、线路。其具体含义、作用及相关术语见表 7-1。

表 7-1 双代号网络图的构成要素

图形种类	构成要素	含义	作用	相关术语
双代号网络图	箭线	工作	表示工作名称及持续时间	1. 紧前、紧后与平行工作：两项工作依次进行，互称紧前、紧后工作；两项或多项工作同步进行，互称平行工作 2. 先行、后续工作：安排在本工作之前和之后进行的所有工作分别称为本工作的先行和后续工作
	节点	工作开始或结束	衔接不同工作	1. 网络图的开始、结束与中间节点：分别指与起始、收尾工作相连的节点和网络图中的其余节点 2. 工作的开始与结束节点：分别指与本工作（箭线）箭尾、箭头相连的节点 3. 节点编号原则：箭尾节点编号小于箭头节点；箭线编号禁止重复以避免发生不同工序重名现象
	虚箭线	“虚工作”	1. 联：建立工作间应有逻辑关系 2. 断：断开工作间错误逻辑关系 3. 避：避免不同箭线编号重复	虚工作，即无实际工作内容，因而不占用时间、资源的虚拟工作
	线路	从开始节点到终点节点所形成的完整通路	1. 由关键线路持续时间确定计算工期 2. 比较关键与非关键线路，确定线路或工作时差，作为优化、调整计划的基础	1. 线路、线路段：分别指某条线路的整体与由一项以上工作构成的线路局部 2. 关键线路与非关键线路：前者指总持续时间最长的那条线路，后者指网络图中的其余线路 3. 关键工作与非关键工作：分别指网络图中位于关键线路上的工作和其他工作 4. 关键节点与非关键节点：分别指网络图中位于关键线路上的节点和其他节点

1. 箭线

箭线在双代号网络图中表示工作，“工作”可以是具体的施工过程或工序，也可以是某个子项目或子任务。既可以同时消耗时间、资源，也可以只消耗时间，不消耗资源，如混凝土养护。

在网络图中，其他工作与本工作之间存在紧前、紧后、平行工作等。

2. 节点

在双代号网络图中，节点表示“事件”，即一些工作结束或另一些工作开始的瞬时，因而既不占用时间，又不耗用资源，是用于衔接不同工作的构图要素；在单代号网络图中，节点则仅用于表示工作。

3. 虚箭线

虚箭线由虚线段与箭头结合而成，它是双代号网络图所特有的构图要素，用于表示既不占用时间、又不耗用资源，本身无实际工作内容的虚拟工作，或简称“虚工作”。虚箭线在双代号网络图中起联系、区分和断路三个作用。

4. 线路

线路是指从网络图的开始节点到结束节点沿箭线连续指示方向前进能够形成的每一条完整通路。网络图中总历时最长的线路为关键线路，其余线路为非关键线路，相应地，组成关键线路的各项工作称为关键工作。在双代号网络图中，关键线路上的各个节点还可称为关键节点。

7.1.3 双代号及单代号网络图的绘制原则及方法

1. 双代号网络图的绘制原则

双代号网络图的绘制原则应依次满足基本绘图原则、绘图规则与图形简化原则三方面的规定。

（1）绘图基本原则　网络图的绘制应恰如其分地表达工作之间的逻辑关系，真实反映计划安排本身的要求，是正确绘图的关键。

常见的工作逻辑关系的绘图表达方法见表 7-2。

表 7-2　双代号网络图工作逻辑关系表达示例

序号	工作之间的逻辑关系	网络图中表达方式	说明
1.	有 A、B 两项工作按照依次施工方式进行	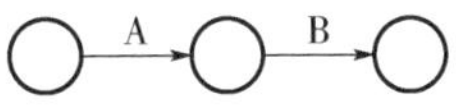 ○ —A→ ○ —B→ ○	B 工作依赖着 A 工作的完成，A 工作约束着 B 工作的开始
2.	有 A、B、C 三项工作同时开始工作	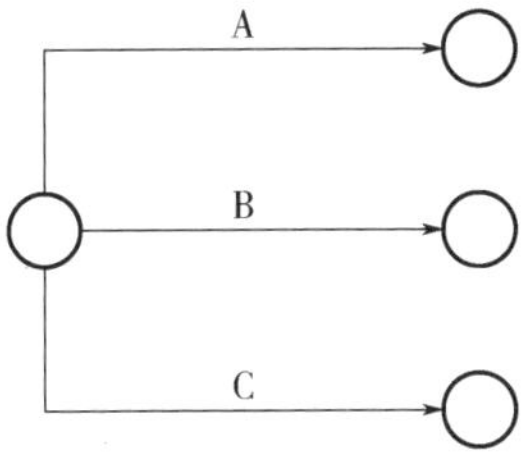 一个起始节点分别引出 A、B、C 三条箭线至三个节点	A、B、C 三项工作称为平行工作
3.	有 A、B、C 三项工作同时结束	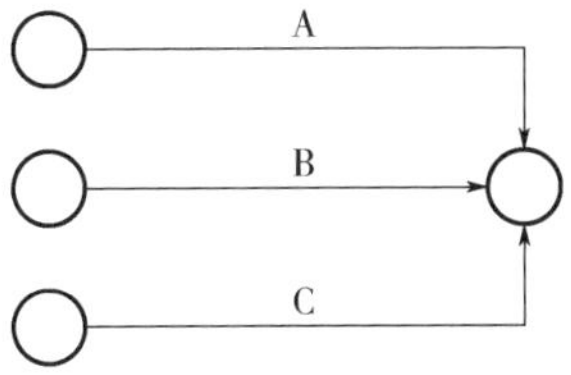 三个节点分别引出 A、B、C 三条箭线汇入同一结束节点	A、B、C 三项工作称为平行工作

（续）

序号	工作之间的逻辑关系	网络图中表达方式	说明
4.	有 A、B、C 三项工作，只有在 A 完成后，B、C 才能开始	A B C	A 工作制约着 B、C 工作的开始，B、C 为平行工作
5.	有 A、B、C 三项工作，C 工作只有在 A、B 完成后才能开始	A B C	C 工作依赖着 A、B 工作的完成，A、B 为平行工作
6.	有 A、B、C、D 四项工作，只有在 A、B 完成后 C、D 才能开始	A B j C D	通过中间事件 j 正确表达了 A、B、C、D 之间的关系
7.	有 A、B、C、D 四项工作，A 完成后 C 才能开始，A、B 完成后 D 才能开始	A C B D	D 与 A 之间引入了逻辑连接（虚工作），只有这样才能正确表达它们之间的约束关系
8.	只有 A、B、C、D、E 五项工作，A、B 完成后 C 开始，B、D 完成后 E 开始	A j C B i k E D	虚工作 i—j 反映出 C 工作受到 B 工作的约束；虚工作 i—k 反映出 E 工作受到 B 工作的约束
9.	只有 A、B、C、D、E 五项工作，A、B、C 完成后 D 才能开始，B、C 完成后 E 才能开始	A D B E C	这是前面序号 1.、5. 情况通过虚工作连接起来，虚工作表示 D 工作受到 B、C 工作制约
10.	A、B 两项工作分三个施工段，平行施工	A_1 A_2 A_3 B_1 B_2 B_3	每个工种工程建立专业工作队，在每个施工作业段上进行流水作业，不同工种之间用逻辑关系表示

（2）绘图规则　在正确表达工作逻辑关系的前提下，网络图的绘制还必须遵从一定的绘图规则要求。常见绘制错误及正确表示方法见表 7-3。

表7-3 双代号网络图的常见绘制错误及正确表示方法

规则分类	序号	规则内容	规则建立理由	违规错误的辨识与纠正方法		
				错误画法示例	纠正方法说明	正确画法示例
关于节点画法	1.	网络图不允许出现代号相同的箭线	避免用节点代号称呼的工序名称相同	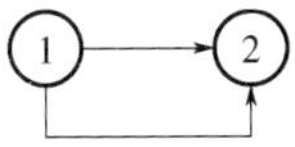	增设节点及虚箭线	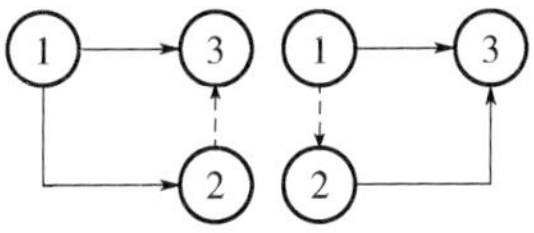
	2.	网络图不允许出现箭尾节点代号大于箭头节点代号的情况	遵从习惯，并避免造成循环回路		按数字从小到大顺序依次先进行箭尾、后进行箭头节点编号	
	3.	网络图不允许出现一个以上的起始或结束节点	网络图应为封闭图形	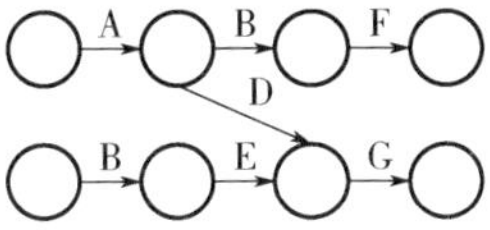	将多个起始节点或多个结束节点分别合并为一个节点	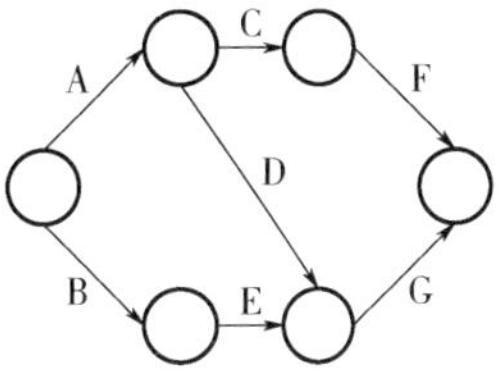
关于箭线画法	4.	网络图不允许出现双向箭线	避免工序逻辑关系表达混乱		此种画法意味着错误的工序逻辑关系表达已形成，需认真检查，重画网络图	
	5.	网络图不允许出现反向箭线	遵从习惯，并避免造成循环回路		将反向箭线的箭头节点位置移放至箭尾节点的右侧	
	6.	网络图不允许出现无箭头的线段	避免工序逻辑关系表达不清	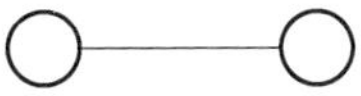	一般为疏忽所致，补画正确的箭头即可	
	7.	网络图不允许出现无箭尾节点或无箭头节点的箭线	网络图中每一箭线的两端均必须与节点相接	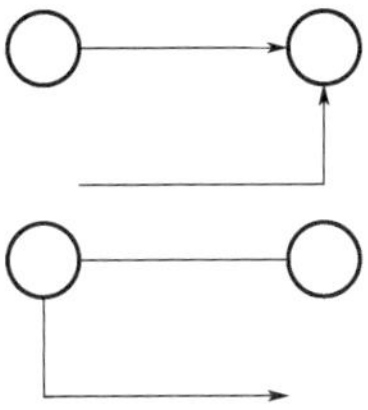	找出无箭尾（或无箭头）节点箭线的紧前（或紧后）工序箭线并与之联系起来	

（续）

规则分类	序号	规则内容	规则建立理由	违规错误的辨识与纠正方法		
				错误画法示例	纠正方法说明	正确画法示例
关于箭线画法	8.	网络图不允许出现向箭线引入或自箭线引出的箭线（但采用多条起始工作箭线自一条起始工作箭线引出，或向一条收尾工作箭线引入多条收尾工作箭线的“母线法”绘图时例外）	网络图中每一箭线的两端均必须与节点相接		一般为“B全部完成，A完成一部分后进行A的剩余部分”或“A完成一部分后进行B，同时进行A的剩余部分”的错误表达。更正方法：将A定义为两独立工序A_1、A_2	
	9.	网络图不允许出现循环回路	工序逻辑关系表达错误已经形成		认真检查，重新绘制网络图	

（3）布局合理　为了在正确反映工作逻辑关系并符合绘图规则的同时，尽量使网络图布局合理、条理清晰，其构图要求：

1）多个工作同时开始或同时结束时，采用“母线法”（图7-2）。

2）表示工作的箭线尽量采用水平或垂直，避免“倾斜”箭线。

3）应尽量避免箭线交叉，交叉时可采用“过桥法”或“指向法”处理（图7-3）。

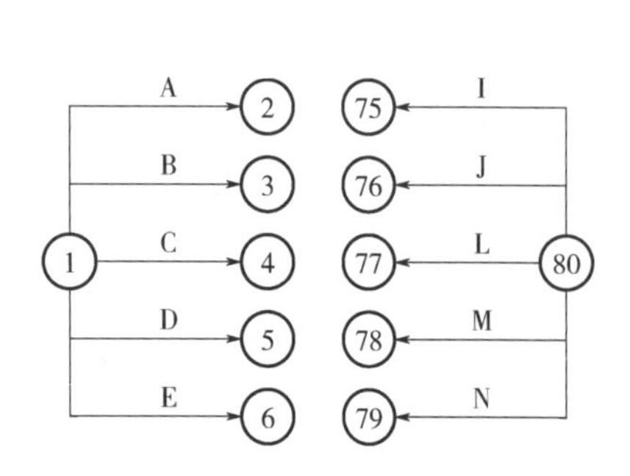

图7-2　“母线法”绘图示例

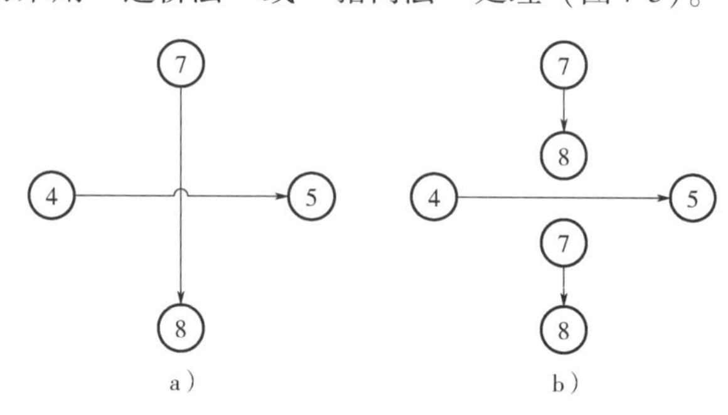

图7-3　箭线交叉处理方法示例
a）过桥法　b）指向法

4）应尽量避免多余虚箭线及相关多余节点的存在。去除多余虚箭线及相关节点后的最简网络图，如图7-4所示。

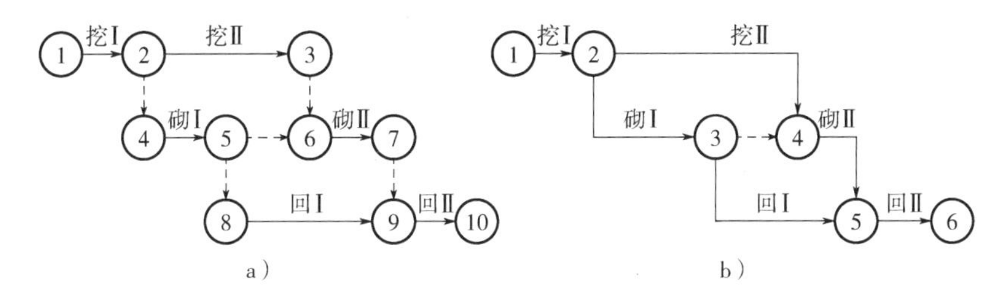

图7-4　多余虚箭线及相关节点的删除过程

a）存在多余虚箭线的网络图　b）删除多余虚箭线后的网络图

2. 双代号网络图的绘制

网络图绘制步骤大体分为绘制草图、修改、成图三步。其完整的编制形成过程主要有如下几步。

1）明确划分各项任务活动或工作。

2）确定各项任务活动的持续时间。

3）按工程建造工艺方案和工程实施组织方案的具体要求，明确各项任务活动之间的先后顺序与逻辑关系。

4）根据工作逻辑关系表绘制网络图。

5）依照网络图绘制的基本原则、绘图规则及图形简化原则，检查、修改与调整。

【**例7-1**】试根据表7-4所给工作逻辑关系绘制双代号网络图。

表7-4　工作逻辑关系表

本工作	A	B	C	D	E	F	G
紧前工作	—	—	A	A	A、B	C、D、E	D、E

由表7-4给定的各组工作关系，先绘草图（图7-5），再将其逐步修改为正式网络图（图7-6）。

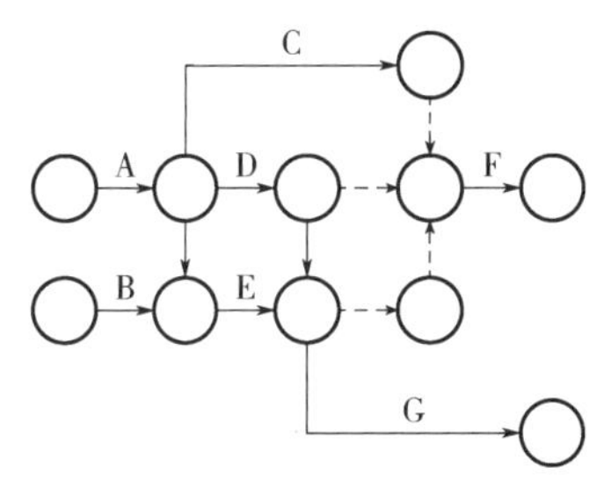

图7-5　草图

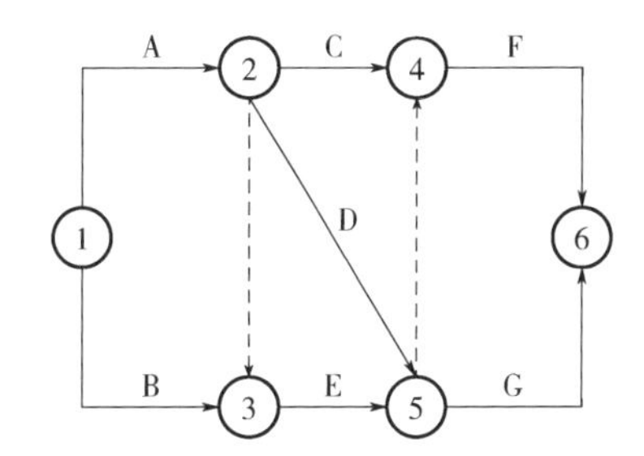

图7-6　正式网络图

7.2 网络计划时间参数计算

7.2.1 网络计划时间参数的基本概念

如前所述，网络计划时间参数的计算是进行计划控制、优化与调整的基础与前提，是网络计划技术知识的重要组成内容之一。事实上，通过绘制网络图形成的网络计划，通常只是工程项目施工计划的初始形态，是一种静态的计划表现形式。而由于在计划执行过程中始终存在技术经济、组织管理及不可抗自然力方面的各种干扰因素，或是由于当时计划安排本身考虑不周，存在缺陷，凡此种种，都会要求对计划做出适时与恰当的变更，或是在一定的限制条件下，重新整合并优化计划。

简言之，网络计划时间参数的计算与分析目的，就是要通过系列相关计算活动，确定网络计划的关键工作与关键线路，明确计划工期，并通过比较关键线路与非关键线路，确定网络计划的线路及工作时差，在分清计划控制工作主次对象的同时，精确界定各项工作所拥有的富裕时间，从而为适应实际情况的各种可能变化，对计划执行过程实施动态管理，提供充分有效的依据。网络进度计划主要时间参数及其含义见表7-5。

表7-5 网络进度计划主要时间参数及其含义

网络参数	表示方法	含义
1. 最早开始时间	ES_{ij}	一旦具备工作条件，便立即着手进行的工作开始时间
2. 最早完成时间	EF_{ij}	与上一时间参数对应的工作完成时间
3. 最迟开始时间	LS_{ij}	在不影响总体工程任务按计划工期完成前提下的工作最晚开始时间
4. 最迟完成时间	LF_{ij}	与上一时间参数对应的工作完成时间
5. 工作总时差	TF_{ij}	在不影响总体工程任务按计划工期完成前提下，本项工作拥有的机动时间
6. 工作自由时差	FF_{ij}	在不影响紧后工作最早可以开始时间前提下，本项工作拥有的机动时间
7. 相邻两工作时间间隔	LAG_{ijk}	本工作最早完成时间与紧后工作最早开始时间的间隔
8. 计算工期	T_c	由关键线路决定的网络计划总持续时间
9. 计划工期	T_p	基于计算工期调整形成的工期取值，一般令 $T_p = T_c$。要求工期及不按计算工期取值确定的计划工期均与时间参数计算无关
10. 要求工期	T_r	为外界所加工期限制条件，一般为合同规定的工期

7.2.2 网络计划时间参数的详细说明

1. 最早开始时间

计算规则：工作i—j的最早开始时间 ES_{i-j} 应从网络计划的开始节点开始，顺着箭线方向依次逐项计算，直至结束节点。计算步骤如下：

1）以开始节点i为箭尾节点的工作i—j，当未规定其最早开始时间ES_{i-j}时，其值应等于零，即：$ES_{i-j}=0$（$i=1$）。

2）当工作i—j只有一项紧前工作h—i时，其最早开始时间ES_{i-j}应为：

$$ES_{i-j}=ES_{h-i}+D_{h-i}$$

式中 ES_{h-i}——工作i—j的紧前工作h—i的最早开始时间；

D_{h-i}——工作i—j的紧前工作h—i的持续时间。

3）当工作i—j有多个紧前工作时，其最早开始时间ES_{i-j}应为：$ES_{i-j}=\max\{ES_{h-i}+D_{h-i}\}$。

2. 最早完成时间

工作i—j的最早完成时间EF_{i-j}的计算应按公式规定进行：

$$EF_{i-j}=ES_{i-j}+D_{i-j}$$

3. 网络计划工期的计算

（1）网络计划的计算工期　计算工期是指根据网络计划的时间参数计算得到的工期，它应按下列公式计算。

$$T_c=\max\{EF_{i-n}\}$$

式中 EF_{i-n}——以结束节点（$j=n$）为箭头节点的工作i—n的最早完成时间；

T_c——网络计划的计算工期。

（2）网络计划的计划工期的确定　网络计划的计划工期是指按要求工期和计算工期确定的作为实施目标的工期。应按下述规定进行确定：

1）当已规定了要求工期T_r时，则：$T_p\leqslant T_r$。

2）当未规定要求工期时，则：$T_p=T_c$。

此工期标注在结束节点的右侧，并用方框框起来。

4. 工作最迟完成时间的计算

（1）计算规则　工作i—j的最迟完成时间LF_{i-j}应从网络计划的结束节点开始，逆着箭线方向依次逐项计算，直至开始节点。当部分工作分期完成时，有关工作必须从分期完成的节点开始逆着箭线方向逐项计算。

（2）计算方法

1）以结束节点（$j=n$）为箭头节点的工作的最迟完成时间LF_{i-n}应按网络计划的计划工期T_p确定，即：$LF_{i-n}=T_p$

以分期完成的节点为箭头节点的工作的最迟完成时间应等于分期完成的时刻。

2）其他工作i—j的最迟完成时间LF_{i-j}应为其诸紧后工作最迟完成时间与该紧后工作的持续时间之差中的最小值，应按公式计算：$LF_{i-j}=\min\{LF_{j-k}-D_{j-k}\}$。

式中 LF_{j-k}——工作i—j的各项紧后工作j—k的最迟完成时间；

D_{j-k}——工作i—j的各项紧后工作j—k的持续时间。

5. 工作最迟开始时间的计算

工作i—j的最迟开始时间LS_{i-j}应按公式规定计算，即：$LS_{i-j}=LF_{i-j}-D_{i-j}$。

6. 工作总时差的计算

工作i—j的总时差TF_{i-j}是指在不影响总工期的前提下，本工作可以利用的机动时间。

该时间应按公式的规定计算，即：$TF_{i—j}=LS_{i—j}-ES_{i—j}$或$TF_{i—j}=LF_{i—j}-EF_{i—j}$。

7. 工作自由时差的计算

工作 i—j 的自由时差 $FF_{i—j}$是指在不影响其紧后工作最早开始时间的前提下，本工作可以利用的机动时间，工作 i—j 的自由时差 $FF_{i—j}$的计算应符合下列规定：

1）当工作 i—j 有紧后工作 j—k 时，其自由时差应为：$FF_{i—j}=\min\{ES_{j—k}-ES_{i—j}-D_{i—j}\}$或 $FF_{i—j}=\min\{ES_{j—k}-EF_{i—j}\}$。

2）结束节点（$j=n$）为箭头节点的工作，其自由时差 $FF_{i—j}$应按网络计划的计划工期 T_p确定，即：$FF_{i—n}=T_p-ES_{i—n}-D_{i—n}$或 $FF_{i—n}=T_p-EF_{i—n}$。

8. 关键工作的确定

网络计划中机动时间最少的工作称为关键工作，因此，网络计划中工作总时差最小的工作也就是关键工作。

1）当计划工期等于计算工期时，“最小值”为0，即总时差为零的工作就是关键工作。

2）当计划工期小于计算工期时，“最小值”为负，即关键工作的总时差为负值，说明应制定更多措施以缩短计算工期。

3）当计划工期大于计算工期时，“最小值”为正，即关键工作的总时差为正值，说明计划已留有余地，进度控制主动了。

简言之，如采用工作时间计算法，双代号网络计划时间参数的图上计算过程是依照上述公式。首先，沿网络图箭线指示方向从左往右，依次计算各项工作的最早可以开始时间并确定计划（计算）工期；其次，逆网络图箭线指示方向从右往左，依次计算各项工作的最迟必须开始时间，显然，当最早可以开始时间和最迟必须开始时间确定之后，两个相应的完成时间即工作的最早可以与最迟必须完成时间也就相应确定下来，其结果是确定了工作相应的开始时间与工作持续时间之和；随后，是计算工作的总时差与自由时差：最后，按总时差最小（当 $T_p=T_c$时，其取值0）的工作为关键工作的判定原则，确定由关键工作组成的关键线路并用双线、粗线或色线表示之，同时根据需要，计算其他时间参数。

【例 7-2】试计算如图 7-7 所示的双代号网络计划时间参数。

【解】可采用工作时间计算法中的六时标注法，直接在图 7-7 上计算本例网络计划的各种时间参数。需要强调，由于双代号网络图中虚箭线对工作逻辑关系所起的传递作用可能影响时间参数的计算结果，故此处按《工程网络计划技术规程》（JGJ/T 121—2015）示例提供的解法，一并计算包括虚工作在内的所有工作的各项时间参数。本例时间参数计算结果按规则标注，计划总工期计算结果则标记于网络图结束节点。

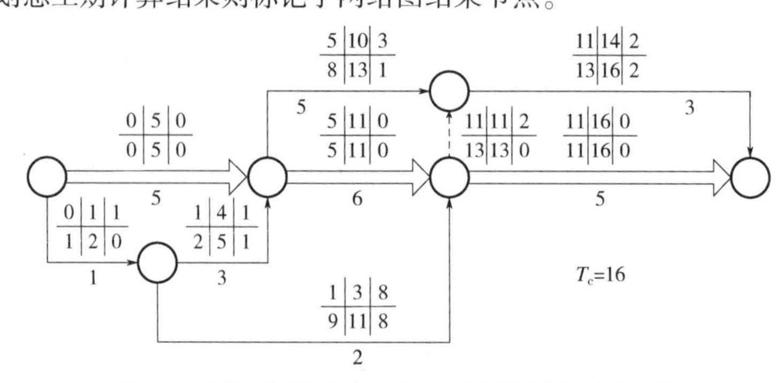

图 7-7　用六时标注法计算双代号网络计划时间参数

7.3 时标网络计划

7.3.1 时标网络计划的绘制表达方法

按照与时间参数赋予的两组开工、完工时间形成的对应关系，时标网络计划又可区分为在工期限定条件下的两种极限开工时间计划，即早时标与迟时标网络计划（图7-8），其中根据读图习惯，早时标网络计划是通常采用的初始计划表现形式。以下着重说明双代号时标网络计划的编制方法。

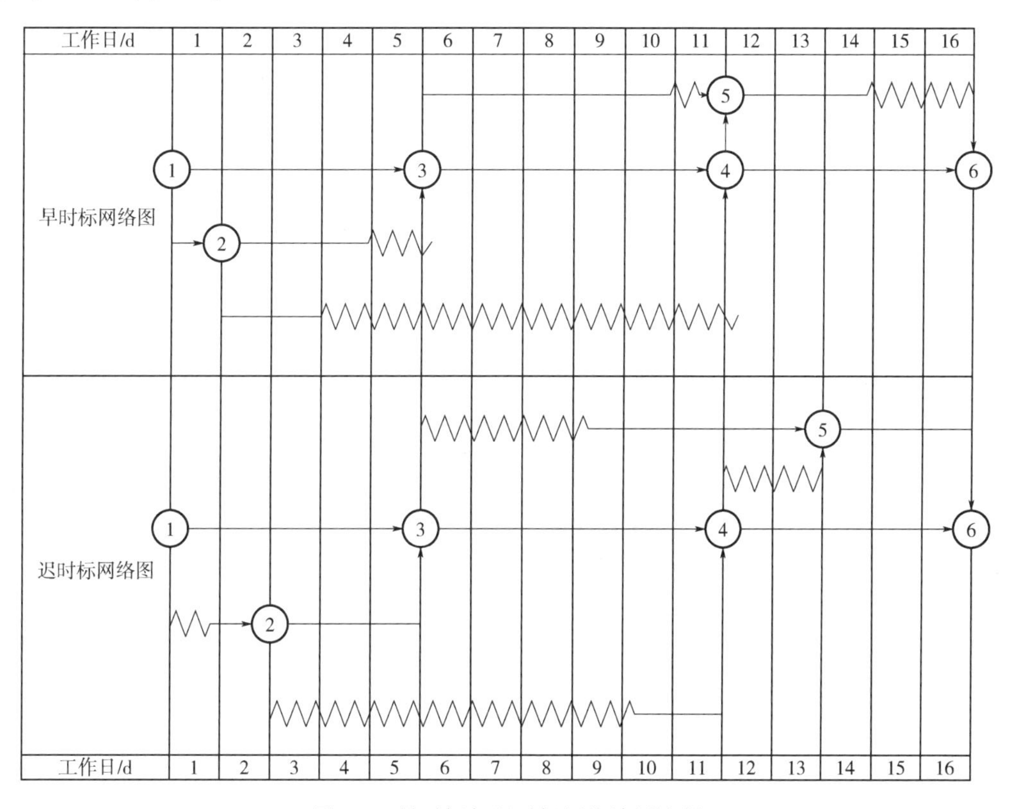

图7-8 早时标与迟时标网络计划绘制

双代号时标网络图的构图要素包括实箭线、节点、虚箭线和波形线，其中实箭线、节点、虚箭线所表示的含义与前述非时标网络图相同，但是，由于时标网络图要求表示实存工作的实箭线应按照其天数长短比例绘图，因此在持续时间各不相同的情况下，为了在构图上使各项工作的多项紧前或紧后工作箭线能分别延长至其开始或完成节点，就必须通过设立波形线，以弥补具有相同完成或开始节点的各项平行工作存在的持续时间差异，从而满足正确表达工作逻辑关系的需要。在时标网络图的具体绘制过程中，波形线通常体现为实箭线的向前、向后延伸部分，或直接存在于水平虚箭线。从总体上说，波形线可用于表示总时差、自由时差等各种不同性质的工作时差。

7.3.2 从时标网络计划中判读相关时间参数

学会从时标网络计划中判读各有关时间参数，其意义是进一步加深对网络计划时间参数概念内涵的理解，在此基础上，使计划管理人员无须通过烦琐的计算，便能从图上直接观察出计划所涉及的各项工作的开工、完工时间，在明确关键线路、把握工期限制条件的同时，区分关键工作与非关键工作，通过识别与运用非关键工作时差，调整、优化计划与实施各种相关控制活动。

1. 关于关键线路及关键工作的判读方法

双代号时标网络计划中，网络图结束节点与起始节点所在位置差表示计划总工期，自网络图结束节点向开始节点作逆向观察，凡自始至终不出现波形线的线路即为网络计划的关键线路。这是由于不存在波形线，表示在工期限定范围之内，整条线路上的任何一项工作均不存在任何一种性质的时差，这条线路是关键线路，而组成该线路的各项工作即为网络计划的关键工作。

例如，通过观察图7-8，可知计划工期为16d，①—③—④—⑥为关键线路，其余线路为非关键线路；工作①—③、③—④、④—⑥为关键工作，网络计划中的其余工作为非关键工作。

2. 关于工作最早时间的判读方法

显然在双代号早时标网络计划中，由实箭线左右两端点所在位置，便可分别判读相应工作的最早可以开始及最早可以完成时间。

3. 关于工作时差的判读方法

根据自由时差是指“在不影响紧后工作最早可以开始时间前提下本工作拥有最大机动时间富余”这一定义，易知在双代号早时标网络图中，工作自由时差可直接由波形线长度表示，如在图7-8中，非关键工作②—④、③—⑤的自由时差应各为7d和1d。

根据总时差是指“在不影响整个工程任务按计划T期完成前提下本工作拥有的最大机动时间富余”这一定义，可知从一张静态的双代号时标网络图中无法直接观察工作总时差，无论它是早时标或迟时标网络图。此时可借助如下方法，逆早时标网络图箭线指示方向，逐一判读不同工作的总时差：

第一，按“总时差等于计算工期与收尾工作最早完成时间之差”判读各项收尾工作的总时差，即：$TF_{in} = T_c - EF_{in}$。

第二，按“总时差等于诸紧后工作总时差的最小值与本工作的自由时差之和”判读其余各项工作的总时差，即：$TF_{ij} = \min TF_{jk} + FF_{ij}$。

例如，在图7-8所含早时标网络图中，可首先读出收尾工作⑤—⑥、④—⑥总时差分别为2d、0d，则属“其余工作”的工作③—⑤、②—④的总时差应各为2+1、0+7，即3d和7d，显然，依此类推，就不难读出所有工作的总时差。

通过判读工作自由时差及总时差，可以看出上述两类时差的不同特性，即自由时差只能由本工作利用而不能被其所在的线路共有；反观总时差，则具有既可以被本工作利用又可以为本工作所在的线路共有的双重属性。还可以看出：一般情况下，非关键线路上诸工作的自由时差总和等于该线路可供利用的线路总时差，即线路总时差的作用是由各非关键工作以自由时差的名义加以分配使用。

此外，根据“相邻两工作时间间隔是指紧后工作的最早可以开始时间与本工作的最早可以完成时间之间的间隔”定义，还可以从双代号早时标网络图中，直接按紧后工作箭线左边端点与本工作箭线右边端点的位置差判读该时间参数，例如可从图 7-8 所含早时标网络图中读出：①—②、②—④相邻两工作时间间隔为 0d，②—③、③—⑤相邻两工作时间间隔为 1d。需要说明，相邻两工作时间间隔与工作自由时差是概念内涵互不相同的两个时间参数，不能因为两者取值常常相等而将其混为一谈，实际上，两者的关系应由以下公式给出，即

$$FF_{ij} = \min LAG_{ijk} \tag{7-1}$$

【例 7-3】图 7-9 所示为某工程双代号时标网络计划（时间单位：周），假设由于 A、D、G 三项工作需共用一台施工机械而必须顺序施工，则按该计划此台施工机械在现场闲置时间将达几周？在计划工期范围内，何时安排施工机械进场可使其闲置时间最短？

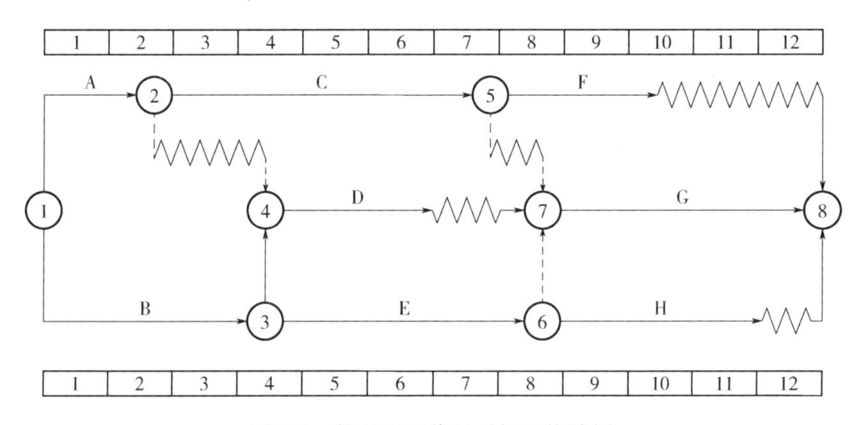

图 7-9　某工程双代号时标网络计划

【解】按图 7-9 所示初始网络计划，各项工作均按最早可以开始时间进行，则在 A、D、G 三项工作共用一台施工机械而必须顺序施工的情况下，其闲置时间取决于 D、A 两工作及 G、D 两工作的两组时间间隔之和，即闲置时间为 (4 − 2) + (9 − 7) = 4（d）。要使施工机械闲置时间最短且不影响工期，则 A、G 两项工作应分别按最迟必须及最早可以开始时间进行，此时施工机械最短闲置时间将仍为前述三项工作的两组时间间隔之和，不同之处在于，A 工作的完工时间应取其最迟必须完工时间。由时标网络计划时间参数判读方法可知，A 工作的总时差为 1d，则其最迟必须完工时间为 2 + 1 = 3（d），至此解得施工机械的最短闲置时间为 (4 − 3) + (9 − 7) = 3（d）；又由 A 工作最迟必须开始时间为 0 + 1 = 1（d），可知开工一天后安排施工机械进场可使闲置时间达到最短。

7.4　网络计划的优化与控制

在工程项目的施工组织过程中，按既定施工工艺及组织关系的要求编制的初始网络计划，通常应符合处于经常变化过程中的工程完成期限、资源供应及费用预算等限制条件的要

求；为了保证编制出来的计划具有可实施性并取得最佳的预期执行效果，就有可能通过压缩相应工作的持续天数，或改变其原定的开始与结束时间，从而形成新的计划安排决策。

因此，网络计划的优化是指在计划编制或执行阶段，在一定的约束条件下，按某种预期目标，对初始网络计划进行改进，借此寻求令人满意的计划方案。

简言之，网络计划的优化原理一是可概括为利用时差，即通过改变在原定计划中的工作开始时间，调整资源分布，满足资源限定条件；二是可归结为利用关键线路，即通过增加资源投入，压缩关键工作的持续时间，借此达到缩短计划工期的目的。

与此同时，网络计划的控制则是对网络计划执行过程中进行的检查、记录、分析和调整等一系列工作的总称。施工管理过程中，“计划的平衡是相对的，不平衡则是绝对的”，即使计划方案制定周密并已经过多次优化，但由于干扰计划执行的各种因素（如人员技术、组织、材料、构配件、设备供应和资金、水文、气象、地质及其他）事先难以预料，各种环境、社会因素始终存在并随时可能发挥作用，从而影响计划的正常进行。因此，在计划执行过程中，就必然要求通过有效的控制活动，确保计划的预期实施进程。从工作内容方面进行归纳，网络计划的控制主要体现为在计划执行情况检查、分析的基础上对其实施的各种必要调整活动。

从总体上讲，网络计划的优化、调整是网络计划技术内容的重要组成部分。由于在优化、调整计划的过程中，通常需要应用关键线路、关键工作、工作的最早和最迟开始时间、总时差、自由时差等时间参数概念求解各种不同问题，因此，网络计划时间参数的计算分析是对网络计划实施动态优化、调整的准确定量分析工具。

7.4.1 网络计划的优化

1. 网络计划优化原理概述

网络计划的预期优化目标一般可根据完成一项工程任务的实际需要确定，它通常可区分为工期、费用、资源三类目标，由此而形成的网络计划优化问题的类型可相应区分为如下三种，即工期优化、费用优化和资源优化。

（1）工期优化　就网络计划技术提供的方法原理而言，所谓工期优化，是指当网络计划的计算（计划）工期不满足限定工期要求时（即 $T_c > T_r$），在不改变工作之间逻辑关系的前提下，按代价增加由小到大排序，依次选择并压缩初始网络计划及后来出现的新关键线路上各项关键工作的持续时间（按经济合理的原则，当经过压缩步骤导致新关键线路出现时，关键工作持续时间的压缩幅度应比照新关键线路长度进行及时调整），直到使计算工期最终能够满足限定工期的要求（即 $T_c \leq T_r$）。

（2）费用优化　费用优化，是指依据随工期延长工程直接费减少而间接费增加，因而两类费用叠加之后形成的工程总成本费用存在最小值，即总成本曲线存在最低点这一费用-工期关系，按照成本增加代价小则优先压缩的原则，通过依次选择并压缩初始网络计划关键线路及后来出现的新关键线路上各项关键工作的持续时间（关键工作的压缩幅度同样要求按新关键线路的长度及时调整），在此过程中观察随工期缩短相应引起的费用变化情况，直至找到使工程总成本费用取值达到最小值的适当工期。

（3）资源优化　资源优化，是指通过改变网络计划中各项工作的开始时间，使各种资源即人力、材料、设备或资金按时间分布符合“资源有限、工期最短”或“工期固定、资源均衡”两类优化目标。其中前者是指通过调整计划安排，在满足资源限制的条件下，使工期延长幅度达到最小；后者是指通过调整计划安排，在工期保持不变的前提下，使资源用量尽可能达到在时间分布上的均衡。

以下着重就常见的第一类优化问题做简要的展开说明。

2. 工期优化方法与示例

（1）优化步骤　网络计划的工期优化可按如下步骤进行：

1）确定在不考虑压缩工作持续时间，即各项工作均按正常持续时间进行前提条件下的计算工期 T_c，并与要求工期 T_r 比较，若 $T_c > T_r$，则应进行压缩工期。

2）界定压缩目标，即按下式确定应予缩短的工期 ΔT。

$$\Delta T = T_r - T_c$$

3）将应予优先考虑的关键工作持续时间压缩至再无压缩余地的最短时间即极限持续时间，此时，若出现新关键线路使原关键工作成为非关键工作，则比照新关键线路长度，减少压缩幅度使之仍保持为关键工作（这一过程即网络计划技术术语所称的“松弛”）。

在本步骤中，优先考虑压缩的关键工作是指那些缩短其持续时间对工程质量、施工安全影响不大，具有充足备用资源，或缩短其持续时间造成费用增加最少的工作，这样规定，是为了使压缩工作持续时间造成的各种不利影响能被降低到最低程度；而当经过压缩步骤造成新关键线路出现时，减少压缩幅度恢复关键工作，是为了使压缩工作持续时间付出的代价最小。

4）在完成步骤3）后，若计算工期仍大于要求工期，则重复步骤3）继续压缩某些关键工作的持续时间，此时对多条关键线路上的不同关键工作应设定相同的压缩幅度，从而使多条关键线路能得以同步缩短，以便有效缩短工期。

5）经过步骤4），当通过逐步压缩关键工作的持续时间，已使工期缩短幅度达到或超出 ΔT，则意味着 $T_c \leqslant T_r$ 关系已经成立，至此工期优化过程结束，网络计划的计算工期已达到要求工期的规定。

当然，如经过上述步骤，当所有相关工作的持续时间均被压缩至极限持续时间，但计算工期仍然无法达到要求工期的规定，则应考虑修改原计划中设定的工作逻辑关系，或重新审定计划目标。

（2）优化示例

【例7-4】 试对图7-10所示的初始网络计划实施工期优化。假定要求工期为40d，箭线下方括号内外的数据分别表示相应工作的极限与正常持续天数。工作优先压缩顺序依次为 G、B、C、H、E、D、A、F。

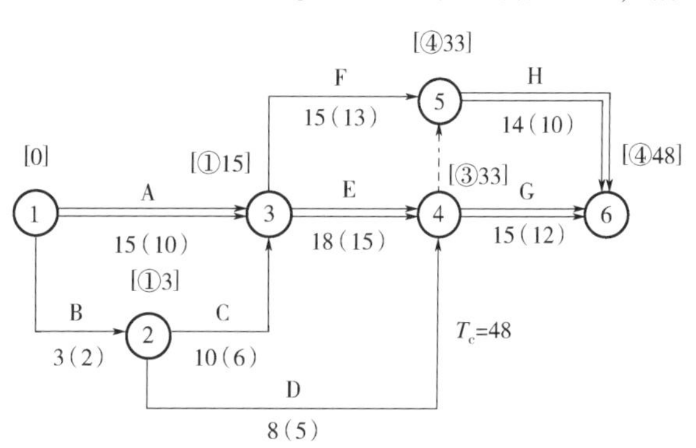

图7-10　某工程初始网络计划

【解】 本例优化过程可按下述步骤进行：

1）按工作正常持续时间，计算初始网络计划的时间参数，可知计算工期 T_c =48d，关键线路为 A—E—G（图7-10）。因此，A、E、G 即构成初始网络计划的关键工作。

2）确定网络计划应予缩短的天数。已知 $\Delta T = T_r - T_c = 48 - 40 = 8$d。

3）为缩短计算工期，首先依题目给出的工作压缩次序，将 G 工作的持续时间压缩为极限持续时间 12d［即压缩 15 − 12 = 3（d）］，则重新计算网络计划时间参数的结果是：计算工期 T_{c1} = 47d，关键线路为 A—E—H，如图 7-11 所示。可见经压缩 G 工作，出现了取代原关键线路的新关键线路。

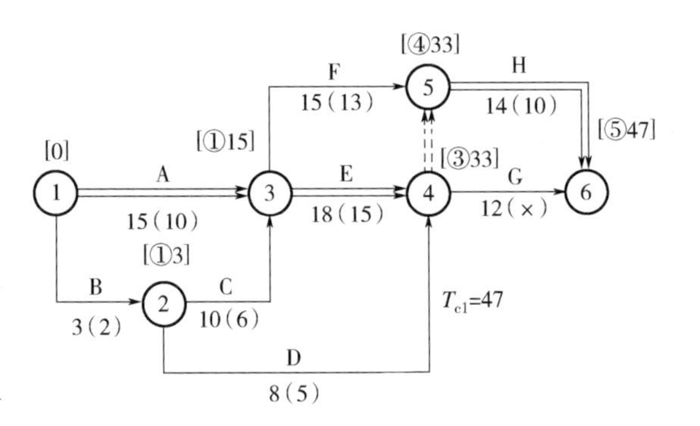

图 7-11　G 工作缩短至 12d 的网络计划

此时，应比照新关键线路长度 47d，调整 G 工作的压缩幅度。最终确定将 G 工作压缩 48 − 47 = 1（d），即松弛 G 工作 3 − 1 = 2（d）。经过这一调整过程，A—E—G 被恢复为与 A—E—H 等长的关键线路，G 工作的关键工作地位也因此得到重新恢复（图 7-12）。

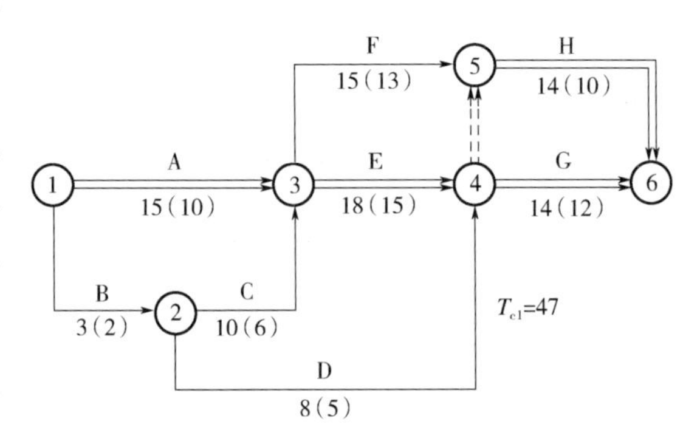

图 7-12　G 工作松弛 2d 后的网络计划

4）由于 T_{c1} = 47d 仍超出要求工作期 7d，故计算工期需进一步压缩。为使工期压缩有效，应同时压缩 A—E—G 和 A—E—H 两条关键线路。依题目所给工作压缩次序，可按工作允许压缩限度，同步压缩 G、H 工作各 2d，即令两工作持续时间取其各自的极限持续时间。经再次计算网络计划时间参数，得计算工期为 T_{c2} = 45d，关键线路为 A—E—G 和 A—G—H（图 7-13）。

5）由于 T_{c2} = 45d 仍超出要求工期 5d，故计算工期需进一步压缩。依题目给出的工作压缩次序，可按工作允许压缩限度，先压缩 E 到达其极限持续时间，再按要求工期取值将 A 压缩到适当程度，即压缩 E 工作 17 − 15 = 3（d），压缩 A 工作 5 − 3 = 2（d），之后重新计算网络计划时间参数，可知计算工期 T_{c3} = 40d，至于关键线路的数量，则在 A—E—G 和 A—E—H 的基础进一步扩展（图 7-14）。显然经过这一步骤，$T_c = T_r$，关系已告成立，至此即可完成本工期的优化过程。

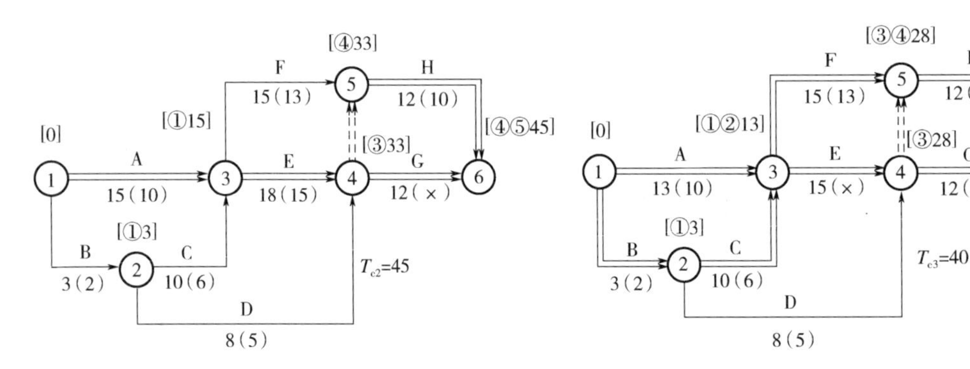

图 7-13　压缩 G、H 工作各 2d 后的网络计划

图 7-14　优化后的网络图

7.4.2 网络计划的控制

在一般管理学原理中，控制被认为是以计划标准衡量成果，并通过纠偏行动以确保实现计划目标。因此，网络计划的控制是指在完成计划编制工作之后，在计划执行的过程中随时检查记录网络计划的实施情况，找出偏离计划的误差，及时发现影响计划实施进程的具体干扰因素，找到计划制定本身可能存在的不足，在此基础上，确定调整措施、采取相应纠偏行动，从而使工程项目的施工组织与管理过程始终沿着预定的轨道正常运行，直至顺利实现事先确立的各种计划目标。由此可见，网络计划的控制实际上可概括为一个发现问题、分析问题和解决问题的连续的系统过程。

由前所述，网络计划的控制主要体现为在计划执行情况检查、分析的基础上对计划实施的各种必要调整活动。

1. 网络计划执行情况的检查方法

网络计划执行情况检查的目的是通过将工程实际进度与计划进度进行比较，得出实际进度较计划要求超前或滞后的结论，并在此基础上预测后期工程进度，从而对计划能否如期完成做出事先的估计，通常包括如下方法：

（1）S形曲线比较法　由于从工程项目施工进展的过程来看，其单位时间内完成的工作任务量一般都随着时间的递进而呈现出两头少、中间多的分布规律，即工程的开工和收尾阶段完成的工作任务量少而中间阶段完成的工作任务量多，这样，以横坐标表示进度时间，以纵坐标表示累计完成工作任务量而绘制出来的曲线将是一条S形曲线。

所谓S形曲线比较法，就是将网络计划确定的计划累计完成工作任务量和实际累计完成工作任务量分别绘制成S形曲线，并通过两者的比较，判断实际进度与计划进度相比是超前还是滞后，并同时得出其他相关信息的计划执行情况的一种检查方法。

以下结合图7-15，说明S形曲线比较法的主要用途：

1）进行工程实际进度与计划进度的比较。在图7-15中，与任意检查日期对应的实际S形曲线上的一点，若位于计划S形曲线左侧，表示此时实际进度比计划进度超前；位于右侧，则表示实际进度比计划进度滞后。

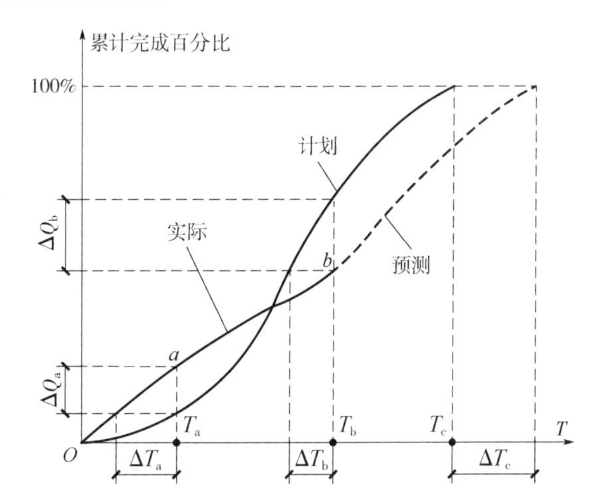

图7-15　S形曲线比较法用法示意

2）确定工程实际进度比计划进度超前或滞后的时间。图7-15中的ΔT_a表示T_a时刻实际进度超前的时间，ΔT_b表示T_b时刻实际进度滞后时间。

3）确定实际比计划超出或拖后的工作任务量。图7-15中的ΔQ_a表示T_a时刻超额完成的工作任务量，ΔQ_b表示在T_b时刻拖后的工作任务量。

4）预测后期工程进度。显然，从图7-15中可以看出，如工程按原计划速度进行，则总计拖延时间的预测值为ΔT_c，即工程完工时间将比计划工期拖延ΔT_c。

（2）香蕉形曲线比较法　根据工程网络计划技术原理，在满足计划工期限制的条件下，网络计划中的任何项工作均可具有最早可以和最迟必须开始两种极限开工时间选择，而S形曲线比较法则揭示了随着时间推移，工程项目逐日累计完成的计划工作任务量可以用S形曲线描述。于是，内含于网络计划中的任何一项工作，其逐日累计完成的工作任务就必然可借助于两条S形曲线概括表示：其一是按工作最早可以开始时间安排计划绘制的S形曲线，称ES曲线；其二是按工作最迟必须开始时间安排计划绘制的S形曲线，称LS曲线。由于上述两条曲线除在开始点和结束点相互重合，ES曲线上的其余各点均落在LS曲线的左侧，从而使两条曲线围合成一个形如香蕉的闭合区域，故可将其称为香蕉形曲线（图7-16）。

在网络计划的执行过程中，较为理想的状况是在任一时刻按实际进度描出的点均落在香蕉形曲线区域内，因为这说明实际工程进度被控制于工作最早可以开始和最迟必须开始时间界定的范围之内，因而计划的执行情况呈现为正常状态；任一时刻按实际进度描出的点落在ES曲线的上方（左侧）或LS曲线的下方（右侧），则说明与计划要求相比，实际进度表现为超前或滞后，此时应根据需要，分析偏差原因，决定是否采取及采取何种纠偏措施。

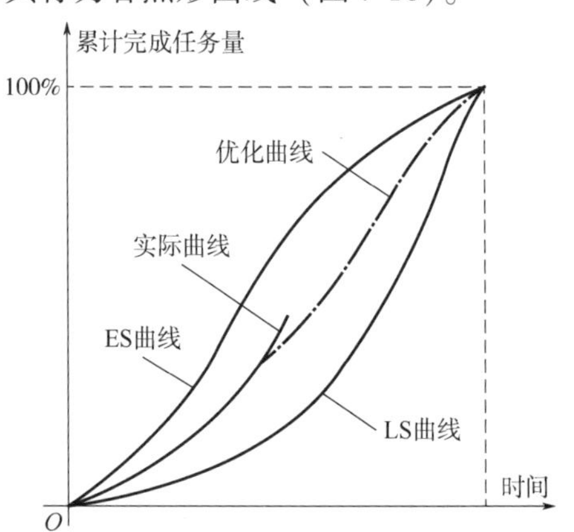

图7-16 香蕉形曲线比较法用法示意

除了对工程的实际与计划进度进行比较外，香蕉形曲线的作用还在于对工程实际进度进行合理的调整与安排，或确定在计划执行情况检查状态下后期工作进度偏离ES曲线和LS曲线的趋势或程度。

（3）前锋线比较法 前锋线比较法是适用于早时标网络计划的实际与计划进度的一种比较方法。

所谓前锋线，是指从计划执行情况检查时刻的时标位置出发，经依次连接时标网络图上每一工作箭线的实际进度点，再最终结束于检查时刻的时标位置而形成的对应于检查时刻各项工作实际进度前锋点位置的折线（一般用点画线标出），故前锋线又可称为实际进度前锋线。简言之，前锋线比较法就是借助于实际进度前锋线比较工程实际与计划进度偏差的方法。

在应用前锋线比较法的过程中，实际进度前锋点的标注方法通常有如下两种：一是按已完工程量百分数标定；二是按与计划要求相比工作超前或滞后的天数标定。通常后一方法更为常用。

例如，在图7-17中，位于右边的一条实际进度前锋线表示在计划进行到第4d末第二次检查实际进度时，工作C、B与按照最早开始时间排定的计划要求相比已分别滞后2d、1d，工作E超前1d，工作D则不存在进度偏差，因而其进展状况正常。

（4）列表比较法 列表比较法是通过将截至某一检查日期工作的尚有总时差与其原有总时差的计算结果列于表格之中进行比较，以判断工程实际进度与计划进度相比是超前还是滞后的方法。

由网络计划技术原理可知，工作总时差是在不影响整个工程任务按原计划工期完成的前提下，该项工作在开工时间上所具有的最大选择余地。因而到某一检查日期，各项工作的尚有总时差实际上标志着工作进度偏差，并预示着计划能否得以按期完成。

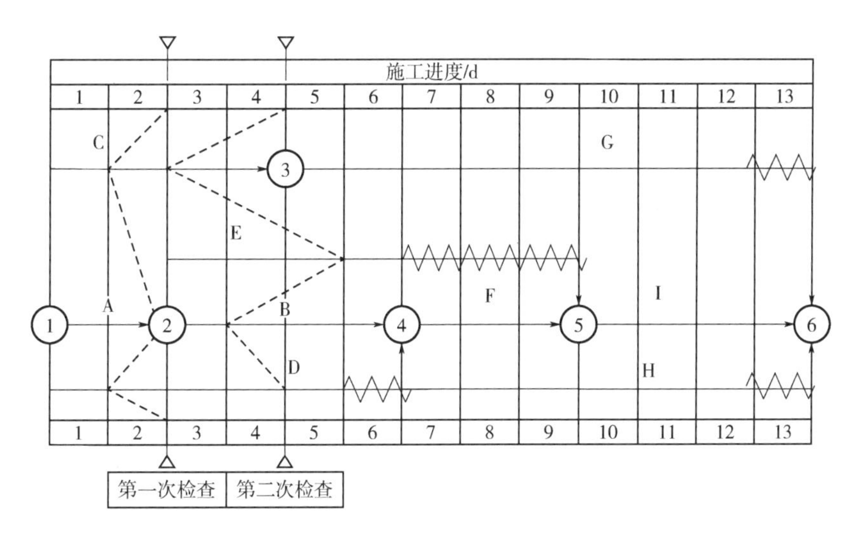

图 7-17 前锋线比较法示例

工作尚有总时差可定义为检查日到此项工作的最迟必须完成时间的尚余天数与自检查日算起该工作尚需的作业天数两者之差；将工作尚有总时差与原有总时差进行比较，相应形成的网络计划执行情况的检查结论可按下述不同情况做出：

1）若工作尚有总时差大于其原有总时差，则说明该工作的实际进度比计划进度超前，且为两者之差。

2）若工作尚有总时差等于其原有总时差，则说明该工作的实际进度与计划进度一致，因而计划实施情况正常。

3）若工作尚有总时差小于其原有总时差但仍为正值，则说明该工作的实际进度比计划进度滞后，但计划工期不受影响，此时工作实际进度的滞后天数为两者之差。

4）若工作尚有总时差小于其原有总时差且已为负值，则说明该工作的实际进度比计划进度滞后且计划工期已受影响，此时工作实际进度的滞后天数为两者之差，而计划工期的延迟天数则与工作尚有总时差天数相等。

例如结合图 7-17 所示实例，可对第二次检查网络计划执行情况时得出的数据进行列表比较，并取得相应的判断分析结论（表 7-6）。

表 7-6 网络计划执行情况检查表

工作名称	检查日	自检查日起工作尚需作业天数	工作最迟完成时间	检查日到最迟完成时间尚余天数	工作原有总时差	工作尚有总时差	判断结论		
							工作进度/d		工期
							超前	滞后	
(1)	(2)	(3)	(4)	(5) = (4) - (2)	(6)	(7) = (5) - (3)	(8) = (7) - (6)	(9) = (7) - (6)	(10)
C	4	2	5	1	1	-1		2	延迟 1d
E	4	1	9	5	3	4	1		
B	4	3	6	2	0	-1		1	延迟 1d
D	4	1	6	2	1	1	0	0	

2. 网络计划执行情况检查结论的分析

在检查网络计划执行情况的过程中，往往会发现偏差的存在，而且其通常的表现形式是计划工作不同程度的进度拖延。工程项目施工过程中造成进度拖延的原因多种多样，但总体概括起来，主要有如下几种：

（1）计划欠周密　计划不周必然导致计划本身失去意义。在网络计划编制过程中，遗漏部分工作事项引起计划工作量不足而实际工作量增加；对完成计划所需各种资源的限制条件考虑不充分而使完成计划工作量的能力不足，或是未能使现有施工能力充分发挥其应有作用等，均会导致工作拖延，甚至会不可避免地导致总体计划工期的延迟。

（2）工程实施条件发生变化　工程项目的实施过程本身会受到各种不可预知事件的干扰，常见的如业主要求变更设计，为保证工程质量、降低工程成本而采取临时措施等，这些事项的发生，均会导致工程实施条件发生变化，从而使工程实施进程无法按事先预定的网络计划进行。

（3）管理工作失误　管理工作失误常常是导致计划失控的最主要原因。网络计划执行过程中常见的管理工作失误包括：①计划制定部门与计划执行人员之间、总承包单位与分包单位之间、业主与施工承包企业之间缺少必要的信息沟通，从而导致计划失控；②施工承包企业计划管理意识不强，或技术素质、管理素质较差，缺乏对计划执行情况实施主动控制的必要措施手段，或者由于出现质量问题引起返工，造成不必要的工作量增加，因而延误施工进度；③对参与工程建设活动的各有关单位之间的相互配合关系协调不力，使计划实施工作出现脱节；④对项目实施所需资金及各种资源供应不及时，从而导致工程实际进度偏离计划轨道。

针对上述各种原因，一般均应借助网络计划技术有关时间参数计算分析的原理，精确估量进度拖延对后续工作如期完成是否造成影响，以及所造成的影响程度，优化调整后期工程网络计划。

思考题及习题

1. 试根据表7-7所给工作逻辑关系绘制双代号网络图。

表7-7　工作逻辑关系表

本工作	紧前工作
A	—
B	—
C	—
D	—
E	A、B
G	B、C、D

2. 设某分部工程各项工作之间的逻辑关系及各项工作的持续时间如表7-8所示，若各项工作的特急时间依次是2d、5d、4d、4d、3d、3d、4d；工作的优先压缩顺序是F ⟶ E ⟶ B ⟶ C ⟶ D ⟶ G ⟶ A；要求工期为16d。试对网络计划实施工期优化。

表7-8 工作逻辑关系表

本工作	A	B	C	D	E	F	G
紧后工作	B、C、D	E、F	F	G	G	G	—
持续天数	3	6	4	7	4	5	5

3. 某桥梁建造工程，施工准备工作（A）完成后，计划在做东侧桥基础（C）、西侧桥基础（D）的同时，预制桥梁（B），之后运梁至施工现场（E），并等待桥基础回填土完成之后实施桥梁架设（J）。桥基础完成后，应做西侧桥墩（F）和东侧桥墩（G），之后是西侧基础回填（H）及东侧基础回填（I）。考虑到共用模板条件限制，桥墩拟采取先西后东，依次施工。桥梁完成架设之后，将进行连接桥面与路面等各项收尾工作（K）。上述要求已整理为工作逻辑关系表7-9。试给出该桥梁建造工程的双代号网络计划安排，并计算网络计划各项时间参数。

表7-9 工作逻辑关系表

本工作	A	B	C	D	E	F	G	H	I	J	K
紧后工作	B、C、D	E	G	F	J	G、H	I	J	J	K	—
持续天数	5	20	10	25	2	7	7	5	5	7	5

第 8 章　施工组织总设计及施工平面设计

学习要点

本章概述了施工组织总设计编制的程序及依据，施工部署的主要内容，施工总进度计划编制的原则、步骤和方法，施工总平面图设计的原则、步骤和方法。

8.1　施工组织总设计

8.1.1　施工组织总设计编制程序

施工组织总设计的编制程序如图 8-1 所示。从编制程序可知：

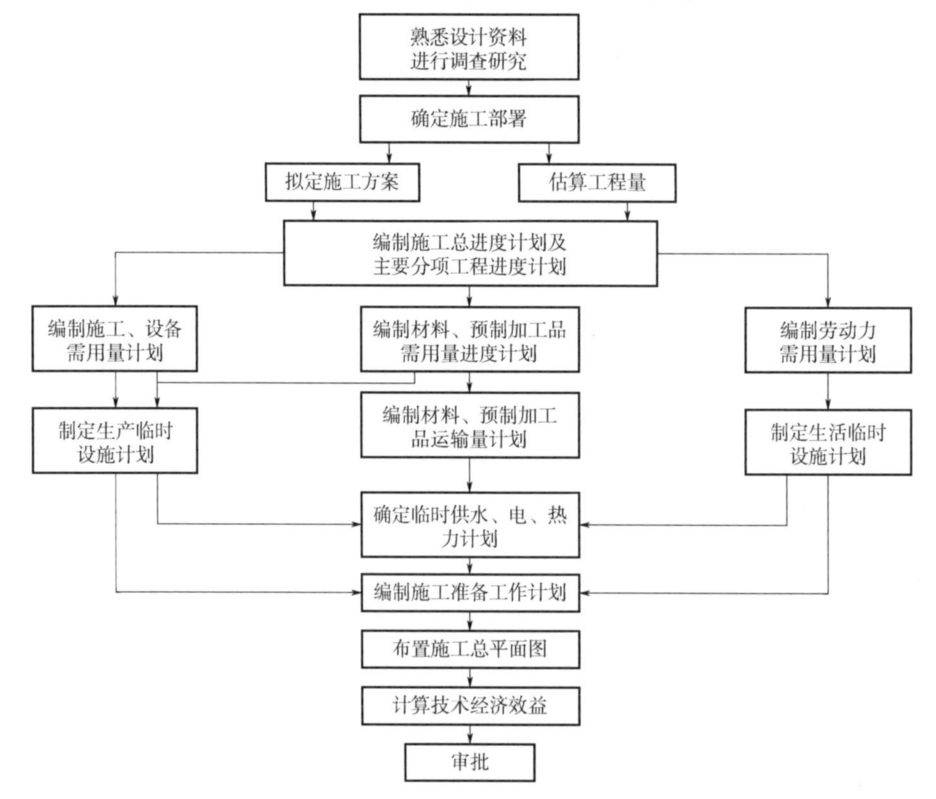

图 8-1　施工组织总设计编制程序

1）施工组织总设计首先是从全局战略出发，对建设地区的自然条件和技术经济条件、工程特点和施工要求进行全面系统的分析研究，找出主要矛盾，发现薄弱环节，以便在确定施工部署时采取相应的对策和措施，及早克服和清除施工中的障碍，避免造成损失和浪费。

2）根据工程特点和生产工艺流程，合理安排施工总进度，确保施工能均衡连续进行，确保建设项目能分期分批投产使用，充分发挥投资效益。

3）根据施工总进度计划，提出资金、材料、设备、劳动力等资源年度供需计划。

4）为了保证总进度计划的实现，应制定机械化、工厂化、冬雨期施工的技术措施和主要工程项目的施工方案，主要工种工程施工的流水方案。

5）编制施工组织总设计尤应重视施工准备工作，包括附属企业、加工厂站，生活、办公临时设施，交通运输、仓库堆场，供水供电，排水防洪，通信系统等的规划和布置，这些是保证工程顺利施工的物质基础。

6）施工组织总设计是编制各项单位工程施工组织设计的纲领和依据，并为制定作业计划，实现科学管理，进行质量、进度、投资三大目标控制创造了条件。施工组织总设计使各项准备工作有计划、有预见地做在开工之前，使所需各种物资供应有保证，避免停工待料，并可根据当地气候条件，采取季节性技术组织措施，做到常年不间断地连续施工。

8.1.2 施工组织总设计编制依据

编制施工组织总设计的依据主要有：

1）计划文件。包括可行性研究报告，国家批准的固定资产投资计划，单位工程项目一览表，分期分批投产的要求，投资额和材料、设备订货指标，建设项目所在地区主管部门的批件，施工单位主管上级下达的施工任务书等。

2）设计文件。包括初步设计或技术设计，设计说明书，总概算或修正总概算等。

3）合同文件。即建设单位与施工单位所签订的工程承包合同。

4）建设地区工程勘察和技术经济调查资料。如地形、地质、气象资料和地区技术经济条件等。

5）有关的政策法规、技术规范、工程定额、类似工程项目建设的经验等资料。

施工组织总设计的内容一般包括：工程概况，施工部署和施工方案，施工准备工作计划，施工总进度计划，各项物质资源需用量计划，施工总平面图，技术经济指标等部分。

8.2 施工部署及总进度计划

8.2.1 施工部署的内容

施工部署是对整个建设工程进行全面安排，并对工程施工中的重大问题进行战略决策，其内容主要有以下几个方面。

1. 建立组织机构，明确任务分工

根据工程的规模和特点，建立有效的组织机构和管理模式；明确各施工单位的工程任务，提出质量、工期、成本等控制目标及要求；确定分期分批施工交付投产使用的主攻项目和穿插施工的项目；正确处理土建工程、设备安装及其他专业工程之间相互配合协调的关系。

2. 重点工程的施工方案

对于重点的单位工程、分部工程或特种结构工程，应在施工组织总设计中拟定其施工方案，如深基础的桩基、人工降水、支护结构、大体积混凝土浇筑的方案，高层建筑主体结构所采用的浇筑方案，重型构件、大跨度结构、整体结构的组运、吊装方案等，以便事先进行技术和资源的准备，为工程施工的顺利开展和施工现场的合理布局提供依据。

3. 主要工种工程施工方法

重点应拟定工程量大、施工技术复杂的工种工程，如土方工程、打桩工程、混凝土结构工程、结构安装工程等工厂化、机械化施工方法，以扩大预制装配程度、提高机械化施工水平，并确保主导工种工程和机械设备能连续施工，充分发挥机械效能，减少机械台班费。

4. 施工准备工作规划

主要指全场性的准备工作，如土地征购，居民迁移，“三通一平”，测量控制网的设置，生产、生活基地的规划，材料、设备、构件的加工订货及供应，加工厂站、材料仓库的布置，施工现场排水、防洪、环保、安全等所采取的技术措施。

8.2.2 施工总进度计划编制原则及方法

1. 编制的原则

施工总进度计划是根据施工部署的要求，合理地确定工程项目施工的先后顺序、施工期限、开工和竣工的日期，以及它们之间的搭接关系和时间。据此，便可确定建筑工地上劳动力、材料、成品、半成品的需要量和分批供应的日期；确定附属企业、加工厂站的生产能力，临时房屋和仓库、堆场的面积，供电、供水的数量等。

正确地编制施工总进度计划，不仅是保证各工程项目能成套地交付使用的重要条件，而且在很大程度上直接影响投资的综合经济效益。在编制施工总进度计划时，应考虑以下要点。

1）严格遵守合同工期，把配套建设作为安排总进度的指导思想。这是使建设项目形成新的生产力，充分发挥投资效益的有力保证。因此，在工业建设项目的内部，要处理好生产车间和辅助车间之间、原料与成品之间、动力设施和加工部门之间、生产性建筑和非生产性建筑之间的先后顺序，有意识地做好协调配套，形成完整的生产系统；在外部则有水源、电源、市政、交通、原料供应、三废处理等项目需要统筹安排。民用建筑不解决好供水、供电、供暖、通信、市政、交通等工程也不能交付使用。

2）以配套投产为目标，区分各项工程的轻重缓急，把工艺调试在前的、占用工期较长的、工程难度较大的项目排在前面；把工艺调试靠后的、占用工期较短、工程难度一般的项目排列在后。所有单位工程，都要考虑土建、安装的交叉作业，组织流水施工，力争加快进度，合理压缩工期。这样分批开工，分批竣工，在组织施工中可体现均衡施工的原则，平缓物资设备的供应，避免过分集中，有效地削减高峰工程量；也可使调整试车分批进行、先后有序，从而保证整个建设项目能按计划、有节奏地实现配套投产。

3）从货币时间价值观念出发，在年度投资额分配上应尽可能将投资额少的工程项目安排在最初年度内施工；投资额大的工程项目安排在最后年度内施工，以减少投资贷款的利息。

4）充分估计设计出图的时间和材料、设备、配件的到货情况，务必使每个施工项目的施工准备、土建施工、设备安装和试车运转的时间能合理衔接。

5）确定一些调剂项目，如办公楼、宿舍、附属或辅助车间等穿插其中，以达到既能保证重点，又能实现均衡施工的目的。

6）将土建工程中的主要分部分项工程（土方、基础、现浇混凝土、构件预制、结构吊装、砌筑和装修等）和设备安装工程分别组织流水作业、连续均衡施工，以此达到土方、劳动力、施工机械、材料和构件的五大综合平衡。

7）在施工顺序安排上，除应本着先地下后地上、先深后浅、先干线后支线、先地下管线后道路的原则外，还应使为进行主要工程所必需的准备工程及时完成；主要工程应从全工地性工程开始；各单位工程应在全工地性工程基本完成后立即开工；充分利用永久性建筑和设施为施工服务，以减少暂设工程费用开支；充分考虑当地气候条件，尽可能减少雨冬期施工的附加费用。如大规模土方和深基础施工应避开雨期，现浇混凝土结构应避开冬期，高空作业应避开风季等。

此外，总进度计划的安排还应遵守技术法规、标准，符合安全、文明施工的要求，并应尽可能做到各种资源的平衡。

2. 编制方法

施工总进度计划的编制方法如下。

(1) 计算工程量　根据工程项目一览表，分别计算主要实物工程量，以便选择施工方案和施工机械，确定工期，规划主要施工过程的流水施工，计算劳动力及技术物资的需要量。工程量计算可按初步（或扩大初步）设计图，采用概算指标和扩大结构定额，类似工程的资料等进行粗略地计算。

(2) 确定各单位工程的施工期限　影响单位工程工期的因素较多，它与建筑类型、施工方法、结构特征、施工技术和管理水平，以及现场的地形、地质条件等有关。因此，在确定各单位工程工期时，应参考有关工期定额，针对上述因素进行综合考虑。

(3) 确定各单位工程开竣工时间和相互搭接关系　在安排各单位工程开竣工时间和相互搭接关系时，既要保证在规定工期内能配套投产使用，又要避免人力、物力分散；既要考虑冬雨期施工的影响，又要做到全年均衡施工；既要使土建施工、设备安装、试车运转相互配合，又要使前、后期工程能有机衔接；应使准备工程和全场性工程先行，充分利用永久性建筑和设施为施工服务；应使主要工种工程能流水施工，充分发挥大型机械设备的效能。

(4) 编制施工总进度计划表　施工总进度计划常以网络图或横道图表示，主要起控制总工期的作用，不宜过细，过细不利于调整。对于跨年度的工程，通常第一年度按月划分，第二年以后则均按季划分。

8.2.3 暂设工程布置

为了确保施工顺利进行，在工程正式开工前，应及时完成加工厂（站），仓库堆场，交通运输道路，水、电、动力管网，行政、生活福利设施等各项大型暂设工程。现就上述暂设工程的组织要点简述如下。

1. 加工厂（站）组织

工地上常设的加工厂（站）有混凝土搅拌站、砂浆搅拌站、钢筋加工厂、木材加工厂、金属结构厂等。其结构类型应根据地区条件和使用期限而定，使用期短的则采用简易的竹木结构，使用期长的可采用砖木结构或装拆式的活动房屋。其各类加工厂所需要的建筑面积，可参照相关《施工手册》中有关指标进行计算。

2. 建筑工地运输业务组织

建筑工地运输业务组织的内容包括：确定运输量，选择运输方式，计算运输工具需要量。

当货物由外地利用公路、水路或铁路运来时，一般由专业运输单位承运，施工单位往往只解决工程所在地区及工地范围内的运输。

3. 建筑工地仓库业务组织

建筑工地所用仓库，按其用途分有：转运仓库，设在火车站或码头附近，供材料转运储存用；中心仓库，用以储存整个企业或大型施工现场的材料；工地仓库，专为某一工程服务。按材料保管方式分有露天仓库、库棚和封闭式仓库。

正确的仓库业务组织，应在保证施工需要的前提下，使材料的储备量最少，储备期最短，装卸及转运费用最省。此外，还应选用经济而适用的仓库形式及结构，尽可能利用原有的或永久性建筑物，以减少修建临时仓库的费用，并应遵守防火条例的要求。

组织仓库业务时，所需材料的贮备量、仓库的面积和类型，可根据材料的种类、每日需用材料的数量，参照表 8-1 中所列的各项系数及要求经计算确定。

表 8-1 计算仓库面积的有关系数

序号	材料及半成品	单位	储备天数 T_c	不均衡系数 K_j	每 m^2 储存定额 q	有效利用系数 K	仓库类别	备注
1	水泥	t	30 ~ 60	1.3 ~ 1.5	1.5 ~ 1.9	0.65	封闭式	堆高 10 ~ 12 袋
2	生石灰	t	30	1.4	1.7	0.7	棚	堆高 2m
3	砂子（人工堆放）	m^3	15 ~ 30	1.4	1.5	0.7	露天	堆高 1 ~ 1.5m
4	砂子（机械堆放）	m^3	15 ~ 30	1.4	2.5 ~ 3	0.7	露天	堆高 2.5 ~ 3m
5	石子（人工堆放）	m^3	15 ~ 30	1.5	1.5	0.7	露天	堆高 1 ~ 1.5m
6	石子（机械堆放）	m^3	15 ~ 30	1.5	2.5 ~ 3	0.7	露天	堆高 2.5 ~ 3m
7	块石	m^3	15 ~ 30	1.5	10	0.7	露天	堆高 1.0m
8	预制钢筋混凝土槽形板	m^3	30 ~ 60	1.3	0.20 ~ 0.30	0.6	露天	堆高 4 块
9	梁	m^3	30 ~ 60	1.3	0.7	0.6	露天	堆高 1.0 ~ 1.5m
10	柱	m^3	30 ~ 60	1.3	1.2	0.6	露天	堆高 1.2 ~ 1.5m
11	钢筋（直筋）	t	30 ~ 60	1.4	2.5	0.6	露天	占全部钢筋的 70%，堆高 0.5m
12	钢筋（盘筋）	t	30 ~ 60	1.4	0.9	0.6	封闭库或棚	占全部钢筋的 20%，堆高 1m

（续）

序号	材料及半成品	单位	储备天数 T_c	不均衡系数 K_j	每 m^2 储存定额 q	有效利用系数 K	仓库类别	备注
13	钢筋成品	t	10～20	1.5	0.07～0.1	0.6	露天	
14	型钢	t	45	1.4	1.5	0.6	露天	堆高 0.5m
15	金属结构	t	30	1.4	0.2～0.3	0.6	露天	
16	原木	m^3	30～60	1.4	1.3～1.5	0.6	露天	堆高 2m
17	成材	m^3	30～45	1.4	0.7	0.5	露天	堆高 1m
18	废木料	m^3	15～20	1.2	0.3～0.4	0.5	露天	废木料占锯木量的 10%～15%
19	门窗扇	m^3	30	1.2	45	0.6	露天	堆高 2m
20	门窗框	m^3	30	1.2	20	0.6	露天	堆高 2m
21	木屋架	m^3	30	1.2	0.6	0.6	露天	
22	木模板	m^3	10～15	1.4	4～6	0.7	露天	
23	砖	千块	15～30	1.2	0.7	0.6	露天	堆高 1.5～1.6m
24	泡沫混凝土制件	m^3	30	1.2	1	0.7	露天	堆高 1m

注：储备天数根据材料来源、供应季节、运输条件等确定。一般就地供应的材料取表中之低值，外地供应采用铁路运输或水运者取高值。现场加工企业供应的成品、半成品的储备天数取低值，工程处的独立核算加工企业供应者取高值。

4. 管理、生活福利房屋的组织

在工程建设期间，必须为施工人员修建一定数量的临时房屋，以供行政管理和生活福利用，这类房屋应尽可能利用已有的或拟行拆除的房屋，并充分利用先行修建能为施工服务的永久性建筑，以减少暂设工程费用开支。

临时房屋应按经济、适用、装拆方便的原则，根据当地气候条件、工期长短确定结构形式。通常有帐篷、装配式活动房屋，或利用地方材料修建的简易房屋等。

5. 建筑工地临时供水

建筑工地敷设临时供水系统，以满足生产、生活和消防用水的需要。在规划临时供水系统时，必须充分利用永久性供水设施为施工服务。

工地各类用水的需水量计算如下：

（1）一般生产用水

$$q_1 = 1.1 \times \frac{\sum Q_1 N_1 K_1}{t \times 7 \times 3600} \tag{8-1}$$

式中 q_1 ——生产用水量（L/s）；

Q_1 ——年（季、月）度工程量，可从总进度计划及主要工种工程量中求得；

N_1 ——各工种工程施工用水定额；

K_1 ——每班用水不均衡系数（取 1.25～1.5）；

t ——与 Q_1 相应的工作日（d），按每天一班计；

1.1——未预见用水量的修正系数。

（2）施工机械用水

$$q_2 = 1.1 \times \frac{\sum Q_2 N_2 K_2}{7 \times 3600} \tag{8-2}$$

式中　q_2——施工机械用水量（L/s）；

Q_2——同一种机械台班数；

N_2——该种机械台班的用水定额；

K_2——施工机械用水不均衡系数（取1.1～2）；

1.1——未预见用水量的修正系数。

（3）生活用水

$$q_3 = 1.1 \times \frac{P N_3 K_3}{24 \times 3600} \tag{8-3}$$

式中　q_3——生活用水量（L/s）；

P——建筑工地最高峰工人数；

N_3——每人每日生活用水定额；

K_3——每日用水不均衡系数（取1.5～2.5）；

1.1——未预见用水量的修正系数。

（4）消防用水　消防用水量 q_4，应根据建筑工地大小及居住人数确定，可参考表8-2取值。

表8-2　消防用水量

序号	用水名称		火灾同时发生次数	单位	用水量
1	居民区消防用水	5000人以内 10000人以内 25000人以内	一次 二次 三次	L/s	10 10～15 15～20
2	施工现场消防用水	$25 \times 10^5 m^2$ 以内 每增加 $25 \times 10^5 m^2$ 递增	一次	L/s	10～15 5

（5）总用水量 Q

1）当 $q_1 + q_2 + q_3 \leqslant q_4$ 时，则

$$Q = q_4 + \frac{1}{2}(q_1 + q_2 + q_3) \tag{8-4}$$

2）当 $q_1 + q_2 + q_3 > q_4$ 时，则

$$Q = q_1 + q_2 + q_3 \tag{8-5}$$

3）当工地面积小于 $5 \times 10^4 m^2$，且 $q_1 + q_2 + q_3 < q_4$ 时，则

$$Q = q_4 \tag{8-6}$$

至于供水管径的大小，则根据工地总的需水量经计算确定。即

$$D = \sqrt{\frac{4Q \times 1000}{\pi v}} \tag{8-7}$$

式中　D——供水管直径（mm）；

Q——总用水量（L/s）；

v——管网中的水流速度（m/s），考虑消防供水时取2.5～3。

（6）建筑工地临时供电　建筑工地临时供电组织有：计算用电量，选择电源，确定变压器，布置配电线路等。

1）用电量计算。施工用电主要分动力用电和照明用电两部分，其用电量为

$$P = (1.05 \sim 1.1)\left(K_1\frac{\sum P_1}{\cos\varphi} + K_2\sum P_2 + K_3\sum P_3 + K_4\sum P_4\right) \tag{8-8}$$

式中　P——供电设备总需要容量（kV · A）；

P_1——电动机额定功率（kW）；

P_2——电焊机额定容量（kV · A）；

P_3——室内照明容量（kW）；

P_4——室外照明容量（kW）；

$\cos\varphi$——电动机的平均功率因数（一般取 0.65 ~ 0.75，最高为 0.75 ~ 0.77）；

K_1、K_2、K_3、K_4——需要系数（表 8-3）。

表 8-3　需要系数（K 值）

用电名称	数量/台	需要系数				备注
		K_1	K_2	K_3	K_4	
电动机	3 ~ 10	0.7				如施工上需要电热时，将其用电量计算进去 式中各动力照明用电应根据不同工作性质分类计算
	11 ~ 30	0.6				
	>30	0.5				
加工厂动力设备		0.5				
电焊机	3 ~ 10		0.6			
	>10		0.5			
室内照明				0.7		
主要道路照明					1.0	
警卫照明					1.0	
场地照明					1.0	

施工现场的照明用电量所占的比重较动力用电量要少得多，所以在估算总用电量时可以不考虑照明用电量，只要在动力用电量之外再加上 10% 作为照明用电量即可。

2）选择电源。工地临时供电的电源应优先选用城市或地区已有的电力系统，只有无法利用或电源不足时，才考虑设临时电站供电。一般是将附近的高压电源或设在工地的变压器引入工地，这是最经济的方案，但事先应将用电量向供电部门申请批准。变压器的功率则可按下式计算。

$$P = K\left(\frac{\sum P_{max}}{\cos\varphi}\right) \tag{8-9}$$

式中　P——变压器的功率（kV · A）；

K——功率损失系数，取 1.05；

$\sum P_{max}$——施工区的最大计算负荷（kW）；

$\cos\varphi$——功率因数。

根据计算所得容量，可从变压器产品目录中选用相近的变压器。

3）配电线路和导线截面的选择。配电线路的布置方案有枝状、环状和混合式三种，主要根据用户的位置和要求、永久性供电线路的形状而定。一般 3 ~ 10kV 的高压线路宜采用环状，370/220V 的低压线路可用枝状。线路中的导线截面则应满足力学强度、允许电流和允许电压降的要求。通常导线截面是先根据负荷电流的大小选择，然后再以力学强度和允许的电压损失值进行换算。

8.3 施工总平面图设计

施工总平面图是具体指导现场施工部署的行动方案，对于指导现场进行有组织、有计划的文明施工具有重大的意义。它是按照施工部署、施工方案和施工总进度计划，将各项生产、生活设施（包括房屋建筑、临时加工预制厂、材料仓库、堆场、水电动力管线和运输道路等），根据布置原则和要求，将其规划布置在建筑总平面图上。对有的大型建设项目，当施工期限较长或受场地所限，必须几次周转使用场地时，应按照几个阶段布置施工总平面图。

8.3.1 施工总平面图的内容

施工总平面图应表明的内容有：

1）一切地上、地下已有和拟建的建筑物、构筑物及其他设施的位置和尺寸。

2）一切为施工服务的临时设施的布置，其中包括：

①工地上各种运输业务用的建筑物和道路；

②各种加工厂、半成品制备站及机械化装置；

③各种建筑材料、半成品、构配件的仓库及堆场；

④行政管理用的办公室、施工人员的宿舍以及文化福利用的临时建筑物；

⑤临时给水、排水的管线，动力、照明供电线路；

⑥保安及防火的设施等。

3）取土及弃土的位置。

4）地形、地貌及坐标位置。

8.3.2 设计施工总平面图的资料

设计施工总平面图所需的资料主要有以下几类。

1）设计资料。包括建筑总平面图、主要工程项目及结构特征、场地的竖向规划、地上和地下各种管网布置等。

2）建设地区资料。包括工程勘察和技术经济调查资料，以便充分利用当地自然条件和技术经济条件为施工服务，用以正确确定仓库和加工厂的位置、工地运输道路、给水排水管路。

3）整个建设项目的施工方案、施工进度计划，以便了解各施工阶段情况，从而有效地进行分期规划，充分利用场地。

4）各种建筑材料、构件、加工品、施工机械和运输工具需要量一览表，以便规划工地内部的贮放场地和运输线路。

5）构件加工厂、仓库等临时建筑一览表。

8.3.3 设计施工总平面图的原则

1）在保证顺利施工的前提下，尽量不占、少占或缓占良田好土，应充分利用山地、荒地，重复使用空地。

2）尽可能降低临时工程费用，充分利用已有或拟建房屋、管线、道路和可缓拆、暂不拆除的项目为施工服务。

3）在保证运输方便的前提下，运输费用最少。这就要求合理布置仓库、起重设备等临时设施的位置，正确选择运输方式和铺设运输道路，减少二次搬运。

4）有利于生产、方便生活和管理，并应遵守防火、安全、消防、环保、卫生等有关技术标准、法规。

8.3.4 施工总平面图设计的步骤和方法

设计施工总平面图时，可按以下步骤进行：

1）确定仓库的位置。

2）布置工地内部运输道路。

3）确定临时行政管理及文化生活福利等房屋的位置。

4）布置临时水电管网及动力线路。

5）布置消防、安全、保卫设施。

假如大宗材料由公路或水路运输时，因公路布置较灵活，则应先解决仓库的位置，使其布置在最合理经济的地方，然后再布置通向工地外部的道路；对水路来讲，因河流位置已定，通常考虑在码头附近设转运仓库。

仓库布置一般应接近使用地点；水泥库和砂石堆场应布置在搅拌站附近；砖、预制构件应布置在垂直运输设备工作范围内；钢筋、木材应布置在加工厂附近；车库机械站应布置在现场入口处；油料、氧气、炸药库等应布置在远离施工点的安全地带；易燃、有毒材料库应布置在工地的下风方向。

决定加工厂（站）位置时，总的要求是材料运输方便，加工品运至使用点的运费最少；工艺流程合理，生产、施工互不干扰。一般说来，某些加工企业最好集中布置在一个地区，这样既便于管理和简化供应工作，又能降低铺设道路、水、电、动力管网等费用。例如，混凝土搅拌站，预制构件场地，钢筋、模板加工厂等可以布置在一个地区；金属材料仓库，机械加工，焊接、锻工、管道等加工厂也常布置在一起。对于固定的混凝土搅拌站，应设在混凝土工程量较大的项目附近，零星工程则可采用移动式搅拌机，更宜优先采用商品混凝土。

当确定了仓库及场外道路的入口后，即可布置场内运输道路。场内运输道路应尽可能地提前修建永久性道路为施工服务；临时道路要将仓库、加工厂、施工点贯通；尽可能减少尽头死道及交叉点，避免交通堵塞、中断；对于具有尽头的单车道，应在末端设置回车场。

临时行政及文化生活福利用房，应尽可能地利用永久性建筑为施工服务，并应将全工地行政管理办公室设在工地出入口；施工人员办公室尽可能靠近施工对象；为工人服务的生活福利房及设施，如商店、俱乐部等应设在工人聚集较多或出入必经之处；对于居住和文化福利房屋，则应集中布置在现场外，组成一工人村，其距离最好在500～1000m，以便于工人往返。

临时水、电管网的布置分两种情况：一种情况是利用已有的水源、电源，此时应从外部接入工地，沿主要干道布置干管主线，然后与各用户接通。但从高压电线引入时，需在引入处设变压站，其位置应在较隐蔽的地方，并要采取安全防护措施。另一种情况是无法利用现有的水源、电源时，则应另行规划临时供水设施、发电站和管网线路。主要水、电管网应环状布置；供电线路应避免与其他管道设在同一侧；按消防规定设置消防栓、消防站，并有畅通的道路能使消防车行驶。

施工总平面的布置是一项系统工程，应全面分析，综合考虑，正确处理各项内容的相互联系和相互制约关系，使其施工用地、临时建筑面积少；临时道路、水电管网短；材料、设备运输成本低；施工场地的利用率高。

图8-2所示为某开发小区施工总平面分区布置图，图8-2中西区的商业大厦正在施工中。该施工总平面图的特点是充分利用东区和西区之间的绿化带布置为施工服务的临时设施，有利于东区、西区的分期施工。为了便于运输，将临时道路分区按环状布置；为了便于管理，充分利用施工场地，将加工厂（站）、仓库、堆场均集中布置在规划的绿化带上。将混凝土搅拌站、钢筋加工厂、预制场、木作棚等紧靠塔式起重机同侧布置，而砂石堆场、水泥库、化灰池等又紧靠混凝土和砂浆搅拌站。为了有利于生产，方便生活，将常用的材料库和工地办公室直接设在东、西两区的现场上；将生活区紧靠生产区。为了节约暂设工程费用，水源、电源均由城市给水干管和电网引入工地，仅在工地设加压站和配电室，并提前修建永久性道路和水电管网，以供施工期使用。

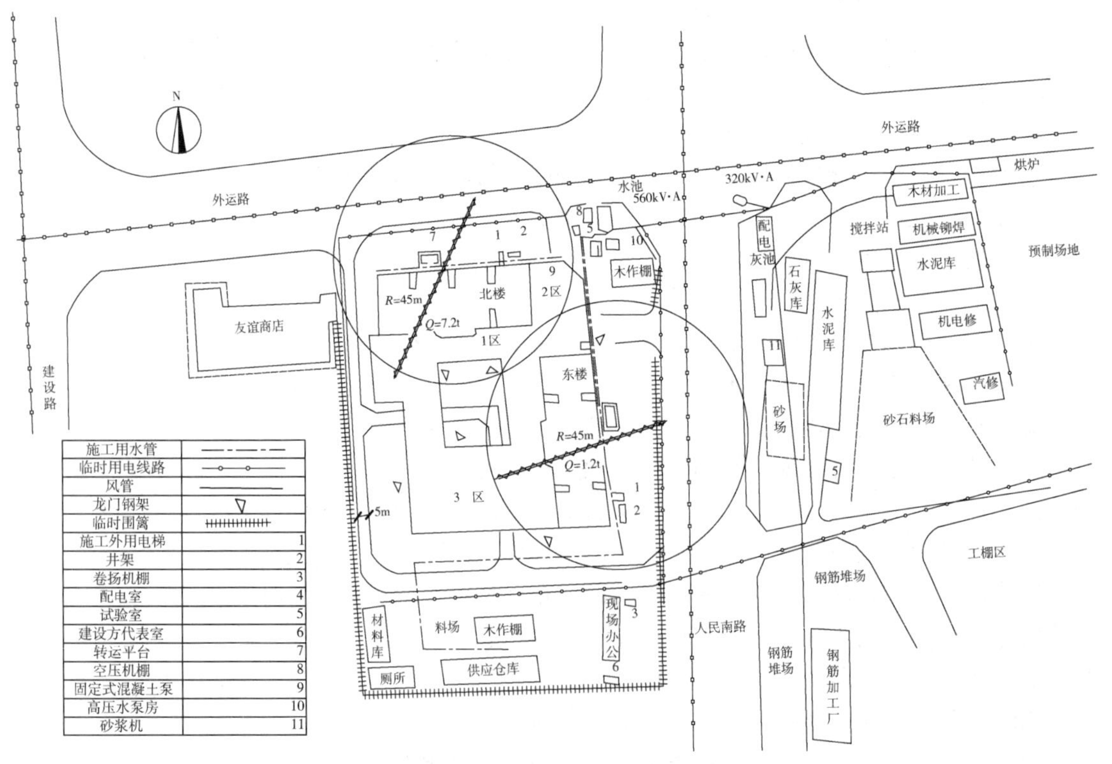

图8-2 某开发小区施工平面图

8.3.5 施工总平面图的管理

加强施工总平面图的管理，对合理使用场地，科学组织文明施工，保证现场交通道路、给水排水系统的畅通，避免安全事故，以及美化环境、防灾、抗灾等均具有重大意义。为此，必须重视施工总平面图的管理。

1）建立统一管理施工总平面图的制度。首先划分总图的使用管理范围，实行场内、场外分区分片管理；要设专职管理人员，深入现场，检查、督促施工总平面图的贯彻落实；要严格控制各项临时设施的拟建数量、标准，修建的位置、标高。

2）总承包施工单位应负责管理临时房屋、水电管网和道路的位置，挖沟、取土、弃土地点，机具、材料、构件的堆放场地。

3）严格按照施工总平面图堆放材料、机具、设备，布置临时设施；施工中做到余料退库，废料入堆，现场无垃圾、无坑洼积水，工完场清；不得乱占场地、擅自拆迁临时房屋或水电线路、任意变动总图；不得随意挖路断道、堵塞排水沟渠。当需要断水、断电、堵路时，须事先提出申请，经有关部门批准后方可实施。

4）对各项临时设施要经常性维护检修，加强防火、安保和交通运输的管理。

思考题及习题

1. 试述施工组织总设计编制的程序及依据。
2. 施工部署包括哪些内容？
3. 试述施工总进度计划的作用、编制的原则和方法。
4. 试分析施工总进度计划与基本建设投资经济效益的关系。
5. 如何根据施工总进度计划编制各种资源供应计划？
6. 暂设工程包括哪些内容？如何进行组织？
7. 设计施工总平面图时应具备哪些资料？考虑哪些因素？
8. 试述施工总平面图设计的步骤和方法。
9. 如何加强施工总平面图的管理？

第二篇

案例篇

第 9 章　BIM 施工进度计划编制

学习要点

本章重点讲解了施工各个主要阶段进度计划编制中应用斑马进度计划软件进行高效编图、调图、出图的操作过程；介绍了如何判断工作中的逻辑关系，以及表格与网络计划的联动等。

9.1　斑马梦龙进度计划软件简介

9.1.1　斑马进度计划的起源

斑马进度计划软件是一款专业、智能、易用的关于进度计划编制、进度过程管控的一个工具。软件采用“一表多图”编制方式，可以在表格中做计划，双代号网络图和横道图同步生成，也可以直接绘制双代号网络图，一种输入多种输出，一表多图实时联动，高效编制进度计划；软件支持挂接资源，可对资源均衡和资源限量下，如何实行工期最短进行自动智能优化。

9.1.2　斑马进度计划与施工进度计划间的关系

1. 全新“一表双图”编制方式

斑马进度计划软件简单、好上手，全新“一表多图”编制方式可以在表格中做计划，双代号网络图和横道图同步生成，也可以直接绘制双代号网络图，实现一种输入多种输出，一表双图实时联动，如图 9-1 所示。

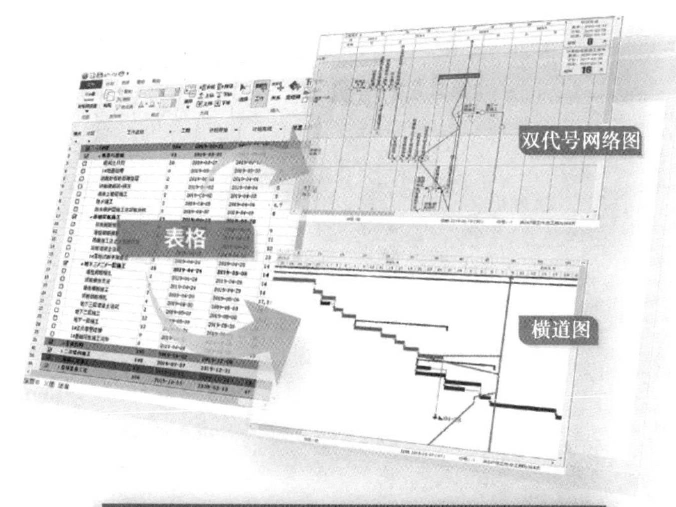

图 9-1　一表双图

2. 全新一代形象进度计划

时间 + 空间 + 逻辑关系三位一体，投标加分、穿插施工方案分析与优化必备，具体如图 9-2所示。

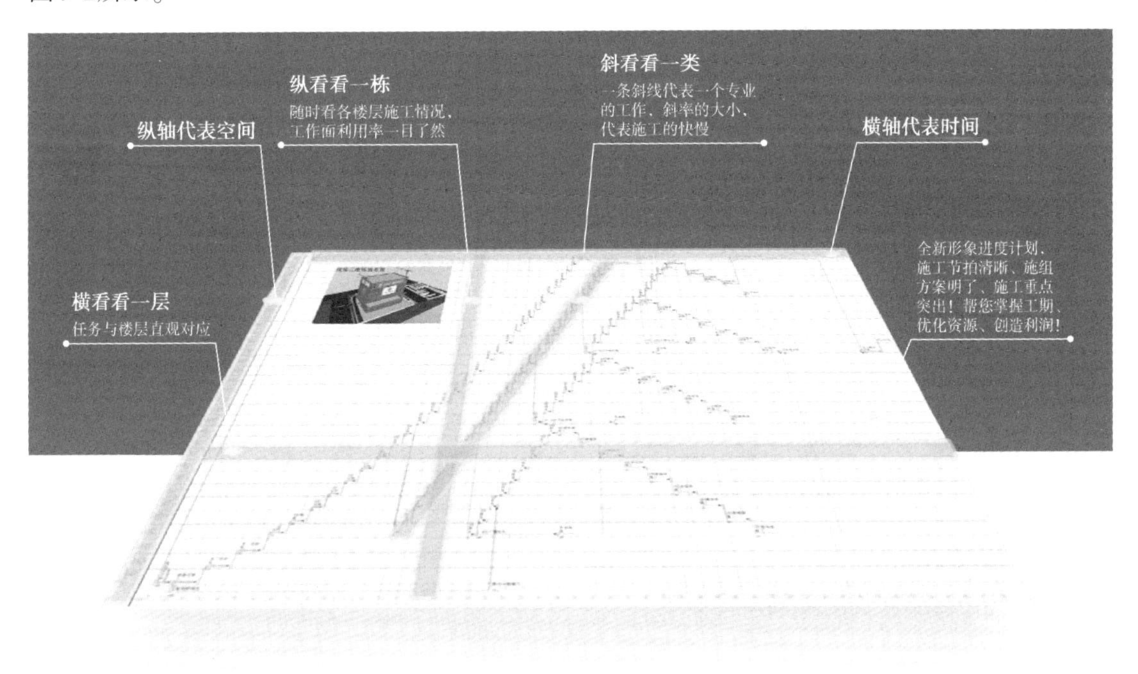

图 9-2　形象进度计划

3. 一键智能调图功能，不再手工调图

斑马进度计划软件支持一键智能调图，对网络图中的可视工作项进行工作箭线及关系布局的优化排布显示；同时支持对网络图、横道图进行放大、缩小、拉长、缩短、鹰眼、全图显示，以及对网络图的各类属性进行编辑操作，如图 9-3 所示。

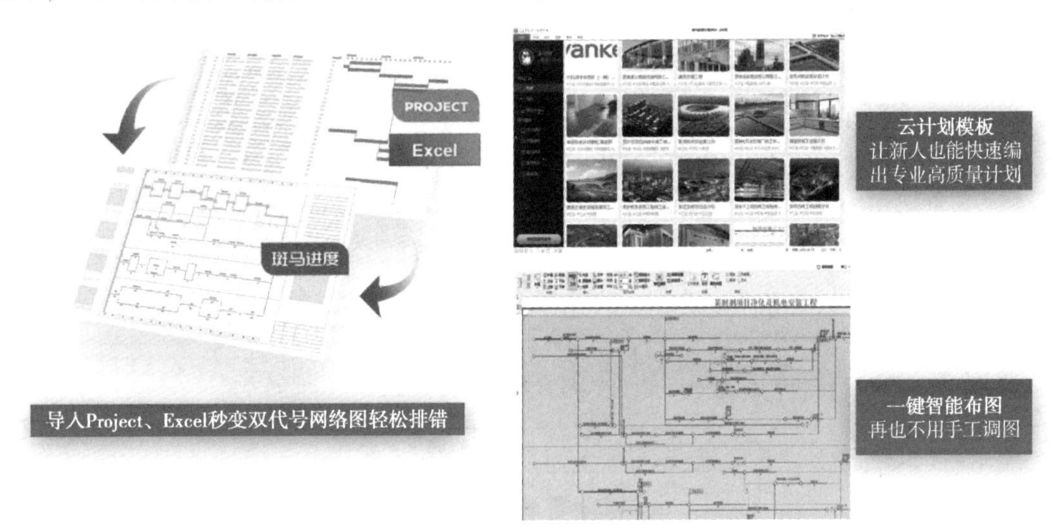

图 9-3　一键智能调图

4. 支持计划逐级拆解细化

斑马进度计划支持父子结构，支持计划逐级拆解细化，计划表现可粗可细、可拆可组，多级计划之间联动计算、牵一发而知全身，可解决项目多级计划之间相互脱节、计划赶不上变化、计划和生产相脱节的问题，如图 9-4 所示。

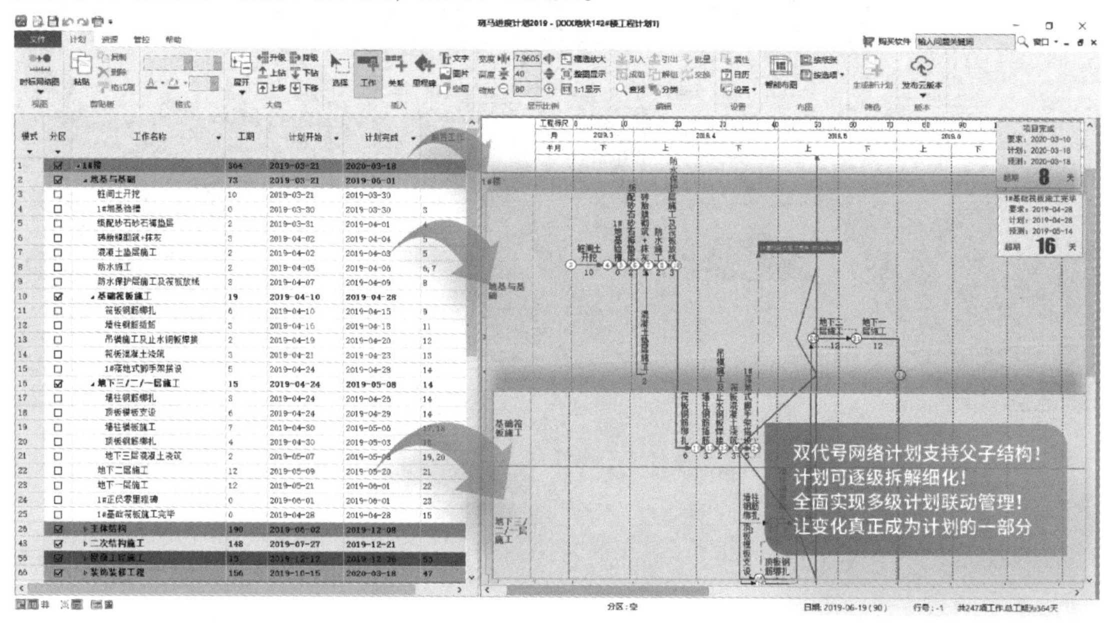

图 9-4　计划逐级拆解细化

5. 支持资源和时间联动计算

在保证工程目标的情况下，可以实现时间和资源的自动均衡优化，合理指导现场资源配置，如图 9-5 所示。

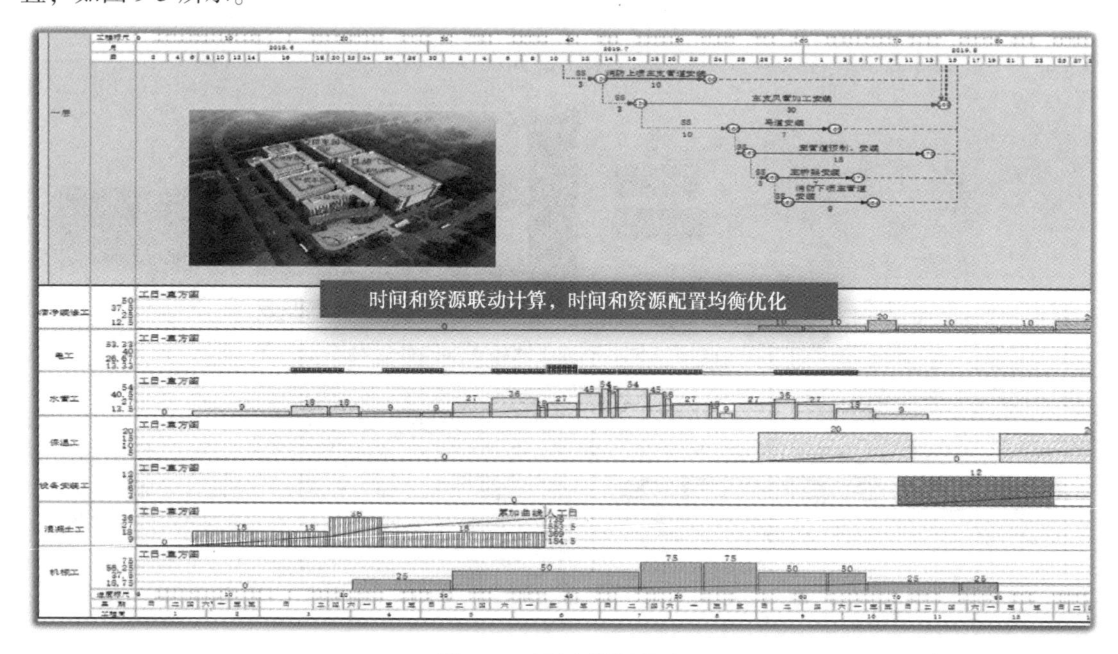

图 9-5　时间和资源联动

6. 成果文件支持导入 BIM5D

成果文件可进行模型关联与进度优化，如图 9-6 所示。

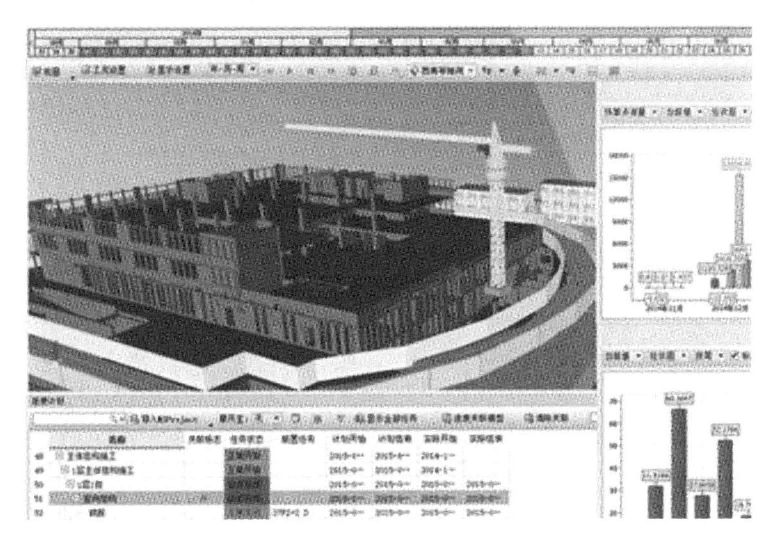

图 9-6　成果文件支持导入 BIM5D

9.2　斑马梦龙进度计划软件实操步骤

9.2.1　新建工程

1）向导界面单击【新建空白计划】，如图 9-7 所示。

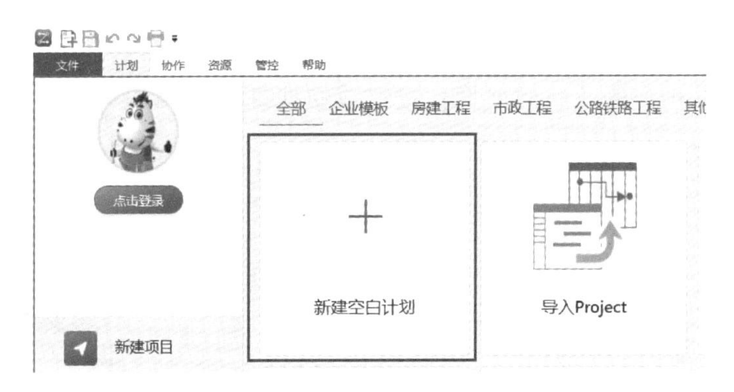

图 9-7　新建空白计划

弹出基本信息对话框如图 9-8 所示。

【计划标题】：计划的标题名称。

【要求开始时间】：也称开工时间、合同开始时间。该时间确定计划第一个工作的最早开始时间。

【要求总工期】：也称合同总工期。编制计划工期大于要求总工期表示计划编制超期。

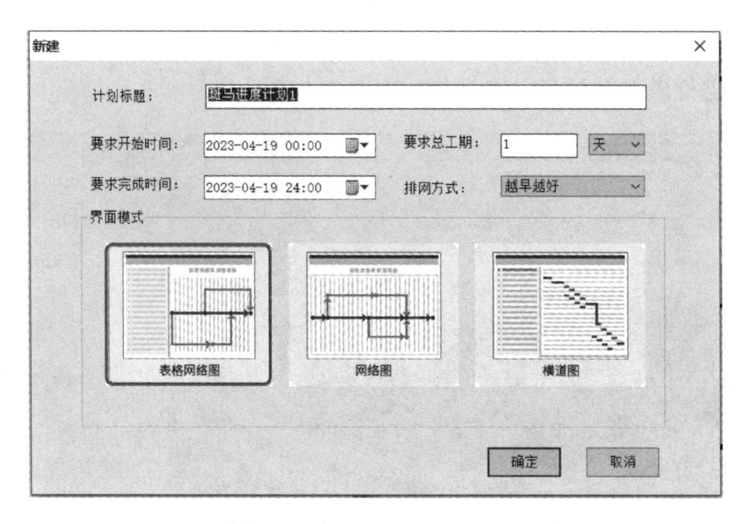

图 9-8　单击“新建空白计划”弹出项目信息卡

【要求完成时间】：也称竣工时间、合同竣工时间。该时间会参与总工期预警（超期天数 = 计划（或预测完成时间）- 要求完成时间）。

注：修改【要求开始时间】时，【总工期】固定，【要求完成时间】变化。

修改【总工期】时，【要求开始时间】固定，【要求完成时间】变化。

修改【要求完成时间】时，【要求开始时间】固定，【总工期】变化。

【排网方式】：该排网方式决定了整个计划的默认排网方式，推荐使用“越早越好”；“越晚越好”常用于倒排计划。

【界面模式】：

表格网络图：默认界面左侧表格，右侧双代号网络图。

网络图：默认界面双代号网络图编辑界面，左侧表格收起。

横道图：默认界面左侧表格，右侧横道图。

以上所有的信息在进入编辑页面之后均可以修改。

2）单击菜单栏上方的【新建项目】按钮或快捷键：Ctrl + N（推荐：速度最快），如图 9-9 所示。

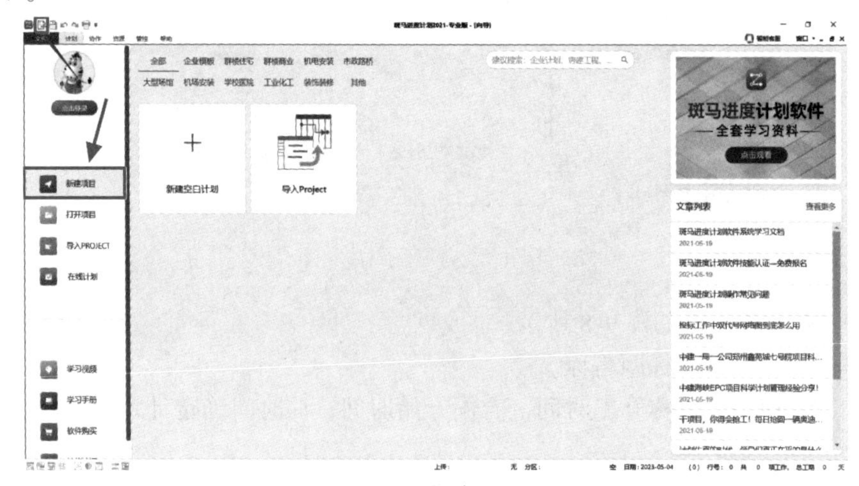

图 9-9　新建项目

弹出基本信息对话框如图 9-10 所示。

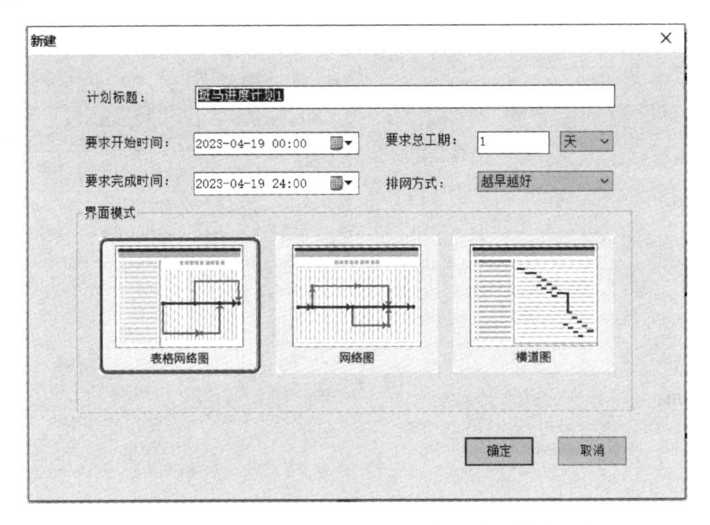

图 9-10　单击“新建项目”弹出项目信息卡

9.2.2　工作的创建及信息录入

1. 任务背景

通过本小节学习，能够初步掌握斑马进度计划当中工作项的添加、修改、删除、移动等命令。

2. 软件操作

在斑马进度计划左侧表格中，双击工作名称下方空白行（图 9-11），弹出工作信息卡（图 9-12），在工作信息卡中输入该项工作的名称、工期、工作类型等信息，完成工作的增加。

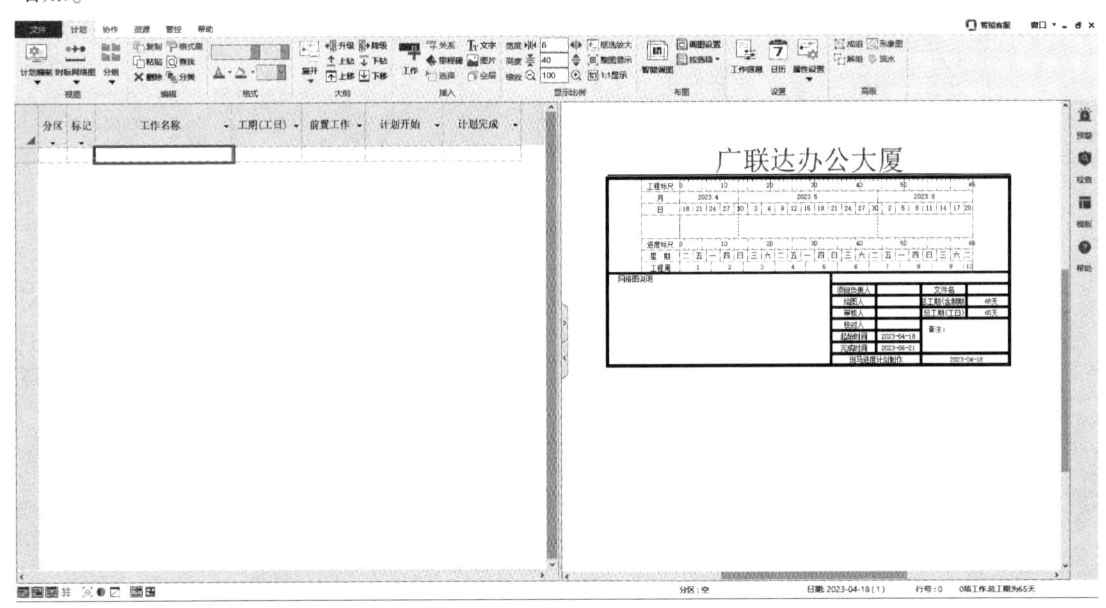

图 9-11　双击工作名称下方空白行

图 9-12　双击空白行弹出工作信息卡

如若要对已经添加完成的工作进行修改，如图 9-13 所示，则需在表格中双击已存在的工作，进入工作信息卡中进行信息的修改工作，如图 9-14 所示。

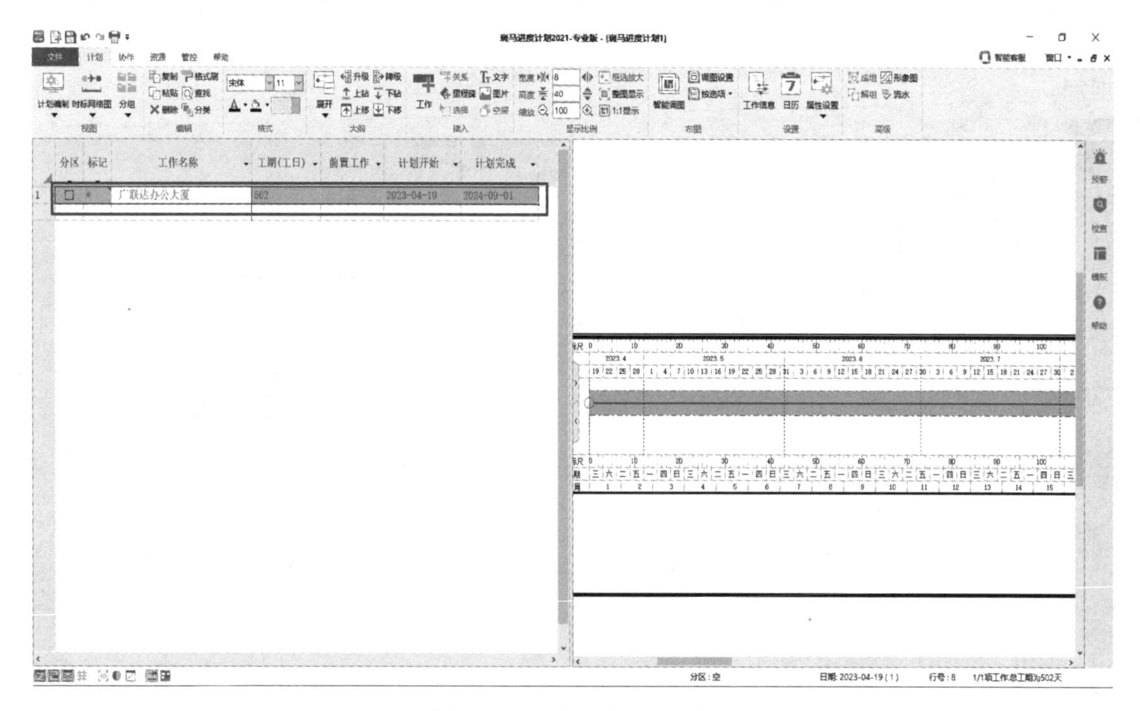

图 9-13　双击已存在的工作

图 9-14　双击已存在的工作弹出项目信息卡

如若要对已经添加到进度计划的工作进行删除，则需要行选已经添加的工作，在上方菜单栏界面单击选择【删除】按钮，如图 9-15 所示。

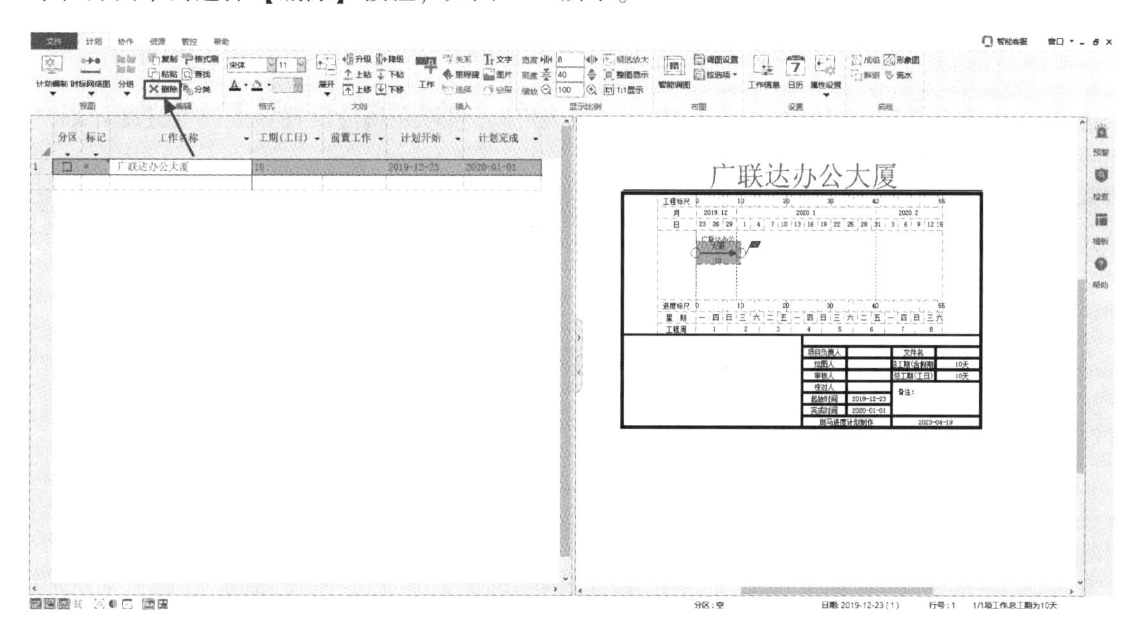

图 9-15　删除工作

若想针对已添加完成的工作，调整其表格位置，则需要行选已有工作，单击上方菜单栏的【上移/下移】按钮，如图 9-16 所示。

3. 任务总结

在进行工作项选择时要区分行选与单选，完成工作的添加、修改、删除、移动的练习。

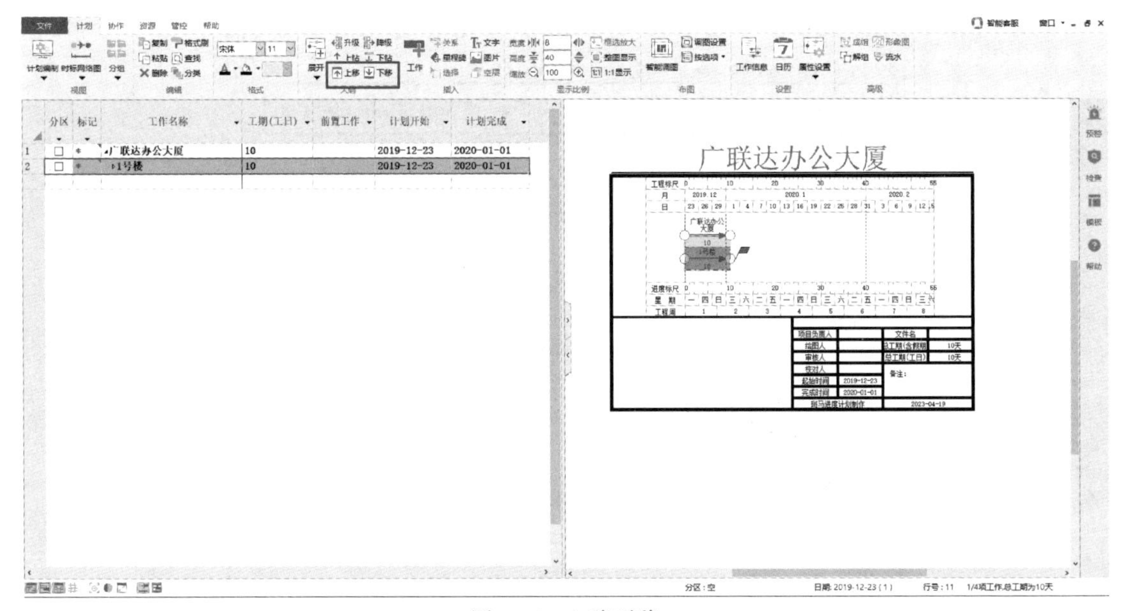

图 9-16　上移下移

9.2.3　属性设置调整及工作层级调整

1. 任务背景

通过本小节学习，能够针对文字、表格样式、颜色等进行调整，掌握斑马进度计划中升级及降级功能，能够对进度计划进行父子任务的创建。

2. 软件操作

单击上方菜单栏的【属性设置】按钮（图 9-17），可以在属性设置界面调整进度计划中的字体、颜色、格式等，如图 9-18 所示。

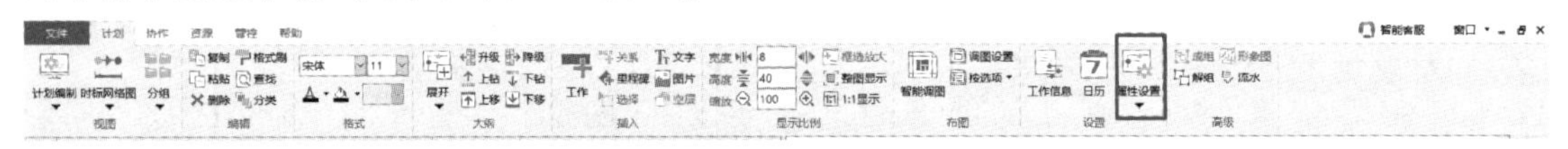

图 9-17　单击“属性设置”按钮

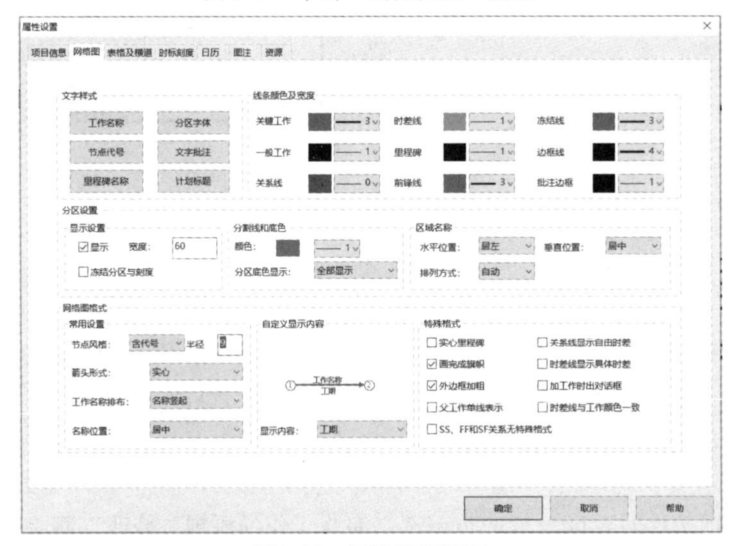

图 9-18　属性设置界面

选择目标任务后单击上方菜单栏中【降级】按钮（图 9-19），能快速实现四级计划的建立，父任务工期也会自行变化，从而实现父子计划的联动（图 9-20）。

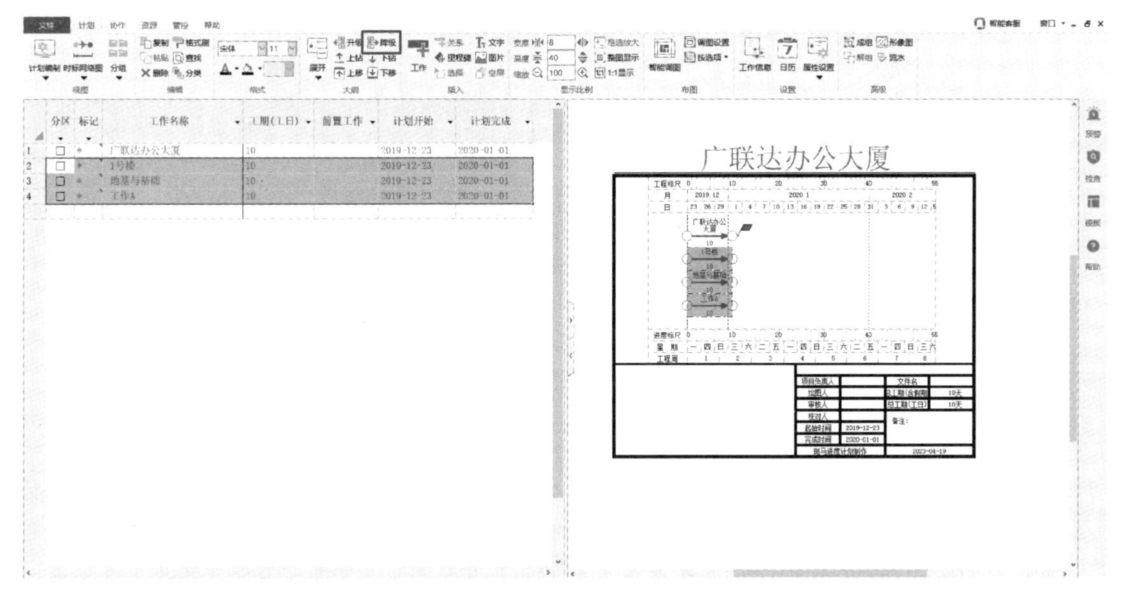

图 9-19　单击“降级”按钮

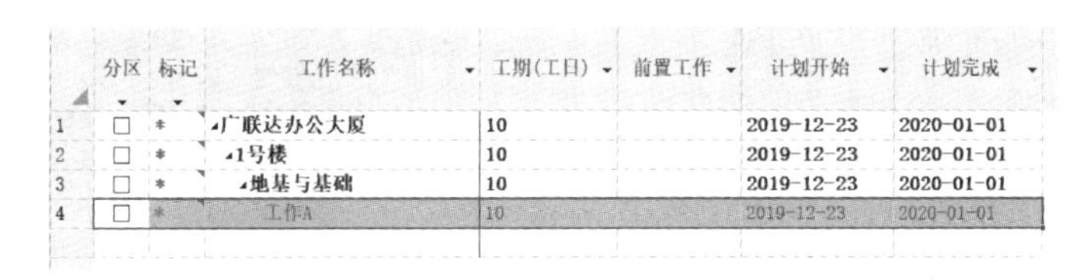

	分区	标记	工作名称	工期(工日)	前置工作	计划开始	计划完成
1	□	*	广联达办公大厦	10		2019-12-23	2020-01-01
2	□	*	1号楼	10		2019-12-23	2020-01-01
3	□	*	地基与基础	10		2019-12-23	2020-01-01
4	□	*	工作A	10		2019-12-23	2020-01-01

图 9-20　降级界面

3. 任务总结

可以根据不同的案例背景要求进行网络图属性的更改及父子任务的创建。

9.2.4　工作间逻辑的修正

1. 任务背景

掌握进度计划中的多种逻辑关系，以及在斑马梦龙进度计划中的应用。

2. 软件操作

1）【FS 关系】完成-开始 Finish-to-Start（FS）：表示一项工作的开始依赖于另一项工作的结束。

前置工作栏直接输入“前置工作序号”（如图 9-21 所示，当有多个前置工作时，用逗号隔开），或者“下拉选择前置工作项”（图 9-22）。

序号	分区	标记	工作名称	工期(工日)	前置工作	计划开始	计划完成
1	□	*	工作A	10		2018-06-01	2018-06-10
2	□	*	工作B	10	1	2018-06-11	2018-06-20

图 9-21　输入前置工作序号

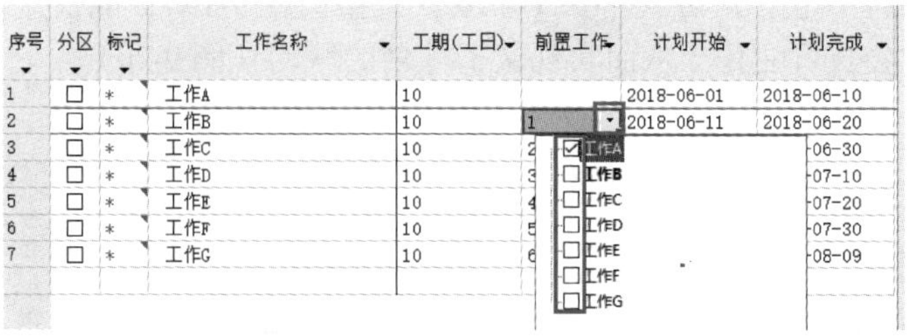

序号	分区	标记	工作名称	工期(工日)	前置工作	计划开始	计划完成
1	☐	*	工作A	10		2018-06-01	2018-06-10
2	☐	*	工作B	10	1	2018-06-11	2018-06-20
3	☐	*	工作C	10	2		06-30
4	☐	*	工作D	10	3		07-10
5	☐	*	工作E	10	4		07-20
6	☐	*	工作F	10	5		07-30
7	☐	*	工作G	10	6		08-09

☑工作A
☐工作B
☐工作C
☐工作D
☐工作E
☐工作F
☐工作G

图 9-22 下拉选择前置工作项

FS + N 关系：表示一项工作结束后 N 天开始下一项工作。

前置工作栏直接输入“前置工作序号 FS + N”，如：1FS + 5，如图 9-23 所示。

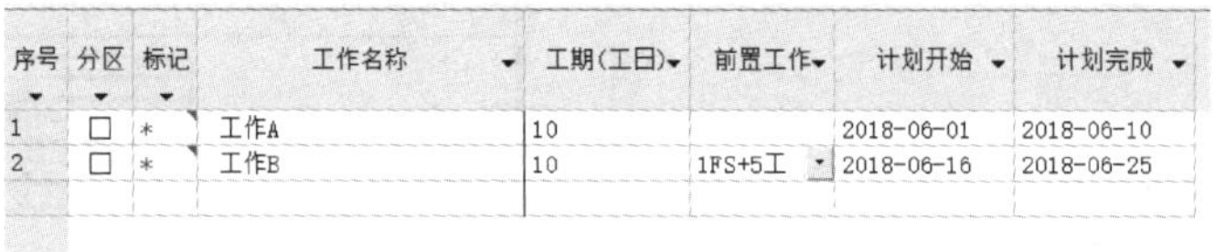

序号	分区	标记	工作名称	工期(工日)	前置工作	计划开始	计划完成
1	☐	*	工作A	10		2018-06-01	2018-06-10
2	☐	*	工作B	10	1FS+5工	2018-06-16	2018-06-25

图 9-23 输入前置工作序号 FS + N

FS – N 关系：表示一项工作结束前 N 天开始下一项工作。

前置工作栏直接输入“前置工作序号 FS – N”，如：1FS – 5，如图 9-24 所示。

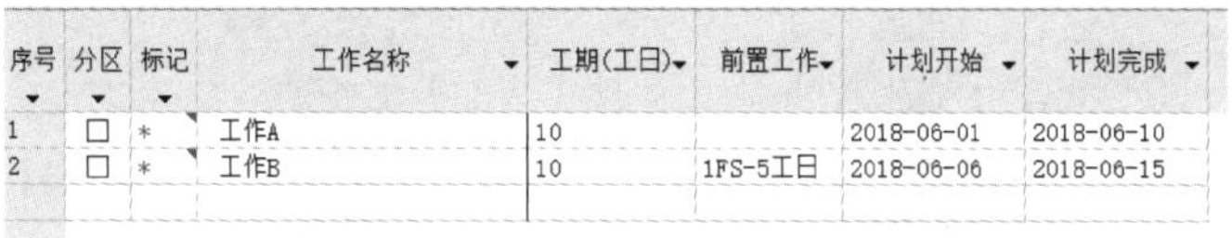

序号	分区	标记	工作名称	工期(工日)	前置工作	计划开始	计划完成
1	☐	*	工作A	10		2018-06-01	2018-06-10
2	☐	*	工作B	10	1FS-5工日	2018-06-06	2018-06-15

图 9-24 输入前置工作序号 FS – N

2）【SS 关系】开始-开始 Start-to-Start（SS）：表示一项工作的开始依赖于另一项工作的开始。

前置工作栏直接输入“前置工作序号 SS”（如图 9-25 所示，有多个前置工作时，用逗号隔开）。

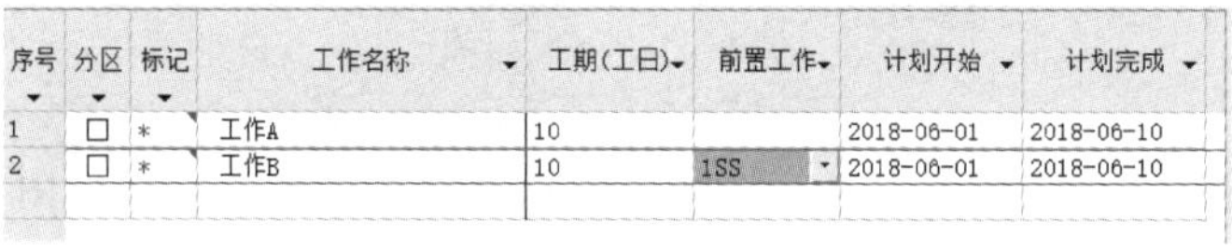

序号	分区	标记	工作名称	工期(工日)	前置工作	计划开始	计划完成
1	☐	*	工作A	10		2018-06-01	2018-06-10
2	☐	*	工作B	10	1SS	2018-06-01	2018-06-10

图 9-25 输入前置工作序号 SS

SS + N 关系：表示一项工作开始后 N 天才能开始下一项工作。

前置工作栏直接输入“前置工作序号 SS + N”，如：1SS + 5，如图 9-26 所示。

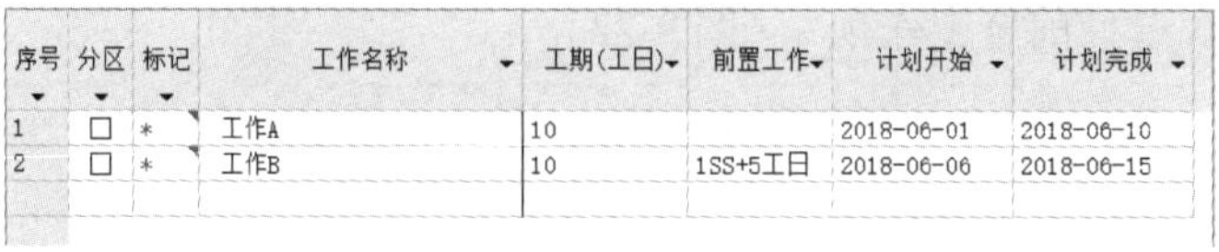

序号	分区	标记	工作名称	工期(工日)	前置工作	计划开始	计划完成
1	☐	*	工作A	10		2018-06-01	2018-06-10
2	☐	*	工作B	10	1SS+5工日	2018-06-06	2018-06-15

图 9-26 输入前置工作序号 SS + N

3）【FF 关系】完成 – 完成 Finish-to-Finish（FF）：表示一项工作的结束依赖于另一项工作的结束。

前置工作栏直接输入“前置工作序号 FF”（如图 9-27 所示，有多个前置工作时，用逗号隔开）。

序号	分区	标记	工作名称	工期(工日)	前置工作	计划开始	计划完成
1	□	*	工作C	10		2018-06-01	2018-06-10
2	□	*	工作A	10	1FF	2018-06-01	2018-06-10

图 9-27　输入前置工作序号 FF

FF + *N* 关系：表示一项工作结束后 *N* 天另一项工作才能结束。

前置工作栏直接输入“前置工作序号 FF + *N*”，如：1FF +5，如图 9-28 所示。

序号	分区	标记	工作名称	工期(工日)	前置工作	计划开始	计划完成
1	□	*	工作C	10		2018-06-01	2018-06-10
2	□	*	工作A	10	1FF+5工日	2018-06-06	2018-06-15

图 9-28　输入前置工作序号 FF + *N*

FF – *N* 关系：表示一项工作结束前 *N* 天另一项工作才能结束。

前置工作栏直接输入“前置工作序号 FF – *N*”，如：1FF –5，如图 9-29 所示。

序号	分区	标记	工作名称	工期(工日)	前置工作	计划开始	计划完成
1	□	*	工作C	20		2018-06-01	2018-06-20
2	□		工作A	10	1FF-5工日	2018-06-06	2018-06-15

图 9-29　输入前置工作序号 FF – *N*

4）【SF 关系】开始 – 完成 Start-to-Finish（SF）：表示一项工作的结束依赖于另一项工作的开始。

一般 SF 关系在实际工程中很少使用，通常是特定工作。如：成品保护需要在成品验收开始才能结束。

前置工作栏直接输入“前置工作序号 SF”（如图 9-30 所示，有多个前置工作时，用逗号隔开）。

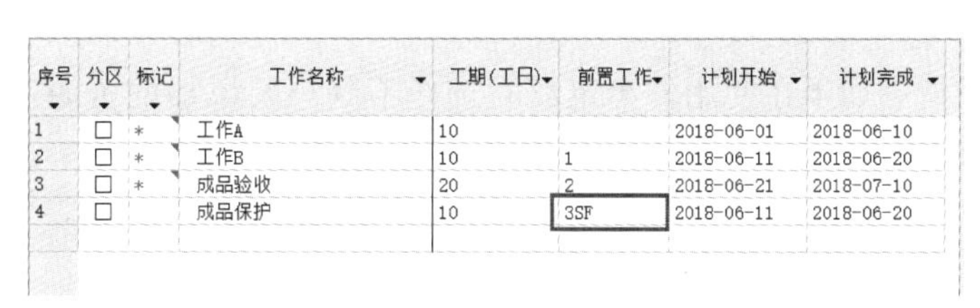

序号	分区	标记	工作名称	工期(工日)	前置工作	计划开始	计划完成
1	□	*	工作A	10		2018-06-01	2018-06-10
2	□	*	工作B	10	1	2018-06-11	2018-06-20
3	□	*	成品验收	20	2	2018-06-21	2018-07-10
4	□		成品保护	10	3SF	2018-06-11	2018-06-20

图 9-30　输入前置工作序号 SF

3. 任务总结

本小节需要明确各种逻辑关系所代表的含义，以及如何在斑马梦龙软件中呈现出该逻辑关系。

9.2.5 资源计划挂接

1. 任务背景

本小节主要介绍斑马进度计划中资源库的维护，以及将所维护好的资源与绘制完成的任务项之间如何进行挂接。

2. 软件操作

（1）资源库维护　如果在添加挂接资源时选择不到想要添加的资源，如：混凝土工。可以在资源库维护中添加自定义资源。

打开斑马进度计划软件，单击菜单栏【资源】下的【资源库维护】，如图 9-31 所示，添加或修改资源信息。

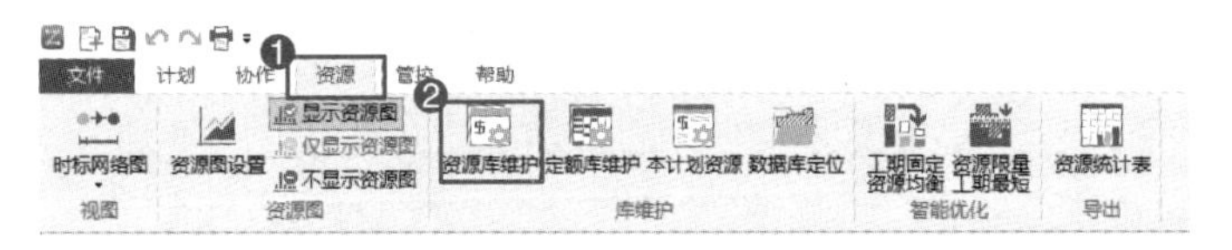

图 9-31　单击“资源库维护”

在资源数据库维护对话框中，选择左侧对应的目录，在右侧表格内直接填写新增资源信息，如图 9-32 所示。

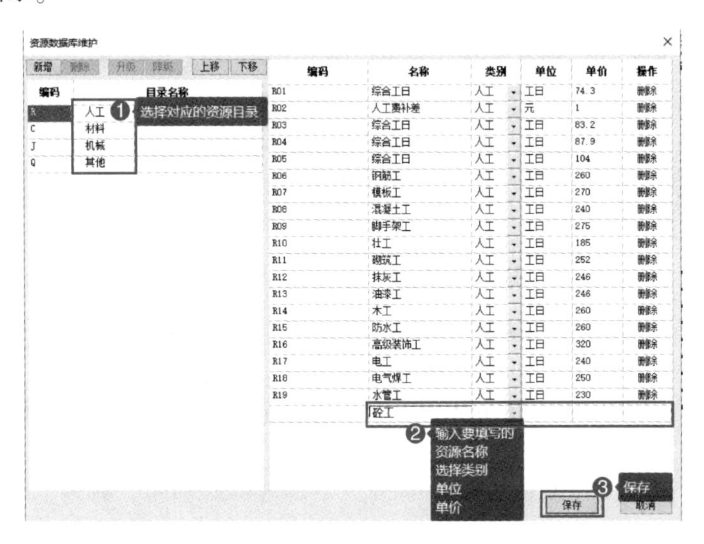

图 9-32　新增资源信息步骤

（2）定额库维护　如果在使用资源定额时选择不到想要添加的资源定额，可以在定额库维护中添加定额信息。

打开斑马进度计划软件，单击菜单栏【资源】下的【定额库维护】，添加或修改定额信息，具体如图 9-33 所示。

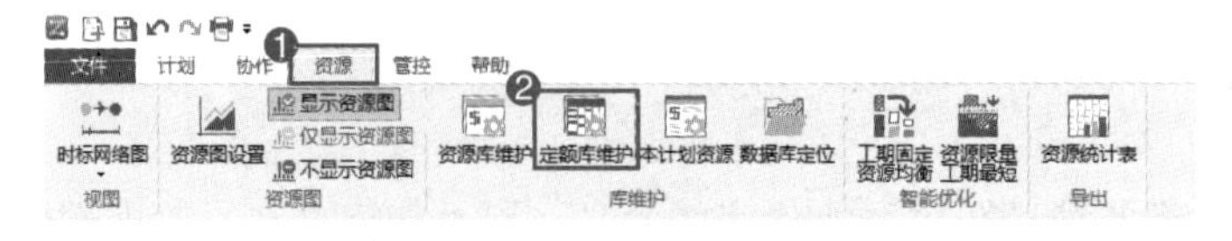

图 9-33　单击定额库维护

在定额数据库维护对话框中，单击【新增】按钮，左侧目录填写新增定额名称，右侧填写新增类别及所需资源，如图 9-34 所示。

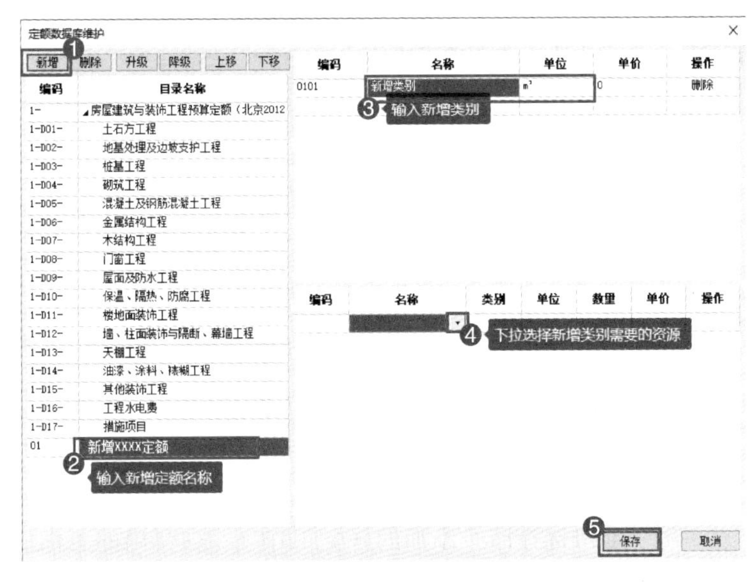

图 9-34　新增定额步骤

(3) 本计划资源　本项目挂接过的所有资源均会出现在【本计划资源】中。利用【本计划资源】可以方便地对本项目已经挂接资源项的相关参数进行修改，而不会影响【资源库】和【定额库】中相应的参数。同时，对于仅在本项目中使用而不打算在其他项目中使用的资源项，也可在本计划资源中创建。

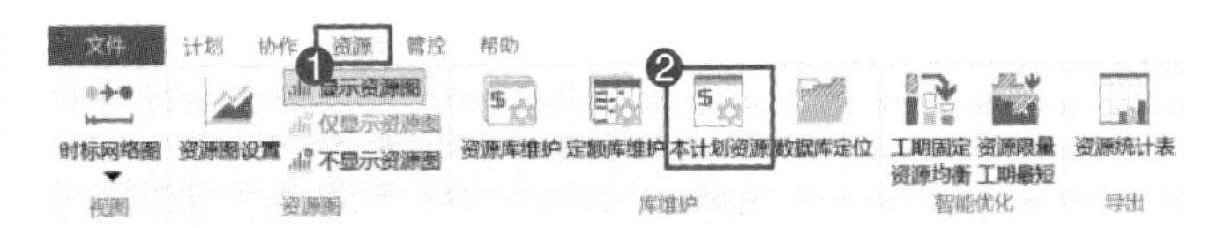

图 9-35　单击“本计划资源”

维护【本计划资源】，打开软件，依次单击【资源】和【本计划资源】，如图 9-35 所示。

在本计划资源弹窗中（图 9-36），单击名称空白表格可以直接输入资源名称，填写单价后单击其他空白处，可直接添加资源项（若不考虑成本、产值相关信息，可不输入资源单价）。

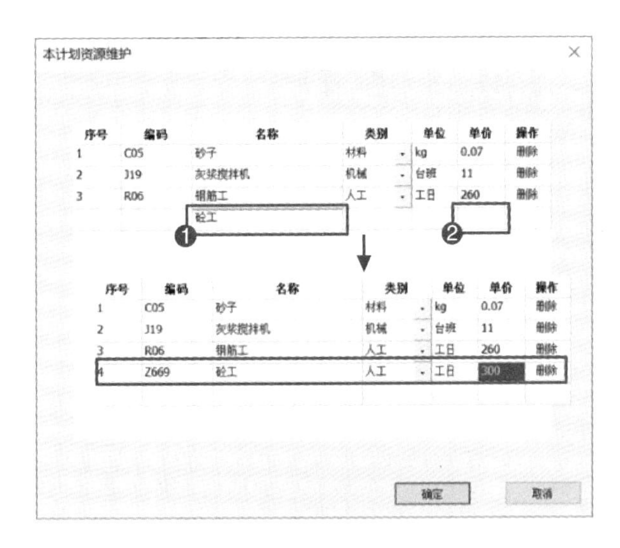

图 9-36　资源添加步骤

(4) 数据库定位　如图 9-37，单击【资源】页面下的【数据库定位】。显示目前资源库、定额库数据的存放路径，数据的存放路径可以修改（图 9-38）。如果更换计算机而想继续使用之前维护的资源库、定额库数据，可以将原计算机存放路径下的数据文件拷贝至新计算机的相应位置。

图 9-37　单击“数据库定位”

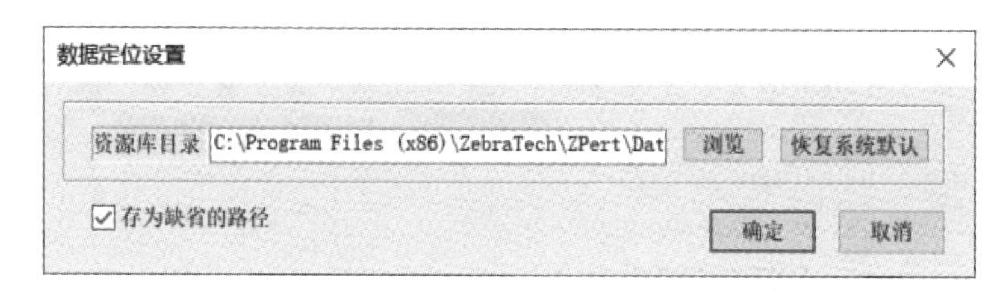

图 9-38　数据库定位设置

（5）添加挂接资源　双击选择已经添加的任务工作项，在弹出的工作信息卡中选择资源与统计页签，单击下方资源名称列的空白行，可以选择资源库中的资源进行添加，如图 9-39 所示。

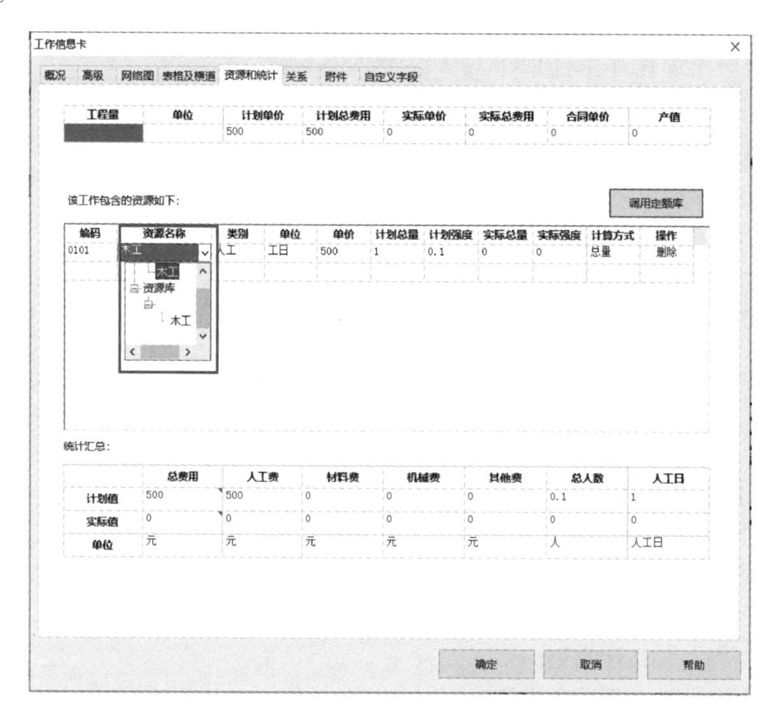

图 9-39　添加挂接资源

3. 任务总结

本小节任务需要在已经编制好的工作项上进行操作，需要先进行资源库的维护后方可进行资源的挂接。

9.2.6　最终调图与出图

1. 任务背景

本小节为编制进度计划工作已经全部完成后，进行后续的调图及出图内容，针对进度计划的布局、格式等进行调整，无误后方可打印。

2. 软件操作

(1) 智能调图　使用智能调图的目的是对网络图中的工作进行智能排布，使网络图更美观且符合一定的横纵比例，使用步骤如图 9-40 所示。

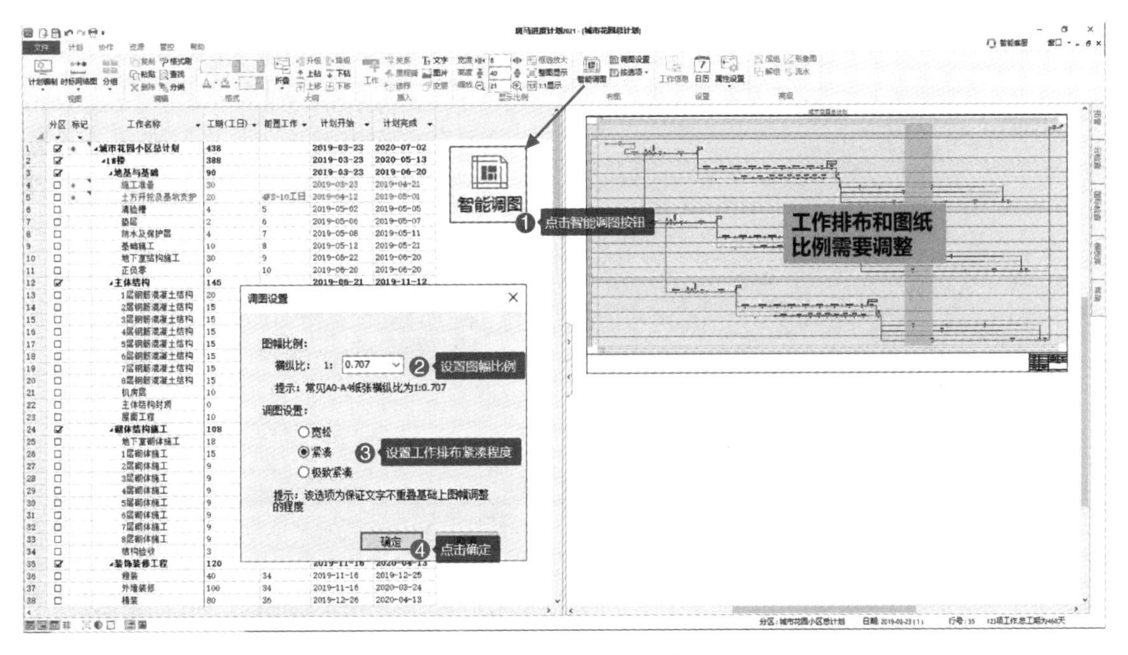

图 9-40　智能调图步骤

横纵比表示网络图横向图幅和纵向图幅的比例。

1) 当希望网络图的横纵比与一张 A0 ~ A4 纸相同时，如图 9-41 所示。

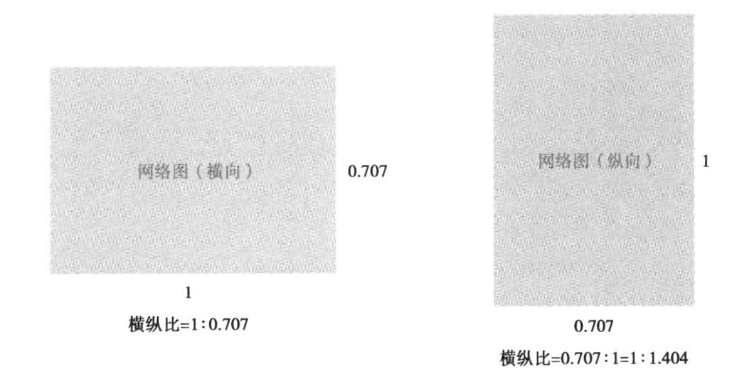

图 9-41　纵横比与一张 A0 ~ A4 纸相同时

2) 当希望网络图的横纵比与两张 A0 ~ A4 纸相同时（以横向为例），如图 9-42 所示。

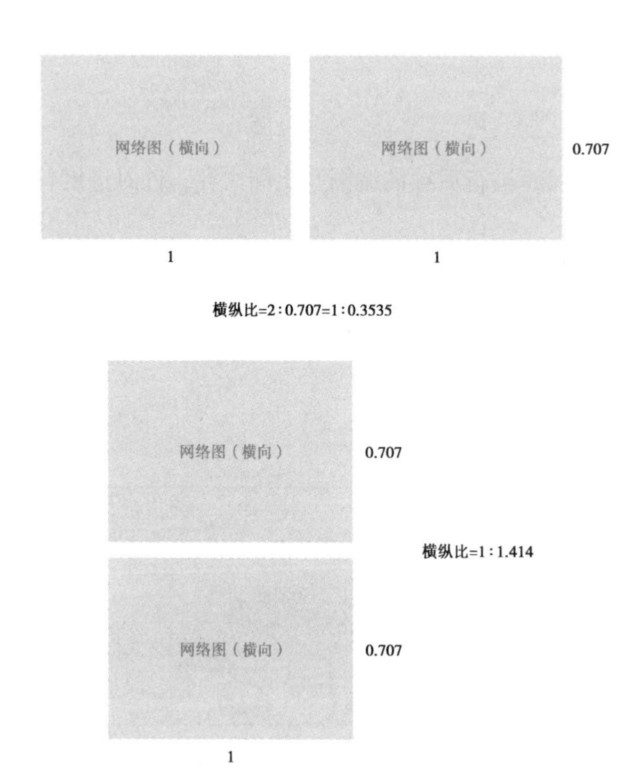

图 9-42　纵横比与两张 A0～A4 纸相同时

3）其余情况依次类推，可以任意输入比例。

工作排布紧凑程度分为宽松、紧凑、极度紧凑三种，工作排布越紧凑，相同图幅内放置的工作数量越多。

宽松：尽量避免重叠。

紧凑：允许非单行工作名称与自由时差线、关系线和分区分割线重叠。

极度紧凑：允许非单行工作名称与箭线重叠。

（2）打印　如图 9-43 所示，单击“打印”可直接进入打印预览界面设置纸张，并提前查看计划。如图 9-44，网络图界面自动调出打印分割线，便于调图过程有参照。

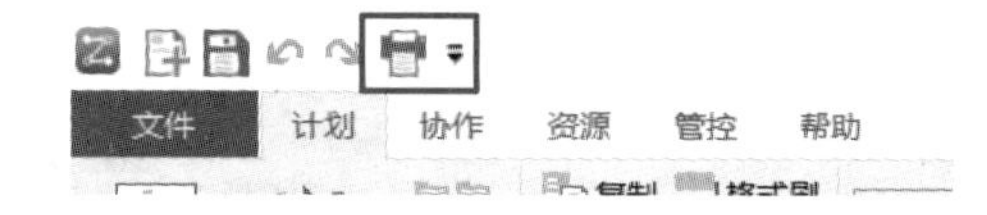

图 9-43　单击“打印”进入打印预览界面

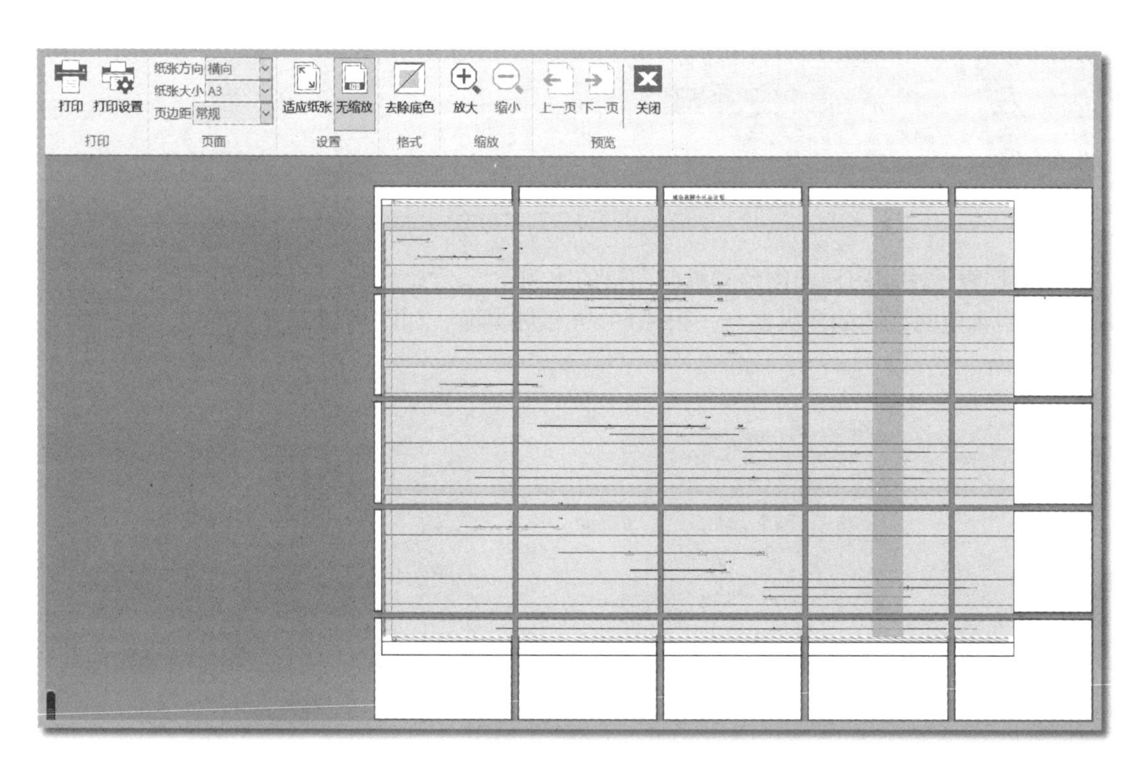

图 9-44　打印分割线

网络图各个区域的字体类型、大小等相关属性均在相应区域单击鼠标右键修改即可，如图9-45所示。

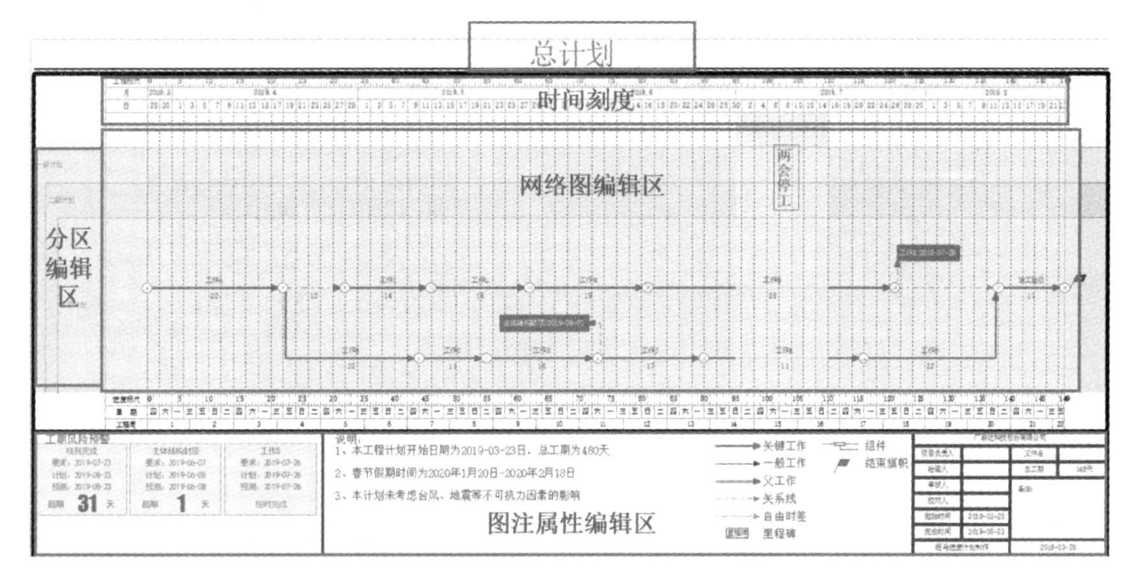

图9-45　对应属性修改

如图9-46所示，当调图无误后可以单击【打印】按钮，选择合适打印机出图。如图9-47，也可导出PDF、Project格式文件。

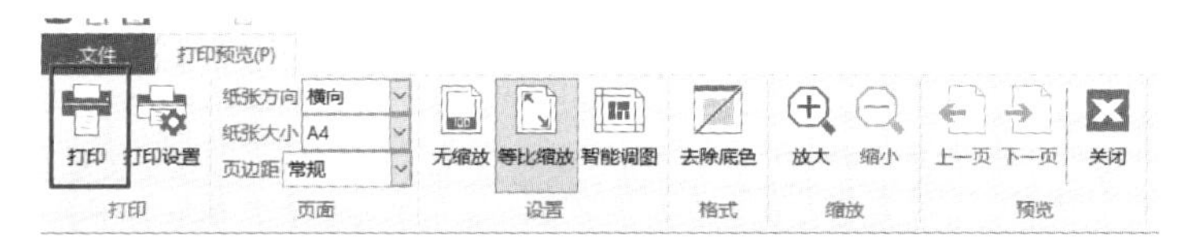

图9-46　单击“打印”选择合适打印机出图

3. 任务总结

本小节为进度计划最后一步，调图、出图。需要将已经编制完成的进度计划根据对应的纸张合理地呈现出来。

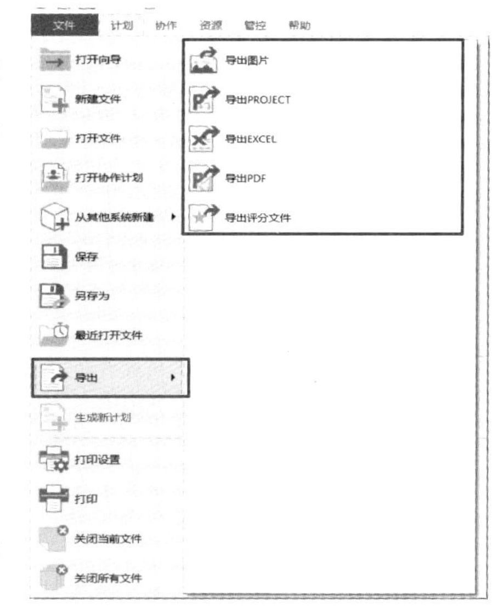

图9-47　导出其他格式文件

9.3　某基础工程进度计划编制及优化

9.3.1　基础部分施工内容介绍

基础工程：采用工程措施，改变或改善基础的天然条件，使之符合设计要求的工程。

本阶段需要完成案例内容中施工准备、土方开挖及基坑支护、地基处理及清验槽、基础施工、地下室结构、1 号楼出正负零等任务项。完成 1 号楼及地基与基础的父工作创建，最终出图，如图 9-48 所示。

◢广联达办公大厦	462		2019-12-23	2021-03-28
◢1号楼	462		2019-12-23	2021-03-28
◢地基与基础	249		2019-12-23	2020-08-27
施工准备	30		2019-12-23	2020-01-21
土方开挖及基坑支护	20	4FS-10工日	2020-01-12	2020-01-31
地基处理及清验槽	15	5	2020-02-01	2020-02-15
基础施工	15	6	2020-02-16	2020-03-01
地下室结构	30	7	2020-03-02	2020-03-31
1号出正负零	0	8	2020-03-31	2020-03-31
结构封顶	0	22	2020-08-27	2020-08-27

图 9-48　基础工程任务背景

9.3.2　基础部分工作的录入

1. 任务背景

本小节主要是完成基础部分任务项的新建，开始时间、结束时间的确定，里程碑的添加。

2. 软件操作

在斑马进度计划左侧表格中（图 9-49），双击工作名称下方空白行，弹出工作信息卡（图 9-50），在工作信息卡中输入该项工作的名称、工期、工作类型等信息，完成工作的添加。

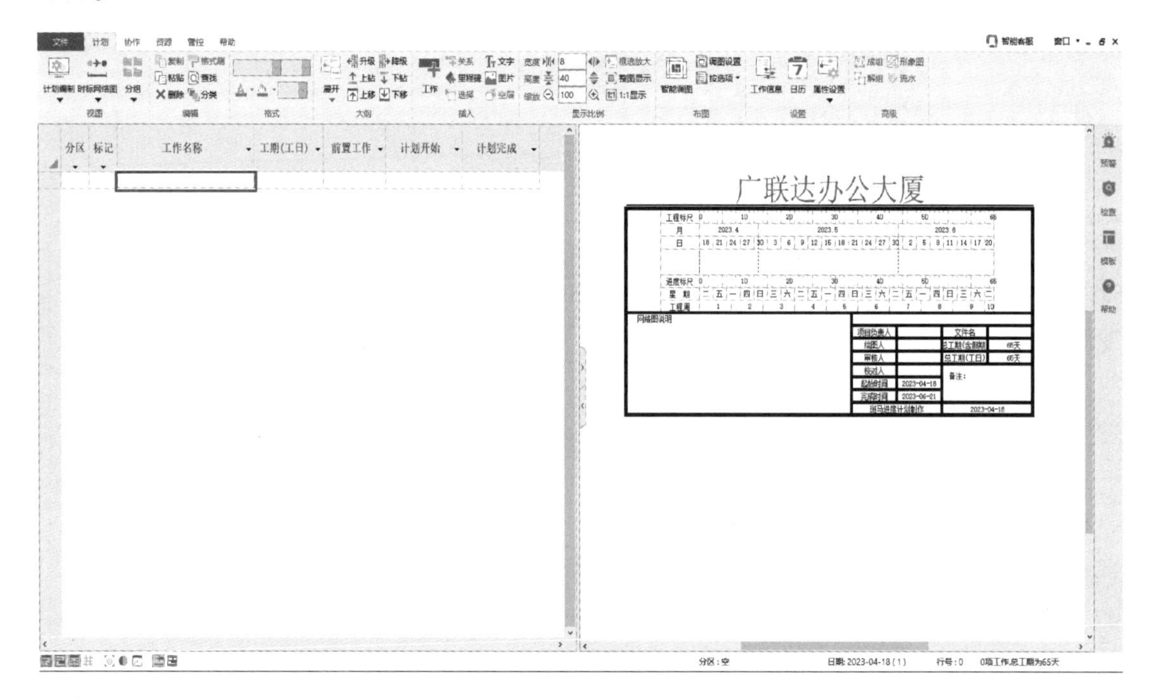

图 9-49　添加工作

图 9-50　双击空白行弹出工作信息卡

1 号楼出正负零是具有标志性意义的事件，称之为里程碑，里程碑无持续时间，是一个时间点。需要在完成工作项的添加后，在工作信息卡【类型】界面修改为里程碑，如图 9-51 所示。

图 9-51　修改工作类型

3. 任务总结

本小节所有任务完成后如图 9-52 所示。

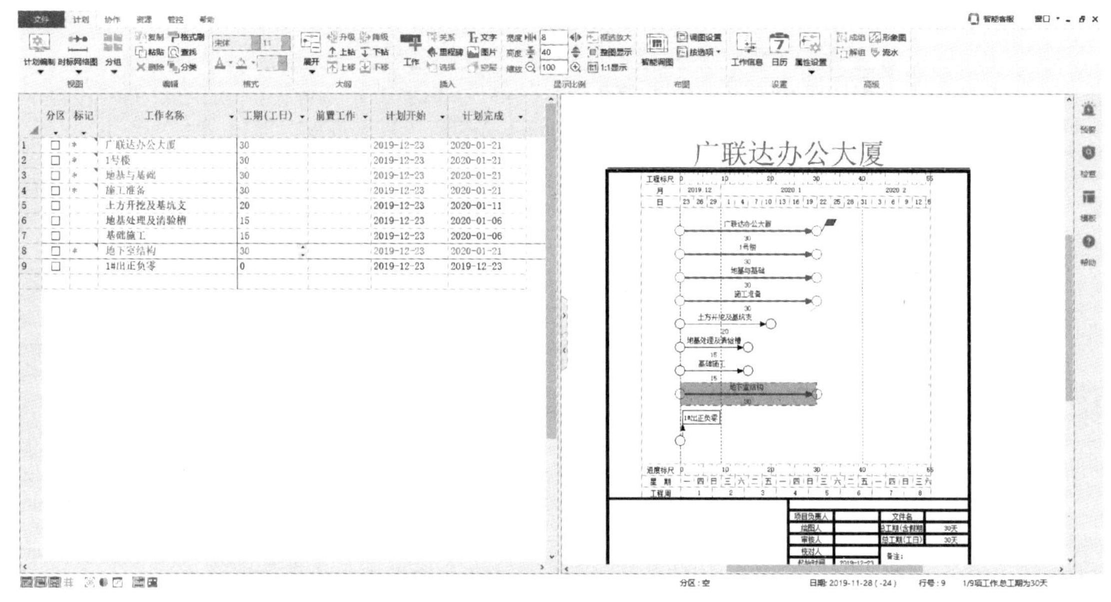

图 9-52　基础部分工作的录入完成后示意图

9.3.3　工作的降级/升级

1. 任务背景

针对已经添加完成的工作项中，广联达办公大厦、一号楼、地基与基础为父工作或分区，所以需要针对任务项进行升级或降级操作。

2. 软件操作

行选子工作后选择【降级】，如图 9-53 所示，同时任务工期也会自行变化，实现了父子计划的联动。

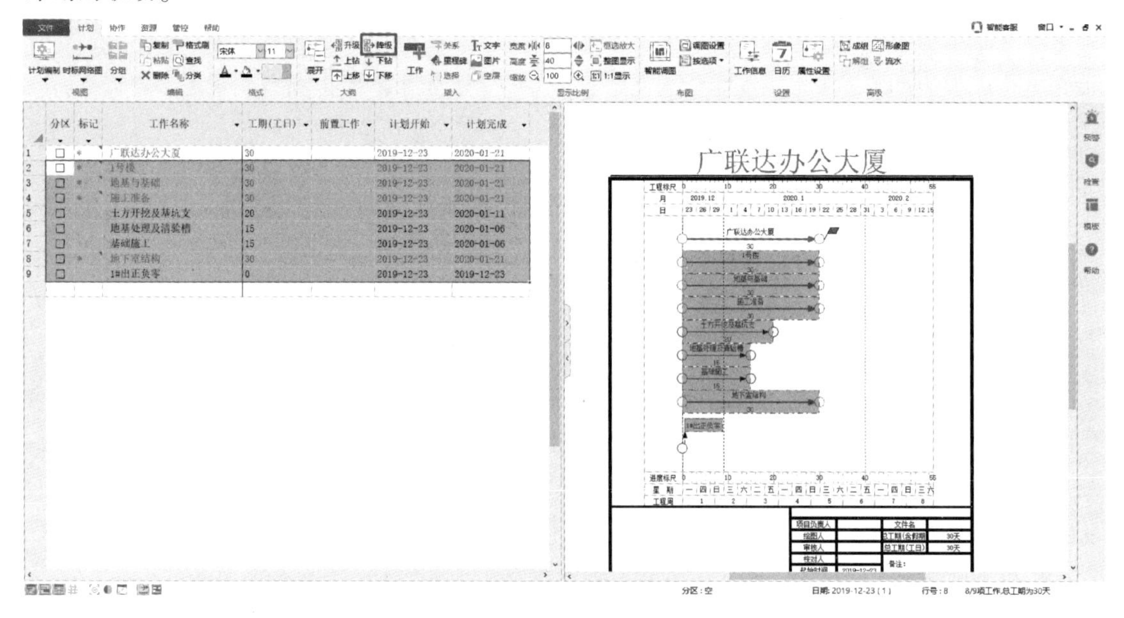

图 9-53　单击“降级”

可以左键双击父工作，进入对应的工作信息卡中，勾选【网络图中显示为分区】，使之父工作转化为分区，如图 9-54 所示。

图 9-54　左键双击父工作弹出工作信息卡

3. 任务总结

本小节所有任务完成后如图 9-55 所示。

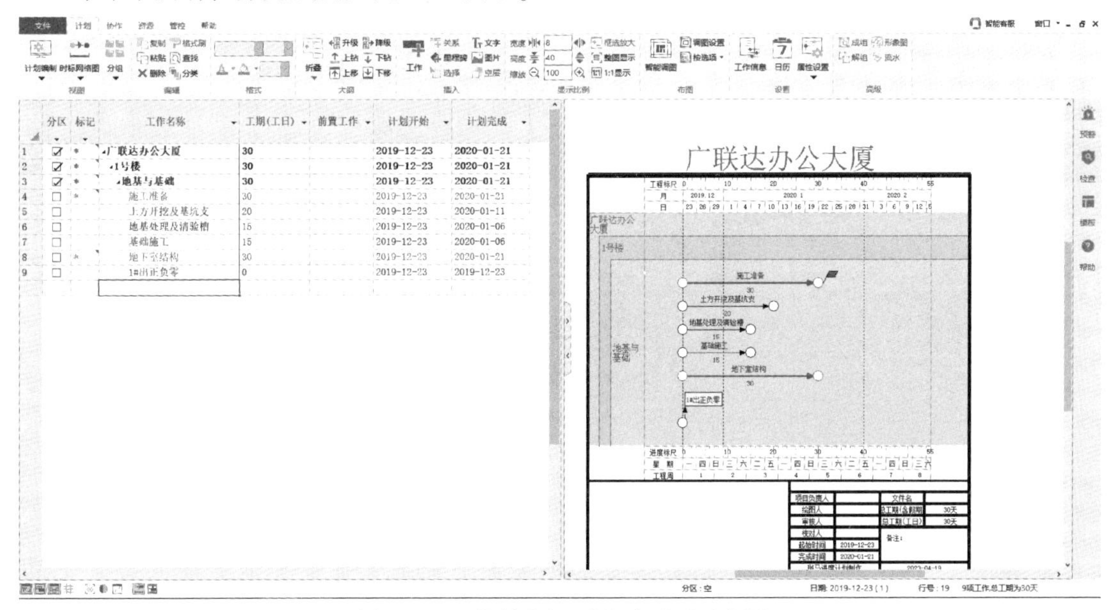

图 9-55　工作的降级/升级完成后示意图

9.3.4　工作间逻辑的修正

1. 任务背景

本小节主要针对已经创建完成的工作项确定其逻辑关系。

2. 软件操作

在斑马进度计划左侧表格中找到前置工作列，如图 9-56 所示，在对应的工作任务项位置输入选择其前置工作，以及确定其逻辑关系。

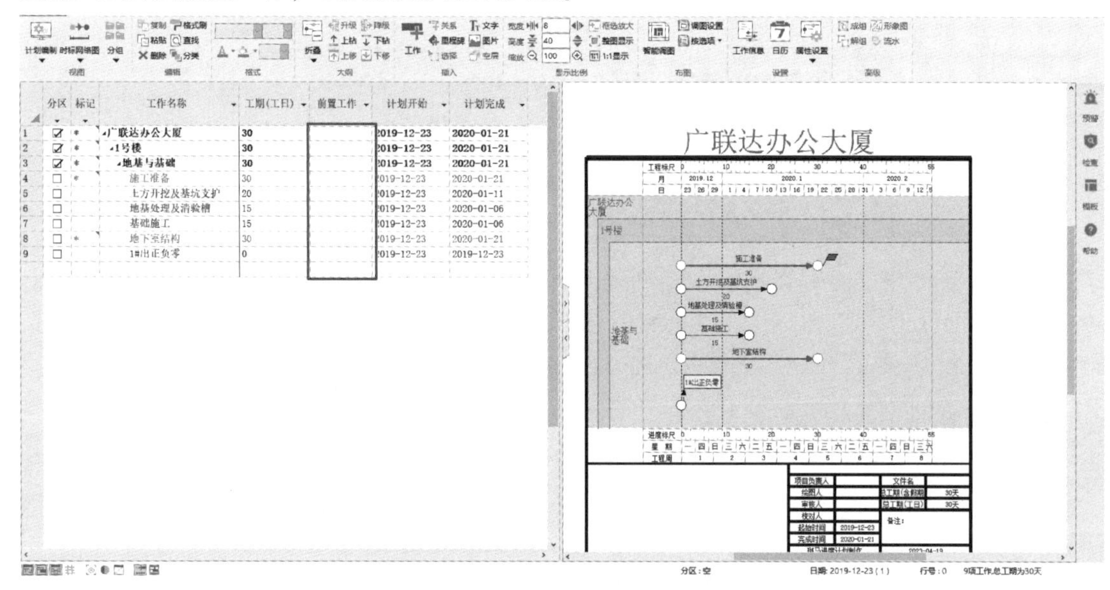

图 9-56 工作逻辑确定

3. 任务总结

本小节所有任务完成后如图 9-57 所示。

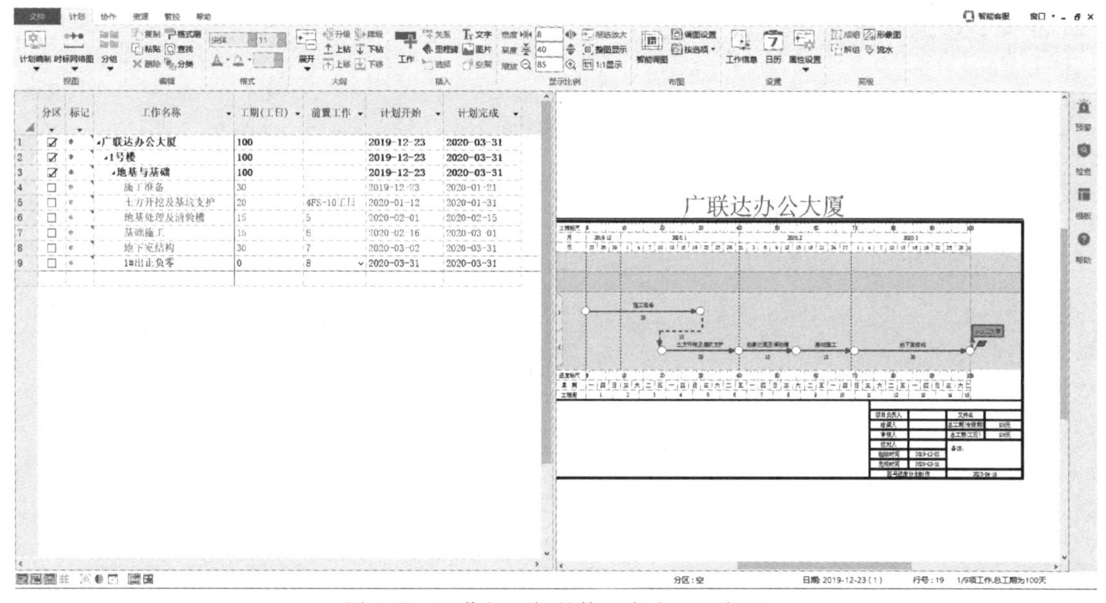

图 9-57 工作间逻辑的修正完成后示意图

9.3.5 云检查及优化

1. 任务背景

本小节主要是针对已经编制好的任务项进行云检查，是否有断点或错误项。所有检查只作参考。

2. 软件操作

如图9-58所示，单击软件右侧检查选项，可以看到云检查及国际检查结果（图9-59）。

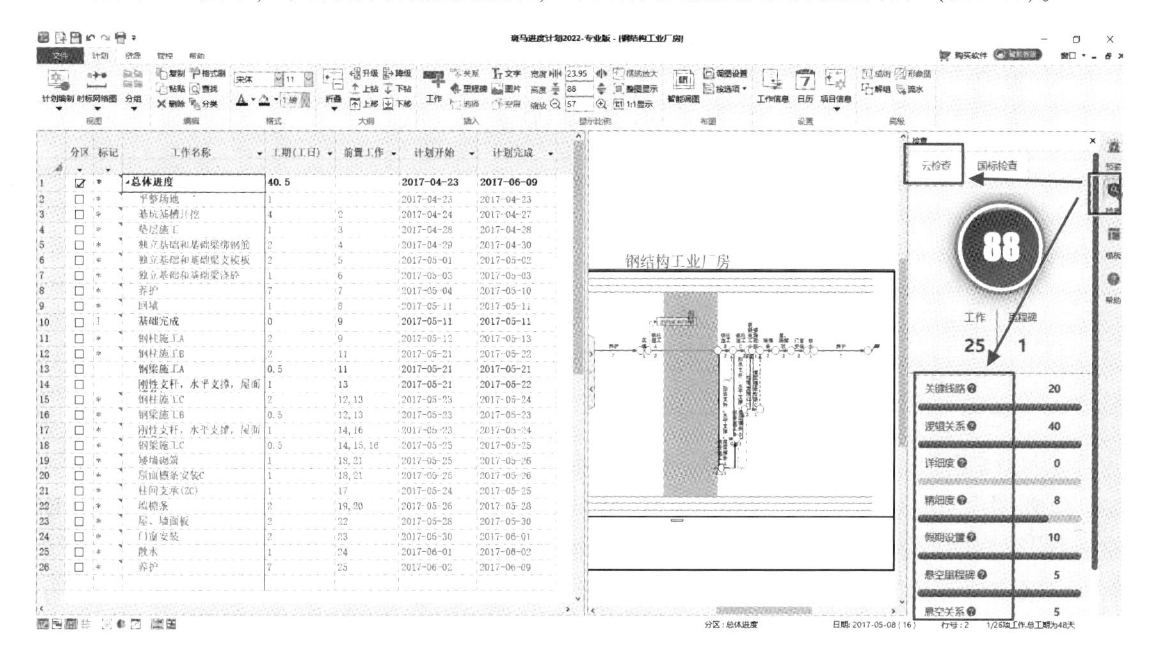

图9-58　云检查

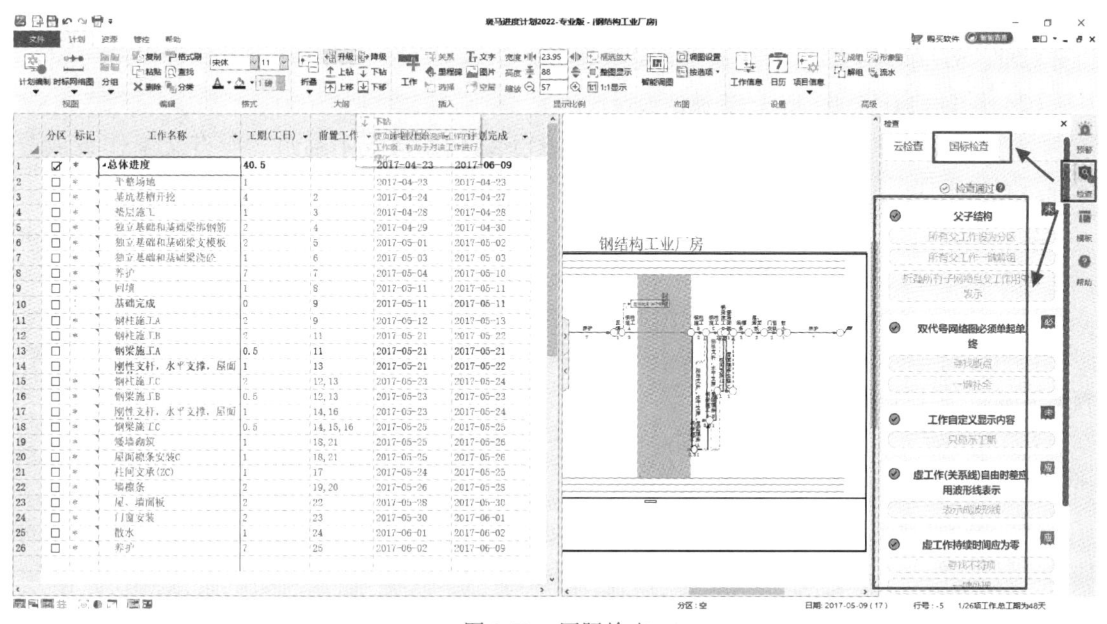

图9-59　国际检查

3. 任务总结

（1）计划云检查说明　详细度和精细度主要用于工作数量大于100项的计划的评判；小于100项的工作，该标准仅作参考。

1）关键线路。得分标准：（关键路径所占时间跨度/整个项目时间跨度）×20。

2）逻辑关系。缺少前置或后置工作（存在断点）。得分标准：40 –（关系不完整工作数量/所有工作数量）×40。

3）详细度。得分标准：工作数量/100（超过10分取10分）。

4）精细度。仅对子工作工期计算。评测标准见表9-1。

表9-1 评测标准

	计算公式	系数
工作工期	<3% ×总工期	1
	<6% ×总工期	0.7
	<10% ×总工期	0.5
	<20% ×总工期	0.3
	>20% ×总工期	0

①仅评测实工作（不含父工作）。得分标准：[Sum(每项工作系数)/工作数量]×10。

②假期设置。评测标准：应设置数量假期 = 向上取整（项目时间跨度/365天）。得分标准：（设置假期数量/应设置假期数量）×10（超过10分取10分）。

③悬空里程碑。评测标准：悬空里程碑指无前置工作且无后置工作的里程碑，得分标准：5 –（悬空里程碑/里程碑总数）×5。

④悬空的关系。评测标准：所有关系检测 if（工作开始时间! = 项目开始时间）是否有前置工作；if（工作结束时间! = 项目结束时间）是否有后置工作；一项不符合即为不完整。得分标准：5 – 悬空关系数量（低于0分取0分）。

（2）国标检查说明　检查结果是否通过：

1）父子结构：所见界面存在展开形式的父子结构，检查不通过。所有父工作设成分区，所有父工作一键解组折叠，所有子网络且父工作用单线表示。

2）单起单终：只有一个起点一个终点时为检查通过，否则不通过。注：父子结构都不能存在断点。寻找断点，一键补全。

3）自定义显示内容：有工作显示的是开始/完成时间时，检查不通过。只显示工期。

4）虚工作（关系线）自由时差：当存在有自由时差的关系线且未使用波浪线表示时，判断不通过，表示波浪线。

5）虚工作（关系线）持续时间应为零：当存在工期不为零的关系时，检查不通过。寻找不符项，一键处理。

6）相同首尾节点不可多工作：当存在相同首尾节点多工作时，检查不通过，寻找不符项，一键处理。

9.3.6 最终调图

1. 任务背景

本小节为基础部分进度计划工作已经全部完成后，为后续其他工作更加容易开展，可进行一次调图整理。

2. 软件操作

鼠标左键单击上方菜单栏【智能调图】选项进行一键调图，如图 9-60 所示。

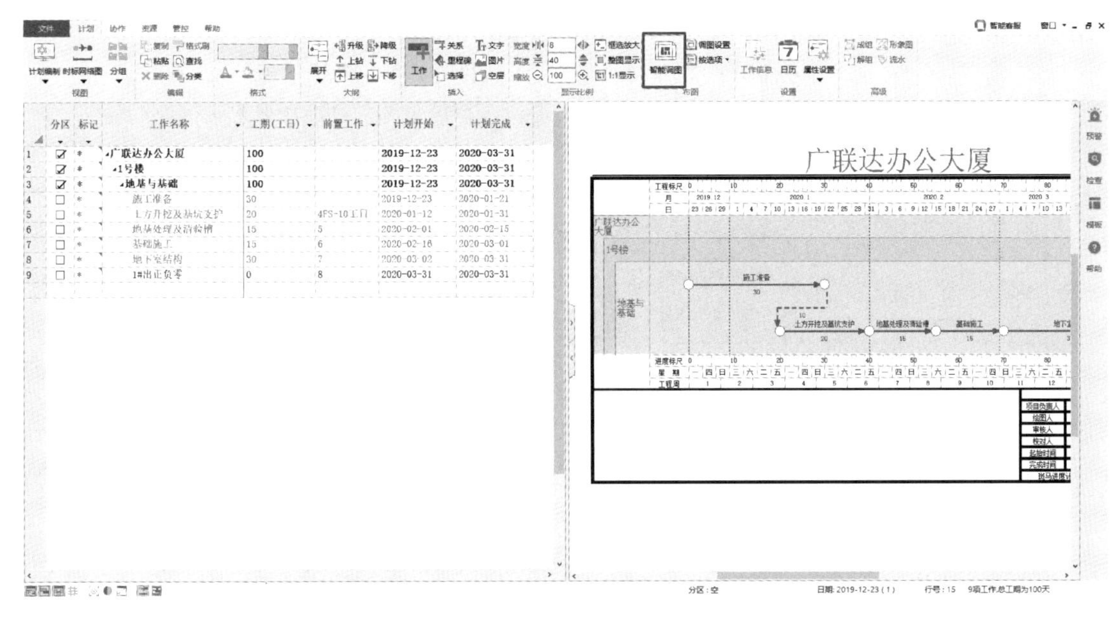

图 9-60　智能调图

3. 任务总结

调图完成后该工程基础部分就已完成，后续可进行出图或绘制其他部分操作。

9.4　某主体工程进度编制及优化

9.4.1　主体部分施工内容介绍

主体工程：指基于地基基础之上，接受、承担和传递建设工程所有上部荷载，维持结构整体性、稳定性和安全性的承重结构体系。建筑主体工程的组成部分包括混凝土工程、砌体工程、钢结构工程。

本阶段需要完成案例内容中 1～8 层混凝土结构、9～16 层混凝土结构、主体机房层、结构封顶、1～8 层砌筑结构、9～16 层砌筑结构、结构验收等任务项。完成主体结构施工父工作创建。完成 1～8 层每一层的任务工作项，最终出图。各任务如图 9-61 所示。

9.4.2　主体部分工作的录入

1. 任务背景

本小节主要是完成主体部分任务项的新建，开始时间、结束时间的确定，里程碑的添加。

主体结构施工	185		2020-04-01	2020-10-02
1~8层混凝土结构	70	8	2020-04-01	2020-06-09
1层钢筋混凝土结构	10		2020-04-01	2020-04-10
2层钢筋混凝土结构	10	12	2020-04-11	2020-04-20
3层钢筋混凝土结构	10	13	2020-04-21	2020-04-30
4层钢筋混凝土结构	8	14	2020-05-01	2020-05-08
5层钢筋混凝土结构	8	15	2020-05-09	2020-05-16
6层钢筋混凝土结构	8	16	2020-05-17	2020-05-24
7层钢筋混凝土结构	8	17	2020-05-25	2020-06-01
8层钢筋混凝土结构	8	18	2020-06-02	2020-06-09
9~16层混凝土结构	64	11	2020-06-10	2020-08-12
主体机房层	15	20	2020-08-13	2020-08-27
结构封顶	0	21	2020-08-27	2020-08-27
1~8层砌筑结构	56	11	2020-06-10	2020-08-04
9~16层砌筑结构	56	23	2020-08-05	2020-09-29
结构验收	3	21,24	2020-09-30	2020-10-02

图 9-61　主体工程任务背景

2. 软件操作

如图 9-62 和图 9-63 所示，添加工作时，需要在斑马进度计划左侧表格中，双击工作名称下方空白行，弹出工作信息卡，在工作信息卡中输入该项工作的名称、工期、工作类型等信息，完成工作的增加。

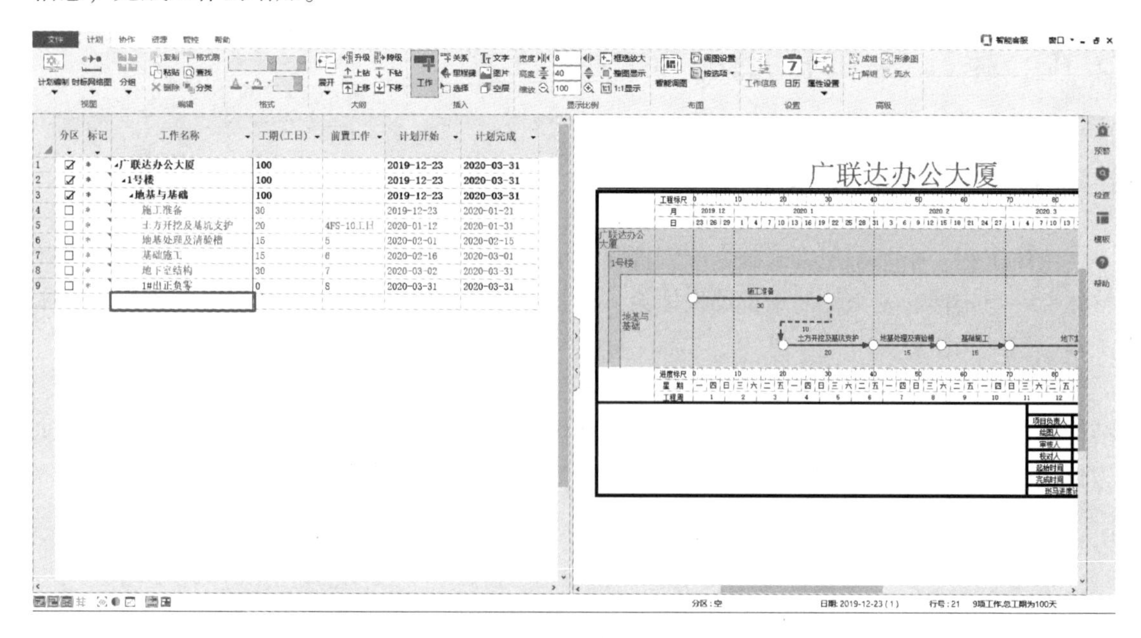

图 9-62　添加工作

图 9-63　双击空白行弹出工作信息卡

结构封顶为具有标志性意义的事件，称之为里程碑，里程碑无持续时间，是一个时间点。需要在完成工作项的添加后，在工作信息卡【类型】界面修改为里程碑，如图 9-64 所示。

图 9-64　修改工作类型

为了将1～8层混凝土结构中每一层任务项添加进来，如图9-65和图9-66所示，可以行选1～8层混凝土结构工作，单击上方【下钻】按钮，完成1层混凝土结构到8层混凝土结构任务项添加后点单击上方菜单栏【上钻】按钮回到初始表格。

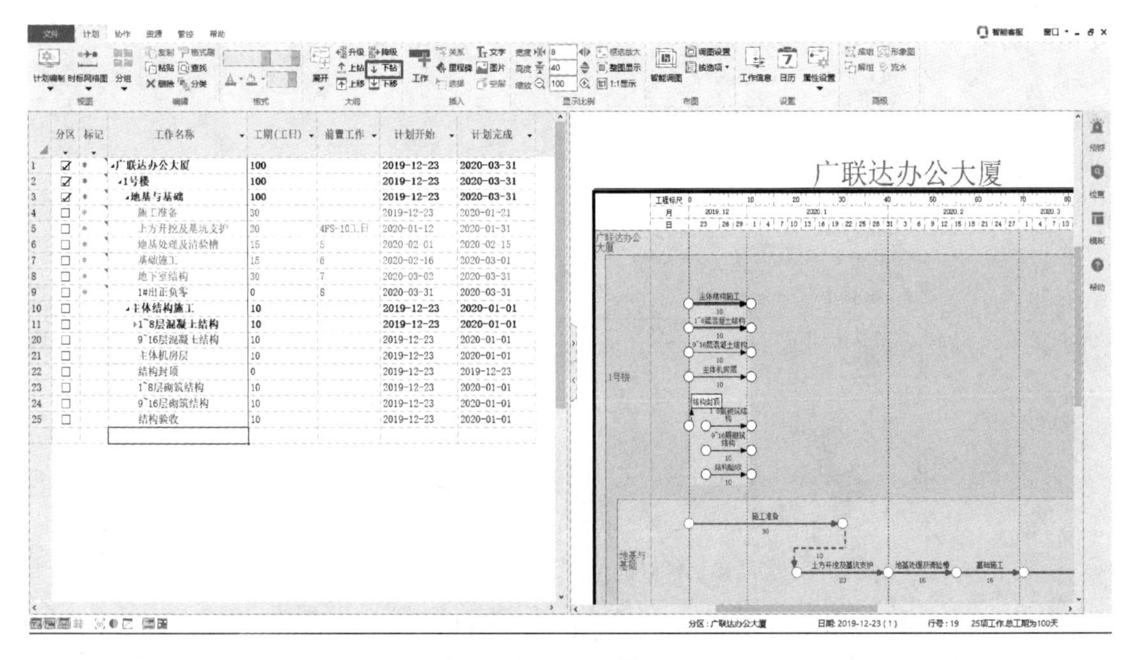

图9-65 下钻

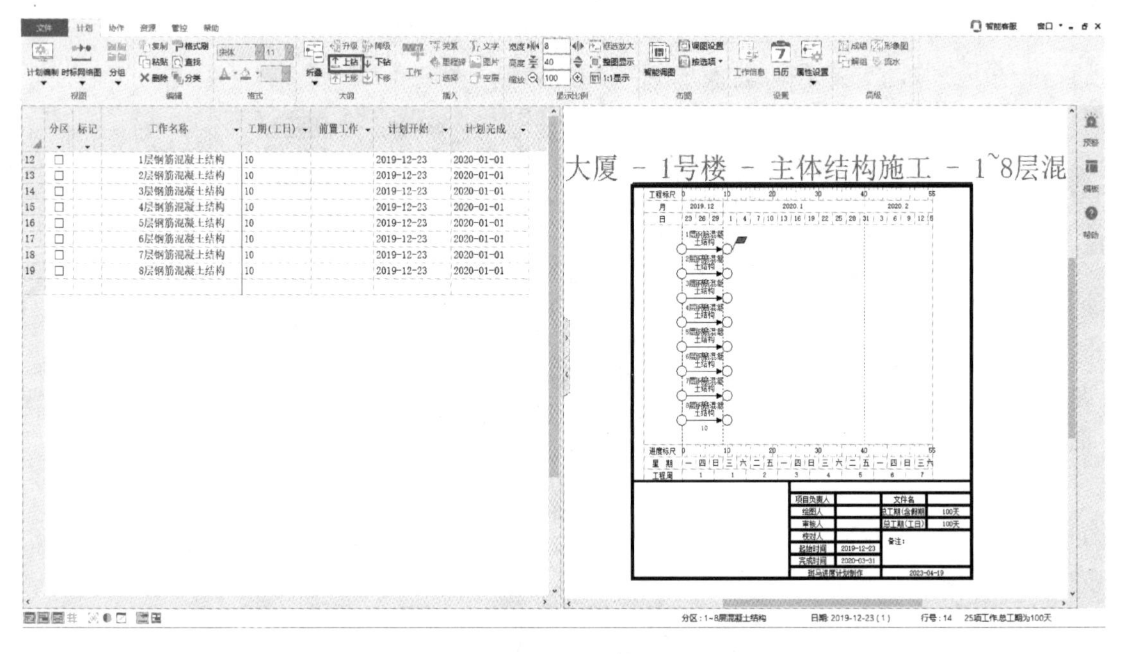

图9-66 上钻

3. 任务总结

本小节所有任务完成后，会显示如图9-67所示的界面。

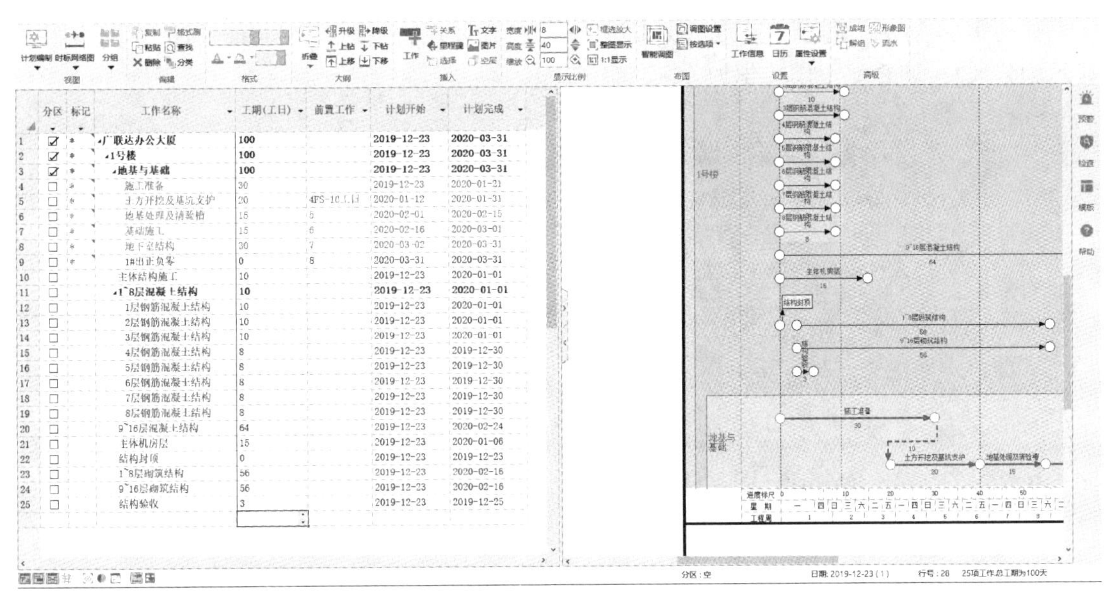

图 9-67　主体部分工作的录入完成后示意图

9.4.3　工作的降级/升级

1. 任务背景

针对已经添加完成的工作项中，主体结构施工为父工作或分区，所以需要针对任务项进行升级或降级操作

2. 软件操作

如图 9-68 所示，行选子工作后选择【降级】，同时任务工期也会自行变化，实现了父子计划的联动。

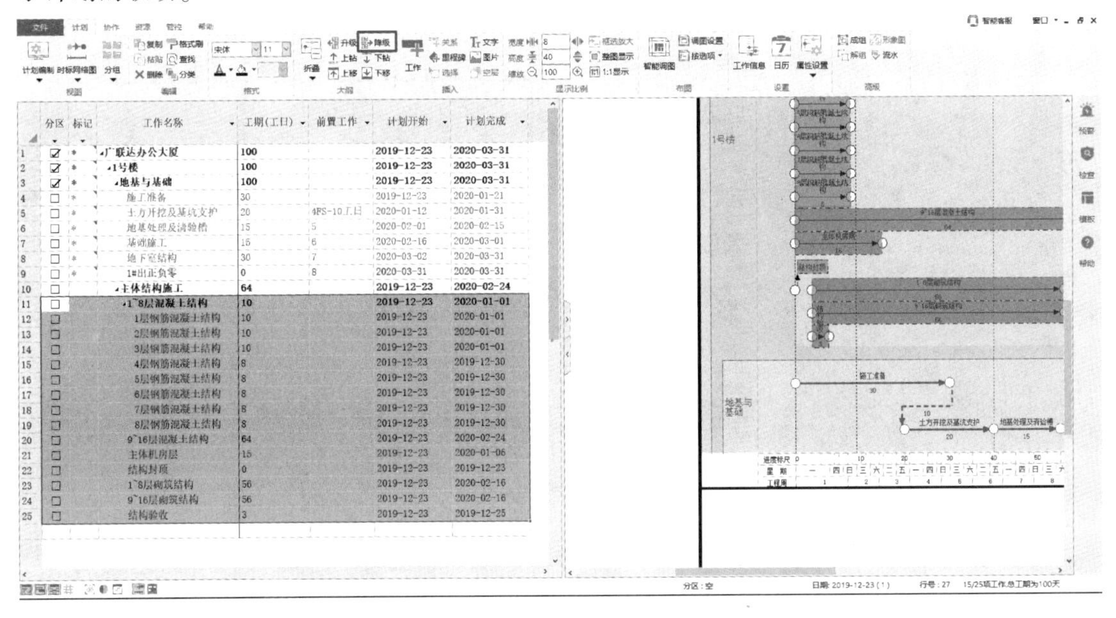

图 9-68　降级

如图 9-69 所示，可以左键双击父工作，进入到对应的工作信息卡中，勾选【网络图中显示为分区】，使之父工作转化为分区。

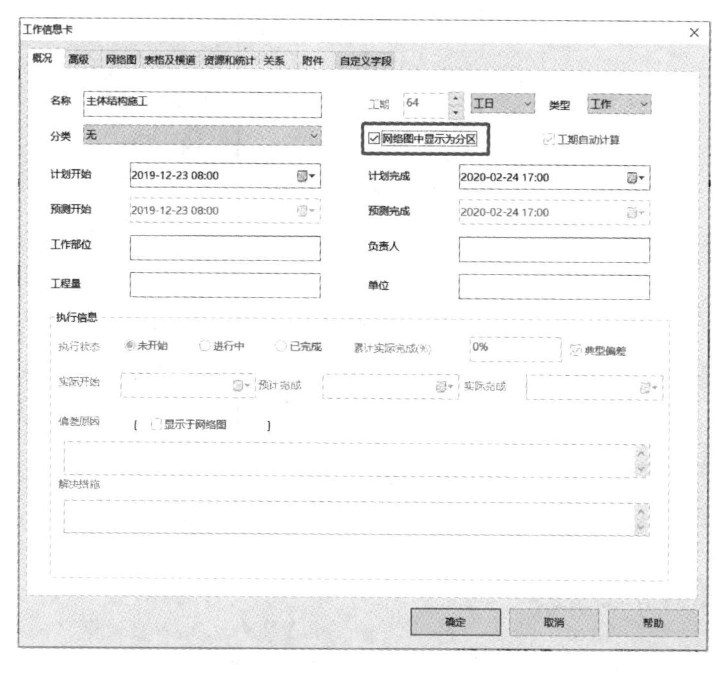

图 9-69　显示分区

3. 任务总结

本小节所有任务完成后，会显示如图 9-70 所示的界面。

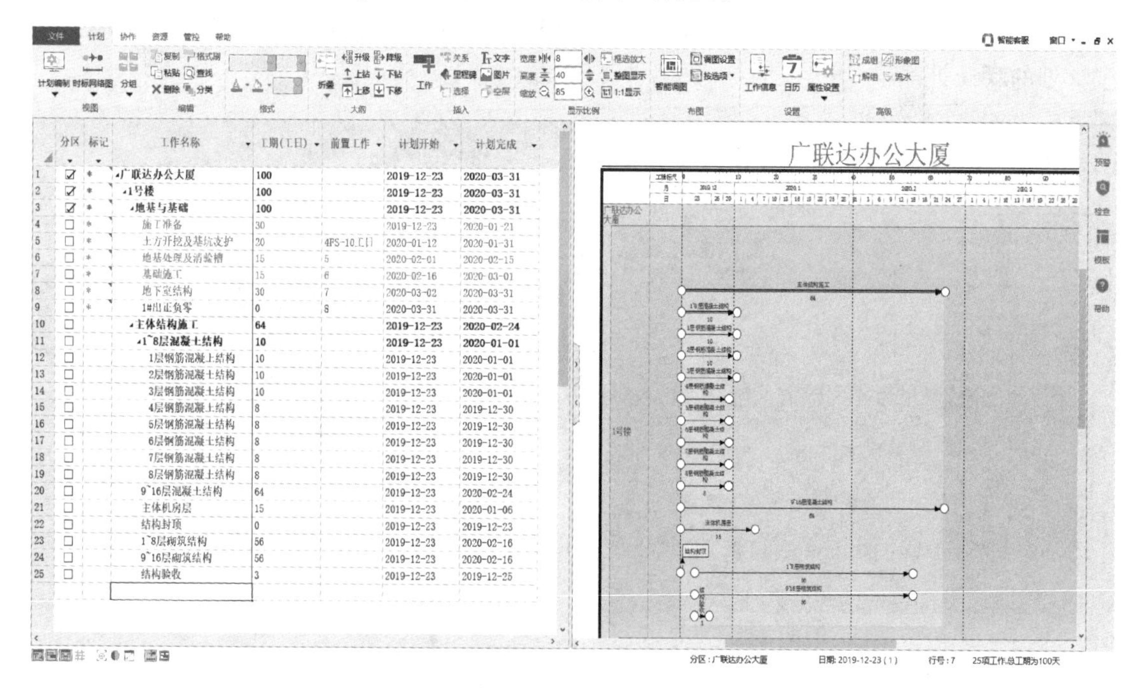

	分区	工作名称	工期(工日)	前置工作	计划开始	计划完成
1	☑	广联达办公大厦	100		2019-12-23	2020-03-31
2	☑	1号楼	100		2019-12-23	2020-03-31
3	☑	地基与基础	100		2019-12-23	2020-03-31
4	☐	施工准备	30		2019-12-23	2020-01-21
5	☐	土方开挖及基坑支护	20	4FS-10工日	2020-01-12	2020-01-31
6	☐	地基处理及清验槽	15	5	2020-02-01	2020-02-15
7	☐	基础施工	15	6	2020-02-16	2020-03-01
8	☐	地下室结构	30	7	2020-03-02	2020-03-31
9	☐	1#出正负零	0	8	2020-03-31	2020-03-31
10	☐	主体结构施工	64		2019-12-23	2020-02-24
11	☐	1~8层混凝土结构	10		2019-12-23	2020-01-01
12	☐	1层钢筋混凝土结构	10		2019-12-23	2020-01-01
13	☐	2层钢筋混凝土结构	10		2019-12-23	2020-01-01
14	☐	3层钢筋混凝土结构	10		2019-12-23	2020-01-01
15	☐	4层钢筋混凝土结构	8		2019-12-23	2019-12-30
16	☐	5层钢筋混凝土结构	8		2019-12-23	2019-12-30
17	☐	6层钢筋混凝土结构	8		2019-12-23	2019-12-30
18	☐	7层钢筋混凝土结构	8		2019-12-23	2019-12-30
19	☐	8层钢筋混凝土结构	8		2019-12-23	2019-12-30
20	☐	9~16层混凝土结构	64		2019-12-23	2020-02-24
21	☐	主体机房层	15		2019-12-23	2020-01-06
22	☐	结构封顶	0		2019-12-23	2019-12-23
23	☐	1~8层砌筑结构	56		2019-12-23	2020-02-16
24	☐	9~16层砌筑结构	56		2019-12-23	2020-02-16
25	☐	结构验收	3		2019-12-23	2019-12-25

图 9-70　工作的降级/升级完成后示意图

9. 4. 4　工作间逻辑的修正

1. 任务背景

本小节主要针对已经创建完成的工作项确定其逻辑关系。

2. 软件操作

如图 9-71 所示，在斑马进度计划左侧表格中找到前置工作列，在对应的工作任务项位置输入选择其前置工作，以及确定其逻辑关系。

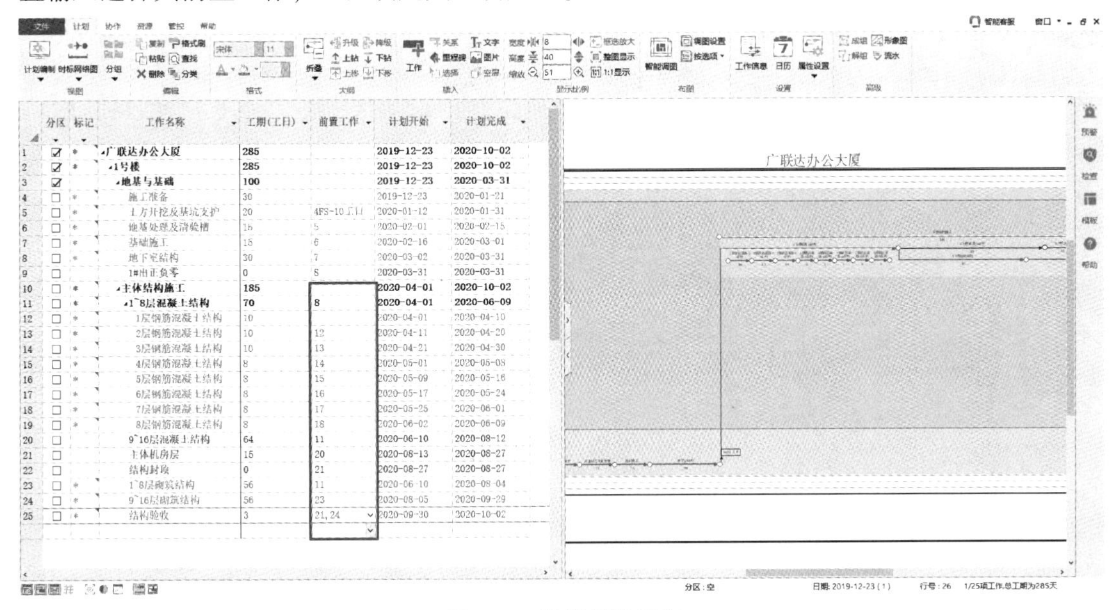

图 9-71　确定前置工作

3. 任务总结

本小节所有任务完成后，会显示如图 9-72 所示的界面。

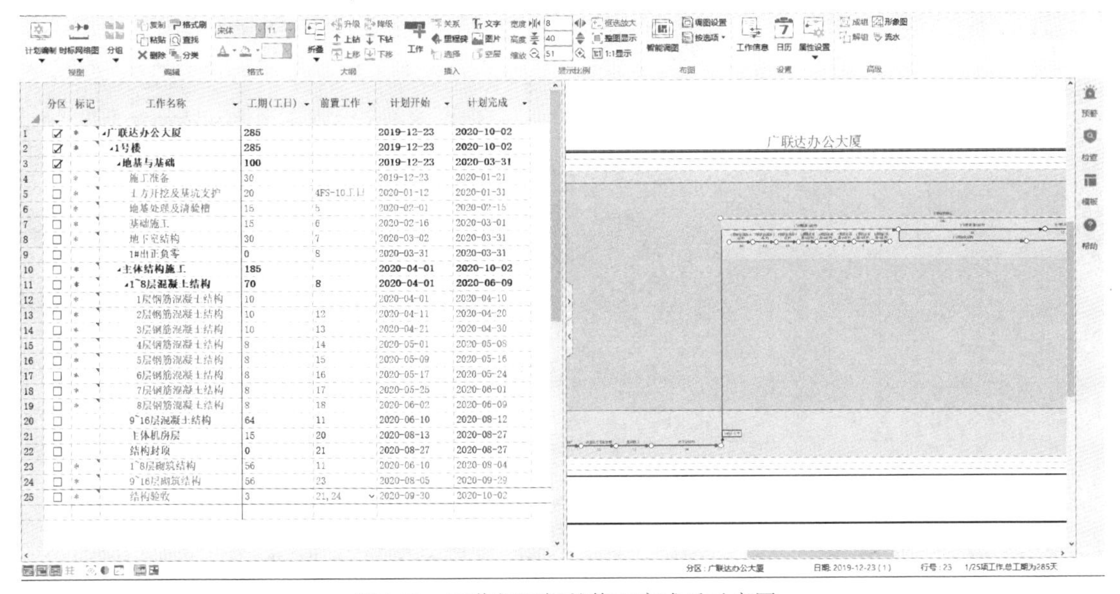

图 9-72　工作间逻辑的修正完成后示意图

9.4.5 云检查及优化

1. 任务背景

本小节主要是针对已经编制好的任务项进行云检查，是否有断点或错误项。所有检查只作参考。

2. 软件操作

如图 9-73、图 9-74 所示，单击软件右侧检查选项，可以看到云检查及国际检查结果。

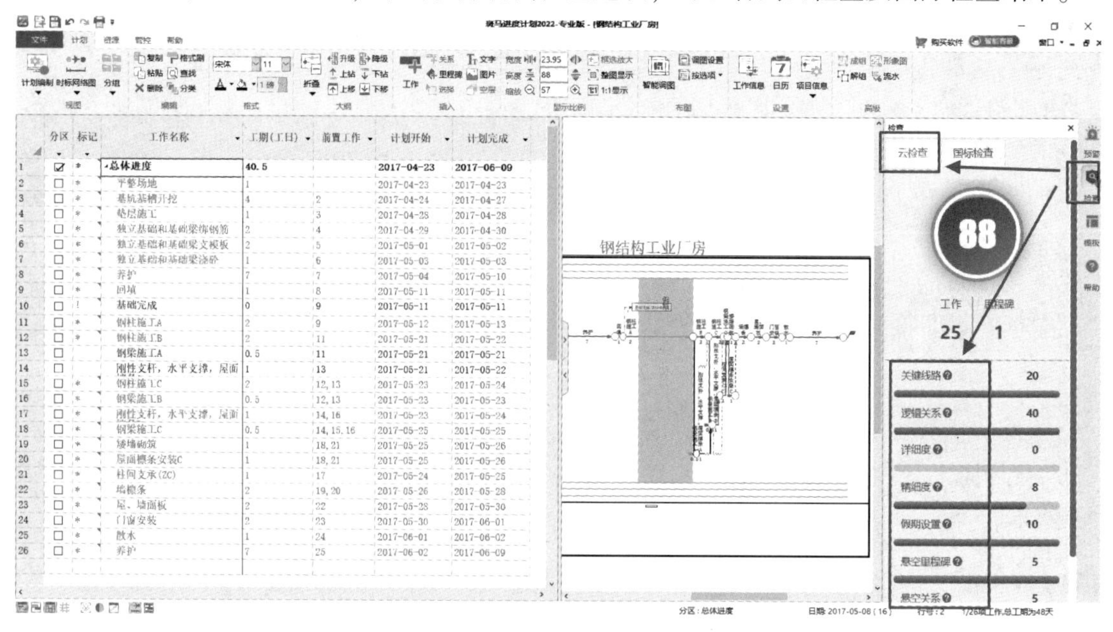

图 9-73 云检查结果

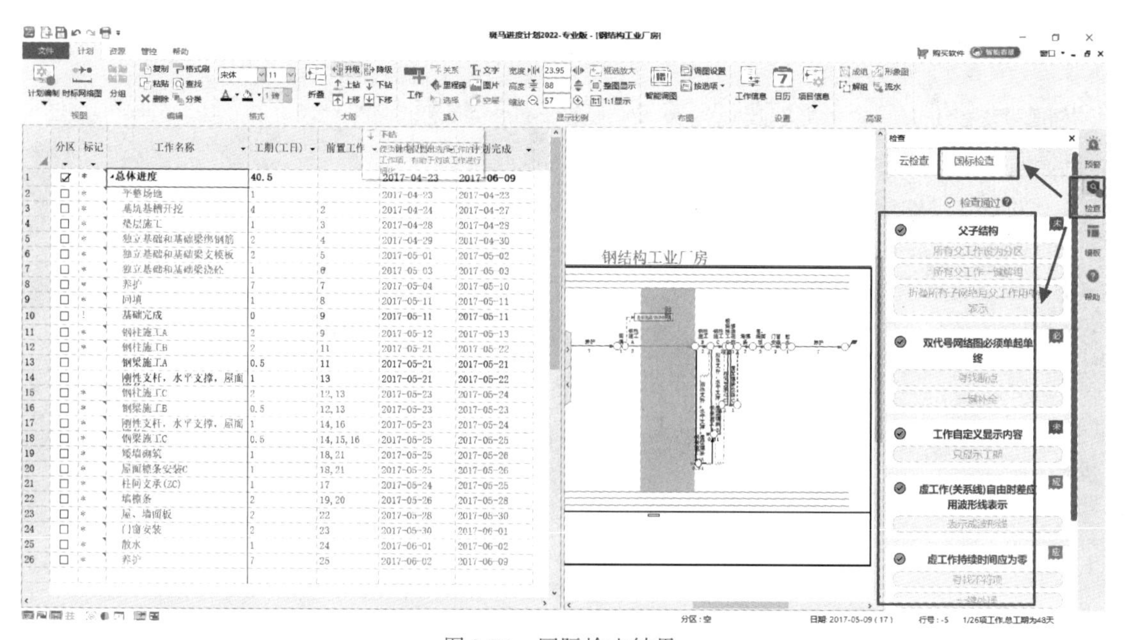

图 9-74 国际检查结果

9.4.6 最终调图

1. 任务背景

本小节为主体结构部分进度计划工作已经全部完成后，为后续其他工作更加容易开展，可进行一次调图整理。

2. 软件操作

如图 9-75 所示，鼠标左键单击上方菜单栏【智能调图】选项进行一键调图。

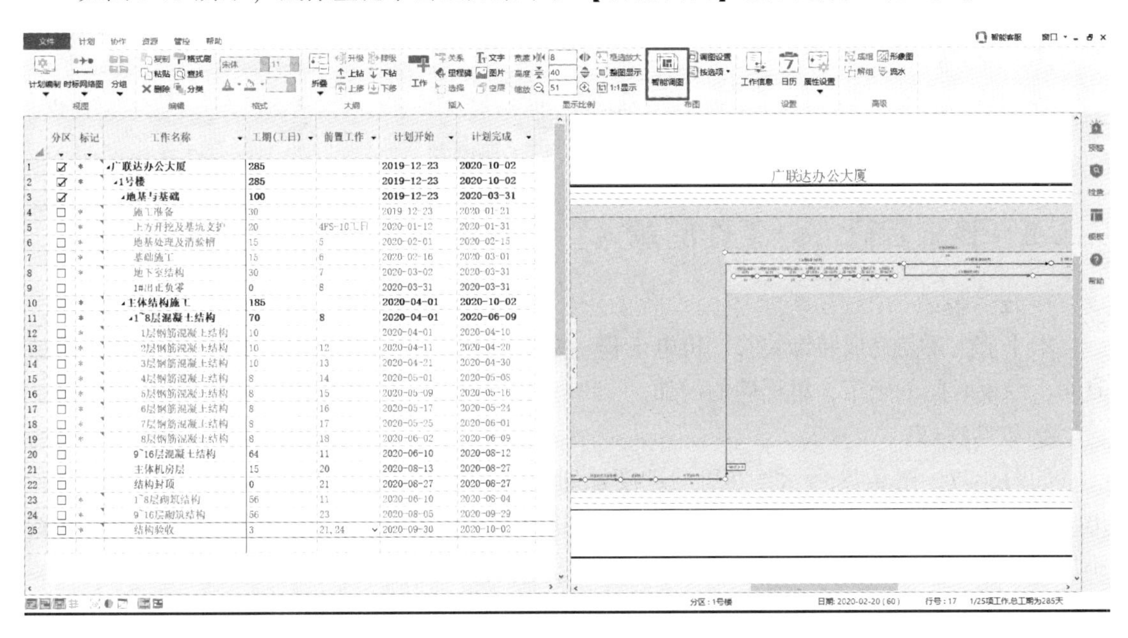

图 9-75 智能调图

3. 任务总结

调图完成后该工程主体结构部分就已完成，后续可进行出图或绘制其他部分操作。

9.5 某装饰装修工程进度编制及优化

9.5.1 装饰装修部分施工内容介绍

装饰工程是用建筑材料及其制品或用雕塑、绘画等装饰性艺术品，对建筑物室内外进行装潢和修饰的工作总称。装饰工程包括室内外抹灰工程、饰面安装工程和玻璃、油漆、粉刷、裱糊工程三大部分。装饰工程不仅能增加建筑物的美观和艺术形象，且有隔热、隔声、防潮的作用。还可以保护墙面，提高围护结构的耐久性。

本阶段需要完成案例内容中室内初装修、公共区域精装修、屋面工程、吊篮安装、外立面装修、机电预留预埋、机电安装、室外工程、竣工验收移交使用等任务项。完成装饰装修工程、机电工程父工作创建。装饰装修工程任务背景如图 9-76 所示。

◢ 装饰装修工程	136		2020-10-23	2021-04-06	
室内初装修	96	56	2020-10-23	2021-01-26	
公共区域精装修	40	58	2021-01-27	2021-04-06	
屋面工程	7	56	2020-10-23	2020-10-29	
吊篮安装、外立面施工	90	60	2020-10-30	2021-01-27	
◢ 机电工程	361		2020-03-07	2021-04-01	
机电预留预埋	241	37	2020-03-07	2020-11-02	
机电安装	120	63	2020-11-03	2021-04-01	

图 9-76　装饰装修工程任务背景

9.5.2　装饰装修部分工作的录入

1. 任务背景

本小节主要是完成装饰装修、机电工程、室外工程、竣工验收部分任务项的新建，开始时间、结束时间的确定，里程碑的添加。

2. 软件操作

如图 9-77、图 9-78 所示，在斑马进度计划左侧表格中，双击工作名称下方空白行，弹出工作信息卡，在工作信息卡中输入该项工作的名称、工期、工作类型等信息，完成工作的添加。

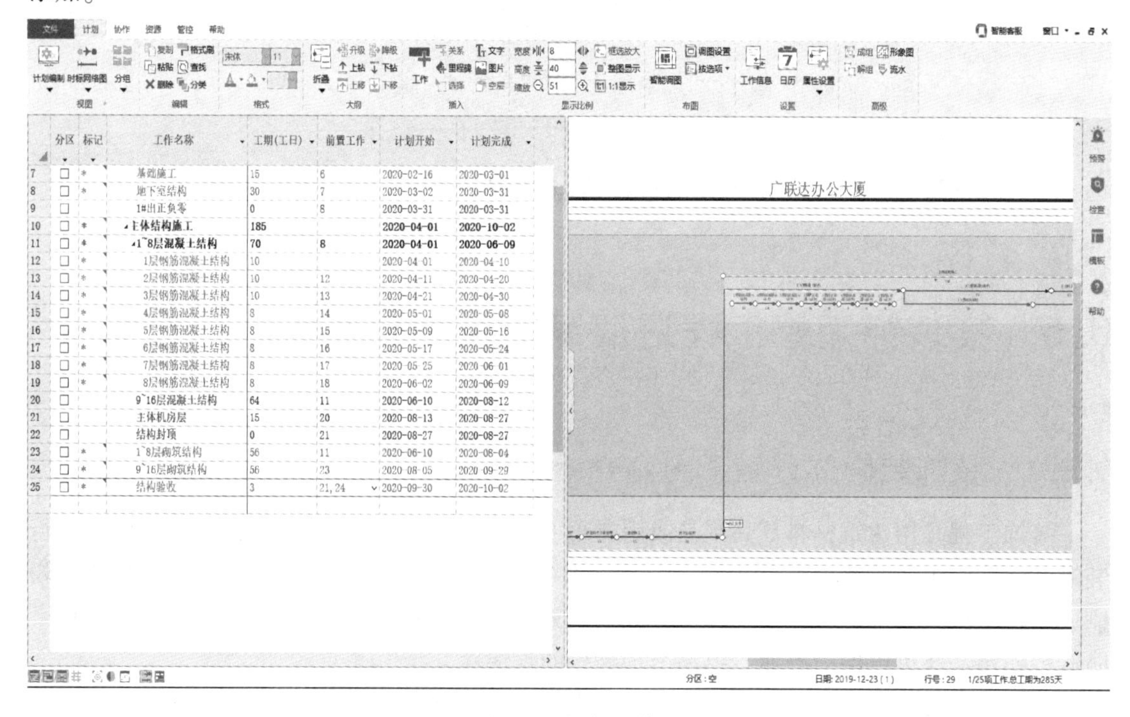

图 9-77　添加工作

图 9-78　双击空白行弹出工作信息卡

3. 任务总结

本小节所有任务完成后，会显示如图 9-79 所示的界面。

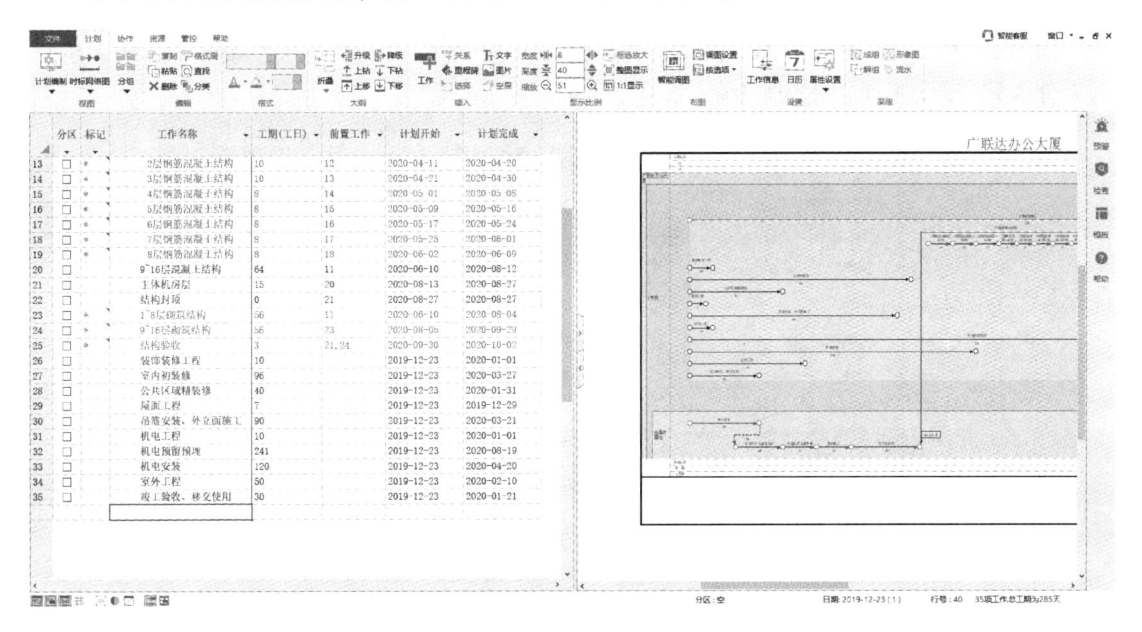

图 9-79　装饰装修部分工作的录入完成后示意图

9.5.3　工作的降级/升级

1. 任务背景

针对已经添加完成的工作项中，装饰装修工程、机电工程为父工作或分区，所以需要针对任务项进行升级或降级操作。

2. 软件操作

如图 9-80 所示，行选子工作后选择【降级】或行选父工作后选择【升级】，同时任务工期也会自行变化，实现了父子计划的联动。

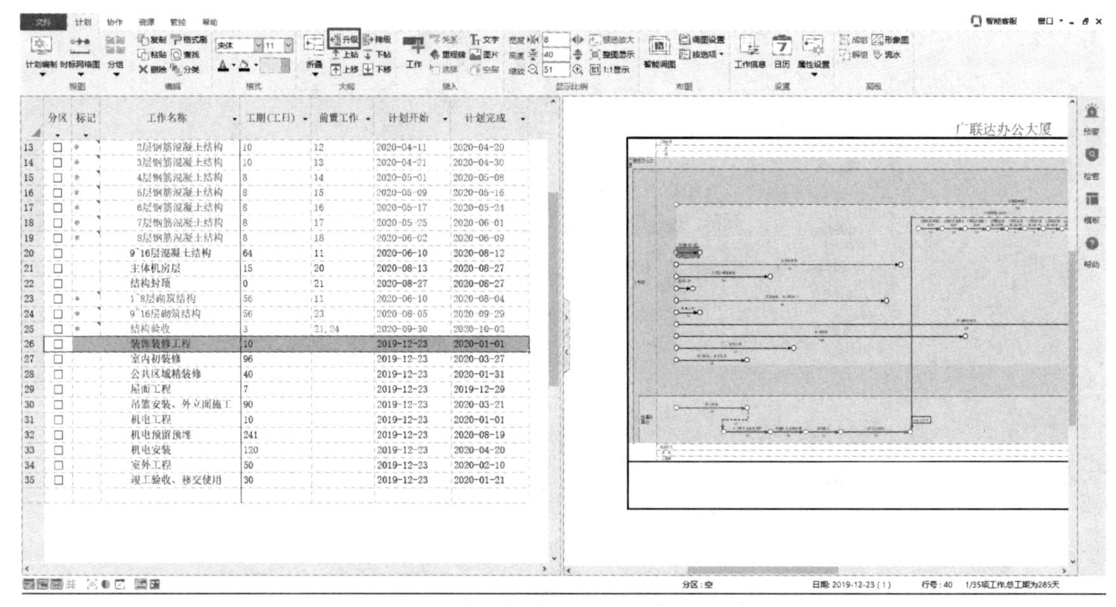

图 9-80 降级

如图 9-81 所示，可以左键双击父工作，进入对应的工作信息卡中，勾选【网络图中显示为分区】，使父工作转化为分区。

图 9-81 左键双击父工作弹出工作信息卡

3. 任务总结

本小节所有任务完成后，会显示如图 9-82 所示的界面。

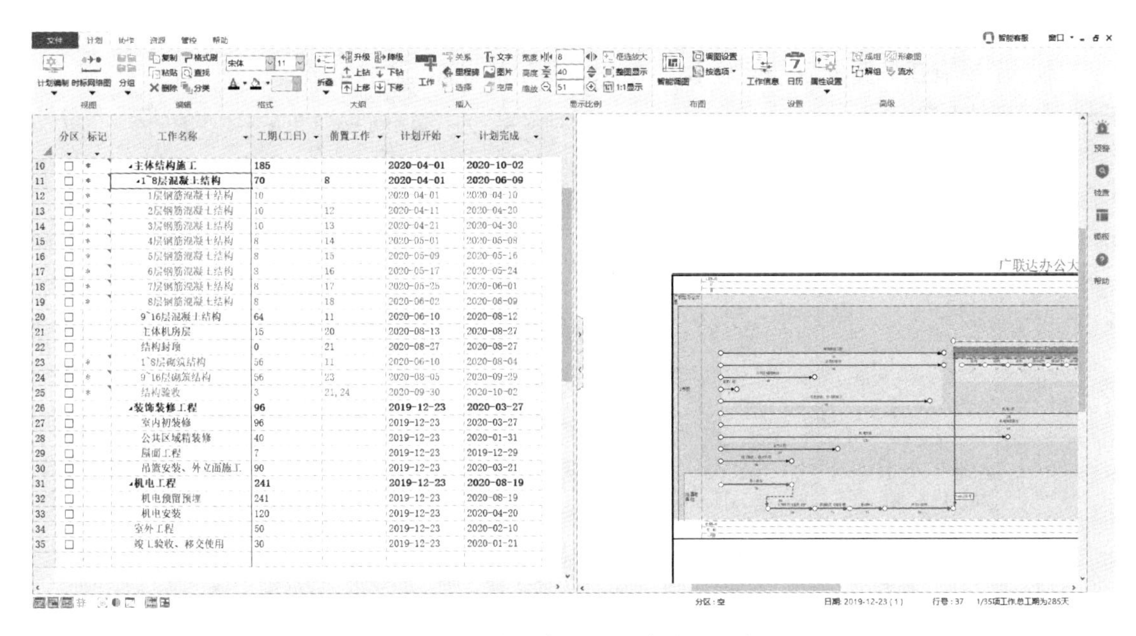

图 9-82　工作的降级/升级完成后示意图

9.5.4　工作间逻辑的修正

1. 任务背景

本小节主要针对已经创建完成的工作项确定其逻辑关系。

2. 软件操作

如图 9-83 所示，在斑马进度计划左侧表格中找到前置工作列，在对应的工作任务项位置输入选择其前置工作，以及确定其逻辑关系。

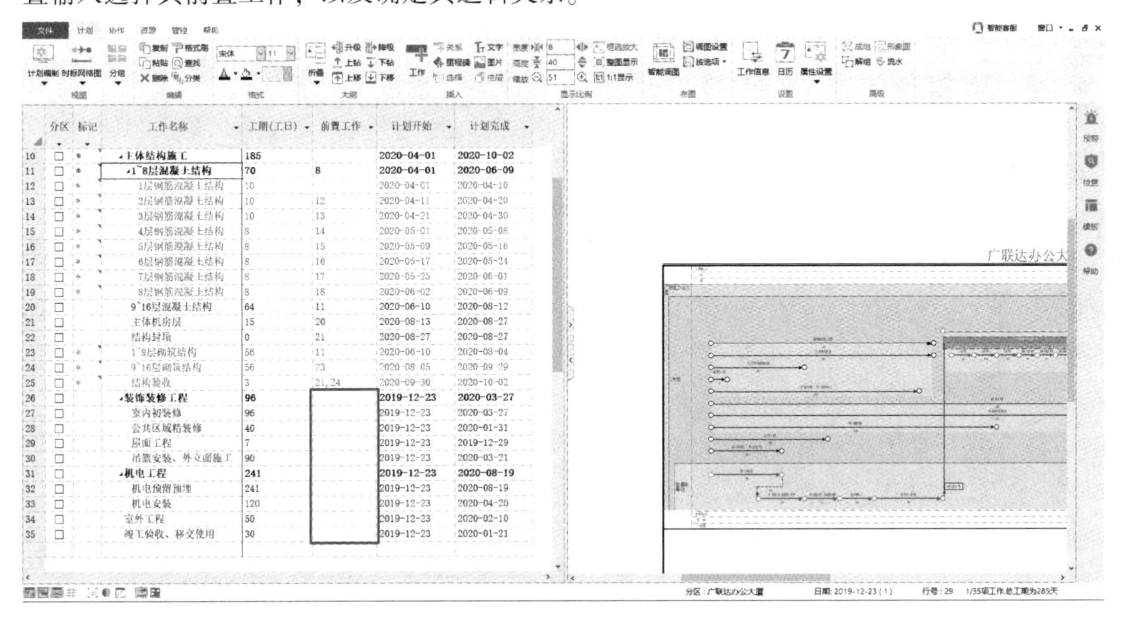

图 9-83　确定前置工作

3. 任务总结

本小节所有任务完成后，会显示如图 9-84 所示的界面。

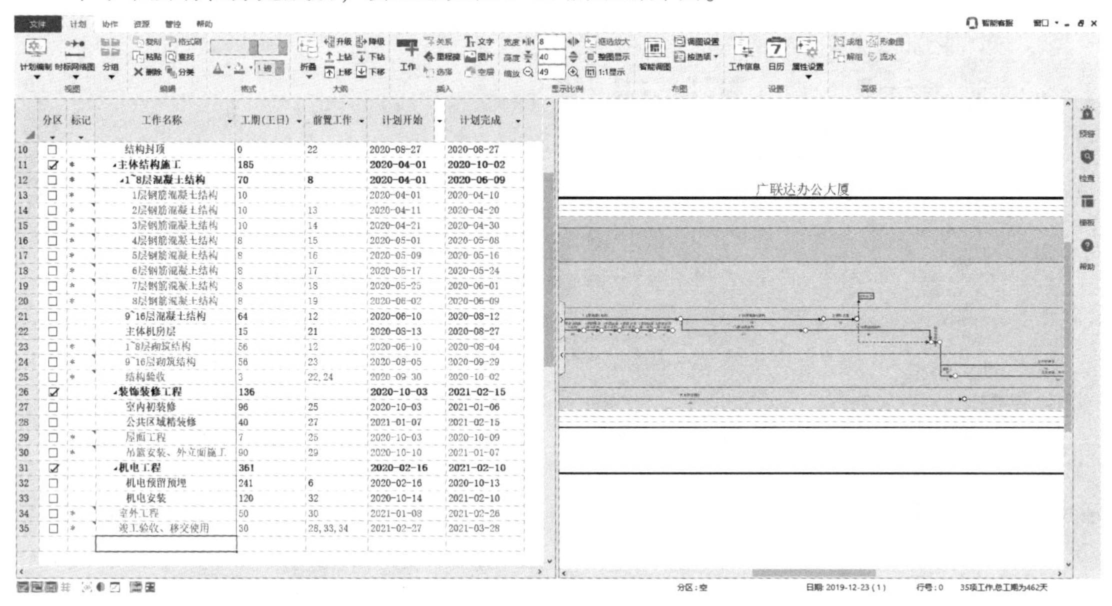

图 9-84　工作间逻辑的修正完成后示意图

9.5.5　云检查及优化

1. 任务背景

本小节主要是针对已经编制好的任务项进行云检查，是否有断点或错误项。所有检查只作参考。

2. 软件操作

如图 9-85、图 9-86 所示，单击软件右侧检查选项，可以看到云检查及国际检查结果。

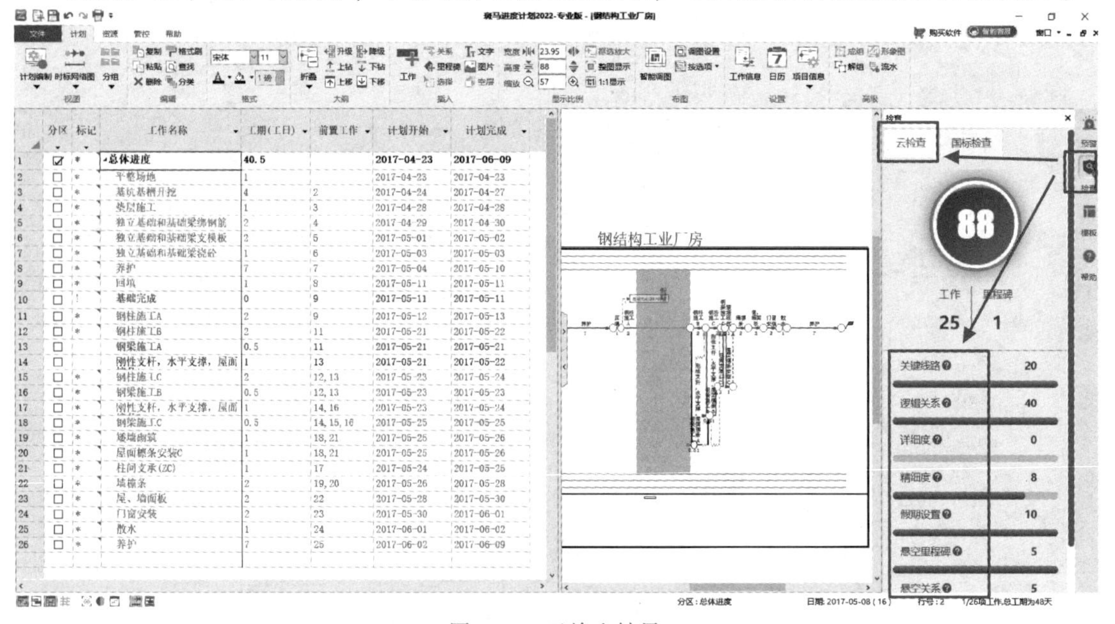

图 9-85　云检查结果

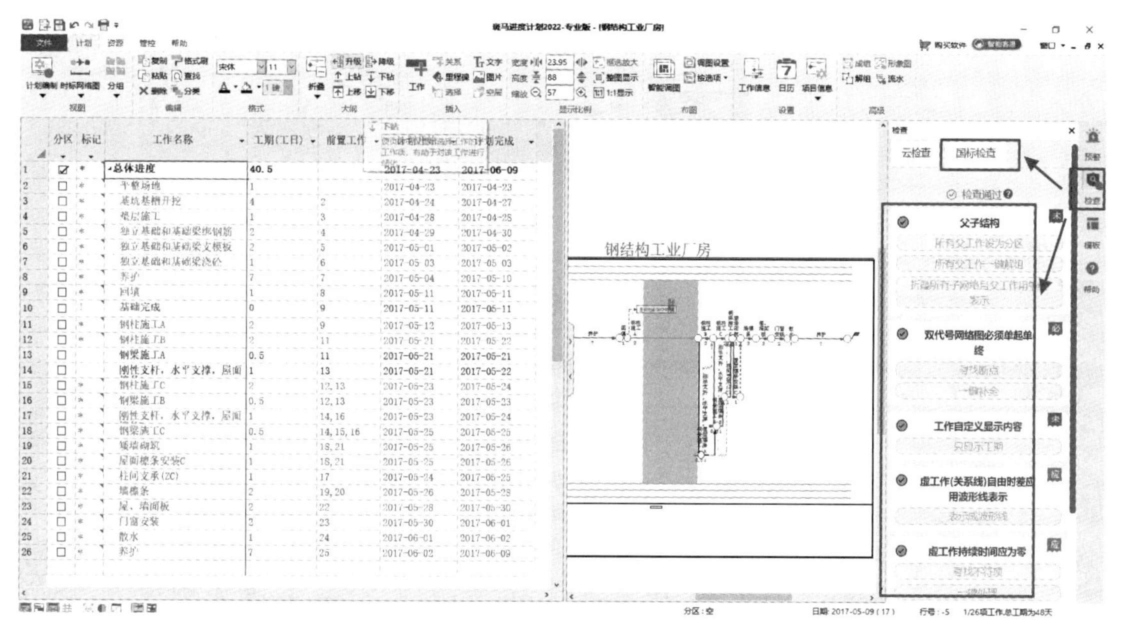

图 9-86　国际检查结果

9.5.6　最终调图

1. 任务背景

本小节为主体结构部分进度计划工作已经全部完成后，为后续其他工作更加容易开展，可进行一次调图整理。

2. 软件操作

如图 9-87 所示，鼠标左键单击上方菜单栏【智能调图】选项进行一键调图。

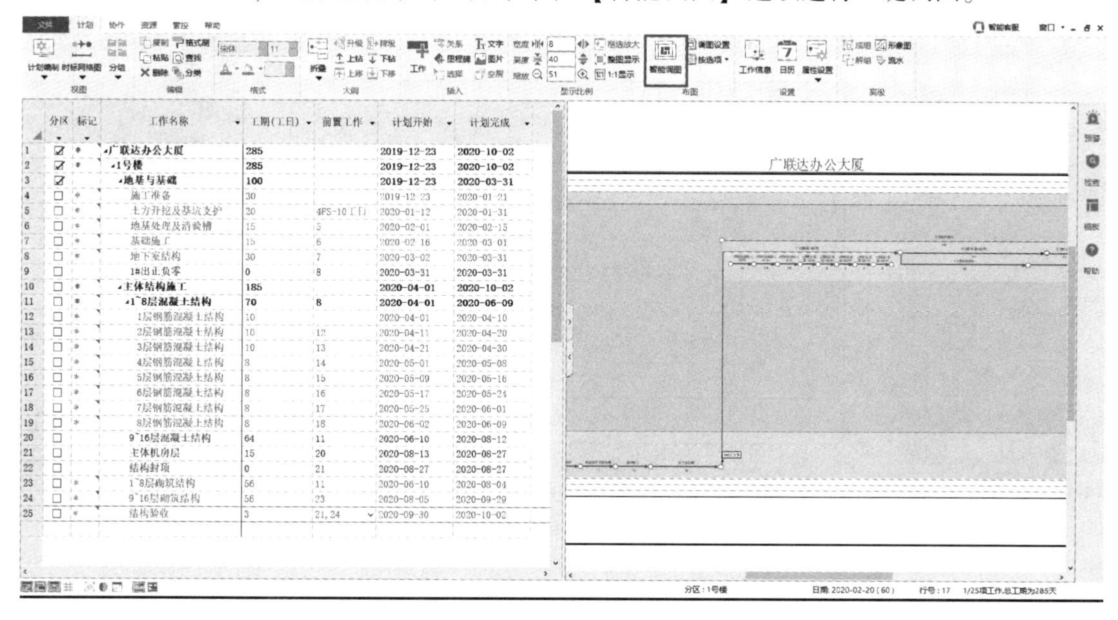

图 9-87　智能调图

智能调图完成后，如图 9-88 所示，选择软件上方【打印】按钮进入打印界面。

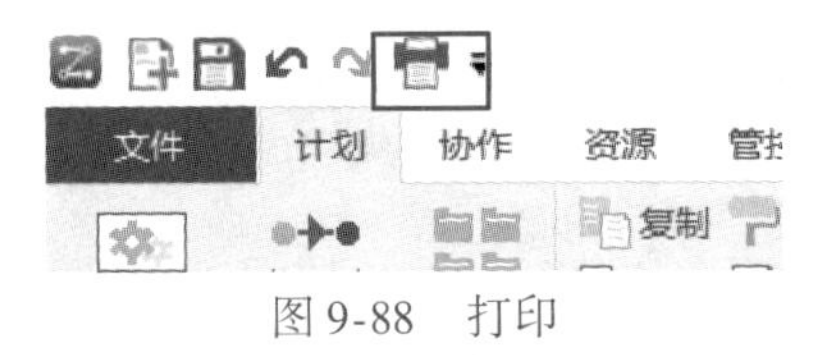

图 9-88　打印

根据对应图纸按照图纸等比缩放打印出图，如图 9-89、图 9-90 所示。

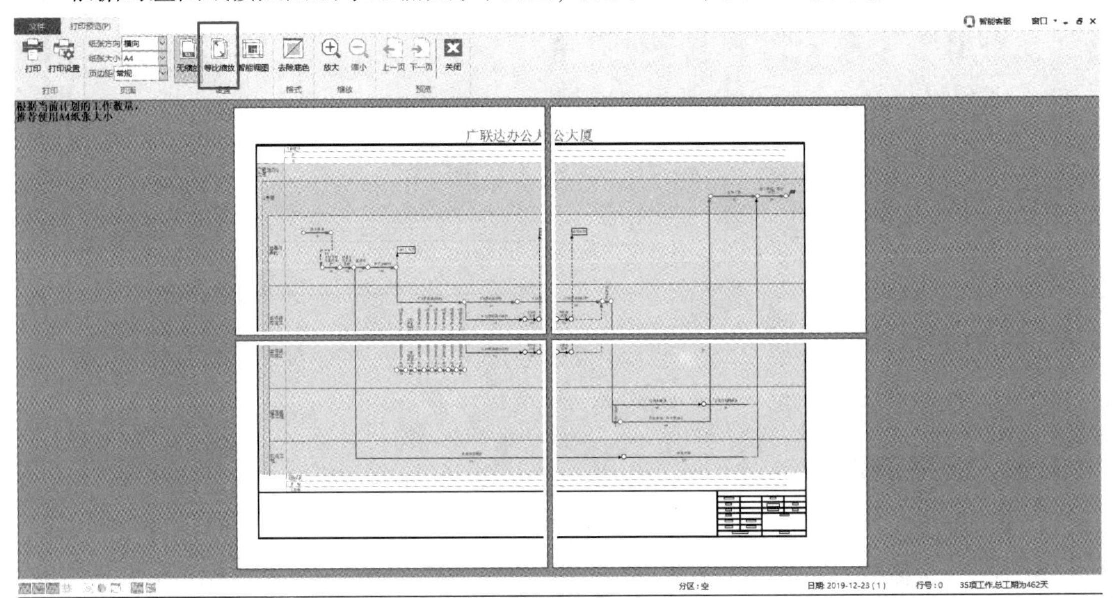

图 9-89　等比缩放

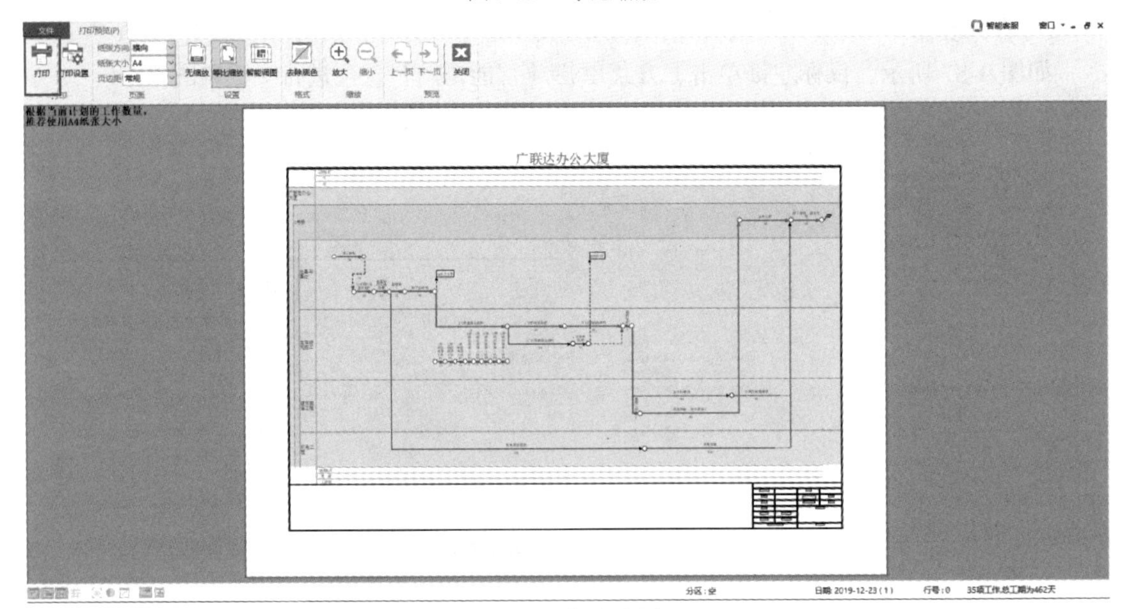

图 9-90　打印出图

3. 任务总结

调图完成后该案例工程就已全部完成，然后根据工程体量选择合适的图纸打印出图。

第10章　BIM施工现场布置设计

学习要点

本章重点介绍了应用BIM施工现场布置软件进行施工现场布置设计编制，以及单位工程施工基础、主体及装饰装修阶段现场布置设计的关键环节及要点，同时介绍了施工现场布置设计虚拟仿真技术。

10.1　BIM施工现场布置软件

10.1.1　施工现场布置图的意义

单位工程施工平面图是对拟建单位工程施工现场所做的平面规划和空间布置图，它是拟建房屋、临时设施、周边环境三者之间的空间位置关系的体现图。

单位工程的施工现场平面布置图是进行施工现场布置的依据，如图10-1所示，是实现施工现场有计划有组织进行文明施工的先决条件，因此它是单位工程施工组织设计的重要组成部分。贯彻和执行科学合理的施工平面布置图，会使施工现场秩序井然，施工顺利进行，保证进度，提高效率和经济效果；否则，会导致施工现场的混乱，造成不良影响。

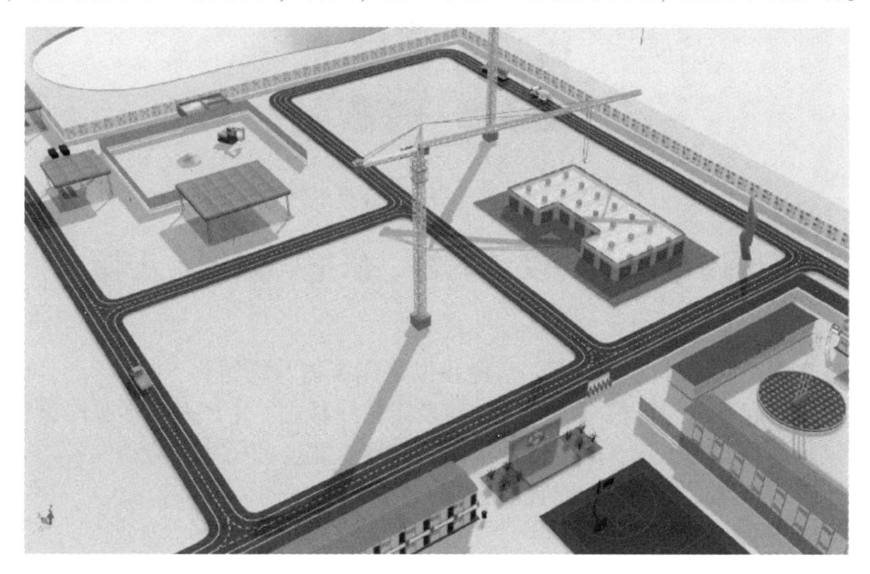

图10-1　BIM施工现场平面布置图

10.1.2 BIM 施工现场布置的背景

传统模式下的施工场地布置策划是由编制人员依据现场情况及自己的施工经验指导现场的实际布置（图 10-2）。一般在施工前很难分辨其布置方案的优劣，更不能在早期发现布置方案中可能存在的问题，施工现场活动本身是一个动态变化的过程，施工现场对材料、设备、机具等的需求也是随着项目施工的不断推进而变化的；随着项目的进行，很有可能变得不适应项目施工的需求。这样一来，就得重新对场地布置方案进行调整，再次布置必然会需要更多的拆卸、搬运等程序，需要投入更多的人力物力，进而增加施工成本，降低项目效益，布置不合理的施工场地甚至会产生施工安全问题。所以，随着工程项目的大型化、复杂化，传统的、静态的、二维的施工场地布置方法已经难以满足实际需要。

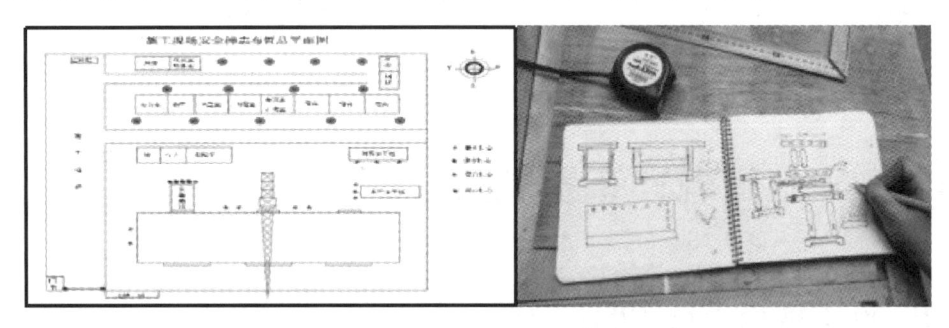

图 10-2　传统模式下的施工现场布置图

传统模式的施工场地布置特点如图 10-3 所示。

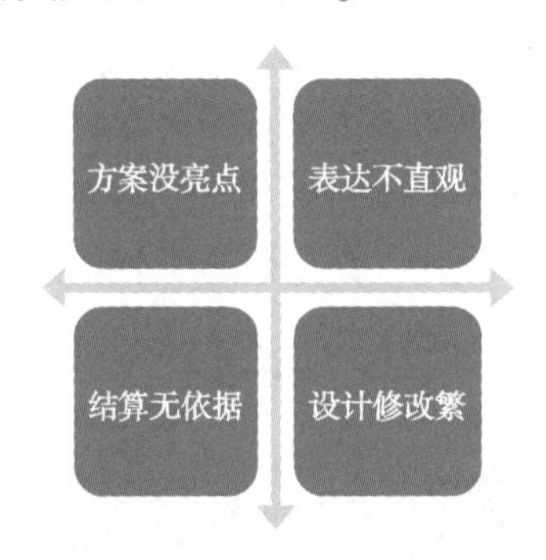

图 10-3　传统模式施工场地布置的特点

10.1.3 施工现场布置图的设计内容、依据、原则、步骤

1. 施工现场布置图的设计内容

施工现场布置图的设计内容包括：已建和拟建建筑物及构筑物，指北针、风向玫瑰图、图例等，施工所需起重与施工机械，测量轴线及定位线标志，生产及生活临时设施，临时供电、供水、供热等管线的布置，施工运输道路的布置、宽度和尺寸，劳动保护、安全、防火及防洪设施布置，其他需要布置的内容。

2. 施工现场布置图的设计依据

设计依据主要有设计与施工的原始资料、建筑结构设计资料和施工组织设计资料，具体如图 10-4 所示。

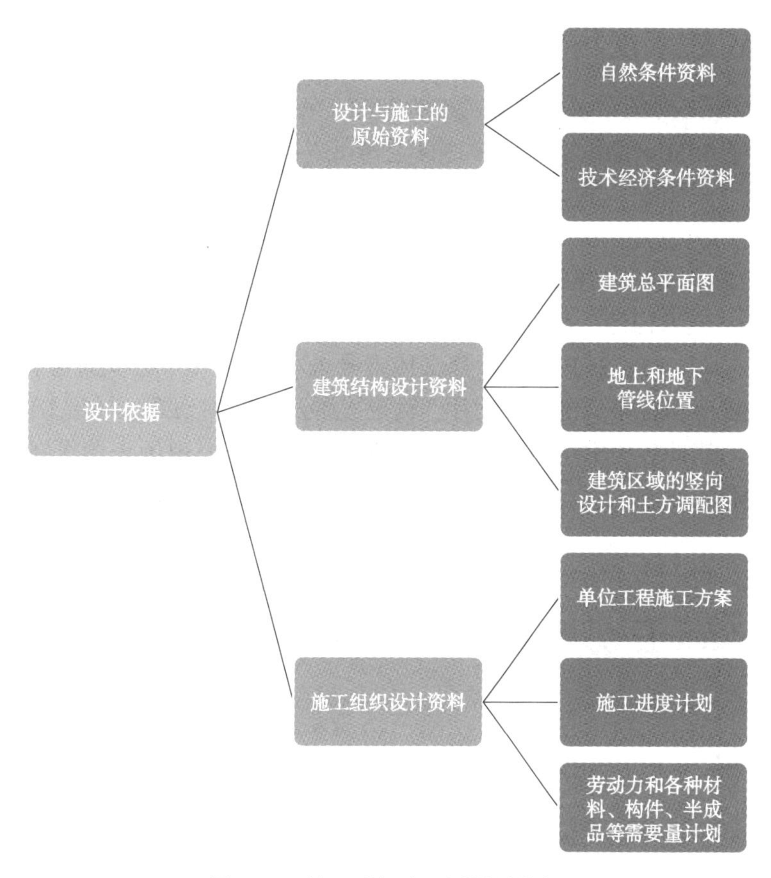

图 10-4　施工现场布置图设计依据

3. 施工现场布置图的设计原则

1）现场布置紧凑，除低成本。

2）短运距、少搬运。

3）施工区域的划分和场地的临时占用应符合要求，减少相互干扰。

4）控制临时设施规模、降低临时设施费用。

5）施工区与居住区要分开。

6）符合劳动保护、安全、消防、环保、文明施工等要求。

7）遵守当地主管部门和建设单位相关规定。

4. 施工现场布置图的设计步骤

设计步骤如图 10-5 所示。

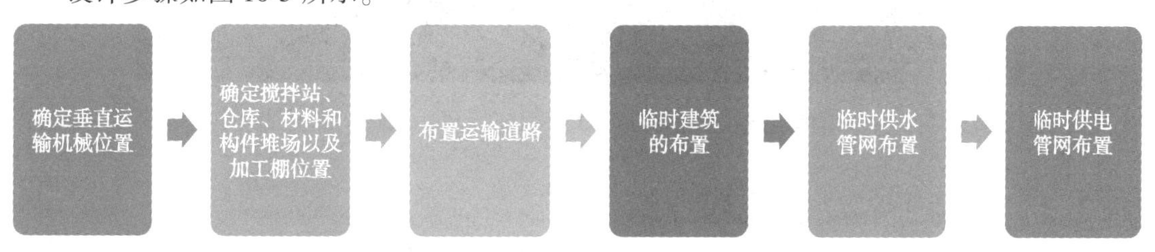

图 10-5　施工现场布置图设计步骤

10.1.4 BIM 施工现场布置软件简介

广联达 BIM 施工现场布置软件致力于为建筑工程行业技术人员打造施工现场三维仿真和施工模拟的专业 BIM 产品。它以广联达自主知识产权的 3D 工业图形引擎技术为基础，内嵌数百种构件库，采用积木式布模的交互方式为广大技术人员提供简单高效的全新 BIM 产品。

广联达 BIM 施工现场布置软件是真正用于建设项目全过程临建规划设计的三维软件，提供多种临建 BIM 模型构件，可以通过绘制或者导入 CAD 电子图纸、GCL 文件快速建立模型，同时还支持导入 OBJ、SKP 模型，且支持将导入的 SKP 及 OBJ 文件存储到软件构件列表中。软件支持导出和打印三维效果图片，输出漫游及关键帧动画，导出 DXF、IGMS、3DS 等多种格式文件，软件还提供场地漫游、录制视频等功能，使现场临设规划工作更加轻松、形象直观、合理和快速。

10.2 BIM 施工现场布置设计编制实操

10.2.1 现场布置设计任务下发

根据广联达办公大厦相关资料，利用广联达三维施工平面设计软件按照基础阶段、主体阶段、装修阶段，绘制三维场地布置图，如图 10-6 所示。

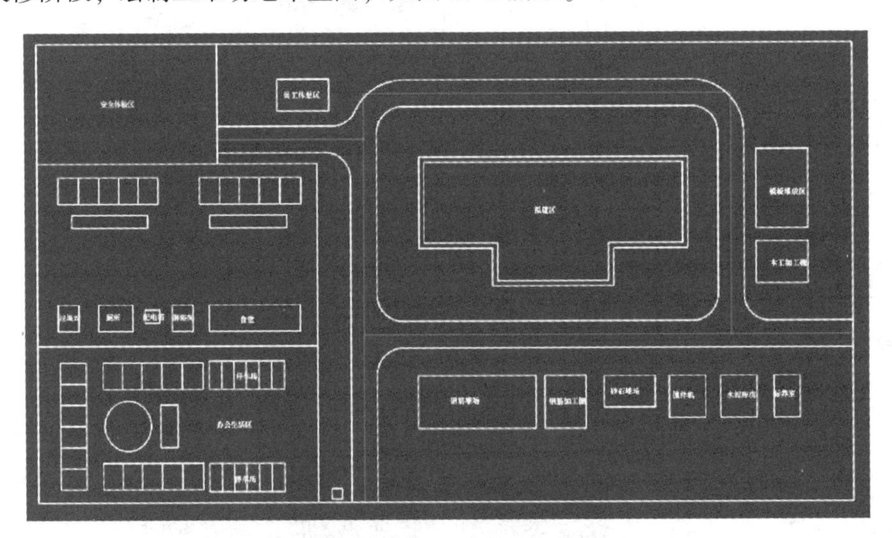

图 10-6 广联达办公大厦现场布置案例底图

10.2.2 案例工程绘制流程介绍

案例工程绘制流程图如图 10-7 所示。

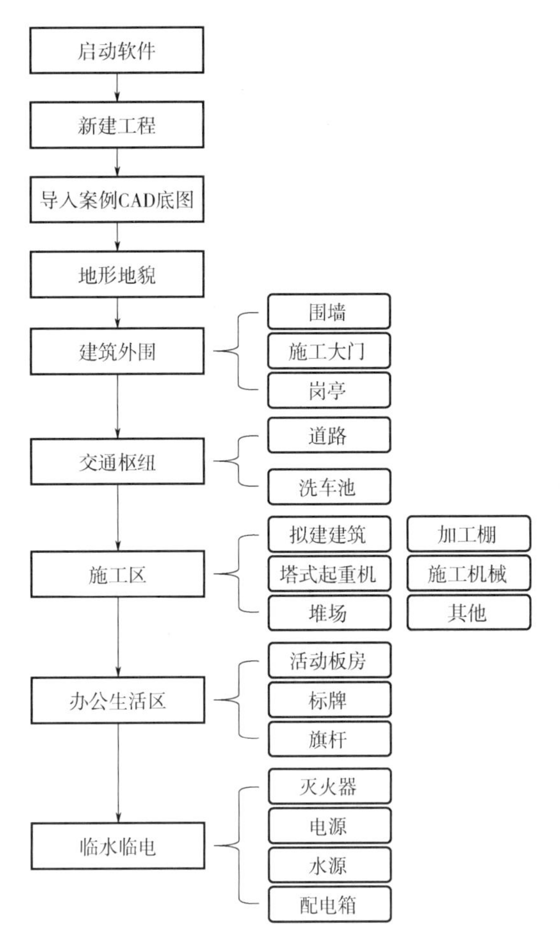

图 10-7　案例工程绘制流程图

10.2.3　案例工程新建及基本设置

1. 启动软件

有两种方法可以启动场地布置软件。

方法 1：通过单击快捷图标启动，如图 10-8 所示。

方法 2：通过开始菜单启动软件，如图 10-9 所示。

图 10-8　快捷方式打开软件

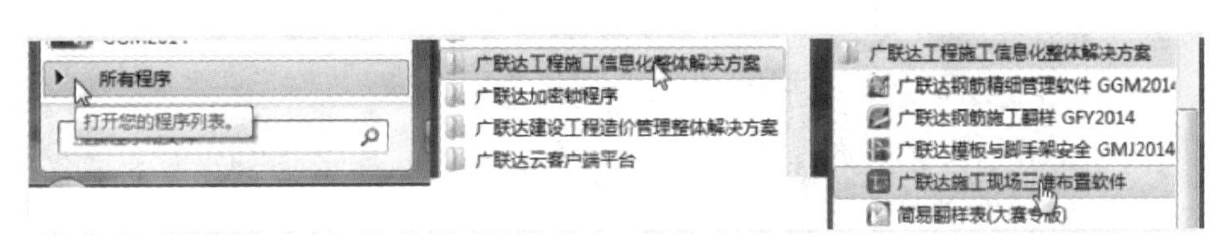

图 10-9　开始菜单打开软件

2. 新建工程

打开软件，在软件欢迎界面新建一个工程，如图 10-10 所示。

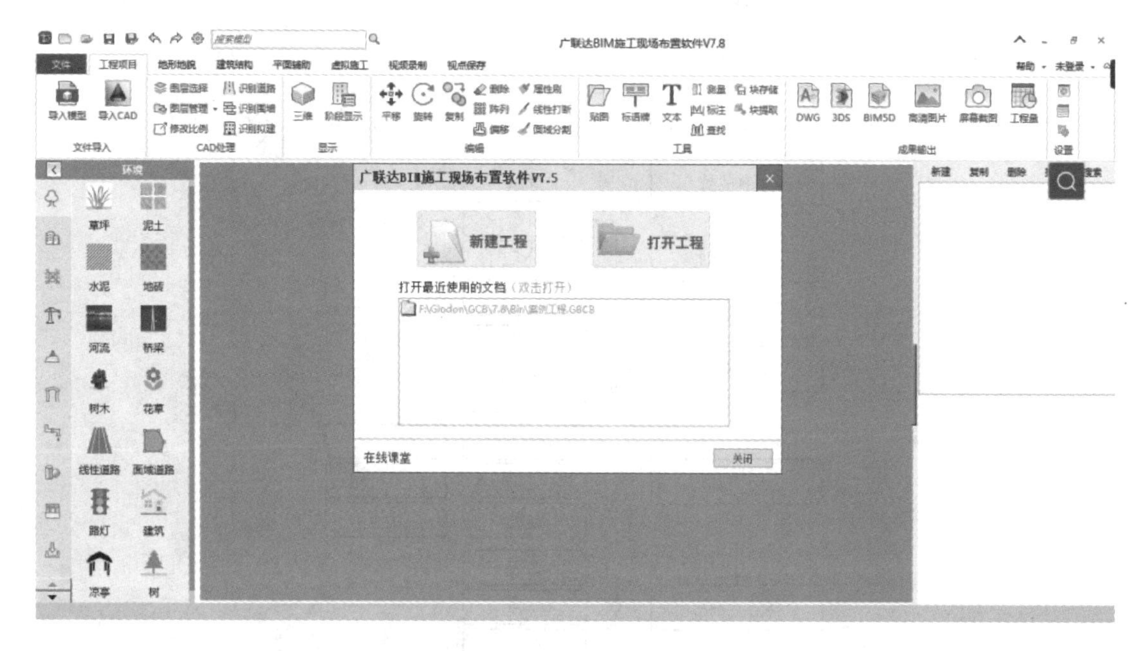

图 10-10　新建工程界面

3. 导入案例 CAD 底图

新建工程后，在【工程项目】菜单下，单击【导入 CAD】，导入“广联达办公大厦案例场布底图”，如图 10-11 所示。

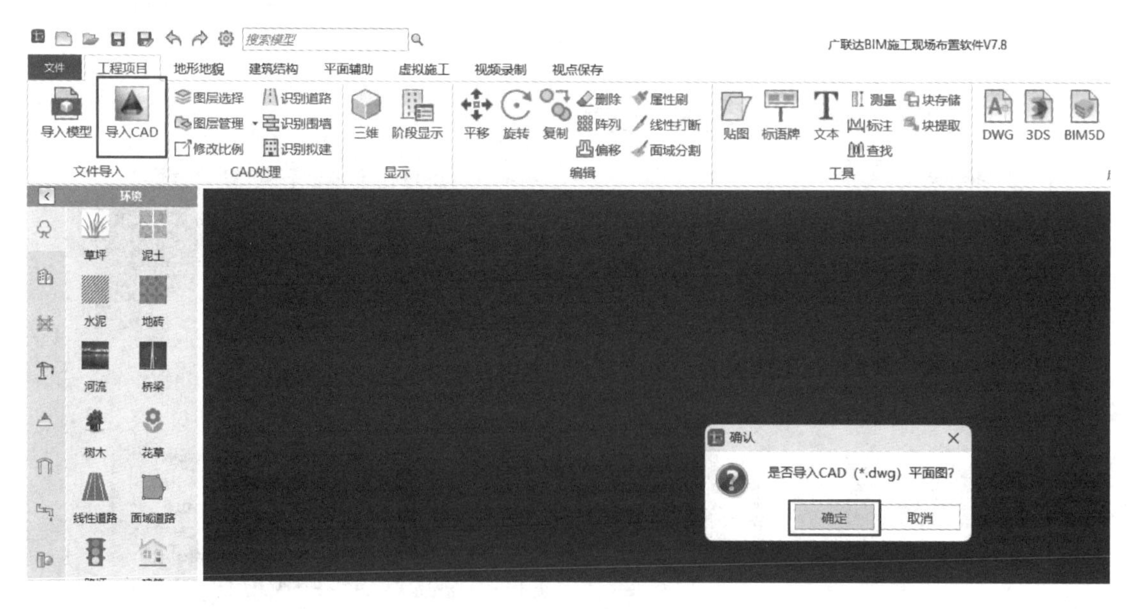

图 10-11　导入底图

鼠标左键单击选择插入点后，底图导入就完成了，如图 10-12 所示。

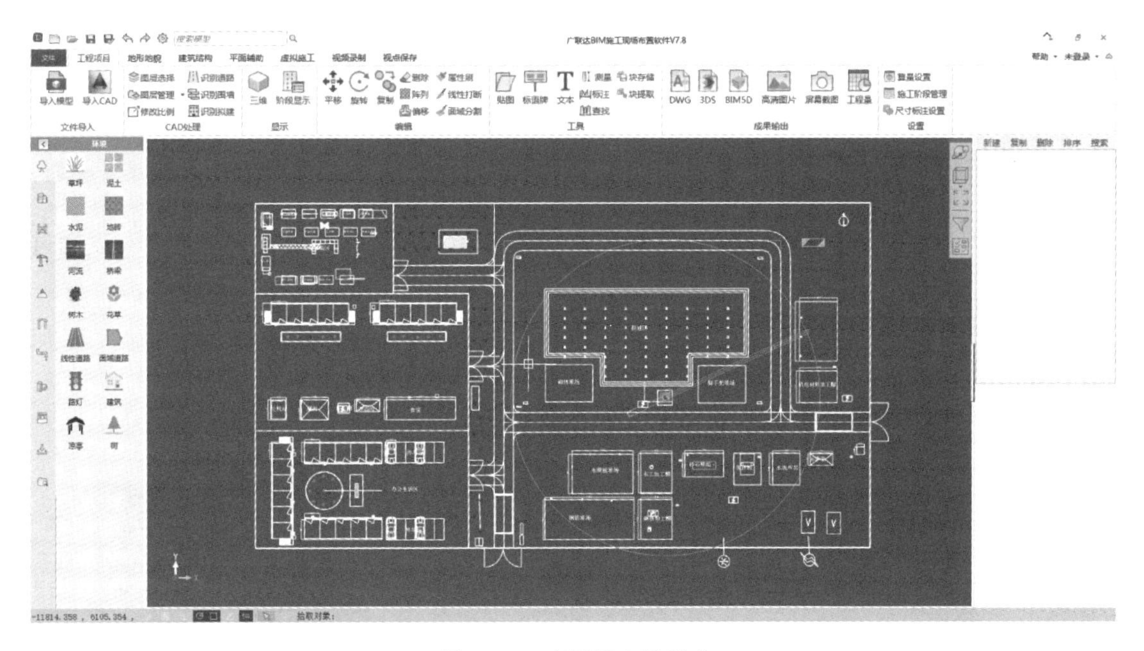

图 10-12　底图导入后样式

10.2.4　地形地貌

结合案例工程信息，进行地形地貌的绘制。

单击【地形地貌】──→【平面地形】，采用矩形绘制方法，按照底图中图纸边框，绘制地形图，转换成三维效果图，如图 10-13、图 10-14 所示。

图 10-13　地形地貌

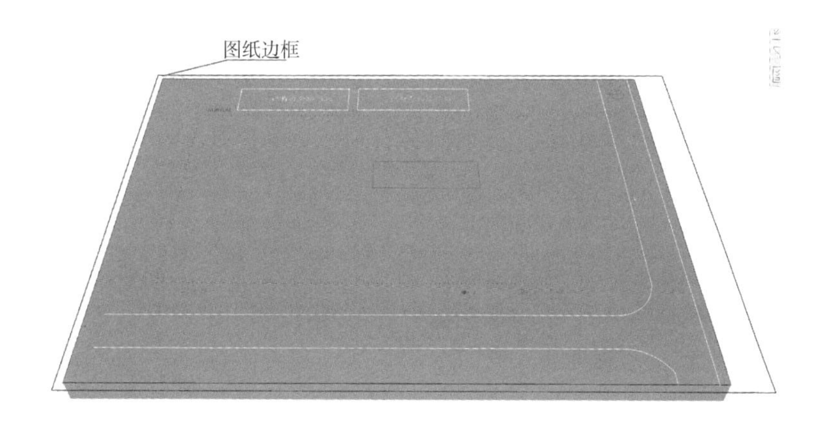

图 10-14　平面地形样式

10.2.5 建筑外围布置

工地必须沿四周连续设置封闭围挡，围挡材料应选用砌体、彩钢板等硬性材料，并做到坚固、稳定整洁和美观。

1）市区主要路段的工地应设置高度不小于2.5m的封闭围挡。

2）在软土地基上、深基坑影响范围内，城市主干道、流动人员较密集地区及高度超过2m的围挡应选用彩钢板。

3）一般路段的工地应设置不低于1.8m的封闭围挡。

4）施工现场的主要道路及材料加工区地面应进行硬化处理。

围墙的绘制有直接绘制和利用CAD识别绘制两种方式，如图10-15所示。

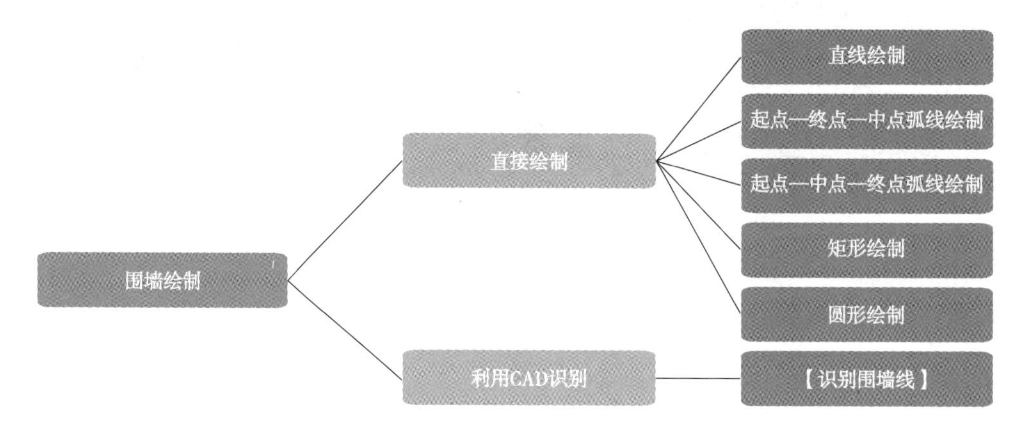

图10-15 围墙绘制方法

以用地红线为CAD识别线进行【识别围墙】，由于该项目建设地点属于市区，围墙识别之后，需将围墙高度设置为2.5m，绘制完后的三维效果图如图10-16所示。

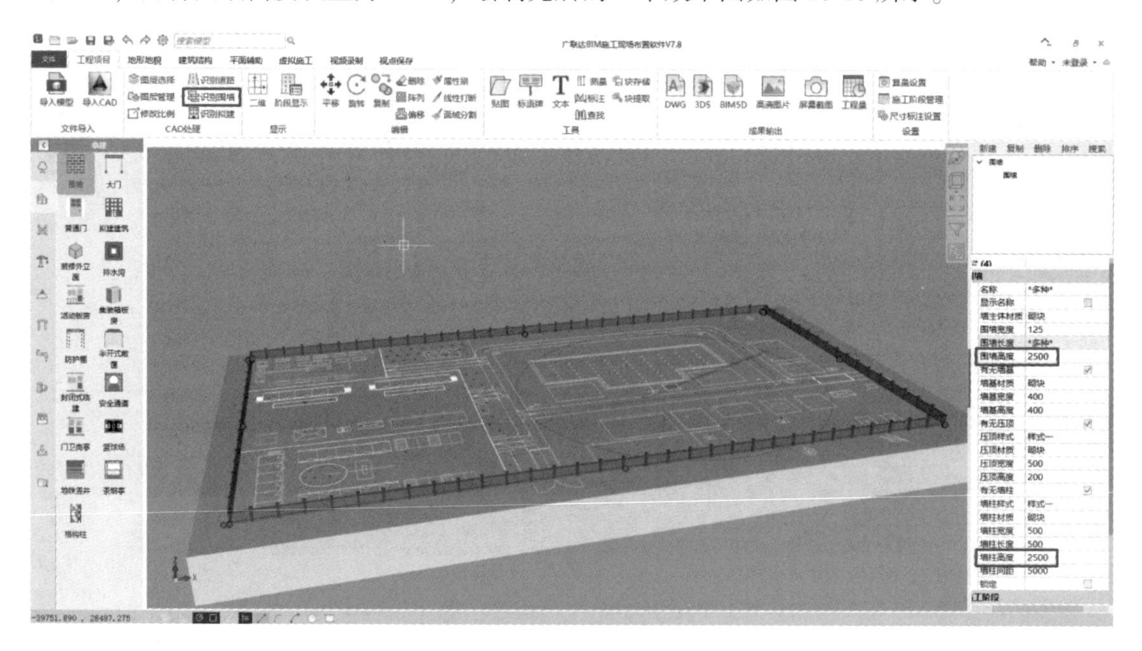

图10-16 围墙样式

10.2.6 现场运输道路及出入口布置

1. 交通道路

施工运输道路的布置主要解决运输和消防两方面问题，布置的原则是：

1）尽可能利用永久性道路的路面或基础。

2）应尽可能围绕建筑物布置环形道路，并设置两个以上的出入口。

3）当道路无法设置环形道路时，应在道路的末端设置回车场。

4）道路主线路位置的选择应方便材料及构件的运输及卸料，当不能到达时，应尽可能设置支路线。

5）道路的宽度应根据现场条件及运输对象、运输流量确定，并满足消防要求；其主干道应设计为双车道，宽度不小于 6m；次要车道为单车道，宽度不小于 4m。

道路的绘制有直接绘制和利用 CAD 识别绘制两种方式，如果底图中的道路是平行的双实线也可以使用 CAD 识别的方法，一般选用直接绘制，绘制方法如图 10-17 所示。

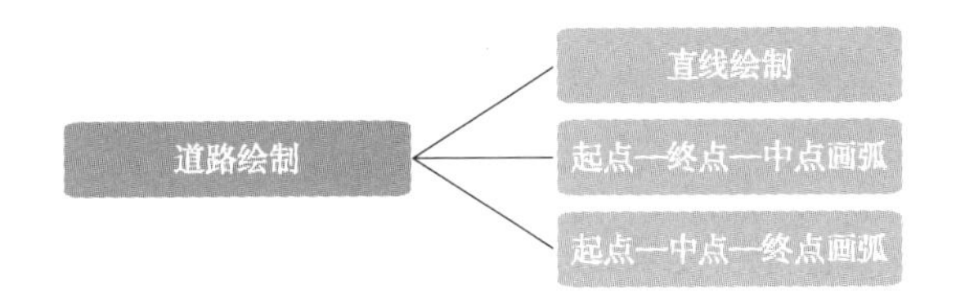

图 10-17　道路绘制方法

单击选择图元库中【环境】⟶【线性道路】，结合底图使用直线命令绘制道路即可，道路在转弯处会自动生成回转，绘制完成后如图 10-18 所示。

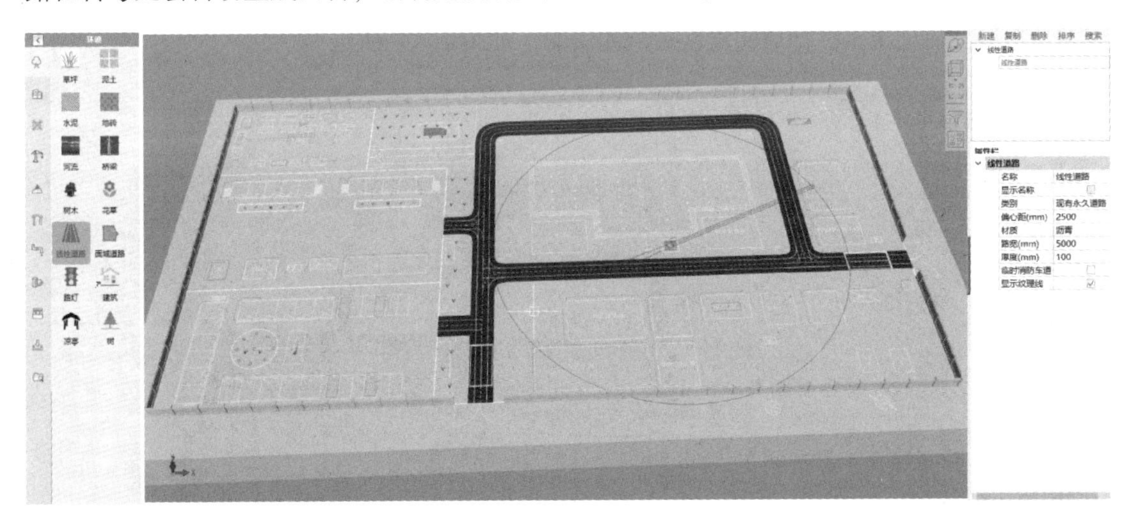

图 10-18　道路样式

2. 施工大门

施工现场出入口的设置应满足消防车通行的要求，并宜设置在不同方向，其数量不宜少于 2 个。当确有困难只能设置 1 个出入口时，应在施工现场内设置满足消防车通行的环形道路。

单击选择图元库中【临建】——→【大门】，结合底图中周边环境进行布置，布置时需考虑主干道的位置。一般情况下，大门布置在邻近主干道路的一侧，如图 10-19 所示。

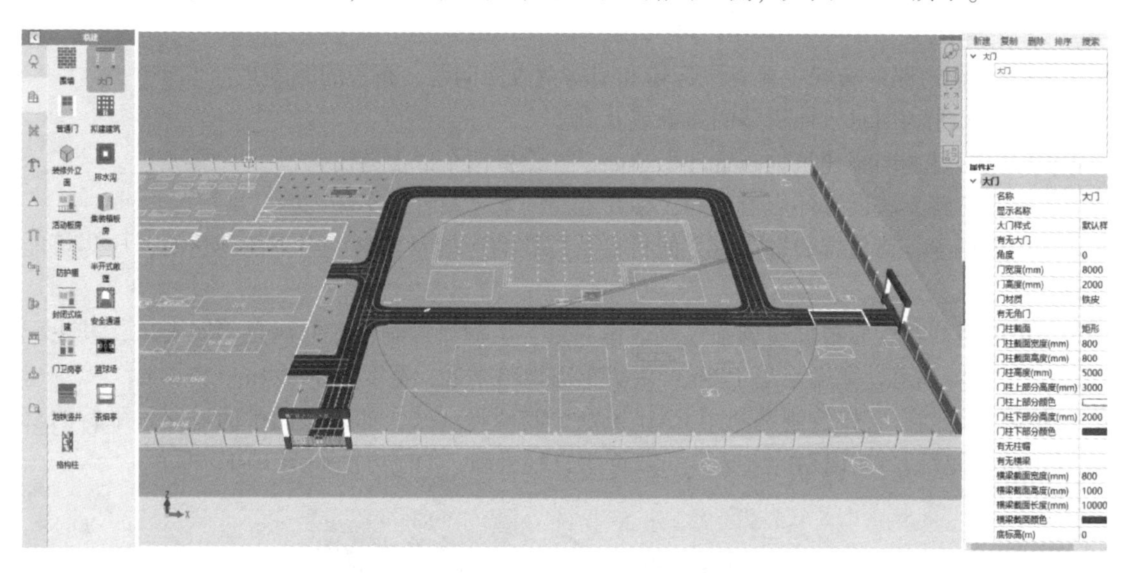

图 10-19 大门样式

施工大门的参数可以根据施工企业的企业标识进行设置，大门的宽度一般不小于 6m。

3. 洗车池

场地入口必须设置一个洗车池，设置好排水沟以及三级沉淀池。洗车池坡度应向内侧倾斜，防止污水流出场外，车辆出入现场必须保证车身清洁，防止将泥水带出现场。

洗车池的绘制可以依附在道路上，单击图元库选择【措施】——→【自动洗车池】，再在临时施工道路出口处单击，即可完成洗车池的绘制，如图 10-20 所示。

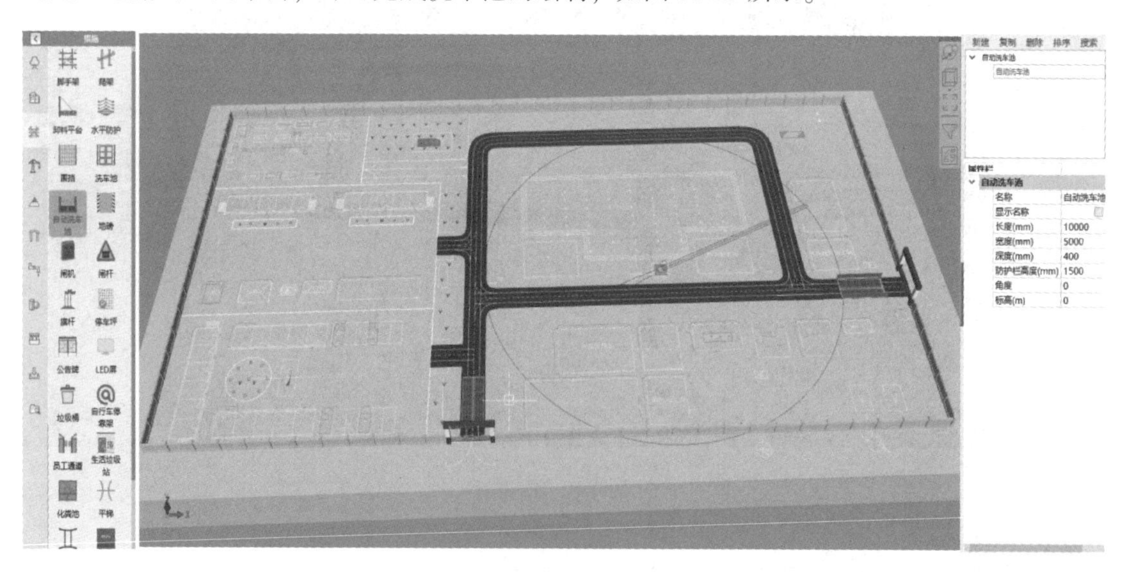

图 10-20 洗车池样式

10.3 基础工程施工阶段场地布置

10.3.1 基坑开挖

基坑开挖可在【地形地貌】⟶【开挖和回填】⟶【开挖】命令中进行，选择【开挖】后，需设置【开挖基底处标高】和【开挖角度】，如图 10-21 所示。

设置好之后，可沿底图中拟建建筑外轮廓使用直线命令进行绘制，即可完成基坑的开挖，如图 10-22 所示。

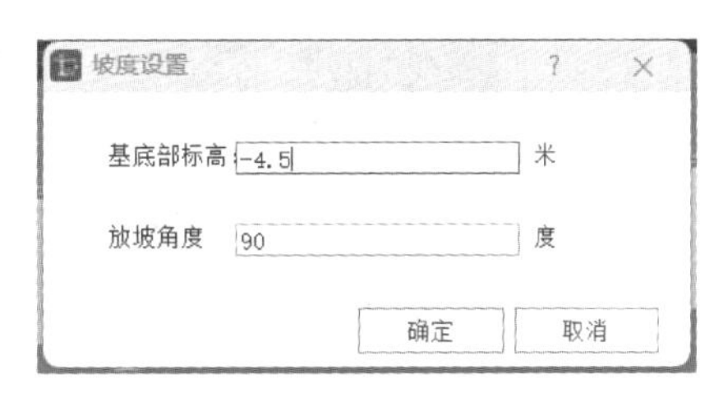

图 10-21 基坑开挖设置

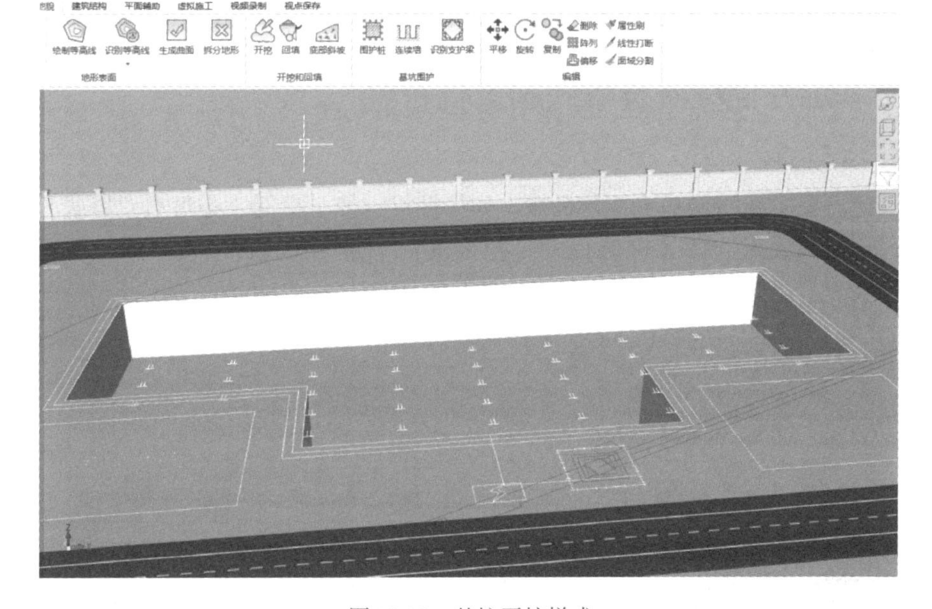

图 10-22 基坑开挖样式

10.3.2 基坑防护围挡

开挖深度超过 2m 的基坑周边必须安装防护栏杆。防护栏杆应符合下列规定：

1）防护栏杆高度不低于 1.2m。

2）防护栏杆应由横杆及立柱组成；横杆应设置 2 或 3 道。

3）防护栏杆宜加挂密目安全网和挡脚板，安全网自上而下封闭设置。

4）防护栏杆应安装牢固，材料应有足够的强度。

本案例中，基坑深度超过 2m，需绘制基坑防护，单击图元库选择【措施】⟶【围挡】，可沿底图中开挖基坑的外轮廓，使用直线命令进行绘制，如图 10-23 所示。

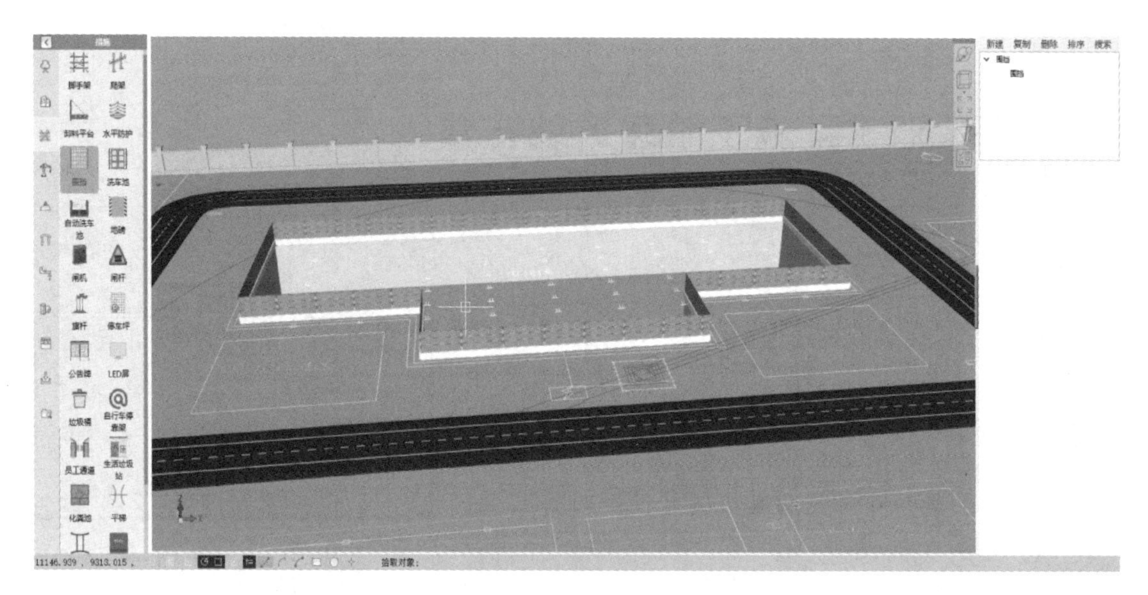

图 10-23　基坑围挡

10. 3. 3　基坑开挖机械及塔式起重机布置

1. 基坑开挖机械

基坑开挖需要用到相关基坑开挖机械，如挖掘机、推土机等，亦可布置塔式起重机便于土方运卸，单击图元库选择【机械】⟶【挖掘机】、【推土机】，以点布形式布置即可，如图 10-24 所示。

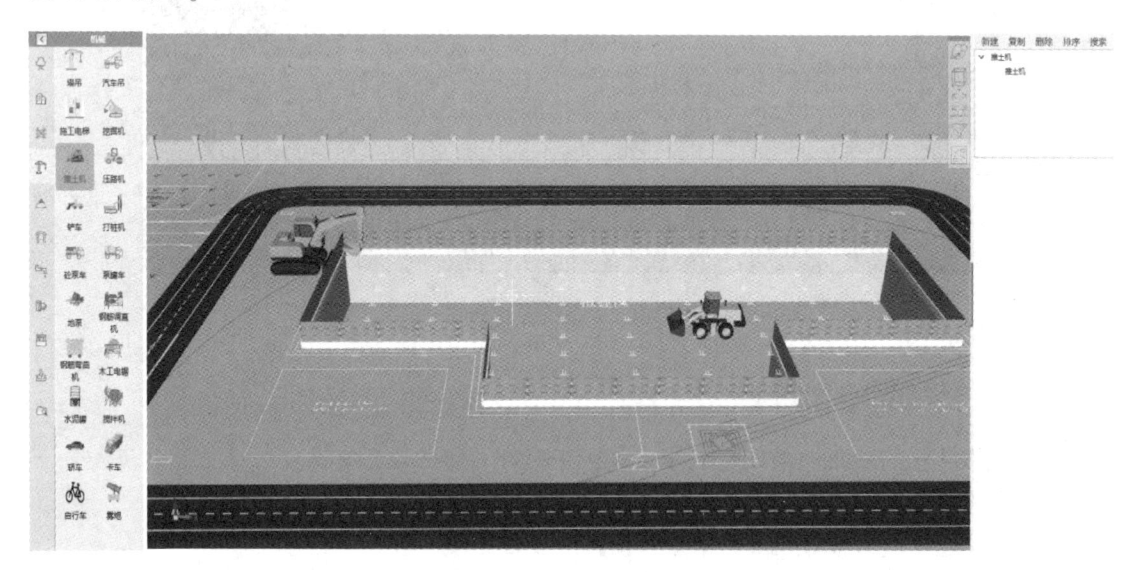

图 10-24　基坑开挖机械

2. 塔式起重机

塔式起重机在进行布置时，一般考虑布置在现场较宽的一面，因为这一面便于堆放材料和构件，以达到缩短运距的要求。同时，布置固定式塔式起重机时，应考虑塔式起重机安装拆卸的场地。

单击图元库选择【机械】⟶【塔式起重机】，使用旋转点布置即可，如图 10-25 所示。

图 10-25　塔式起重机

10. 3. 4　基础阶段材料堆场、加工棚及仓库

1. 材料堆场、加工棚和仓库的布置原则

1）材料的堆场和仓库应尽量靠近使用地点，应在起重机械的服务范围内，减少或避免二次搬运，并考虑到运输及卸料方便。

2）当采用固定式垂直运输机械时，首层、基础和地下室所用的材料宜沿建筑物四周布置；第二层以上建筑物的施工材料布置在起重机附近或塔式起重机吊臂回转半径之内。

3）砂、石等大宗材料尽量布置在搅拌站附近。

4）多种材料同时布置时，对大宗的、重量大的和先期使用的材料，尽可能靠近使用地点或起重机附近布置；而少量的、轻的和后期使用的材料，则可布置得稍远一些。

5）当采用自行式有轨起重机械时，材料和构件堆场位置应布置在自行有轨式起重机械的有效服务范围内。

6）当采用自行式无轨起重机械时，材料和构件堆场位置应沿着起重机的开行路线布置，且其所在的位置应在起重臂的最大起重半径范围内。

7）预制构件的堆场位置要考虑其吊装顺序，力求做到送来即吊，避免二次搬运。

8）按不同施工阶段，使用不同材料的特点，在同一位置上可先后布置几种不同的材料。

2. 布置堆场

以钢筋堆场为例，在构件库选择【材料】⟶【钢筋堆场】，以矩形拉框进行绘制，在平面绘制完成堆场范围后，切换到三维状态，在绘制方式处可以通过【放置直筋】/【放置圆筋】补充钢筋堆放量，布置完成后如图 10-26 所示。

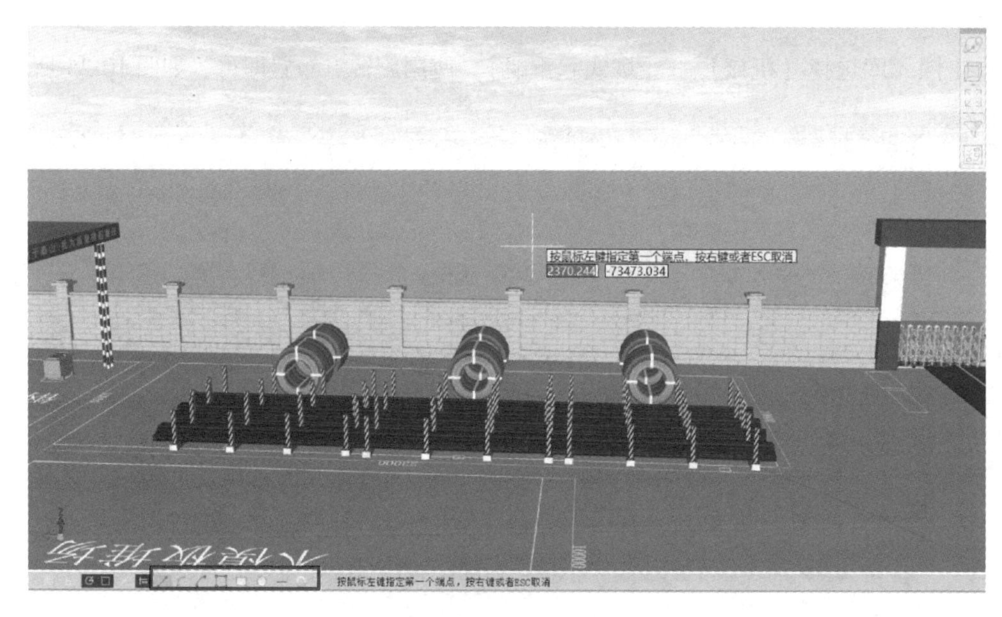

图 10-26　钢筋堆场

3. 布置加工棚

加工棚搭设应满足规范和使用要求，防雨、防砸、整洁美观；加工场顶棚四周设立安全警示标语、内部悬挂安全操作规程。

在构件库找到【临建】——→【防护棚】，如图 10-27 所示。在指定位置使用矩形绘制方式进行绘制，绘制完成后选中模型，在属性设置中单击【用途】修改为钢筋房/木工房。

为了更好地体现钢筋加工棚，需要在加工棚中放置钢筋加工机械，如钢筋调直机、钢筋弯曲机等，放置完后效果图如图 10-28 所示。

防护棚	
名称	防护棚
显示名称	
高度(mm)	5000
防护层高度(mm)	600
防护层材质	木板
延长柱长度(mm)	0
立柱颜色	红白
立柱样式	圆柱
标语图(左)	常用标语1
标语图(右)	常用标语2
标语图(前)	木工房
标语图(后)	木工房
横向立柱个数	2
纵向立柱个数	2
立柱根数	3
立柱直径(mm)	100
用途	钢筋加工场
底标高(m)	0

图 10-27　防护棚设置

图 10-28　钢筋加工棚

结合施工方案和施工进度，确定现场所需材料，完成其他的材料堆场和加工区的布置。

4. 布置库房

可燃材料及易燃易爆危险品应按计划限量进场。进场后，可燃材料宜存于库房内，易燃易爆危险品应分类专库储存，库房内应通风良好，并设置严禁明火标志。

库房可使用构件库中【临建】──→【集装箱板房】/【封闭式临建】进行绘制，绘制完成后选中模型，在属性设置中单击【用途】修改为库房，如图 10-29 所示。

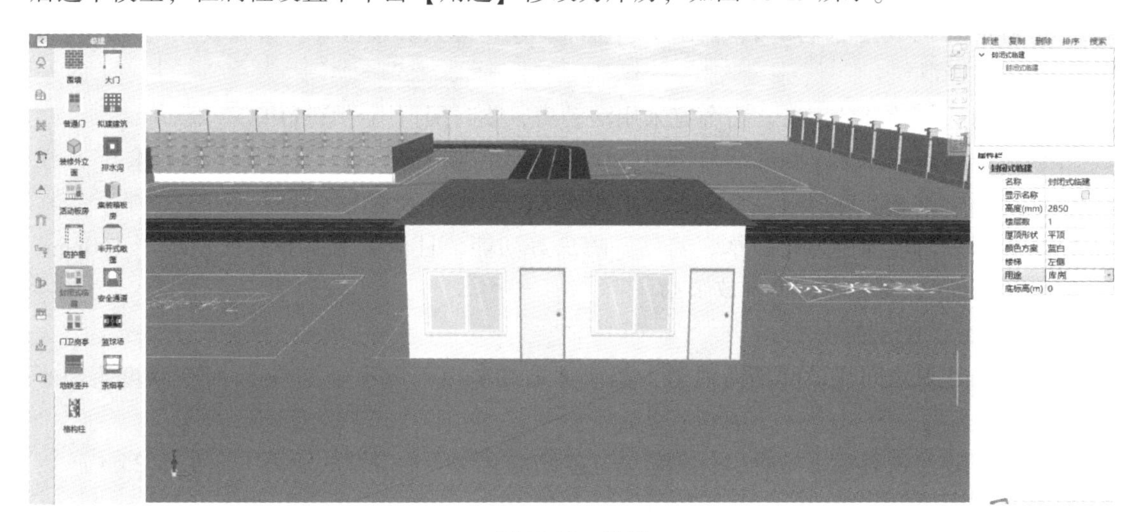

图 10-29　库房

10. 3. 5　厂区硬化

施工现场加工棚及其材料堆场需使用水泥、混凝土等硬性材料进行硬化。在软件构件库中，找到【环境】──→【水泥】，可按堆场、加工棚的底图位置所在大小，以矩形绘制即可，绘制完成后如图 10-30 所示。

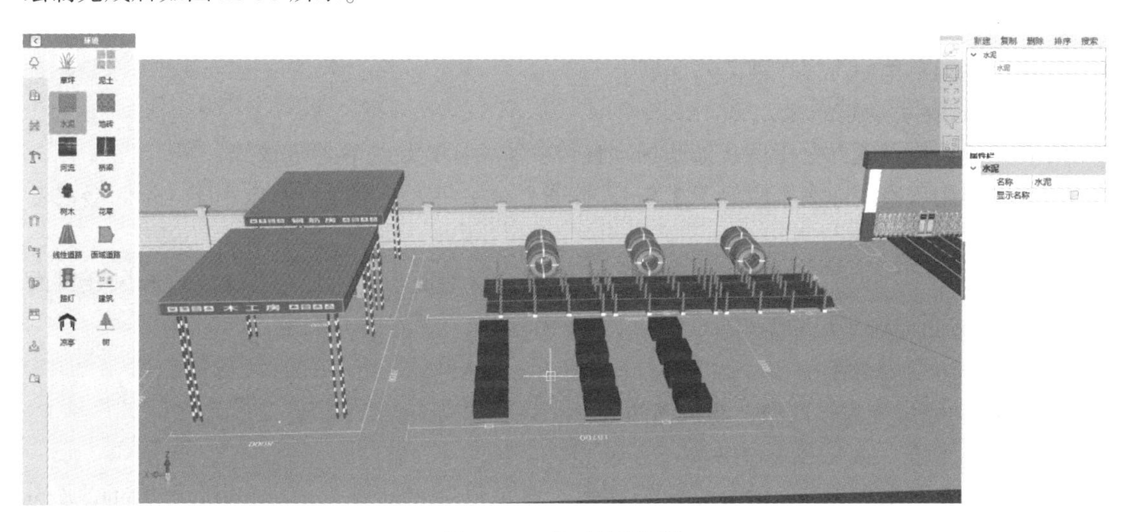

图 10-30　施工地面硬化

10.3.6 办公区

1. 临时建筑的设计规定

1）应根据建设规模与现场情况，确定临时建筑各类用房的功能配置和结构形式。

2）临时建筑应根据用地条件、使用要求、结构选型、生产制作等情况按建筑模数选择开间和进深，合理确定建筑平面。

3）临时建筑不应超过两层，会议室、餐厅、仓库等人员较密集、荷载较大的用房应设在临时建筑的底层。

4）临时建筑的办公用房、宿舍宜采用活动房，临时围挡用材宜选用彩钢板。

5）临时建筑的体形不宜凹凸与错落，应基本满足通风、日照、采光和节能要求。

6）屋面、外墙、外门窗应有防止雨水和冰雪融化水浸入室内的措施。

7）临时建筑地面应具有防水、防潮、防虫等功能，且应高出室外地面不少于150mm，周边应排水通畅，无积水，不堆放杂物。

2. 临时建筑的安全规定

1）临时建筑之间应设有消防通道，消防通道的宽度不应小于3.5m，净空高度不应小于4.0m。

2）临时建筑距有毒害场所、易燃易爆危险物品仓库等危险源的距离不应小于25m。

3）成组布置的临时建筑，每组数量不应超过10幢，幢与幢之间的间距不应小于3.5m，组与组之间的间距不应小于8m。

4）临时建筑楼层应设不少于2个疏散楼梯，当每层建筑面积不大于200m^2且第二层使用人数不超过30人时，可设置一个疏散楼梯。

5）疏散楼梯和走廊的净宽度不应小于1.0m，疏散楼梯扶手和走廊栏杆高度不应低于1.05m，有儿童活动场所的栏杆构造不得采用可攀爬式。

6）每100m^2活动房应配备不少于2具灭火级别不低于3A的灭火器，厨房等用火场所应适当增加灭火器的配置数量。

7）临时建筑屋面不应作为上人屋面。

3. 办公用房的设计要求

1）办公区应设置办公用房、停车场、宣传栏、密闭式垃圾容器等设施。

2）办公用房室内净高不应低于2.5m。普通办公室每人使用面积不应小于4m^2，会议室使用面积不宜小于30m^2。

3）办公室、会议室应有天然采光和自然通风，窗地面积比不应小于1/7，通风开口面积不应小于房间地板面积的1/20。

4. 活动板房及绘制

坡顶活动板房分为标准型、高档型两种。

1）标准术语：$nK \times nK \times nP$ = 宽 × 长 × 高。

2）长和宽均以（$1K = 1820$mm）为模数，房屋横向尺寸为（$nK + 160$），纵向尺寸为（$nK + 160$）（横纵方向中 n 取值不同）。

3）nP 为高，$1P = 950$mm。

4）3P 为单层，6P 为双层。

活动板房的绘制方式采用直线拖拽的方式绘制。绘制完成后可以自由修改房间的间数、层高等属性。在构件库中找到【临建】——【活动板房】，按照案例底图以直线拖拽绘制，绘制完成后选中模型，在属性设置中单击【房间开间】修改为4000mm，单击【房间进深】修改为5000mm，单击【楼梯】改为房间两侧，单击【用途】修改为办公用房，如图 10-31 所示。

图 10-31　办公用房

10.3.7　生活区

1. 宿舍

1）宿舍内应保证必要的生活空间，室内净高不应低于 2.5m，通道宽度不应小于 0.9m。每间宿舍居住人数不应超过 16 人。

2）宿舍内应设置单人铺，床铺的搭设不应超过 2 层。

3）宿舍内应设置生活用品专柜，宿舍门外宜设置鞋柜或鞋架、垃圾桶。

4）宿舍应设置可开启外窗，房间的通风开口有效面积不应小于该房间地板面积的 1/20。宿舍仍然采用【活动板房】进行绘制，绘制方式与办公用房一致，不同的是，需要修改属性设置中的【用途】为宿舍，绘制完成后如图 10-32 所示。

2. 食堂

1）食堂与厕所、垃圾站等污染源的地方的距离不宜小于 15m，且不应设在污染源的下风侧。

2）食堂宜采用单层结构。屋面严禁采用石棉瓦搭盖，顶棚宜采用吊顶。

3）食堂应设置独立的制作间、售菜间、储藏间和燃气罐存放间。

4）制作间应设置冲洗池、清洗池、消毒池；灶台及周边应贴白色瓷砖，高度不宜低于 1.5m；地面应做硬化和防滑处理。

5）食堂应配备必要的排风设施和消毒设施。制作间油烟应处理后对外排放。

6）食堂应设置密闭式泔水桶。

图 10-32　宿舍

食堂可使用构件库中【临建】——【集装箱板房】/【封闭式临建】进行绘制，绘制完成后选中模型，在属性设置中单击【用途】修改为食堂，如图 10-33 所示。

图 10-33　食堂

3. 厕所、浴室、生活垃圾站

1）施工现场应设置自动水冲式或移动式厕所。

2）厕所的蹲位设置应满足男厕每 50 人、女厕每 25 人设 1 个蹲便器，男厕每 50 人设 1m 长小便槽的要求。蹲便器间距不小于 900mm，蹲位之间宜设置隔板，隔板高度不低于 900mm。

3）应设置满足施工现场人员使用的盥洗池和龙头。盥洗池水嘴与员工的比例为 1∶20，水嘴间距不小于 700mm。

4）淋浴间的淋浴器与员工的比例为 1∶30，淋浴器间距不小于 1100mm。

5）淋浴间应设置储衣柜或挂衣架。

6）厕所、盥洗室、淋浴间的地面应硬化处理。

厕所、淋浴间可使用构件库中【临建】——→【集装箱板房】/【封闭式临建】进行直线绘制，绘制完成后选中模型，在属性设置中单击【用途】修改为厕所/淋浴间。生活垃圾站可使用构件库中【临建】——→【生活垃圾站】进行绘制，如图 10-34 所示。

图 10-34　生活垃圾站

10.3.8　安全文明施工设计

1. 旗帜

绘制方式：在构件库中找到【措施】——→【旗杆】，按底图在指定位置进行点式绘制，选中旗杆可以对属性内容进行修改，如图 10-35 所示。

图 10-35　旗帜

2. 停车坪

绘制方式：在构件库中找到【措施】——→【停车坪】，按底图在指定位置进行直线拖拽绘制，选中停车坪可以对属性内容进行修改；绘制完停车坪后，可在构件库中找到【机械】——→【轿车】，点布在停车坪上，如图 10-36 所示。

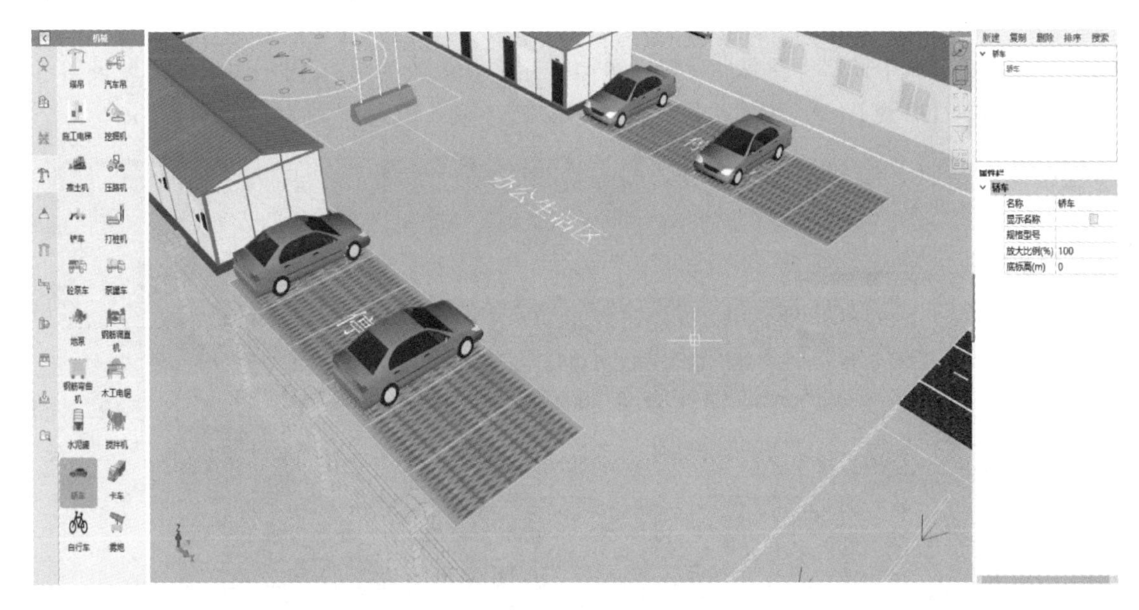

图 10-36　停车坪

3. 绿化

绘制方式：在构件库中找到【环境】⟶【草坪】，按底图在指定位置进行矩形绘制；绘制完草坪后，可在构件库中找到【环境】⟶【花草】/【树】，点布在草坪上，如图 10-37 所示。

图 10-37　草坪

4. 区域划分

在施工现场，施工区、办公生活区最好应相互独立，避免彼此之间互相影响。因此，需绘制围墙及大门使其分割区域，围墙和大门的绘制方式已经讲过，此处不再赘述。值得注意的是，分割区域的围墙高度和大门宽度无须与外围墙、外大门尺寸一致，按照现场情况考虑布置即可，完成后如图 10-38 所示。

图 10-38 区域划分

10.3.9 基础施工阶段课程小结

施工现场基础施工阶段有以下特点：

1）主体还未开始，钢筋、模板、混凝土未大量地投入，现场相关的堆场、加工棚数量较少或者没有。

2）同时外脚手架、施工电梯、卸料平台等配套临设也没有。

3）该阶段有大量的土方工程，水平运输车辆和挖掘机械较多，同时也会存在一定范围的土方堆场。

4）这个阶段会提前进行塔式起重机基础的建立，可以考虑布置塔式起重机。

基础阶段场地布置效果图如图 10-39、图 10-40 所示。

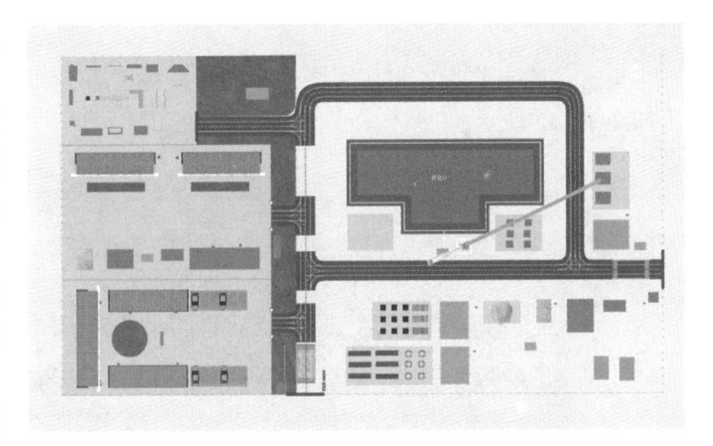

图 10-39 基础阶段场地布置平面图

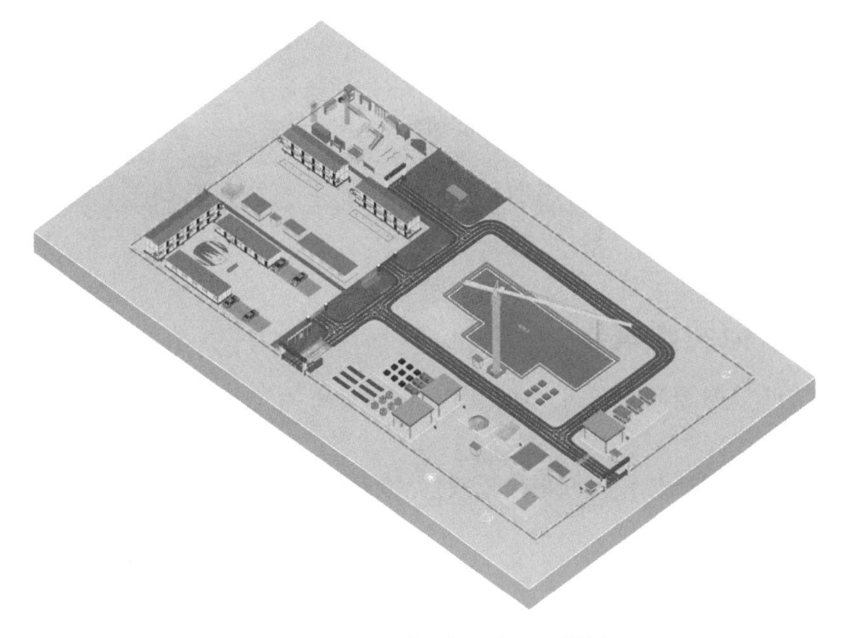

图 10-40 基础阶段场地布置三维图

10.4 主体工程施工阶段场地布置

10.4.1 基坑回填

在基础阶段基坑开挖的基础上，进行基坑回填。基坑回填可使用【地形地貌】⟶【开挖和回填】⟶【回填】命令进行，选择【回填】后，需设置【回填顶面高程】，可设置为室外地坪标高 -0.45m，如图 10-41 所示。

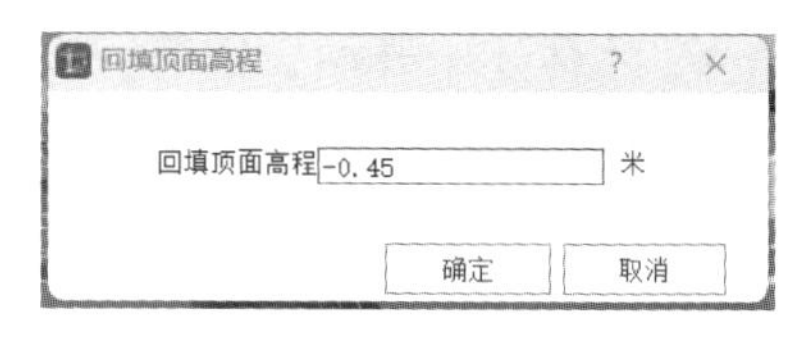

图 10-41 回填设置

单击【确定】后，按照底图和基坑开挖的位置范围，以直线绘制回填范围，绘制完成后如图 10-42 所示。

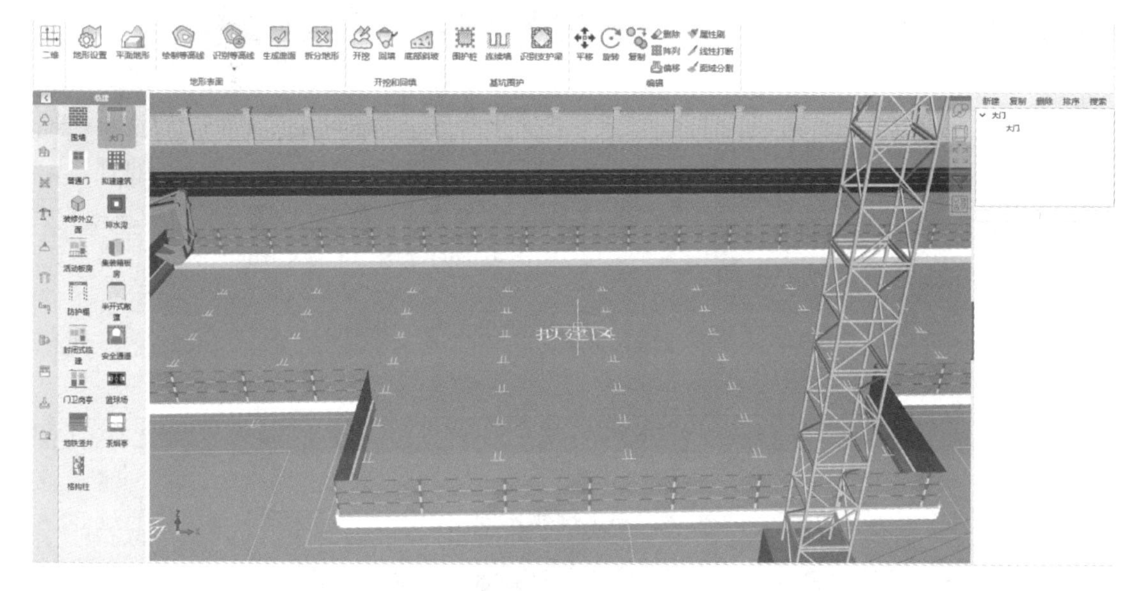

图 10-42 回填

10.4.2 布置拟建建筑物

拟建建筑物有直接绘制和利用 CAD 识别绘制两种方式。

1. 直接绘制

在构件库中找到【临建】⟶【拟建建筑】，根据案例底图的外轮廓尺寸，以直线绘制拟建房屋的外轮廓线，完成绘制。

2. CAD 识别

通过选中拟建房屋的外轮廓线，单击【工程项目】中的【识别拟建】，完成绘制。

通过直接绘制或者 CAD 识别拟建绘制出拟建建筑物后，切换到三维选中模型，在属性设置中单击【地上层数】修改为 4 层，【地下层数】修改为 1 层，【层高】修改为 3900mm，【地坪标高】修改为 -0.45m，【有无女儿墙】修改为有，【女儿墙高度】设置为 900mm。绘制完成后如图 10-43 所示。

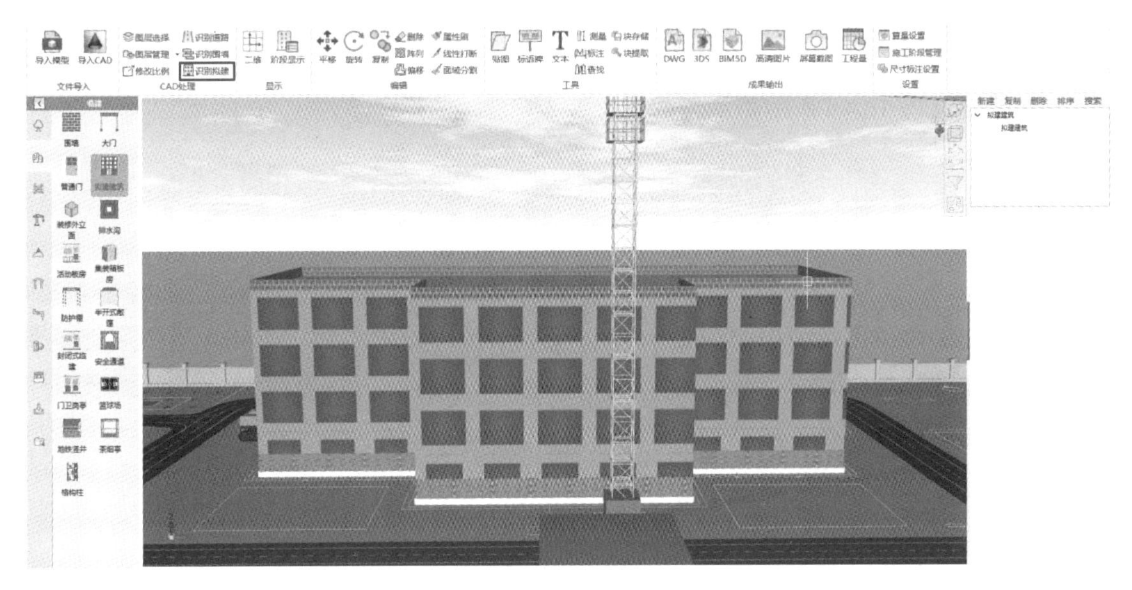

图 10-43　拟建建筑物

10.4.3　布置安全通道、施工电梯、卸料平台

1. 安全通道

地面通道应设安全通道。在构件库中找到【临建】⟶【安全通道】，布设在拟建建筑物北侧，如图 10-44 所示。

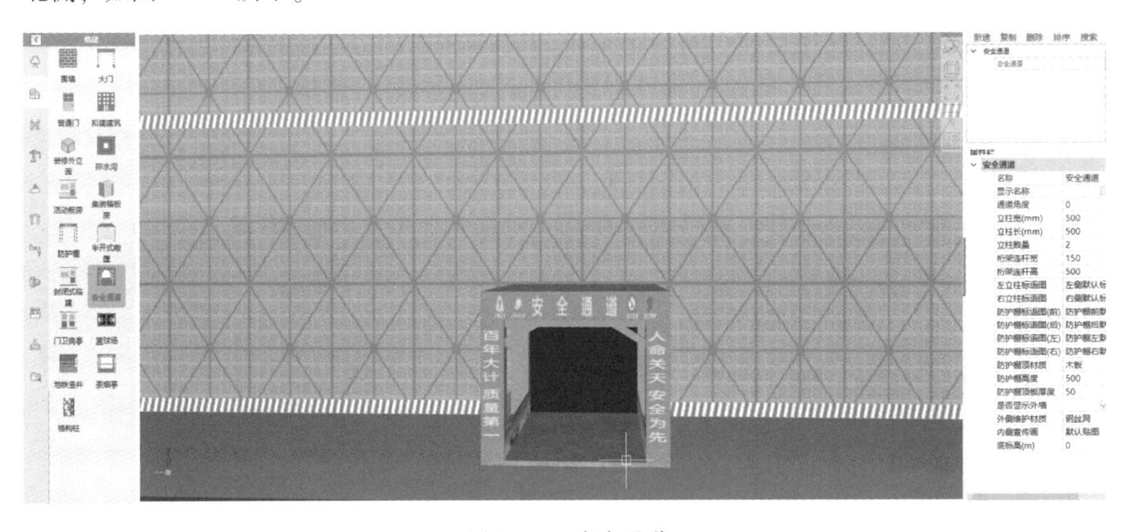

图 10-44　安全通道

2. 施工电梯

施工电梯布置注意事项：

1）根据建筑物高度、立面特点、电梯机械性能等选择一次到顶或接力方式的运输方式。

2）高层建筑物选择施工电梯，低层建筑物宜选择提升井架。

3）保证施工电梯的安拆方便及安全的安拆施工条件。

在构件库中找到【机械】⟶【施工电梯】，在拟建建筑物合适位置通过捕捉外架进行绘制，切换到三维状态下选中施工电梯，可调整对应属性（电梯层高、电梯层数），保持与拟建房屋一致，如图 10-45 所示。

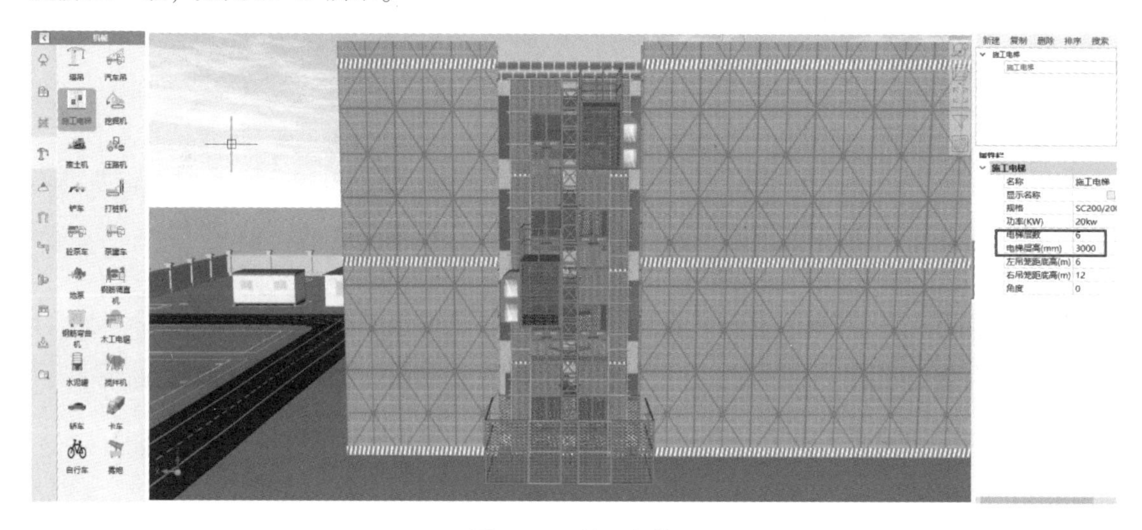

图 10-45　施工电梯

3. 卸料平台

卸料平台是施工现场常搭设各种临时性的操作台和操作架，能进行各种砌筑装修和抹灰等作业。卸料平台一般存在于脚手架外围。

在构件库中找到【措施】⟶【卸料平台】，以点的形式，将鼠标移动到拟建建筑物的外边线上，左键单击即可布置成功。布置完成后，切换到三维状态下选中卸料平台可调整对应属性。选择【卸料平台底标高】，可修改为 3.900m，如图 10-46 所示。

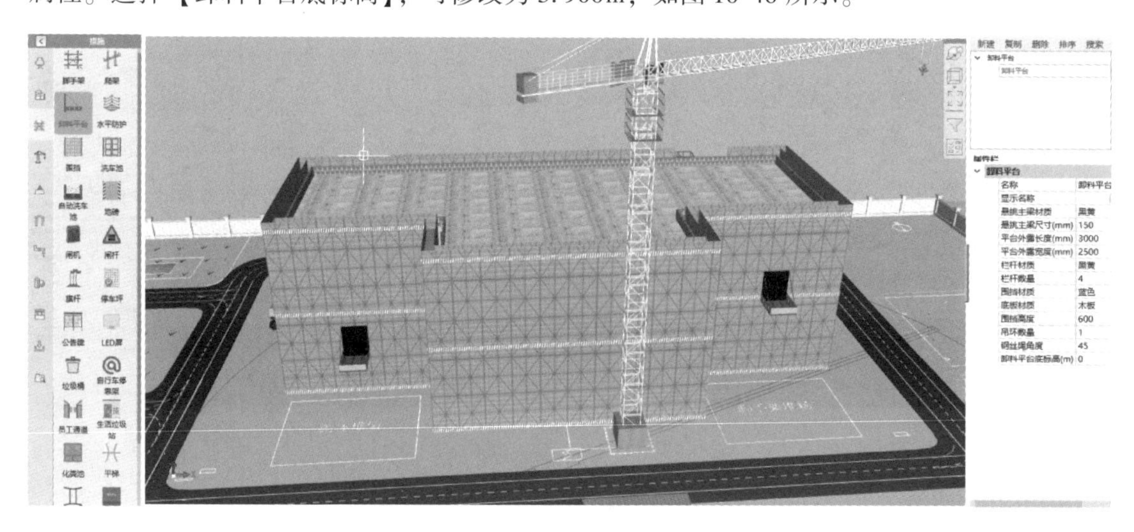

图 10-46　卸料平台

10.4.4 布置脚手架和爬架

在构件库中找到【措施】——【脚手架】，以点的形式，将鼠标移动到拟建建筑物上，即可自动吸附在拟建建筑物上，左键单击即布置成功。布置完成后，切换到三维状态下选中脚手架，可调整对应属性，可选择【剪刀撑样式】，修改为【爬架】，如图10-47所示。

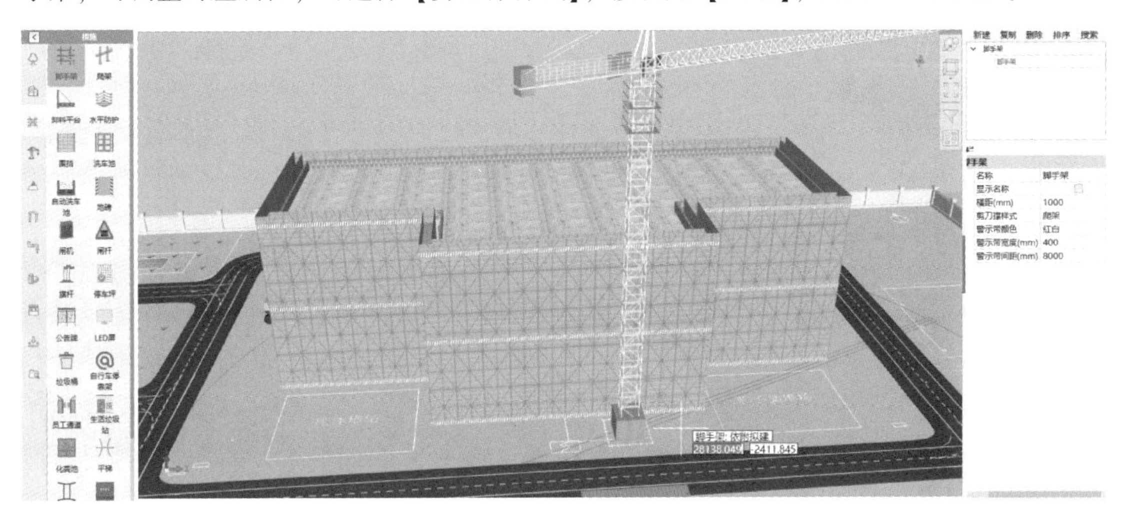

图10-47 脚手架/爬架

10.4.5 主体阶段材料堆场、加工棚及仓库

主体施工阶段材料堆场、加工棚及仓库的布置方式和基础阶段一致。

1. 布置堆场

以钢筋堆场为例，在构件库选择【材料】——【钢筋堆场】，以矩形拉框进行绘制，在平面绘制完成堆场范围后，切换到三维状态，在绘制方式处可以通过【放置直筋】/【放置圆筋】补充钢筋堆放量，布置完成后，如图10-48所示。

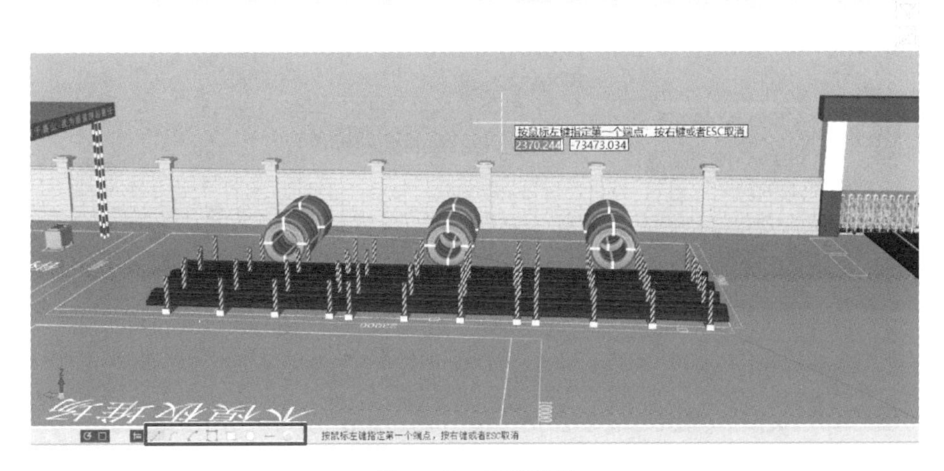

图10-48 钢筋堆场

2. 布置加工棚

加工棚搭设应满足规范和使用要求，防雨、防砸、整洁美观；加工场顶棚四周设立安全警示标语、内部悬挂安全操作规程。

在构件库找到【临建】——【防护棚】，在指定位置使用矩形绘制方式进行绘制，绘制完成后选中模型，在属性设置中单击【用途】修改为钢筋房/木工房，如图 10-49、图 10-50 所示。

防护棚	
名称	防护棚
显示名称	
高度(mm)	5000
防护层高度(mm)	600
防护层材质	木板
延长柱长度(mm)	0
立柱颜色	红白
立柱样式	圆柱
标语图(左)	常用标语1
标语图(右)	常用标语2
标语图(前)	木工房
标语图(后)	木工房
横向立柱个数	2
纵向立柱个数	2
立柱根数	3
立柱直径(mm)	100
用途	钢筋加工场
底标高(m)	0

图 10-49　防护棚设置　　图 10-50　加工棚

结合施工方案和施工进度，确定现场所需材料，完成其他的材料堆场和加工区布置。

3. 布置库房

可燃材料及易燃易爆危险品应按计划限量进场。进场后，可燃材料宜存于库房内，易燃易爆危险品应分类专库储存，库房内应通风良好，并设置严禁明火标志。

库房可使用构件库中【临建】——【集装箱板房】/【封闭式临建】进行绘制，绘制完成后选中模型，在属性设置中单击【用途】修改为库房，如图 10-51 所示。

图 10-51　库房

10.4.6 施工机械

1. 搅拌机

砂浆、混凝土搅拌站位置取决于垂直运输机械，布置搅拌机时，考虑以下因素：

1）搅拌机应有后台上料的场地，尤其是混凝土搅拌站，要考虑与砂石堆场、水泥库一起布置，既要相互靠近，又要便于这些大宗材料的运输和装卸。

2）搅拌站应尽可能布置在垂直运输机械附近，以缩短混凝土及砂浆的水平运距。当采用塔式起重机方案时，混凝土搅拌机的位置应使吊斗能从其出料口直接卸料并挂钩起吊。

3）搅拌机应设置在施工道路旁，使小车、翻斗车运输方便。

4）搅拌站场地四周应设置排水沟，以利于清洗机械和排除污水，避免造成现场积水。

5）混凝土搅拌机所需面积约为 $25m^2$，砂浆搅拌机所需面积为 $15m^2$，冬期施工还应考虑保温与供热设施等，其面积要相应增加。

在构件库中找到【机械】⟶【搅拌机】，以点布形式，布置在案例底图相应位置即可，布置完成后，可使用【临建】⟶【排水沟】，以直线形式在搅拌机四周设置排水沟，布置完成后，如图 10-52 所示。

图 10-52　搅拌机

2. 运输机械

在构件库中找到【机械】⟶【混凝土泵车】【泵罐车】，在道路上合适位置进行点状插入绘制，切换到三维状态下选中机械调整对应属性，如图 10-53 所示。

10.4.7 临时供电管网布置

1. 电源的选择

1）完全由工地附近的电力系统供电。

2）若工地附近的电力系统不够，工地需增设临时发电站以补充不足部分。

3）如果工地属于新开发地区，附近没有供电系统，电力则应由工地自备临时动力设施供电。

图 10-53　运输机械

2. 变配电室布置

1）应靠近电源进线侧，不宜设在多尘、水雾或有腐蚀性气体的场所，如无法远离时，不应设在污染源的下风侧。

2）不应设在有剧烈振动或有易燃易爆物的场所。

3）不应设在厕所、浴室、厨房或其他经常积水场所的正下方，也不宜与上述场所贴邻。

在构件库中找到【水电】⟶【配电室】，以点布的形式布置在案例底图相应的位置即可，如图 10-54 所示。

图 10-54　配电室

3. 配电箱

1）配电系统应设置配电柜或总配电箱、分配电箱、开关箱，实行三级配电。

2）总配电箱以下可设若干分配电箱；分配电箱以下可设若干开关箱。

在构件库中找到【水电】——→【配电箱】，以点布的形式布置在案例底图相应的位置即可，如图 10-55 所示。

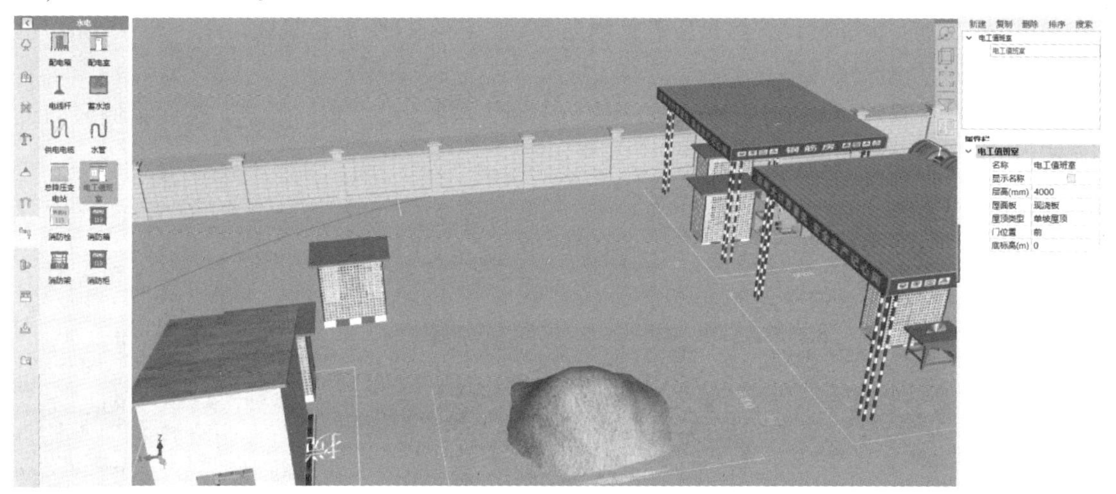

图 10-55　二、三级配电箱

4. 供电线路的布置

1）供电线路布置有环状、枝状、混合式三种方式。

2）各供电线路宜布置在道路边，架空线必须设在专用的电杆上，间距为 25 ~ 40m；距建筑物应大于 1.5m，垂直距离应在 2m 以上；同时应避开堆场、临时设施、开挖的沟槽和后期拟建工程的部位。

3）线路应布置在起重机械的回转半径之外。如有困难时，必须搭设防护栏，其防护高度应超过线路 2m，机械在运转时还需采取必要措施，确保安全。也可采用埋地电缆布置，以减少机械间相互干扰。

4）跨过材料、构件堆场时，应有足够的安全架空距离。

在构件库中找到【水电】——→【供电电缆】，以直线布置的形式，将一级配电室、二级配电箱、三级配电箱之间以枝状形式进行布置，如图 10-56 所示。

图 10-56　电缆布置

10.4.8 临时供水及消防设施布置

消防栓布置：消防栓设置数量应满足消防要求。消防栓距离建筑物距离不小于5m，也不应大于25m，距离路边不大于2m。

在构件库中找到【水电】⟶【消防栓】/【消防箱】，以点布的形式，按照案例底图进行布置，如图10-57所示。

图10-57 消防栓、消防箱

10.4.9 安全仿真体验区

在构件库中找到【安全体验区】，将其中的安全体验构件，以点布的形式，按照案例底图进行布置即可，如图10-58所示。

图10-58 安全仿真体验区

10.5 装饰装修工程施工阶段场地布置

10.5.1 拟建建筑装修外立面

此功能可简单体现外墙装饰装修效果。在构件库中找到【临建】⟶【装修外立面】，以智能布置的形式，选择拟建建筑物进行布置，如图 10-59 所示。

图 10-59 装修外立面

10.5.2 导入外部装饰模型

除了设置装修外立面表达装修效果外，也可将其他软件做好模型导入到场布软件中。在【工程项目】菜单中，选择【导入模型】，将资料包中给定的装饰模型选择导入，将其移动到案例底图中拟建建筑物的所在位置即可，如图 10-60 所示。

10.5.3 装饰装修阶段材料堆场、加工棚及仓库

装饰装修施工阶段材料堆场、加工棚及仓库的布置方式与基础阶段一致。

1. 布置堆场

以机电材料堆场为例，在构件库选择【材料】⟶【机电材料堆场】，以矩形拉框进行绘制；在平面绘制完成堆场范围后，切换到三维状态，在绘制方式处可以通过【放置机电材料】补充机电材料堆放量，布置完成后如图 10-61 所示。

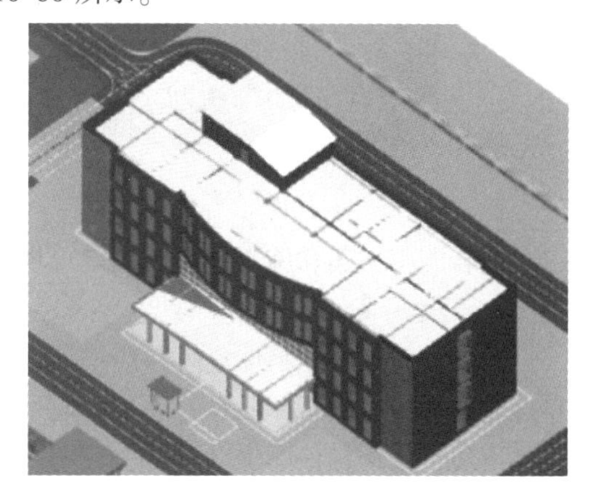

图 10-60 外部装饰模型

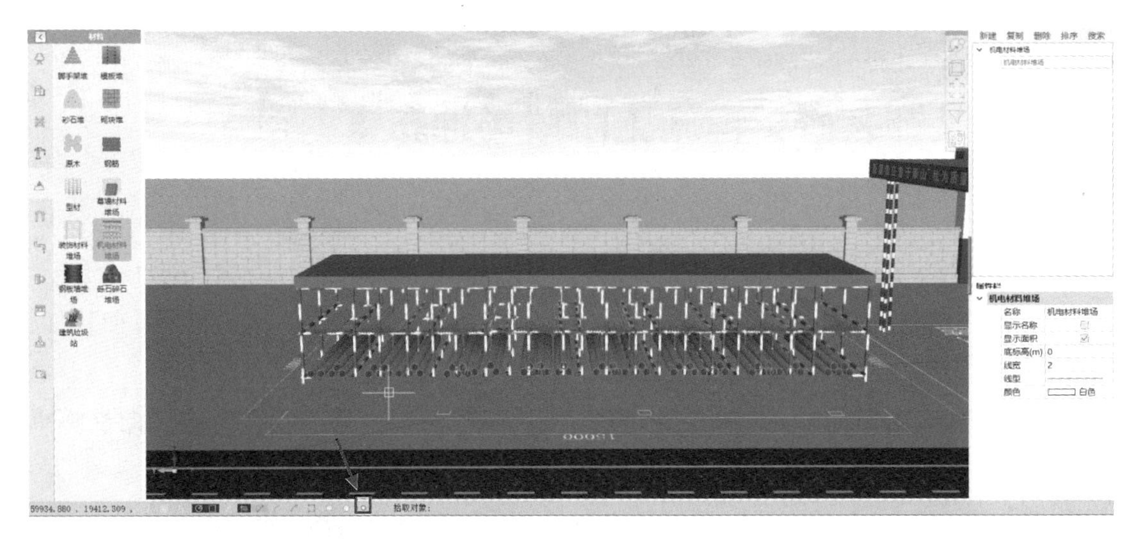

图 10-61　机电材料堆场

2. 布置加工棚

加工棚搭设应满足规范和使用要求，防雨、防砸、整洁美观；加工场顶棚四周设立安全警示标语，内部悬挂安全操作规程。

在构件库找到【临建】——→【防护棚】，在指定位置使用矩形绘制方式进行绘制，绘制完成后选中模型，在属性设置中单击【用途】修改为机电材料加工棚，如图 10-62 所示。

图 10-62　机电材料加工棚

结合施工方案和施工进度，确定现场所需材料，完成其他的材料堆场和加工区的布置。

3. 布置库房

可燃材料及易燃易爆危险品应按计划限量进场。进场后，可燃材料宜存于库房内，易燃易爆危险品应分类专库储存，库房内应通风良好，并设置严禁明火标志。

库房可使用构件库中【临建】——→【集装箱板房】/【封闭式临建】进行绘制，绘制完成后选中模型，在属性设置中单击【用途】修改为库房，如图 10-63 所示。

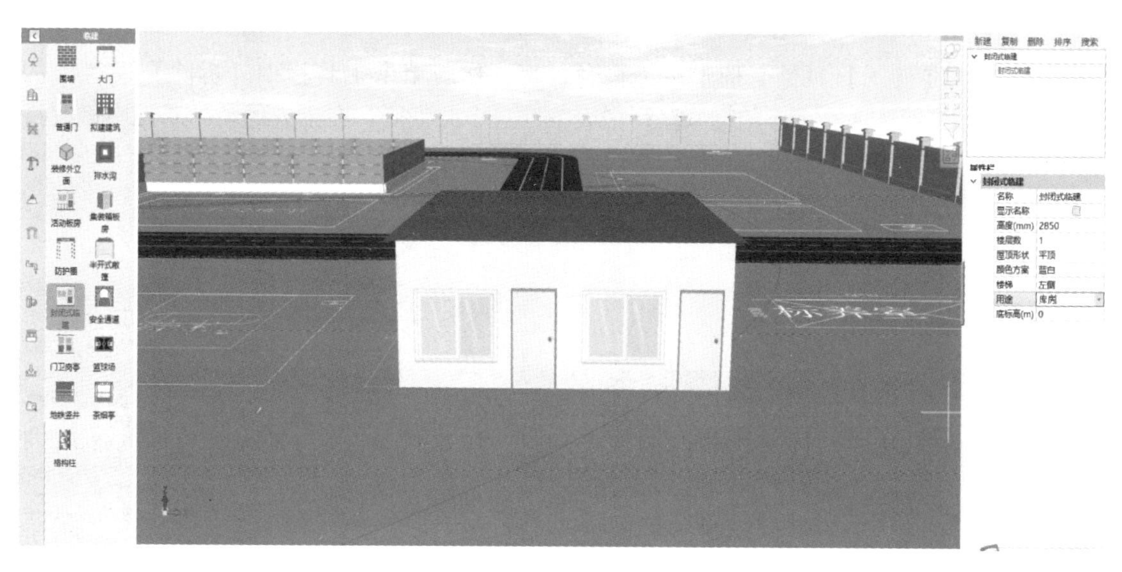

图 10-63 库房

10.6 BIM 施工现场布置设计虚拟仿真

10.6.1 虚拟施工

1. 建造

单击【虚拟施工】页签，选中员工宿舍板房，然后单击工具栏【建造】一栏中的【自下而上】按钮，在右下方的动画序列列表中，选中此动画，在上方的动画属性中修改持续天数为5，如图10-64所示。

图 10-64 建造——自下而上

2. 拆除

单击【虚拟施工】页签，选中员工宿舍板房，然后单击工具栏中【拆除】一栏中的【自下而上】按钮，在右下方的动画序列列表中，选中此动画，在上方的动画属性中修改持续天数为 5，如图 10-65 所示。

图 10-65　拆除——自上而下

3. 旋转

用同样的方法选中塔式起重机，单击工具栏【活动】一栏中的【旋转】按钮，在右下方的动画序列列表中，选中此动画，在上方的动画属性中修改持续天数为 5，循环结束时间改为 5d 后，如图 10-66 所示。

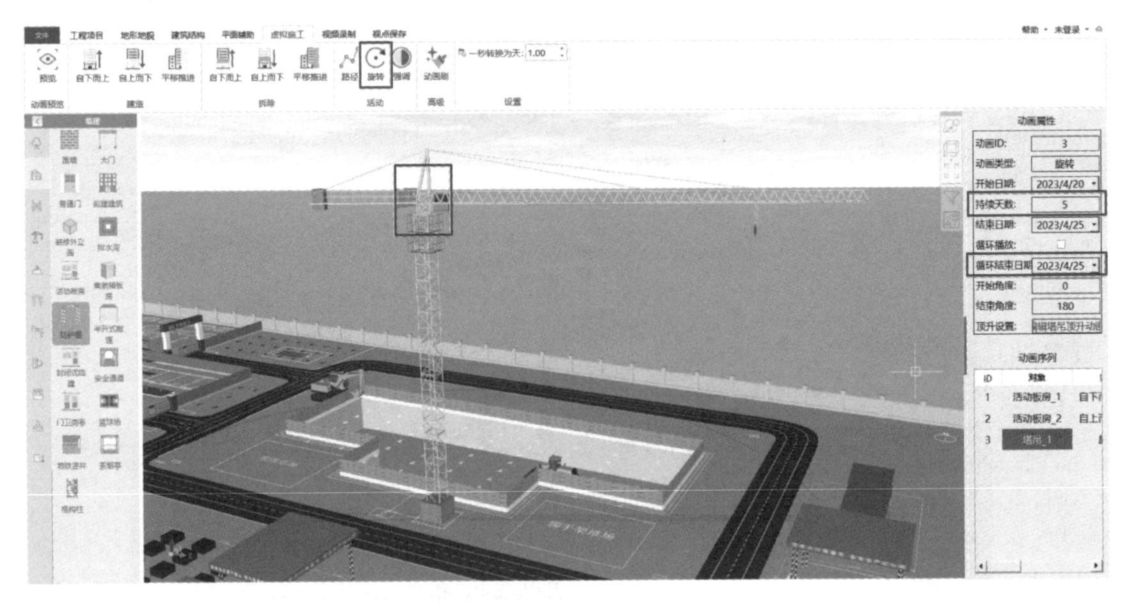

图 10-66　活动——旋转

单击停靠窗口中的【动态观察】按钮，按住鼠标左键进行转动调整到合理的角度，然后单击工具栏中的【预览】按钮，即可预览设置好的动画效果。

10.6.2 关键帧动画

操作方式：

1）在工具栏切换到【视频录制】页签，单击【动画设置】按钮，在【动画类型】中选择【关键帧动画】，并在下方【施工模拟】中勾选【开启施工动画】，然后单击确定，如图 10-67 所示。

图 10-67　动画设置

2）在上方工期时间轴上，拖动指针到开工之前。

3）调整画面到合理的角度。

4）然后单击左下角带“+”的按钮，添加关键帧。

5）在下方视频时间轴上向后拖动指针，在上方工期时间轴上，拖动指针到施工阶段的某个位置，然后再次调整图形角度并再次添加一个关键帧，也可以滚动滚轮对图形进行放大或缩小后添加关键帧。

6）可以根据需要多次重复上面的步骤，添加多个关键帧。

7）最后，单击工具栏中的【预览】按钮，即可预览设置好的关键帧动画效果，如图 10-68 所示。

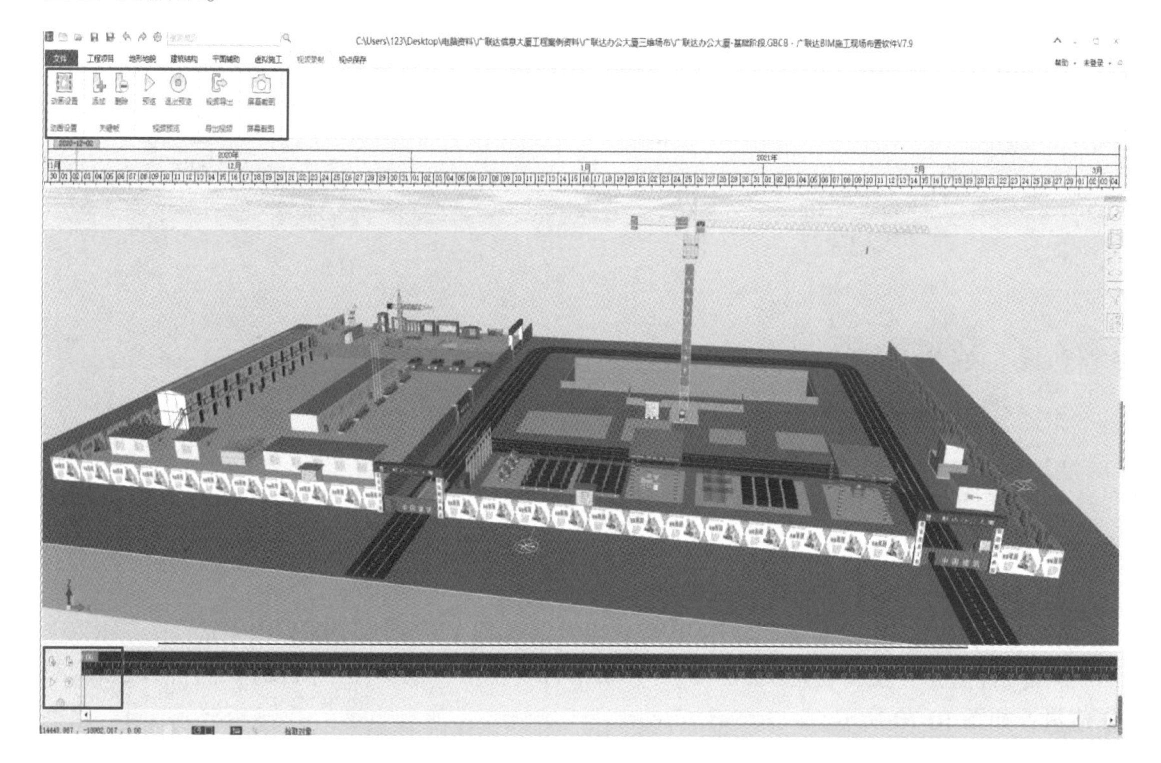

图 10-68　关键帧动画

10.6.3 路线漫游动画

操作方式：

1）单击【动画设置】，将动画类型切换为【路线漫游】，可根据需要自行设置【行走速度】和【离地高度】，设置好之后单击【确定】。

2）在工具栏中找到【绘制线路】，软件将自动切换到俯视界面。

3）按照需要以直线段的方式，通过左键单击绘制模拟行走路线。

4）绘制完成后，可单击【预览】观看路线漫游动画。

5）可单击【视频导出】将视频模式导出为MP4格式，如图10-69所示。

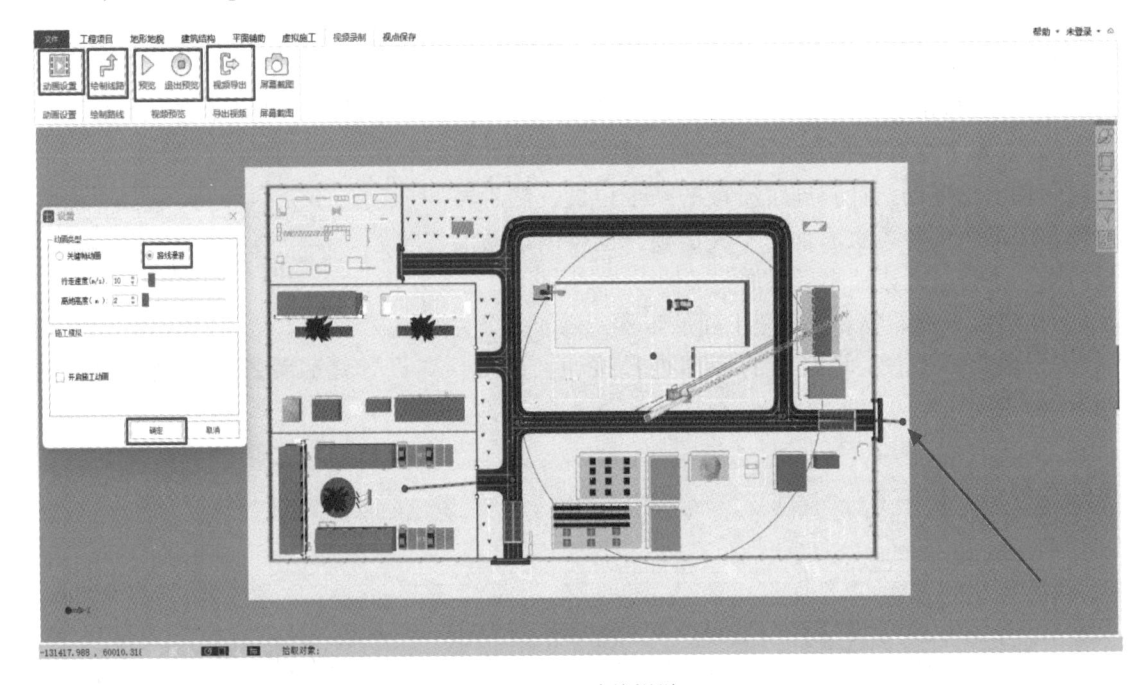

图10-69 路线漫游

10.6.4 成果输出

根据应用场景的不同，软件支持多种格式输出。

1）CAD文件：输出二维状态下施工现场布置图。

2）工程量表：输出临时设施材料用量统计表，结合【算量设置】，还可以输出措施费用。

3）3ds文件：用于3Dmax二次编辑。

4）Igms文件：用于集成广联达BIM5D以及输入到VDP形成BIMVR。

5）临建算量：支持自定义材料价格、新增材料规格，根据施工阶段输出各阶段及汇总临建量，如图10-70所示。

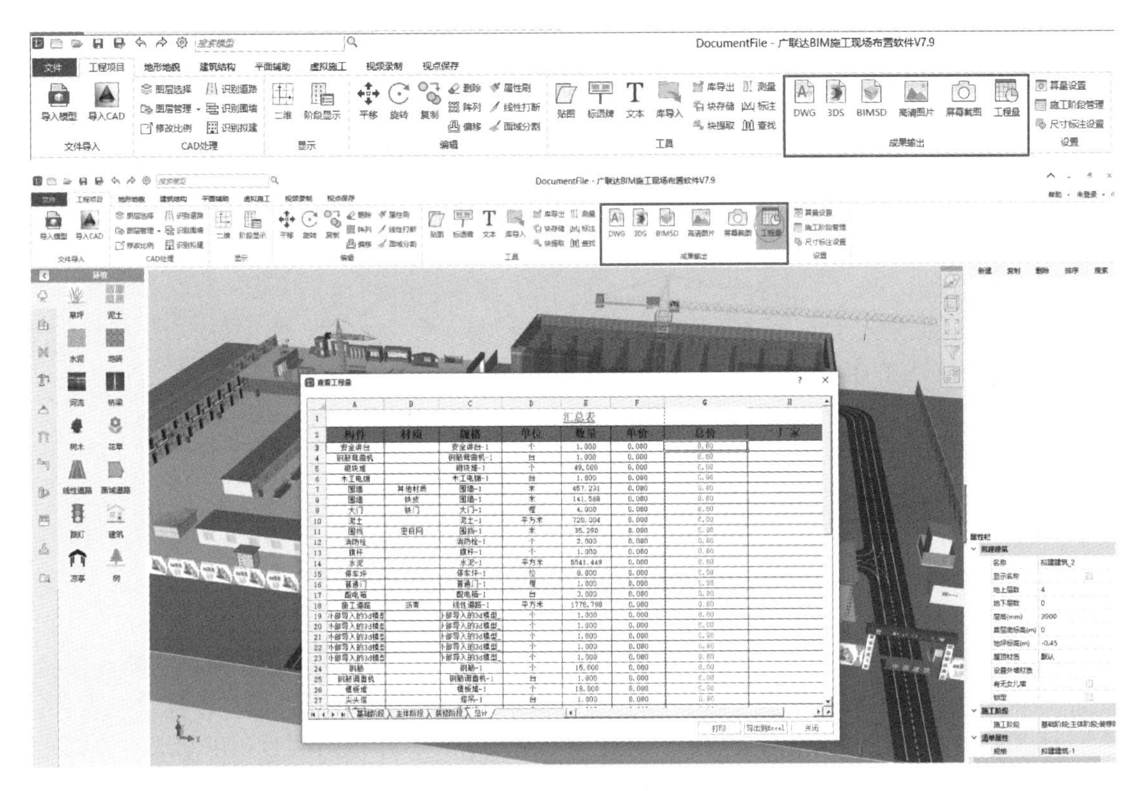

图 10-70　成果输出

思考题及习题

按照上述章节要求和提供的配套案例资料，完成广联达办公大厦案例的基础阶段、主体阶段和装饰装修阶段的三维场布建模。

第 11 章　BIM5D 应用

学习要点

本章主要讲述了 BIM5D 的技术、生产及商务应用。

11.1　BIM5D 软件简介

1. 主要功能

广联达 BIM 体系为岗位、项目、企业三个层级提供了完整的虚拟施工解决方案。岗位级方案中，通过 BIM 统一数据接口，可以应用业界最常用的建模、进度、预算编制软件；项目级 BIM5D 平台汇总岗位数据成果，通过云和移动技术，形成对项目进度和成本协同管理；企业级 BIM 云平台将项目级信息汇总形成企业经营数据以供经营决策；同时，将支持企业构件库、企业工序库的管理和应用。

BIM5D 提供集成全专业模型及业务信息的数据平台，基于 BIM 技术下的施工项目管理工具，而不是建模软件。以 BIM 平台为核心，集成土建、机电、钢构、幕墙等各专业模型。以集成模型为载体，关联施工过程中的进度、合同、成本、质量、安全、图纸、物料等信息。为项目的质量、进度、成本管控、物料管理等提供数据支撑，协助管理人员有效决策和精细管理，从而达到减少施工变更、缩短工期、控制成本、提升质量的目的。

2. BIM5D 构成

（1）5D 桌面端　回答的是“项目应该如何施工”问题，主要提供技术员、预算员等使用。在施工准备阶段，可以集成不同专业模型，进行进度关联、施工工程量和资源测算，主要应用于施工准备阶段。

（2）5D 现场移动端　回答的是“项目实际施工得怎么样”问题，主要供施工员、质量安全员等在现场使用。目前具有质量、安全、进度信息采集功能，将来还将包括通过二维码扫描，在施工现场就能获取 5D 中的构件信息，所关联的施工工艺、质量要求说明等文档。

（3）管理驾驶舱　回答的是“项目整体状态如何”问题，主要服务于项目经理、总工、生产经理、企业管理者。将 5D 桌面端和移动端的信息，汇总成项目整体的进度、成本、质量、安全，便于管理者了解项目整体情况。

BIM 云基于广联云服务，是三端之间进行数据存储和交互的平台，保证三端之间数据传递分享的实时性、准确性与有效性。BIM5D 基于三端一云服务，如图 11-1 所示，可实现多部门多岗位协同 BIM 应用，为施工企业项目基于 BIM 技术创造更大的效益。

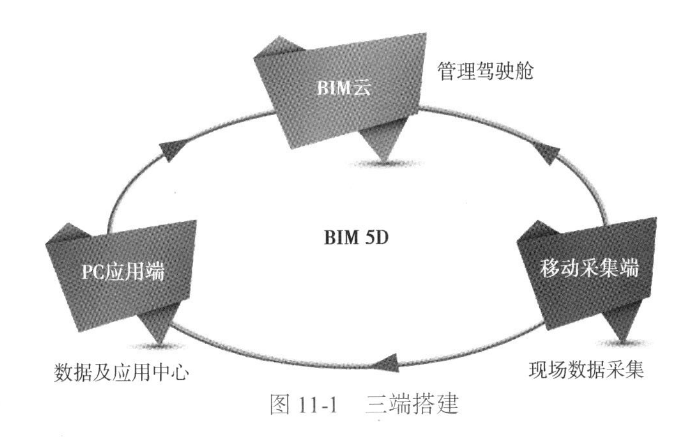

图 11-1　三端搭建

11.2　BIM5D 技术应用

11.2.1　技术交底

1. 视点应用

(1) 任务背景　业主方要求采用 BIM 技术进行项目管理，并且向项目部提供了 BIM 模型，项目部小组接到任务，要求对 BIM 模型进行审核，以确保高效的组织施工。

(2) 软件操作

1) 如图 11-2 ~ 图 11-5，单击【数据导入】、【模型导入】、【实体模型】和【添加模型】，选择广联达办公大厦钢筋模型和广联达办公大厦土建模型导入。单击【场地模型】【添加模型】，选择广联达办公大厦主体阶段场地布置模型导入。在【实体模型】界面下，选择【模型整合】，勾选区域 1，打开场地布置模型，选择精度单体，单击平移模型，移动到合适位置以后单击应用。

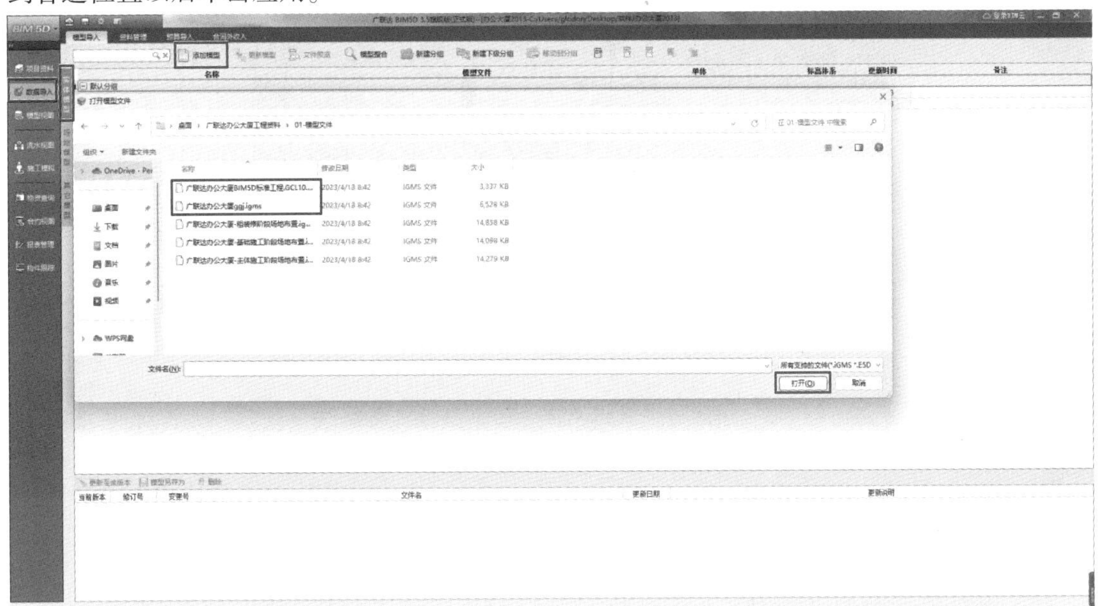

图 11-2　导入实体模型

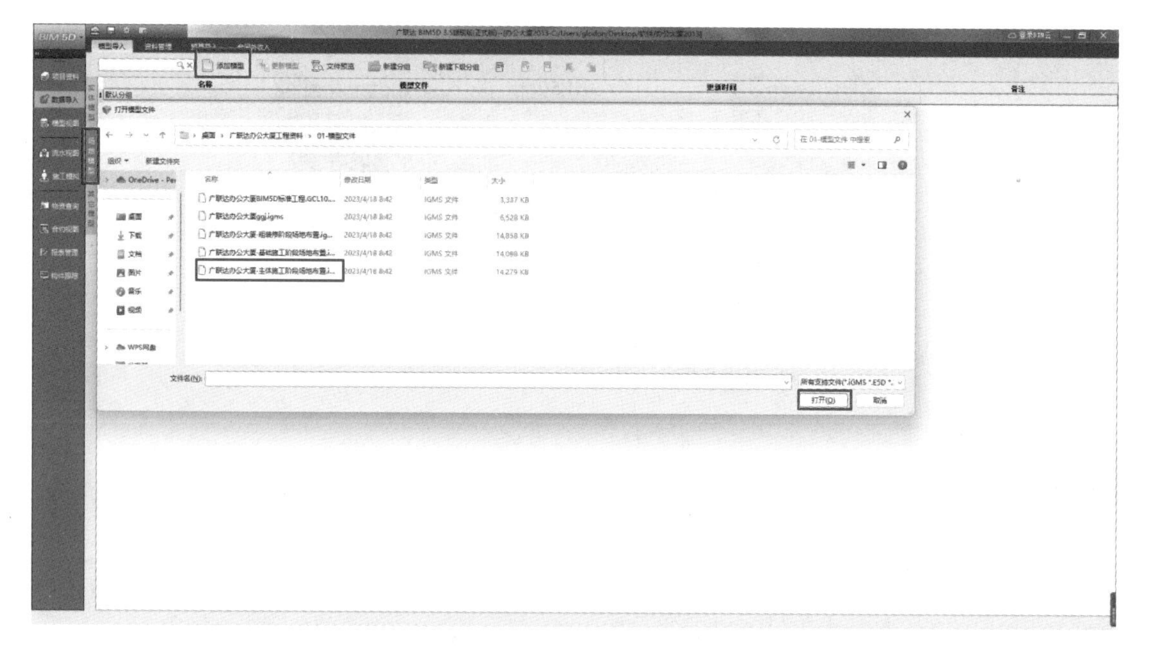

图 11-3　导入场地模型

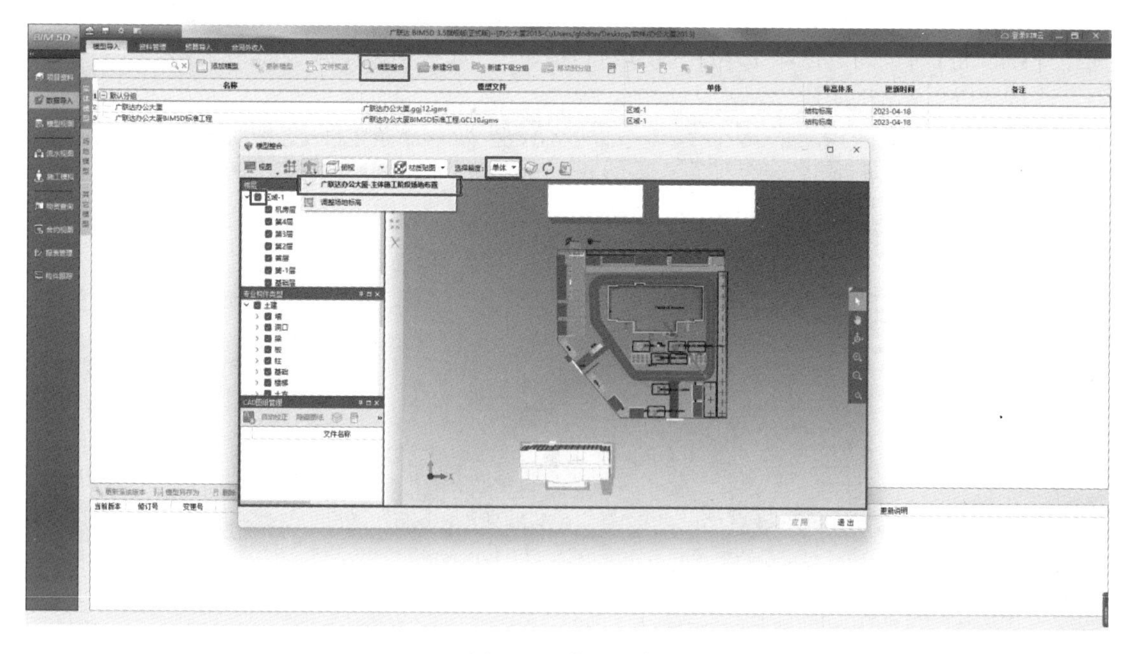

图 11-4　模型整合

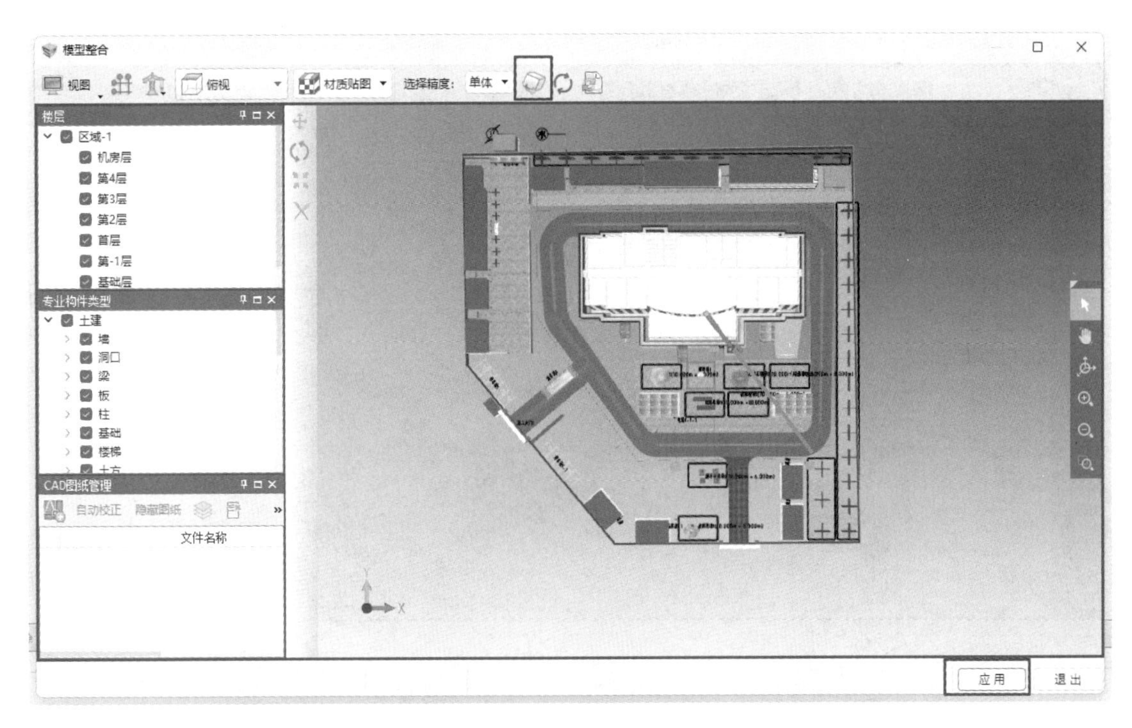

图 11-5　平移模型

2）打开模型视图界面，如图 11-6 所示。

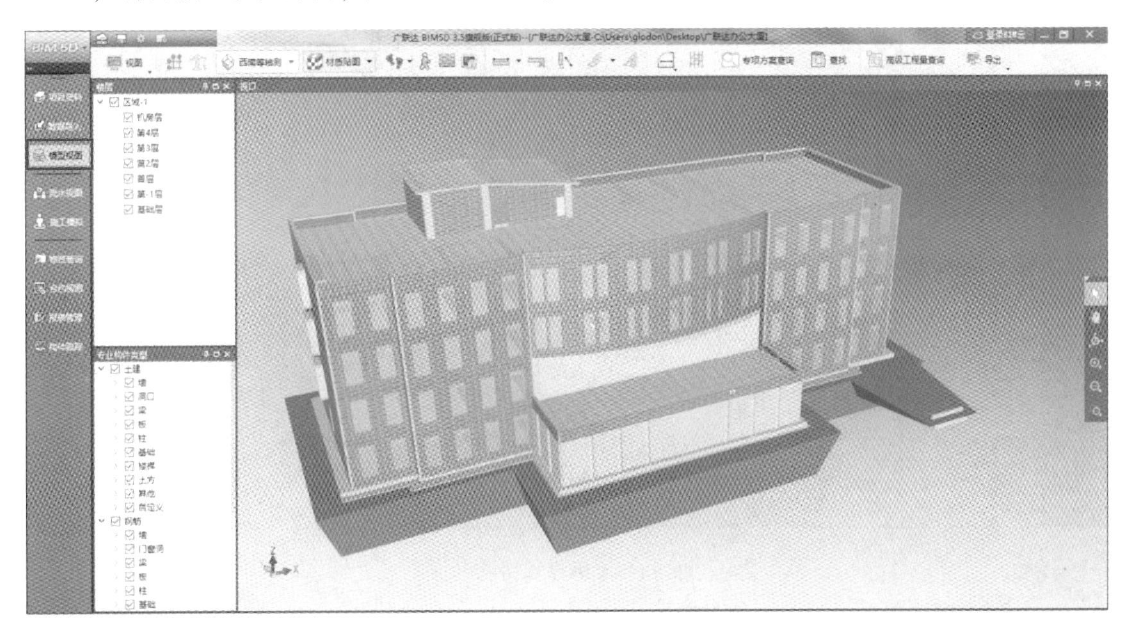

图 11-6　模型视图

3）选择【视图】功能下拉，单击【视点】，如图 11-7 所示。

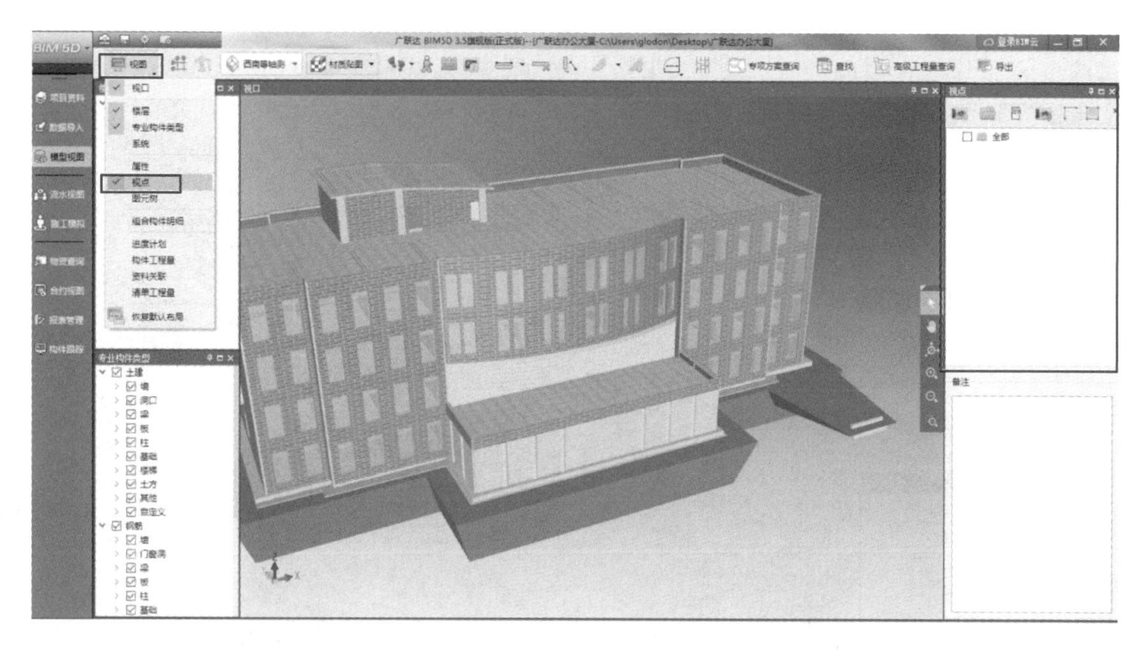

图 11-7　视点

4）保存视点—标注—导出，如图 11-8 所示。

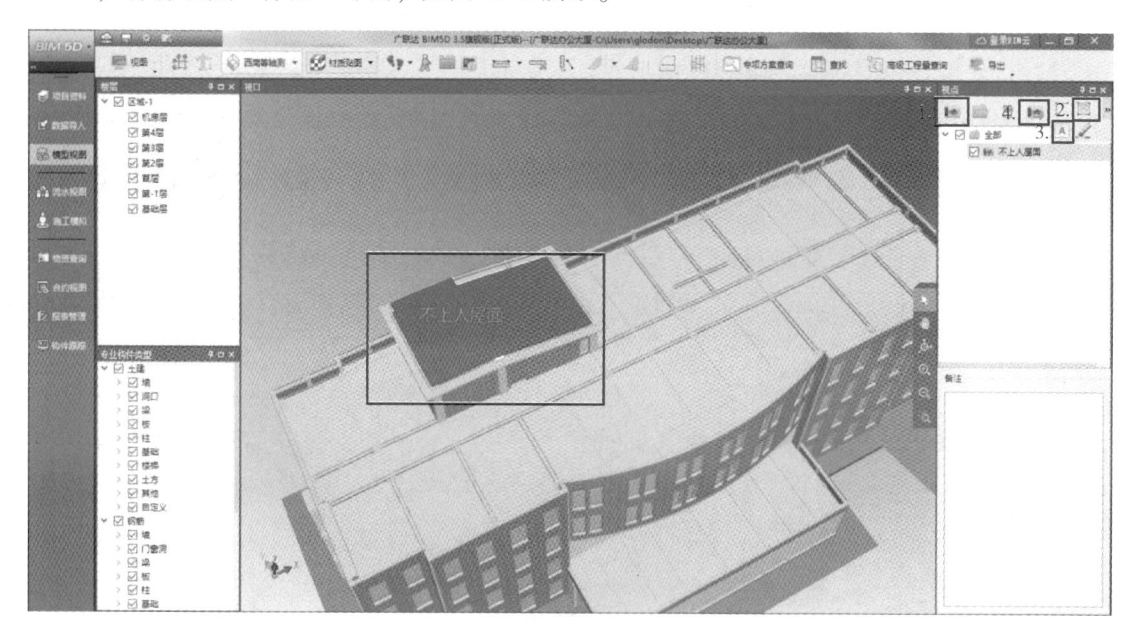

图 11-8　保存导出视点

（3）任务总结　可以结合文字信息进行标注，视点应用也可结合剖切及测量功能配合使用。

2. 三维动态剖切及测量

（1）任务背景　针对项目中典型的、关键的隐蔽部位，可以通过剖切面的功能将该部位进行可视化呈现，对项目部成员进行施工交底，确保施工有效进行。

（2）软件操作

1）在【模型视图】界面，勾选对应楼层、专业构件类型，如图 11-9 所示。

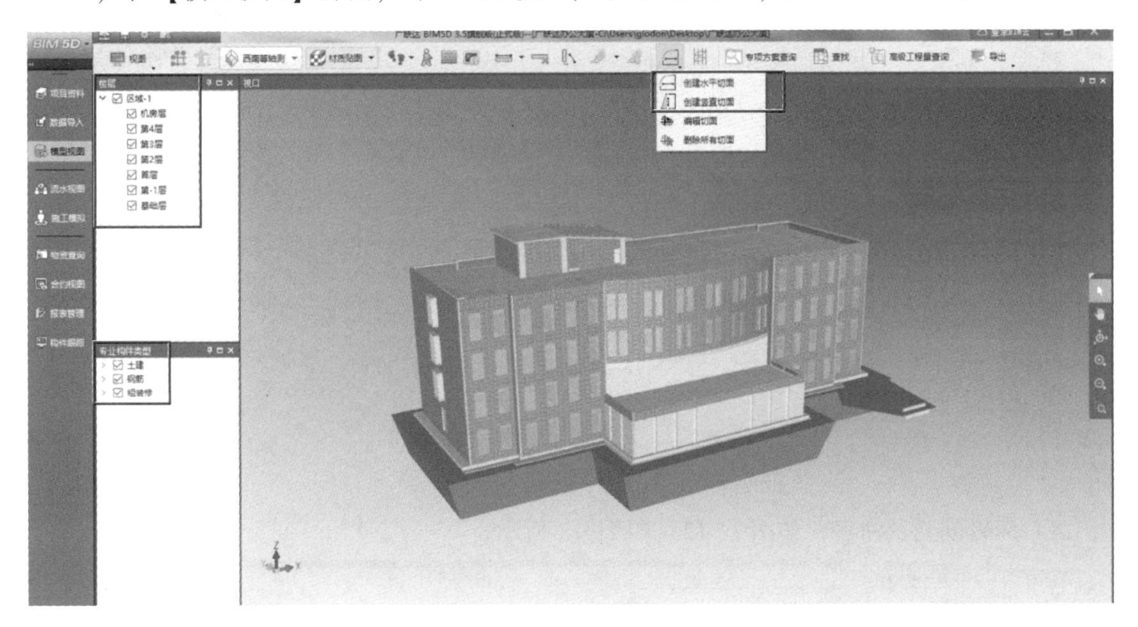

图 11-9　三维剖切

2）创建水平或垂直切面，如图 11-10 所示。

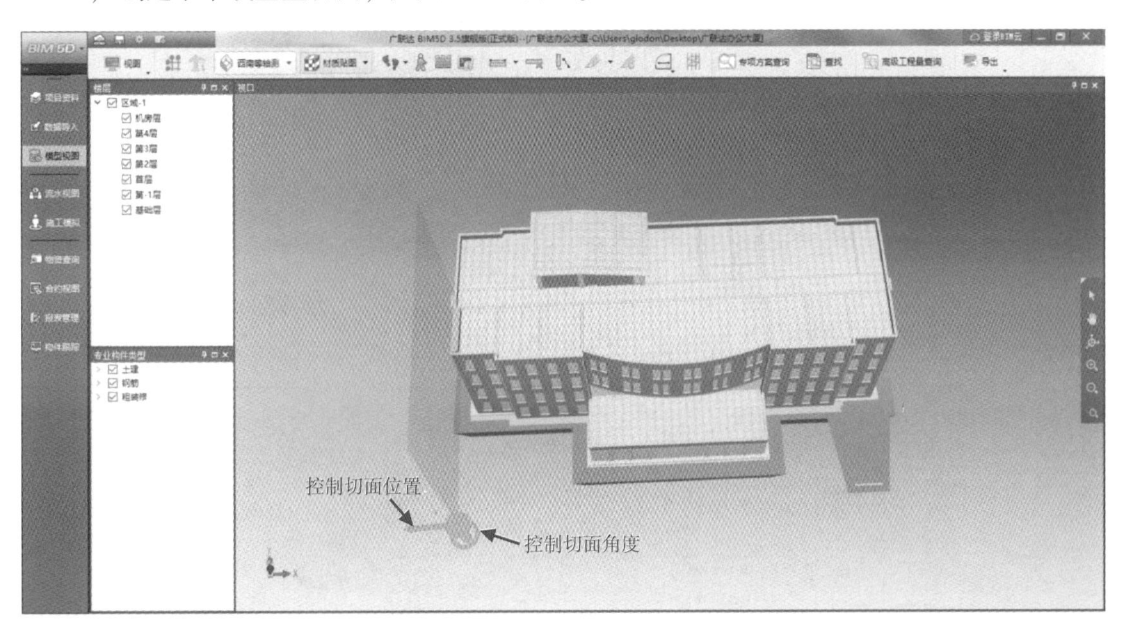

图 11-10　创建切面

3）创建剖面。左键拉框绘制范围后单击右键弹出是否开始编辑剖面，单击“是”即可，如图 11-11所示。

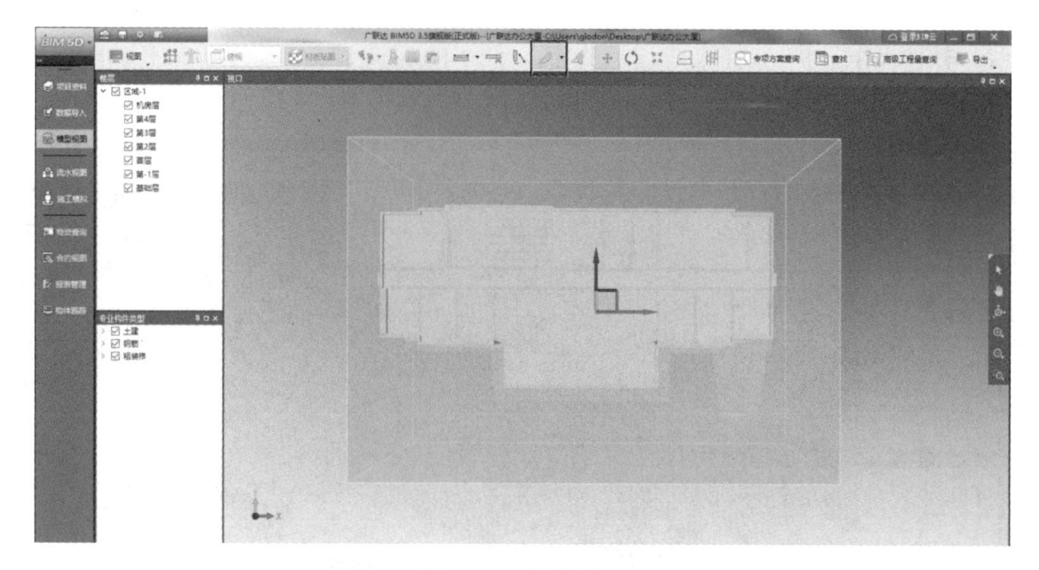

图 11-11　创建剖面

4）编辑剖面及命名，如图 11-12、图 11-13 所示。

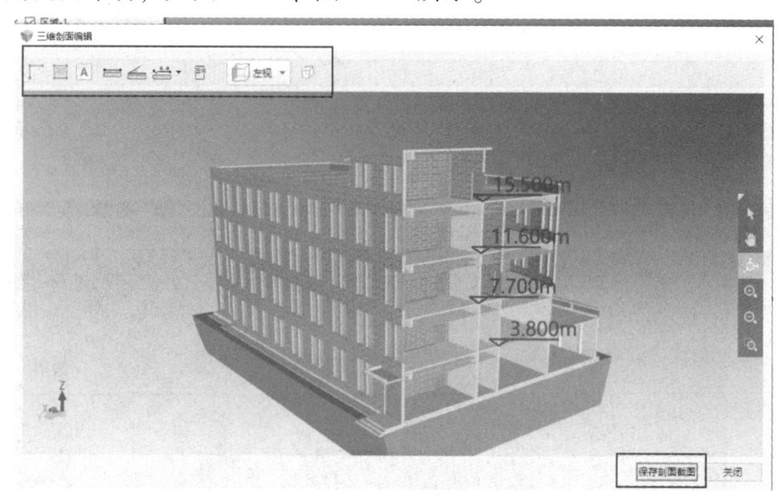

图 11-12　编辑剖面

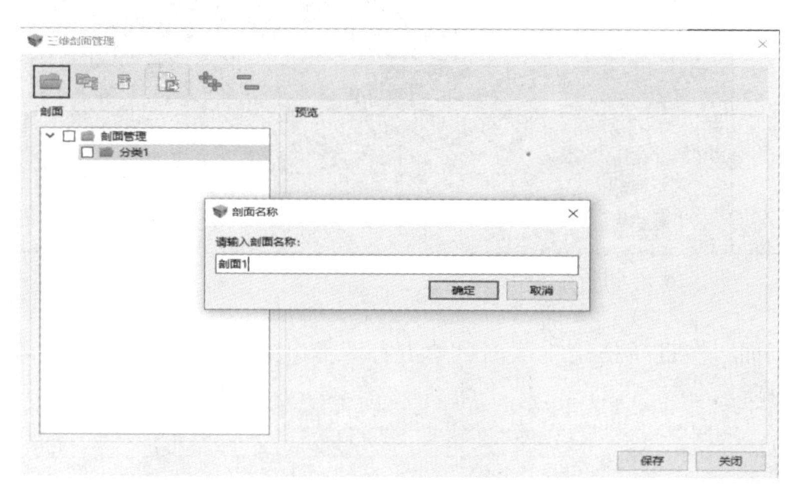

图 11-13　剖面命名

5）剖面管理。可单击【剖面管理】，查看剖面，并且可以导出 PDF 格式文件，如图 11-14 所示。

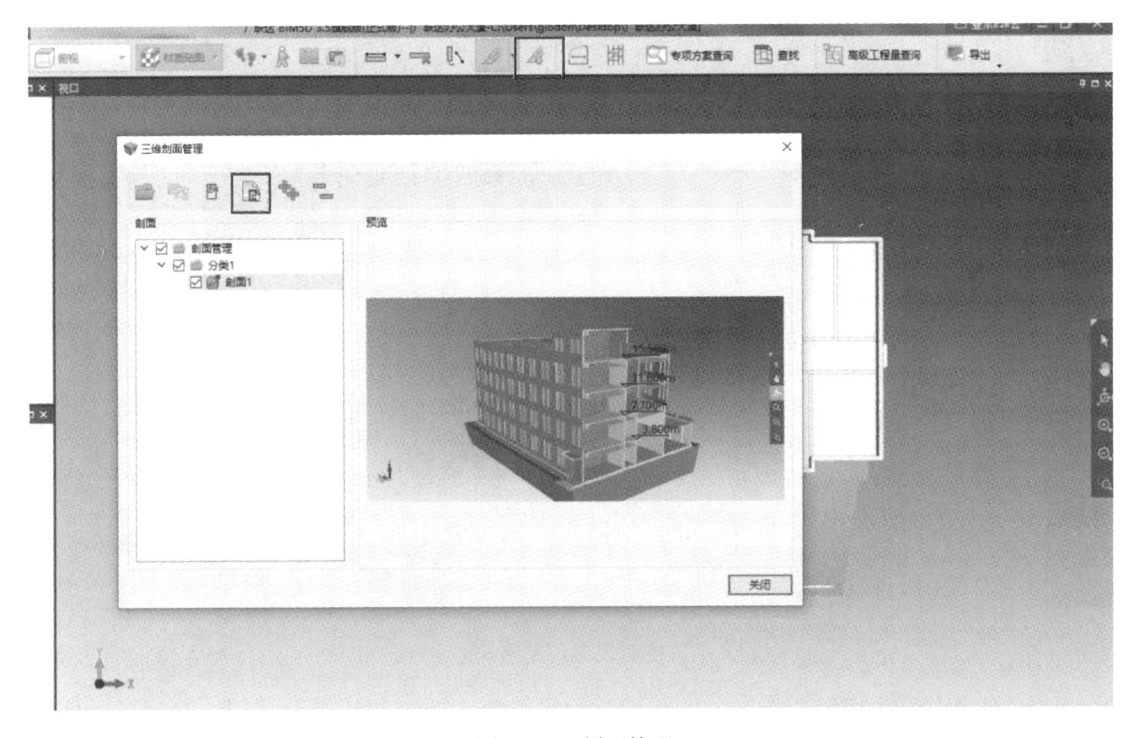

图 11-14　剖面管理

6）测量。测量之后单击可转换为红线标注，会自动保存为测量视点，如图 11-15、图 11-16 所示。

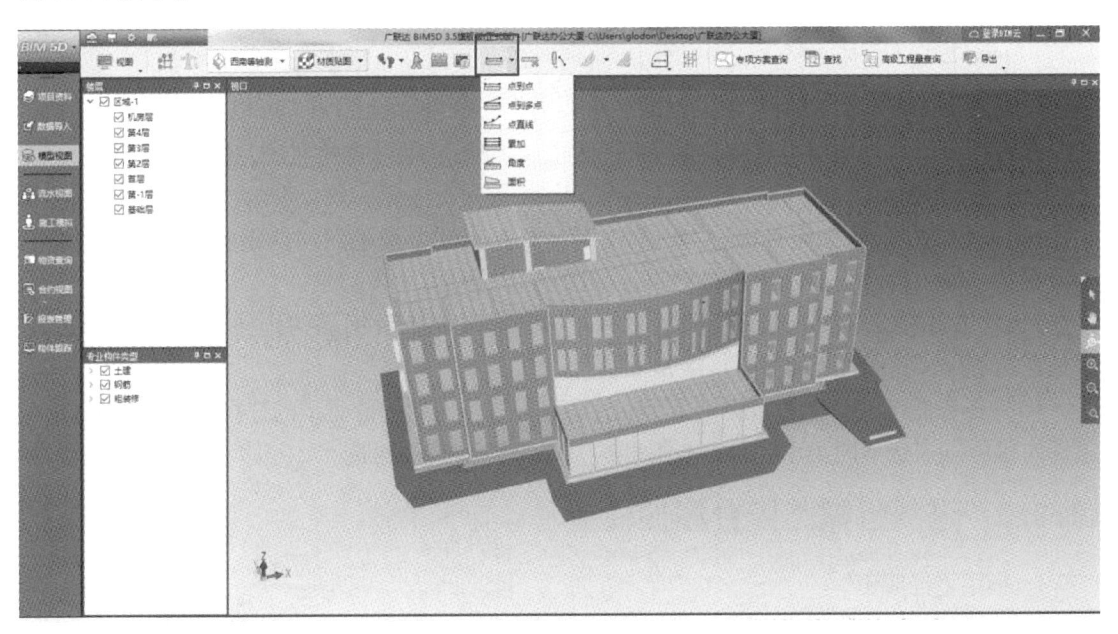

图 11-15　测量

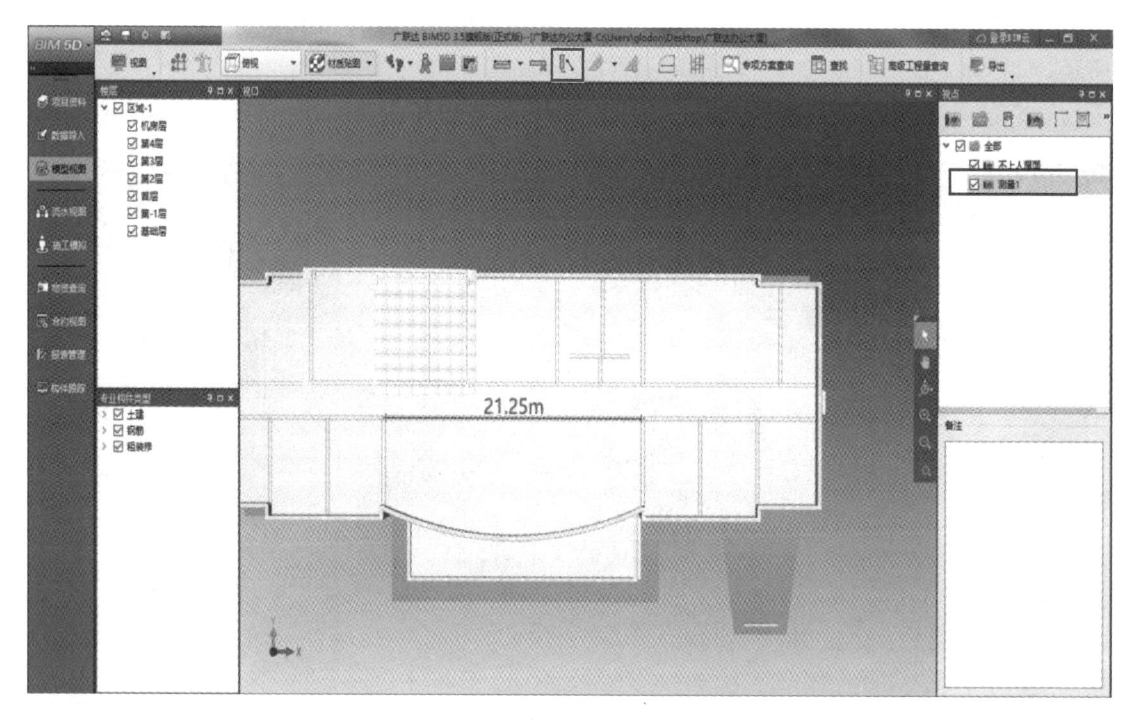

图 11-16　转为红线标注

(3) 任务总结　切面功能通过控制切面位置和角度两个按钮结合使用，删除切面可将所有切面信息清除。剖面功能可以进行结合测量及标注信息使用，保存至剖面管理，导出 PDF 格式文件进行交底。

测量支持点到点、点到多点、点到直线等多种方式，转为红线标注后会自动生成测量视点，不需要的标注使用删除测量线即可。

3. 钢筋三维

(1) 业务背景　针对项目中关键的、重要的钢筋构件节点部分，可以通过【钢筋三维】的方式进行查看。方便对重点部位的钢筋工程施工进行三维可视化交底，保证施工质量。

(2) 软件操作

1) 模型视图。选择需要查看构件的楼层，专业构件类型里只勾选钢筋专业，勾选需要查看钢筋三维的构件，显示出三维效果，如图 11-17 所示。

2) 单击【钢筋三维】按钮，然后鼠标左键选择需要查看钢筋的构件图元，按住 Ctrl + 鼠标左键可以多选图元，如图 11-18 所示。

(3) 任务总结　只能查看钢筋模型，注意左侧模型专业构件类型的选择，同时按住 Ctrl + 鼠标左键可以多选不同类型构件，查看相应复杂节点的钢筋构造。

11.2.2　进场机械路径合理性检查

1. 指定路径漫游

(1) 任务背景　针对大型设备进场时要设定设备进场路线，以便设备能够更合理地进场。项目部小组基于 BIM 技术模拟建筑物内或施工场区行走路线，可对路线进行优化。

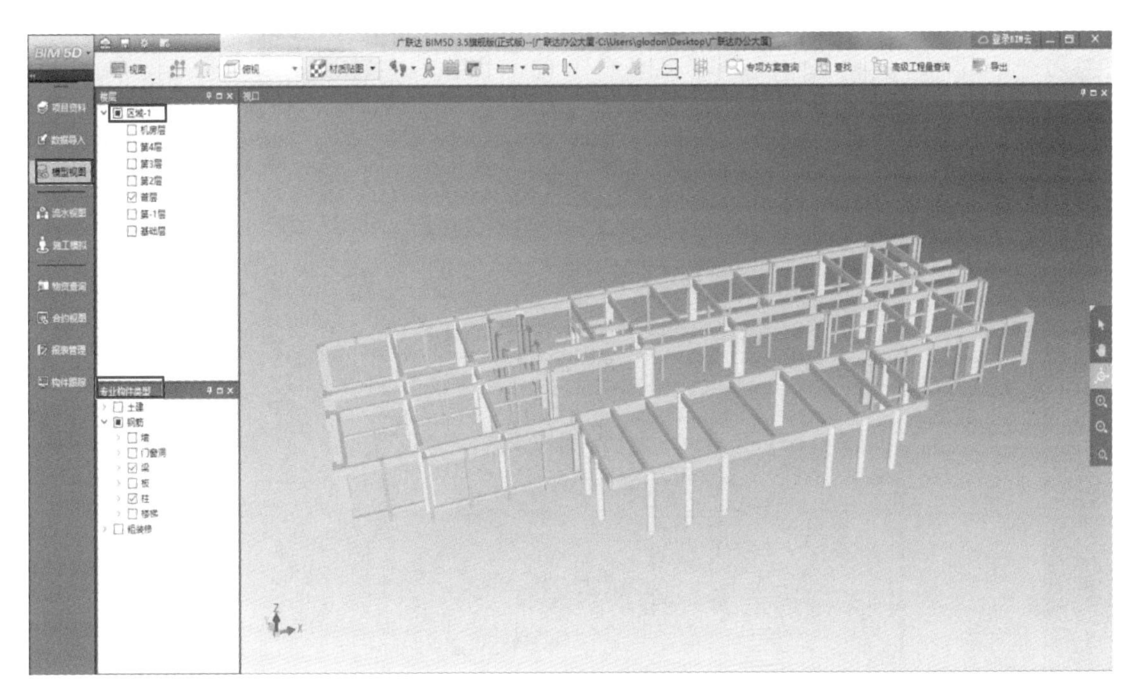

图 11-17　模型视图

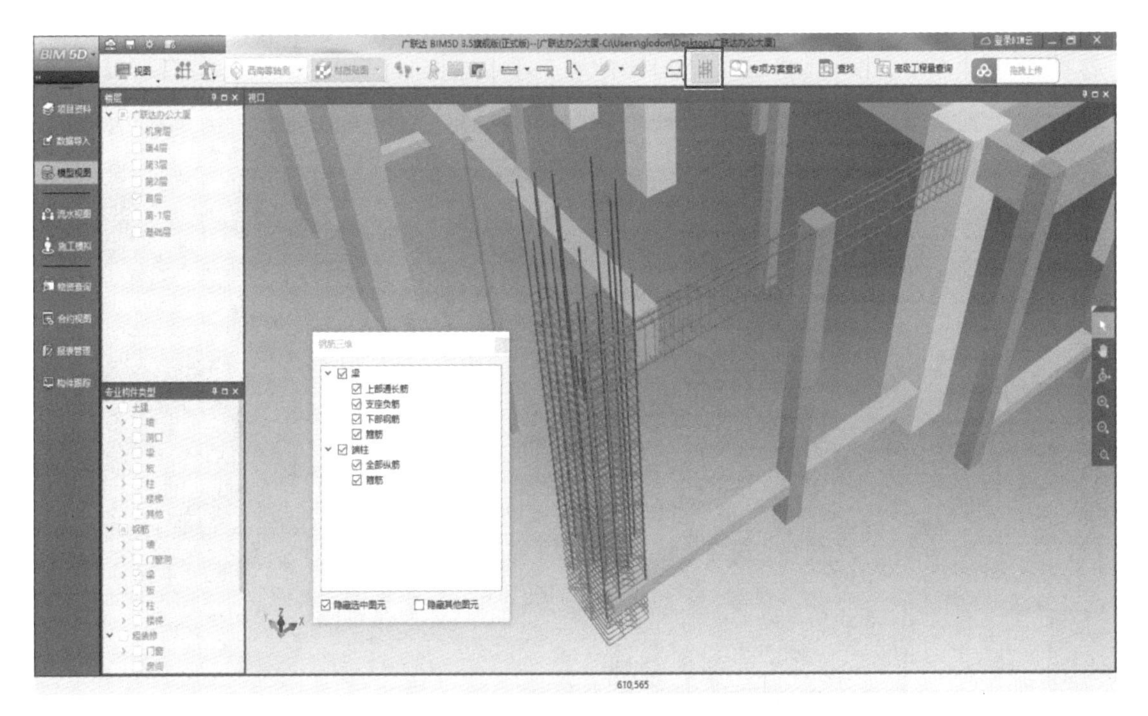

图 11-18　钢筋三维

（2）软件操作

1）模型视图界面，可筛选楼层及专业构件，选择在某一层进行路径漫游，如图 11-19 所示。

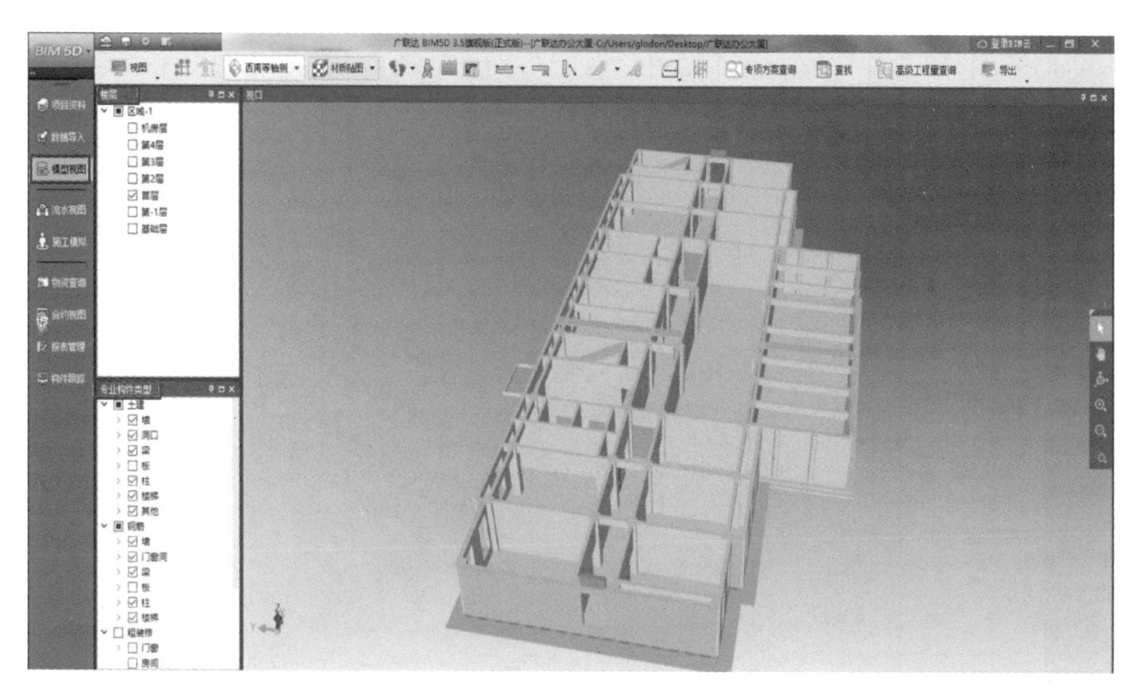

图 11-19　模型视图

2）选择【按路线行走】，画路线，填写行走路径名称、单体、楼层等，如图 11-20 所示。

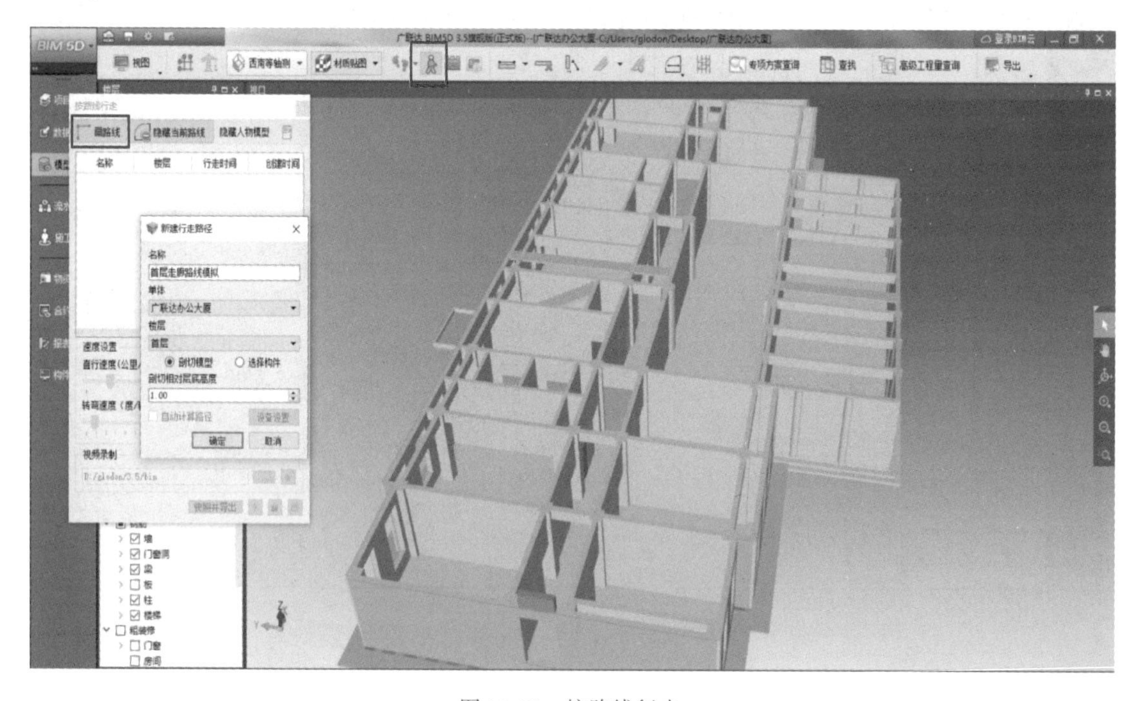

图 11-20　按路线行走

3）界面会自动切换至俯视图，绘制行走路线右键单击完成即可，如图 11-21 所示。

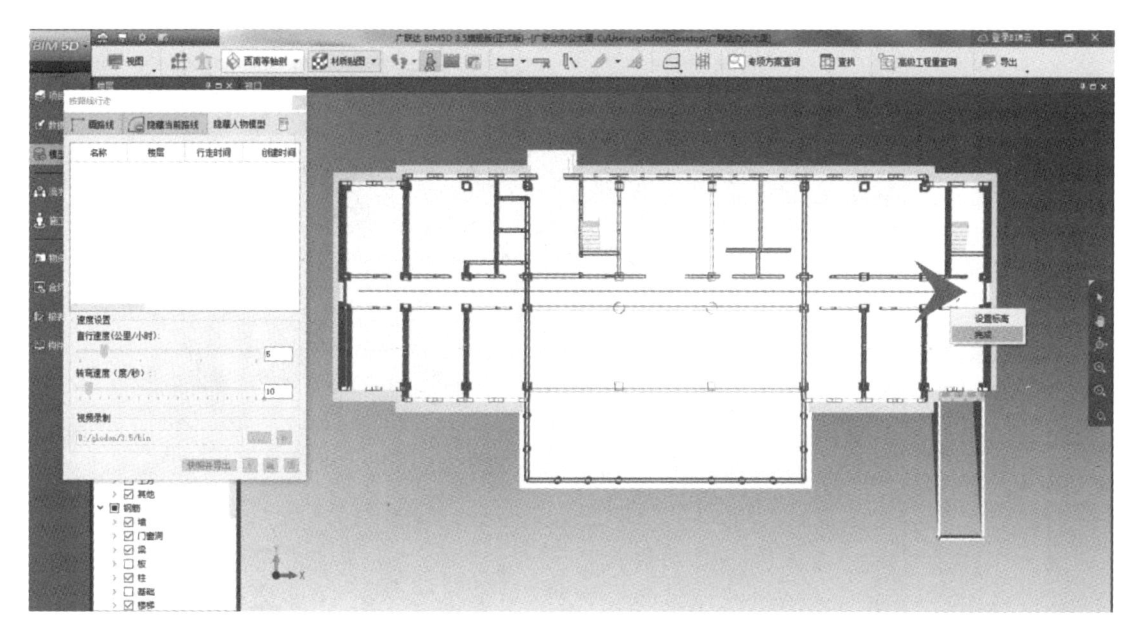

图 11-21　绘制行走路线

4）预览并导出，如图 11-22 所示。

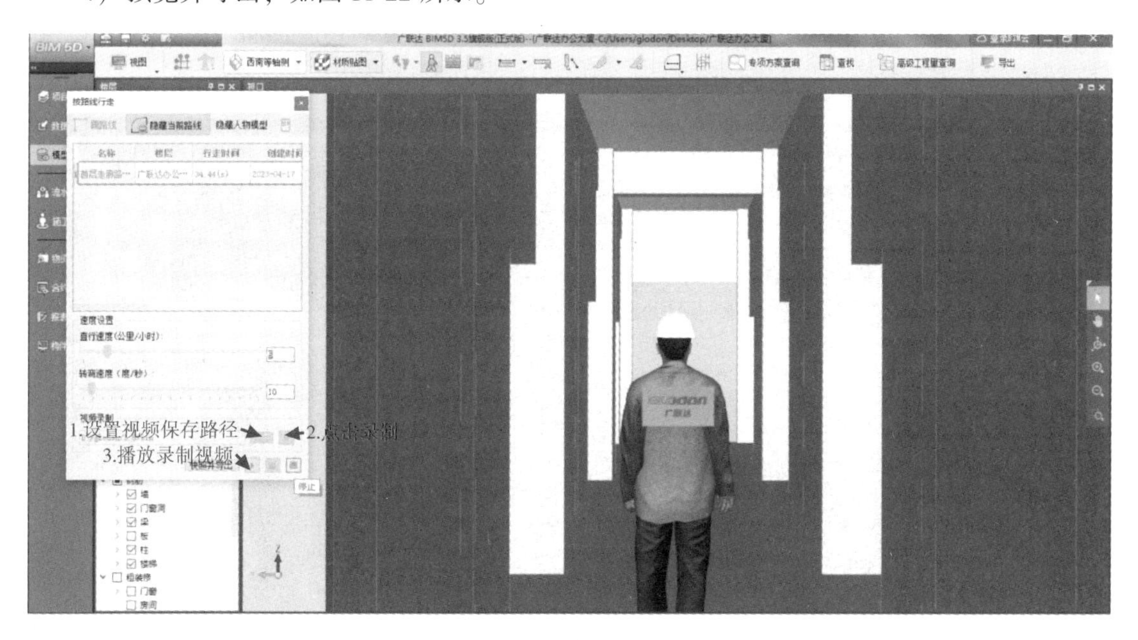

图 11-22　视频导出

（3）任务总结　使用按路线行走时，注意结合楼层及专业构件类型筛选，绘制时更加方便。设置视频录制及保存路径，交付生产经理以供对项目组人员交底时使用。

2. 漫游方式

（1）软件操作

1）单击【漫游】，如图 11-23 所示。

图 11-23　漫游

2）Ctrl + 鼠标左键，使漫游人物显示在模型上。长按鼠标左键拖动旋转视角。单击视频录制，设置视频保存路径，单击开启，W 向前、S 向后、A 向左、D 向右。J、K、N、M 分别为前后左右旋转方向以控制人物行走，如图 11-24 所示。

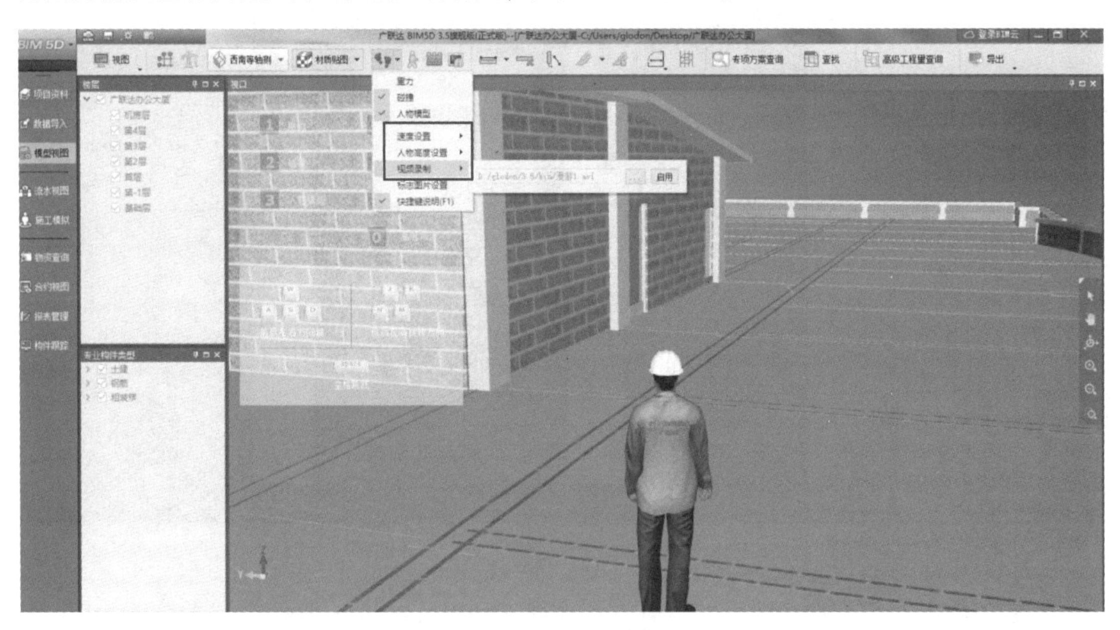

图 11-24　漫游视频导出

（2）任务总结　自由漫游时，Ctrl + 鼠标左键改变人物漫游位置，结合漫游帮助菜单使用。设置视频录制及保存路径，交付生产经理以供对项目组人员交底时使用。

3. 场地路线漫游

（1）任务背景　通过在场区内漫游行走发现施工现场布置需要优化时，可结合 BIM 施工场地布置软件进行优化布置设计。

（2）软件操作

1）单击左侧场地模型显示按钮，选择施工阶段现场布置模型，如图 11-25 所示。

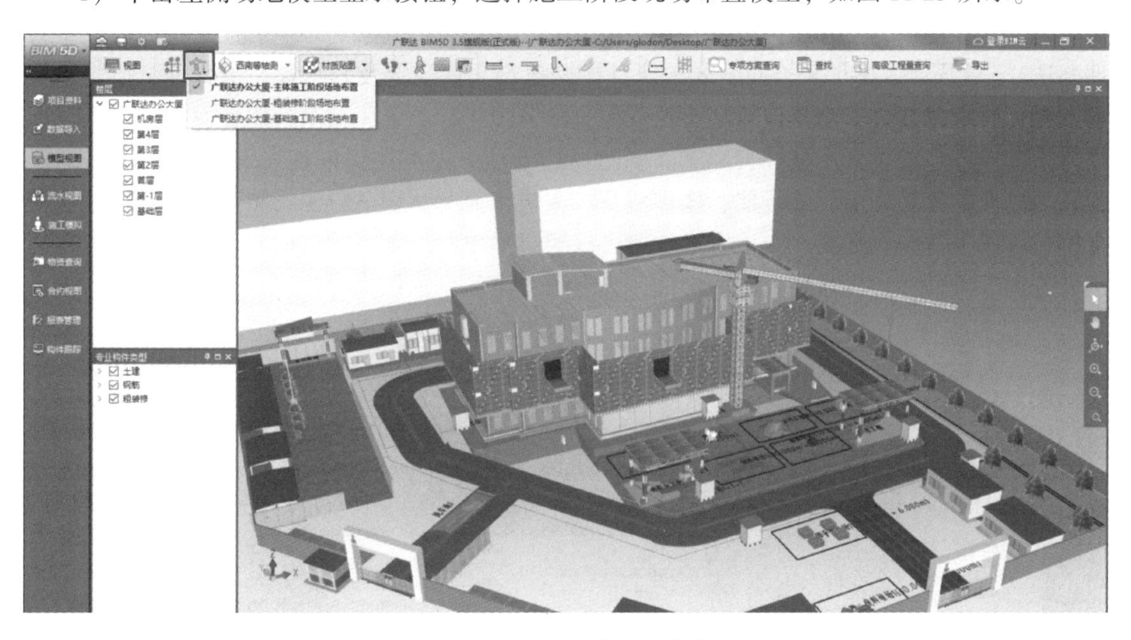

图 11-25　显示场地布置模型

2）使用【漫游方式】或【按路线行走】功能，在场地内进行行走模拟，导出视频，如图 11-26 所示。

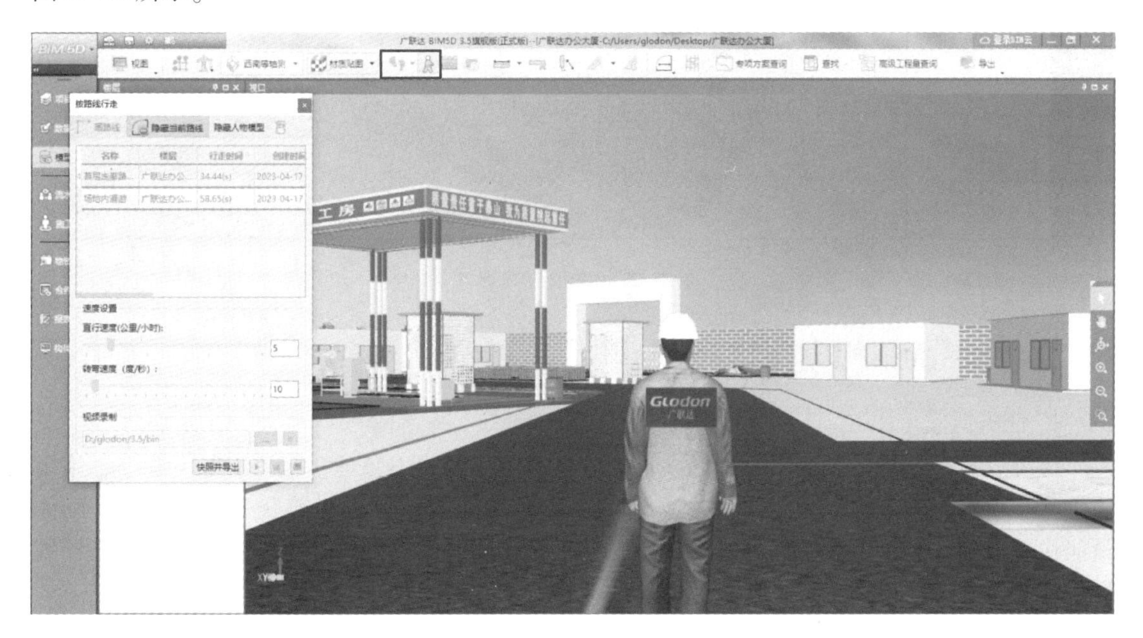

图 11-26　漫游模拟

（3）任务总结 【漫游】及【按路线行走】功能均可实现对建筑物内及施工场区路线的模拟。通过在场区内漫游行走可发现施工现场布置存在的问题并进行优化。

11.2.3 专项方案查询

1. 任务背景

建设工程专项施工方案，根据住房和城乡建设部《危险性较大的分部分项工程安全管理办法》（建质［2009］87号），要求认真贯彻执行文件规定及其精神，从管理、措施、技术、物资及应急救援上充分保障危险性较大分部分项工程的施工安全，避免发生作业人员群死群伤事件或造成重大不良社会影响。同时通过专项方案编制、审查、审批、论证、实施、验收等过程，让管理层、监督层、操作层及广大员工充分认识危险源，防范各种危险，在安全思想意识上进一步提高。专项方案查询可以通过梁单跨跨度、梁截面高度、板净高、超高构件查询等条件过滤出需要查看的构件，为专项方案编制提供参考。

2. 软件操作

以查询超高构件≥3.6m的构件图元信息为例，如图11-27、图11-28所示。

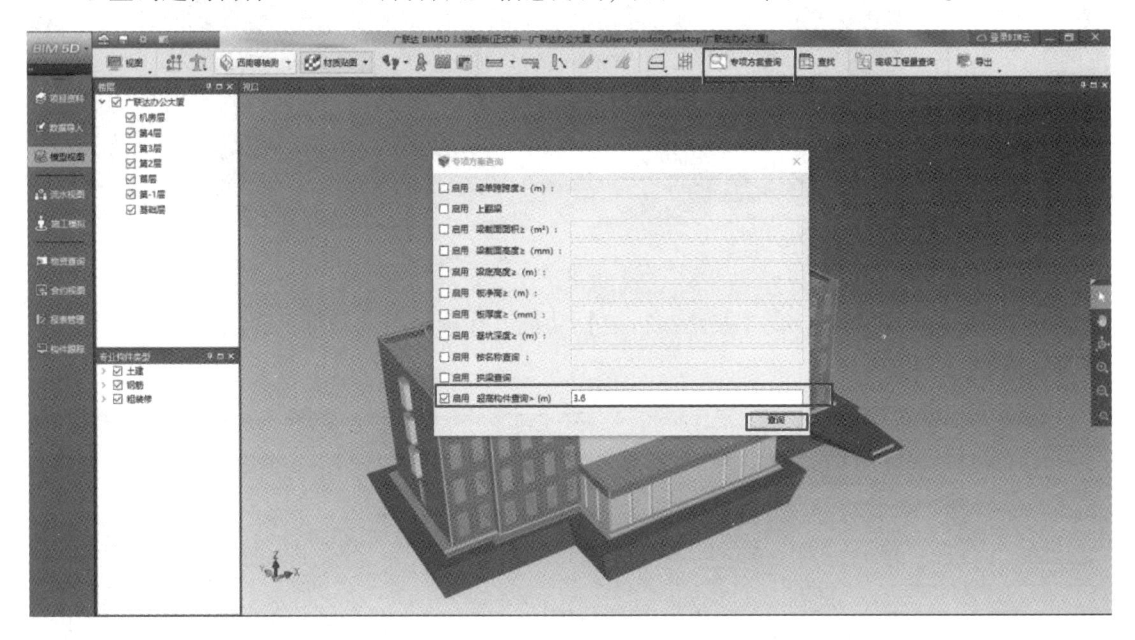

图11-27 专项方案查询

11.2.4 二次结构砌体排砖

1. 任务背景

传统模式存在排砖图编制效率低、物资进料和施工安排不合理、施工依据不统一、施工质量参差不齐、施工损耗大、质量差等缺陷。基于BIM技术可以提前获知砌筑界面，砌体量能快速准确计算，可大幅提高排砖效率；导出排砖图及砌体需用计划表，从而用于指导现场作业人员施工，以及交付采购部门提前准备物资。

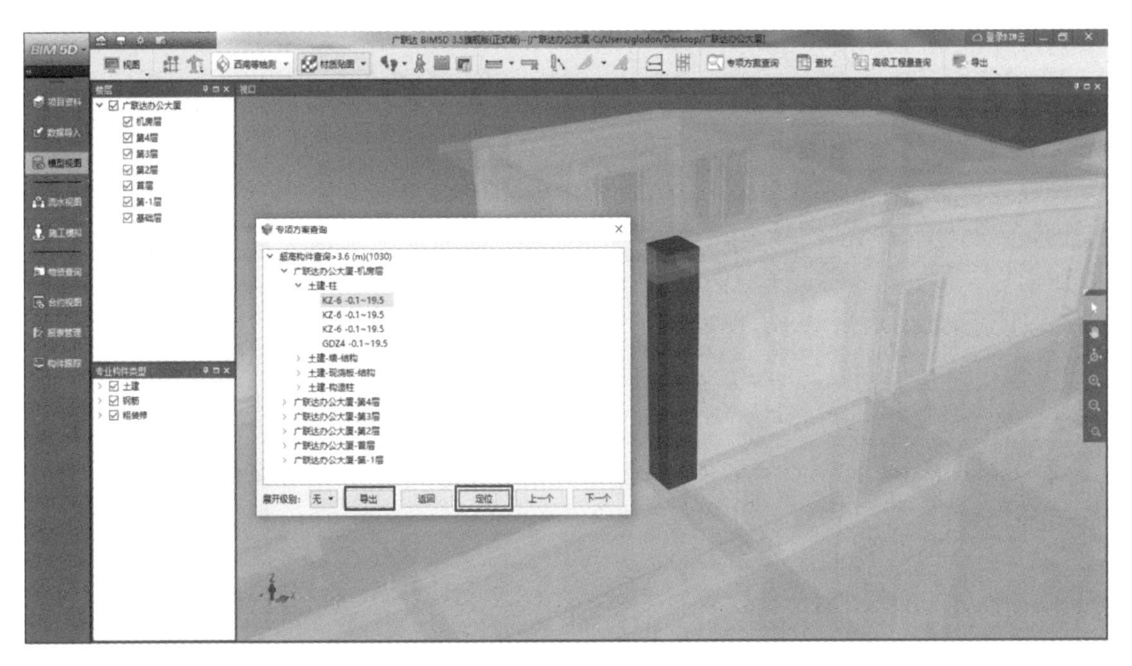

图 11-28　专项方案查询数据导出

2. 软件操作

1）在【模型视图】界面，筛选楼层及构件，单击【砌体排砖】，如图 11-29 所示。

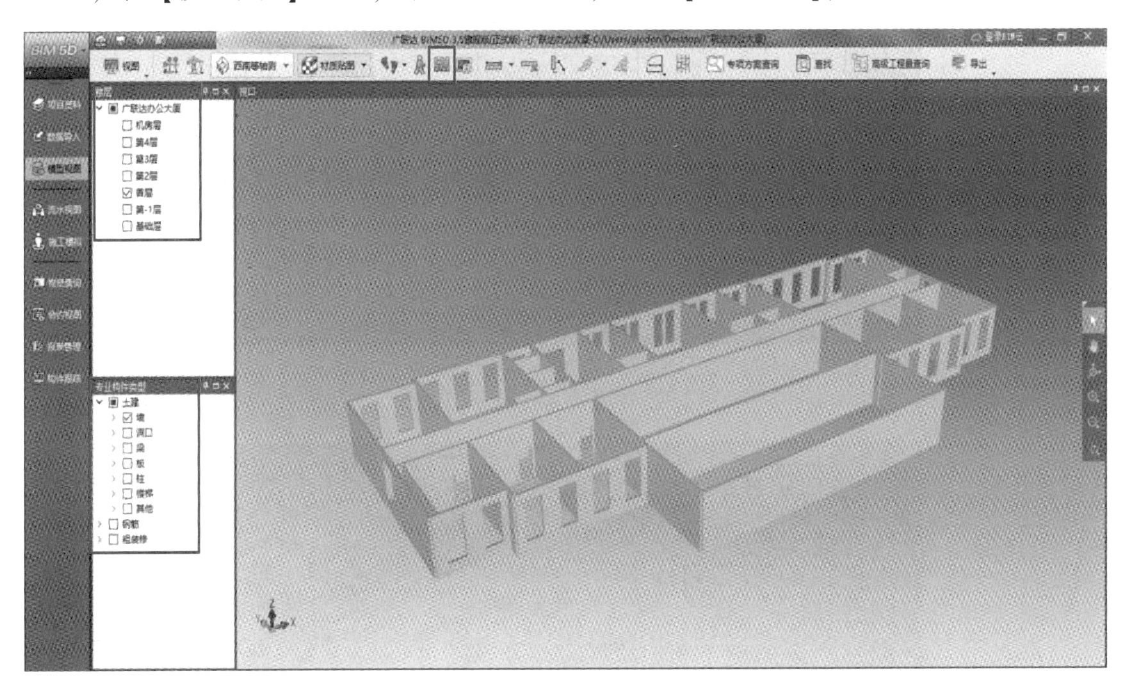

图 11-29　砌体排砖

2）设置基本参数，选中要进行排砖的墙体，单击自动排砖之后可选择导出 CAD 排砖图，如图 11-30 ~ 图 11-34 所示。

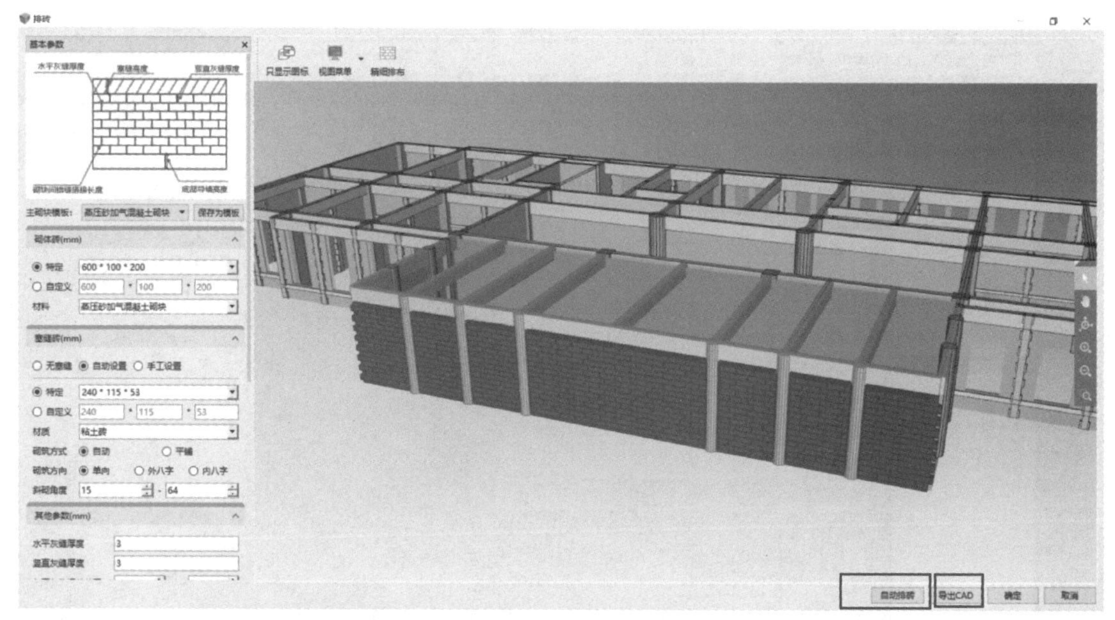

图 11-30 排砖参数设置

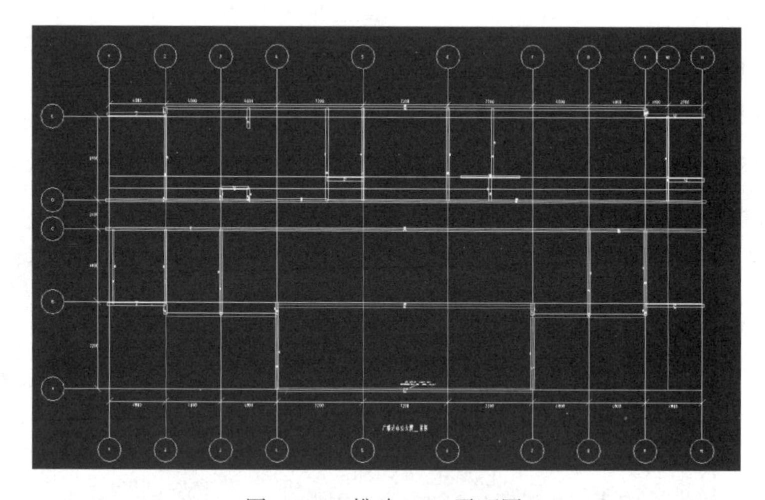

图 11-31 排砖 CAD 平面图

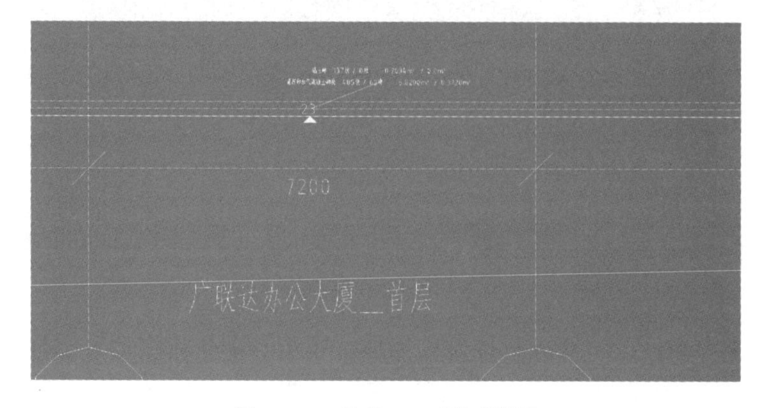

图 11-32 排砖 CAD 平面详图

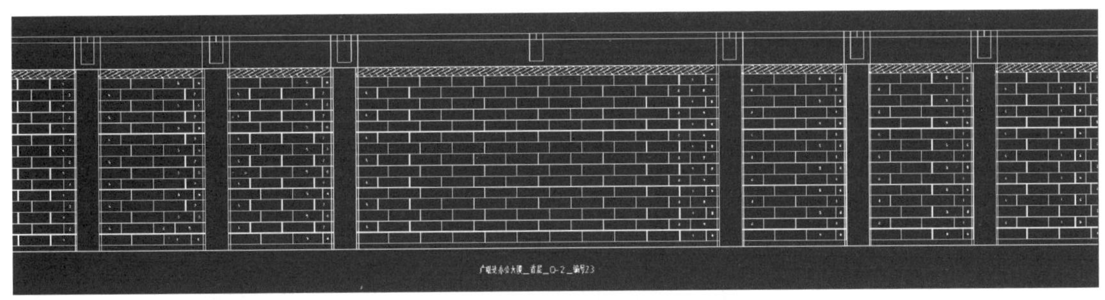

图 11-33 排砖 CAD 立面图

砌体需用表

砌体类型	标识	材质	规格型号(长*宽*高)	数量(块)	体积(m^3)
主体砖		蒸压砂加气混凝土砌块	600*100*200	345	4.1400
主体砖	1	蒸压砂加气混凝土砌块	500*100*200	24	0.2400
主体砖	2	蒸压砂加气混凝土砌块	250*100*200	15	0.0750
主体砖	3	蒸压砂加气混凝土砌块	260*100*200	1	0.0052
主体砖	4	蒸压砂加气混凝土砌块	400*100*200	50	0.4000
主体砖	5	蒸压砂加气混凝土砌块	560*100*200	32	0.3584
主体砖	6	蒸压砂加气混凝土砌块	200*100*200	38	0.1520
主体砖	7	蒸压砂加气混凝土砌块	360*100*200	27	0.1944
主体砖	8	蒸压砂加气混凝土砌块	240*100*200	8	0.0384
主体砖	9	蒸压砂加气混凝土砌块	540*100*200	7	0.0756
塞缝砖		粘土砖	240*115*53	137	0.2004

图 11-34 排砖砌体需用表

3）单击【精细排布】，进行精细布置，可导出砌体需用量 Excel 表格，如图 11-35 ~ 图 11-37 所示。

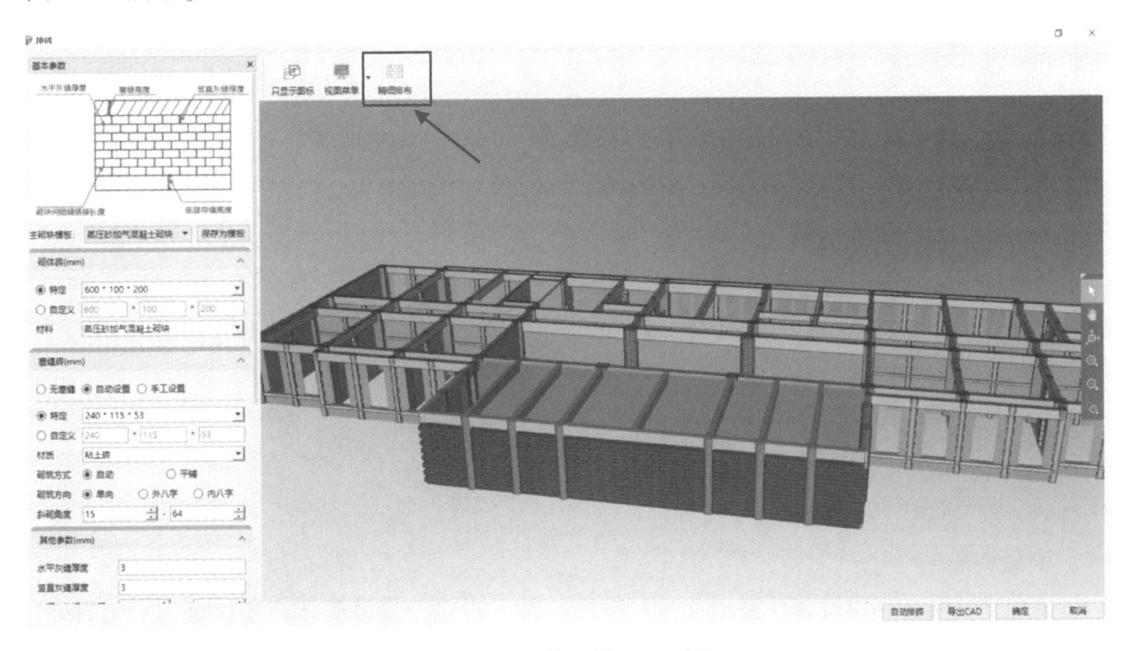

图 11-35 精细排布三维图

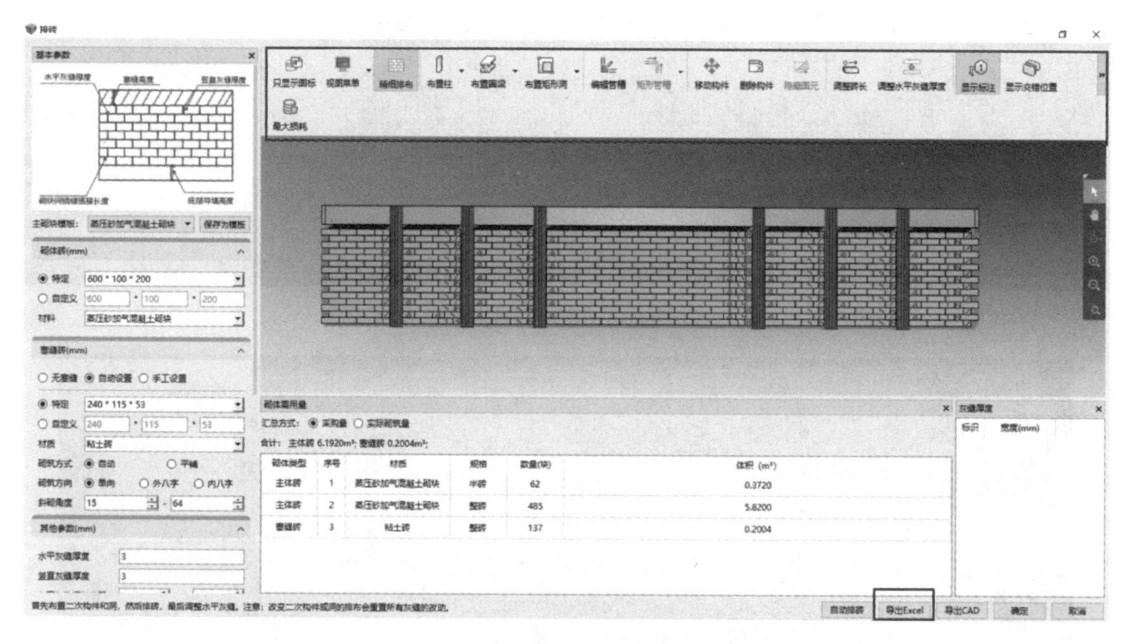

图 11-36　精细排布平面图

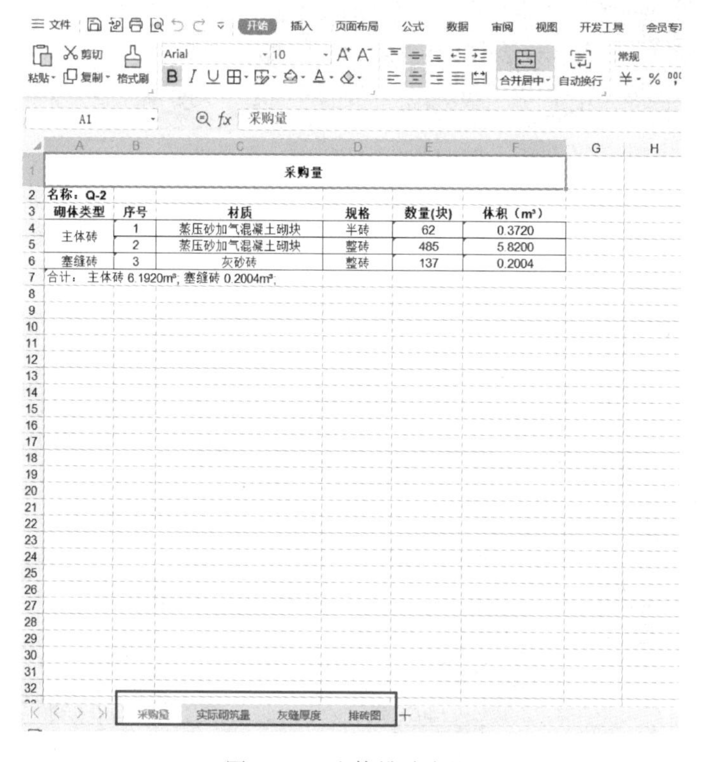

图 11-37　砌体排砖表格

3. 任务总结

自动排砖时，先设置选择楼层及专业构件类型，再单击排砖按钮，建议逐层进行排布，提高效率。项目部小组需根据工程图墙体工程信息及砌体施工规范，设置基本参数，注意理解各项参数意义，制定排布方案。设置完基本参数后，可采用点选、Ctrl + 左键多选或拉框全选等方式进行墙体选择，然后单击自动排砖。可以针对单道墙体查看精细排布内容，在精细排布界面，可随时查看调整基本参数及精细排布各项参数，包括各类二次构件及洞口管槽的布置、调整砖长及灰缝厚度、查看最大损耗等。

11.2.5　练习小案例

完成广联达办公大厦技术交底、进场机械路径合理性检查、专项方案查询、二次结构砌体排砖设置，如图 11-38 ~ 图 11-42 所示。

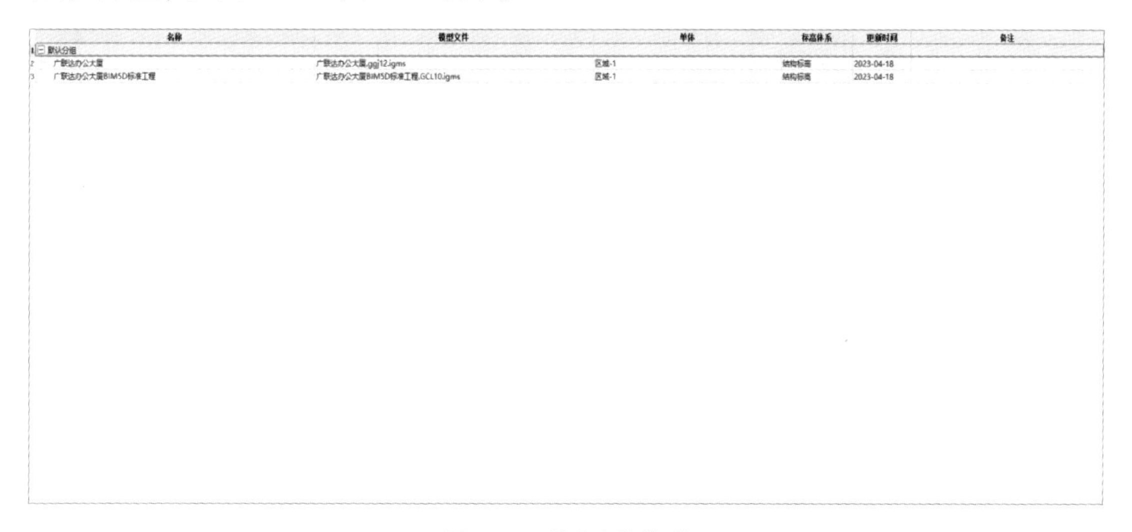

	名称	模型文件	单体	标高体系	更新时间	备注
1	默认分组					
2	广联达办公大厦	广联达办公大厦.ggj12.igms	区域-1	结构标高	2023-04-18	
3	广联达办公大厦BIM5D标准工程	广联达办公大厦BIM5D标准工程.GCL10.igms	区域-1	结构标高	2023-04-18	

图 11-38　导入实体模型

	名称	模型文件	更新时间	备注
1	默认分组			
2	广联达办公大厦-主体施工阶段场地布置	广联达办公大厦-主体施工阶段场地布置.igms	2023-04-20	

图 11-39　导入场地模型

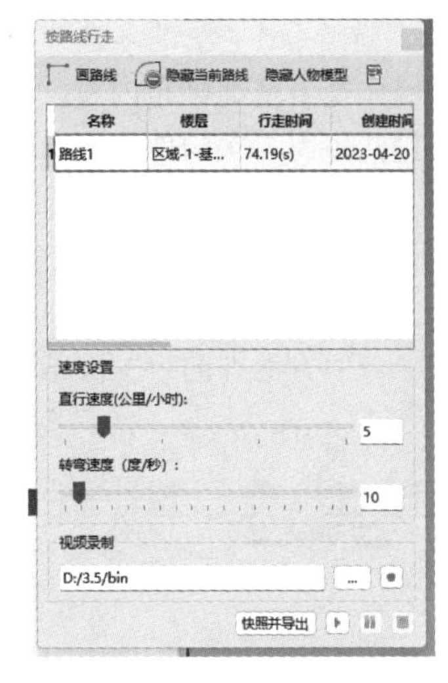

图 11-40　按路线行走　　　　图 11-41　专项方案查询

图 11-42　砌体排砖

11.3　BIM5D 生产应用

11.3.1　流水任务

1. 流水段划分

(1) 任务背景　在组织流水施工时，通常把施工对象划分为劳动量相等或大致相等的若干段，这些段称为施工段。每一个施工段在某一段时间内只供给一个施工过程使用。施工段可以是固定的，也可以是不固定的。在固定施工段的情况下，所有施工过程都采用同样的施工段，施工段的分界对所有施工过程来说都是固定不变的。在不固定施工段的情况下，对不同的施工过程分别规定出一种施工段划分方法，施工段的分界对于不同的施工过程是不同的。固定的施工段便于组织流水施工，采用较广，而不固定的施工段则较少采用。

在划分施工段时，应考虑以下几点：

1）施工段的界限应尽可能与结构界限（如沉降缝、伸缩缝等）相吻合，或设在对建筑结构整体性影响小的部位，以保证建筑结构的整体性。

2）施工段上所消耗的劳动量尽可能相近。

3）划分的段数不宜过多，以免使工期延长。

4）各施工过程均应有足够的工作面。

（2）软件操作

1）在【流水视图】界面，单击【新建同级】，选择单体，如图 11-43 所示。

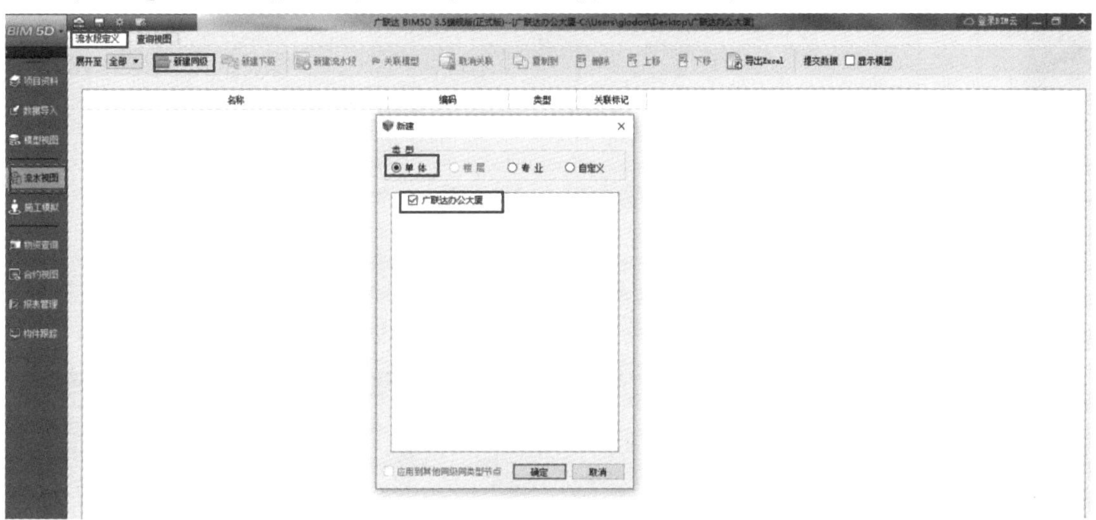

图 11-43　新建单体

2）在【流水视图】界面，单击【新建下级】，选择土建及钢筋专业，如图 11-44 所示。

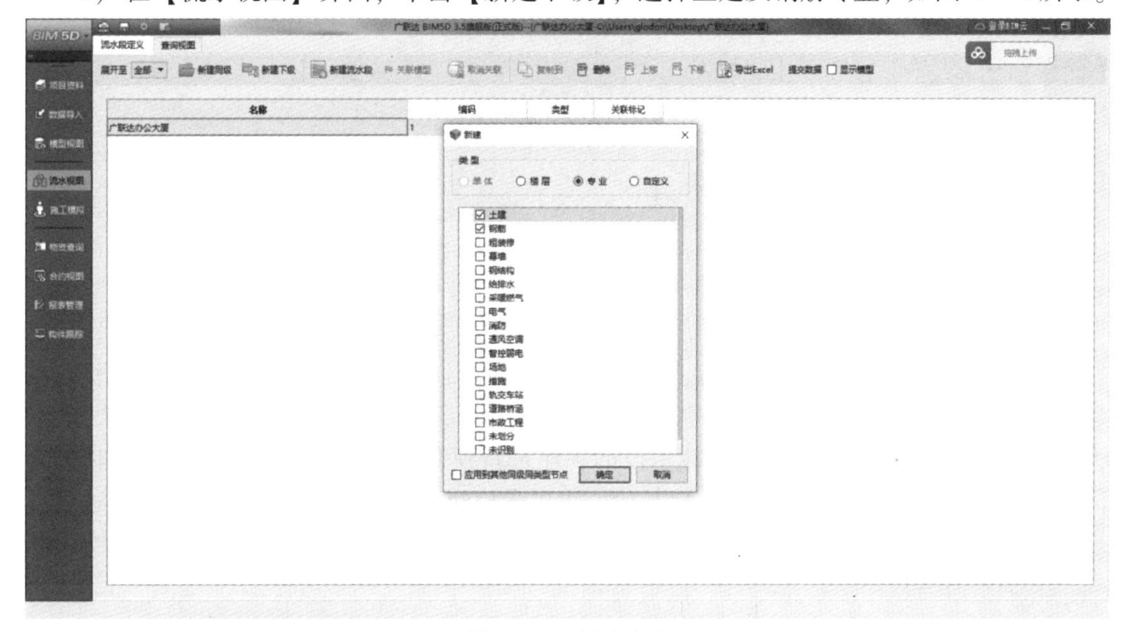

图 11-44　新建专业

3）在【流水视图】界面，单击【新建下级】，选择楼层。可勾选应用到其他同级同类型节点，如图 11-45、图 11-46 所示。

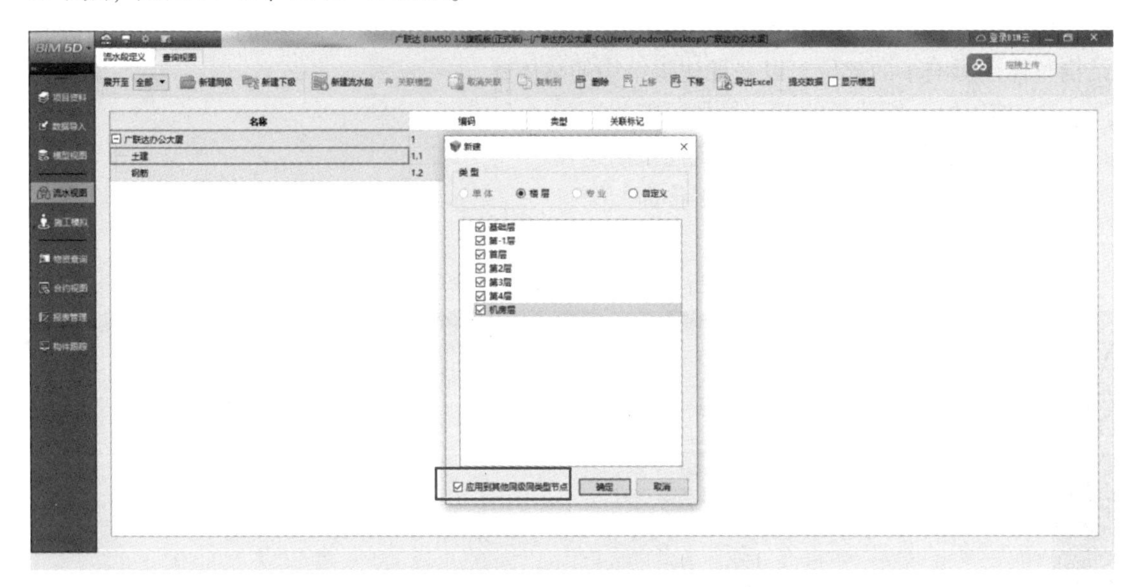

图 11-45　新建楼层

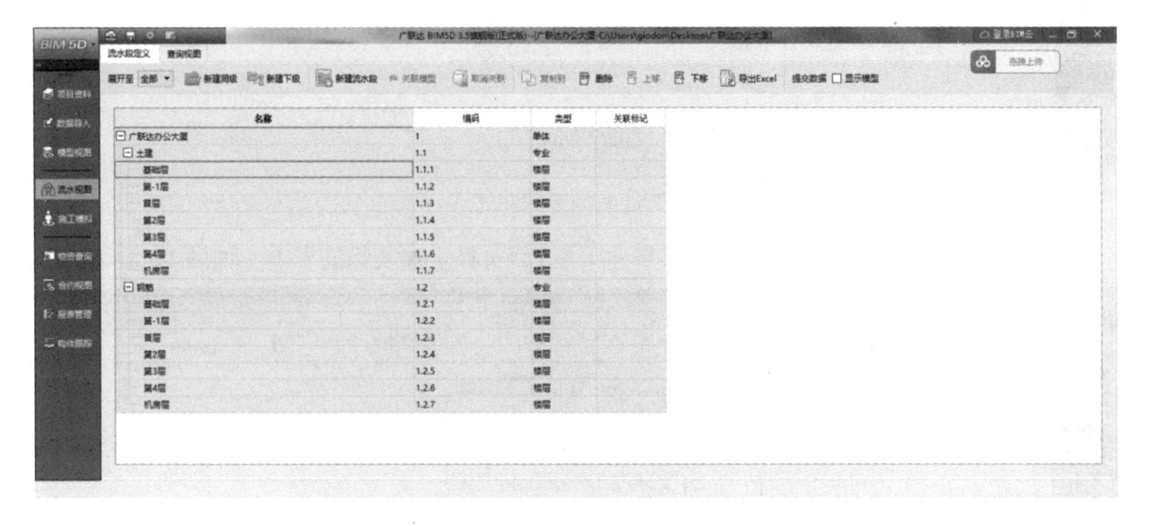

图 11-46　流水段层级定义

（3）任务总结　划分流水段时，注意先进行流水段定义，单击新建同级或下级，在类型中选择【单体】、【楼层】、【专业】和【自定义】中任意一个，在单体列表、楼层列表、专业列表中勾选，或在自定义列表中新建。

一般按照单体、专业、楼层、流水段的顺序进行建立。当流水段的父级节点同时包含【单体】和【专业】，且不包含【楼层】时，可以采用新建【自定义】选择图元的方法进行模型关联，此方法一般用于跨层图元的关联。

2. 流水段关联

（1）任务背景　基于广联达办公大厦案例，生产经理负责完成流水段划分，通过对本工程的综合考虑，将本工程分为以下流水段：基础层、－1 层、机房层作为整体进行施工；1～4 层流水段划分以⑤/⑥轴中心线为分界线，左侧为 1 区，右侧为 2 区。

（2）软件操作

1）鼠标放在基础层上，单击【新建流水段】。双击新建好的流水段，可修改流水段名称，如图 11-47 所示。

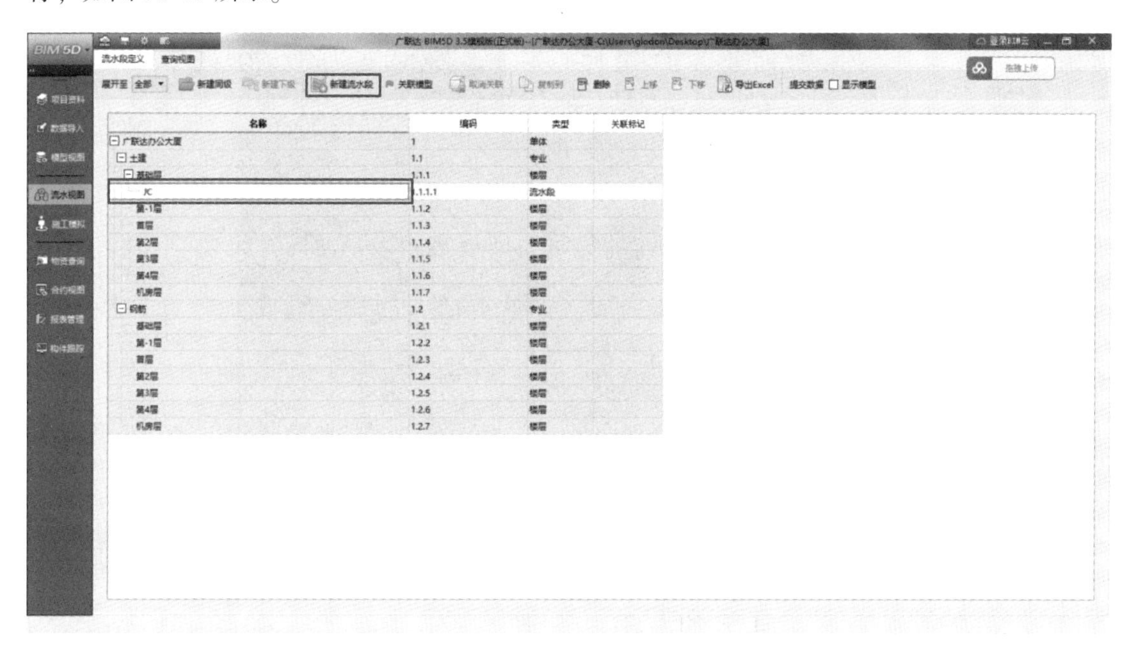

图 11-47　新建流水段

2）选择新建好的流水段，单击关联模型，如图 11-48 所示。

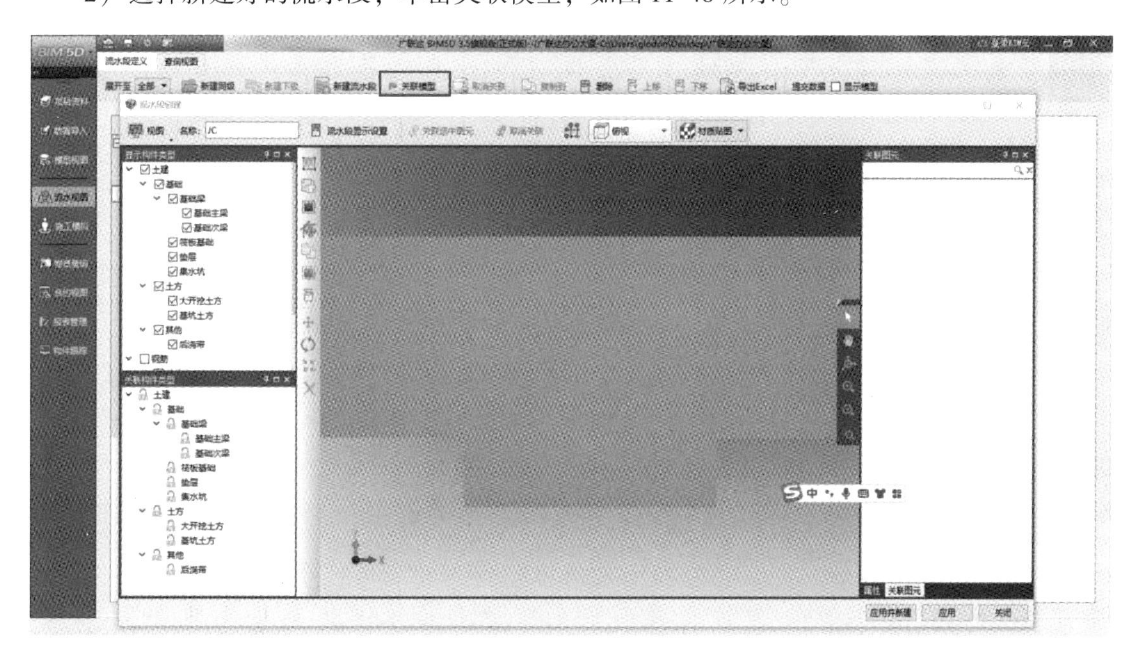

图 11-48　关联流水段

3）显示全部土建构件，在左侧关联构件类型中选择土建前面的锁定按钮，然后单击【画流水段线框】，绘制完成之后单击应用再单击确定。最后单击右下角关闭界面即可。关联成功之后绿色小旗为关联标志，－1 层及机房层同基础层，如图 11-49、图 11-50 所示。

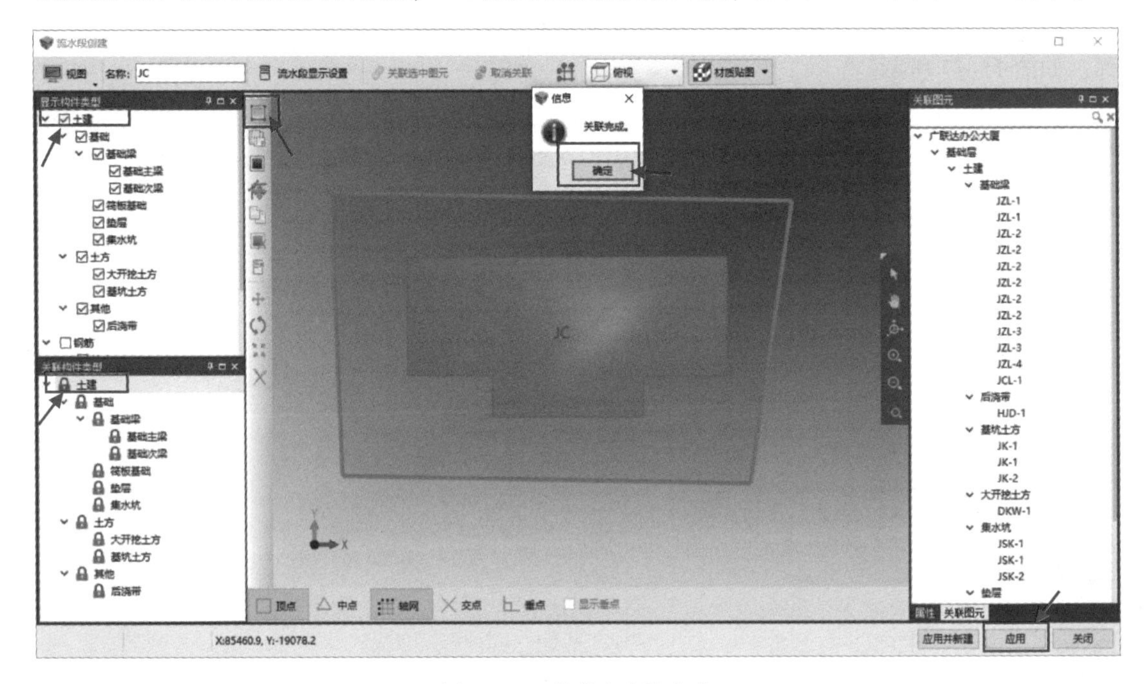

图 11-49　关联流水段完成

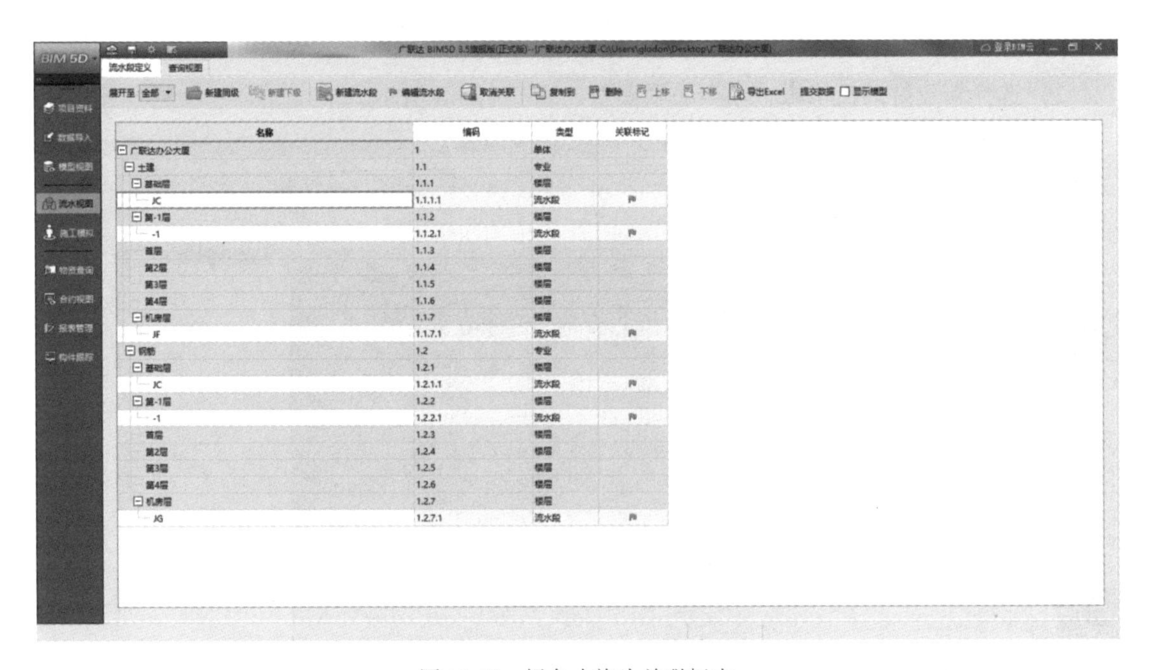

图 11-50　绿色小旗为关联标志

4）1～4 层划分为两个流水段，以首层为例。以⑤/⑥轴中点为分界线，左侧为 1 区，右侧为 2 区。单击【轴网】将轴网显示出来，勾选透视模式。显示全部土建构件，在左侧关联构件类型中选择土建前面的锁定按钮，如图 11-51、图 11-52 所示。

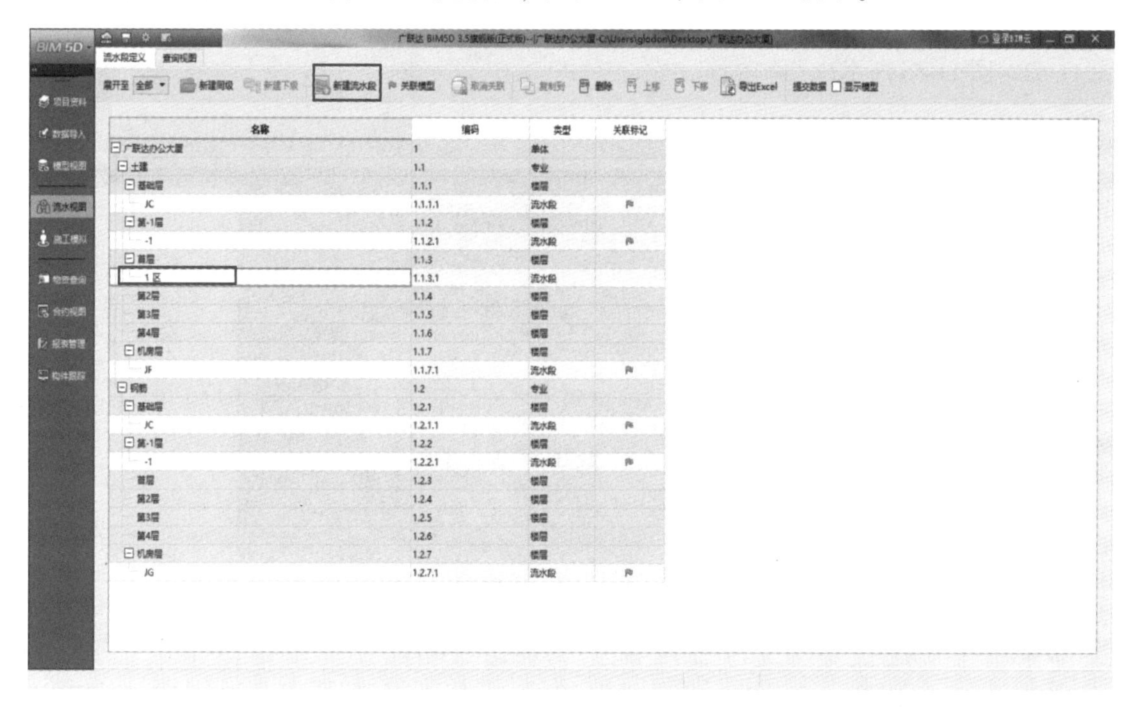

图 11-51　新建流水段

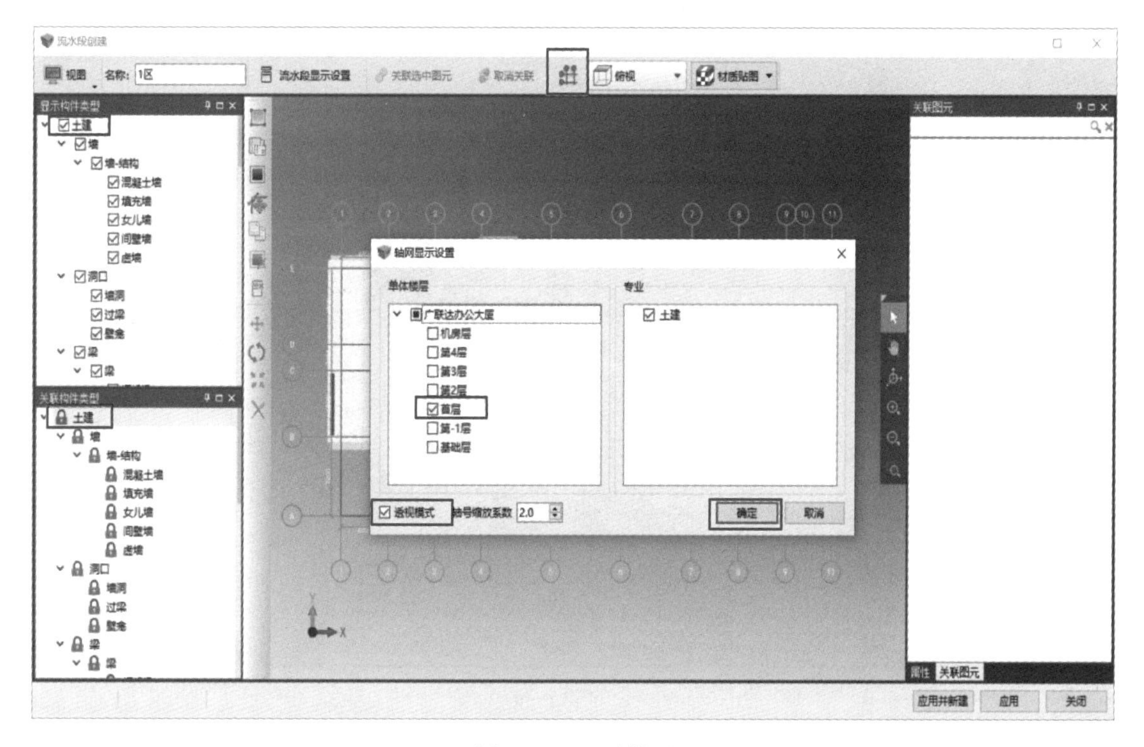

图 11-52　显示轴网

5）画流水段线框时，将下侧顶点、中点、轴网、交点全部打开。鼠标捕捉至⑤/⑥轴中心线时，按住 Shift + 鼠标左键，输入垂直偏移值，偏移值自定义，向上正值，向下负值，将构件全部包含在框内即可。1 区绘制完成之后单击应用并新建可继续绘制 2 区，如图 11-53 ~ 图 11-55 所示。

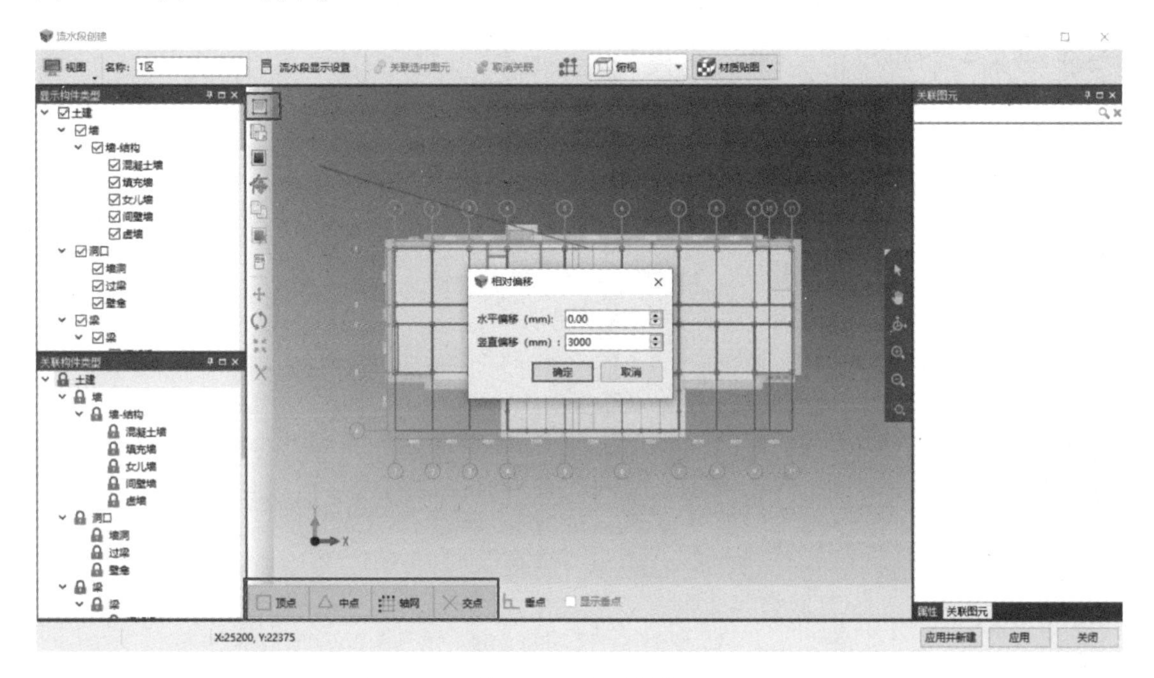

图 11-53 相对偏移

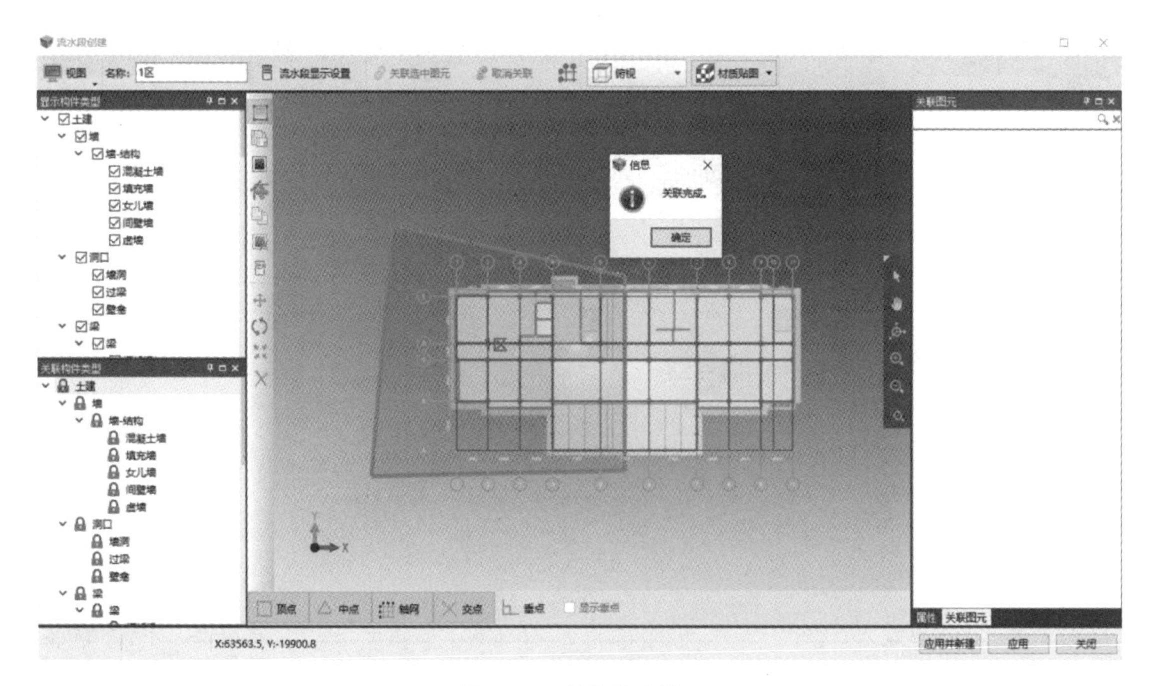

图 11-54 关联流水段 1

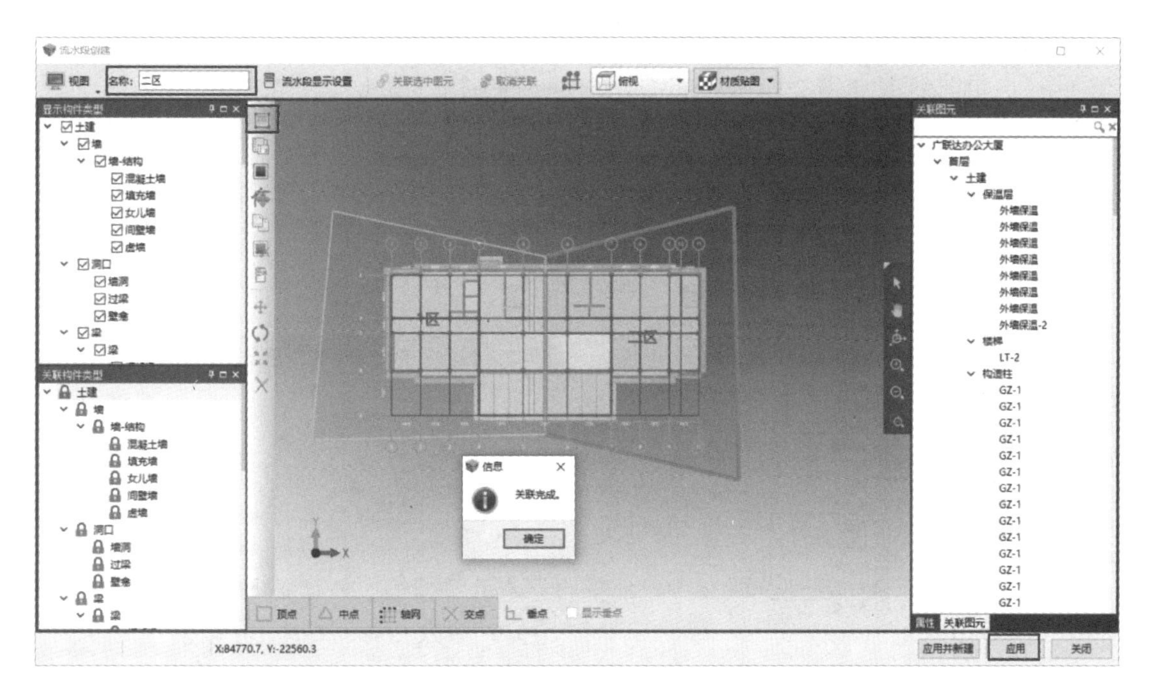

图 11-55　关联流水段 2

6）可勾选【显示模型】，左侧鼠标单击已关联的流水段名称，右侧可显示对应模型，如图 11-56 所示。

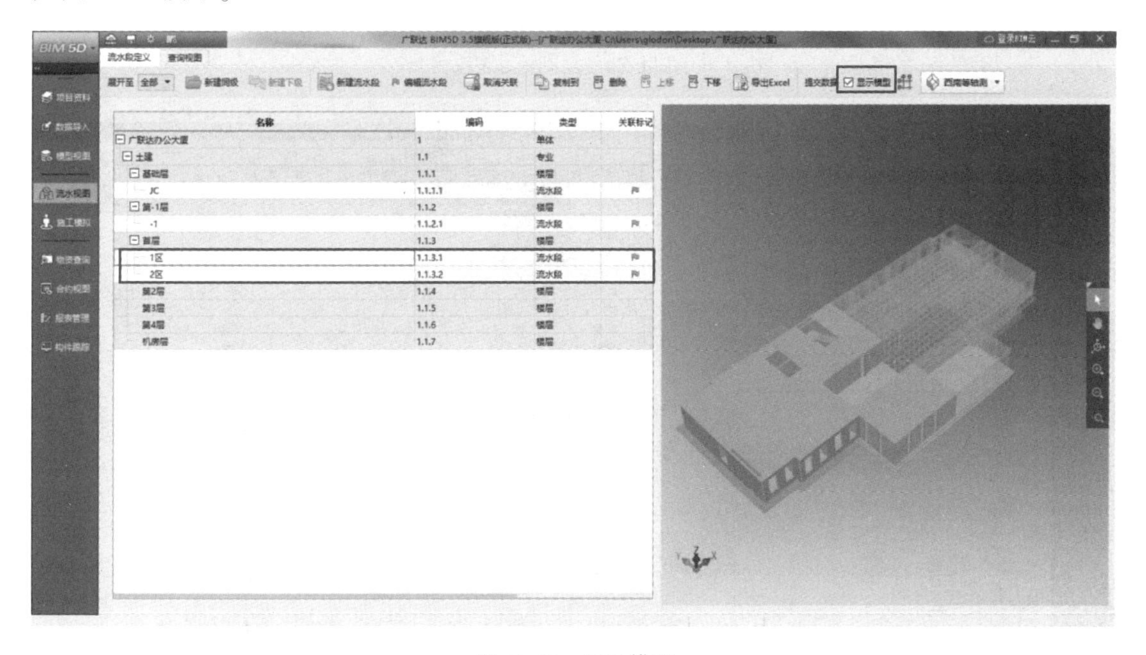

图 11-56　显示模型

7）2～4 层同理，针对流水段划分范围一样的楼层，可选择【复制关联】。框选土建首层已经关联成功的两个流水段，选择复制到功能，选择要复制的 2～4 层楼，最后单击复制。使用【复制到】功能时，只要划分的流水段位置相同，可跨专业复制，如土建专业可复制到钢筋专业，如图 11-57 ~ 图 11-59 所示。

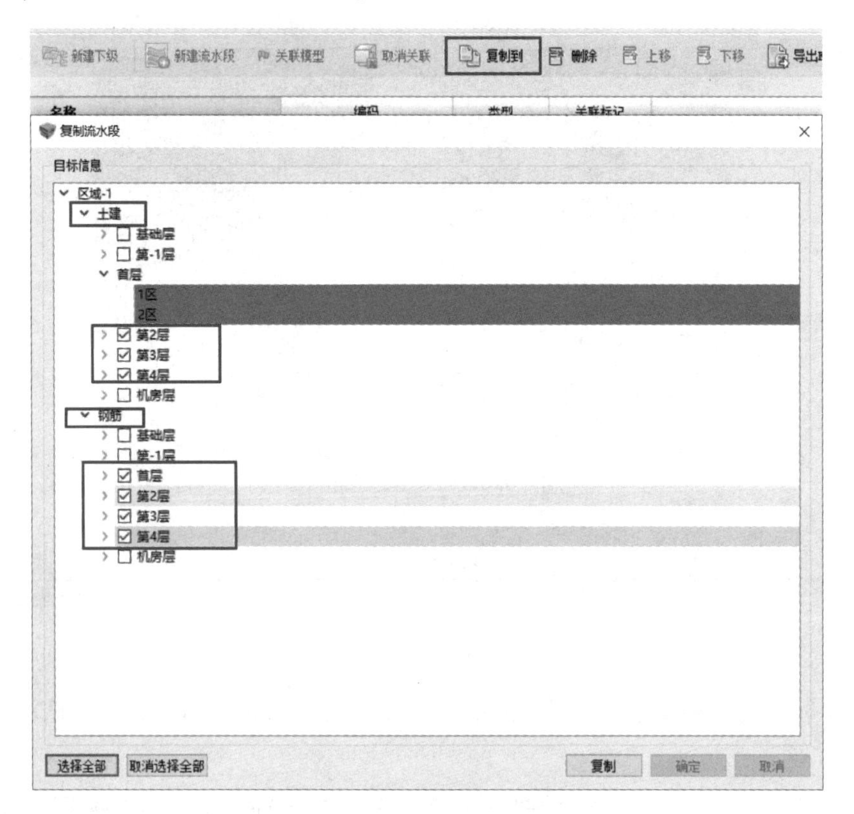

图 11-57　复制流水段

名称	编码	类型	关联标记
区域-1	1	单体	
土建	1.1	专业	
基础层	1.1.1	楼层	
JC	1.1.1.1	流水段	
第-1层	1.1.2	楼层	
-1	1.1.2.1	流水段	
首层	1.1.3	楼层	
1区	1.1.3.1	流水段	
2区	1.1.3.2	流水段	
第2层	1.1.4	楼层	
1区	1.1.4.1	流水段	
2区	1.1.4.2	流水段	
第3层	1.1.5	楼层	
1区	1.1.5.1	流水段	
2区	1.1.5.2	流水段	
第4层	1.1.6	楼层	
1区	1.1.6.1	流水段	
2区	1.1.6.2	流水段	
机房层	1.1.7	楼层	
JFC	1.1.7.1	流水段	
钢筋	1.2	专业	
基础层	1.2.1	楼层	
JC	1.2.1.1	流水段	
第-1层	1.2.2	楼层	
-1	1.2.2.1	流水段	
首层	1.2.3	楼层	
1区	1.2.3.1	流水段	
2区	1.2.3.2	流水段	

图 11-58　流水视图效果展示 1

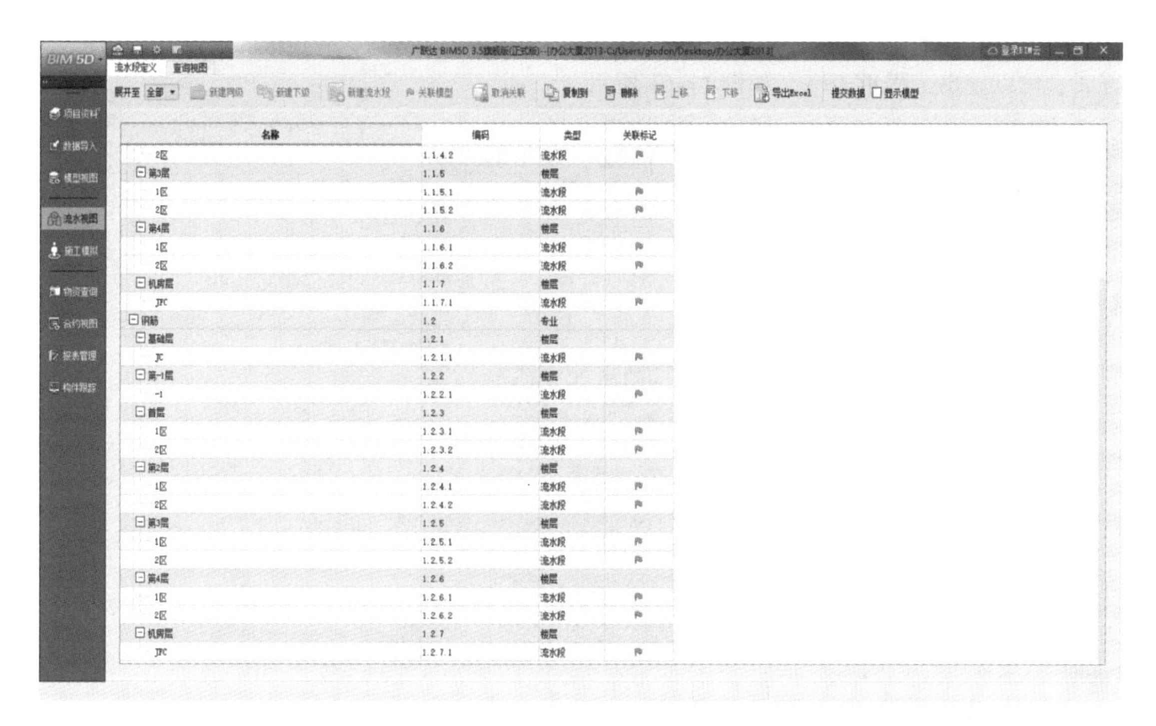

图 11-59 流水视图效果展示 2

8）完成流水段划分后，可以导出 Excel 表格对施工人员进行任务分配交底。同时单击【显示模型】可以进行形象进度交底，直观显示流水段对应施工内容，如图 11-60 所示。

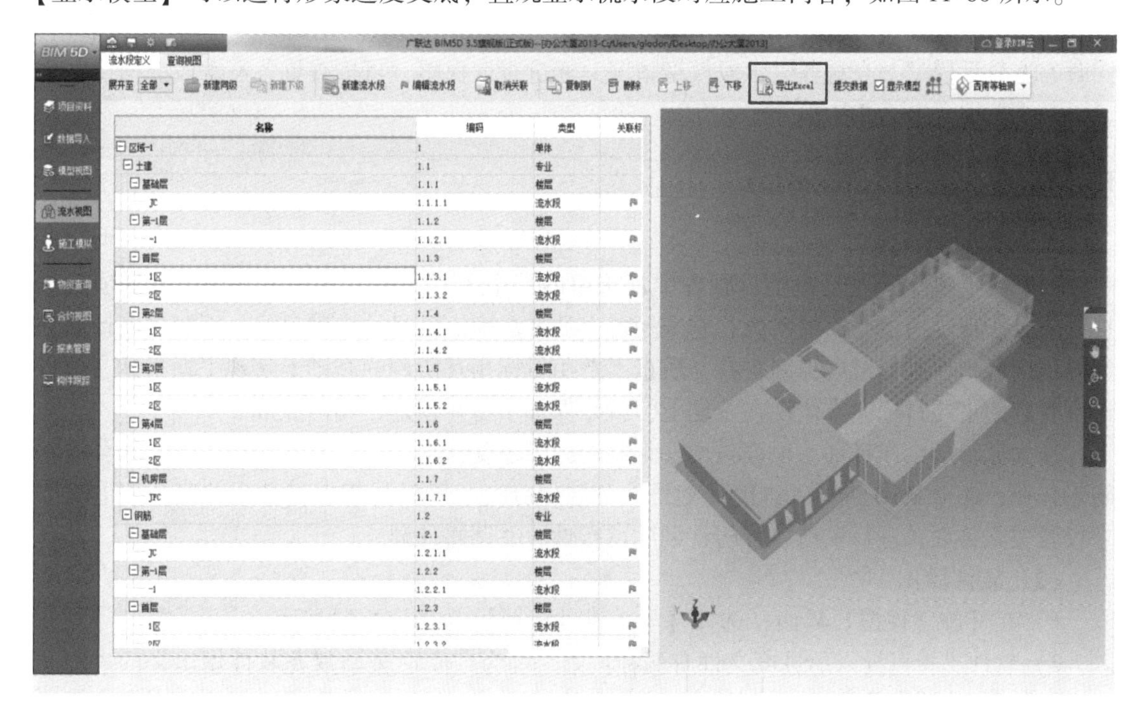

图 11-60 导出表格

9）换到【查询视图】，可以根据不同楼层不同流水段进行构件工程量查询，设置汇总方式，可以导出工程量表格，如图 11-61 所示。

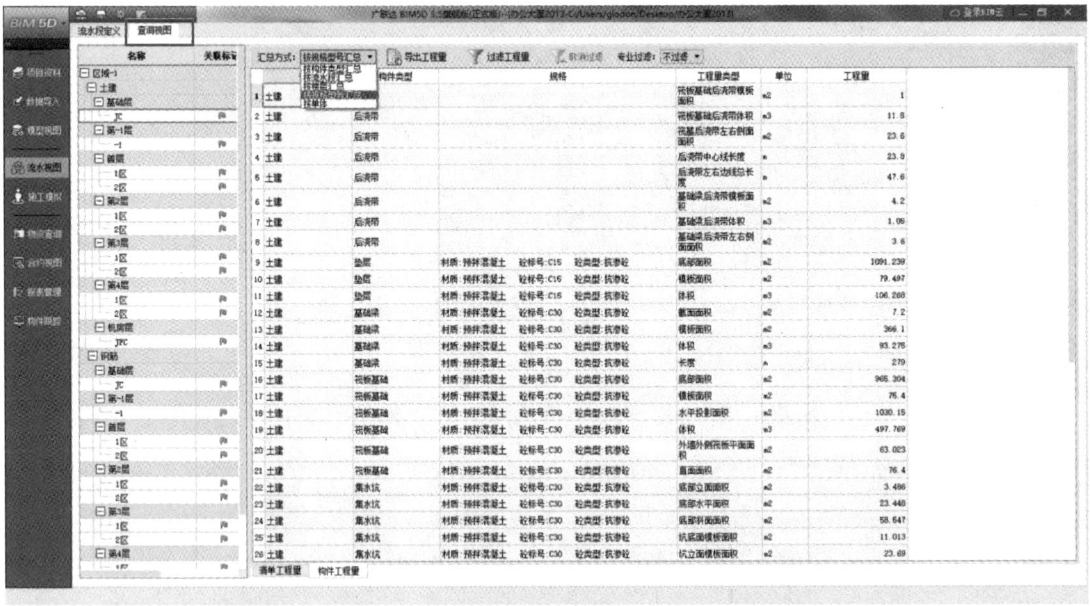

汇总方式：按规格型号汇总　导出工程量　过滤工程量　取消过滤　专业过滤：不过滤

		构件类型	规格	工程量类型	单位	工程量
1	土建			筏板基础后浇带模板面积	m2	1
2	土建	后浇带		筏板基础后浇带体积	m3	11.8
3	土建	后浇带		筏基后浇带左右侧面面积	m2	23.6
4	土建	后浇带		后浇带中心线长度	m	23.8
5	土建	后浇带		后浇带左右边线总长度	m	47.6
6	土建	后浇带		基础梁后浇带模板面积	m2	4.2
7	土建	后浇带		基础梁后浇带体积	m3	1.06
8	土建	后浇带		基础梁后浇带左右侧面面积	m2	3.6
9	土建	垫层	材质:预拌混凝土　砼标号:C15　砼类型:抗渗砼	底部面积	m2	1091.239
10	土建	垫层	材质:预拌混凝土　砼标号:C15　砼类型:抗渗砼	模板面积	m2	79.497
11	土建	垫层	材质:预拌混凝土　砼标号:C15　砼类型:抗渗砼	体积	m3	106.268
12	土建	基础梁	材质:预拌混凝土　砼标号:C30　砼类型:抗渗砼	截面面积	m2	7.2
13	土建	基础梁	材质:预拌混凝土　砼标号:C30　砼类型:抗渗砼	模板面积	m2	366.1
14	土建	基础梁	材质:预拌混凝土　砼标号:C30　砼类型:抗渗砼	体积	m3	93.275
15	土建	基础梁	材质:预拌混凝土　砼标号:C30　砼类型:抗渗砼	长度	m	279
16	土建	筏板基础	材质:预拌混凝土　砼标号:C30　砼类型:抗渗砼	底部面积	m2	965.304
17	土建	筏板基础	材质:预拌混凝土　砼标号:C30　砼类型:抗渗砼	模板面积	m2	76.4
18	土建	筏板基础	材质:预拌混凝土　砼标号:C30　砼类型:抗渗砼	水平投影面积	m2	1030.15
19	土建	筏板基础	材质:预拌混凝土　砼标号:C30　砼类型:抗渗砼	体积	m3	497.769
20	土建	筏板基础	材质:预拌混凝土　砼标号:C30　砼类型:抗渗砼	外墙外侧筏板平面面积	m2	63.023
21	土建	筏板基础	材质:预拌混凝土　砼标号:C30　砼类型:抗渗砼	直面面积	m2	76.4
22	土建	集水坑	材质:预拌混凝土　砼标号:C30　砼类型:抗渗砼	底部立面面积	m2	3.486
23	土建	集水坑	材质:预拌混凝土　砼标号:C30　砼类型:抗渗砼	底部水平面积	m2	23.448
24	土建	集水坑	材质:预拌混凝土　砼标号:C30　砼类型:抗渗砼	底部斜面面积	m2	58.647
25	土建	集水坑	材质:预拌混凝土　砼标号:C30　砼类型:抗渗砼	坑底面模板面积	m2	11.013
26	土建	集水坑	材质:预拌混凝土　砼标号:C30　砼类型:抗渗砼	坑立面模板面积	m2	23.69

清单工程量　构件工程量

图 11-61　查询视图

（3）任务总结　流水段关联时，注意先进行画线框，然后关联构件类型，最后单击应用并新建。可利用【复制到】功能快速将已有流水段进行复制，可复制到其他专业及其他楼层，流水段可按照 Ctrl + 左键进行多选一并复制。可以在流水段定义界面导出 Excel 表格，同时勾选显示模型，查看各流水段模型情况。通过查询视图，可以查询各流水段的构件工程量，导出数据到 Excel 表格。

11.3.2　进度管理

1. 导入进度文件

（1）任务背景　进度是项目管理中最重要的一个因素。进度管理就是为了保证项目按期完成、实现预期目标而提出的，它采用科学的方法确定项目的进度目标，编制进度计划和资源供应计划，进行进度控制，在与质量、费用目标相互协调的基础上实现工期目标。项目进度管理的最终目标通常体现在工期上，就是保证项目在预定工期内完成。

作为项目部生产经理，根据技术部编制的施工进度计划，为了方便协同工作，结合流水施工作业，在 BIM5D 中导入进度计划，按分区划分流水段后与相应任务项关联，按上面要求设置关联关系，进行模拟，分析计划的可行性，并调整计划。

（2）软件操作

1）在【施工模拟】界面，选择【导入进度计划】，如图 11-62 所示。

2）软件支持可导入的进度文件有两种：第一种为广联达斑马梦龙软件做出来的进度文件，为 . zpet 格式；第二种为 Project 做出来的进度文件，为 . mpp 格式。不论导入哪一种格式，计算机上都需要安装并激活对应软件，否则无法导入成功。选择要导入的进度计划文件之后，单击确定即可，如图 11-63、图 11-64 所示。

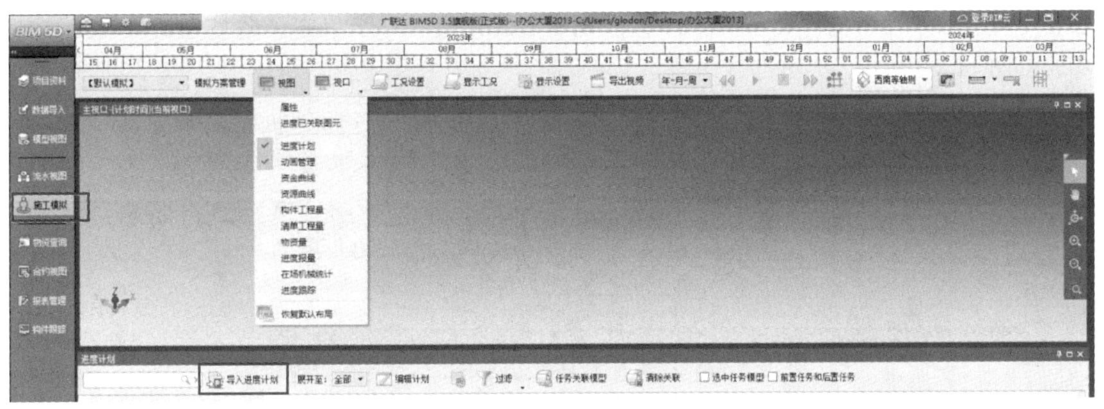

图 11-62　施工模拟

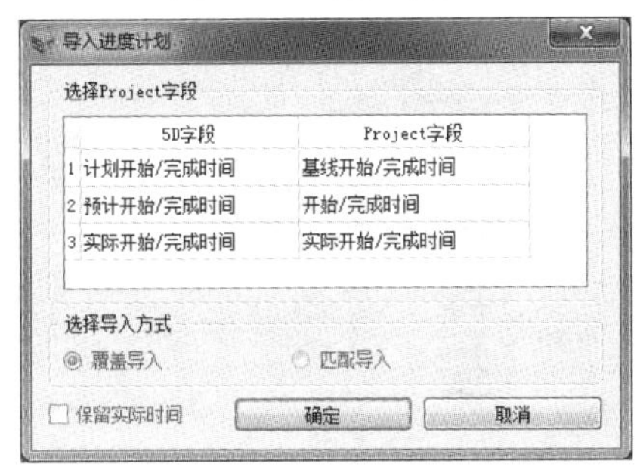

图 11-63　导入进度计划

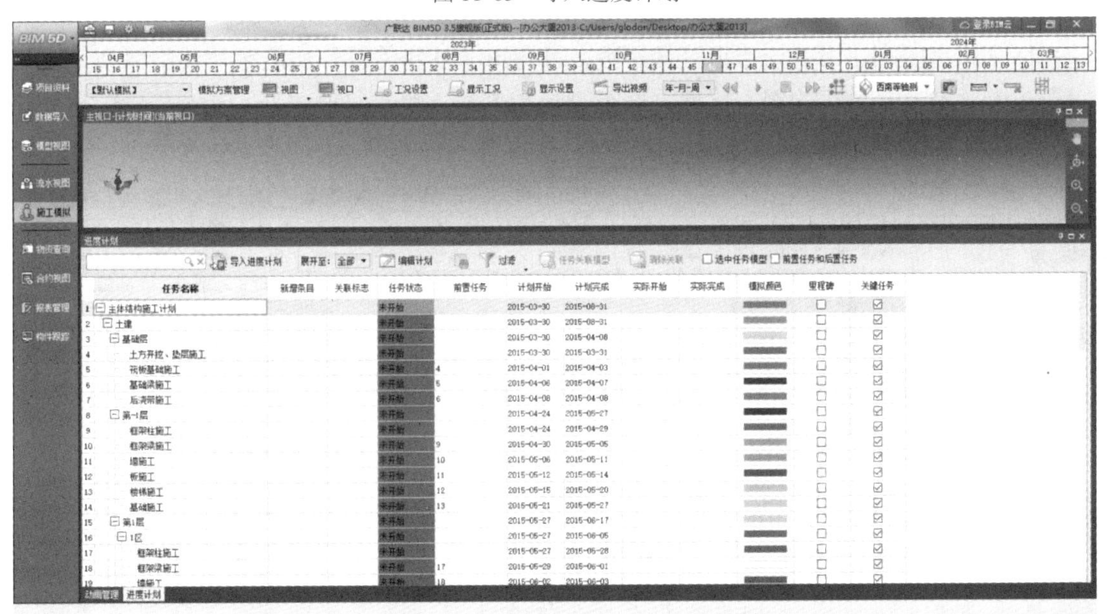

图 11-64　进度计划导入成功

2. 进度关联模型

(1) 软件操作

1) 进度关联模型，以基础层“土方开挖、垫层施工”为例，选择任务名称，单击【任务关联模型】，按“关联流水段”关联。按照任务名称描述，从左至右依次选择对应的楼层、专业、流水段、构件类型。全部选择完成之后，最后一步单击关联按钮，即可关联成功，如图 11-65 所示。

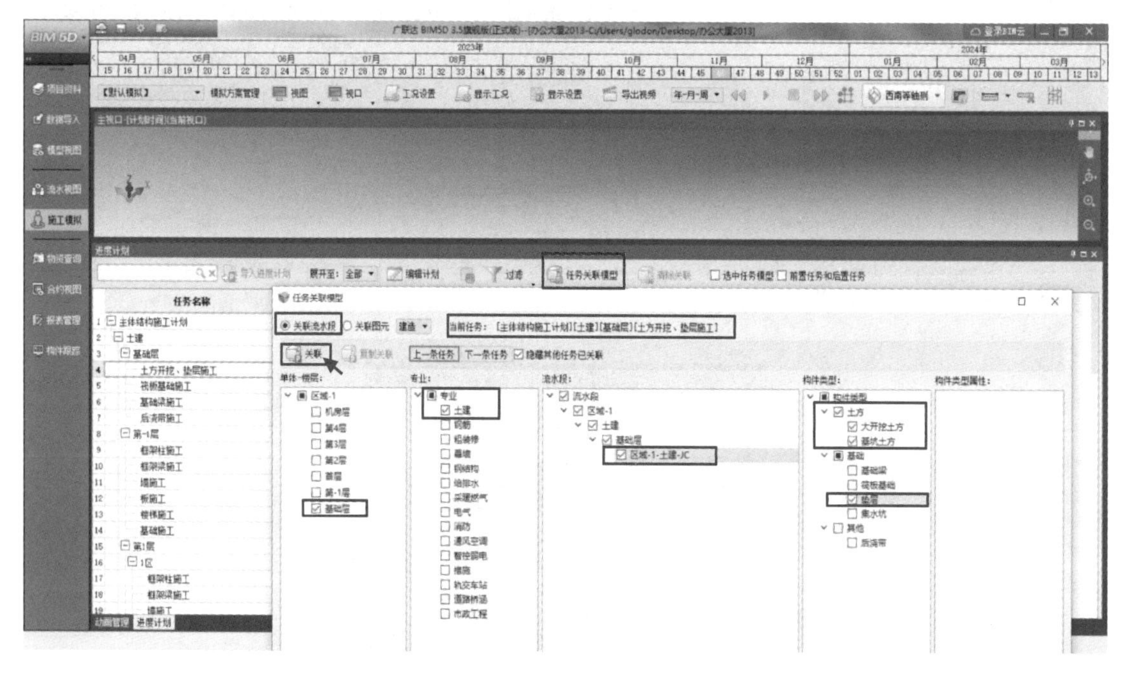

图 11-65　任务关联模型

2）同类型构件，并且流水段区域一致，可选择【复制关联】功能快速关联模型。以第 1 层—1 区—框架柱施工为例，任务关联模型成功之后，单击复制关联，选择 2、3、4 层 1 区框架柱施工的对应楼层即可，最后单击确定则复制关联成功，如图 11-66 所示。

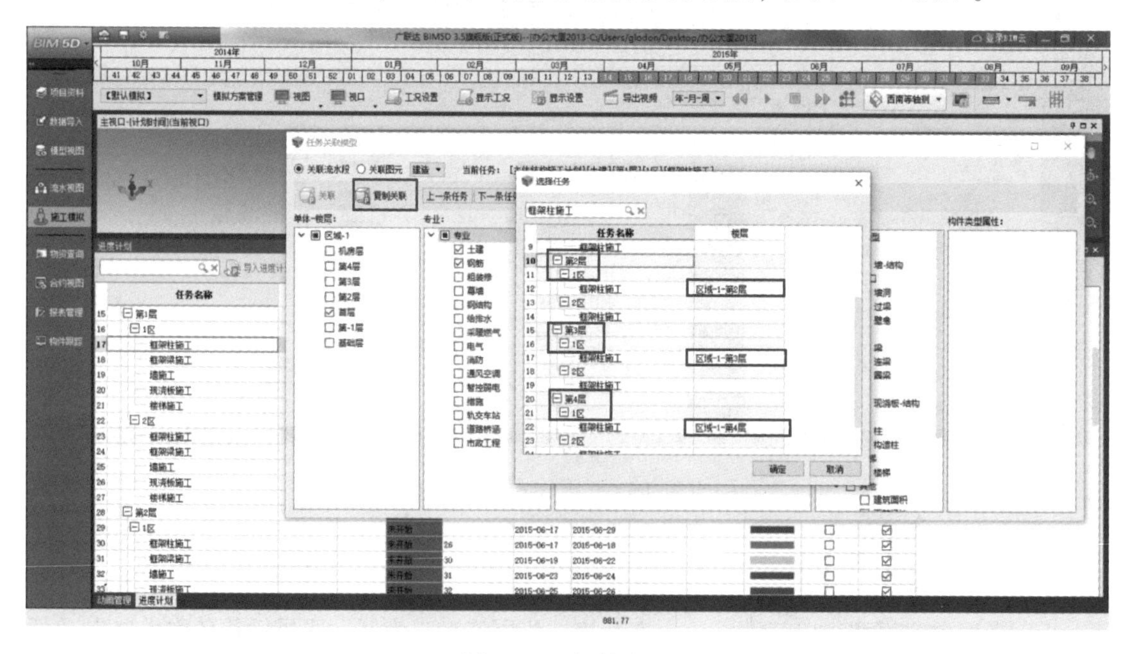

图 11-66　复制关联

（2）任务总结

1）进度计划导入支持 Project 及斑马进度两种格式，无论导入哪种格式，均需安装对应软件。

2）任务关联模型包括关联流水段及关联图元两种方式，根据需求灵活选择。

3）复制关联只支持不同楼层相同流水段之间的复制，否则关联构件会出错。

11.3.3 施工模拟

1. 默认模拟

（1）任务背景　施工模拟是将施工进度计划写入 BIM 信息模型后，将空间信息与时间信息整合在一个可视的 4D 模型中，就可以直观、精确地反映整个建筑的施工过程。集成全专业资源信息用静态与动态结合的方式展现项目的节点工况，以动画形式模拟重点难点的施工方案。提前预知本项目主要施工的控制方法、施工安排是否均衡，总体计划、场地布置是否合理，工序是否正确，并可以进行及时优化。

（2）软件操作

1）进入【施工模拟】，鼠标右键空白视口选择【视口属性】，根据需求设置对应视口属性，单击确定，如图 11-67、图 11-68 所示。

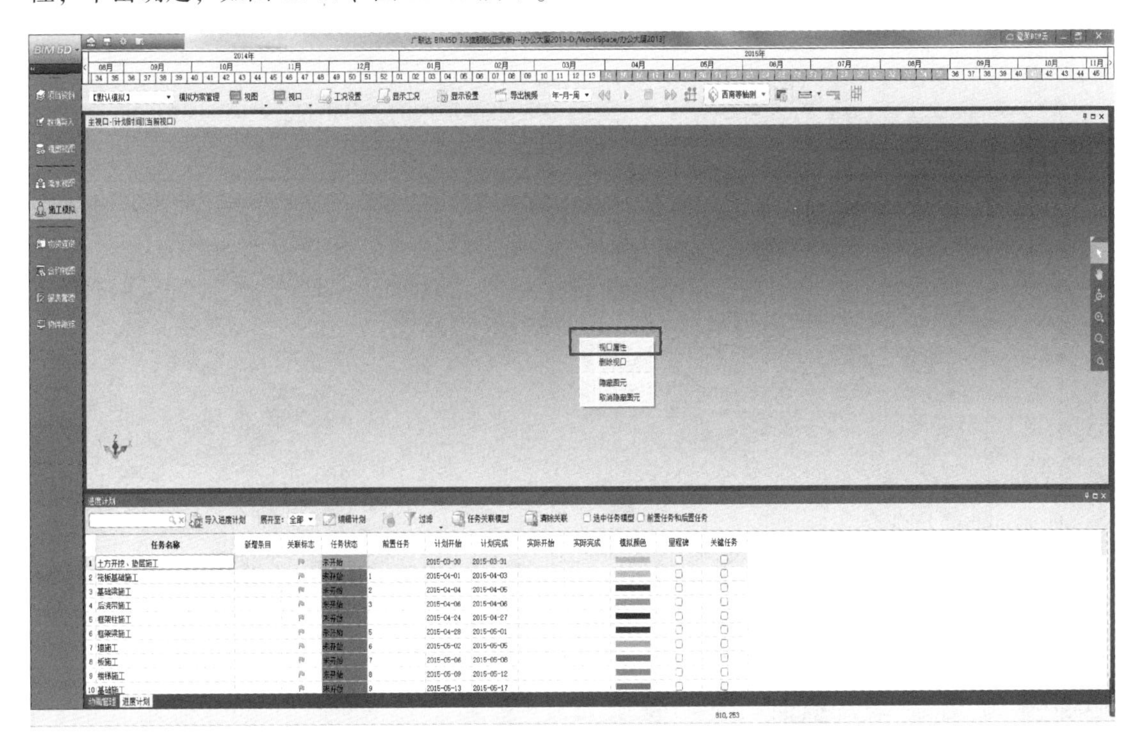

图 11-67　视口属性

2）选择上方时间轴，单击右键选择按【进度选择】，此时时间轴会按照下方任务计划的开始时间和完成时间进行时间定位，选中的时间轴会以橙色显示。时间轴显示方式为两种：年—月—周或年—月—日，可进行修改，如图 11-69 所示。

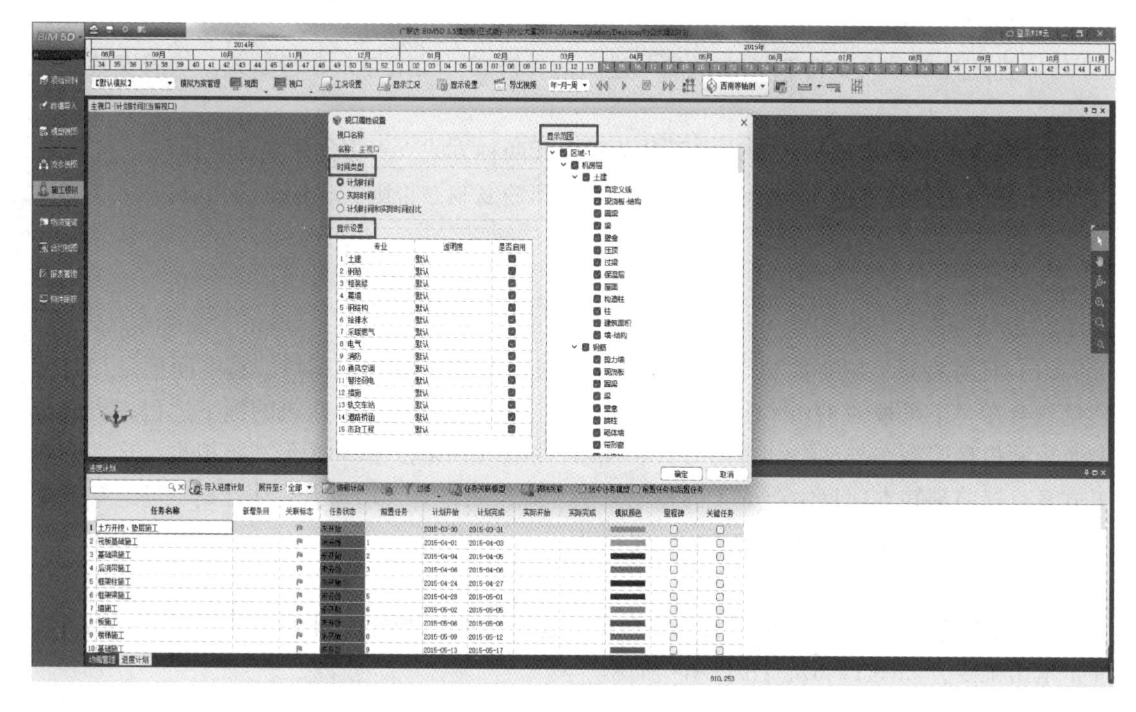

图 11-68　视口属性设置

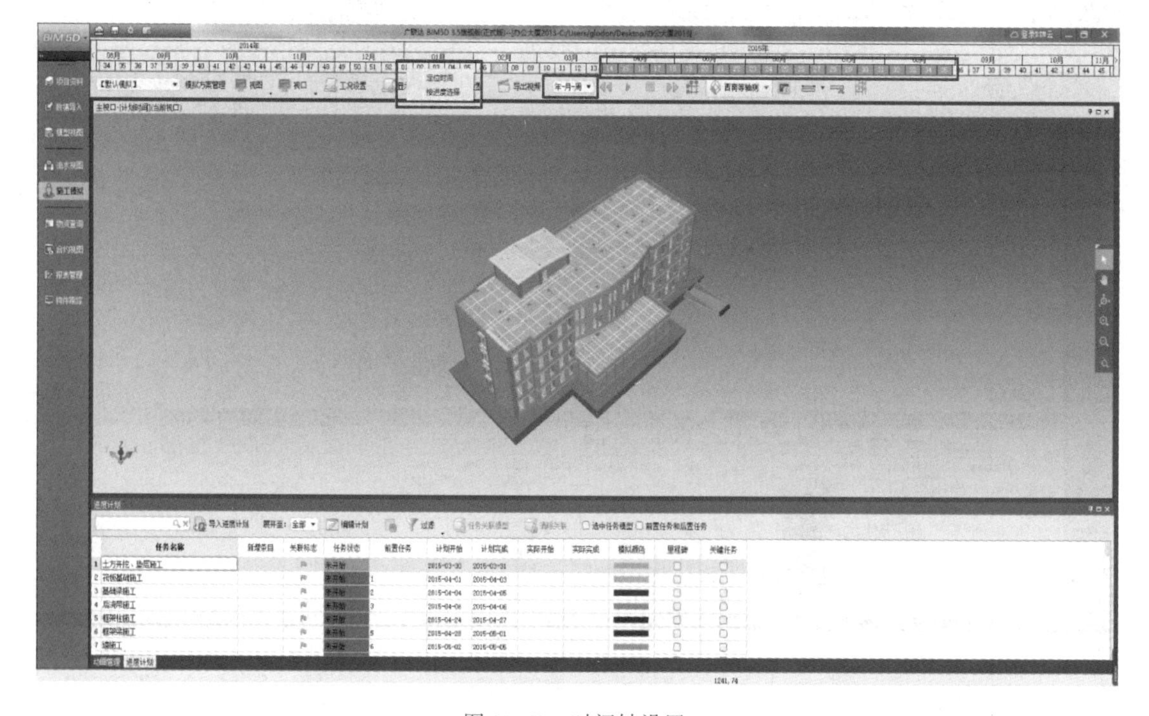

图 11-69　时间轴设置

3）单击【播放】按钮可进行施工模拟动画播放，主视口中正在施工的构件会以黄色显示，下方进度计划栏可根据动画内容实时更新，如图 11-70 所示。

4）单击【导出视频】，可以进行视频设置和内容及布局设置，选择输出视频后方的浏览可进行视频导出，如图 11-71 所示。

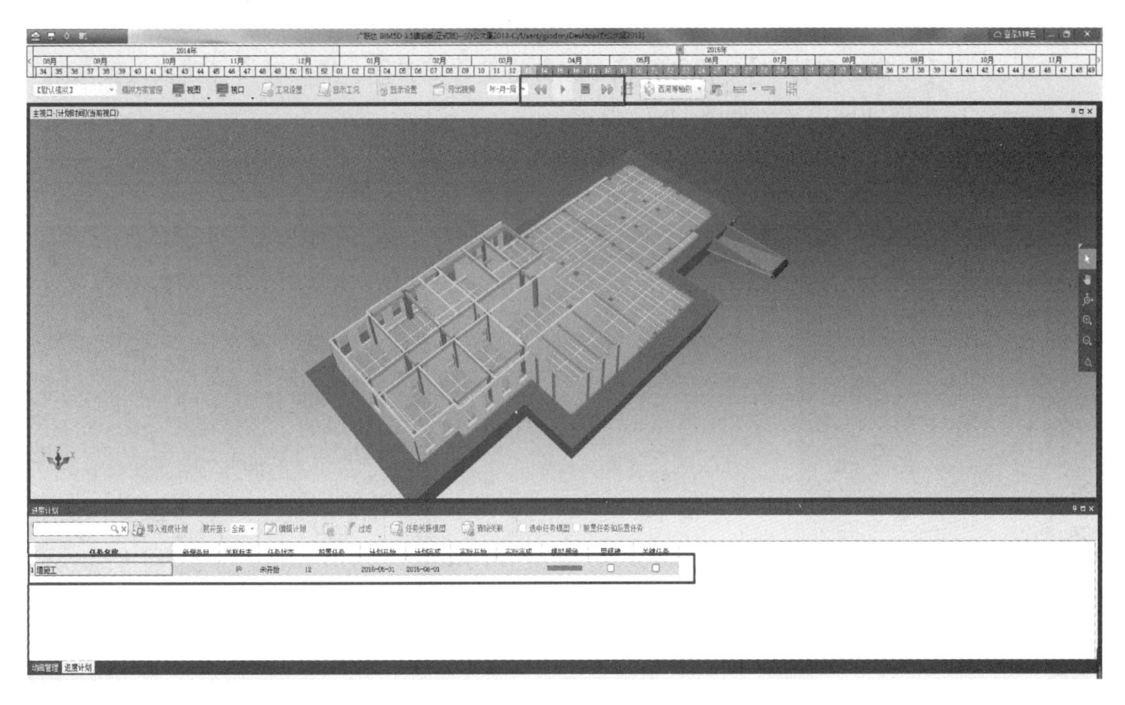

图 11-70　施工模拟动画播放

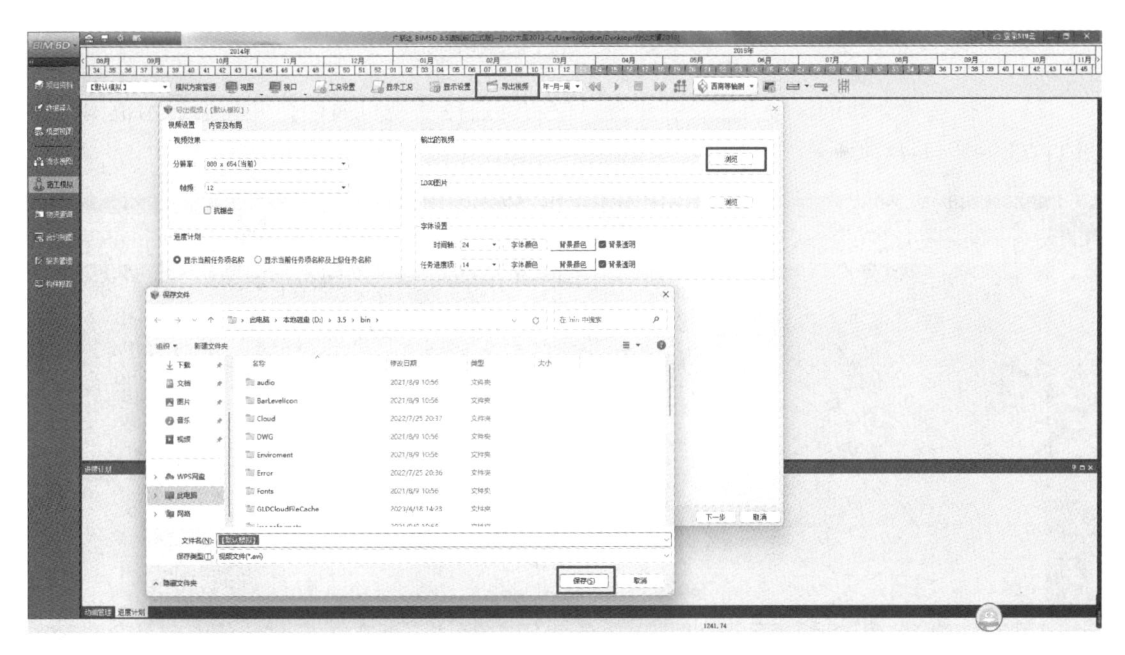

图 11-71　导出视频

2. 动画方案模拟

（1）任务背景　根据实际情况定制个性化视频模拟，生产部、技术部人员可进行施工模拟，进行现场三维可视化技术交底。同时采用模拟视频定期向建设方汇报，以便其清晰了解目前的施工状态和目前工期差距，同时根据差距做进度计划校核。

（2）软件操作

1）选择【模拟方案管理】，添加模拟方案并进行方案名称、播放时长（建议设置60s）、开始时间、结束时间的设置，如图 11-72 所示。

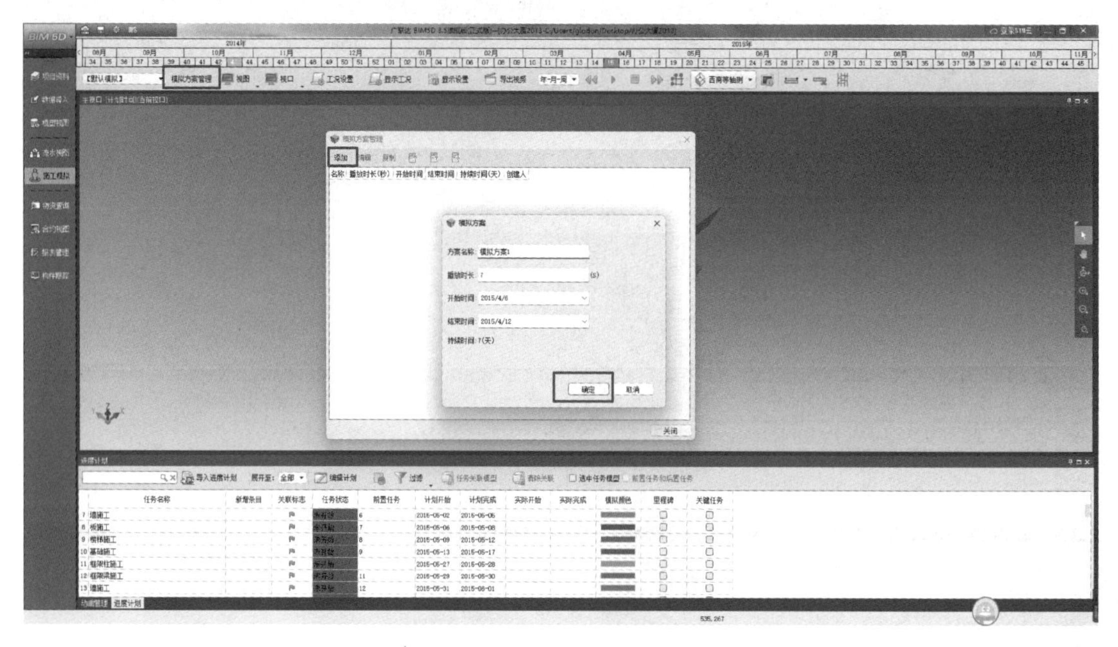

图 11-72　模拟方案管理

2）下拉选择新建的模拟方案，在主视口中右键选择【视口属性】并勾选显示范围，如图 11-73、图 11-74 所示。

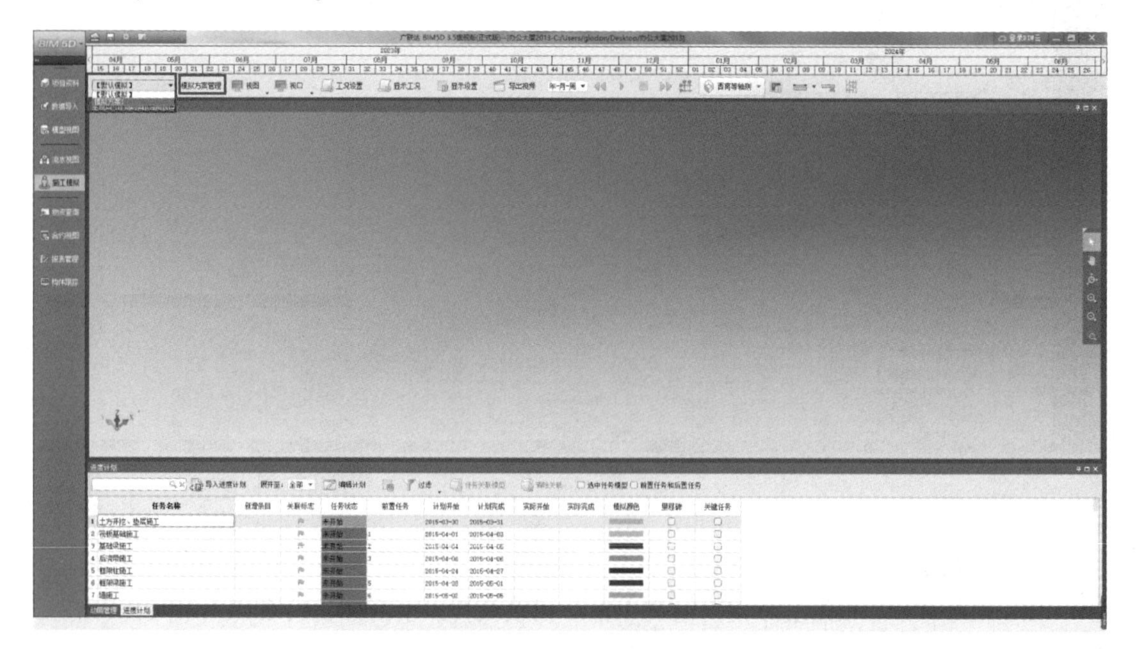

图 11-73　选择模拟方案

3）左键单击动画，然后拖动红色指针到10s，并旋转视口单击捕获节点，再拖动红色指针到20s，并旋转视口单击【捕获节点】，以此类推。最后完成所有节点捕捉导出视频动画，如图11-75所示。

(3) 任务总结　施工模拟视频可以分为默认模拟和方案模拟两种，只有方案模拟可以添加各种动画效果。

模拟前需设置视口属性，注意选择显示构件范围，以便决定模型的显示与否。制定好的默认模拟及方案模拟均可导出视频，进行导出设置，内容及布局自定。

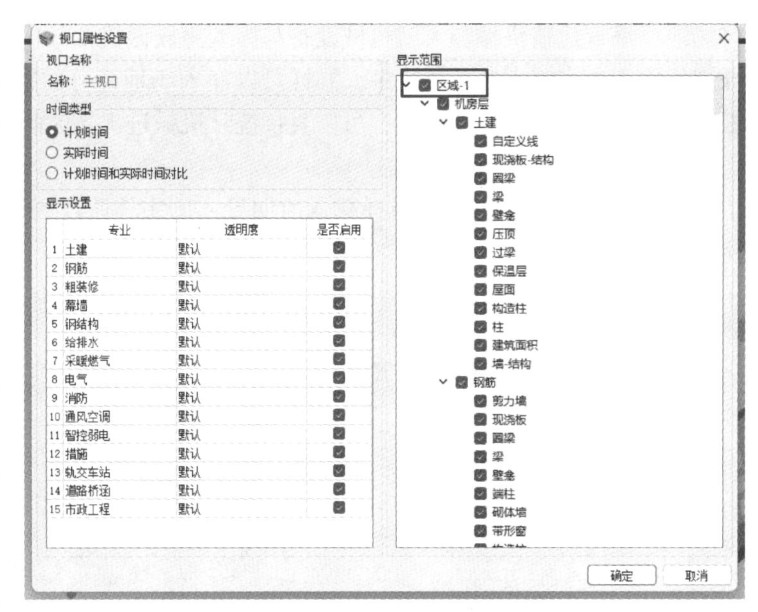

图 11-74　视口属性设置

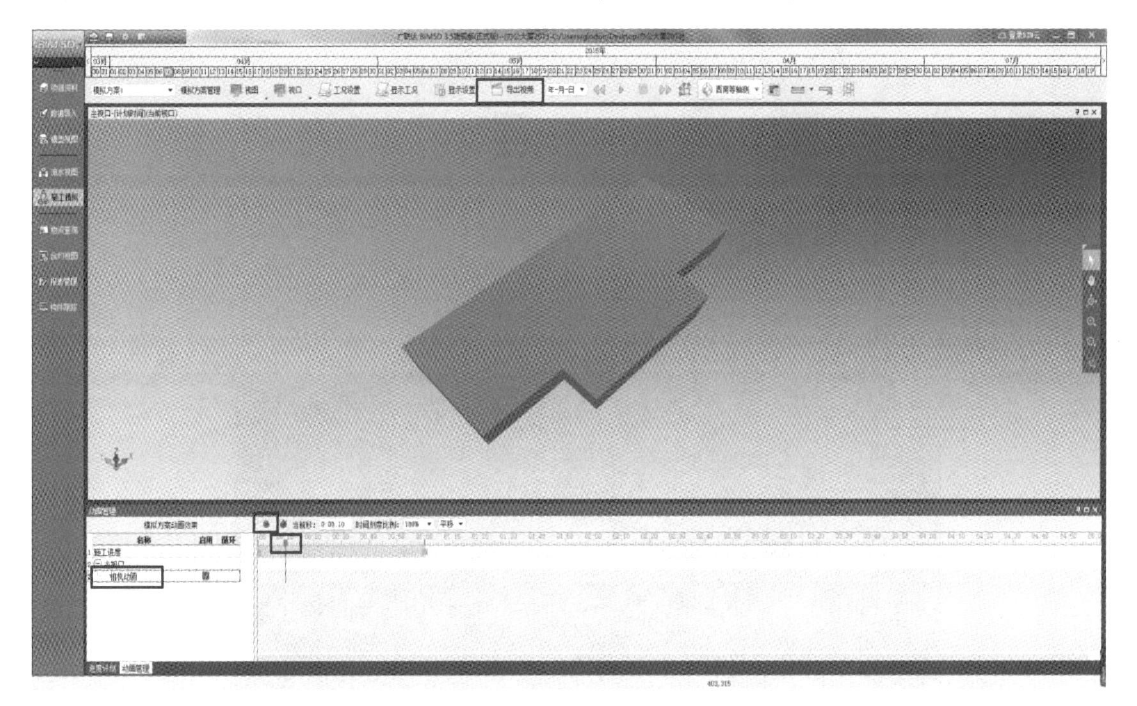

图 11-75　动画管理

11.3.4　工况模拟

1. 工况设置

(1) 任务背景　工况模拟是将施工现场的场地阶段变化及施工机械结合到施工模拟中，

将场地、垂直运输机械和大型机械设备与模型集成做模拟分析，考虑大型机械进场通道，指导现场施工。在施工模拟过程中，同样可以加入场地部分的模型变化，输出施工模拟视频。根据施工机械进场及出场设定，可以直接统计机械进出场时间等信息。

（2）软件操作

1）单击【工况设置】，选择载入前期导入的主体阶段场地模型，如图 11-76 ~ 图 11-78 所示。

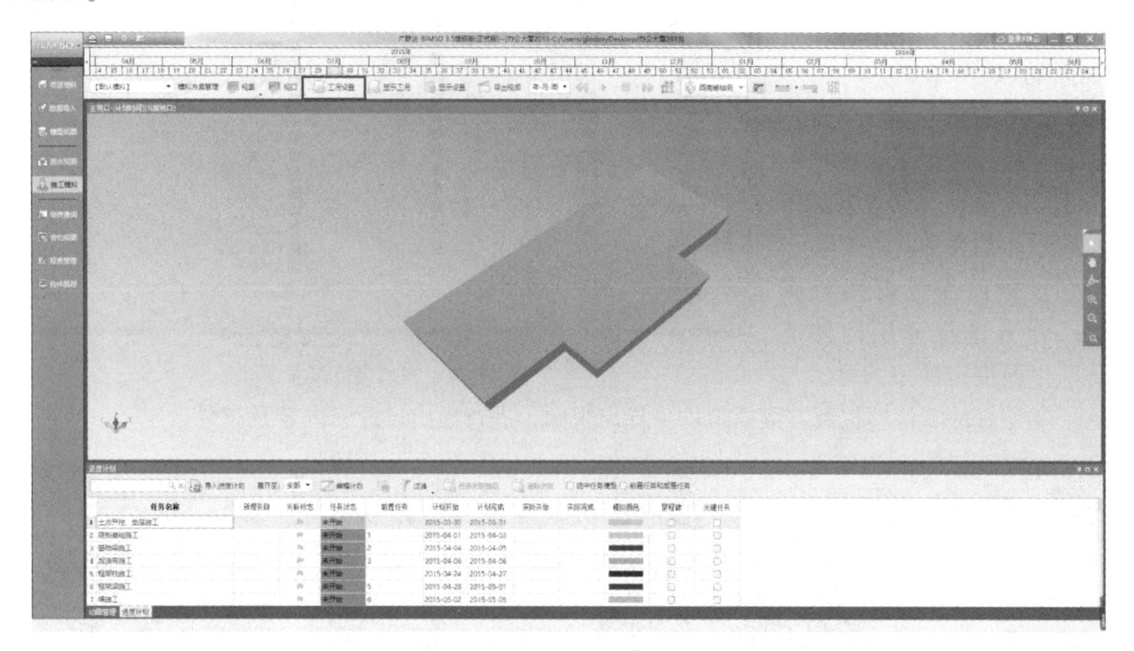

图 11-76　工况设置

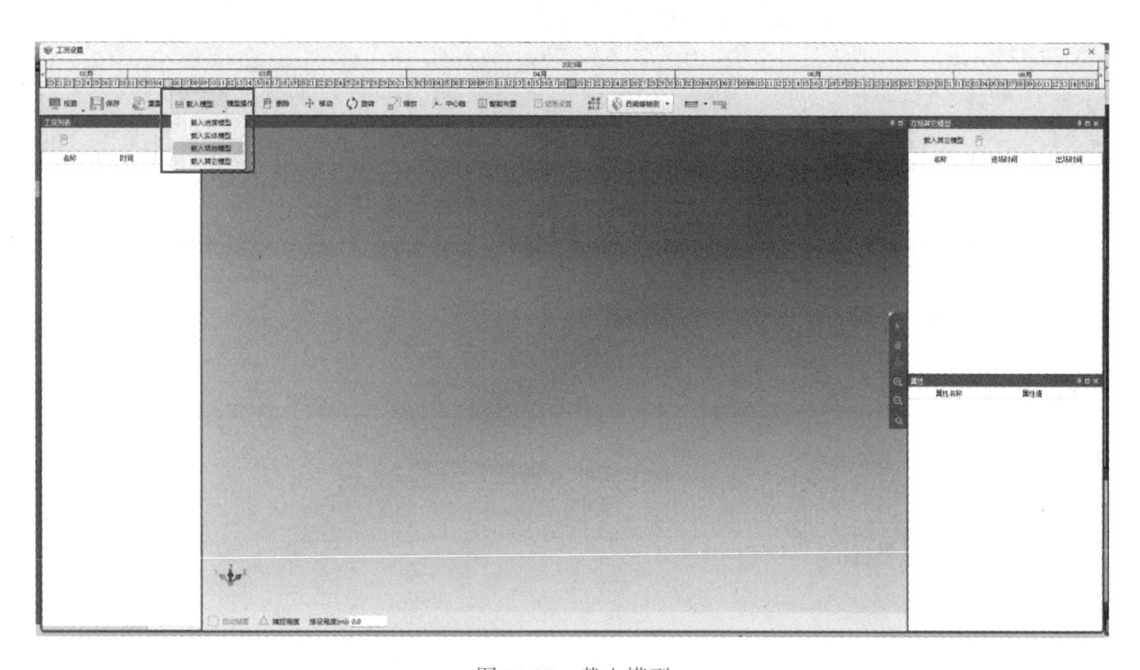

图 11-77　载入模型

2）选择对应工况时间，【载入其他模型】，选择起重机【插入模型（旋转)】，找到合适位置放置并旋转。单击保存，设置名称及备注，如图 11-79、图 11-80 所示。

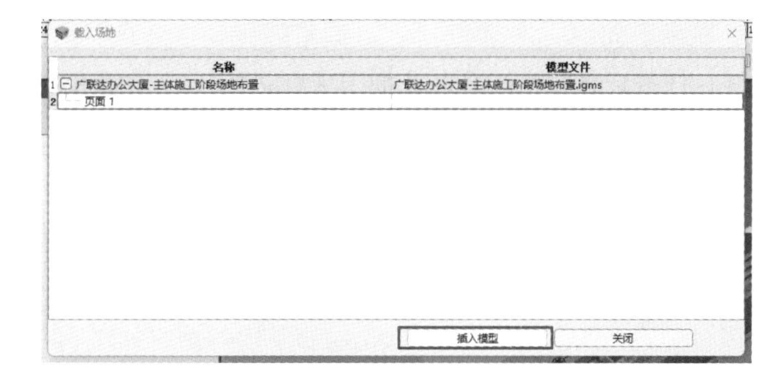

图 11-78　载入场地

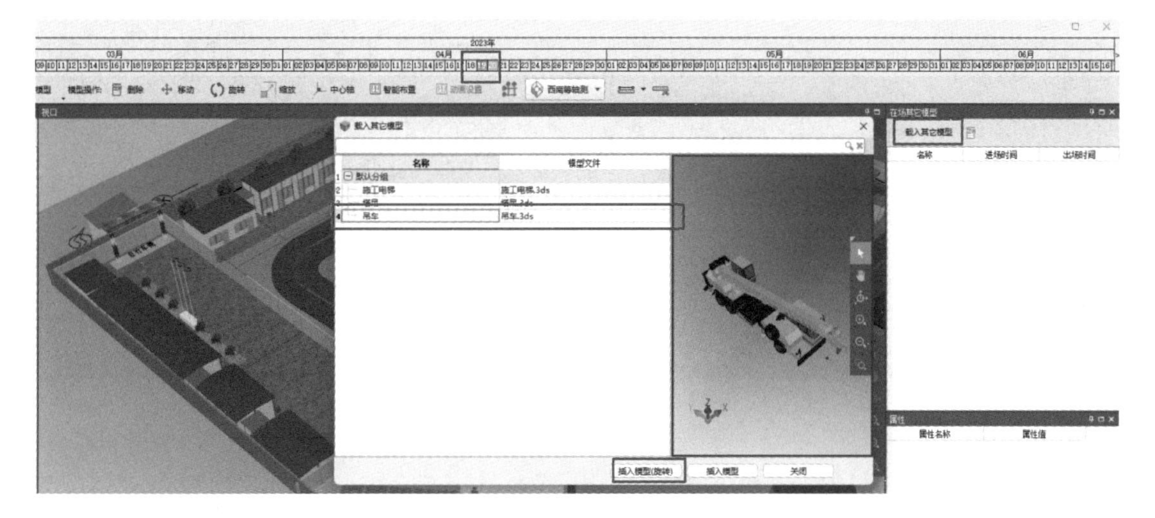

图 11-79　载入其他模型

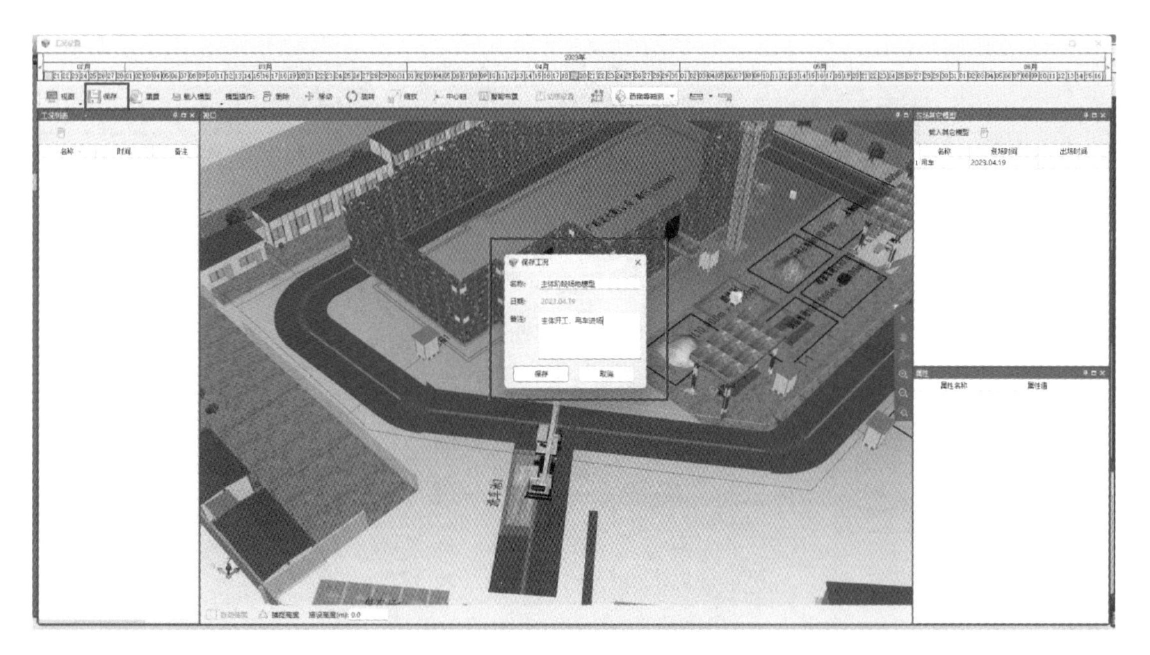

图 11-80　保存工况

2. 显示工况

（1）任务背景　生产部人员基于项目进行工况设置和现场工况方案制定，方便了解施工现场场内变化及机械进出时间节点。采用模拟视频，定期召开进度例会，以便管理人员清晰了解目前的施工状态。

（2）软件操作　进入【施工模拟】界面，选择上方时间轴对应工况时间，打开在场机械统计，单击【工况显示】即可查看在场机械统计的对应工况，如图 11-81、图 11-82 所示。

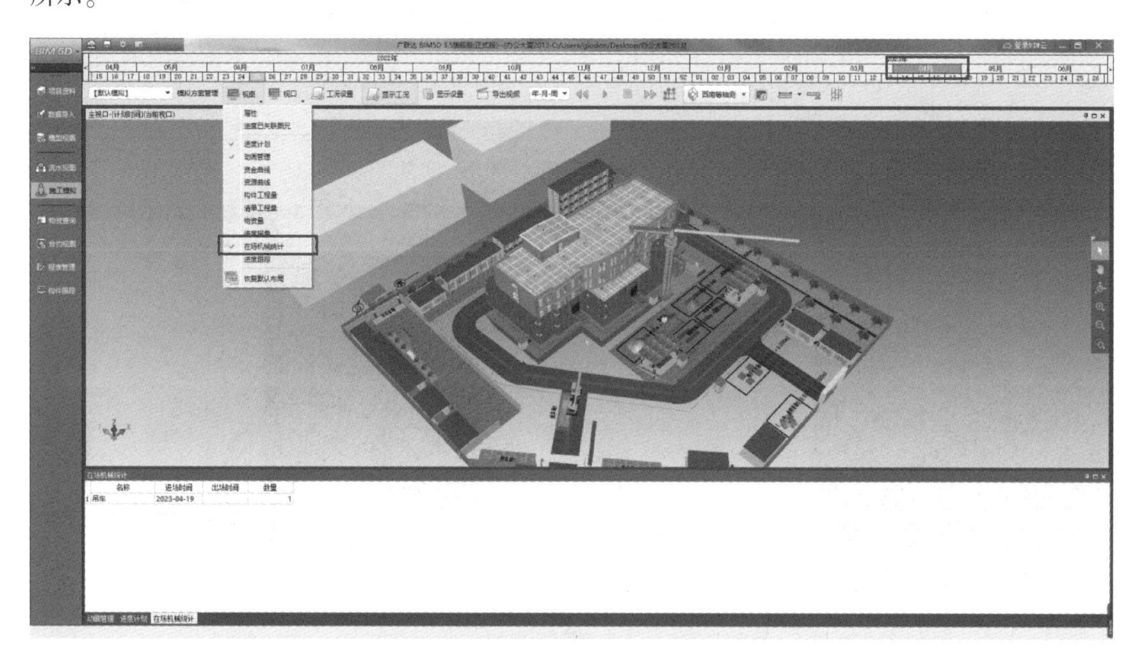

图 11-81　显示工况

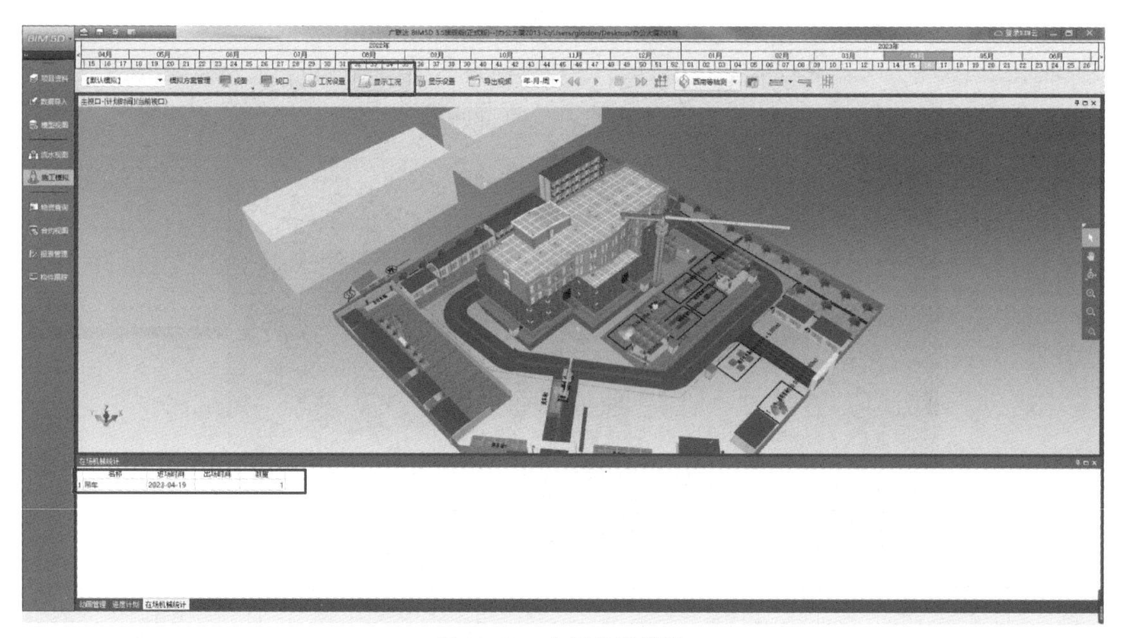

图 11-82　在场机械统计

（3）任务总结　工况设置根据前期导入的场地模型及其他模型进行设定，选择导入的时间决定进场时间，选择删除的时间决定出场时间。工程设置的过程是先选择时间点（非持续时间段），然后选择导入或删除模型，最后单击保存到工况列表。工况设置可以配合默认模拟及方案模拟进行视频展示，也可以配合动画路径模拟各类机械设备进出场路线及场内施工路径等。

11.3.5　进度对比分析

1. 实际时间录入

（1）任务背景　根据实际施工的任务起始时间录入到系统，以计划与实际对比分析差距，这对于后续施工进度的决策具有关键性意义。比如生产部门在下月开工前需对已完成的进度进行校核分析，现场生产经理需对后续施工进度进行分析及管控，进而用最合理的进度计划去指导现场施工，确保工程按期完成。

（2）软件操作

1）进入【施工模拟】界面，在下方进度计划中选择【编辑进度计划】，如图 11-83 所示。

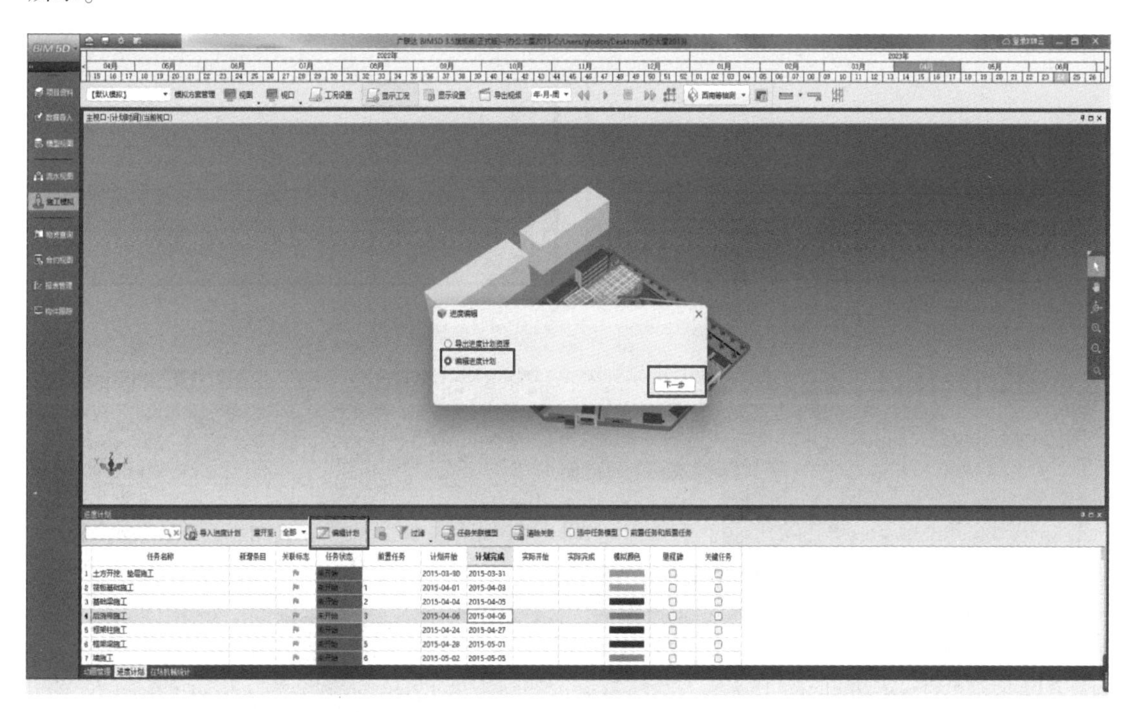

图 11-83　进度编辑

2）此时软件会自动进入到斑马软件。在斑马软件中设置前锋线时间，右键单击【工作】进入工作信息卡，单击【执行】填写实际开始时间和实际完成时间，保存并关闭斑马软件。此时实际开始和实际完成时间会自动录入到进度计划当中，如图 11-84 ~ 图 11-87 所示。

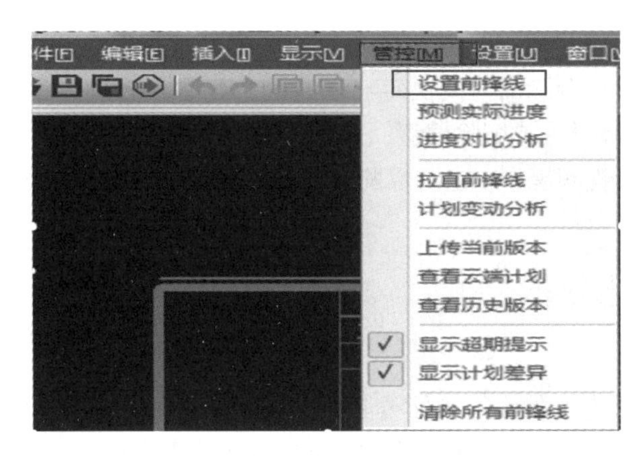

图 11-84　设置前锋线

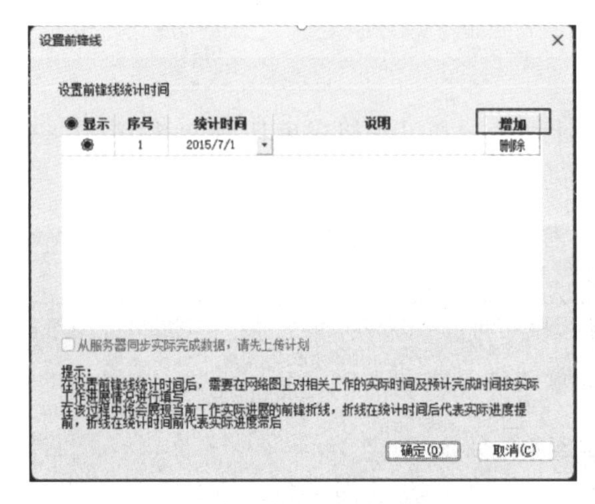

图 11-85　设置前锋线统计时间

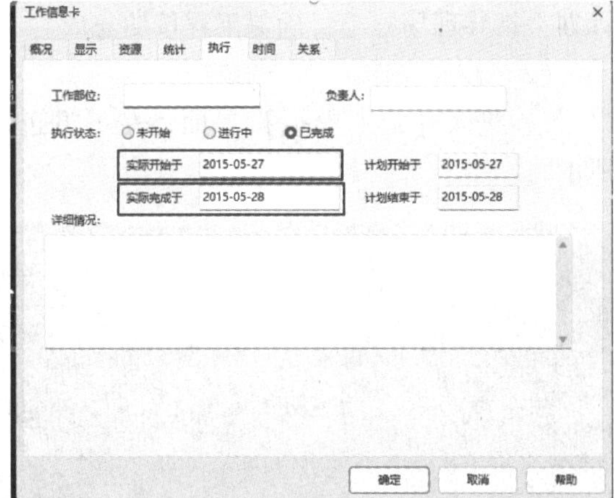

图 11-86　工作信息卡

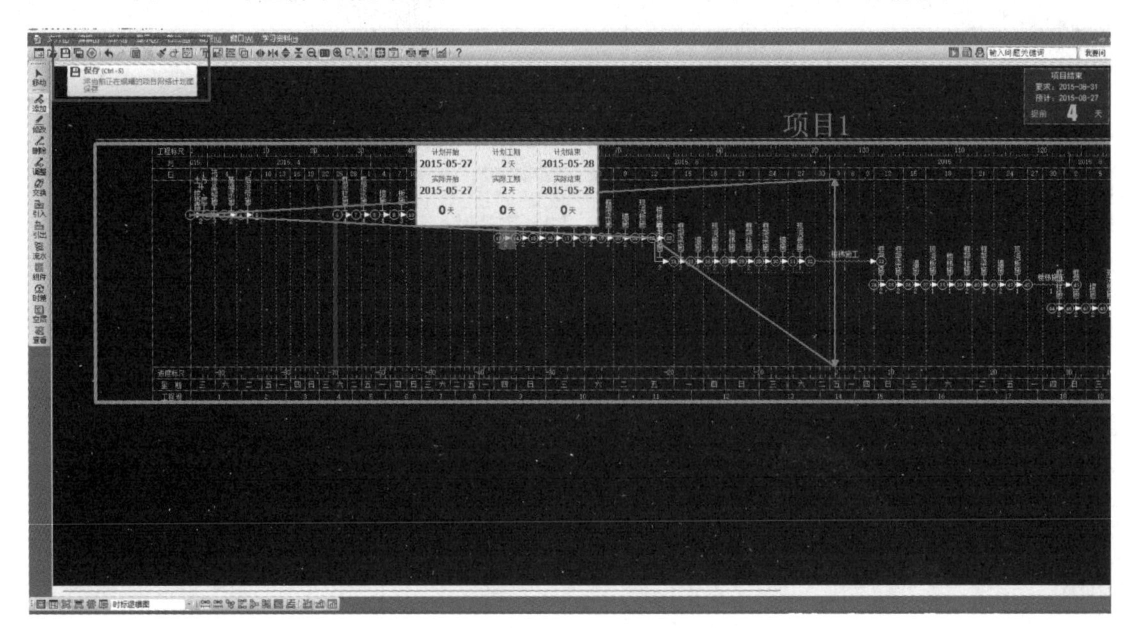

图 11-87　保存计划

3）此时实际开始和实际完成时间会自动录入到进度计划中，如图 11-88 所示。

任务名称	新增条目	关联标志	任务状态	前置任务	计划开始	计划完成	实际开始	实际完成	模拟颜色	里程碑	关键任务
23 墙施工			[illegible]	22	2015-06-15	2015-06-16	2015-06-15	2015-06-16			
24 现浇板施工			[illegible]	23	2015-06-17	2015-06-18	2015-06-17	2015-06-17			
25 楼梯施工			[illegible]	24	2015-06-19	2015-06-19	2015-06-19	2015-06-19			
26 框架柱施工			[illegible]	25	2015-06-20	2015-06-21	2015-06-20	2015-06-20			
27 框架梁施工			[illegible]	26	2015-06-22	2015-06-23	2015-06-22	2015-06-24			
28 墙施工			[illegible]	27	2015-06-24	2015-06-25	2015-06-24	2015-06-25			
29 现浇板施工			[illegible]	28	2015-06-26	2015-06-26	2015-06-26	2015-06-27			

图 11-88　进度计划联动更新

2. 计划与实际对比

（1）任务背景

假定项目已经施工至 7 月 31 日，实际进度与计划相比有所滞后，生产部人员通过分析开工至 7 月 31 日的实际进度与计划对比情况，需要制定措施赶回工期。

（2）软件操作

1）在【施工模拟】中右键主视口空白区域，进入【视口属性】，勾选计划时间和实际时间对比，如图 11-89、图 11-90 所示。

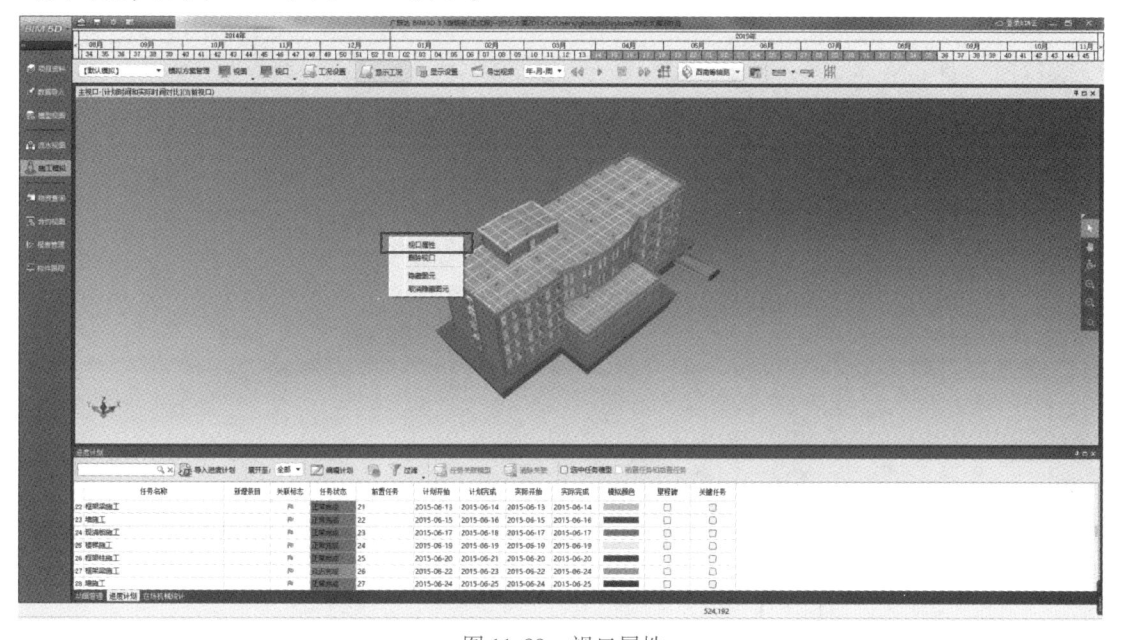

图 11-89　视口属性

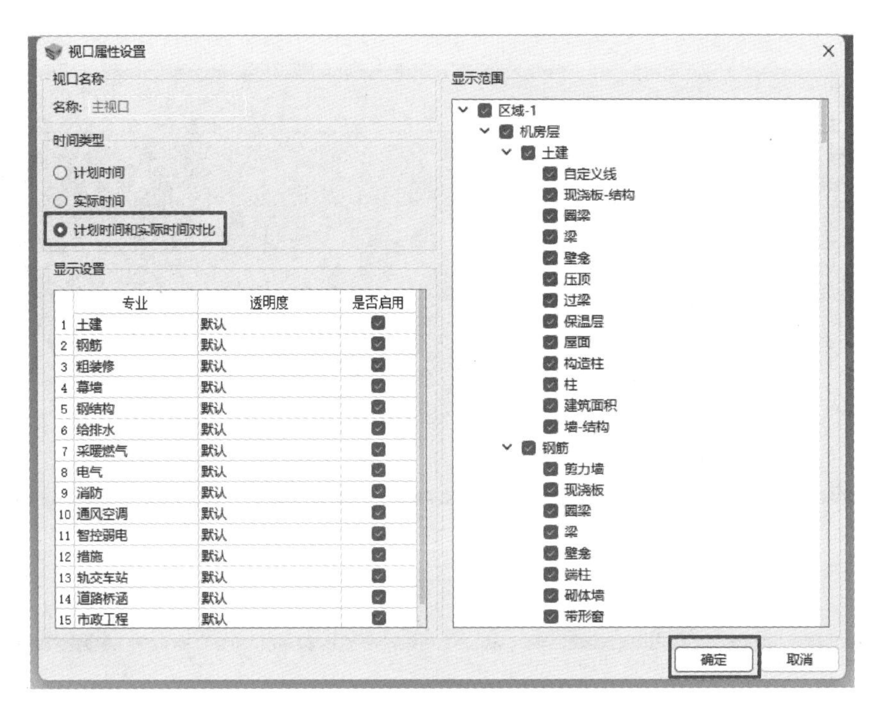

图 11-90　视口属性设置

2）在上方显示设置里可以设置进行中的实体颜色、提前实体颜色、延后实体颜色。单击【播放】即可查看构件进度计划时间与实际时间对比，具体如图 11-91 ~ 图 11-94 所示。

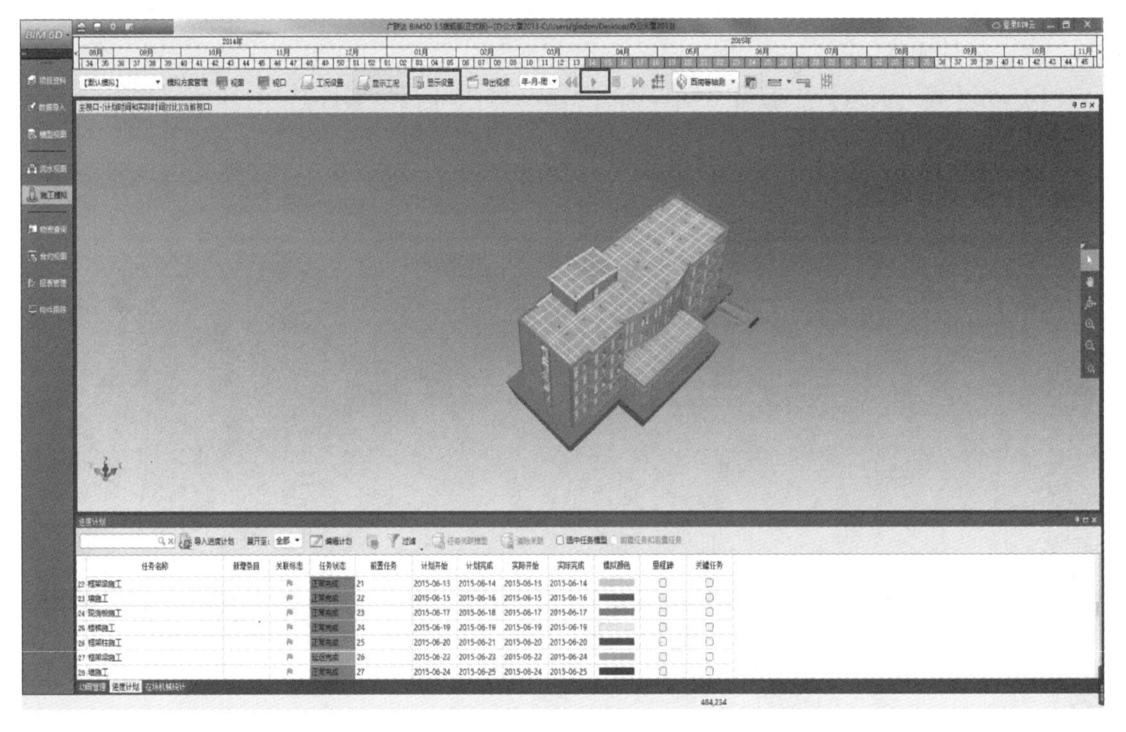

图 11-91　播放视频

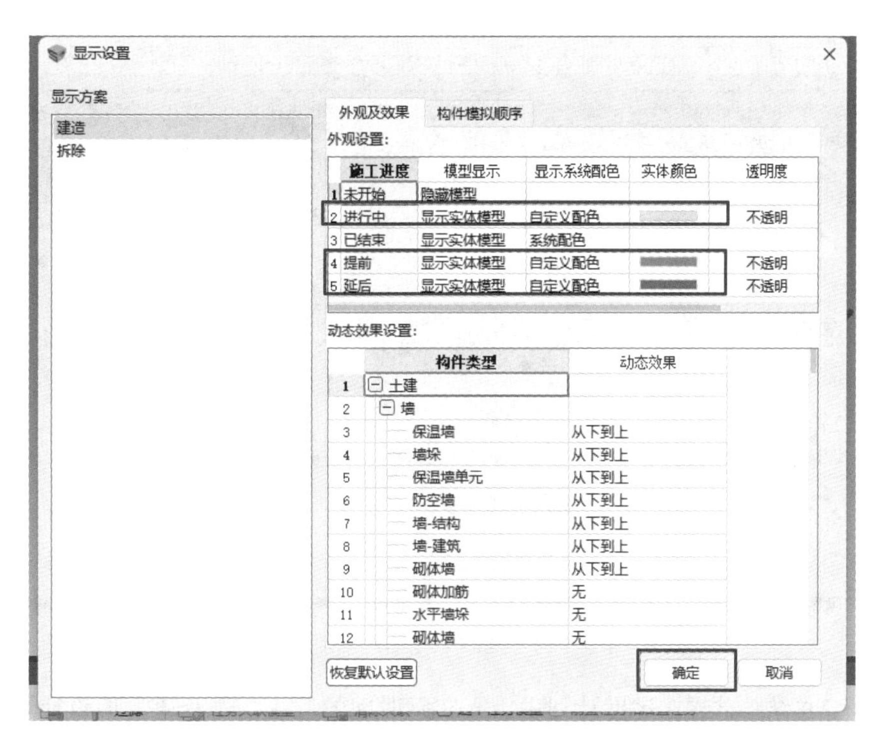

图 11-92　显示设置

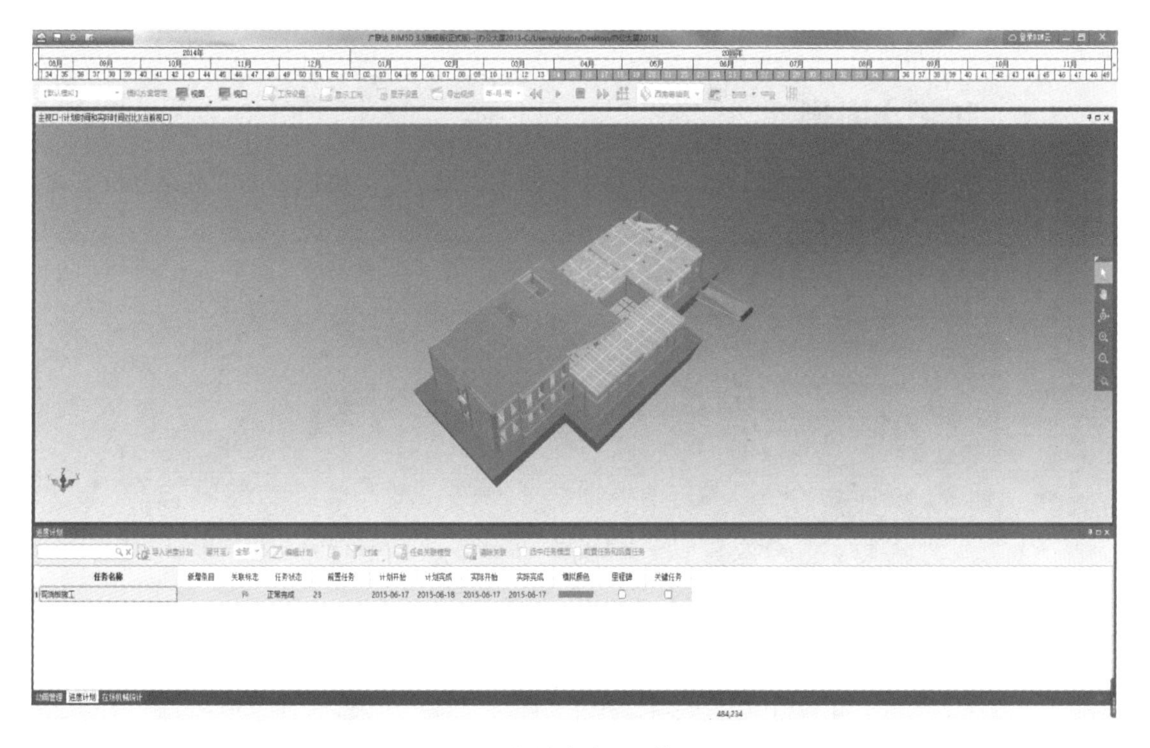

图 11-93　提前完成施工模拟视频

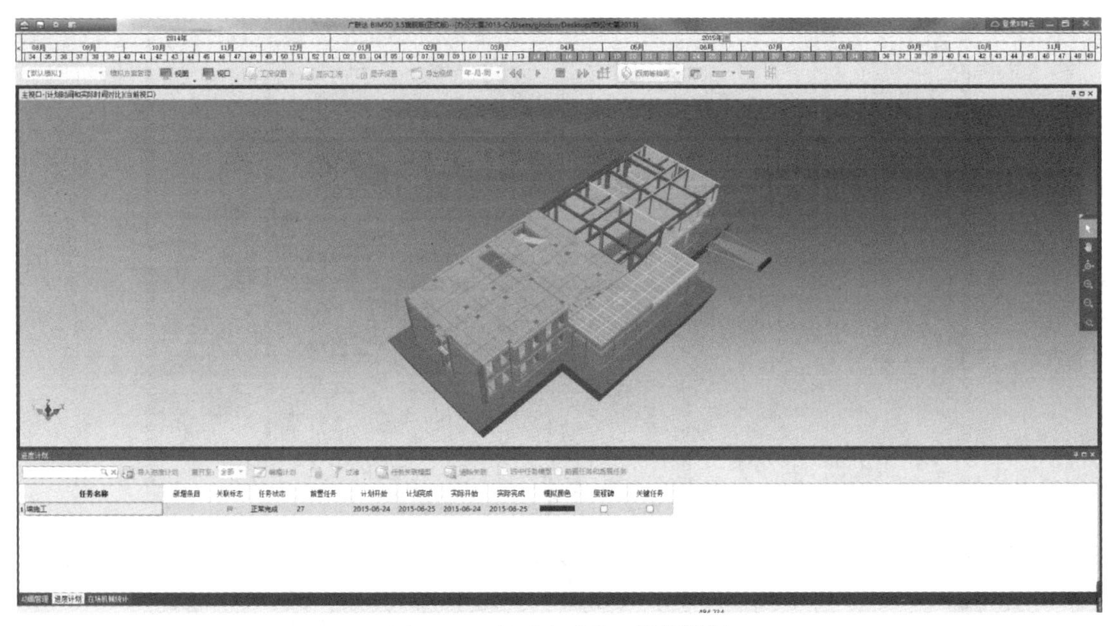

图 11-94　延后完成施工模拟视频

（3）任务总结　掌握在进度计划中录入实际时间的方法，注意通过编辑计划启动进度编制软件，在软件中录入实际开始和结束时间，保存退出后才可更新到5D已导入的进度计划中。掌握计划时间与实际时间对比模拟的方法。注意施工模拟过程中显示设置内容，同时明确五种状态的判断标准。

11.3.6　练习小案例

完成广联达办公大厦流水任务、进度管理、施工模拟、工况模拟、进度对比分析设置，如图 11-95 ~ 图 11-98 所示。

名称	编码	类型	关联标记
区域-1	1	单体	
土建	1.1	专业	
基础层	1.1.1	楼层	
JC	1.1.1.1	流水段	
第-1层	1.1.2	楼层	
-1	1.1.2.1	流水段	
首层	1.1.3	楼层	
1区	1.1.3.1	流水段	
2区	1.1.3.2	流水段	
第2层	1.1.4	楼层	
1区	1.1.4.1	流水段	
2区	1.1.4.2	流水段	
第3层	1.1.5	楼层	
1区	1.1.5.1	流水段	
2区	1.1.5.2	流水段	
第4层	1.1.6	楼层	
1区	1.1.6.1	流水段	
2区	1.1.6.2	流水段	
机房层	1.1.7	楼层	
JFC	1.1.7.1	流水段	
钢筋	1.2	专业	
基础层	1.2.1	楼层	
JC	1.2.1.1	流水段	
第-1层	1.2.2	楼层	
-1	1.2.2.1	流水段	
首层	1.2.3	楼层	
1区	1.2.3.1	流水段	
2区	1.2.3.2	流水段	
第2层	1.2.4	楼层	
1区	1.2.4.1	流水段	
2区	1.2.4.2	流水段	
第3层	1.2.5	楼层	
1区	1.2.5.1	流水段	
2区	1.2.5.2	流水段	
第4层	1.2.6	楼层	
1区	1.2.6.1	流水段	
2区	1.2.6.2	流水段	

图 11-95　关联流水段

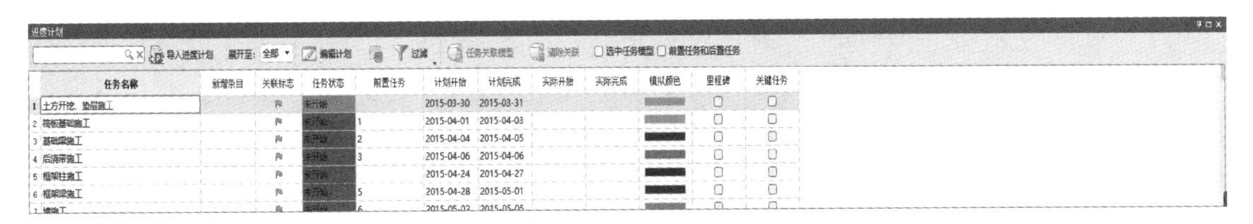

图 11-96　关联进度计划

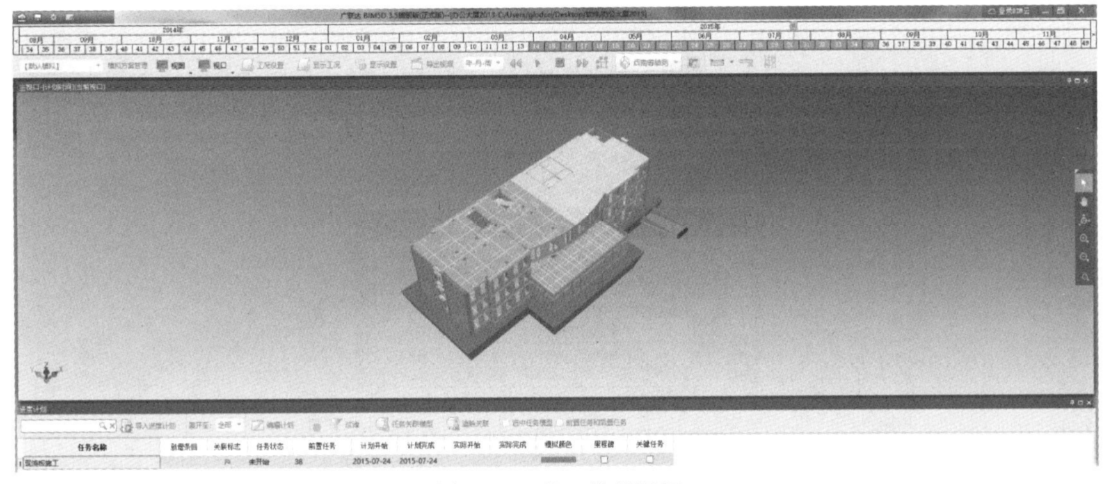

图 11-97　施工模拟视频

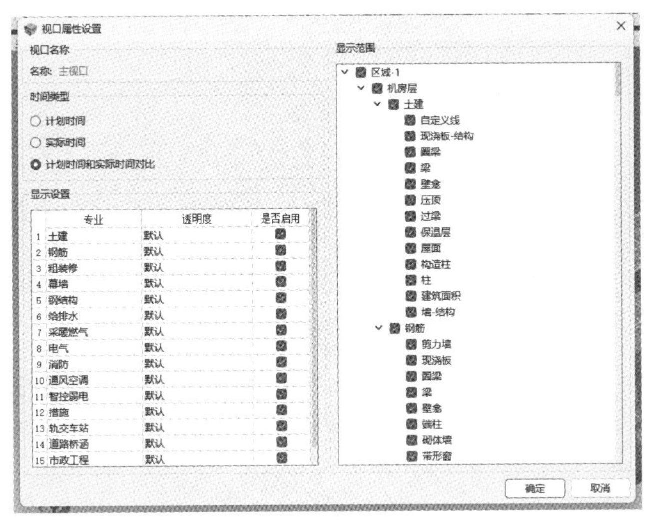

图 11-98　视口属性设置

11.4　BIM5D 商务应用

11.4.1　成本关联

1. 模型与清单匹配

（1）任务背景　成本管理是企业管理的一个重要组成部分，要求系统全面、科学合理，它对于促进增产节支、加强经济核算、改进企业管理、提高企业整体管理水平具有重大意义。作为商务经理，需要了解项目各个关键时间节点的项目资金计划，需分析工程进度资金投入计划，根据计划合理调整资源，保证工程顺利实施，采用 BIM 软件结合现场施工进度，提取项目各时间节点的工程量及材料用量。

（2）软件操作

1）在【数据导入】界面单击【预算导入】、【添加预算书】，选择 GBQ 格式文件，找到工程资料包当中广联达办公大厦建筑工程计价文件并打开，如图 11-99 ~ 图 11-101 所示。

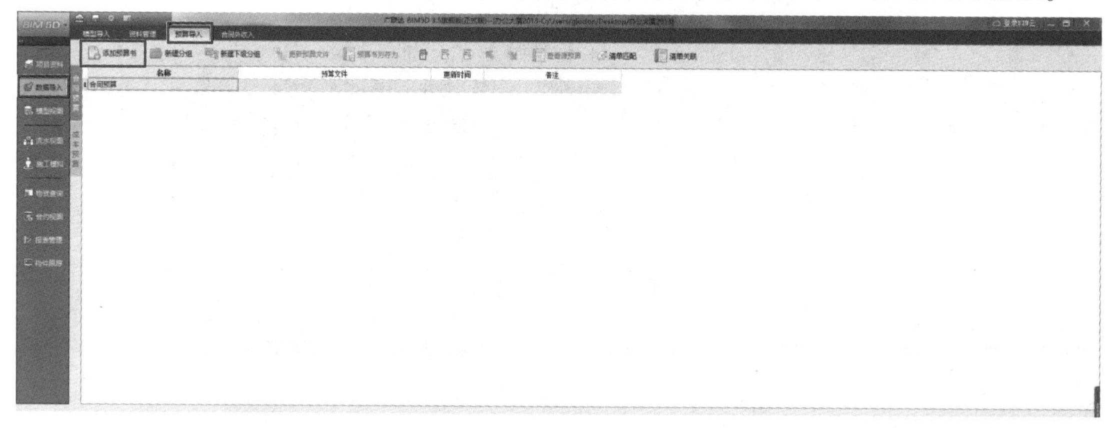

图 11-99　预算导入

图 11-100　添加预算文件

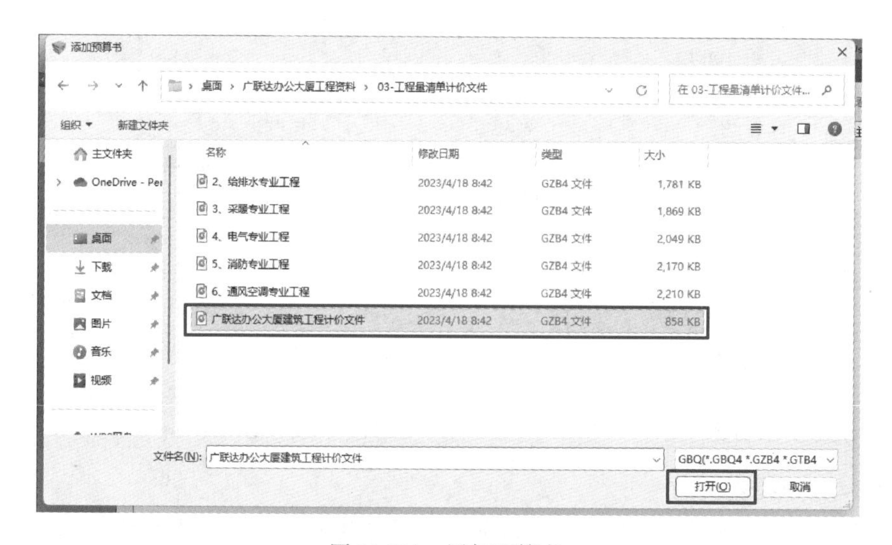

图 11-101　添加预算书

2）单击【清单匹配】，双击编码下方选择预算文件，勾选预算书，单击【自动匹配】，提示成功匹配 85 条清单，未成功匹配 18 条清单，如图 11-102 ~ 图 11-105 所示。

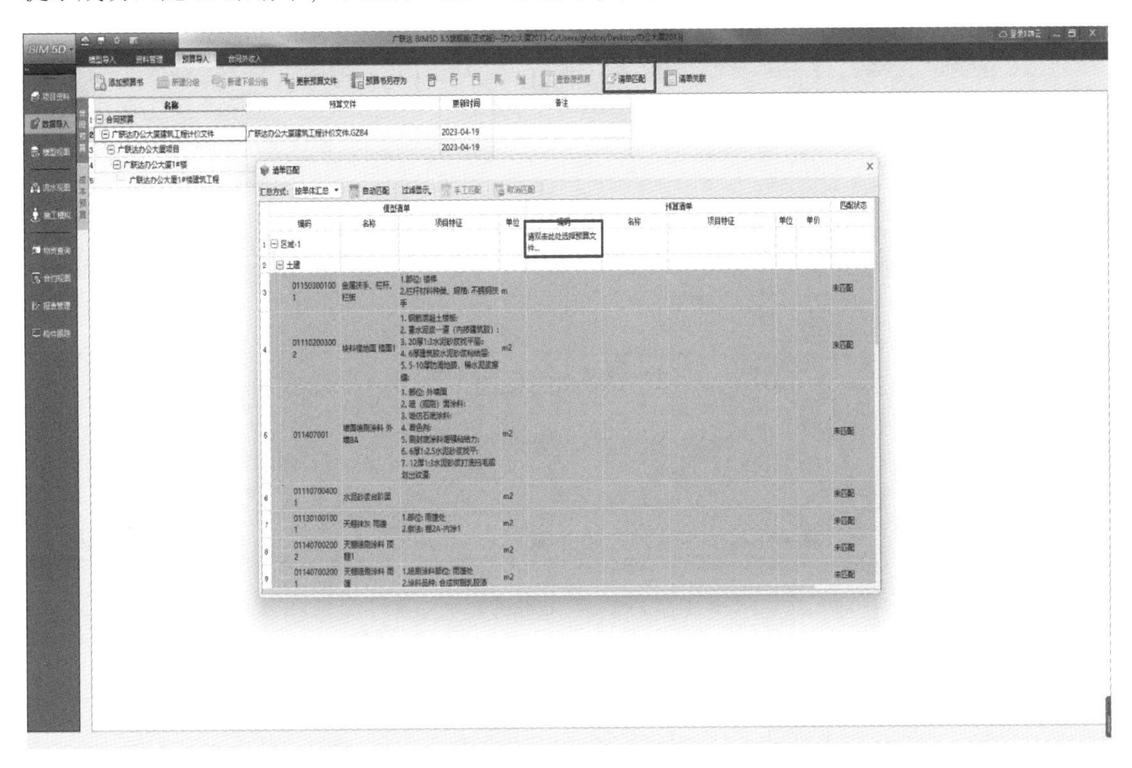

图 11-102　清单匹配

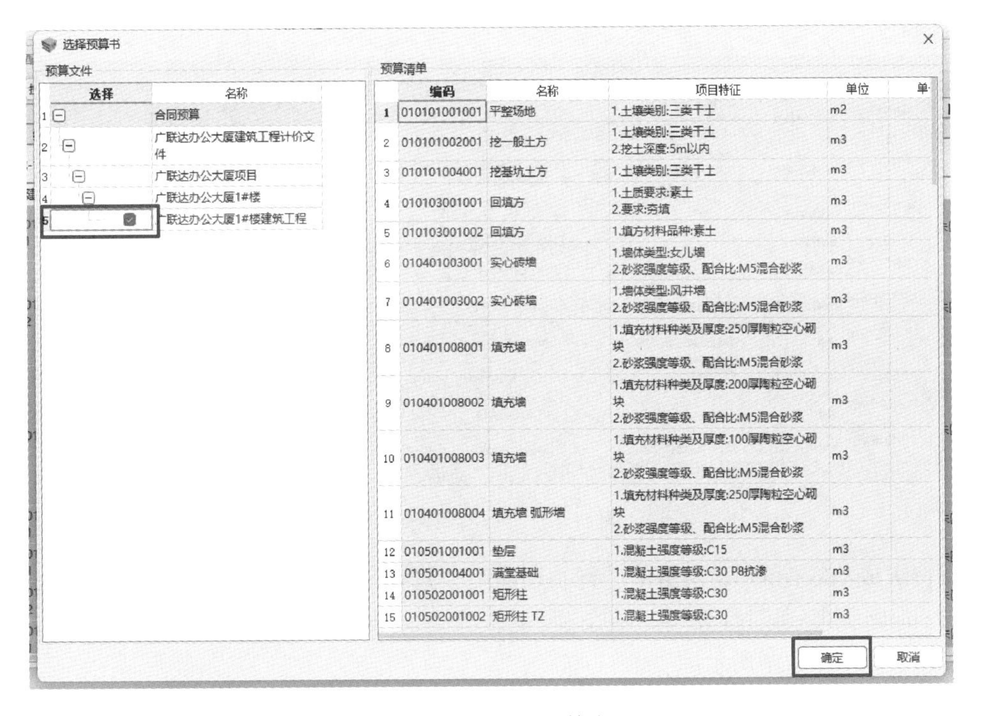

图 11-103　选择预算书

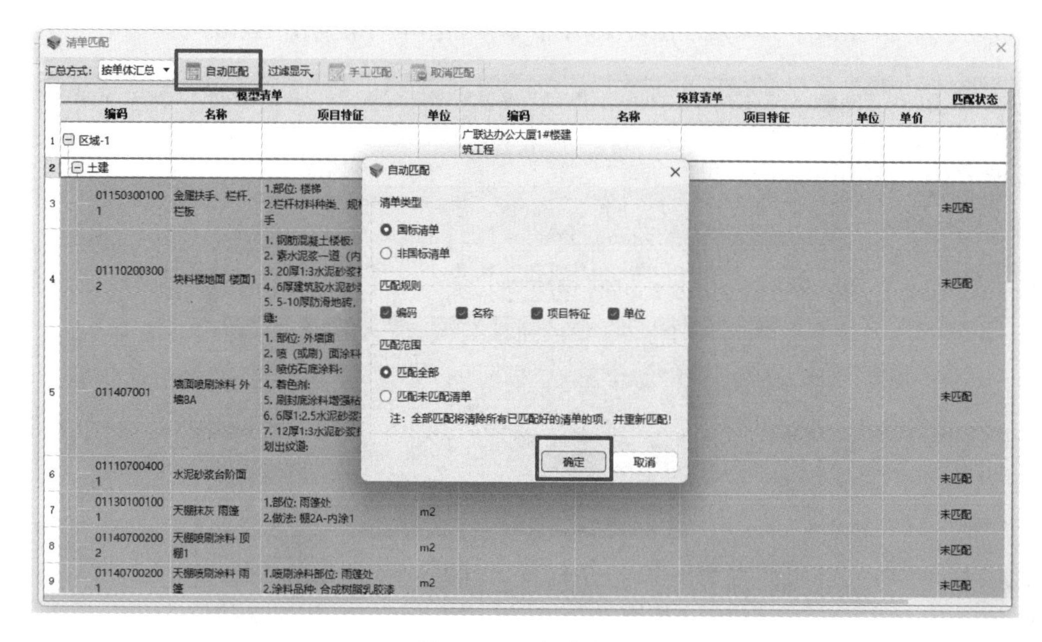

图 11-104　自动匹配

清单匹配

汇总方式: 按单体汇总　自动匹配　过滤显示　手工匹配　取消匹配

	模型清单				预算清单					匹配状态
	编码	名称	项目特征	单位	编码	名称	项目特征	单位	单价	
1	⊟ 区域-1				广联达办公大厦1#楼建筑工程					
2	⊟ 土建									
3	011001003	保温隔热墙面	1. 保温隔热部位: 外墙面 2. 保温隔热材料品种、规格及厚度: 35厚聚苯颗粒	m2	011001003003	保温隔热墙面	1.保温隔热部位:外墙面 2.保温隔热材料品种、规格及厚度:35厚聚苯颗粒	m2	46.92	已匹配
4	011001003003	保温隔热墙面	1.保温隔热部位: 外墙面 2.保温隔热材料品种、规格及厚度: 35厚聚苯颗粒	m2	011001003003		1.保温隔热部位:外墙面 2.保温隔热材料品种、规格及厚度:35厚聚苯颗粒	m2	46.92	已匹配
5	011001003001	保温隔热墙面	1.保温隔热部位: 地下室外 2.保温隔热材料品种、规 度: 60mm厚泡沫聚苯板				1.保温隔热部位:地下室外墙面 2.保温隔热材料品种、规格及厚度:60mm厚泡沫聚苯板	m2	86.84	已匹配
6	011703001001	垂直运输						m2	73.17	已匹配
7	011703001	垂直运输		m2	011703001001	垂直运输		m2	73.17	已匹配
8	011702026001	电缆沟、地沟		m2	011702026001	电缆沟、地沟		m2	78.29	已匹配
9	010507003001	电缆沟、地沟	1.混凝土强度等级: C25	m	010507003001	电缆沟、地沟	1.混凝土强度等级:C25	m	124.67	已匹配
10	010501001001	垫层	1.混凝土强度等级: C15	m3	010501001001	垫层	1.混凝土强度等级:C15	m3	442.55	已匹配
11	010507005	扶手、压顶	1. 断面尺寸: 340*150 2. 混凝土强度等级: C25	m3	010507005001	扶手、压顶	1.断面尺寸:340*150 2.混凝土强度等级:C25	m3	632.31	已匹配
12	011702003001	构造柱		m2	011702003001	构造柱		m2	60.46	已匹配
13	010502002001	构造柱	1.混凝土强度等级: C25	m3	010502002001	构造柱	1.混凝土强度等级:C25	m3	591.47	已匹配

确认

当前匹配85条清单，未成功匹配18条清单
是否查看未成功匹配清单?

是(Y)　否(N)

图 11-105　自动匹配结果

3）将未成功匹配的 18 条清单进行手动匹配，选择未匹配清单，单击【手工匹配】，在预算书查询界面找到对应清单，单击匹配。其余未匹配清单同上一步全部手动匹配，如图 11-106、图 11-107 所示。

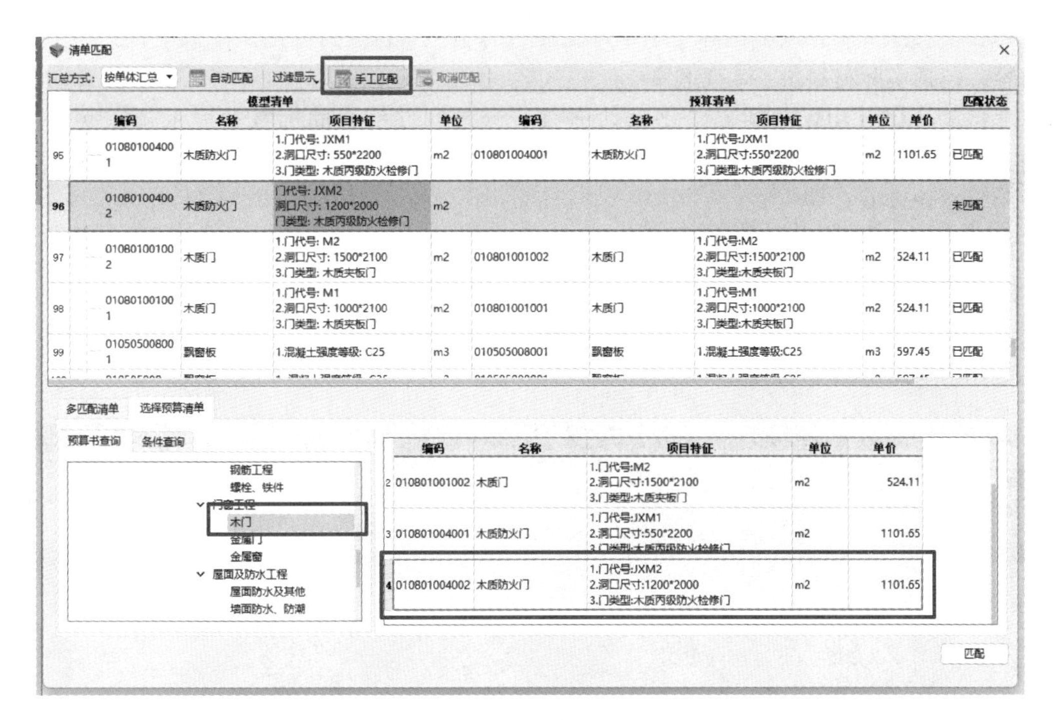

图 11-106　手工匹配

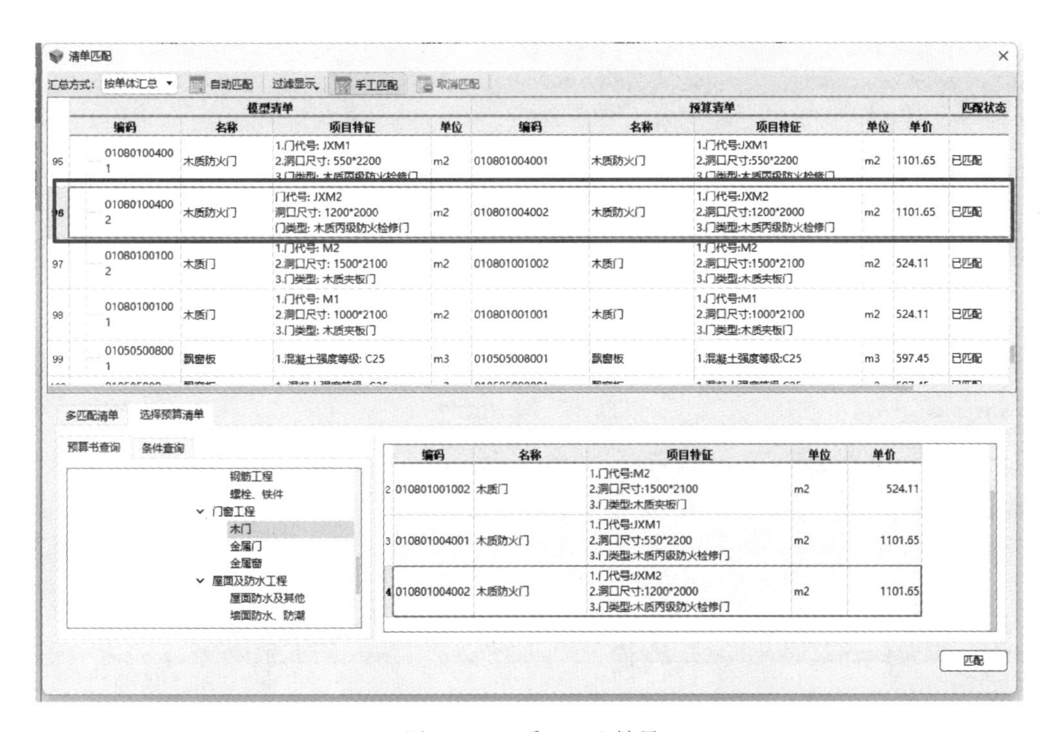

图 11-107　手工匹配结果

2. 模型与清单关联

(1) 任务背景　在 BIM5D 中会涉及合同预算与成本预算两类文件，其中合同预算是指中标之后，和建设方签订合同并作为合同中的主要部分的内容，主要明确了各项清单的综合单价和各项其他费用；成本预算是指中标之后，总承包单位进行内部实际成本核算的主要商务内容，包括实际材料价、人工价等。

项目部可利用 BIM5D 进行商务成本管理，将编制好的合同预算和成本预算文件导入 BIM5D 系统，与模型进行关联，为项目成本管理奠定基础。

（2）软件操作

1）单击【清单关联】，选择合同预算，单击【钢筋关联】，勾选区域以及钢筋，属性选项里选择钢筋直径，工程量选择重量进行查询，左键单击清单再选择对应钢筋直径的重量进行关联。在钢筋关联明细里可查看清单关联的构件信息，单击右键可以取消关联，如图 11-108 ~ 图 11-110 所示。

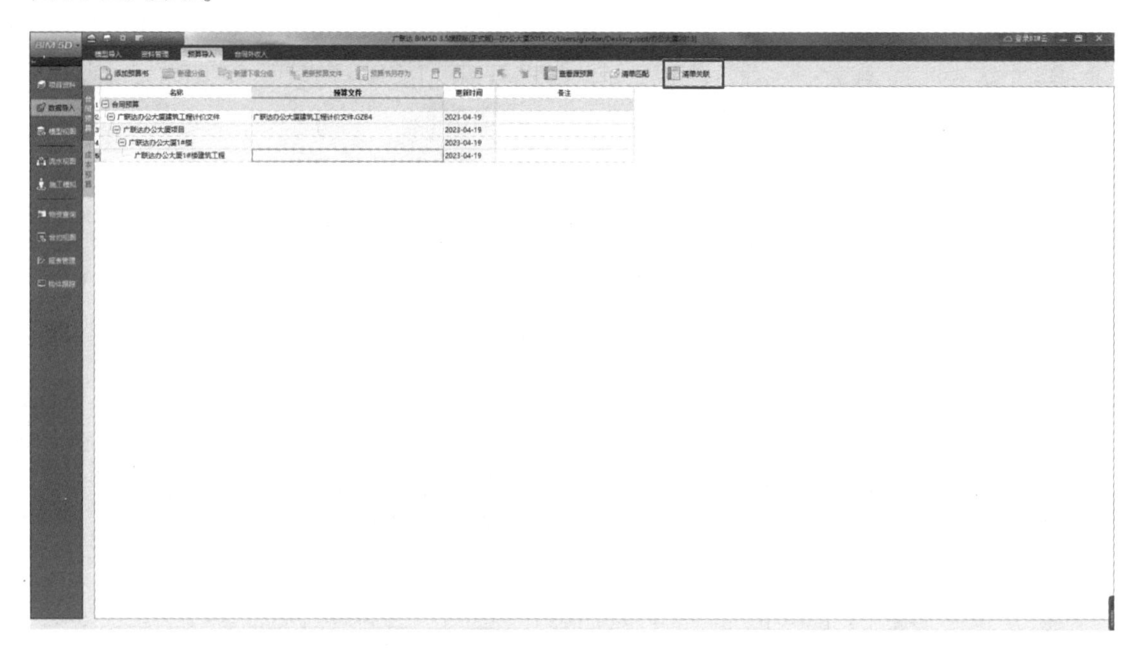

图 11-108　清单关联

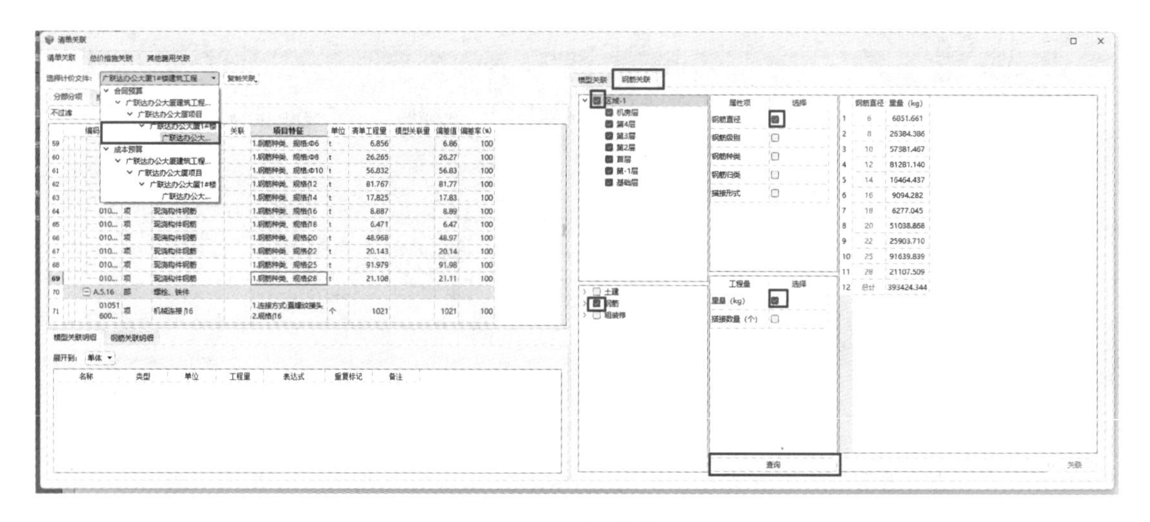

图 11-109　钢筋关联

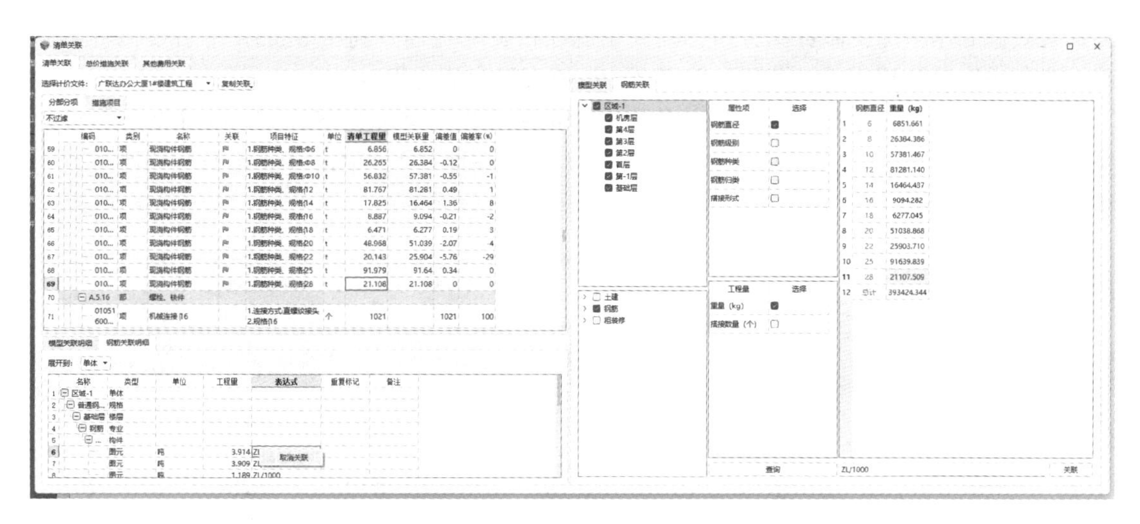

图 11-110　取消关联

2）同上步做法，在属性项选择搭接形式以及钢筋直径，工程量选择搭接数量进行直螺纹接头清单关联，如图 11-111 所示。

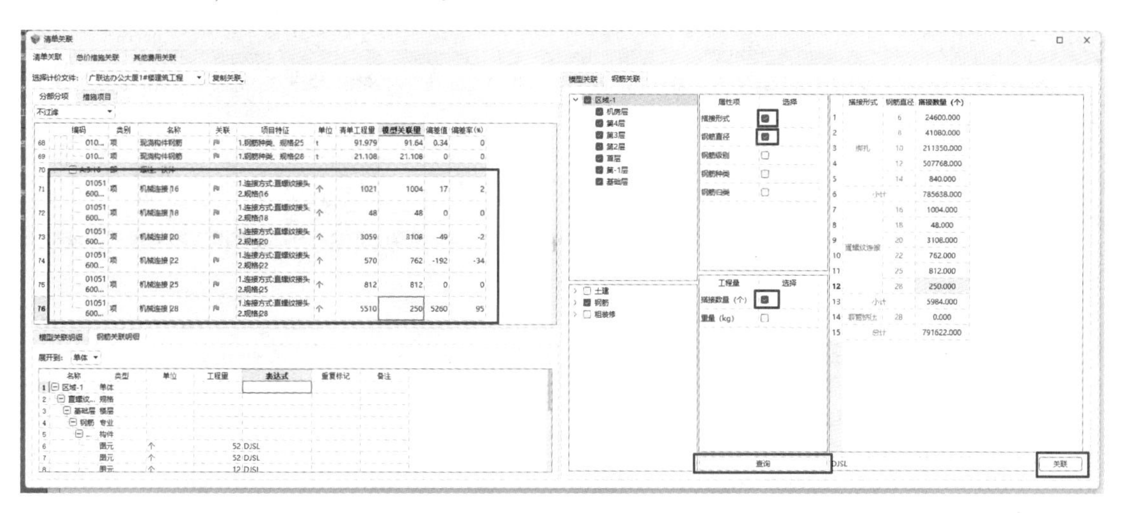

图 11-111　钢筋关联

（3）任务总结　注意合同预算和成本预算的区别，理解各自含义，成本预算与合同预算软件操作一致。明确清单挂接的两种方式：清单匹配和清单关联。理解清单匹配的性质是将导入的预算清单与模型自身的模型清单进行匹配，清单关联是将导入的预算清单与模型图元进行关联。掌握清单匹配（自动匹配、手工匹配）和清单关联（清单关联）的操作方式。预算书有变更时，可以进行更新预算文件。更新的预算文件中的编码、名称、项目特征、单位不变，仅单价变化时，则无须重新进行清单匹配，已做的清单匹配记录会自动保留。

11.4.2　资金资源曲线

1. 提取资金曲线信息

（1）任务背景　资金计划以曲线表的形式进行展示，可以十分直观地反映项目的资金运作及资源利用情况，做资源分析，辅助编制项目资金计划。利用 BIM5D 平台模拟资金曲线，进行进度款分析，通过合理配置资金，以最大程度节约资金成本。

（2）软件操作　进入【施工模拟】界面，单击【视图菜单】下拉，选择【资金曲线】，选择时间范围，单击【费用预计算】，然后单击【刷新曲线】。单击【导出资源曲线汇总列表】和【导出图表】导出表格，如图 11-112～图 11-114 所示。

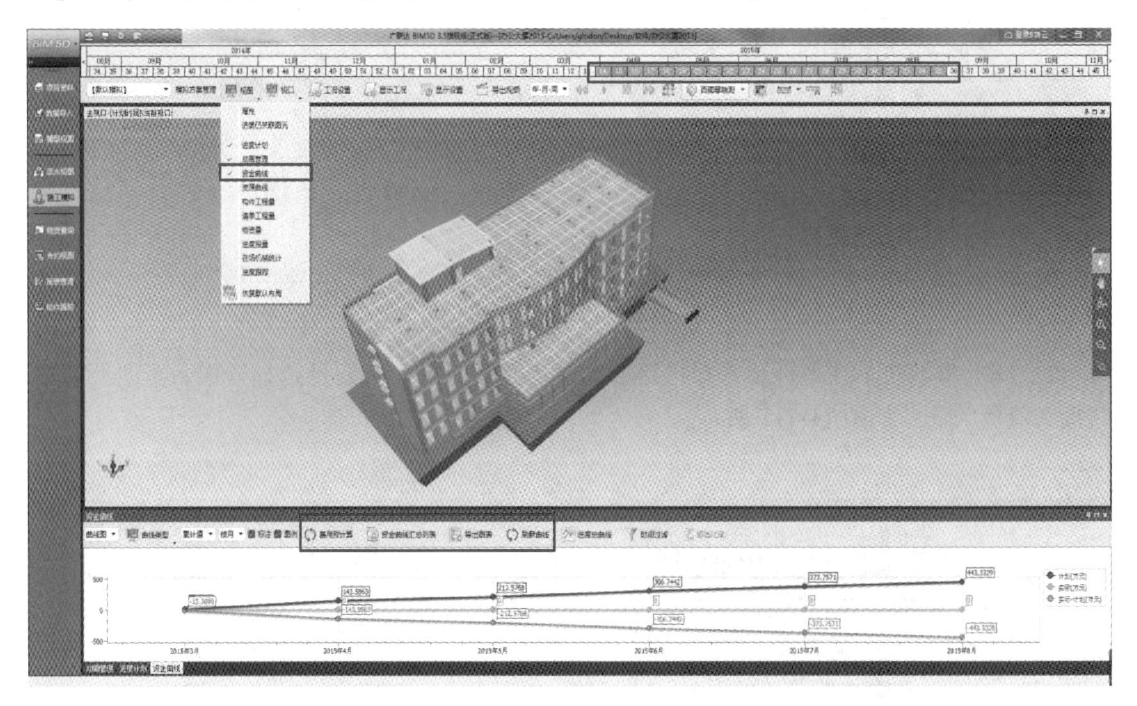

图 11-112　资金曲线

汇总列表

导出Excel

	时间	单位	计划时间-当前金额	计划时间-累计金额	实际时间-当前金额	实际时间-累计金额	当前差额	累计差额
1	2015年3月	万元	15.3088	15.3088	0	0	-15.3088	-15.3088
2	2015年4月	万元	128.2775	143.5863	0	0	-128.2775	-143.5863
3	2015年5月	万元	68.9905	212.5768	0	0	-68.9905	-212.5768
4	2015年6月	万元	94.1674	306.7442	0	0	-94.1674	-306.7442
5	2015年7月	万元	67.0129	373.7571	0	0	-67.0129	-373.7571
6	2015年8月	万元	69.5758	443.3329	0	0	-69.5758	-443.3329

图 11-113　资金曲线汇总列表

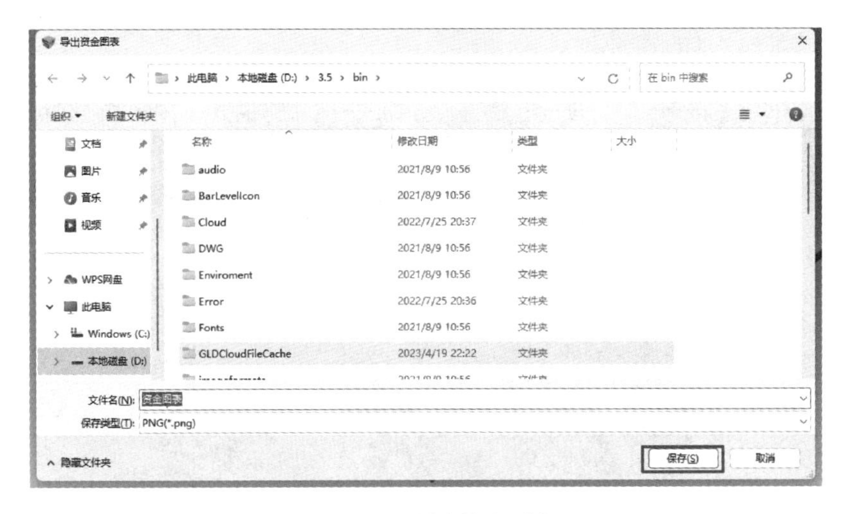

图 11-114　导出资金列表

2. 提取资源曲线信息

（1）任务背景　资源计划以曲线表的形式进行展示，事前统计施工周期内所需资金量及主要材料量，根据其曲线做相应决策及准备。利用 5D 模拟进行资源曲线分析，针对提取的主材资源曲线对该进度时间中的合理性进行分析，找出波峰及波谷时间段安排得不合理的地方，进行相应调整。

（2）软件操作　进入【施工模拟】界面，单击【视图】菜单下拉，选择【资源曲线】，单击【曲线设置】，勾选需要统计的人材机并添加曲线，设置曲线名称并单击确定。选择时间范围，单击【资源预计算】，然后单击【刷新曲线】，如图 11-115 ~ 图 11-119 所示。

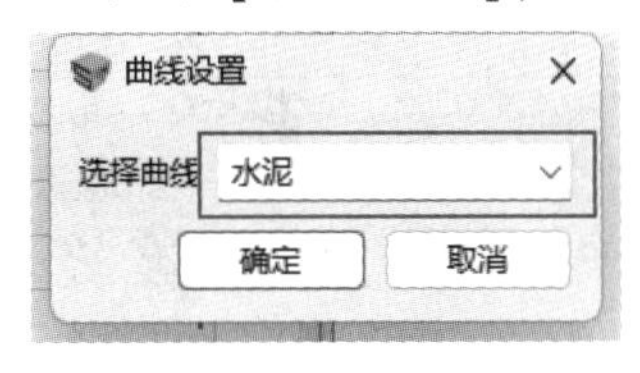

图 11-115　曲线设置选择

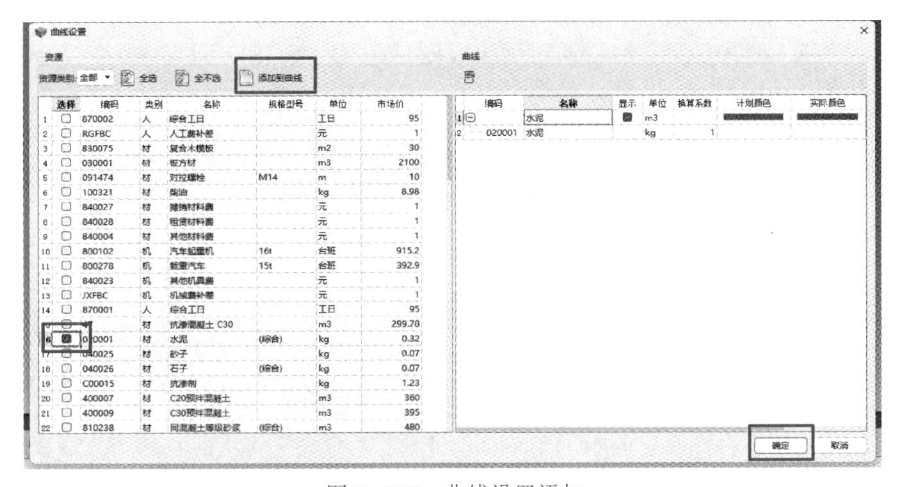

图 11-116　曲线设置添加

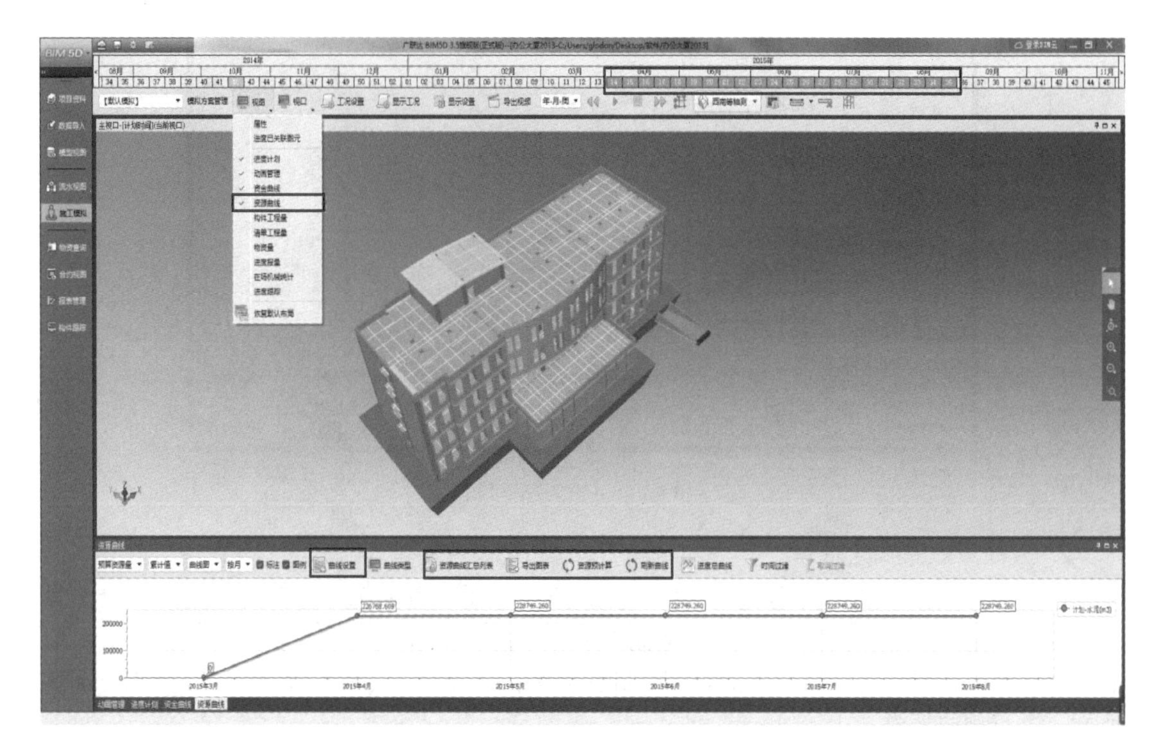

图 11-117　资源曲线

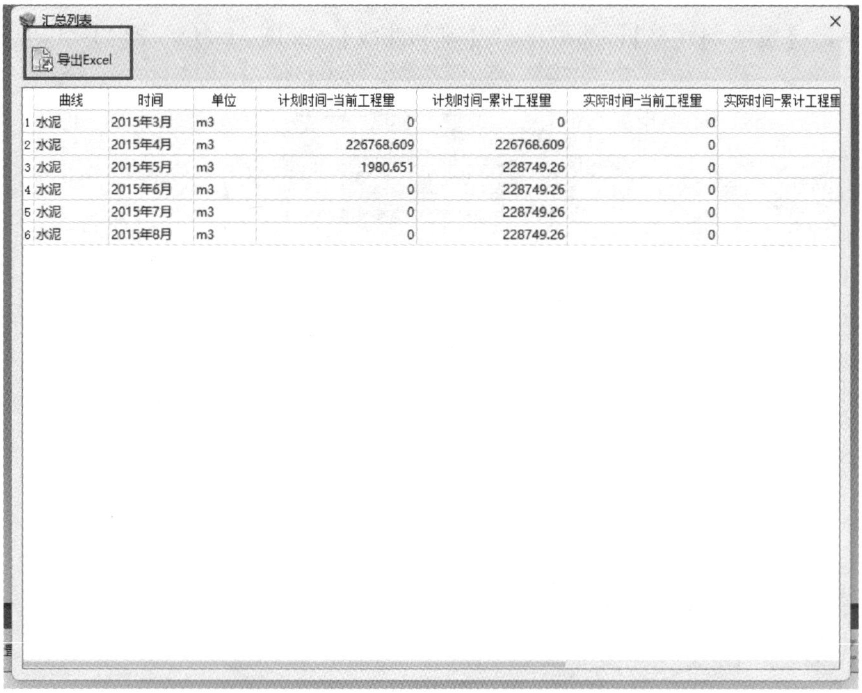

汇总列表

导出Excel

	曲线	时间	单位	计划时间-当前工程量	计划时间-累计工程量	实际时间-当前工程量	实际时间-累计工程量
1	水泥	2015年3月	m3	0	0	0	
2	水泥	2015年4月	m3	226768.609	226768.609	0	
3	水泥	2015年5月	m3	1980.651	228749.26	0	
4	水泥	2015年6月	m3	0	228749.26	0	
5	水泥	2015年7月	m3	0	228749.26	0	
6	水泥	2015年8月	m3	0	228749.26	0	

图 11-118　汇总列表

（3）任务总结　曲线提取时，注意先选择对应时间轴范围，然后再单击资金或资源曲线进行查询。曲线设置均可按不同时间、不同类型、不同格式进行查看。单击资金预计算/资源预计算，然后刷新曲线，均可显示对应时间范围的曲线内容。预算资源量曲线要先进行曲线设置，将对应的人材机资源选择添加到曲线后，同样进行预计算和刷新曲线，才可显示曲线内容。资金、资源曲线均可导出为图片和表格的形式进行查看，且可以配合施工模拟功能进行曲线动态播放。

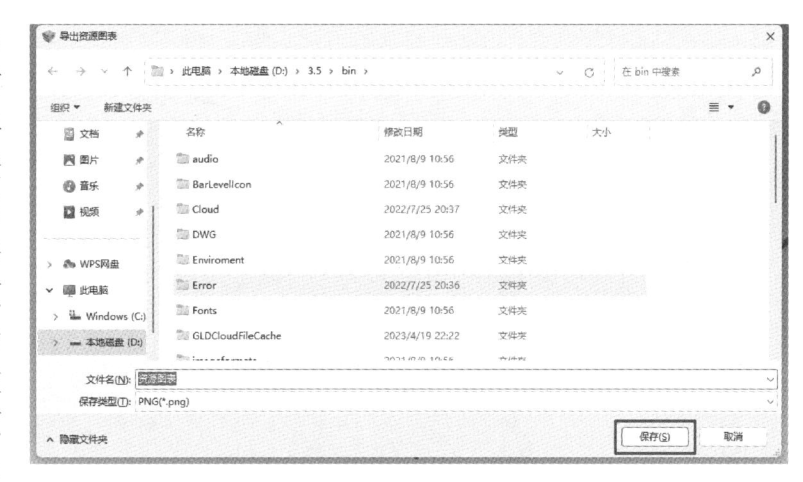

图 11-119　导出资源图表

11.4.3　进度报量

1. 提取造价信息

（1）任务背景　利用 BIM5D 进行资源提取工作，按月进行工程量提报，定期与建设方进行进度款结算。

（2）软件操作　进入【模型视图】界面，单击【高级工程量查询】，例如查询首层 1 区柱混凝土工程量。选择查询楼层为首层，流水段为首层 1 区，构件类型为土建柱。单击查询汇总工程量即可导出工程量，如图 11-120 ~ 图 11-125 所示。

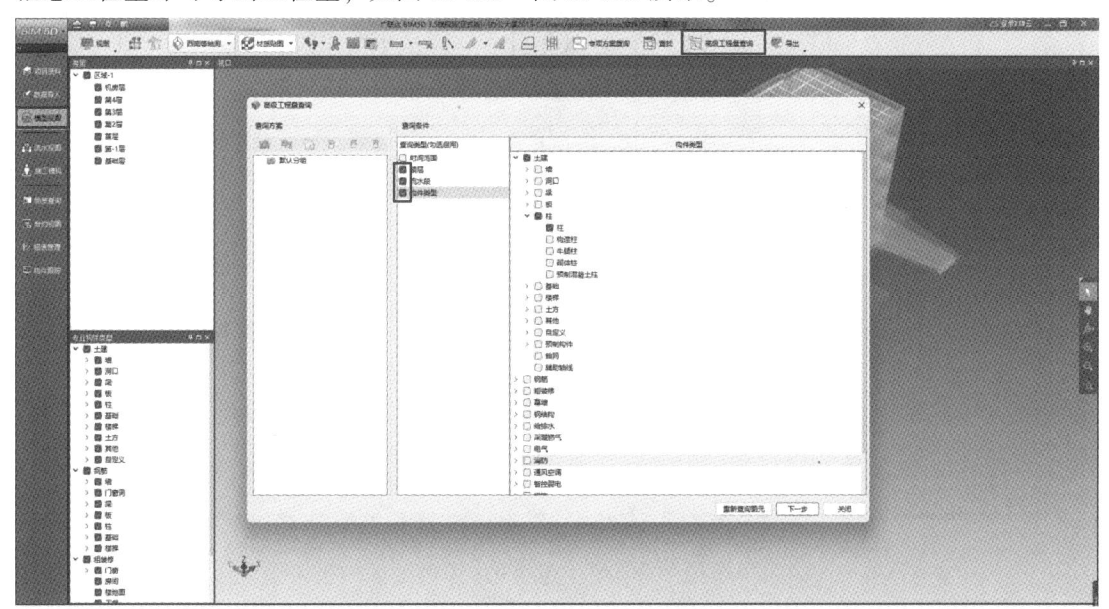

图 11-120　高级工程量查询

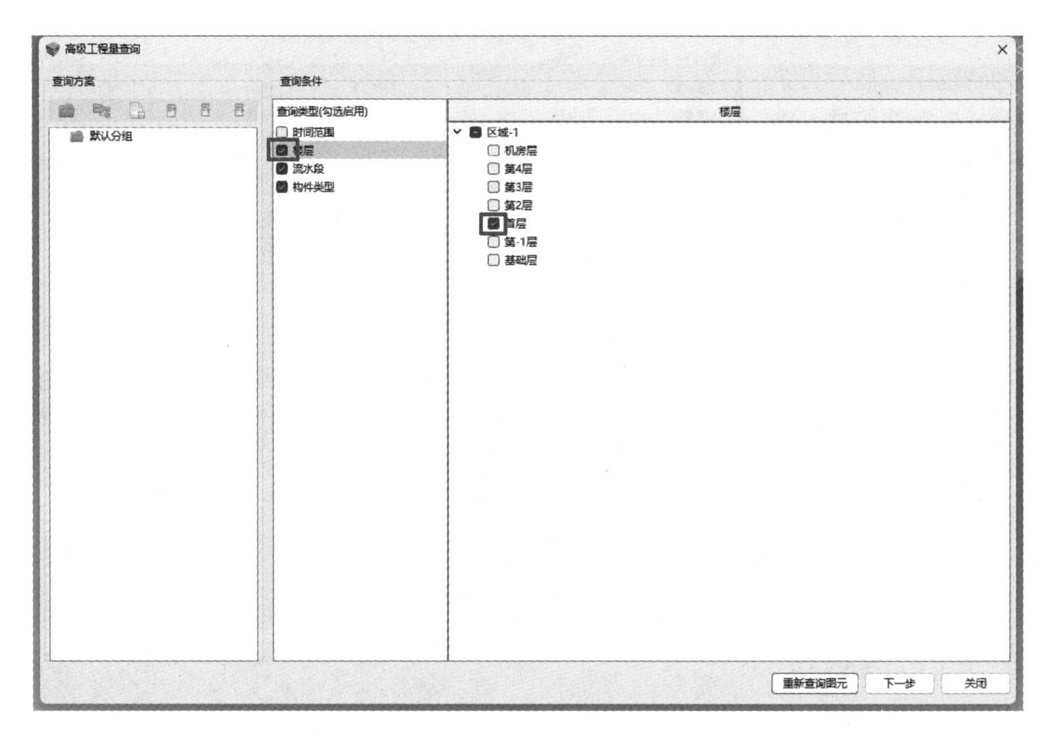

图 11-121　勾选楼层

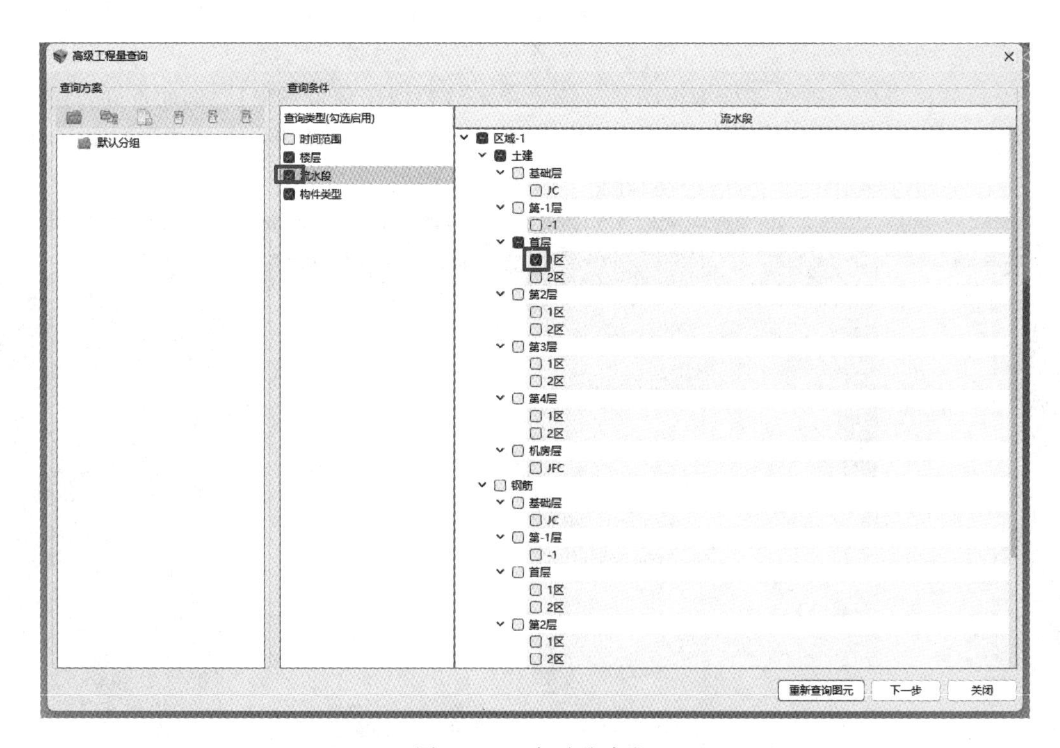

图 11-122　勾选流水段

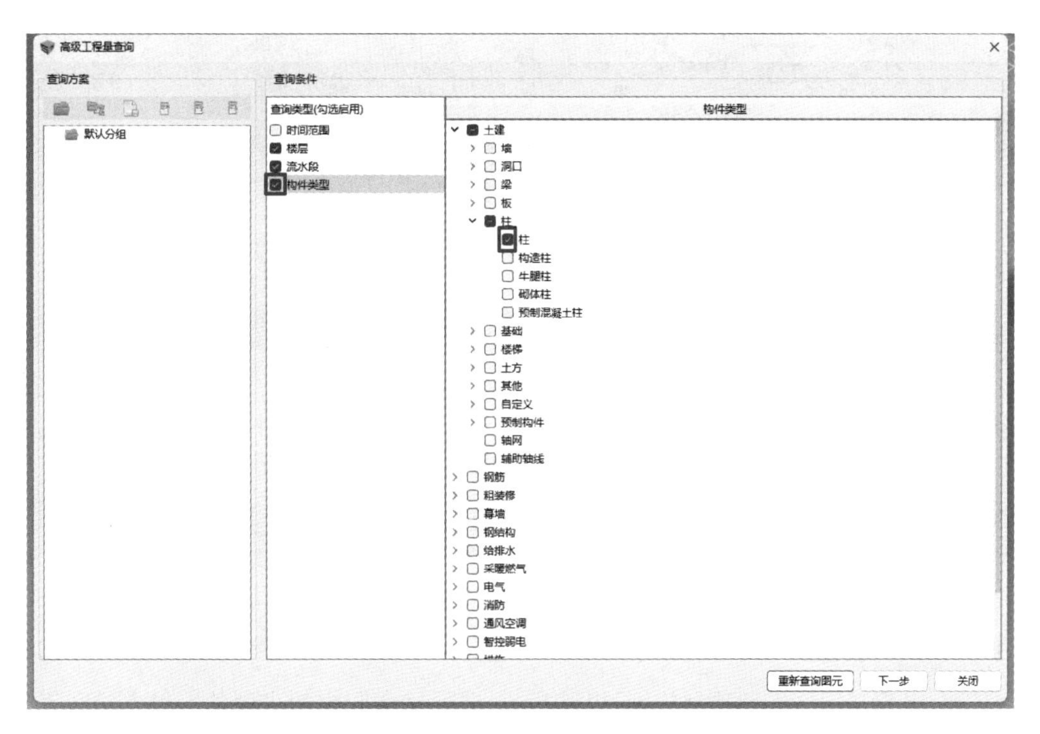

图 11-123　勾选构件类型

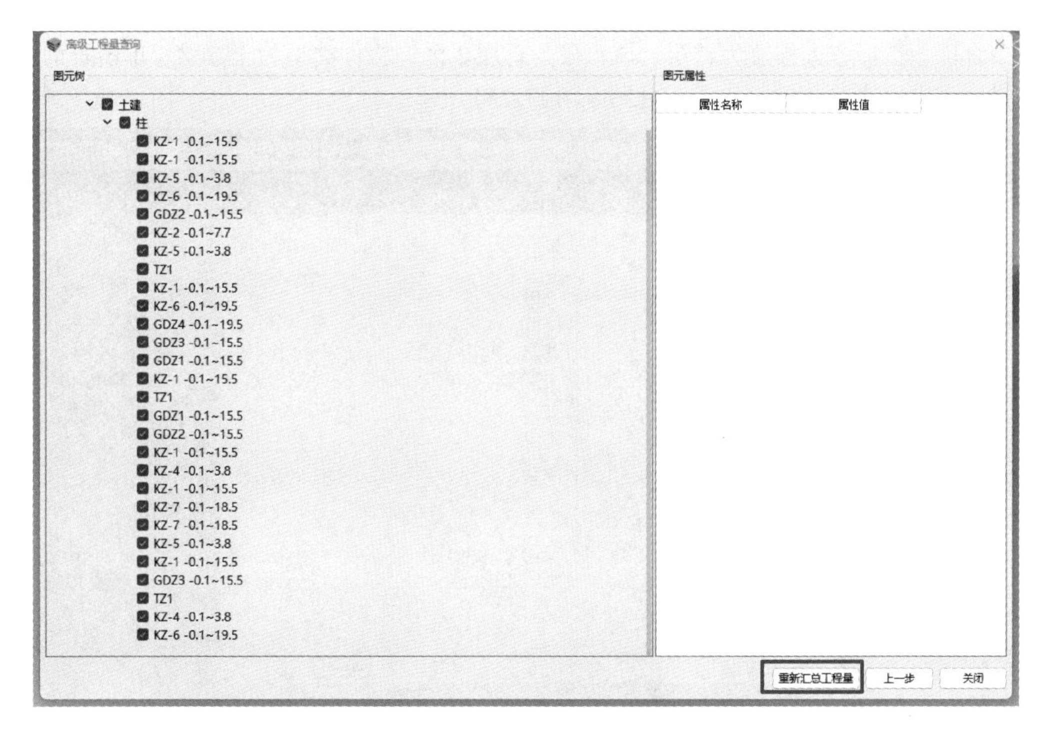

图 11-124　重新汇总工程量

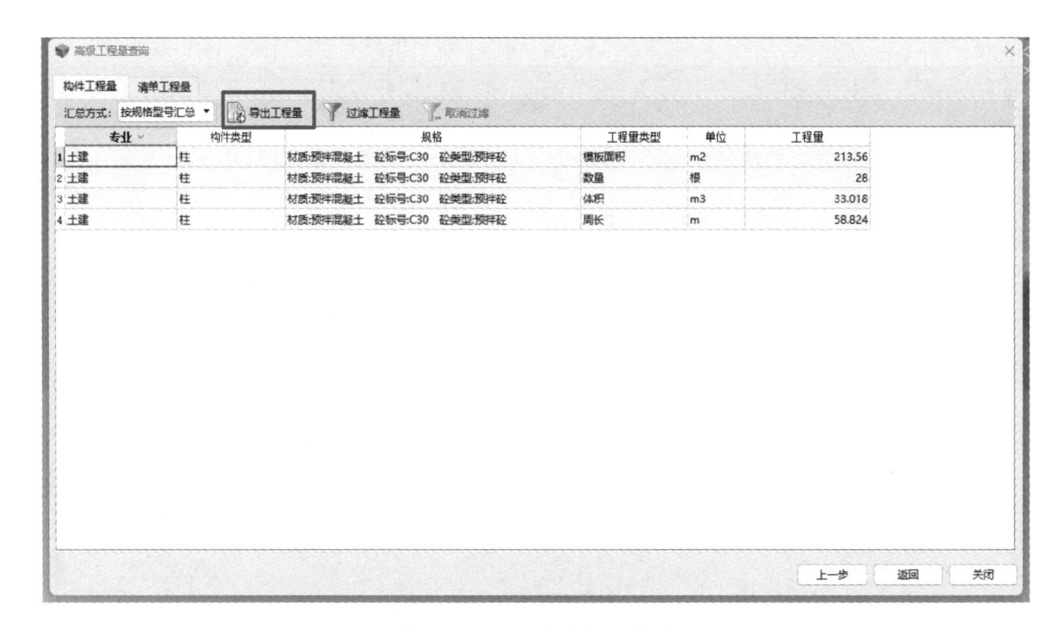

图 11-125　导出构件工程量

2. 提取造价资源

（1）任务背景　在实际项目施工过程中，根据项目合同中的进度款支付方式和工程进度对建设方上报形象进度工程量，对每月的工程量进行提报。

（2）软件操作　进入【模型视图】界面，单击【高级工程量查询】，例如查询首层 2 区梁清单合价。选择查询楼层为首层，流水段为首层 2 区，构件类型为土建梁。单击查询汇总工程量即可导出清单合价，如图 11-126 ~ 图 11-130 所示。

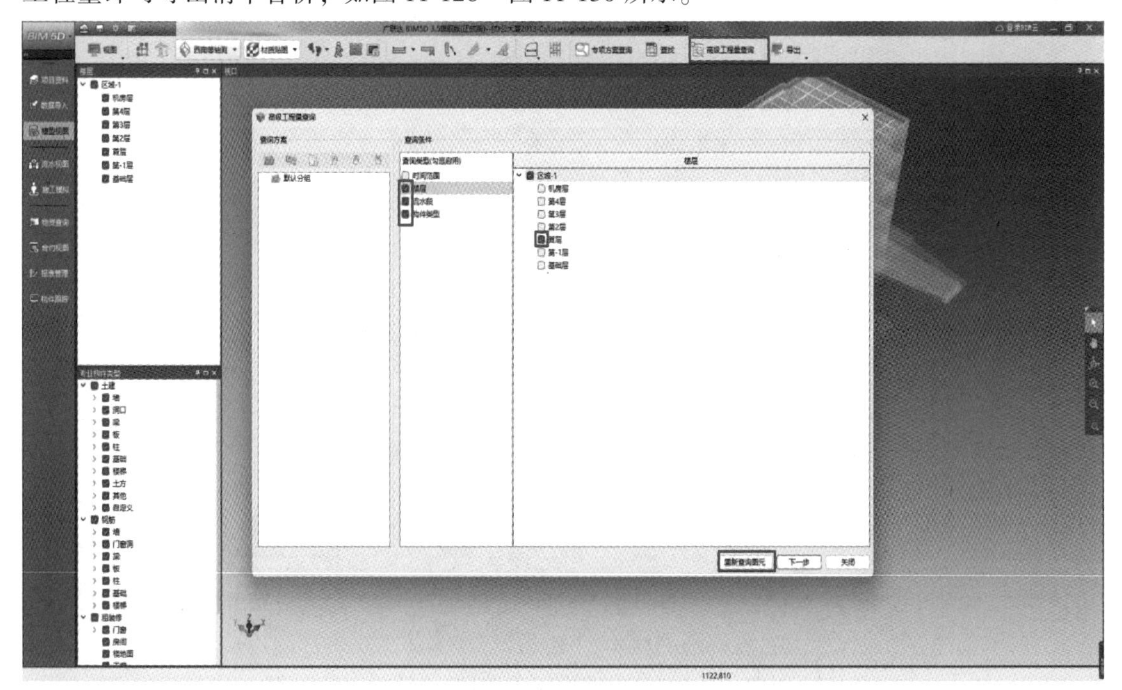

图 11-126　勾选楼层

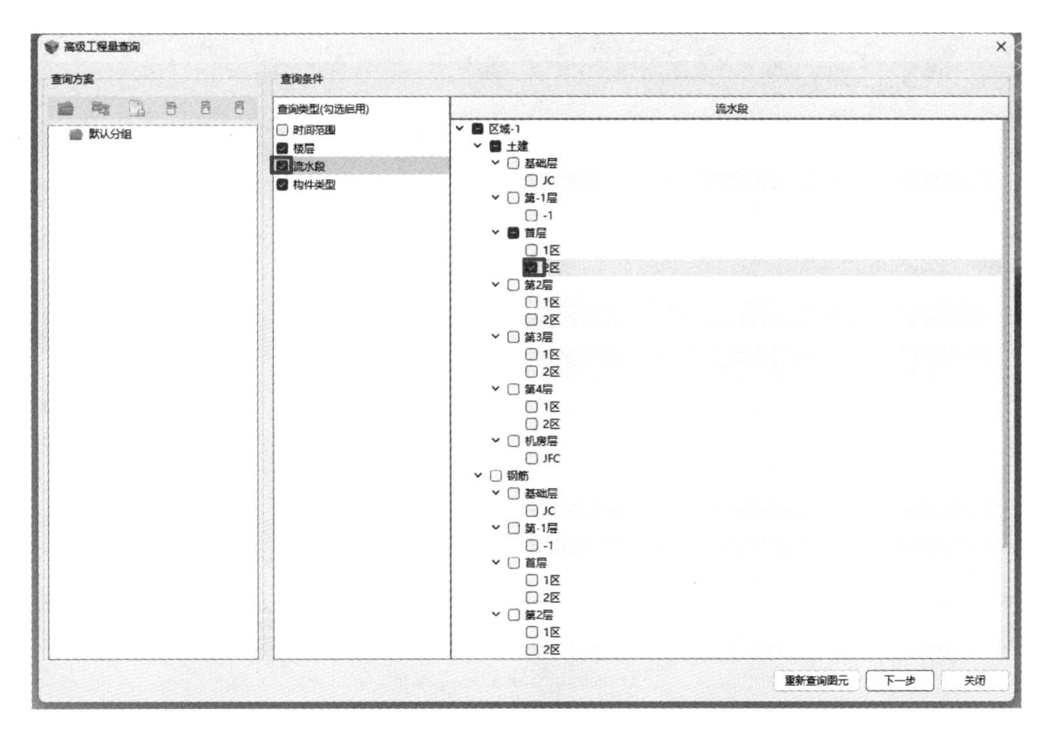

图 11-127　勾选流水段

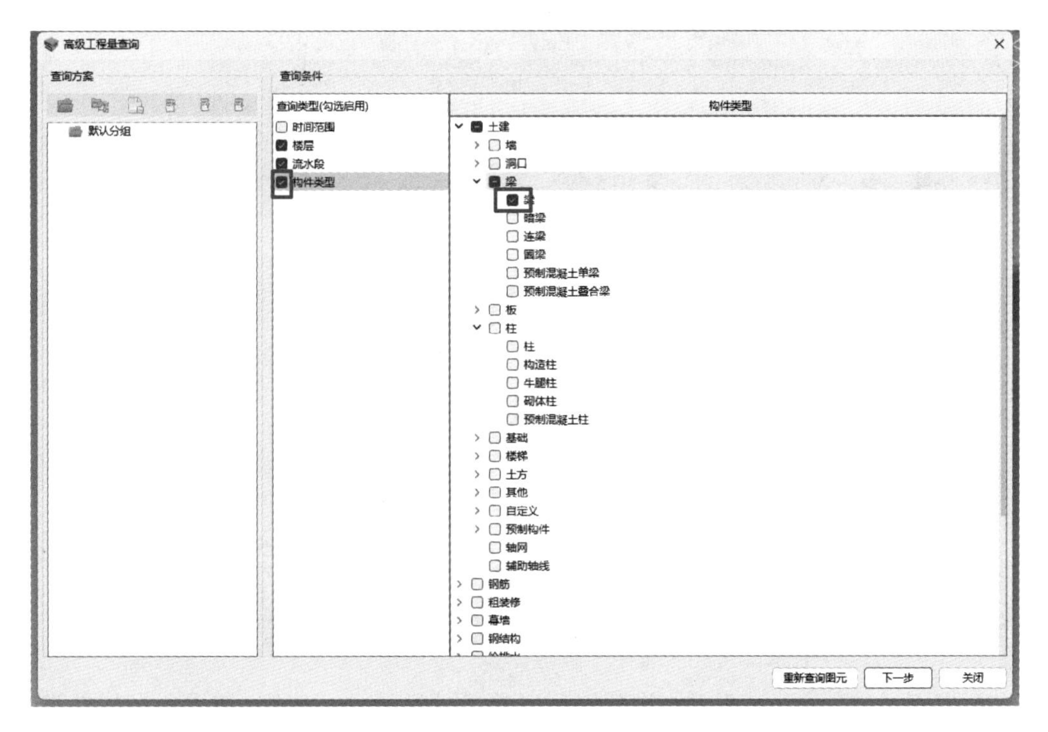

图 11-128　勾选构件类型

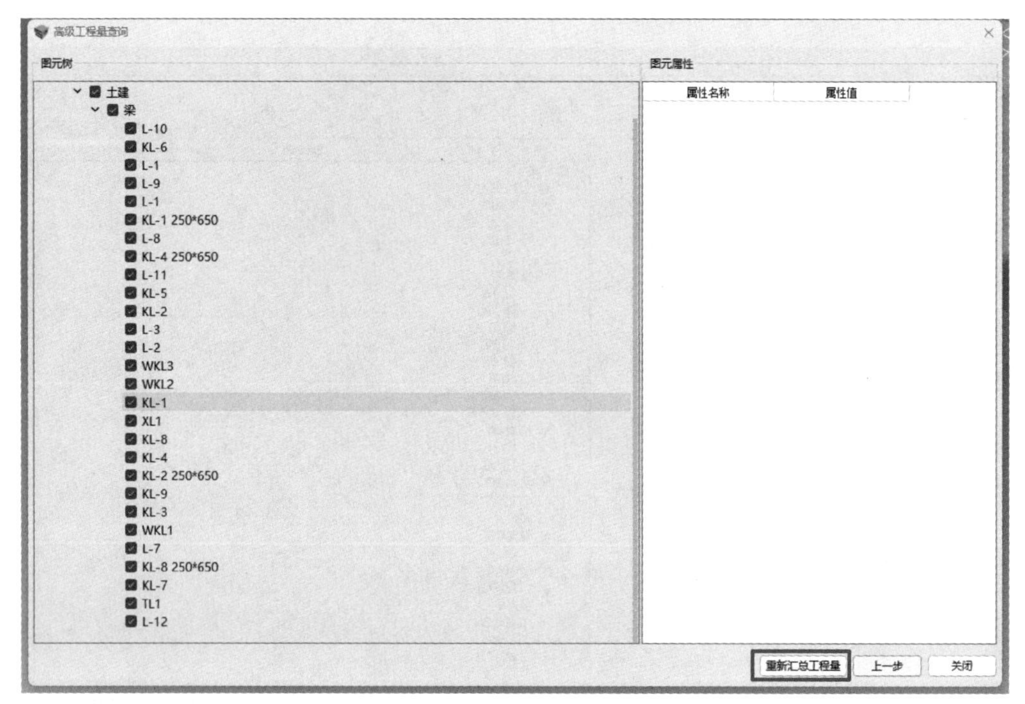

图 11-129　重新汇总工程量

高级工程量查询

构件工程量　清单工程量

汇总方式：按清单汇总　预算类型：合同预算　导出工程量　当前清单资源量　全部资源量

	项目编码	项目名称	项目特征	单位	定额含量	预算工程量	模型工程量	综合单价	合价(元)
1	010503002001	矩形梁	1.混凝土强度等级:C30	m3		105.22	11.709	528.19	6184.6
2	5-13	现浇混凝土 矩形梁		m3	1	105.22	11.709	528.19	6184.58
3	010505001001	有梁板	1.混凝土强度等级:C30	m3		362.58	8.303	514.76	4274.11
4	5-22	现浇混凝土 有梁板		m3	1	362.58	8.303	514.76	4274.05
5	010505001002	有梁板 TL	1.混凝土强度等级:C30	m3		0.48	0.039	514.75	19.99
6	5-22	现浇混凝土 有梁板		m3	1	0.48	0.039	514.76	20.08
7	011702006001	矩形梁		m2		1494.45	173.191	99.01	17147.62
8	17-74	矩形梁 复合模板		m2	1	1494.452	173.191	96.66	16740.64
9	17-91	梁支撑高度3.6m以上每增1m		m2	0.428	639.87	74.126	5.5	407.69
10	011702014001	有梁板		m2		3788.75	9.1	105.41	959.21
11	17-112	有梁板 复合模板		m2	1.161	4400.084	10.565	82.41	870.66
12	17-121	斜屋面板 复合模板		m2	0.014	52.454	0.127	85.35	10.84
13	17-130	板支撑高度3.6m以上每增1m		m2	0.964	3650.708	8.772	8.27	72.54
14	17-91	梁支撑高度3.6m以上每增1m		m2	0.1	378.899	0.91	5.5	5.01
15	011702014002	有梁板 TL		m2		0.89	0.072	923.18	66.47
16	17-112	有梁板 复合模板		m2	11.202	9.97	0.807	82.41	66.5

	总价合计:	28652

上一步　返回　关闭

图 11-130　导出清单工程量

(3) 任务总结　高级工程量查询功能可以基于时间范围、楼层、流水段及构件类型等条件进行构件工程量和清单工程量的提取。高级工程量查询可以提取构件工程量、清单工程量、资源工程量和清单单价及合价信息。

11.4.4 练习小案例

完成广联达办公大厦成本关联、资金及资源曲线、进度报量设置，如图 11-131 ~ 图 11-136 所示。

清单匹配

汇总方式：按单体汇总 ▾　自动匹配　过滤显示　手工匹配　取消匹配

	模型清单				预算清单					匹配状态
	编码	名称	项目特征	单位	编码	名称	项目特征	单位	单价	
1	⊟ 区域-1				广联达办公大厦1#楼建筑工程					
2	⊟ 土建									
3	011001003001	保温隔热墙面	1.保温隔热部位：地下室外墙面 2.保温隔热材料品种、规格及厚度：60mm厚泡沫聚苯板	m2	011001003001	保温隔热墙面	1.保温隔热部位:地下室外墙面 2.保温隔热材料品种、规格及厚度：60mm厚泡沫聚苯板	m2	86.84	已匹配
4	011001003	保温隔热墙面	1. 保温隔热部位：外墙面 2. 保温隔热材料品种、规格及厚度：35mm厚聚苯颗粒	m2	011001003003	保温隔热墙面	1.保温隔热部位:外墙面 2.保温隔热材料品种、规格及厚度：35mm厚聚苯颗粒	m2	46.92	已匹配
5	011001003003	保温隔热墙面	1.保温隔热部位：外墙面 2.保温隔热材料品种、规格及厚度：35mm厚聚苯颗粒	m2	011001003003	保温隔热墙面	1.保温隔热部位:外墙面 2.保温隔热材料品种、规格及厚度：35mm厚聚苯颗粒	m2	46.92	已匹配
6	011703001	垂直运输		m2	011703001001	垂直运输		m2	73.17	已匹配
7	011703001001	垂直运输		m2	011703001001	垂直运输		m2	73.17	已匹配
8	011702026001	电缆沟、地沟		m2	011702026001	电缆沟、地沟		m2	78.29	已匹配
9	010507003001	电缆沟、地沟	1.混凝土强度等级：C25	m	010507003001	电缆沟、地沟	1.混凝土强度等级:C25	m	124.67	已匹配
10	010501001001	垫层	1.混凝土强度等级：C15	m3	010501001001	垫层	1.混凝土强度等级:C15	m3	442.55	已匹配
11	010507005	扶手、压顶	1. 断面尺寸：340×150 2. 混凝土强度等级：C25	m3	010507005001	扶手、压顶	1.断面尺寸:340×150 2.混凝土强度等级:C25	m3	632.31	已匹配
12	011702003001	构造柱		m2	011702003001	构造柱		m2	60.46	已匹配
13	010502002001	构造柱	1.混凝土强度等级：C25	m3	010502002001	构造柱	1.混凝土强度等级:C25	m3	591.47	已匹配

图 11-131　清单匹配

选择计价文件：广联达办公大厦1#楼建筑工程 ▾　复制关联

分部分项　措施项目

不过滤 ▾

	编码	类别	名称	关联	项目特征	单位	清单工程量	模型关联量	偏差值	偏差率(%)
64	010...	项	现浇构件钢筋		1.钢筋种类、规格⌀16	t	8.887	9.094	-0.21	-2
65	010...	项	现浇构件钢筋		1.钢筋种类、规格⌀18	t	6.471	6.277	0.19	3
66	010...	项	现浇构件钢筋		1.钢筋种类、规格⌀20	t	48.968	51.039	-2.07	-4
67	010...	项	现浇构件钢筋		1.钢筋种类、规格⌀22	t	20.143	25.904	-5.76	-29
68	010...	项	现浇构件钢筋		1.钢筋种类、规格⌀25	t	91.979	91.64	0.34	0
69	010...	项	现浇构件钢筋		1.钢筋种类、规格⌀28	t	21.108	21.108	0	0
70	⊟ A.5.16	部	螺栓、铁件							
71	01051600...	项	机械连接⌀16		1.连接方式:直螺纹接头 2.规格⌀16	个	1021	1004	17	2
72	01051600...	项	机械连接⌀18		1.连接方式:直螺纹接头 2.规格⌀18	个	48	48	0	0
73	01051600...	项	机械连接⌀20		1.连接方式:直螺纹接头 2.规格⌀20	个	3059	3108	-49	-2
74	01051600...	项	机械连接⌀22		1.连接方式:直螺纹接头 2.规格⌀22	个	570	762	-192	-34

模型关联明细　钢筋关联明细

展开到：单体 ▾

名称	类型	单位	工程量	表达式	重复标记	备注

图 11-132　清单关联

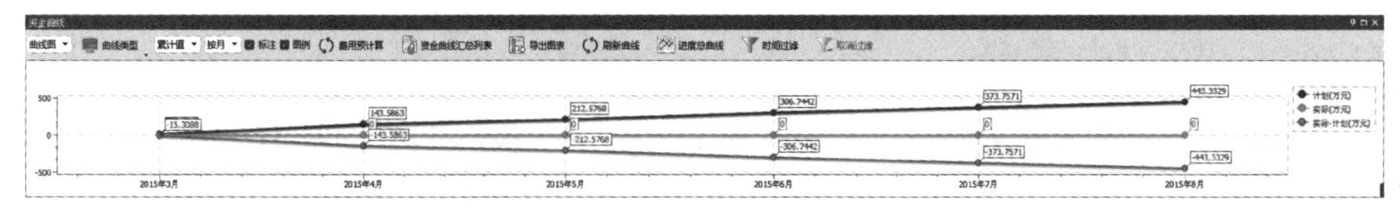

图 11-133　资金曲线

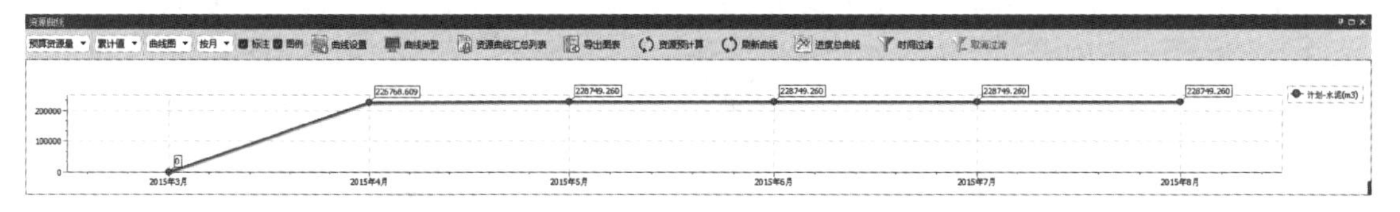

图 11-134　资源曲线

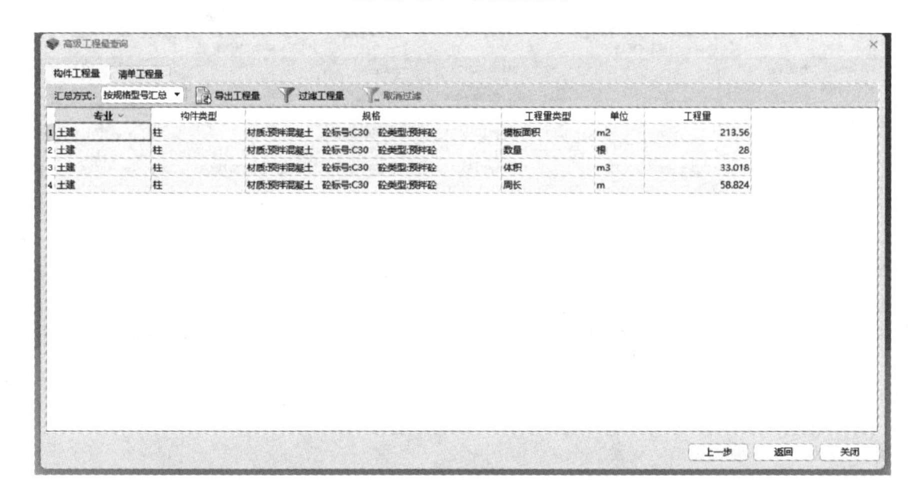

高级工程量查询

构件工程量　清单工程量

汇总方式：按规格型号汇总　导出工程量　过滤工程量　取消过滤

	专业	构件类型	规格	工程量类型	单位	工程量
1	土建	柱	材质:预拌混凝土　砼标号:C30　砼类型:预拌砼	模板面积	m2	213.56
2	土建	柱	材质:预拌混凝土　砼标号:C30　砼类型:预拌砼	数量	根	28
3	土建	柱	材质:预拌混凝土　砼标号:C30　砼类型:预拌砼	体积	m3	33.018
4	土建	柱	材质:预拌混凝土　砼标号:C30　砼类型:预拌砼	周长	m	58.824

上一步　返回　关闭

图 11-135　高级工程量查询 1

高级工程量查询

构件工程量　清单工程量

汇总方式：按清单汇总　预算类型：合同预算　导出工程量　当前清单资源量　全部资源量

	项目编码	项目名称	项目特征	单位	定额含量	预算工程量	模型工程量	综合单价	合价(元)
1	010503002001	矩形梁	1.混凝土强度等级:C30	m3		105.22	11.709	528.19	6184.6
2	5-13	现浇混凝土 矩形梁		m3	1	105.22	11.709	528.19	6184.58
3	010505001001	有梁板	1.混凝土强度等级:C30	m3		362.58	8.303	514.76	4274.11
4	5-22	现浇混凝土 有梁板		m3	1	362.58	8.303	514.76	4274.05
5	010505001002	有梁板 TL	1.混凝土强度等级:C30	m3		0.48	0.039	514.75	19.99
6	5-22	现浇混凝土 有梁板		m3	1	0.48	0.039	514.76	20.08
7	011702006001	矩形梁		m2		1494.45	173.191	99.01	17147.62
8	17-74	矩形梁 复合模板		m2	1	1494.452	173.191	96.66	16740.64
9	17-91	梁支撑高度3.6m以上每增1m		m2	0.428	639.87	74.126	5.5	407.69
10	011702014001	有梁板		m2		3788.75	9.1	105.41	959.21
11	17-112	有梁板 复合模板		m2	1.161	4400.084	10.565	82.41	870.66
12	17-121	斜屋面板 复合模板		m2	0.014	52.454	0.127	85.35	10.84
13	17-130	板支撑高度3.6m以上每增1m		m2	0.964	3650.708	8.772	8.27	72.54
14	17-91	梁支撑高度3.6m以上每增1m		m2	0.1	378.899	0.91	5.5	5.01
15	011702014002	有梁板 TL		m2		0.89	0.072	923.18	66.47
16	17-112	有梁板 复合模板		m2	11.202	9.97	0.807	82.41	66.5
1	总价合计:								28652

上一步　返回　关闭

图 11-136　高级工程量查询 2

第三篇

实训篇

第 12 章　专用宿舍楼项目实训

学习要点

本章以专用宿舍楼项目为背景案例，对进度计划编制、场地布置及 BIM5D 软件在工程实践中的具体应用进行了讲解。

12.1　专用宿舍楼项目进度计划编制实训

12.1.1　专用宿舍楼案例背景概况

1）工程名称：专用宿舍楼。

2）工期要求：88d。

3）建筑面积：1732.48m²。

4）结构形式：钢筋混凝土框架结构。

5）建筑耐火等级：二级。

6）建筑抗震设防烈度：7 度。

7）建筑物设计使用年限：50 年。

8）工程模型：专用宿舍楼模型如图 12-1 所示。

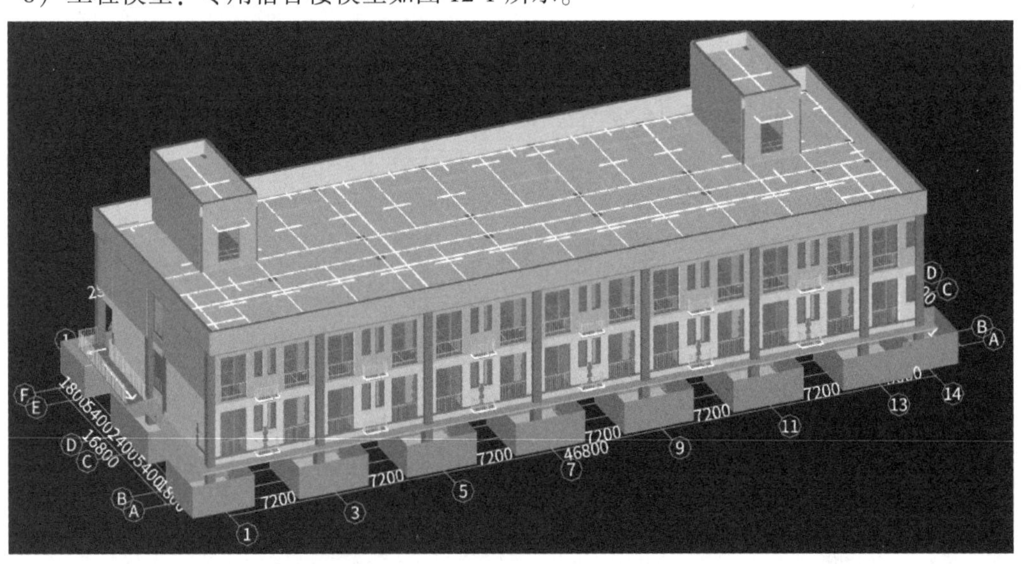

图 12-1　专用宿舍楼模型

12.1.2 主要布置内容及相关要求

1）需根据给定背景信息完善网络图图注，说明文字左右间距为 15mm，说明字体为宋体、常规、小四号。

2）需根据给定的表格信息，完成基础层结构施工、首层主体结构施工、二层主体结构施工、屋顶层主体结构施工、二次结构施工、粗装修施工和零星施工等任务。

3）需进行各个阶段任务工作父子结构及分区创建，完成任务工作间逻辑关系的确定。

4）网络图中严禁出现从一个节点出发，顺箭头方向又回到原出发点的循环回路。

5）网络图中的箭线（包括虚箭线）应保持自左向右的方向，不应出现箭头指向左方的水平箭线和箭头偏向左方的斜向箭线。

6）应尽量避免网络图中工作箭线的交叉。当交叉不可避免时，可以采用过桥法或指向法处理。

7）网络图中应只有一个起点节点和一个终点节点（任务中部分工作需要分期完成的网络计划除外）。除网络图的起点节点和终点节点外，不允许出现没有外向箭线的节点和没有内向箭线的结点。

12.1.3 专用宿舍楼案例相关信息

专用宿舍楼工程相关工作及工期、前置工作及计划开始时间见表 12-1。

表 12-1 专用宿舍楼信息

序号	标记	工作名称	工期/工日	前置工作	计划开始时间
1	*	**专用宿舍楼项目施工**	**88**		**2018-06-19**
2	*	**基础层结构施工**	**17**		**2018-06-19**
3	*	土方开挖	4		2018-06-19
4	*	基础垫层施工	3	3	2018-06-23
5	*	独立基础结构施工	4	4	2018-06-26
6	*	柱结构施工	3	5	2018-06-30
7	*	地梁及地圈梁结构施工	3	6	2018-07-03
8	*	**首层主体结构施工**	**14**		**2018-07-06**
9		**首层 A 区主体结构施工**	**11**		**2018-07-06**
10	*	柱结构施工	3	7	2018-07-06
11	*	梁结构施工	3	10	2018-07-09
12	*	板结构施工	3	11	2018-07-12
13		楼梯结构施工	2	12	2018-07-15
14	*	**首层 B 区主体结构施工**	**11**		**2018-07-09**
15	*	柱结构施工	3	10	2018-07-09
16	*	梁结构施工	3	11，15	2018-07-12
17	*	板结构施工	3	12，16	2018-07-15
18	*	楼梯结构施工	2	13，17	2018-07-18

（续）

序号	标记	工作名称	工期/工日	前置工作	计划开始时间
19	*	**二层主体结构施工**	**14**		**2018-07-20**
20		**二层 A 区主体结构施工**	**11**		**2018-07-20**
21	*	柱结构施工	3	18	2018-07-20
22	*	梁结构施工	3	21	2018-07-23
23	*	板结构施工	3	22	2018-07-26
24		楼梯结构施工	2	23	2018-07-29
25	*	**二层 B 区主体结构施工**	**11**		**2018-07-23**
26	*	柱结构施工	3	21	2018-07-23
27	*	梁结构施工	3	22，26	2018-07-26
28	*	板结构施工	3	23，27	2018-07-29
29	*	楼梯结构施工	2	24，28	2018-08-01
30	*	**屋顶层主体结构施工**	**9**		**2018-08-03**
31	*	柱结构施工	3	29	2018-08-03
32	*	梁结构施工	3	32	2018-08-06
33	*	板结构施工	3	33	2018-08-09
34	*	**二次结构施工**	**15**		**2018-08-12**
35	*	首层砌筑施工	5	34	2018-08-12
36	*	二层砌筑施工	5	36	2018-08-17
37	*	屋面层砌筑施工	5	37	2018-08-22
38	*	**粗装修施工**	**17**		**2018-08-27**
39	*	首层门窗施工	2	38	2018-08-27
40	*	二层门窗施工	2	40	2018-08-29
41	*	屋面层门窗施工	2	41	2018-08-31
42	*	首层顶棚及楼地面施工	2	40	2018-08-29
43	*	二层顶棚及楼地面施工	2	41，43	2018-08-31
44	*	屋面层顶棚施工	2	42，44	2018-09-02
45	*	屋面层墙面施工	3	45	2018-09-04
46	*	二层墙面及踢脚施工	3	46	2018-09-07
47	*	首层墙面及踢脚施工	3	47	2018-09-10
48	*	**零星施工**	**2**		**2018-09-13**
49	*	散水及台阶施工	2	48	2018-09-13

12.2 专用宿舍楼项目场地布置实训

12.2.1 专用宿舍楼案例概况

1）工程名称：专用宿舍楼。

2）建筑面积：参见 CAD 底图中已勾画拟建建筑物的外轮廓线范围。

3）在施楼层：共计 2 层，在施 2 层，层高均为 3.6m。

4）施工阶段：主体阶段。

5）结构形式：钢筋混凝土框架结构。

6）案例底图：如图 12-2 所示。

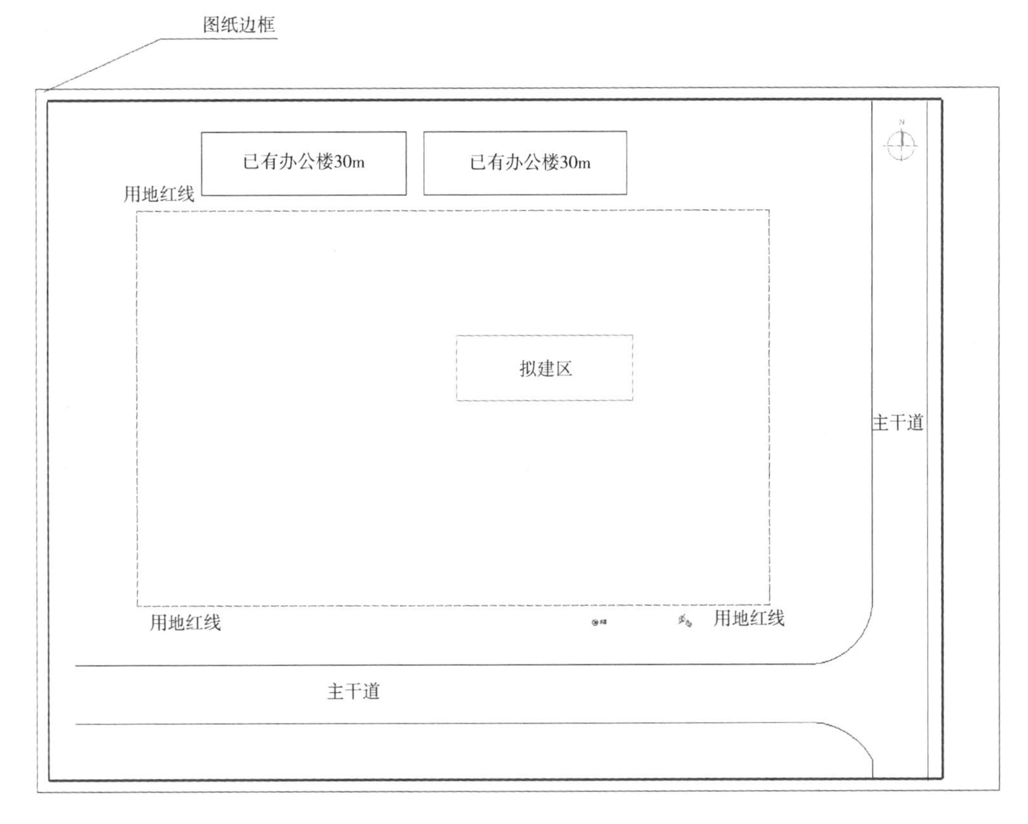

图 12-2　专用宿舍楼实训案例底图

12.2.2 主要布置内容及相关要求

1）拟建建筑。需考虑外脚手架布置。

2）施工用机械设备。需考虑材料竖直和水平运输、人员上下、材料加工等，其中本工程施工方案中塔式起重机的设置高度与在施楼层高度需在合理范围之内；塔式起重机的位置也需满足规范要求；如设置2台以上塔式起重机，塔式起重机之间竖直和水平间距也需要在合理范围之内。

3）施工主材加工棚、材料堆场。需根据材料尺寸、工程规模、施工进度考虑场地大小。其中本工程施工方案中钢筋加工棚的长度应满足最大直筋的长度。可燃材料堆场及其加工场与在建工程的防火间距，其他临时用房、临时设施与在建工程的防火间距需满足对应规范的要求。

4）办公用房。房间种类、间数、面积满足办公需要和相关规范要求。

5）生活用房。房间种类、间数、面积满足生活需要和相关规范要求。本工程施工方案中劳务人数峰值为78人，每间宿舍最多容纳6人，请合理设计。为便于管理，劳务宿舍与项目管理人员宿舍需分开布置。

6）临时用水临时用电布置。临时用电须满足三级配电；水电管线、配电设施均需满足用电用水的基本要求，还需要满足相关规范要求，且水管电线均需连接接入端和输出端，详见CAD底图。

7）消防设施。至少包含：消火栓、消防箱，位置、数量需满足施工与消防要求。

8）场内道路宽度、围墙高度、大门数量与宽度满足规定)。由于该施工区域为市区，人员相对较多，其施工围挡需根据周围环境要求设置为最低高度。

9）安全文明施工。包含但不限于以下内容：五牌一图、排水沟、化粪池、垃圾站、洗车池、门卫岗亭、安全通道、临设标识（如：办公楼中建设方办公室，在对应位置用“标语牌”进行标识)。

10）绿色施工。包含但不限于以下内容：雾炮、场地内绿化（草坪、树林、植草砖铺地、停车场）覆盖面积不小于用地红线覆盖面积的5%。

11）整体布置设计需满足规范要求，参考规范如下：《建筑施工安全检查标准》（JGJ 59—2011)；《建筑施工组织设计规范》（GB/T 50502—2009)；《建设工程施工现场消防安全技术规范》(GB 50720—2011)；《建设工程施工现场环境与卫生标准》（JGJ 146—2013)；《施工现场临时用电安全技术规范》(JGJ 46—2005)。

12.2.3 图元选择特别说明

1）须正确选择所绘制图元属性中对应的施工阶段。

2）图元属性中的“用途”是判断选用何种图元绘制何种设施的主要依据。所绘制的图元属性中如涉及“用途”，请合理选择，如：办公楼采用图元“活动板房”进行绘制，用途选用“办公用房”；多种图元属性中可能有相同的用途，故对以下图元在绘制时做统一要求：食堂、厕所、开水房用集装箱板房图元绘制，属性中的“用途”均按照实际用途进行修改。其他图元不做统一要求，可自行选择绘制，合理即可。

12.2.4 施工现场布置区域划分

按功能划分成施工作业区、办公区和生活区三个区域。

12.2.5 专用宿舍楼实训案例成品效果图

专用宿舍楼实训案例成品效果图如图 12-3 所示。

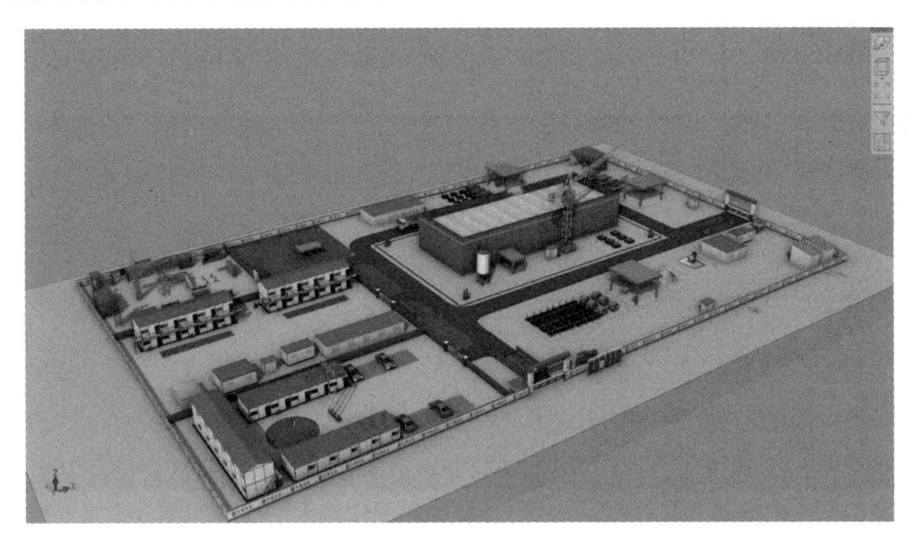

图 12-3 专用宿舍楼实训案例成品效果图

12.3 专用宿舍楼 BIM5D 实训

12.3.1 专用宿舍楼技术应用

1. 模型导入

如图 12-4 所示，将资料包中的模型文件 “专用宿舍楼土建模型 . igms” 和 “专用宿舍楼钢筋模型 . igms” 导入 BIM5D 中。

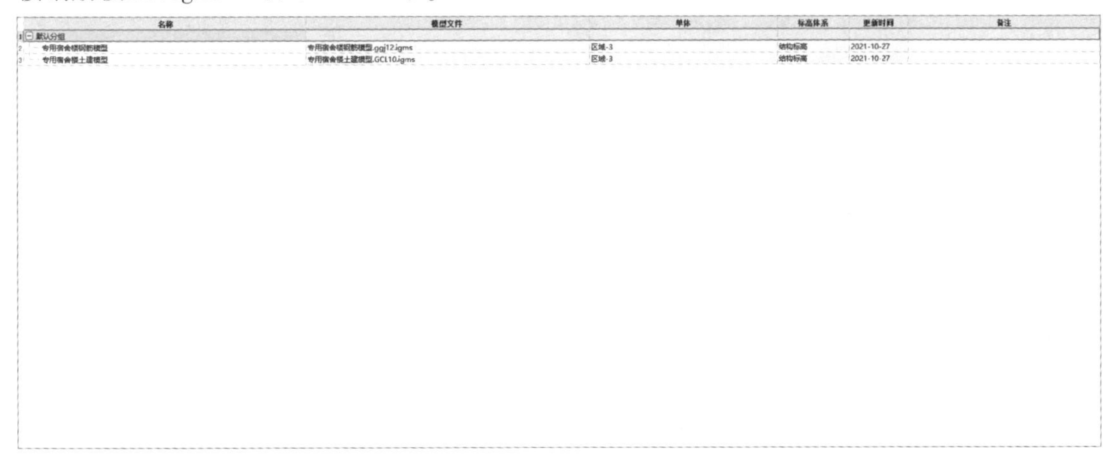

图 12-4 模型导入

2. 技术排砖

对首层①轴上Ⓓ轴至Ⓔ轴之间的墙体按照下述要求进行排砖：墙体选用390mm × 190mm × 190mm尺寸的烧结多孔砖；塞缝砖选用240mm × 115mm × 53mm尺寸的灰砂砖；水平和竖直灰缝厚度均为10mm，调整范围为 ± 2mm；导墙为200mm高的混凝土；未给定参数按软件默认即可。完成后导出排砖的dwg格式图纸，命名为“模型视图_自动排砖”，如图12-5所示。

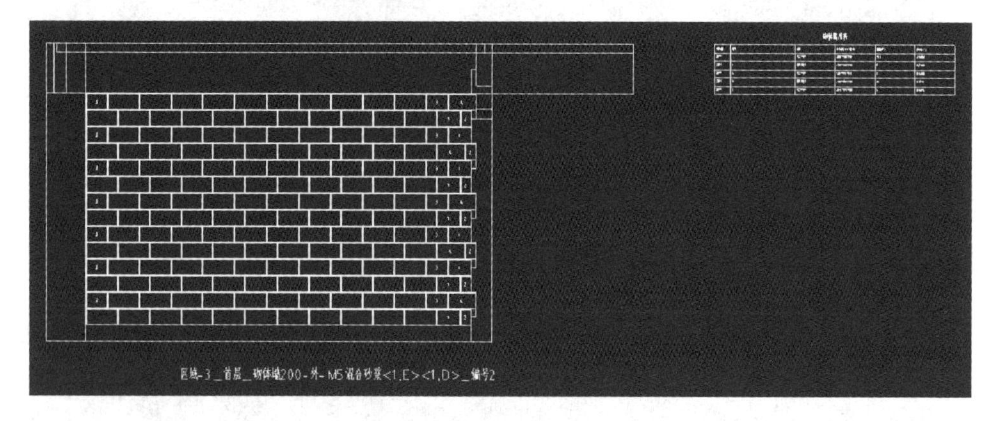

图12-5　砌体排砖

视点应用：在模型视图界面任意一处位置，保存并导出视点，视点名称自定义，如图12-6所示。

视点1

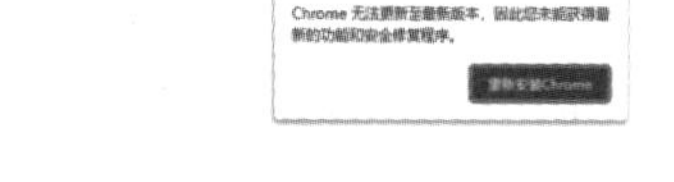

图12-6　视点应用

12.3.2　专用宿舍楼生产应用

1. 流水段划分

1）按施工方案要求，基础层、屋面层作为整体流水施工。

2）1、2层流水段划分以⑦轴为界限，⑦轴左侧部分为1区，右侧部分为2区。

3）流水段命名要求（按单体——专业——楼层——流水的顺序建立）：

①基础层命名为：基础层，流水段名（JC）。

②1层命名为：首层，流水段名（F1-1、F1-2）。

③2 层命名为：第 2 层，流水段名（F2-1、F2-2）。

④屋面层命名为：屋面层，流水段名（WM）。

土建及钢筋按上述进行流水段划分，在划分流水段关联构件时，选择全部构件。如图 12-7 所示。

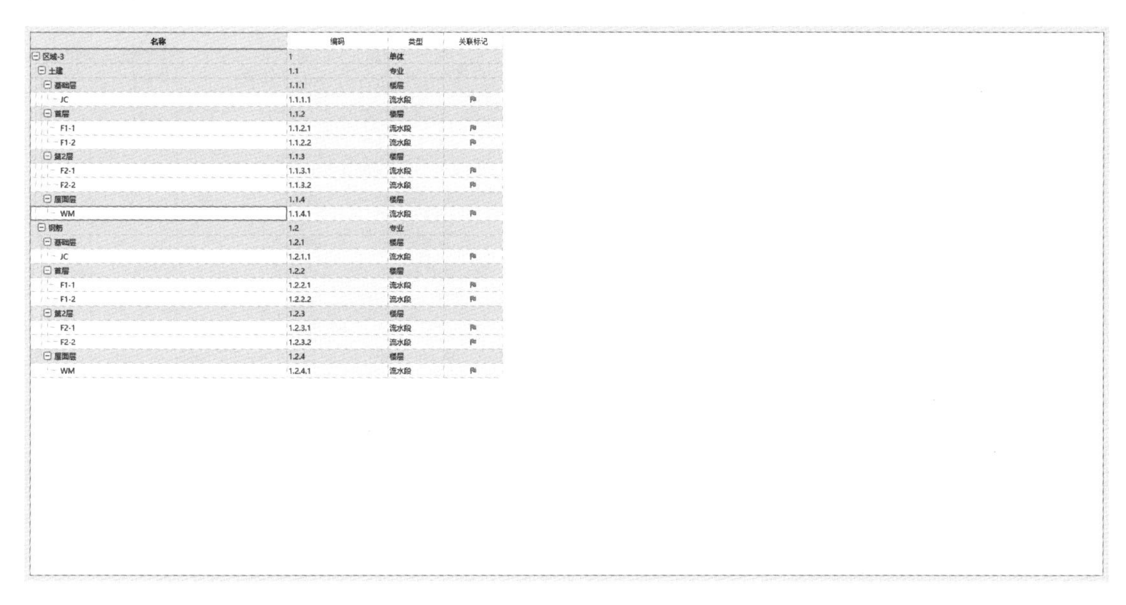

名称	编码	类型	关联标记
⊟ 区域-3	1	单体	
⊟ 土建	1.1	专业	
⊟ 基础层	1.1.1	楼层	
JC	1.1.1.1	流水段	⚐
⊟ 首层	1.1.2	楼层	
F1-1	1.1.2.1	流水段	⚐
F1-2	1.1.2.2	流水段	⚐
⊟ 第2层	1.1.3	楼层	
F2-1	1.1.3.1	流水段	⚐
F2-2	1.1.3.2	流水段	⚐
⊟ 屋面层	1.1.4	楼层	
WM	1.1.4.1	流水段	⚐
⊟ 钢筋	1.2	专业	
⊟ 基础层	1.2.1	楼层	
JC	1.2.1.1	流水段	⚐
⊟ 首层	1.2.2	楼层	
F1-1	1.2.2.1	流水段	⚐
F1-2	1.2.2.2	流水段	⚐
⊟ 第2层	1.2.3	楼层	
F2-1	1.2.3.1	流水段	⚐
F2-2	1.2.3.2	流水段	⚐
⊟ 屋面层	1.2.4	楼层	
WM	1.2.4.1	流水段	⚐

图 12-7　流水段关联

2. 进度计划

1）将编制的“专用宿舍楼施工进度计划”文件导入 BIM5D 中，并把计划与模型进行关联；如图 12-8 所示。

2）要求将进度计划中的工程任务项与土建模型和钢筋模型进行关联。

3）进度计划关联以工作项的描述为准（二层楼梯不关联）。

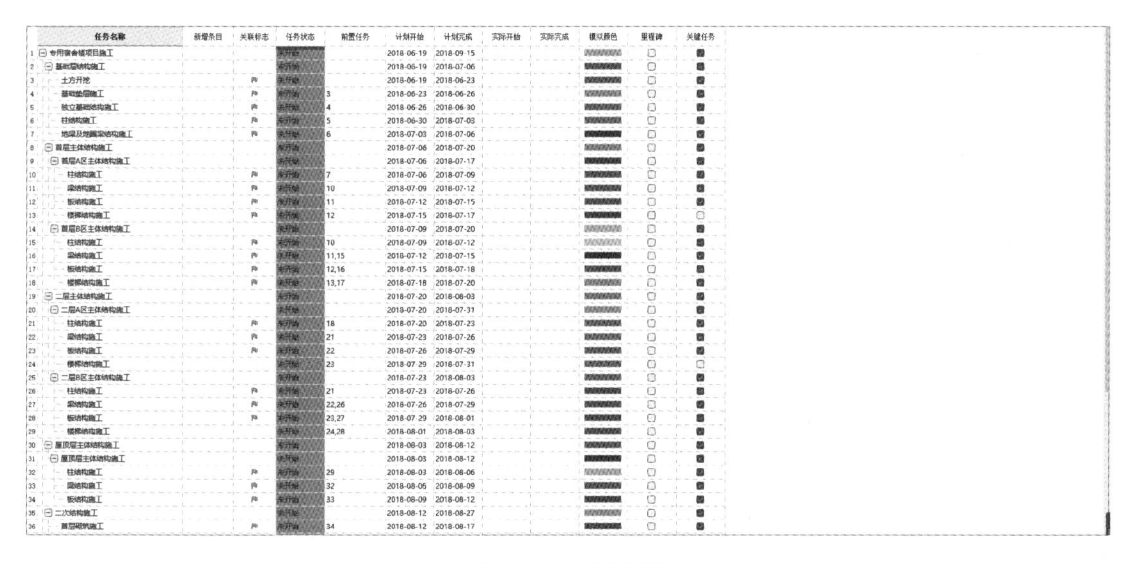

	任务名称	新增条目	关联标志	任务状态	前置任务	计划开始	计划完成	实际开始	实际完成	模拟颜色	里程碑	关键任务
1	⊟ 专用宿舍楼项目施工			未开始		2018-06-19	2018-09-15				☐	☑
2	⊟ 基础层结构施工			未开始		2018-06-19	2018-07-06				☐	☑
3	土方开挖		⚐	未开始		2018-06-19	2018-06-23				☐	☑
4	基础垫层施工		⚐	未开始	3	2018-06-23	2018-06-26				☐	☑
5	独立基础结构施工		⚐	未开始	4	2018-06-26	2018-06-30				☐	☑
6	柱结构施工		⚐	未开始	5	2018-06-30	2018-07-03				☐	☑
7	地梁及地圈梁结构施工		⚐	未开始	6	2018-07-03	2018-07-06				☐	☑
8	⊟ 首层主体结构施工			未开始		2018-07-06	2018-07-20				☐	☑
9	⊟ 首层A区主体结构施工			未开始		2018-07-06	2018-07-17				☐	☑
10	柱结构施工		⚐	未开始	7	2018-07-06	2018-07-09				☐	☑
11	梁结构施工		⚐	未开始	10	2018-07-09	2018-07-12				☐	☑
12	板结构施工		⚐	未开始	11	2018-07-12	2018-07-15				☐	☑
13	楼梯结构施工		⚐	未开始	12	2018-07-15	2018-07-17				☐	☐
14	⊟ 首层B区主体结构施工			未开始		2018-07-09	2018-07-20				☐	☑
15	柱结构施工		⚐	未开始	10	2018-07-09	2018-07-12				☐	☑
16	梁结构施工		⚐	未开始	11,15	2018-07-12	2018-07-15				☐	☑
17	板结构施工		⚐	未开始	12,16	2018-07-15	2018-07-18				☐	☑
18	楼梯结构施工		⚐	未开始	13,17	2018-07-18	2018-07-20				☐	☑
19	⊟ 二层主体结构施工			未开始		2018-07-20	2018-08-03				☐	☑
20	⊟ 二层A区主体结构施工			未开始		2018-07-20	2018-07-31				☐	☑
21	柱结构施工		⚐	未开始	18	2018-07-20	2018-07-23				☐	☑
22	梁结构施工		⚐	未开始	21	2018-07-23	2018-07-26				☐	☑
23	板结构施工		⚐	未开始	22	2018-07-26	2018-07-29				☐	☑
24	楼梯结构施工			未开始	23	2018-07-29	2018-07-31				☐	☐
25	⊟ 二层B区主体结构施工			未开始		2018-07-23	2018-08-03				☐	☑
26	柱结构施工		⚐	未开始	21	2018-07-23	2018-07-26				☐	☑
27	梁结构施工		⚐	未开始	22,26	2018-07-26	2018-07-29				☐	☑
28	板结构施工		⚐	未开始	23,27	2018-07-29	2018-08-01				☐	☑
29	楼梯结构施工			未开始	24,28	2018-08-01	2018-08-03				☐	☑
30	⊟ 屋顶层主体结构施工			未开始		2018-08-03	2018-08-12				☐	☑
31	⊟ 屋顶层主体结构施工			未开始		2018-08-03	2018-08-12				☐	☑
32	柱结构施工		⚐	未开始	29	2018-08-03	2018-08-06				☐	☑
33	梁结构施工		⚐	未开始	32	2018-08-06	2018-08-09				☐	☑
34	板结构施工		⚐	未开始	33	2018-08-09	2018-08-12				☐	☑
35	⊟ 二次结构施工			未开始		2018-08-12	2018-08-27				☐	☑
36	首层砌筑施工		⚐	未开始	34	2018-08-12	2018-08-17				☐	☑

图 12-8　进度关联

流水段提取：导出根据流水段划分要求中所有流水段的 Excel 表。表格名称：流水视图_流水段，如图 12-9 所示。

名称	编码	类型	关联标记
区域-3	1	单体	
土建	1.1	专业	
基础层	1.1.1	楼层	
JC	1.1.1.1	流水段	是
首层	1.1.2	楼层	
F1-1	1.1.2.1	流水段	是
F1-2	1.1.2.2	流水段	是
第2层	1.1.3	楼层	
F2-1	1.1.3.1	流水段	是
F2-2	1.1.3.2	流水段	是
屋面层	1.1.4	楼层	
WM	1.1.4.1	流水段	是
钢筋	1.2	专业	
基础层	1.2.1	楼层	
JC	1.2.1.1	流水段	是
首层	1.2.2	楼层	
F1-1	1.2.2.1	流水段	是
F1-2	1.2.2.2	流水段	是
第2层	1.2.3	楼层	
F2-1	1.2.3.1	流水段	是
F2-2	1.2.3.2	流水段	是
屋面层	1.2.4	楼层	
WM	1.2.4.1	流水段	是

图 12-9　流水段提取

12.3.3　专用宿舍楼商务应用

1. 清单关联

1）将资料包中的“专用宿舍楼——合同预算 . GBQ4”导入 BIM5D 的“合同预算”模块中。

2）要求将土建模型中的工程量清单与“专用宿舍楼——合同预算 . GBQ4”中的工程量清单进行自动匹配（包含粗装修），对不能自动匹配的清单项目，要采用手动匹配的方式进行匹配。

3）要求将工程量清单中的序号与对应的模型完成关联，如图 12-10 所示。

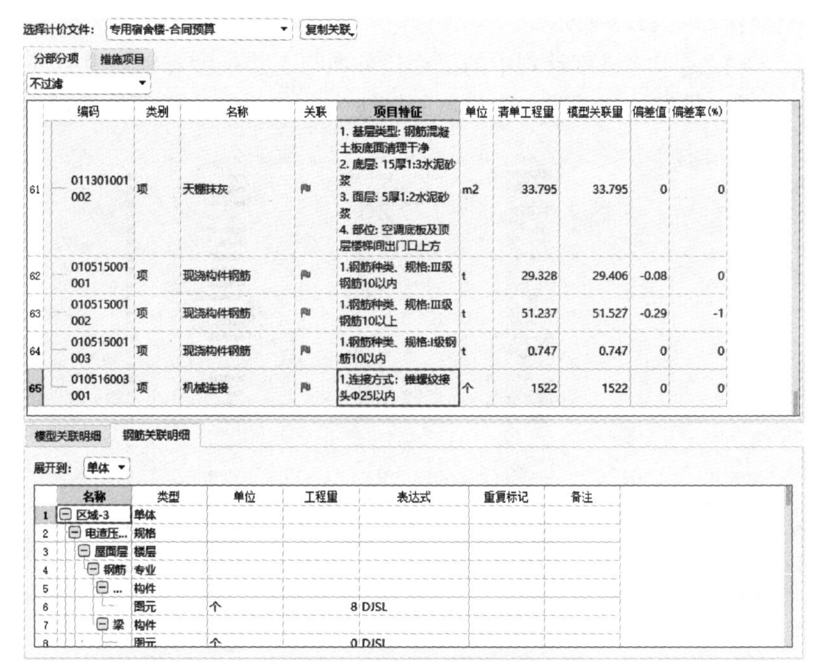

图 12-10　清单关联

2. 资金查询

时间范围为计划时间 2018 年 7 月 1 日至 2018 年 7 月 31 日，资金曲线设置查询方式为“按周统计资金”，其他参数默认，并导出资金曲线汇总 Excel 格式列表。表格名称：施工模拟_资金汇总，如图 12-11 所示。

	时间	单位	计划时间-当前金额	计划时间-累计金额	实际时间-当前金额	实际时间-累计金额	当前差额	累计差额
1	2018年26周	万元	1.2428	1.2428	0	0	-1.2428	-1.2428
2	2018年27周	万元	12.0112	13.254	0	0	-12.0112	-13.254
3	2018年28周	万元	18.4158	31.6698	0	0	-18.4158	-31.6698
4	2018年29周	万元	4.8577	36.5275	0	0	-4.8577	-36.5275
5	2018年30周	万元	17.3485	53.876	0	0	-17.3485	-53.876
6	2018年31周	万元	2.0875	55.9635	0	0	-2.0875	-55.9635

图 12-11　资金查询

查询 1 层柱混凝土工程量并导出工程量 Excel 格式列表。表格名称：柱混凝土工程量，如图 12-12 所示。

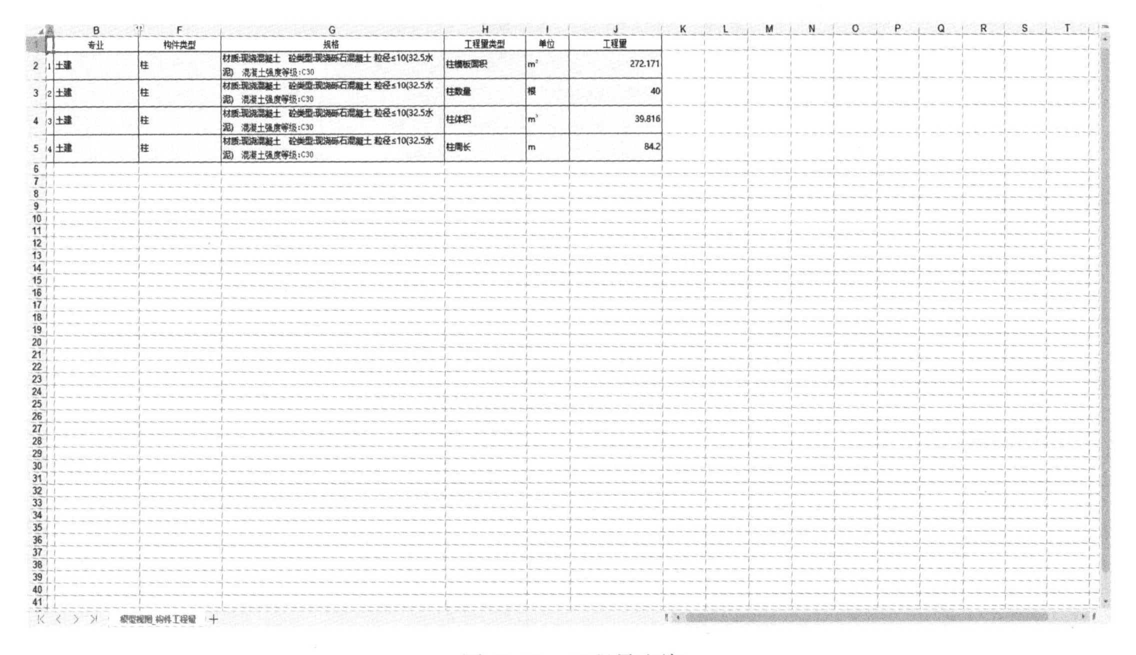

	专业	构件类型	规格	工程量类型	单位	工程量
1	土建	柱	材质:现浇混凝土　砼类型:现浇砾石混凝土 粒径≤10(32.5水泥)　混凝土强度等级:C30	柱模板面积	m^2	272.171
2	土建	柱	材质:现浇混凝土　砼类型:现浇砾石混凝土 粒径≤10(32.5水泥)　混凝土强度等级:C30	柱数量	根	40
3	土建	柱	材质:现浇混凝土　砼类型:现浇砾石混凝土 粒径≤10(32.5水泥)　混凝土强度等级:C30	柱体积	m^3	39.816
4	土建	柱	材质:现浇混凝土　砼类型:现浇砾石混凝土 粒径≤10(32.5水泥)　混凝土强度等级:C30	柱周长	m	84.2

图 12-12　工程量查询

参 考 文 献

[1] 李建峰. 现代土木工程施工技术 [M]. 北京：中国电力出版社，2015.

[2] 刘国彬，王卫东. 基坑工程手册 [M]. 北京：中国建筑工业出版社，2009.

[3] 陈金洪，杜春海，陈花菊. 现代土木工程施工 [M]. 武汉：武汉理工大学出版社，2017.

[4] 李忠富. 现代土木工程施工 [M]. 北京：中国建筑工业出版社，2014.

[5] 苏慧. 土木工程施工技术 [M]. 北京：高等教育出版社，2015.

[6] 重庆大学，同济大学，哈尔滨工业大学. 土木工程施工 [M]. 北京：中国建筑工业出版社，2009.

[7] 王正君. 土木工程施工技术 [M]. 北京：机械工业出版社，2017.

[8] 朱溢镕，李宁，陈家志. BIM5D 协同项目管理 [M]. 北京：化学工业出版社，2022.

[9] 王慧萍，杨涛，王玉华. BIM5D 项目管理应用 [M]. 北京：清华大学出版社，2022.

[10] 楚仲国，王全杰，王广斌. BIM5D 施工管理实训 [M]. 重庆：重庆大学出版社，2017.

[11] 葛玉洁. 建筑混凝土结构施工技术管理体系 [J]. 建筑结构，2023，53 (11)：166.

[12] 王泽能，刘家庆，韦港荣，等. 基于 BIM 与互联网技术相融合的施工管理模式运用研究 [J]. 公路，2022，67 (9)：336-341.

[13] 郭晓豹，王鸣翔，江昆，等. BIM 技术在大型货运机场工程施工管理中的应用——以鄂州花湖机场转运中心工程为例 [J]. 建筑经济，2022，43 (8)：55-64.

[14] 房朝君. 建筑主体结构工程的施工技术管理方法创新与设计 [J]. 建筑结构，2022，52 (6)：154.

[15] 殷保国，马耕，江乾. BIM5D 技术在超大型施工项目管理中的应用 [J]. 建筑经济，2021，42 (12)：73-79.

[16] 胡正宇. BIM 技术在建筑施工企业项目成本管理中的应用 [J]. 人民黄河，2021，43 (S1)：180-181.

[17] 许立强，付明琴，王程程. 装配式建筑安全管理中 BIM 技术的应用研究 [J]. 建筑经济，2021，42 (4)：53-56.

[18] 毛鹤琴. 土木工程施工 [M]. 武汉：武汉理工大学出版社，2018.